针织工程手册

纬编分册

（第2版）

《针织工程手册 纬编分册》(第2版)编委会 编

中国纺织出版社

内 容 提 要

　　本书为《针织工程手册》中的纬编分册,主要介绍了纬编针织与针织物的基本知识,圆形纬编、平形纬编和袜类的原料与产品、生产工艺、织造与准备设备、辅助与检测装置、主要工艺参数与技术经济指标、车间生产条件等。

　　本书可供针织工业的广大工程技术与科研人员及技术工人、针织贸易从业人员、大专院校师生、工商企业管理人员等查阅参考。

图书在版编目(CIP)数据

针织工程手册　纬编分册/《针织工程手册　纬编分册》(第2版)编委会编.—2版.—北京:中国纺织出版社,2012.2
ISBN 978 - 7 - 5064 - 7900 - 4

Ⅰ.①针…　Ⅱ.①针…　Ⅲ.①针织—技术手册②纬编—技术手册　Ⅳ.①TS18 - 62

中国版本图书馆 CIP 数据核字(2011)第 196029 号

策划编辑:孔会云　　责任编辑:王军锋　　责任校对:陈 红
责任设计:李 然　　责任印制:何 艳

中国纺织出版社出版发行
地址:北京东直门南大街6号　邮政编码:100027
邮购电话:010—64168110　传真:010—64168231
http://www.c-textilep.com
E-mail:faxing @ c-textilep.com
三河市世纪兴源印刷有限公司印刷　三河市永成装订厂装订
各地新华书店经销
1996 年 7 月第 1 版　2012 年 2 月第 2 版
2012 年 2 月第 2 次印刷
开本:787 × 1092　1/16　印张:38.25　插页:2
字数:655 千字　定价:88.00 元
京东工商广字第 0372 号

《针织工程手册》(第2版)

编委会

《针织工程手册 纬编分册》(第2版)

编审人员名单

主　　　编　冯勋伟

副　主　编　龙海如　王卫民　王宝华　宋广礼

编　　　委　张佩华　顾肇文　沈　为　李　炜　谢梅娣　杨启东
　　　　　　薛继凤　施建国　屠继发　陆玉玺

主　　　审　宗平生

编写人员

绪　论　龙海如

第一篇　第一章　张佩华　沈　为　谢梅娣
　　　　第二章　冯勋伟　许建钢
　　　　第三章　陆玉玺　龙海如　顾肇文　王爱凤
　　　　第四章　冯勋伟
　　　　第五章　龙海如　李　炜
　　　　第六章　王爱凤
　　　　第七章　王爱凤

第二篇　第一章　陈　莉
　　　　第二章　宋广礼　张和中　赵建生　付红平　兰先川
　　　　　　　　海　港　石祖良　冯家林　陈家林
　　　　第三章　宋广礼　李崎渊

第三篇　第一章　王爱凤　华钧乐
　　　　第二章　王爱凤
　　　　第三章　王爱凤

编者的话

自从《针织工程手册　纬编分册》1996 年出版以来，国内外纬编针织产品、工艺、技术和设备有了许多新的发展，原手册的内容已经不能适应当前针织生产和设备更新的需要，为此我们重新编写了这本手册。

本书在编写时除了保留原手册的特色外，还做了如下改进：

（1）新增了原手册其他分册（有些未出版）的内容，包括长毛绒圆纬机、计件衣坯机、无缝内衣机、针织横机及产品、袜品及袜机等方面，使本手册基本涵盖了所有的纬编产品、工艺与设备。

（2）针对电脑针织机及计算机花型准备系统的不断发展，增加了相关的内容，一些较少使用的针织设备不再介绍或仅简要介绍。

（3）在收集技术资料时，尽量选取具有代表性、技术较先进、行业内使用较多的针织纬编设备及生产工艺。

（4）在介绍某一厂商生产的设备或装置时，还列表给出了其他厂商同类设备或装置的主要技术参数，以便读者比较与选择。

在本书编写过程中，得到了国内外公司、生产企业和有关院校的大力支持与帮助，在此表示衷心感谢。由于编写人员水平有限，难免存在不足与错误，欢迎读者批评指正。

编　者
2011 年 5 月

第2版前言

进入21世纪,针织工业发展势头强盛,到2009年,针织织物和针织服装及附件的出口额已占纺织品出口总额的35%。针织服装及附件的出口额早在2007年就已超过机织服装及附件,这种优势必将持续并成为常态。在世界范围内,近五年来每年新增的大圆机数量和电脑横机数量,我国占到2/3以上。毫无疑问,我国已成为名副其实的针织工业大国。

在20世纪90年代,针织生产的主机仍以台车、棉毛车为主,而今已被高效高质的大圆机所取代,近五年新增的大圆机数量就有10万台之多。针织染整工艺路线,以短流程、先圆筒后平幅加工为主导路线,连续式的平幅前处理、冷轧堆染色、生物酶处理等新技术正在显露出蒸蒸日上的趋势。新型针织原料和多样化的功能整理极大地丰富了针织品的品种和品质。针织物服用性能的提升和消费理念的变化,促使针织服装从内衣向针织外衣类和时尚类延伸,时下针织外衣的出口额已大大超过针织内衣。

针织工业的发展离不开针织技术的支撑,20世纪90年代出版的《针织工程手册》,总结和反映了当时历史背景下的技术水平,对于针织工业的发展起到了很好的推动作用,但已不能反映当前的针织技术,更没有涉及正在发展着的先进技术。为此,中国纺织工程学会针织专业委员会组织了全国针织行业百余名专家、学者、工程技术人员,用了三年左右的时间重新编写了《针织工程手册》,力求在内容的深度和广度上既符合当今的针织技术水平,又能反映出技术的发展趋势,以推动行业的技术进步和提高从业人员的素质。

本手册是按照工具书的要求进行编写,突出实用性和便利性。本手册共分六个部分,即纬编、经编、染整、成衣、原料和检测。内容涵盖了国内外的新型针织设备、染整设备、生产工艺和新型原料及从原料到坯布再到成衣的各种指标检测。本手册可供针织面料企业、针织服装企业、相关检测机构的广大技术人员以及纺织院校师生、工商企业管理干部、针织品贸易公司员工查阅参考。

在本手册的编写过程中,承蒙全国各针织企业、公司、各地针织协会、各纺织院校、检测机构和相关企业的大力支持和帮助,为编写人员在工作上创造了诸多有利条件,在此谨表谢意!同时对编写本手册的各位专家、学者、工程技术人员所做出的卓越贡献,一并表示最深切的感谢!

由于条件和编者水平有限,本手册在内容上难免有不足之处,敬请广大读者批评指正。

中国纺织工程学会针织专业委员会
《针织工程手册》(第2版)编委会
2010年5月

第 1 版前言

随着改革开放的不断深化,科学技术的不断发展,20 世纪 80 年代初期出版的《针织手册》已不能反映当前全国针织工业生产技术的面貌和国际针织行业发展的趋势,为此,中国纺织工程学会针织专业委员会组织了全国针织行业百余名专家、学者、工程技术人员用了四年左右的时间重新编写了《针织工程手册》,在内容的深度和广度上作了必要的删改和增加,我们相信一定会有助于推动行业生产技术进一步的发展。

在编写过程中,广泛地收集了国内外现代化的新型针织设备和最新生产工艺,尽量收集了行业内经过实践且行之有效的技术资料,以利于针织工业的广大科技人员、纺织院校师生、工商企业管理干部和技术工人查阅参考。

本工程手册是按照工具书的要求进行编写的,内容丰富、数据浩繁、涉及面广、便于查阅,是实用性较强的一部工具书。手册共分六个分册,即经编、纬编(含手套)、染整、成衣(服装)、人造皮毛、袜子,将按分册陆续出版。

在本工程手册编写过程中,承蒙全国各省、市、自治区纺织厅、局、公司,各纺织大专院校、科研单位及国内外厂商(公司)的大力支持和帮助,为编写人员在工作上创造了诸多有利条件,在此谨表谢意! 同时为编写本工程手册的众多专家、学者、工程技术人员所做出的卓越贡献一并表示感谢!

由于条件和编者水平有限,本工程手册在内容上定有诸多不足之处,敬请广大读者批评、指正。

中国纺织工程学会针织专业委员会
《针织工程手册》编委会
1994 年 1 月

目 录

绪论 ·· 1

一、纬编机的分类与一般结构 ·· 1

二、纬编机的机号 ·· 2

三、纬编针织物组织 ·· 3

第一篇 圆形纬编机及产品

第一章 圆形纬编机产品与工艺 ·· 12

第一节 内衣类织物及产品 ·· 12

第二节 运动休闲类织物 ·· 44

第三节 非服用产品 ·· 55

第二章 纬编准备工艺与设备 ·· 66

第一节 槽筒式络纱机 ·· 66

第二节 松式络纱机 ·· 82

第三节 菠萝锭络筒机 ·· 88

第三章 圆形纬编机 ·· 99

第一节 台车 ·· 99

第二节 多针道机 ·· 101

第三节 罗纹机 ·· 131

第四节 毛圈机 ·· 137

第五节 衬垫机 ·· 149

第六节 提花机 ·· 157

第七节 调线机 ·· 206

第八节 长毛绒机 ·· 216

第九节 计件衣坯机 ·· 231

第十节 无缝内衣机 ·· 242

第四章 纬编产品设计与生产 ·· 265

第一节 纬编坯布设计 ·· 265

第二节 织物生产工艺计算 …………………………………………………… 277

第三节 纬编织物生产工序和设备的选定 …………………………………… 286

第五章 纬编生产辅助设备与检测装置 ………………………………………… 294

第一节 计算机花型准备系统 ………………………………………………… 294

第二节 送纱装置 ……………………………………………………………… 301

第三节 喷雾加油及除尘清洁装置 …………………………………………… 305

第四节 检测仪表 ……………………………………………………………… 306

第五节 其他辅助装置 ………………………………………………………… 309

第六章 圆形纬编生产技术经济指标 …………………………………………… 311

第一节 纬编设备产量 ………………………………………………………… 311

第二节 产品质量 ……………………………………………………………… 315

第三节 消耗定额 ……………………………………………………………… 323

第四节 劳动定额 ……………………………………………………………… 325

第五节 纬编车间成本核算 …………………………………………………… 329

第七章 圆形纬编生产条件 …………………………………………………… 337

第一节 厂房的基本要求 ……………………………………………………… 337

第二节 车间布置与设备排列 ………………………………………………… 339

第三节 生产工艺及设备配备 ………………………………………………… 343

第四节 生产条件 ……………………………………………………………… 345

第二篇 针织横机及产品

第一章 横机产品与工艺 ……………………………………………………… 350

第一节 羊毛衫 ………………………………………………………………… 350

第二节 手套 …………………………………………………………………… 395

第二章 横机设备 ……………………………………………………………… 400

第一节 手动横机 ……………………………………………………………… 400

第二节 电脑横机 ……………………………………………………………… 416

第三节 电脑织领机 …………………………………………………………… 469

第三章 电脑横机程序设计系统 ……………………………………………… 482

第一节 M1 程序设计系统 …………………………………………………… 482

第二节 Logica 花型设计系统 ……………………………………………… 494

第三节 国产电脑横机花型设计系统 ………………………………………… 524

第三篇　袜品及袜机

第一章　袜子产品与工艺 ⋯⋯⋯⋯⋯⋯⋯⋯⋯⋯⋯⋯⋯⋯⋯⋯⋯ 542

　第一节　袜子的产品 ⋯⋯⋯⋯⋯⋯⋯⋯⋯⋯⋯⋯⋯⋯⋯⋯⋯⋯⋯ 542

　第二节　袜子工艺设计与计算 ⋯⋯⋯⋯⋯⋯⋯⋯⋯⋯⋯⋯⋯⋯⋯ 544

　第三节　织袜生产工艺 ⋯⋯⋯⋯⋯⋯⋯⋯⋯⋯⋯⋯⋯⋯⋯⋯⋯⋯ 556

第二章　织袜设备 ⋯⋯⋯⋯⋯⋯⋯⋯⋯⋯⋯⋯⋯⋯⋯⋯⋯⋯⋯⋯ 559

　第一节　单针筒机械式袜机 ⋯⋯⋯⋯⋯⋯⋯⋯⋯⋯⋯⋯⋯⋯⋯⋯ 559

　第二节　单针筒电脑袜机 ⋯⋯⋯⋯⋯⋯⋯⋯⋯⋯⋯⋯⋯⋯⋯⋯⋯ 569

　第三节　新型单针筒织袜设备 ⋯⋯⋯⋯⋯⋯⋯⋯⋯⋯⋯⋯⋯⋯⋯ 572

　第四节　双针筒袜机 ⋯⋯⋯⋯⋯⋯⋯⋯⋯⋯⋯⋯⋯⋯⋯⋯⋯⋯⋯ 577

　第五节　五趾袜机和缝头机 ⋯⋯⋯⋯⋯⋯⋯⋯⋯⋯⋯⋯⋯⋯⋯⋯ 582

第三章　袜品质量、产量和消耗 ⋯⋯⋯⋯⋯⋯⋯⋯⋯⋯⋯⋯⋯⋯ 585

　第一节　袜品质量 ⋯⋯⋯⋯⋯⋯⋯⋯⋯⋯⋯⋯⋯⋯⋯⋯⋯⋯⋯⋯ 585

　第二节　袜品产量 ⋯⋯⋯⋯⋯⋯⋯⋯⋯⋯⋯⋯⋯⋯⋯⋯⋯⋯⋯⋯ 590

　第三节　织袜消耗 ⋯⋯⋯⋯⋯⋯⋯⋯⋯⋯⋯⋯⋯⋯⋯⋯⋯⋯⋯⋯ 594

参考文献 ⋯⋯⋯⋯⋯⋯⋯⋯⋯⋯⋯⋯⋯⋯⋯⋯⋯⋯⋯⋯⋯⋯⋯⋯ 600

绪　论

一、纬编机的分类与一般结构

（一）分类

纬编机按针床形式可分为圆形纬编机与平形纬编机；按针床数可分为单针床纬编机与双针床纬编机；按用针类型可分为舌针纬编机、钩针纬编机和复合针纬编机等。

圆形纬编机中，根据针筒直径的大小以及所加工产品的不同，可以分为圆纬机（俗称大圆机）、圆袜机和无缝内衣机三类，基本上都采用舌针。平形纬编机中，绝大多数为采用舌针的横机。

纬编针织机的主要技术指标有织针类型、针床数（单面或双面机）、针筒直径或针床宽度（关系到可以加工坯布的宽度）、机号（关系到可以加工纱线的粗细）、成圈系统数量（也称路数。在针筒或针床尺寸以及机速一定的情况下，成圈系统数量越多，该机生产效率越高）、机速（圆机用每分钟转速或针筒圆周线速度来表示，横机用机头线速度来表示）等。圆纬机的成圈系统数与其他纬编机不同，除了表示针筒周围总路数外，还常用总路数与针筒直径（英寸）数的比值表示，称为"路/25.4mm（路/英寸）筒径"，即每25.4mm直径对应的成圈系统数，它在一定程度上反映了每一个成圈系统所占针筒弧长，即三角设计与制造水平。

常用纬编机的主要技术指标见表1。

表1　常用纬编针织机的主要技术指标

指标 ＼ 机种		圆纬机	圆袜机	无缝内衣机	横机
织针类型		绝大多数用舌针，少量用钩针	舌针	舌针	舌针
针床数		单和双	单和双	单和双	通常为双
针筒直径或针床宽度	mm	356~965	57~114	254~504	504~2540
	英寸	14~38	2.25~4.5	10~20	20~100
机号 E（针/2.54cm）		10~32	7.5~36	16~32	2~18
成圈系统数		1.5~4（路/25.4mm）	2~4	通常8	1~4
线速度（m/min）		0.8~1.5	0.8~1.5	0.7~1.8	0.6~1.2
主要产品		针织毛坯布，内衣大身部段	袜品	无缝内衣	毛衫衣片，手套，以及衣领、下摆和门襟等服饰附件

注　使用钩针的纬编针织机有台车、吊机两类圆纬机；单针床及双针床全成形平形钩针机（俗称柯登机）用来生产成形袜片及成形羊毛衫衣片，用量极少。

（二）一般结构

纬编机种类与机型很多，通常主要由给纱机构、编织机构、针床横移机构、牵拉卷取机构、传动机构和辅助装置等组成。

给纱机构将纱线从纱筒上退绕下来并输送给编织区域。编织机构通过成圈机件的工作将纱线编织成针织物。针床横移机构用于在横机上使一个针床相对于另一个针床横移过一定的针距，以便线圈转移等编织。牵拉卷取机构把刚形成的织物从成圈区域中引出后，绕成一定形状的卷装。传动机构将动力传到针织机的主轴，再由主轴传至各部分，使其协调工作。辅助装置是为了保证编织正常进行而附加的，包括自动加油装置，除尘装置，断纱、破洞、坏针检测自停装置等。

二、纬编机的机号

（一）机号

各种类型的针织机，均以机号来表明其针的粗细和针距的大小。纬编机的机号是用针床上 25.4mm（1 英寸）长度内所具有的针数来表示，它与针距的关系如下：

$$E = \frac{25.4}{T}$$

式中：E——机号；

　　　T——针距，mm。

由此可知，纬编机的机号表明了针床上排针的稀密程度。机号越大，针床上单位长度内的针数越多，即针距越小；反之，机号越小，针床上单位长度内的针数越少，即针距越大。在单独表示机号时，应由符号 E 和相应数字组成，如 18 机号应写作 $E18$，它表示针床上 25.4mm 内有 18 枚织针。

（二）机号与可加工纱线线密度的关系

纬编机的机号在一定程度上确定了其可以加工纱线的线密度范围，具体还要看在针床口处织针针头与针槽壁或其他成圈机件之间的间隙大小。

为了保证成圈顺利进行，纬编机所能加工纱线线密度的上限（最粗），是由上述间隙所决定的。机号越高，针距 T 越小，间隙也越小，允许加工的纱线就越细。根据纱线的粗节和接头、蓬松度的不同以及纱线被压扁的情况，一般要求间隙不低于纱线直径的 1.5~2 倍。如果纱线直径超出间隙过多，则在编织过程中就会造成纤维和纱线损伤甚至断纱。另一方面，机号一定，可以加工纱线线密度的下限（最细），则取决于对针织物品质的要求。在每一机号确定的纬编机上，由于成圈机件尺寸的限制，可以编织的最短线圈长度 l 是一定的。过多地降低加工纱线的线密度即意味着减小纱线直径 d，这样会使织物的未充满系数 $\delta(\delta = l/d)$ 的值增大，织物变得稀松，品质变差。因此，要根据机号来选择合适线密度的纱线，或者根据纱线的线密度来选择合适的机号。

对于某一机号的纬编机或者某一线密度的纱线，一般是根据织物的有关参数和经验来决定最适宜加工纱线的线密度范围或者机号的范围，也可通过近似计算方法获得。表 2 给出了不同机号圆形纬编机所加工常用纱线的平均线密度。

表2　不同机号圆形纬编机所加工常用纱线的平均线密度

线密度(tex)　纱线种类　机号	棉　纱	羊毛纱	涤纶长丝	锦纶长丝	腈纶短纤纱
E10		64		40	30
E12	42.7	50	28	35	23.5
E14	30	42	23.5	25	20
E16	23.5	30	14	15	20
E18	22	25	14	12.5	16.7
E20	19.4	25	14	12.5	15
E22～E24	15	20	12.2	10	
E28～E32	12.5		9.5	7.6	

三、纬编针织物组织

(一)纬编针织物分类及表示方法

1. 纬编针织物分类

纬编针织物种类很多,通常用组织来命名与分类,以表征其结构。针织物组织是组成针织物的结构单元(线圈、悬弧、浮线、附加纱线或纤维集合体)的配置、排列、组合与联结的方式,它决定了针织物的外观和性质。

纬编针织物的组织一般可以分为基本组织、变化组织和花色组织三类。

(1)基本组织:基本组织由线圈以最简单的方式组合而成,是针织物各种组织的基础。纬编基本组织包括平针组织、罗纹组织和双反面组织。

(2)变化组织:变化组织由两个或两个以上的基本组织复合而成的,即在一个基本组织的相邻线圈纵行之间,配置着另一个或者另几个基本组织,以改变原来组织的结构与性能。纬编变化组织有变化平针组织、双罗纹组织等。

(3)花色组织:采用以下几种方法,可以形成具有显著花色效应和不同性能的纬编花色组织。

① 改变或者取消成圈过程中的某些阶段,如集圈组织、提花组织等。

② 引入附加纱线或其他纺织原料,如添纱组织、衬垫组织、衬纬组织、毛圈组织、绕经组织、长毛绒组织、衬经衬纬组织等。

③ 对旧线圈和新纱线引入一些附加阶段,如纱罗组织、菠萝组织、波纹组织等。

④ 将两种或两种以上的组织复合。若将两种或两种以上的组织(包括基本组织、变化组织、花色组织)进行复合,可以形成称之为复合组织的花色组织。

2. 纬编针织物表示方法

为了简明清楚地显示纬编针织物的结构,便于织物设计与制订上机工艺,需要采用一些图形方法来表示纬编针织物组织结构和编织工艺。目前常用的有线圈图、意匠图、编织图和三角配置图。

(1)线圈图:线圈在织物内的形态用图形表示称为线圈图或线圈结构图,可根据需要表示织物的正面或反面。如图1为平针组织反面的线圈图。

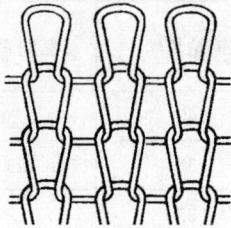

图1　平针组织线圈图

从线圈图中,可清晰地看出针织物结构单元在织物内的连接与分布,有利于研究针织物的性质和编织方法。但这种方法仅适用于较为简单的织物组织,因为复杂的结构和大型花纹一方面绘制比较困难,另一方面也不容易表示清楚。

(2)意匠图:意匠图是把针织结构单元组合的规律,用人为规定的符号在小方格纸上表示的一种图形。每一方格行和列分别代表织物的一个横列和一个纵行。根据表示对象的不同,常用的有结构意匠图和花型意匠图。

① 结构意匠图:它是将针织物的三种基本结构单元(线圈、集圈悬弧、浮线即不编织)用规定的符号在小方格纸上表示,一般用符号"⊠"表示正面线圈,"⊙"表示反面线圈,"·"表示集圈悬弧,"□"表示浮线(不编织)。图2表示某一单面织物的线圈图和结构意匠图。

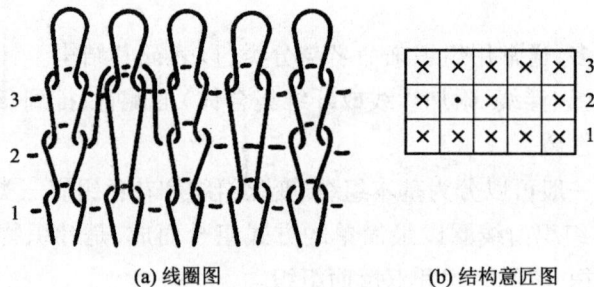

(a) 线圈图　　　　　　　　　(b) 结构意匠图

图2　线圈图与结构意匠图
⊠—正面线圈　□—浮线　·—集圈

尽管结构意匠图可以用来表示单面和双面的针织物结构,但通常用于表示由成圈、集圈和浮线组合的单面变换与复合结构,而双面织物一般用编织图来表示。

② 花型意匠图:这是用来表示提花织物正面(提花的一面)的花型与图案。每一方格均代表一个线圈,方格内符号的不同仅表示不同颜色的线圈,至于用什么符号代表何种颜色的线圈可自己规定,但必须标注清楚。图3为三色提花织物的花型意匠图。

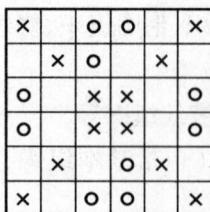

图3　花型意匠图
⊠—色纱1　⊙—色纱2　□—色纱3

(3)编织图:编织图是将针织物的横断面形态,按编织的顺序和织针的工作情况,用图形表示的一种方法。

表3列出了编织图中常用的符号,其中每一根竖线代表一枚织针。对于纬编针织机中广泛使用的舌针来说,如果有高踵针和低踵针两种针(即针踵在针杆上的高低位置不同),本书规定用长线表示高踵针,用短线表示低踵针。图4为罗纹组织和双罗纹组织的编织图。

表3　成圈、集圈、浮线和抽针符号表示法

编织方法	织　针	表示符号	备　注
成　圈	针盘织针		
	针筒织针		
集　圈	针盘织针		
	针筒织针		
浮线（不编织）	针盘织针	1' 2' 3'	针1、1'、3、3'成圈
	针筒织针	1 2 3	针2、2'不参加编织
抽针		Ｉ○Ｉ	符号○表示抽针

注　抽针也可用符号×或·来表示。

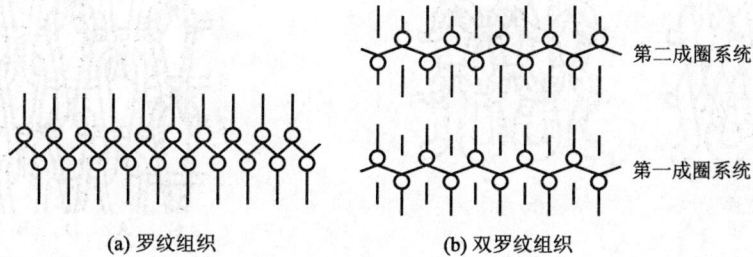

(a) 罗纹组织　　　　(b) 双罗纹组织

第二成圈系统

第一成圈系统

图4　罗纹组织和双罗纹组织的编织图

　　编织图不仅表示每一枚针所编织的结构单元,而且还表示织针的配置与排列。这种方法适用于大多数纬编针织物,尤其是双面纬编针织物。

　　(4)三角配置图:在舌针纬编机上,针织物的三种基本结构单元是由成圈、集圈和不编织三角作用于织针而形成的。因此,除了用编织图等外,还可以用三角配置图来表示舌针纬编机织针的工作情况以及织物的结构,这在编排上机工艺的时候显得尤为重要。表4列出了三角配置的表示方法。

表4　成圈、集圈和不编织的三角配置表示方法

三角配置方法	三角名称	表示符号
成圈	针盘三角	∨
	针筒三角	∧

续表

三角配置方法	三角名称	表示符号
集圈	针盘三角	⊔
	针筒三角	⊓
不编织	针盘三角	—
	针筒三角	—

　　注　当三角不编织时,有时可用空白来取代符号"—"。

(二)纬编基本组织与变化组织

1.平针组织

　　平针组织又称纬平针组织,由连续的单元线圈向一个方向串套而成,是单面纬编针织物中的基本组织,其结构如图5所示。

2.变化平针组织

　　图6为1+1变化平针组织的结构:在一个平针组织的线圈纵行A和B之间,配置着另一个平针组织的线圈纵行C和D,它属于纬编单面变化组织。

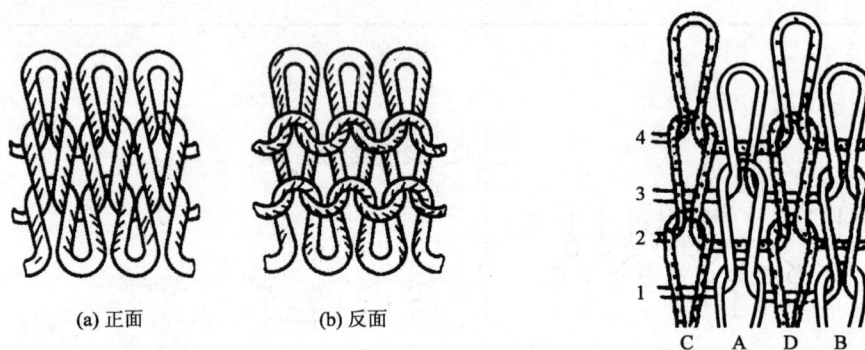

(a) 正面　　　　　　(b) 反面

图5　平针组织

图6　变化平针组织

3.罗纹组织

　　罗纹组织由正面线圈纵行和反面线圈纵行以一定组合相间配置而成,是双面纬编针织物的基本组织。图7为由一个正面线圈纵行和一个反面线圈纵行相间配置而形成的1+1罗纹组织。罗

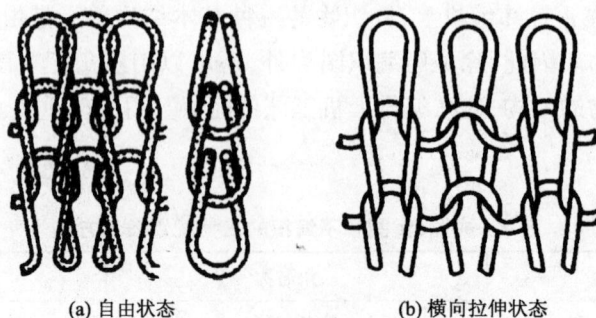

(a) 自由状态　　　　　　(b) 横向拉伸状态

图7　1+1罗纹组织

纹组织的种类很多,取决于正反面线圈纵行数不同的配置,如 1 + 1 罗纹、2 + 2 罗纹、5 + 3 罗纹等。

4. 双罗纹组织

双罗纹组织是由两个罗纹组织彼此复合而成,又称棉毛织物。图 8 为最简单和基本的双罗纹(1 + 1 双罗纹)组织。它是在一个罗纹组织线圈纵行(纱线 1 编织)之间配置了另一个罗纹组织的线圈纵行(纱线 2 编织),由相邻两个成圈系统的两根纱线 1 和 2 形成一个完整的线圈横列,它属于一种双面变化组织。

5. 双反面组织

双反面组织也是双面纬编组织中的一种基本组织。它是由正面线圈横列和反面线圈横列相互交替配置而成,图 9 所示为最简单和基本的 1 + 1 双反面组织,即由正面线圈横列 1—1 和反面线圈横列 2—2 交替配置构成。

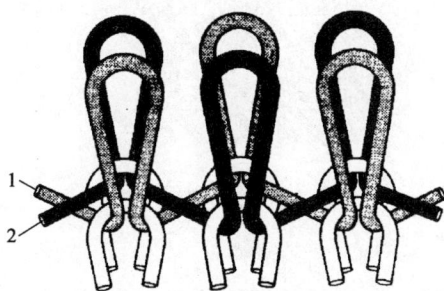

图 8　双罗纹组织

图 9　双反面组织

(三)纬编花色组织

1. 添纱组织

添纱组织是指织物上的全部线圈或部分线圈由两根纱线形成的一种花色组织,如图 10 所示。添纱组织中的一个单元添纱线圈中的两根纱线的相对位置是确定的,它们相互重叠,不是由两根纱线随意并在一起形成的双线圈组织结构。

2. 衬垫组织

衬垫组织是以一根或几根衬垫纱线按一定的比例在织物的某些线圈上形成不封闭的悬弧,在其余的线圈上呈浮线停留在织物反面的一种花色组织。其基本结构单元为线圈、悬弧和浮线。衬垫组织常用的地组织有平针和添纱组织两种,图 11 所示为添纱衬垫组织。

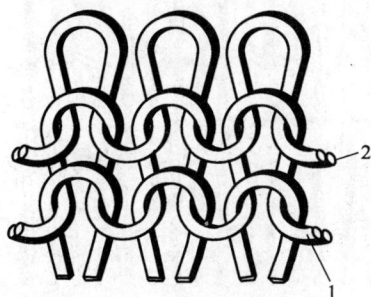

图 10　添纱组织

1—地纱　2—面纱

图 11　衬垫组织

1—面纱　2—地纱　3—衬垫纱

3. 衬纬组织

衬纬组织是在纬编基本组织、变化组织或花色组织的基础上,沿纬向衬入一根不成圈的辅助纱线而形成的,图12所示为在罗纹组织基础上衬入了一根纬纱。衬纬组织一般多为双面结构,纬纱夹在双面织物的中间。

4. 毛圈组织

毛圈组织是由平针线圈和带有拉长沉降弧的毛圈线圈组合而成的一种花色组织,如图13所示。毛圈组织一般由两根或三根纱线编织而成,一根编织地组织线圈,另一根或两根编织带有毛圈的线圈。

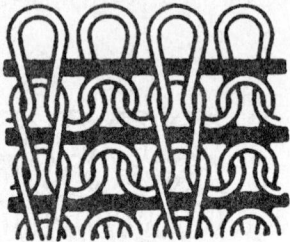

图12　衬纬组织

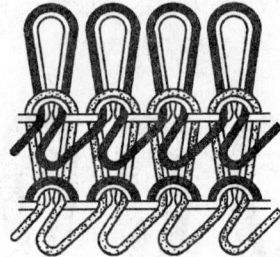

图13　毛圈组织

5. 集圈组织

集圈组织是一种在针织物的某些线圈上,除套有一个封闭的旧线圈外,还有一个或几个未封闭悬弧的花色组织,其结构单元由线圈与悬弧组成,如图14所示。图14中a为在一枚针上形成的三次集圈,称单针三列集圈;图14中b为在两枚针上同时形成的两次集圈,称双针双列集圈;图14中c为在三枚针上同时形成的一次集圈,称三针单列集圈。

6. 提花组织

提花组织是将纱线垫放在按花纹要求所选择的某些织针上编织成圈,而未垫放纱线的织针不成圈,纱线呈浮线状留在这些不参加编织的织针后面所形成的一种花色组织,其结构单元由线圈和浮线组成。图15所示为两色双面提花组织。

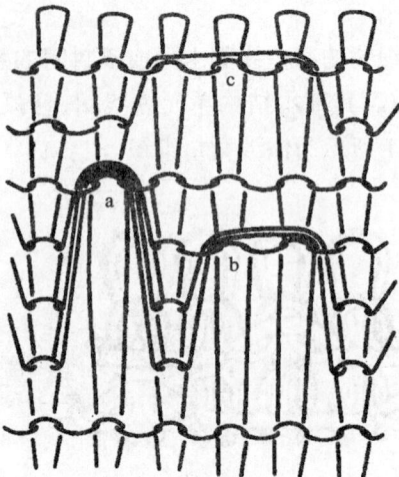

图14　集圈组织

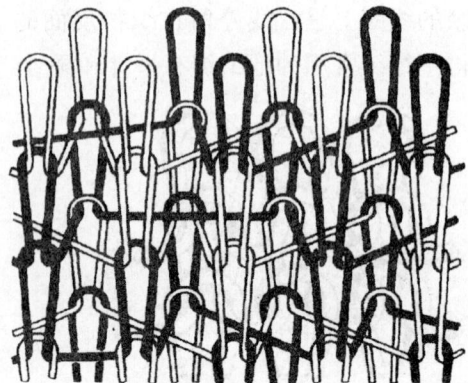

图15　两色双面提花组织

7. 嵌花组织

嵌花组织又称纵向连接组织,它是由几种不同色纱轮流编织同一横列线圈的织物结构,如图 16 所示。

8. 横条纹组织

横条纹组织又称调线组织,也称横向连接组织,它是在编织过程中轮流改变喂入的纱线,用不同种类的纱线组成各个线圈横列的一种纬编花色组织。图 17 显示了利用三种纱线轮流喂入进行编织而得到的以平针为基础的横条纹组织。

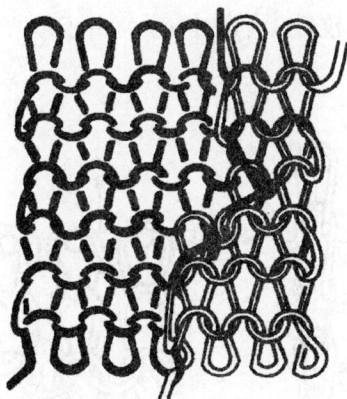

图 16　嵌花组织

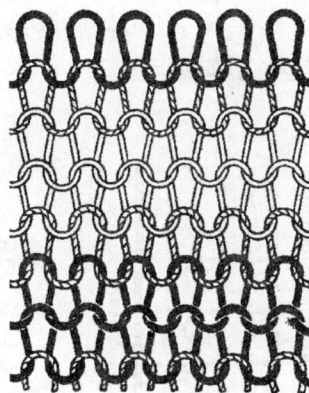

图 17　横条纹组织

9. 绕经组织

绕经组织也称纵条纹组织,俗称吊线织物,它是在某些纬编单面组织的基础上,引入绕经纱的一种花色组织,绕经纱沿着纵向垫入,并在织物中呈线圈和浮线。图 18 所示的是在平针组织基础上形成的单针绕经结构。

10. 长毛绒组织

长毛绒组织是在编织过程中用纤维束或毛纱与地纱一起喂入而编织成圈,同时纤维(如为毛纱需要割断)以绒毛状附在针织物表面,如图 19 所示。它一般是在纬平针组织的基础上形成,纤维的头端突出在织物的反面形成绒毛状。

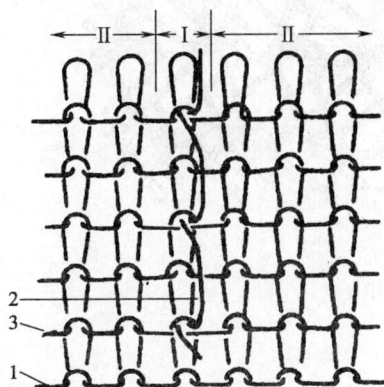

图 18　绕经组织

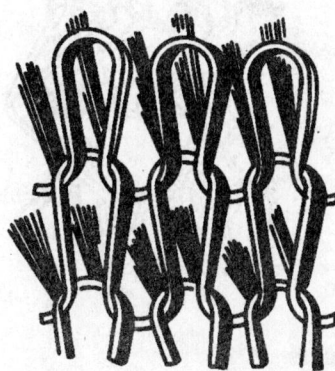

图 19　长毛绒组织

1、3—地纱　2—绕经纱　Ⅰ—绕经区　Ⅱ—地纱区

11. 衬经衬纬组织

它是在纬编基本组织上衬入不成圈的纬纱和经纱而形成的,如图 20 所示。

12. 移圈组织

凡在编织过程中,通过转移线圈部段形成的组织称为移圈组织。通常,根据转移线圈纱段的不同,将移圈组织分为两类:在编织过程中,转移线圈针编弧部段的组织称为纱罗组织,如图 21 所示,正面线圈纵行 1 上的线圈 3 被转移到另一个针床相邻的针(反面线圈纵行 2)上,呈倾斜状态,形成开孔 4;而在编织过程中,转移线圈沉降弧部段的组织称为菠萝组织,图 22 所示,是以平针组织为基础形成的一种菠萝组织,其沉降弧可以转移到右边针上(图中 a),也可以转移到左边针上(图中 b),还可以转移到左右相邻的两枚针上(图中 c)。由于纱罗组织应用较多,习惯上将其称为移圈组织。

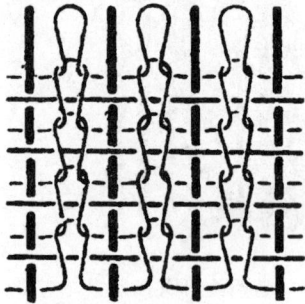

图 20　衬经衬纬组织　　　图 21　纱罗组织　　　图 22　菠萝组织

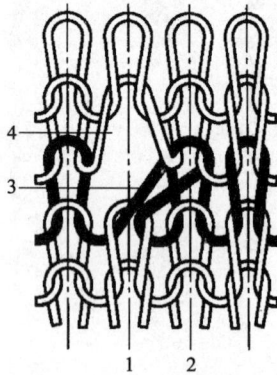

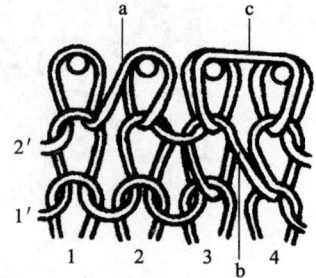

13. 波纹组织

凡是由倾斜线圈形成波纹状的双面纬编组织称为波纹组织,如图 23 所示,一般是在横机上按照花纹要求横移针床而形成的。

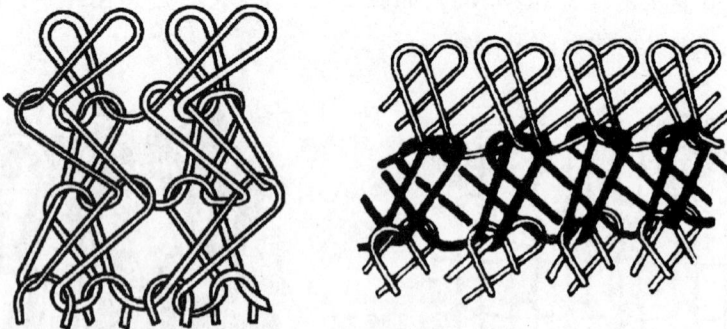

图 23　波纹组织

14. 复合组织

复合组织是由两种或两种以上的纬编组织复合而成,它可以由不同的基本组织、变化组织和花色组织复合而成,并根据各种组织的特性复合成所要求的组织结构。

第一篇

圆形纬编机及产品

第一章　圆形纬编机产品与工艺

第一节　内衣类织物及产品

一、弹性内衣类织物

（一）原料

弹性内衣类织物的原料通常由基础原料与附加的弹性原料构成。基础原料大多为具有良好卫生性、舒适性、适合贴身穿着的原料，如棉、粘胶纤维等纤维素纤维或锦纶弹性丝等。弹性原料可以根据最终产品的性能要求进行选择，目前主要有氨纶、T400 纤维、PTT 纤维、Dow XLA 纤维。其中氨纶应用最为广泛，有裸丝、包芯纱、包缠纱等形式。氨纶裸丝的线密度一般为22～44dtex，用于大多数圆纬机添纱类产品，氨纶包缠丝主要用于无缝内衣，通常为 22dtex 氨纶/78dtex 锦纶弹性丝或 44dtex 氨纶/78dtex 锦纶弹性丝。PTT 纤维用于针织内衣织物时，可以与棉、粘胶纤维或其他纤维混纺，其中 PTT 纤维含量为30%～50%，也可以长丝形式与上述纱线交织，PTT 长丝的线密度一般为 44～110dtex。Dow XLA 纤维具有耐强化学侵蚀性、抗紫外线、回弹缓慢和耐高温（高温可达220℃）等特点，它在耐热性和耐化学性方面都优于普通氨纶，织物和服装经多次洗涤熨烫后仍能保持形状及弹性，可用于毛织物、泳衣、内衣和防皱弹性棉织物等，但其价格较高。

（二）织物组织结构与织造工艺要点

1. 织物组织结构

氨纶或其他弹性丝可以衬垫、衬纬和添纱等方式编入地组织，增加地组织的弹性。目前，弹性内衣织物中多以添纱方式编入地组织。

以下为弹性内衣类织物实例。

（1）棉/氨弹性平针添纱织物。

①机型：单面针织圆机。

②机号：$E28$。

③筒径：762mm（30 英寸）。

④原料：18.5tex 精梳棉纱 +22dtex 氨纶裸丝。

⑤织物组织：平针全添纱（氨纶裸丝每路均进线编织）。

⑥氨纶进线张力：3.9～5.9cN（4～6g）。

⑦织物克重：200g/m²。

（2）涤/氨弹性平针添纱织物。

①机型：单面针织圆机。

②机号：$E28$。

③筒径:762mm(30英寸)。

④原料:83.3dtex coolmax 丝 +22dtex 氨纶裸丝。

⑤织物组织:平针全添纱(氨纶每路均进线编织)。

⑥氨纶进线张力:3.9~5.9cN(4~6g)。

⑦光坯门幅:167cm。

⑧织物克重:84g/m²。

(3)单面弹性珠宝绸。

①机型:单面针织圆机。

②机号:E24。

③筒径:762mm(30英寸)。

④原料:46dtex 蚕丝 +44dtex 氨纶裸丝。

⑤织针配置:织针按 AB 顺序循环排列。

⑥三角排列:如图 1 - 1 - 1 所示。

⑦穿纱方式:每路均穿入 4 根 46dtex 蚕丝,使用 4 个贮纱器,并且在每第 3 路、第 7 路中衬入 44dtex 氨纶裸丝。

	1	2	3	4	5	6	7	8
A	⊓	⊓	∧	∧	∧	∧	∧	∧
B	∧	∧	∧	∧	⊓	⊓	∧	∧

图 1 - 1 - 1 单面弹性珠宝绸三角排列

(4)罗纹弹性织物。

①机型:罗纹机。

②机号:E18。

③筒径:864mm(34英寸)。

④原料:9.8tex 混纺纱(莫代尔纤维 50/棉 50) +44dtex 氨纶裸丝。

⑤织物组织:罗纹全添纱。

⑥氨纶进线张力:3.9~5.9cN(4~6g)。

⑦光坯门幅:165cm。

⑧织物克重:180g/m²。

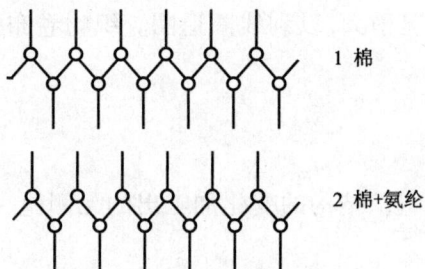

1 棉

2 棉+氨纶

图 1 - 1 - 2 罗纹弹性织物

(5)罗纹弹性织物。

①机型:罗纹机。

②机号:E14.5。

③原料:14.7tex 普梳棉纱 +233dtex 氨纶裸丝。

④织物组织:如图 1 - 1 - 2 所示。

⑤氨纶进线张力:2~3.9cN(2~4g)。

⑥织物克重:180g/m²。

(6)高弹双珍珠织物。

①机型:(2 +4)多功能双面大圆机。

②机号:E24。

③筒径:864mm(34英寸)。

④原料:167dtex 涤纶拉伸变形丝(DTY) +44dtex 氨纶裸丝。

⑤织针配置:如图 1 - 1 - 3(a)所示。

⑥三角排列:如图1-1-3(b)所示。

⑦穿纱方式:第2路、第4路、第5路、第7路、第9路、第10路穿167dtex涤纶拉伸变形丝;第1路、第3路、第6路、第8路穿167dtex涤纶拉抻变形丝+44dtex氨纶裸丝。

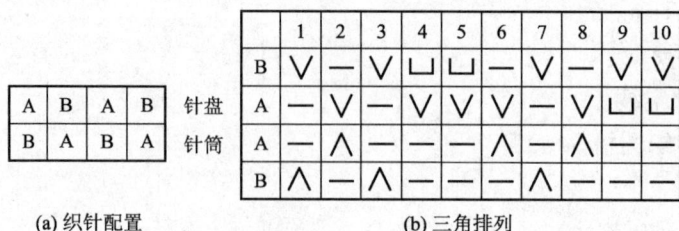

		1	2	3	4	5	6	7	8	9	10	
A B A B	B	V	—	V	⊔	⊔	—	V	—	V	V	针盘
B A B A	A	—	V	—	V	V	V	—	V	⊔	⊔	针筒
	A	—	∧	—	∧	∧	∧	—	∧	—	—	
	B	∧	—	∧	—	—	—	∧	—	∧	∧	

(a) 织针配置　　　　　　　　　　　(b) 三角排列

图1-1-3　高弹双珍珠面料织针配置及三角排列

2. 氨纶针织物织造工艺要点

(1)氨纶丝在编织前,需要在编织车间正常的温湿度条件下开箱存放24h以上,以便充分调湿,防止氨纶丝在编织过程中出现张力不匀现象,影响布面风格。

(2)在编织时,氨纶丝必须采用专门的氨纶输纱装置进行送纱,以确保氨纶丝恒定的输纱长度和张力。同时,氨纶丝在进入舌针前的接触点都必须与滑轮接触,减少丝的阻力。为保证氨纶丝的通道无障碍,所有滑轮的运转保持灵活。

(3)弯纱深度:由于氨纶裸丝弹性很大,摩擦因数高,如果弯纱深度小,则不易脱圈。因此,在编织时,垫有氨纶丝的织针压针深度要大于没有垫入氨纶丝的织针压针深度。

(4)氨纶丝垫纱角度:要保证氨纶丝顺利垫入,则要求其垫纱纵角和垫纱横角要尽量小,以免布面出现织疵。因此采用添纱导纱器(两眼梭子),一孔眼穿氨纶丝,另一孔眼穿棉纱,这样便能够使氨纶丝和棉纱的相对位置保持不变,棉纱始终处于线圈工艺正面顺利完成编织。

(5)欲要织物弹性大,且氨纶含量少,则氨纶丝进纱张力要加大。氨纶输纱装置可以进行氨纶输入量和张力的调整。

(6)牵拉卷布张力:针筒口布面牵拉张力比正常情况稍大,以利线圈退圈。织物卷布张力比正常情况要小,以便织物的内应力得以释放和平衡。

二、弹性无缝内衣产品

无缝内衣就是在专用针织设备上,通过原料配置及组织结构的变化加工出的无侧缝、少缝合的针织服装。

无缝针织内衣产品的原料主要有棉、丝、莫代尔纤维、粘胶纤维、锦纶、氨纶、涤纶等。大多数能在普通针织机上编织的组织都能在无缝全成形针织机上编织。此外,从无缝内衣针织机上直接编织下来的圆筒形产品已经具有许多成品服装的特征,诸如尺寸到位、直接装有弹性腰带、有裁剪标记线、扎口等。由于在颈、胸、腰、臀等横向尺寸有较大变化的部位无需接缝,并可根据需要在服装的局部更换或添加不同的原料。因此,无缝内衣具有舒适、贴体、时尚的特点,无缝内衣产品有男女内裤、背心、泳装、女性文胸等贴身系列服装。

（一）上装

1. 胸衣

（1）机型：单面无缝内衣机。

（2）机器规格：$E28$。

（3）原料与穿纱：每一路的 2 号喂纱嘴穿 22/33dtex 氨/锦包缠纱作为地纱；第 1 路、第 3 路、第 5 路、第 7 路的 7 号喂纱嘴穿 S 向的 78dtex/68f 弹性锦纶丝，第 2 路、第 4 路、第 6 路、第 8 路的 7 号喂纱嘴穿 Z 向的 77dtex/68f 弹性锦纶丝作为面纱；第 4 路、第 8 路的 3 号喂纱嘴穿 233dtex 氨纶裸丝，在编织下摆时进入工作，增加下摆部段的弹性。

（4）织物组织：如图 1 - 1 - 4 所示。

下机后，圆筒形坯布经后整理和稍作裁剪及包边、上带，即可形成最终产品。

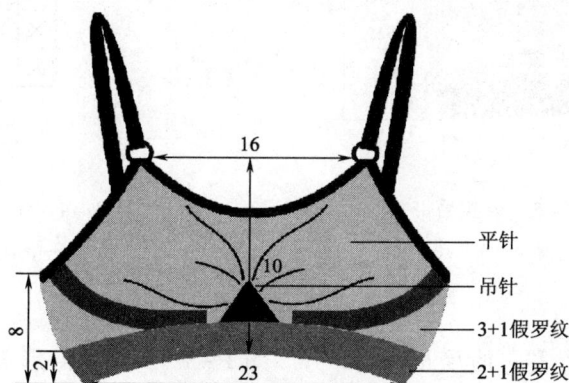

图 1 - 1 - 4　胸衣

2. 女式吊带衫

（1）机型：单面无缝内衣机。

（2）机器规格：$E28$。

（3）原料与穿纱：每一路的 2 号喂纱嘴穿 22/77dtex 氨/锦包缠纱；第 1 路、第 3 路、第 5 路、第 7 路的 7 号喂纱嘴穿 100dtex 的黑色棉纱，第 2 路、第 4 路、第 6 路、第 8 路的 7 号喂纱嘴穿 100dtex 白色棉纱；为了增加下摆部段的弹性，第 4 路、第 8 路的 3 号喂纱嘴穿 122dtex 氨纶裸丝，只在编织下摆时进入工作。

（4）织物组织：款式如图 1 - 1 - 5 所示，全部采用 1 + 1 假罗纹，如图 1 - 1 - 6 所示。图 1 - 1 - 6 中，第 1、3…纵行在每路成圈系统中均成圈，第 2、4…纵行仅在偶数成圈系统成圈，而在奇数成圈系统不编织。因此，奇数纵行和偶数纵行的密度比为 2∶1，偶数纵行形成的拉长线圈大且松，其背后有浮线，使该线圈纵行向织物正面拱起，形成凸条纹；同时，奇数纵行的线圈一部分转移进入相邻的拉长线圈中，线圈小而紧密，凹陷在相邻大线圈纵行中，形成凹条纹，织物的外观很像 1 + 1 罗纹组织。常用假罗纹组织有 1 + 1、2 + 1、2 + 2、3 + 2 等结构。结构的命名中前一数字代表凸条纹的纵行数，后一数字代表凹条纹的纵行数。不同配比的假罗纹具有不同的横向收缩率。

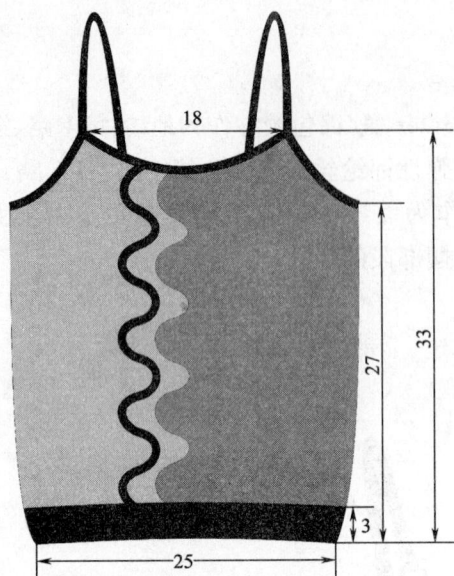

图 1 - 1 - 5 女式吊带衫

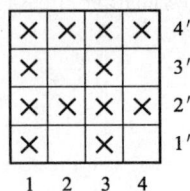

图 1 - 1 - 6 1+1 假罗纹意匠图
⊠—正面线圈 □—浮线

3. 美体女上衣

美体女上衣可分为左右衣袖及大身两部分。图 1 - 1 - 7 为圆筒形美体女上衣的大身正面。整件大身由下摆、束腰、文胸、肩袖、领口五个部分组成。上衣的形态变化是依靠组织结构的变化来实现的。

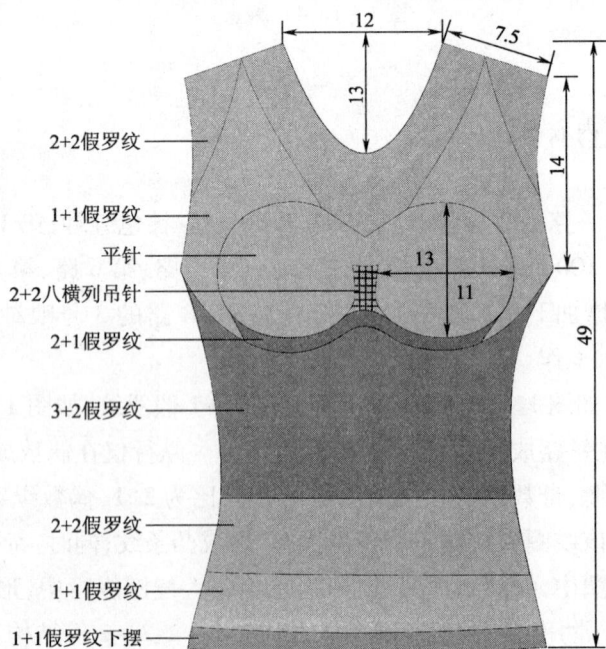

2+2假罗纹

1+1假罗纹

平针

2+2八横列吊针

2+1假罗纹

3+2假罗纹

2+2假罗纹

1+1假罗纹

1+1假罗纹下摆

图 1 - 1 - 7 美体女上衣的大身正面

（1）机型：单面无缝内衣机。

（2）机器规格：*E*28。

（3）原料与穿纱：每一路的 2 号喂纱嘴穿 33dtex 锦纶丝作为地纱，第 1 路、第 3 路、第 5 路、第 7 路的 7 号喂纱嘴穿 10tex 棉纱，第 2 路、第 4 路、第 6 路、第 8 路的 7 号喂纱嘴穿 22/78dtex 的氨/锦纶包缠丝作为面纱。第 4 路、第 8 路的 3 号喂纱嘴穿 233dtex 高弹锦纶丝，只在编织下摆部段时进入工作，以增强产品下摆部段的弹性。

（4）织物组织：大身组织结构根据服装成形要求及卫生功能性选择配置，如图 1 - 1 - 7 所示，其中吊针组织结构如图 1 - 1 - 8 所示；袖身并不是无缝的，而是将下机后的圆筒形织物一分为二，再各自拼缝成为一件衣服的两只袖子，如图 1 - 1 - 9 所示。

图 1 - 1 - 8　吊针结构示意图
⊠—正面线圈　□—浮线

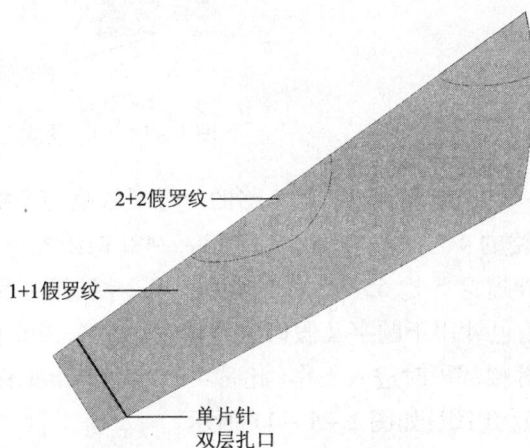

图 1 - 1 - 9　美体女上衣的衣袖

（二）下装

1. 花式三角裤

（1）机型：单面无缝内衣机。

（2）机器规格：*E*28。

（3）原料与穿纱：每一路的 2 号喂纱嘴穿 22/33dtex 氨/锦包缠纱作为地纱；第 1 路、第 3 路、第 5 路、第 7 路的 7 号喂纱嘴和第 2 路、第 4 路、第 6 路、第 8 路的 7 号喂纱嘴分别穿 10tex 棉纱及 33dtex 锦纶弹力丝作为面纱。第 4 路、第 8 路的 3 号喂纱嘴穿 233dtex 氨纶裸丝，只在编织裤腰部段时进入工作，以增加裤腰部段的弹性。

（4）织物组织：如图 1 - 1 - 10 所示。

2. 男式平角裤

（1）机型：单面无缝内衣机。

（2）机器规格：*E*28。

（3）原料与穿纱：第 1 路、第 3 路、第 5 路、第 7 路的 2 号喂纱嘴穿 Z 捻 20/33dtex 氨/锦纶包缠纱及第 2 路、第 4 路、第 6 路、第 8 路的 2 号喂纱嘴穿 S 捻 20/33dtex 氨/锦纶包缠纱作为地

17

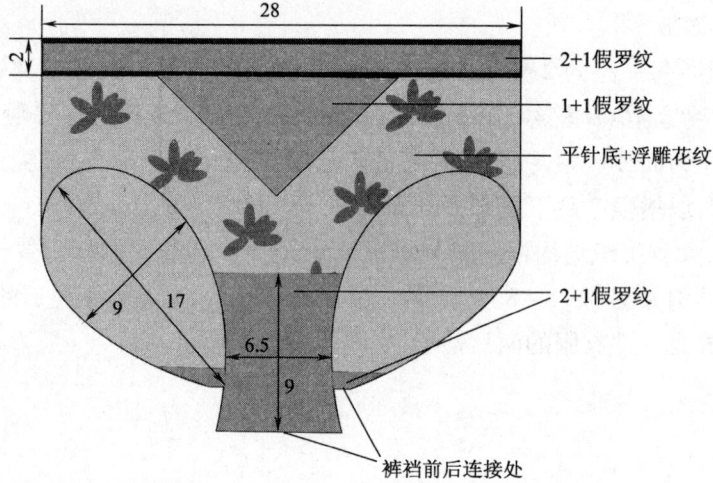

图 1 – 1 – 10　花式三角裤

纱,第 1 路、第 3 路、第 5 路、第 7 路的 4 号喂纱嘴穿 S 捻 78dtex/48f 锦纶丝及第 2 路、第 4 路、第 6 路、第 8 路的 4 号喂纱嘴穿 Z 捻 78dtex/48f 锦纶丝作为面纱,第 1 路、第 3 路、第 5 路、第 7 路的 8 号喂纱嘴穿 S 捻 55dtex 涤纶色纱,第 2 路、第 4 路、第 6 路、第 8 路的 8 号喂纱嘴穿 Z 捻 55dtex 涤纶色纱用于题字及假口袋袋口,第 2 路、第 6 路的 3 号喂纱嘴穿 210dtex 的氨纶裸丝,只在编织裤腰部段时进入工作(此时 4 号纱嘴退出工作),以增强产品腰部的弹性。

(4)织物组织:如图 1 – 1 – 11 所示。

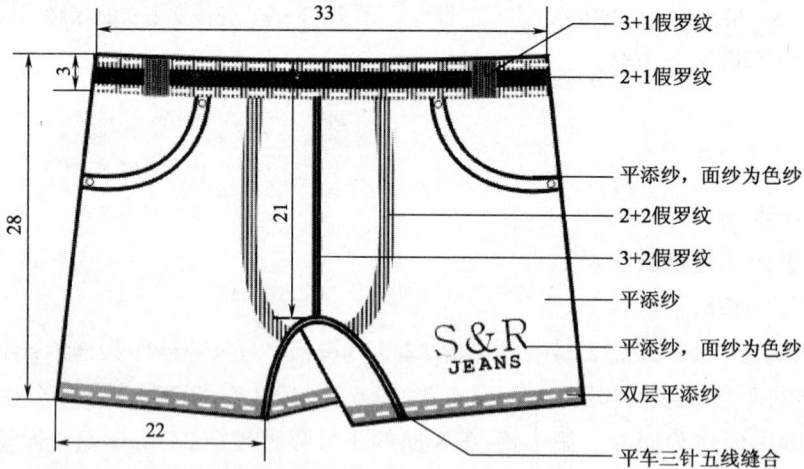

图 1 – 1 – 11　男式平角裤

3. 七分裤

(1)机型:单面无缝内衣机。

(2)机器规格:E28。

(3)原料与穿纱:每一路的 2 号喂纱嘴穿 20/78dtex 氨/锦纶包缠纱作为地纱,每一路的 5 号喂纱嘴穿 14tex 精梳棉作为面纱,第 2 路、第 6 路的 3 号喂纱嘴穿 210dtex 的氨/双锦纶包缠纱,只在编织裤腰部段时进入工作(此时 5 号纱嘴退出工作),以增强产品腰部的弹性。

裤腿并不是无缝的,而是将下机后的圆筒形织物按规定尺寸剪开,再用平车拷边缝合。

(4)织物组织:如图 1 – 1 – 12 所示。

4. 中裤

(1)机型:单面无缝内衣机。

(2)机器规格:*E*28。

(3)原料与穿纱:第 1 路、第 3 路、第 5 路、第 7 路的 2 号喂纱嘴穿 Z 捻 20/33dtex 氨/锦纶包缠纱及第 2 路、第 4 路、第 6 路、第 8 路的 2 号喂纱嘴穿 S 捻 20/33dtex 氨/锦纶包缠纱作为地纱,第 1 路、第 3 路、第 5 路、第 7 路的 4 号喂纱嘴穿 S 捻 78dtex /48f 锦纶及第 2 路、第 4 路、第 6 路、第 8 路的 4 号喂纱嘴穿 Z 捻 78dtex /48f 锦纶丝作为添纱,第 2 路、第 6 路的 3 号喂纱嘴穿 210dtex 的氨纶裸丝,只在编织裤腰部段时进入工作(此时 4 号纱嘴退出工作),以增强产品腰部的弹性。

裤腿并不是无缝的,而是将下机后的圆筒形织物按规定尺寸剪开,再用平车拷边缝合。

(4)织物组织:如图 1 – 1 – 13 所示。

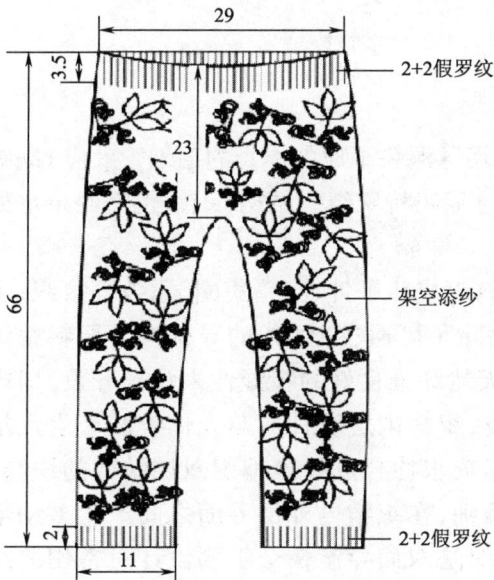

图 1 – 1 – 12　七分裤

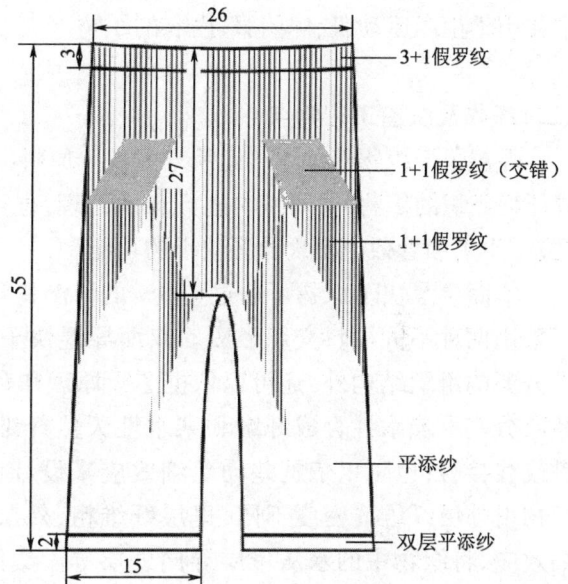

图 1 – 1 – 13　中裤

(三)无缝内衣织造工艺要点

(1)原料规格配置:无缝内衣产品多采用添纱组织,为使产品获得良好的覆盖效果,在添纱与地纱的线密度上要注意匹配。

(2)纱线张力控制:为了织机能正常编织且产品具有良好的覆盖性能,纱线张力的设定是至关重要的。通常地纱张力为 1.5 ~ 3.5cN,添纱张力为 2.5 ~ 5cN。

(3)线圈长度控制:在无缝针织机上,由于产品多为一次成形,因此尺寸稳定极为重要。线圈长度不仅决定了成品尺寸、面料风格,同时直接影响到产品能否顺利编织,因此必须严格控制线圈长度。

（4）吸风风力控制：无缝内衣机采用的是吸风式牵拉装置，吸风风力大小对线圈大小、产品下机尺寸、布面质量都会产生一定的影响。

三、导湿快干织物

导湿快干织物生产主要是通过运用导湿快干原料、组织结构以及对织物进行亲水处理手段来实现的。

（一）原料

导湿快干织物的原料有异形截面纤维、中空微多孔纤维、超细聚酯纤维和复合纤维。目前异形聚酯纤维的截面形状主要有 X 形、Y 形、三叶形、十字形、星形、π 形、∞ 形、狗骨形、W 形、不定形异形截面等。复合纤维以聚酯和棉复合为主，如以高中空聚酯为芯以棉为鞘的复合纤维、中空形状的棉与聚酯的复合纤维、铜氨纤维与特殊聚酯的复合纤维等。近年来，通过对棉纤维进行特殊加工使棉制品具有很好的导湿快干性，如以水溶性维纶为芯、以棉为鞘，并将维纶溶解形成的中空丝，或通过先对棉进行疏水处理后、再对棉实施吸水处理的方式。导湿快干原料主要用于生产运动服、休闲服、内衣的织物。

（二）织物及织造工艺要点

导湿快干织物的编织可运用导湿快干原料（即利用导湿快干原料本身的毛细管效应）编织成任何组织的织物，并对织物进行亲水处理，也可通过编织特殊组织结构（织物也需经亲水处理）产生毛细管效应实现导湿快干的功能。

单面导湿快干织物可通过 100% 的导湿快干原料织成纬平针、交错集圈、添纱等组织，也可采用两种不同原料交织形成。双面导湿快干织物除了可通过 100% 的导湿快干原料编织所需要的组织结构外，还可以依据芯吸原理和利用天然纤维良好的吸湿性来设计开发，即内外层分别由疏水性合成纤维和亲水性天然纤维构成，织物内层设计成与人体皮肤产生点接触或线接触；也可以依据差动毛细效应来设计：利用疏水性合成纤维编织双层结构的织物，织物里外层纤维线密度不同，里层纤维粗，外层纤维细，在织物内外层界面之间产生差动毛细效应，将织物中的水从里层导向外层等。集圈组织是双面导湿快干织物设计时常用的组织之一。

（1）单珠地织物

①机型：单面针织圆机。

②机号：E28。

③筒径：762mm（30 英寸）。

④原料：83dtex（75 旦）/36f Coolmax 涤纶丝 + 14.8tex 精梳棉纱。

⑤织针配置：织针按 AB 顺序循环排列。

⑥三角排列：如图 1 - 1 - 14 所示。

⑦穿纱方式：第 1 路、第 2 路、第 4 路、第 5 路

路数\针道	1	2	3	4	5	6
A	∧	∧	∧	∧	⊓	⊓
B	∧	⊓	⊓	∧	∧	∧

图 1 - 1 - 14　单珠地织物三角排列

穿 83dtex/36f Coolmax 涤纶丝,第 3 路、第 6 路穿 14.8tex 精梳棉纱。

⑧光坯门幅:180cm。

⑨织物克重:130g/m^2。

(2)单面花纹织物。

①机型:单面针织圆机。

②机号:$E24$。

③筒径:762mm(30 英寸)。

④原料:111dtex(100 旦)/36f Cooldry 涤纶丝 +18.3tex 股线(棉)。

⑤织针配置:织针按 AB 顺序循环排列。

⑥三角排列:图 1 - 1 - 15 所示。

⑦穿纱方式:第 1 路、第 4 路穿本白色(或浅色)18.3tex 股线(棉),第 2 路、第 3 路、第 5 路、第 6 路穿藏青色(或深色)111dtex/36f Cooldry 丝。

⑧光坯门幅:200cm。

⑨织物克重:175g/m^2。

(3)超细聚酯网孔织物。

①机型:双面针织圆机。

②机号:$E28$。

③筒径:864mm(34 英寸)。

④原料:83dtex(75 旦)/72f 涤纶丝。

⑤织针配置:如图 1 - 1 - 16(a)所示。

⑥三角排列:如图 1 - 1 - 16(b)所示。

⑦光坯门幅:190cm。

⑧织物克重:130g/m^2。

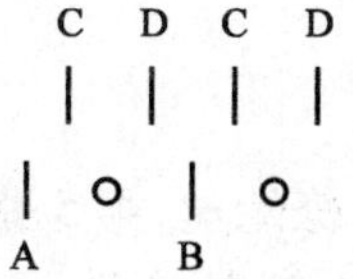

路数\针道	1	2	3	4	5	6
A	∧	∧	∧	⊓	⊓	⊓
B	⊓	⊓	⊓	∧	∧	∧

图 1 - 1 - 15　单面花纹织物三角排列

针道\路数		1	2	3	4	5	6	7	8	9	10	11	12
针盘	D	∨	∨	—	—	—	—	∨	∨	—	—	—	—
	C	∨	∨	—	—	—	—	∨	∨	—	—	—	—
针筒	A	∧	∧	⊓	∧	⊓	⊓	—	—	∧	⊓	∧	∧
	B	—	—	∧	⊓	∧	∧	∧	∧	⊓	∧	⊓	⊓

(a)织针配置　　(b)三角排列

图 1 - 1 - 16　超细聚酯网孔织物织针配置及三角排列

(4)网格织物。

①机型:双面针织圆机。

②机号:$E24$。

③筒径:864mm(34 英寸)。

④原料:167dtex(150 旦)/144f 涤纶丝 +83dtex(75 旦)/36f Cooldry 涤纶丝。

⑤织针配置:如图 1-1-17(a)所示。

⑥三角排列:如图 1-1-17(b)所示。

⑦穿纱方式:第 1 路、第 2 路、第 3 路、第 4 路、第 5 路、第 6 路、第 10 路、第 11 路、第 12 路、第 13 路、第 14 路、第 15 路穿 Cooldry 丝,第 7 路、第 8 路、第 9 路、第 16 路、第 17 路、第 18 路穿涤纶丝。

⑧织物克重:160g/m²。

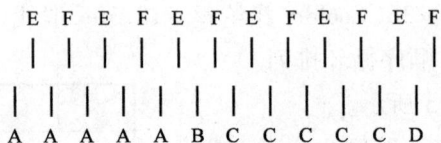

(a) 织针配置

针道 \ 路数		1	2	3	4	5	6	7	8	9	10	11	12	13	14	15	16	17	18
针盘	F	∨	—	∨	—	∨	—	—	—	—	∨	—	∨	—	∨	—	—	—	—
	E	—	∨	—	∨	—	∨	—	—	—	—	∨	—	∨	—	∨	—	—	—
针筒	A	∧	∧	∧	∧	∧	∧	∧	∧	∧	—	—	—	—	—	—	∧	∧	∧
	B	—	—	—	—	—	—	∧	∧	∧	—	—	—	—	—	—	∧	∧	∧
	C	—	—	—	—	—	—	∧	∧	∧	—	—	—	—	—	—	∧	∧	∧
	D	—	—	—	—	—	—	∧	∧	∧	—	—	—	—	—	—	∧	∧	∧

(b) 三角排列

图 1-1-17　网格织物织针配置及三角排列

(5)竖条网点织物。

①机型:双面针织圆机。

②机号:E28。

③原料:167dtex(150 旦)/144f 涤纶丝 + 83dtex(75 旦)/36f Cooldry 涤纶丝 + 83dtex(75 旦)/48f 普通涤纶丝。

④织针配置:如图 1-1-18(a)所示。

⑤三角排列:如图 1-1-18(b)所示。

⑥穿纱方式:第 1 路、第 3 路、第 7 路、第 9 路穿 83dtex/36f Cooldry 涤纶丝,第 5 路、第 11 路穿 167dtex/144f 涤纶丝,第 2 路、第 4 路、第 6 路、第 8 路、第 10 路、第 12 路穿 83dtex/48f 普通涤纶丝。

⑦光坯门幅:185cm。

⑧织物克重:135g/m²。

(6)棉盖涤蜂窝织物。

①机型:双面大圆机。

②机号:E24。

③筒径:864mm(34 英寸)。

④原料:83dtex(75 旦)/36f 涤纶拉伸变形丝 + 14.8tex(40 英支)精梳棉纱。

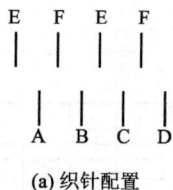

```
    E  F  E  F
    |  |  |  |

    |  |  |  |
    A  B  C  D
```

(a) 织针配置

针道\路数		1	2	3	4	5	6	7	8	9	10	11	12
针盘	F	√	—	√	—	√	—	√	—	√	—	√	—
	E	√	—	√	—	√	—	√	—	√	—	√	—
针筒	A	—	∧	—	∧	—	∧	⊓	∧	⊓	∧	—	∧
	B	—	∧	—	∧	—	∧	—	∧	—	∧	—	∧
	C	—	∧	—	∧	—	∧	—	∧	—	∧	—	∧
	D	⊓	∧	⊓	∧	—	∧	—	∧	—	∧	—	∧

(b) 三角排列

图 1 - 1 - 18　竖条网点织物织针配置及三角排列

⑤织针配置:如图 1 - 1 - 19(a)所示。

⑥三角排列:如图 1 - 1 - 19(b)所示。

⑦穿纱方式:第 1 路、第 3 路、第 5 路、第 7 路、第 9 路、第 11 路穿 83dtex/36f 涤纶拉伸变形丝;第 2 路、第 4 路、第 6 路、第 8 路、第 10 路、第 12 路穿 14.8tex 精梳棉纱。

⑧织物克重:185g/m²。

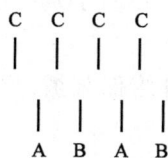

```
    C  C  C  C
    |  |  |  |

    |  |  |  |
    A  B  A  B
```

(a) 织针配置

针道\路数		1	2	3	4	5	6	7	8	9	10	11	12
针盘	C	√	—	√	—	√	—	√	—	√	—	√	—
针筒	A	⊓	∧	⊓	∧	—	∧	—	∧	—	∧	—	∧
	B	—	∧	—	∧	—	∧	—	∧	⊓	∧	⊓	∧

(b) 三角排列

图 1 - 1 - 19　棉盖涤蜂窝织物织针配置及三角排列

(7)双面网点织物。

①机型:双面大圆机。

②机号:E24。

③筒径:864mm(34 英寸)。

④原料:167dtex(150 旦)/144f 涤纶丝 + 83dtex(75 旦)/48f Cooldry 涤纶丝。

⑤织针配置:如图 1 - 1 - 20(a)所示。

⑥三角排列:如图 1 - 1 - 20(b)所示。

⑦穿纱方式:第 1 路、第 2 路、第 4 路、第 6 路、第 7 路、第 9 路穿 167dtex/144f 涤纶丝;第 3 路、第 5 路、第 8 路、第 10 路穿 83dtex/48f Cooldry 涤纶丝。

⑧光坯门幅：180cm。

⑨织物克重：210g/m²。

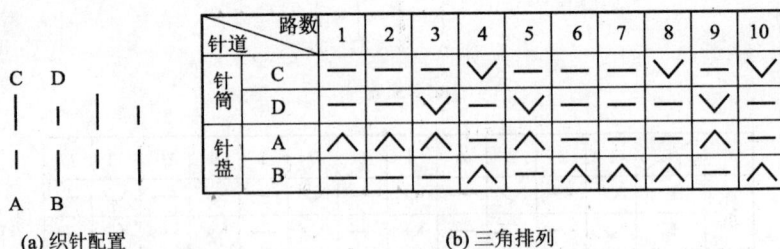

(a) 织针配置　　　　　(b) 三角排列

针道		路数	1	2	3	4	5	6	7	8	9	10
针筒	C		—	—	—	∨	—	—	—	∨	—	∨
	D		—	—	∨	—	∨	—	—	—	∨	—
针盘	A		∧	∧	∧	∧	—	—	—	—	∧	—
	B		—	—	—	∧	∧	—	∧	∧	∧	∧

图1-1-20　双面网点织物织针配置及三角排列

四、保暖针织内衣类织物

保暖针织内衣类织物一般采用棉、羊毛或选用各种具有保暖功能的原料，组织结构一般采用双面组织、花色组织、复合组织结构等，还可以通过对织物进行拉绒、刷绒、磨绒等后整理工艺来提高保暖性能。

（一）原料

具有保暖功能的针织原料主要有以下几类。

（1）在纺丝过程中加入远红外陶瓷粉末，使纤维具有远红外保暖功能。

（2）中空保暖纤维，纤维中空率为20%~30%，如Thermolite纤维、Sunlite纤维、ThermalTech纤维、Pyrocle纤维等。

（3）中空+异截面保暖纤维，如具有排汗拒湿功能的环形聚丙烯纤维COMTEX、ThermoCool聚酯纤维等。

（4）中空+细旦保暖纤维，如具有细旦、单孔、高中空特征的聚酯纤维保莱绒，超细旦抗起球腈纶和粘胶纤维组成的纤维Softwarm等。

（5）各种发热保暖纤维，如亚烯酸盐系纤维EKS、铜铵类纤维Thermogear等。

目前，除常规天然纤维棉、羊毛、羊绒等原料用于保暖针织内衣类面料生产外，还可以选用对天然纤维进行改性或具有特殊结构的纤维，以获得柔软手感和保暖性能。如具有皮芯结构的中空棉纱SPINAIR，其纱线芯层为维纶、纱线表层为棉，当纱的芯部溶解后变成空洞，从而产生中空效应；棉/羊毛包芯纱的纱芯为羊毛（10%），外周包棉（90%）；细化羊毛：对普通羊毛进行拉伸和定形，其蛋白质大分子重新排列，使羊毛纤维变细变长，可纯纺或与羊绒、真丝等混纺生产轻薄型针织内衣面料等。

（二）织物及织造工艺要点

保暖针织内衣类织物可选用上述天然纤维类原料或具有保暖功能的纤维原料，经双罗纹、提花、集圈、衬垫、衬纬、毛圈、复合组织如绗缝、空气层、粗细针距等组织结构编织而成。为提高保暖内衣与皮肤的柔软触肤性能和保暖性能，也可以在后整理过程中，对织物的一面进行拉绒、刷绒、磨绒等整理。

1. 绗缝织物

绗缝织物一般均在上下针分别进行单面编织而形成的夹层中加入衬纬纱,也可不衬入纬纱,但后者绗缝效果不如前者,由双面编织中下针选针成圈或集圈形成具有一定图案且连接正反面的绗缝。绗缝织物在夹层中储存较多的空气,故保暖性好,厚实丰满。地组织大多采用棉、涤/棉以及新型纤维纱线,衬纬纱常用低弹涤纶丝以增加织物的弹性,也可以采用花色纱或具有保暖功能的纤维,这样在市场上出现了高、中、低档次的针织保暖内衣。

(1)直条花纹保暖内衣织物(选针集圈)。

①机型:(2+4)双面大圆机。

②机号:$E22$。

③原料:19.7tex(30英支)精梳棉纱+167dtex(150旦)/48f×2涤纶半消光丝;织物用纱比例为棉85%,涤纶15%。

④织针配置:如图1-1-21(a)所示。

⑤三角排列:如图1-1-21(b)所示。该织物12路一个完全组织。

⑥穿纱方式:第1路、第3路、第4路、第6路、第7路、第9路、第10路、第12路穿19.7tex(30英支)精梳棉;第2路、第5路、第8路、第11路衬入167dtex/48f×2涤纶半消光丝。

⑦织物克重:295g/m²。

D	E	D	E	D	E	D	E	D	E	D	E	D	E	D	E	D	E	D	E	D	E	针盘

A	A	A	A	A	A	A	A	A	A	A	A	A	A	A	A	A	A	A	B	C	B	针筒

(a) 织针配置

针道＼路数		1 4 7 10	2 5 8 11	3 6	9 12
针盘	E	—	—	∨	∨
	D	—	—	∨	∨
针筒	A	∧	—	—	—
	B	∧	—	—	∏
	C	∧	—	∏	—

(b) 三角排列

图1-1-21　直条花纹保暖内衣织物织针配置及三角排列

在(2+4)双面大圆机上,可以相同方式在针筒针选针集圈构成人字形、小菱形、纵向曲折形等花纹。

(2)菱形花纹保暖内衣织物(选针成圈)。

①机型:带衬纬导纱装置的双面提花大圆机。

②机号:$E24$。

③原料:77dtex(70旦)涤纶纱+167dtex(150旦)涤纶低弹丝+14.8tex(40英支)精梳棉

纱 +56dtex(50 旦)涤纶纱四种纱线。

④组织结构和编织工艺:菱形图案花宽 25 纵行,花高 40 横列,每四路完成 1 个花纹横列,编织时,第 4 路、第 8 路、第 12 路、…、第 156 路、第 160 路通过下针选针成圈,形成一个菱形绗缝花纹。局部编织图如图 1 - 1 - 22 所示。

⑤穿纱方式:四种纱线循环穿放。即第 1 路、第 5 路、第 9 路、第 13 路、…、第 157 路穿 77dtex 涤纶纱;第 2 路、第 6 路、第 10 路、第 14 路、…、第 158 路衬入 167dtex 涤纶低弹丝;第 3 路、第 7 路、第 11 路、第 15 路、…、第 159 路穿入 14.8tex 精梳棉纱;第 4 路、第 8 路、第 12 路、第 16 路、…、第 160 路穿入 56dtex 涤纶纱。

⑥织物克重:230g/m²。

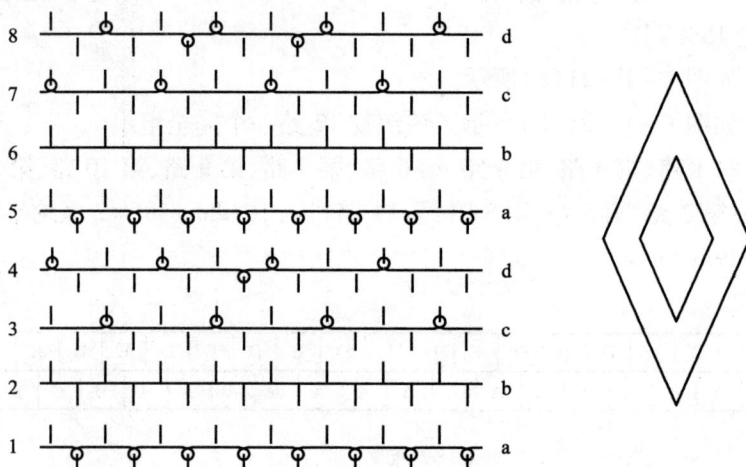

图 1 - 1 - 22 菱形花纹保暖内衣织物局部编织图

a—77dtex 涤纶纱 b—167dtex 涤纶低弹丝 c—14.8tex 精梳棉纱 d—56dtex 涤纶纱

2. 空气层织物

空气层织物一般在双面大圆机上,针盘针和针筒针分别在各自针床(筒)上进行单面编织,而后再双面编织形成的夹层织物。该织物具有表面平整、厚实、横向延伸性小、紧密、尺寸稳定性能好等特点。

(1)纵向条纹网孔织物。

①机型:带变换三角的双罗纹机。

②机号:E20。

③原料:19.7tex×2(30/2 英支)精梳棉纱。

④织针配置:如图 1 - 1 - 23(a)所示。

⑤三角排列:如图 1 - 1 - 23(b)所示。该织物 4 路一个完全组织。

⑥织物克重:240g/m²。

(2)"两面派"织物。

①机型:双面提花大圆机。

②机号:E22。

③筒径:762mm(30 英寸)。

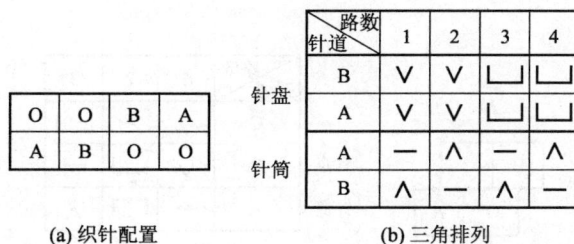

路数 针道		1	2	3	4
针盘	B	V	V	⊔	⊔
	A	V	V	⊔	⊔
针筒	A	—	∧	—	∧
	B	∧	—	∧	—

O	O	B	A
A	B	O	O

(a) 织针配置　　　　(b) 三角排列

图 1-1-23　纵向条纹网眼织物织针配置及三角排列

④原料:14.8tex(40英支)竹/棉(55/45)纱+18.5tex(32英支)精梳棉纱+22dtex(20旦)氨纶丝。

⑤织针配置:如图1-1-24(a)所示。

⑥三角排列:如图1-1-24(b)所示。该织物6路一个完全组织。

⑦穿纱方式:第1路、第4路穿入14.8tex竹/棉纱;第2路、第5路穿入14.8tex竹/棉纱+22dtex氨纶丝;第3路、第6路穿入18.5tex精梳棉纱。

⑧织物克重:312g/m²。

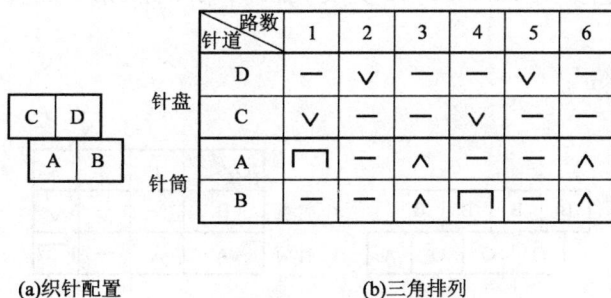

路数 针道		1	2	3	4	5	6
针盘	D	—	V	—	—	V	—
	C	V	—	—	V	—	—
针筒	A	⌐	—	∧	—	—	∧
	B	—	—	∧	⌐	—	∧

C	D	
	A	B

(a)织针配置　　　　(b)三角排列

图 1-1-24　"两面派"织物织针配置及三角排列

3. 粗细针距织物

该织物结构为两面派类型,但下针筒的针距是上针盘的一倍甚至几倍,下针采用较粗的纱线而上针采用较细纱线编织,织物正面(下针编织)的横密(甚至纵密)要小于反面(上针编织)。织物正面呈现粗犷的纵条,反面较平滑细密。

(1)正反面横密比为1∶2的粗细针距织物(纵密比为1∶1)。

①机型:双面多针道机。

②机号:E20(针盘)/E10(针筒)。

③原料:18.5tex(32英支)棉纱+111dtex(100旦)涤纶纱+59.1tex(10英支)棉纱。

④织针配置:如图1-1-25(a)所示。

⑤三角排列:如图1-1-25(b)所示。该织物3路一个完全组织。

⑥穿纱方式:第1路穿入18.5tex棉纱;第2路穿入111dtex涤纶纱;第3路穿入59.1tex棉纱。

⑦织物克重:270g/m²。

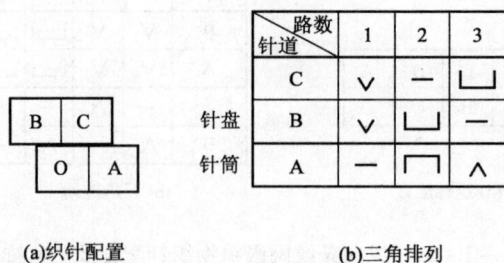

	路数	1	2	3
	C	∨	—	⊔
针盘	B	∨	⊔	—
针筒	A	—	⊓	∧

(左侧配置图)

B C

O A

(a)织针配置　　　　(b)三角排列

图1-1-25　粗细针距织物织针配置及三角排列

（2）正反面横密比为1:4的粗细针距织物（纵密比为1:2）。

①机型:双面多针道机。

②机号:$E16$（针盘）/$E4$（针筒）。

③原料:18.5tex(32英支)棉纱+59.1tex(10英支)棉纱。

④织针配置:如图1-1-26(a)所示。

⑤三角排列:如图1-1-26(b)所示。该织物3路一个完全组织。

⑥穿纱方式:第1路穿入18.5tex(32英支)棉纱;第2路、第3路穿入59.1tex(10英支)棉纱。

⑦织物克重:200g/m²。

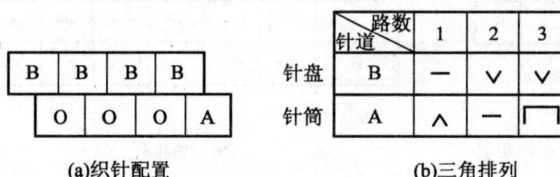

	路数	1	2	3
针盘	B	—	∨	∨
针筒	A	∧	—	⊓

(左侧配置图)

B B B B

O O O A

(a)织针配置　　　　(b)三角排列

图1-1-26　粗细针距织物织针配置及三角排列

（三）后整理工艺

在后整理过程中,经拉绒、刷绒、磨绒等方式获得的绒类织物均可以生产保暖针织内衣。该绒类织物具有质地厚实、手感柔软、弹性好,给人以亲切、舒适和温馨的感觉。

1. 拉绒

拉绒主要用于毛、棉及腈纶等针织物。织物在干燥状态下起毛时绒毛蓬松而较短;在湿态时,由于纤维延伸度较大,表层纤维易于起毛,因此毛织物在喷湿后起毛可获得较长的绒毛,浸水后起毛可得到波浪形长绒毛;棉织物宜用干起毛。作为内衣用的拉绒织物,一般采用容易起绒的中空涤棉混纺等拉绒纱,经拉绒整理工艺制备而成。若所需的绒长比较长,一般采用纯化纤原料。经拉绒整理后的绒毛层可提高织物的保暖性,并使手感丰满、柔软。若将拉绒和剪毛等工艺配合,可提高织物的整理效果。

（1）纬编衬缝组织的拉绒织物。

①机型:4 针道双面提花机。

②机号:*E*22。

③原料:14.7tex(40 英支)混纺纱(莫代尔纤维 25% + 粘胶纤维 45% + 棉 30%) + 28.1tex(21 英支)中空涤棉混纺纱。为提高织物的弹性,可引入 44dtex(40 旦)氨纶交织。

④编织方法:工艺正面选针编织花纹,由 14.7tex(40 英支)光洁的混纺纱构成;工艺反面为纵条纹,分别由 14.7tex(40 英支)和 28.1tex(21 英支)的混纺纱构成,其中将 28.1tex(21 英支)中空涤棉混纺纱作为工艺反面的起绒纱线。

⑤织物克重:368g/m²。

(2)三色提花拉绒织物。

①机型:双面提花圆纬机。

②机号:*E*16。

③原料:18.5tex(32 英支)精梳棉色纱(红色、深麻灰、浅麻灰) + 28.1tex(21 英支)中空涤棉混拉绒纱 + 44dtex(40 旦)氨纶丝。

④穿纱方式:每 6 路成圈系统循环中,第 1 路、第 3 路、第 5 路依次为三种色纱,同时 44dtex 氨纶丝仅在上针成圈,第 2 路、第 4 路、第 6 路仅为起绒纱。织物效应如图 1 – 1 – 27 所示。

⑤编织方法:针筒针按花纹要求选针编织;针盘针按三色小芝麻点三角配置与编织,反面花纹、针盘针和三角配置如图 1 – 1 – 27(c)所示。

⑥起绒整理方式:织物反面进行拉绒整理。

⑦织物克重:343g/m²。

(a)工艺正面　　　　　　　　(b)工艺反面

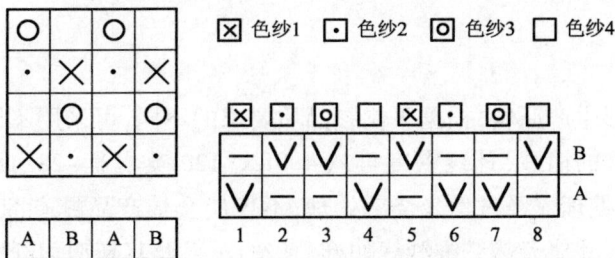

(c)反面花纹、针盘针和三角配置

图 1 – 1 – 27　三色提花拉绒织物

2. 刷绒

刷绒与拉绒的基本原理相似。目前适用于针织物的刷绒设备有两种,一种是适用平幅针织物,另一种适于单层圆筒形针织物连续性处理。前者可赋予织物表面桃皮绒效果,一般配有多只独立电动机驱动的张力辊,用于调节织物张力,同时也配有多只主动辊,用于调节织物与研磨辊(可由多只毛刷辊组成,材质可为碳化硅等)的接触角,以获得不同的起绒效果。后者适用于所有纤维,一般处理织物的最大幅宽为130cm。

刷绒针织物的组织结构一般比较平整,可以是单面平针、双面罗纹、双罗纹组织等,织物结构比较紧密。

实例:双罗纹刷绒织物。

①机型:双罗纹机。

②机号:E22。

③筒径:762mm(30 英寸)。

④原料:18.5tex(32 英寸)精梳棉纱(50% 为长绒棉)和40dtex(36 旦)氨纶丝交织。

⑤穿纱方式:氨纶丝一隔一路喂入随精梳棉纱成圈。

⑥起绒整理方式:刷绒整理。

⑦光坯扎幅宽度:125cm。

⑧有效门幅:120cm。

⑨织物克重:300g/m²。

3. 磨绒

磨绒是对针织物进行机械整理,在织物表面产生极细的绒毛,并不损害针织物的结构,并赋予织物特殊的绒毛表面,以改善手感和丰满度,使织物更柔软、更富有弹性,改善穿着舒适性。磨绒产品以表面具有微细而密集的短绒面为特征,在磨绒加工过程中,织物的强力损失较大,容易产生破洞。因此,针织磨绒织物一般选择织物表面平整度好、强力较高的产品作坯布,如纬平针、双罗纹组织等。

五、T 恤类织物

T 恤类织物的生产大多采用棉,也可采用其他天然纤维麻、丝、毛及各种新型纤维纱线,结合丰富的针织组织结构设计和特殊的丝光烧毛处理、印花及功能整理等,获得丰富多彩的针织T 恤衫。

(一)原料

棉是常用的 T 恤衫生产原料,根据 T 恤衫品质要求的不同,可采用不同等级的棉纤维、不同纺纱工艺以及不同粗细的棉纱,且线密度可从 4.9tex(120 英支) ~ 28.1tex(21 英支)不等,其中,中细特纱经过变性处理或经过丝光烧毛处理,不仅使全棉产品具有凉爽、吸湿性能,而且抗皱、有光泽、色彩鲜艳。其他天然纤维纱线如麻、真丝、羊毛及其新型化纤原料的纯纺、混纺纱均可使用。除天然纤维外,目前市场上使用较多的新型 T 恤衫面料,其原料有粘胶及改性粘胶系列纤维,如天丝、莫代尔纤维、竹纤维等;再生蛋白质系列纤维如牛奶纤维、珍珠纤维、大豆纤维等;采用吸湿排汗系列纤维生产具有导湿快干功能的针织 T 恤衫,如 Coolmax 纤维、Cooldry 纤维等；以及具有抗菌、抗紫外、负离子等功能的其他功能性纤维等。

(二)织物及织造、后整理工艺要点

T恤类织物可选用上述天然纤维、新型化纤原料经多种组织结构设计和后整理制成。T恤类织物可选用的组织结构范围很广，除常用的单面平针、双面罗纹、双罗纹组织外，还可采用提花、集圈、调线、绕经、添纱、衬垫、移圈以及复合组织等，有色织和素色两条工艺路线，来满足市场各种T恤衫的内在质量和外观效果。为提高纯棉T恤类织物的品质，可分别对棉纱和棉织物进行丝光烧毛整理。T恤类织物还有印花设计、特殊加工以及抗皱免烫等易护理功能整理。

1. 网孔类织物

网孔类织物以单、双面集圈和双面移圈等组织结构为主。单面集圈织物一般将织物的工艺反面作为服装的穿着效应面，凸显网孔效应。

(1)单面集圈珠地网孔织物。

①机型：单面多针道大圆机。

②机号：E28。

③原料：18.5tex(32英支)棉纱。

④编织方法：织物的编织图、织针配置和三角排列如图1-1-28所示。该织物2路一个完全循环。

⑤织物克重：170g/m²。

(2)单面集圈双珠地网孔织物。

①机型：单面多针道大圆机。

②机号：E20。

③原料：18.5tex×2(32英支/2)精梳棉纱。

④编织方法：织物的编织图、织针配置和三角排列如图1-1-29所示。该织物4路一个完

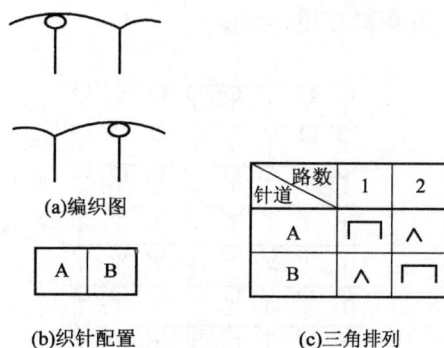

图1-1-28　单面集圈单珠地网孔织物编织图、织针配置及三角排列

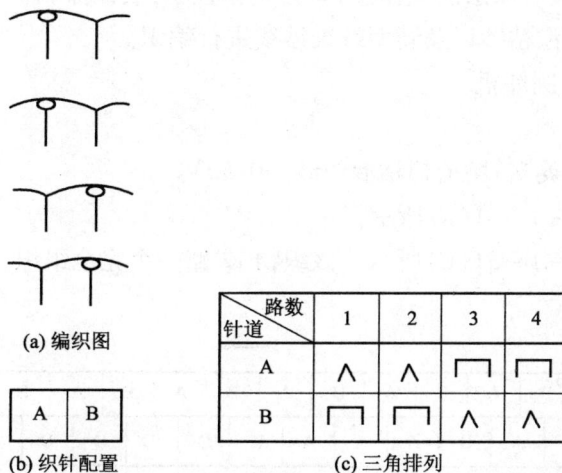

图1-1-29　单面集圈双单珠地网孔织物编织图、织针配置及三角排列

全循环。

⑤织物克重:245g/m²。

(3)粗细纱交织网孔织物。

①机型:单面多针道大圆机。

②机号:E20。

③原料:29.5tex(20 英支)棉纱 +33dtex(30 旦)无色半透明锦纶丝。

④编织方法:织物编织图、织针配置及三角排列图 1 - 1 - 30 所示。该织物 12 路一个完全组织。

⑤穿纱方式:第 1 横列、第 7 横列采用 33dtex(30 旦)无色半透明锦纶丝,其余横列为较粗的 29.5tex(20 英支)棉纱。

⑥织物克重:162g/m²。

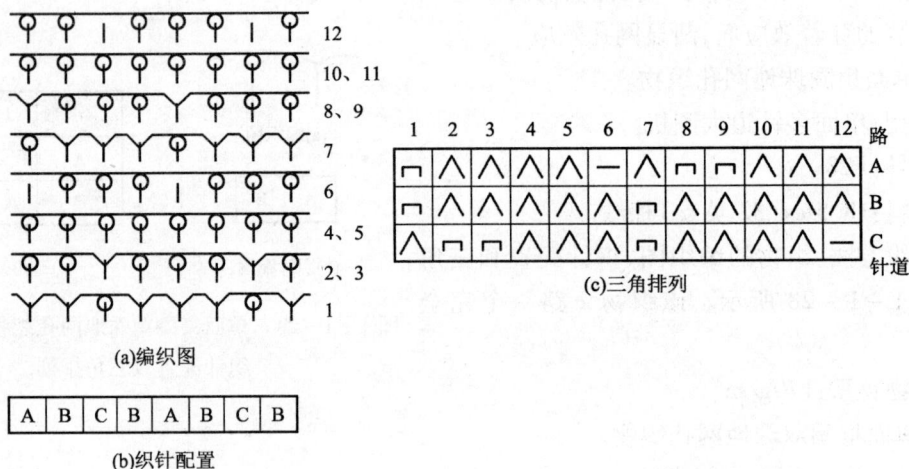

(a)编织图

(c)三角排列

(b)织针配置

图 1 - 1 - 30 粗细纱交织网孔织物编织图、织针配置及三角排列

(4)双面集圈蜂窝织物。双面集圈蜂窝织物的外观具有凹凸的纵向网孔(其纵向长度由设计人员自行决定)效应,具有双层的立体感,纵向延伸性小,表面紧密。该面料一般采用涤纶拉伸变形丝、棉纱、涤棉纱、涤粘纱以及新型纤维纱线进行编织。

①机型:双面(2 +4)圆纬机。

②机号:E24。

③原料:18.5tex(32 英支)精梳棉粘混纺纱(50/50)。

④织针配置:如图 1 - 1 - 31(a)所示。

⑤三角排列:如图 1 - 1 - 31(b)所示。该织物 12 路一个完全组织。

⑥织物克重:170g/m²。

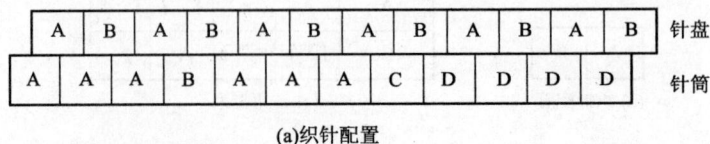

(a)织针配置

路数 针道	1	2	3	4	5	6	7	8	9	10	11	12	
B	−	∨	−	∨	−	∨	−	∨	−	∨	−	∨	针盘
A	−	∨	−	∨	−	∨	−	∨	−	∨	−	∨	
A	∧	−	∧	−	∧	−	∧	−	∧	−	∧	−	
B	∧	⊓	∧	⊓	∧	−	∧	−	∧	−	∧	−	针筒
C	∧	−	∧	−	∧	⊓	∧	⊓	∧	−	∧	−	
D	∧	∧	∧	∧	∧	∧	∧	∧	∧	−	∧	−	

(b)三角排列

图 1 - 1 - 31 双面集圈蜂窝织物织针配置及三角排列

（5）移圈网孔织物。

①织物：双面移圈网孔织物，如图 1 - 1 - 32 所示。

②机型：具有移圈功能的双面电脑提花圆纬机。

③机号：$E15$。

④原料：34.7tex（17 英支）的棉纱。

⑤设计方法：设计移圈网孔织物时，把正面线圈移到反面线圈上，使正面线圈纵行中断，形成网孔。网孔的分布根据花纹要求设计。

⑥编织方法：编织移圈孔眼织物时，移去线圈后的针筒针继续编织，移圈的织针由花纹决定，通过选针实现。移圈处因移去线圈使正面线圈纵行中断而产生小的孔眼效应。

图 1 - 1 - 32 移圈网孔织物

⑦织物效应：具有网孔形成的花纹效应，透气性好。

2.提花、调线类织物

提花类产品一般分为单面提花织物和双面提花织物。常见的提花类 T 恤衫可采用不同颜色纱线编织赋予织物色彩花纹图案，还可以通过结构设计和配置不同种类、性质与线密度的纱线，形成凹凸、网孔等效应。该类产品除了一些完全组织较小的可以在多针道变换三角圆纬机上编织外，通常需要采用机械式选针装置（如拨片式、推片式、插片式、提花轮式等）或电子式选针装置的单面或双面提花圆机来进行生产。如在具有调线和电子选针提花装置结合的设备上，可编织提花加彩色横条纹织物。

（1）单面人字形织物。

①机型：单面四针道大圆机。

②机号：$E24$。

③原料：18.5tex（32 英支）精梳棉纱。

④织针排列：织针按照 ABCDABCDCBADCB 顺序排列，14 枚织针一个循环，如图 1 - 1 - 33（a）所示。

⑤三角配置：如图 1-1-33(b)所示。

⑥穿纱方式：第 1 路、第 3 路、第 5 路、第 7 路、第 9 路、第 11 路、第 13 路、第 15 路穿入红色棉纱；第 2 路、第 4 路、第 6 路、第 8 路、第 10 路、第 12 路、第 14 路、第 16 路穿入黑色棉纱。

⑦织物克重：150g/m²。

A	ǀ				ǀ					ǀ				
B		ǀ				ǀ			ǀ				ǀ	
C			ǀ				ǀ			ǀ				ǀ
D				ǀ				ǀ				ǀ		
针踵＼纵行	1	2	3	4	5	6	7	8	9	10	11	12	13	14

(a)织针配置

针道＼路数	1	2	3	4	5	6	7	8	9	10	11	12	13	14	15	16
A	∧	—	∧	—	∧	—	∧	∧	—	∧	—	∧	—	∧	—	∧
B	—	∧	—	—	∧	—	∧	∧	—	—	∧	—	∧	—	—	∧
C	—	∧	—	∧	∧	—	—	—	∧	∧	—	—	∧	—	∧	—
D	∧	—	—	∧	—	∧	—	—	—	∧	∧	—	∧	∧	—	—

(b)三角排列

图 1-1-33　单面人字形织物织针配置及三角排列

(2)凹凸横条织物。

①机型：单面四针道大圆机。

②机号：E24。

③原料：18.5tex(32 英支)精梳棉纱 + 133dtex(120 旦)莫代尔纱。

④织针配置：织针按照 ABCBABABCBABABCDADADADAD 顺序排列，24 枚织针一个循环，如图 1-1-34(a)所示。

⑤三角排列：如图 1-1-34(b)所示，第 1 路~第 68 路编织网孔组织，第 69 路~第 74 路、第 88 路~第 90 路编织纬平针组织，第 75 路~第 87 路编织浮线结构的褶裥效应组织，第 90 路一个完全组织。

⑥穿纱方式：第 1 路~第 68 路、第 75 路~第 87 路穿入灰色精梳棉纱，第 69 路~第 74 路、第 80 路~第 90 路穿入黑色莫代尔纱。

3.印花类织物

印花是采用各种染料或颜料局部施加在纺织品上，使之获得各种花纹图案的加工过程。不同纤维种类所采用的印花色浆及印花工艺不同，针织 T 恤衫织物应结合针织面料的特点进行选择。

(1)直接印花：将印花色浆直接印在白色织物或浅色织物上获得各种花纹图案的印花方法，工序最简单，适用于各类织物印花。

(2)拔染印花：选用不耐拔染剂的染料染地色，烘干后，用含有拔染剂或同时含有耐拔染剂的花色染料印浆印花，后处理时，印花处地色染料被破坏而消色，形成色地上的白色花纹或因花色染料上染形成的彩色花纹。该印花工序较直接印花复杂，但能够获得底色丰满、花纹细致、色

A	I				I		I				I		I				I		I		I		I	
B		I		I		I		I		I		I		I										
C			I												I									
D																I		I		I		I		I
针踵\纵行	1	2	3	4	5	6	7	8	9	10	11	12	13	14	15	16	17	18	19	20	21	22	23	24

(a)织针配置

路数\针道	1~68				69~74			75~87			88~90		
A	∧	∧	⊓	∧	∧	∧	∧	∧	∧	∧	∧	∧	∧
B	⊔	∧	∧	∧	∧	∧	∧	∧	∧	∧	∧	∧	∧
C	∧	∧	⊓	∧	∧	∧	∧	∧	∧	∧	∧	∧	∧
D	⊔	∧	∧	∧	∧	∧	∧	—	—	—	∧	∧	∧

(b)三角排列

图1-1-34　凹凸横条织物织针配置及三角排列

彩鲜艳的效果。

(3)转移印花:利用转移印花纸将染料转移到织物上,形成的图案花形逼真,花纹细致,加工过程也较简单。其中干法转移印花无需水洗、蒸化等后处理工艺,具有节能环保的特点。

(4)喷墨印花:利用喷墨印花机的喷嘴将含有色素的墨水喷射到织物上形成图案花纹的印花工艺。其成本较高,设计要求高,对墨水的质量要求高,但色彩数量不受限制,无需做筛网,从而节约了时间,生产灵活,印花品质高档,利于环保。

(5)烫胶:在一定温度下将热溶胶按一定的模型烫印在织物上的印花工艺。通常烫胶的面积不大,主要是将标志、徽章等烫在领子、前胸或袖片上,起点缀装饰作用。

(6)烫金:在一定的温度和压力下将电化铝箔烫印到织物表面的工艺过程。

由于技术的进步,各种新兴材料不断出现。T恤衫上的印花可以从单纯的彩色图案向各个领域拓展。例如,增添各种光彩的金光印花、银光印花、珠光印花及钻石印花等,利用环境变化的变色印花,能使静态图案变为动感变化的夜光印花以及防止交通事故的反光印花等。

4.手绘和手工印染类织物

(1)手绘:一种运用画笔、色料在织物或成衣上将事先设计好的或者在头脑中形成的图案绘制出来的服装整理方法,如水彩画的效果、装饰画的效果、国画工笔的神韵、写意画的意境等。手绘可直接将创作者的艺术思维和理念表达出来,也可将制作者的艺术技巧更加充分地表现出来,避免了印花制版的限制,色彩的运用也较随心所欲。

(2)泼染:运用自然变化的色彩在织物上构成和谐、丰富的色彩空间,采用色彩构图,借助水色抒情,色彩之间相互交融,形成的制品朦胧而又自然。

(3)盐染:将粗盐粒有目的地撒在尚未干的泼染面料上,因盐粒的吸湿作用使得泼染面料在干燥的过程中形成特殊的效果。

(4)扎染:利用线、绳等工具,将待染材料以不同的扎结方法扎制,然后经过浸水、染色、解扎、整烫等工序而形成扎染作品。扎制图案的形成取决于扎制方法,不同的扎制技法得到不同的扎染作品,其图案纹样形成不同的风格效果,或清晰,或朦胧,或写实,或抽象。常用的扎染技法有缝扎法、捆扎法、夹扎法、包扎法等,这些技法可以单独使用,但更多的时候是将这些技法综合运用。

(5)蜡染:用蜡进行防染的印染方法,将溶化的蜡液用绘蜡或印蜡工具涂绘或印在面料上,蜡液在面料上冷却并形成纹样,然后将绘或印蜡的织物放在染液中染色,织物上绘或印蜡的纤维被蜡层覆盖,染液不能够渗入,因而不被染色,其他没有绘或印蜡的部位则被染料着色,织物脱蜡后形成图案。传统的蜡染一般是用靛蓝染色,现代蜡染色彩丰富。

5. 烧毛丝光类织物

自 20 世纪 80 年代起,我国已应用圆筒棉针织物的烧毛丝光技术进行高档 T 恤衫织物的生产。其染整工艺路线为:

坯布→烧毛→煮练→水洗→酸洗→中和→水洗→脱水→烘干→丝光(浸碱、透风、扩幅)→热水洗→冷水洗→氧漂→热洗→水洗→加白套兰→柔软→脱水→烘干→轧光→检验。

若染深色针织物可不必用氧漂。

20 世纪 90 年代,进行纱线烧毛丝光和坯布烧毛丝光的双烧双丝工艺生产 T 恤衫织物,纱线烧毛丝光的染整工艺路线为:

烧毛后的纱线→理纱→套纱→滚筒绷紧(加张力)→浸碱→轧碱→热水冲洗→冷水冲洗→轧水→滚筒收缩(去除张力)→脱纱→酸洗→冲洗→中和→水洗。

丝光纱漂白工艺路线为:

丝光纱线→装锅→过氧化氢(双氧水)练漂→排液→热水→回练→冲洗→出锅→水洗。

丝光纱染色工艺路线为:

前处理→绷纱→染色→搁置→水洗→皂洗→水洗。

坯布烧毛丝光(圆筒丝光)工艺路线为:

坯布→烧毛→丝光→热水洗→酸洗→水洗→轧水剖幅→烘干→柔软→定形。

进入 21 世纪,针织物丝光已成为针织染整中的常规工艺,但以往大都是圆筒丝光路线,随着染整设备和工艺的不断更新完善和节能减排技术的涌现,出现了针织物平幅丝光。针织物平幅丝光是针织物连续式前处理、冷轧堆染色相配套的重要工艺环节,在加工高档针织面料时尤其重要。

目前,纯棉、棉氨针织布都大量采用丝光工艺,根据面料组织结构和风格的不同,丝光碱浓度可以有所变化。针织物丝光一般采用直辊和针板链的组合。由于针织物的线圈结构,在施加直向张力时,线圈会发生转移,而在横向施加张力时,又会产生横向密度不匀。在新一代的针织物平幅丝光机上已很好地解决了这一难题,消除了布边横密过大的现象。圆筒丝光时,只要有速度差就会产生弓形痕疵点,而在平幅丝光过程中,一般情况下很难出现。

6. 其他特殊工艺织物

有很多特殊的工艺处理手段也可以作为针织 T 恤衫二次设计的方法,如制旧整理,它赋予服装一种破旧的效果,使其显得自然古朴;制新整理,使织物重新获得从未穿着时的特征,给人一种赏心悦目的感觉。

(1)做旧处理:利用水洗、砂洗、砂纸磨毛、染色等手段,使面料由新变旧,成为面料再造方法之一。有时为了追求粗犷的艺术效果,可对服装的某个部位进行做旧处理,如领口、袖口、肘部、膝盖等部位。

（2）压皱处理:在一定温度、湿度条件下,将织物按照设计的皱痕效果折叠或随意折叠,然后施加外力作用一段时间,除去外力冷却后在织物表面形成皱痕的方法。

（3）烧孔（或激光切割）处理:利用服装材料的可燃性及熔孔性,在织物上进行有规律的烧孔（或激光切割）,从而达到设计的效果。有规律的烧孔处理增添了T恤衫的特殊图案效果。

六、其他功能性内衣类织物

1. 功能性内衣类织物的制备

功能性内衣类织物的功能化要求一般会随使用目的的不同而不同,生产制备功能性内衣类织物的方法也多种多样,涉及纺织、染整、化纤等多种行业门类。其开发途径大体上分为三大类,一是利用纤维本身带有的一定功能来开发功能化内衣类织物,如罗布麻纤维;二是利用具有一种或多种功能纤维来制备功能化内衣类织物,如甲壳素功能内衣;三是通过一系列化学、物理、生物等功能整理的方法使常规内衣类织物功能化,如纳米抗菌整理功能内衣。一般来说,由功能性纤维获得的织物,其功能持久性好;由功能性整理获得的织物,方法简单,加工便宜。

（1）利用功能纤维来制备功能性内衣类织物:功能性纤维不仅具有常规纤维所具有的功能,还兼有一些特殊功能。功能性纤维大多采用以下方法来制备。

①对纤维进行表面加工处理:将天然纤维和化学纤维通过化学或物理手段进行表面处理,从而赋予其一些新的特殊功能。目前,表面加工法主要包括表面处理法和树脂整理发等,如抗静电纤维。

②添加无机功能材料改性:通过原位聚合、共混及复合纺丝等方法将功能性添加剂加入到常规聚合物中制备具有特定功能的纤维。这类功能性纤维的功能一般表现为远红外发射、抗紫外线、抗辐射、抗菌、抗静电、负离子释放、导电等,改性的纤维类型以涤纶为主,还有粘胶纤维、锦纶、丙纶等,纱线品种既有长丝也有短纤维。例如,目前市场比较成熟的抗菌、除臭纤维,采用独特工艺将抗菌剂热固或吸附于纤维表面或渗透到纤维内部制成;远红外纤维,采用具有红外线辐射性的陶瓷粉末渗入到纤维内部制成;芳香纤维,采用香料或芳香微胶囊均匀地混入纺丝切片中直接纺丝制成;抗紫外线、防辐射纤维,是在纤维聚合体内加入能吸收紫外光的超细微粒（如TiO_2）制成。

③常规合成纤维共聚改性:通过共聚等方法部分改变纤维聚合物的高分子结构,使其获得某些特殊功能,如抗静电、导电纤维等。

（2）利用功能整理制备功能性内衣类织物:利用纺织品功能性整理制备功能内衣类织物的方法,主要有物理整理、化学整理和生物生态整理等几种。随着环保要求的提高,内衣类织物在进行功能整理时,所有助剂及工艺必须具有良好的环保性、生产操作安全性、最终产品使用安全性和功能尽可能的持久性。

①物理整理:物理整理又分为浸渍法、浸轧法、涂层法和复合法。

a.浸渍法:将内衣织物浸于整理剂与溶剂形成的均匀溶液中,整理剂随溶液渗透到织物纤维之间的空隙中,并与纤维表面通过分子间表面吸附而附着在面料上,具有工艺操作简单、易控制的优点,但整理剂与织物之间结合牢度不高,易受外界及使用状况影响而丧失特有功能。

b. 浸轧法：是将织物浸入配好整理剂的溶液中，通过压轧使助剂随溶液被挤压到面料的纤维间隙中，具有加工方法简单易行，用普通上浆设备即可实现，成本较低的优点，但存在织物手感与风格特征受溶液的影响略大等缺点。

c. 涂层法：是将配好的整理剂及其他助剂均匀地涂到织物上，并进行焙烘，由于整理剂与织物纤维部分进行接枝聚合或整理剂之间相互聚合，从而在织物外表面形成一层较牢的膜，具有工艺实施难度小，整理剂和织物基体的结合牢度较高，耐用性好，成本低等优点，但面料风格、手感受整理剂及工艺条件的影响较大。

d. 复合法：是将具有或通过与织物复合后具有某些功能的薄膜通过贴合技术形成复合织物，实现织物的功能化。与常规涂层法产品相比，具有质轻柔软、服用性和舒适性较好的优点。

②化学整理：在合适的反应条件下，使织物中的纤维材料与具有某些功能的大分子或单体进行共聚、接枝反应，从而使其中的纤维与功能材料紧密结合，使被处理后的织物具有一定的功能。与物理整理相比，具有永久的使用性能，但技术性较强、成本较高、生产难度较大。

③生物生态整理：采用具有生物活性的生物酶对织物进行整理，具有安全性较高、环境影响小、整理效果好等优点，但生产条件苛刻、成本较高，且对织物的手感、风格特征随所用的生物酶种类不同而不同。

上述功能性纤维和功能性整理方法可以单独使用，也可以联合使用。

目前，功能性内衣产品，除本章上述所述吸湿排汗功能、保暖功能外，比较成熟的还有抗菌功能、防紫外功能、负离子功能、芳香功能、自清洁（防污、易去污）功能等。

2. 抗菌功能内衣类织物

抗菌功能内衣类织物的制备，可选用自然界有天然抗菌功能的动植物纤维，如壳聚糖纤维、竹纤维、大麻纤维、罗布麻纤维等。其中，壳聚糖纤维是从动物外壳或骨骼中提取的甲壳素在浓碱溶液中加热处理后，脱除乙酰基得到的。壳聚糖的应用可以分为两个方面：一方面利用它的成纤维，制成高效、光谱的抗菌织物；另一方面利用它溶于稀酸和反应活性制成各种整理剂，提高纤维和织物的抗菌功能和其他性能。由于壳聚糖纤维价格高，通常采用混纺纱，其含量在10% 时可有明显的抗菌性能作用。大麻纤维是取其韧皮经脱胶制成的天然纤维，具有天然的抗菌防霉功能，由于大麻纤维是麻类纤维中最细、最短的，不能采用传统工艺纺纱，采用特种工艺纺制的纯大麻纱和大麻混纺纱具有编织性能，但麻类织物通常有刺痒感。竹纤维按照选材及加工工艺的不同，可分为天然竹纤维和竹浆纤维。天然竹纤维采用物理的方法，利用纯天然物质的浸出液，通过浸、煮、软化等多道工序，去除木质素及杂质后制成，天然竹纤维表面有竹节，截面呈椭圆形，有环状中腔，手感光泽接近于麻纤维，初始模量高，目前市场提供的品种较少，不适宜内衣生产。竹浆纤维采用化学方法制成，纺丝工艺类似粘胶纤维，可根据要求做成棉型、毛型短纤维，制成纯纺纱或与其他天然纤维、化学纤维混纺制成混纺纱线，也可直接纺成长丝，品种较多。竹浆纤维纵向外观类似粘胶纤维，但横截面有许多大大小小的空隙，因此具有良好的透气性、吸湿性和染色性能，同时具有天然的防霉抗菌功能。竹浆纤维初始模量低，无需柔软整理。

抗菌功能内衣类织物，也可选用将抗菌剂的超细粉末以一定比例加到化学纤维纺丝液中纺丝获得的功能性纤维。由于抗菌剂进入纤维内部，所以用此法制得的抗菌纤维耐水洗，抗菌效果持久。抗菌剂主要可分为有机抗菌剂、无机抗菌剂和从天然动植物中提取的天然抗菌剂。抗菌剂应安全、广谱、高效、持久,不能影响纤维的外观和性能,要能与通常的加工工艺相容。无机抗菌剂具有抗菌持久、无挥发、安全、耐热等特点,金属离子中银、锌两种离子,因其安全性好,对纺织品无染色作用,应用广泛,特别是银离子具有优良的抗菌作用和耐洗性而应用更广泛。由于纳米材料的超细化和极大的表面活性,使纳米材料具有极大的比表面积。采用离子交换等方法,将银离子固定在如沸石、硅胶、膨润土等疏松多孔的纳米载体材料的微孔中获得的纳米载银无机抗菌剂,能大大提高抗菌持久性、安全卫生性和广谱性。壳聚糖是一种优良的天然抗菌剂,超细天然壳聚糖细粉加入粘胶、丙纶等纺丝液中,可制造抗菌性持久的高效抗菌粘胶纤椎、抗菌丙纶。

抗菌功能内衣类织物的制备,还可以选用本节所述的功能整理方法,对常规内衣类织物进行物理、化学或生物整理,使其获得抗菌功能。

以下列举几例抗菌功能内衣类织物。

（1）单面添纱抗菌织物。

①机型:单面大圆机。

②机号:$E24$。

③筒径:762mm(30 英寸)。

④路数:60 路。

⑤原料:面纱 14.5tex(40 英支)棉纱,地纱 83dtex(75 旦)纳米抗菌丙纶长丝。

⑥织物组织:纬平针添纱。

⑦上机工艺:垫纱纵角 $\beta_{棉} > \beta_{丙}$,垫纱横角 $\alpha_{棉} < \alpha_{丙}$,上机张力 $T_{棉} < T_{丙}$,一般使纯棉纱呈现在织物的工艺正面,纳米抗菌丙纶长丝呈现在织物的工艺反面。

⑧织物效应:当呈现纳米抗菌丙纶长丝的一面用作服装内层时,该织物既有抗菌防臭功能又有吸湿导湿功能。

（2）罗纹抗菌织物。

①机型:双面罗纹机。

②机号:$E18$。

③筒径:457mm(18 英寸)。

④路数:36 路。

⑤原料:14.5tex(40 英支)竹纤维/ 天丝(70/ 30) 混纺纱。

⑥织物组织:1 +1 罗纹。

⑦上机工艺:上机张力控制在 5 ~ 9cN,适当增加针筒与针盘间的距离可提高罗纹织物的弹性。

⑧织物效应:该织物吸湿性好,柔软、凉爽、抗菌效果持久而富有弹性。

（3）纳米抗菌双罗纹织物。

①机型:8ML 型双罗纹机。

②机号:$E32$。

③筒径:762mm(30 英寸)。

④总针数:3000 ×2 针。

⑤原料:9.7tex(60 英支)纳米抗菌涤纶/莫代尔(30/70)混纺纱。

⑥织物组织:双罗纹。

⑦上机工艺:上机张力控制在 2.94~4.9cN(3~5g),筒口间隙 1.25mm,上机纵向密度 27 横列/12.7mm(即 27 线圈 1/2 英寸)。

⑧织物密度:纵密为 104 横列/5cm,横密为 76 纵行/5cm。

⑨织物克重:170g/m²。

(4)2+2 双罗纹抗菌织物。

①机型:双罗纹机。

②机号:E24。

③筒径:864mm(34 英寸)。

④路数:70 路。

⑤原料:14.6tex(40 英支)(6% 甲壳素纤维 +94% 棉)混纺纱 +44dtex(40 旦)氨纶丝。

⑥织物组织:2+2 双罗纹,其中甲壳素纤维/棉混纺纱占 96%,氨纶丝占 4%。

⑦织物密度:纵密 83 横列/5cm,横密 74 纵行/5cm。

⑧织物克重:200g/m²。

⑨织物幅宽:90cm。

(5)双面集圈抗菌织物。

①机型:(2+4)双面圆纬机。

②机号:E22。

③筒径:762mm(30 英寸)。

④路数:48 路。

⑤原料:14.6tex(40 英支)竹炭涤纶/竹浆纤维(80/20)混纺纱 +9.7tex×2(60 英支/2)珍珠纤维/蚕丝/天丝(30/20/50)混纺纱 +33dtex(30 旦)氨纶丝。

⑥织物组织:双面集圈组织,如图 1-1-35(a)所示,每 8 路成圈系统一个完全组织。

⑦织针排列:如图 1-1-35(b)所示,罗纹排针配置。

⑧三角配置:如图 1-1-35(c)所示。

⑨穿纱方式:奇数路穿 14.6tex(40 英支)竹炭涤纶/竹浆纤维(80/20)混纺纱和 33dtex(30 旦)氨纶丝;偶数路穿 9.7tex×2 珍珠纤维/蚕丝/天丝(30/20/50)混纺纱和 33dtex(30 旦)氨纶丝。

⑩织物后整理:甲壳素整理剂整理。整理剂浓度 1.5%~2.0%,轧液率 70%~75%,预烘温度 80~90℃,焙烘温度 165~170℃。

⑪织物幅宽:145cm。

⑫织物克重:180g/m²。

⑬织物功能:在常温条件下,在 8~14μm(与人体波长相应的)远红外光谱区,远红外辐射法向发射率约为 90%;抗菌性依据美国 AATCC100—2004 织物抗菌性能定量评估,对金黄色葡萄球菌 ATCC No.6538(革兰氏阳性菌)的抑菌率为 100%,其抗菌效果明显。

(6)棉/莫代尔抗菌整理针织物。

①针织产品:棉/莫代尔/羊绒(50/40/10)平针织物针织内衣。

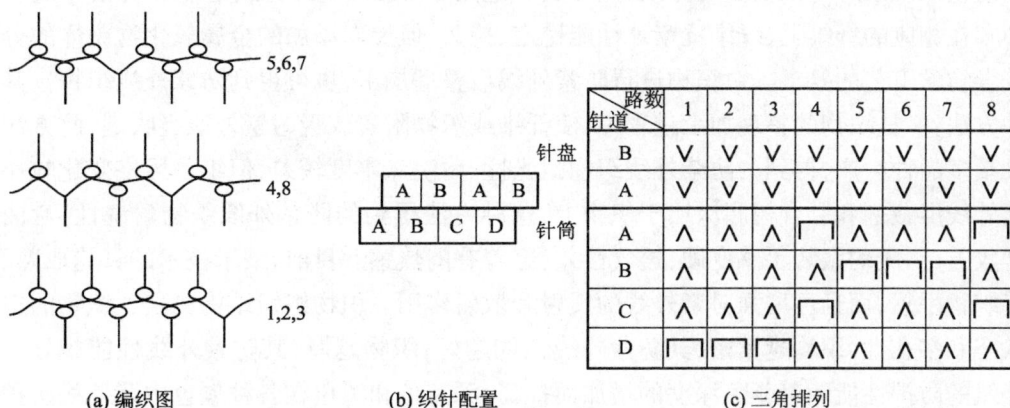

(a) 编织图　　　　　(b) 织针配置　　　　　(c) 三角排列

图 1 - 1 - 35　双面集圈抗菌织物编织图、织针配置及三角排列

②整理工艺流程：针织内衣→浸渍抗菌整理液（浴比1∶10,50~70℃,30~40min）→离心脱水→烘干。

③抗菌整理液重量百分比：抗菌剂5%,阳离子有机硅柔软剂6%。

④抗菌剂重量百分比含量。

银胺络合盐:5%

甲基苄啶:15%

十二烷基苄基溴化铵:6%

丙三醇（甘油）:5%

水:69%

该内衣经抗菌整理后,对金黄色葡萄球菌、大肠杆菌和白色念珠菌的24h杀灭率为99.99%,未处理衣片对金黄色葡萄球菌、大肠杆菌和白色念珠菌的24h杀灭率为0%。

3. 防（抗）紫外功能内衣类织物

紫外线是一种波长比可见光短的电磁波,其波长范围为200~400nm。过强的紫外线照射可能会引起皮肤灼伤、过敏,严重者会导致皮肤癌。紫外线照射到织物或服装上,部分被吸收,部分被反射,部分被透过。吸收和反射的光越多,对人体的保护越有利;反之,透过的光越多,对人体的危害越大。因此,夏季服装必须尽可能减少紫外线透过织物的量,才能减少紫外线对人体皮肤的伤害。

目前,具有防紫外线功能的内衣类织物,一般有两种加工方法:一是防紫外纤维法,即在聚合或熔融纺丝过程中,添加紫外线吸收剂或屏蔽剂等制出防紫外线纤维,再与其他纤维混纺,制备防紫外功能内衣类织物;二是防紫外后整理法:即在内衣织物后整理过程中,采用紫外线散射剂或吸收剂进行处理,以减少紫外线透过织物的量,达到防紫外效果。

影响织物抗紫外线性能的因素很多,主要有纤维基质、织物中所含的添加剂和整理剂种类、织物组织、厚度、孔隙率、颜色等。一般来说,紫外线防护性能由好到差的纤维种类顺序依次为涤纶、羊毛、蚕丝、棉纤维、粘胶纤维、锦纶。以棉纤维为例,经过漂白处理的棉纤维具有很高的紫外线投射能力,而未经处理的棉纤维由于其中所含有的天然杂质、果胶和棉蜡等可以吸收紫外线,具有较好的紫外线吸收能力。关于抗紫外线纤维,成纤聚合物与紫外线屏蔽剂的共混技术是目前生产抗紫外纤维的主要方法,该方法只适用于化学纤维,优点是能够将紫外线屏蔽剂均匀分布在相应的纤维上,纤维抗紫外性能稳定、持久,但要求添加的金属氧化物粉体的分散度必须符合纺丝工艺的要求。对织物进行防紫外线后整理加工,也可得到防紫外线织物。其加工有两种方法:一是织物的整理加工过程中,使纤维或织物附着或吸附紫外线吸收剂,此方法可进行小批量多品种生产,得到的防紫外线织物耐光性、耐洗涤牢度较差,但织物风格变化较小。二是将紫外线屏蔽剂和黏合树脂涂层于织物上,这种方法得到的防紫外线织物耐洗性、弯曲及摩擦牢度较差,制成的服装手感变硬,透气性差,穿着有闷热感。目前,纳米技术的日趋成熟,不仅可改善织物手感,而且可增强对紫外线的反射和散射作用。织物组织结构决定了织物的空间几何学状态和多孔性,织物越紧密,其防紫外线性能越好;织物越厚,其防紫外线性能越好。一般对紫外线的防护性能随着颜色深度的增加而提高,深蓝色和黑色在各种颜色中紫外线防护性能最好。

因此,防紫外功能性内衣面料的制备,可以选用市场上的抗紫外功能纤维,也可以通过后整理的方法。前者以抗紫外功能性化纤与棉纤维、粘胶纤维等天然纤维和纤维素纤维混纺为主,织物结构以针织基本组织应用为主;后者可应用于棉纤维等天然纤维、化学纤维及其混纺交织织物。

4. 负离子功能内衣类织物

负离子的保健效应包括有利于消除疲劳、恢复体力、增强新陈代谢,同时还具有活化细胞、净化血液的作用,对敏感性皮肤有一定的改善作用,被称为"空气维生素"。

负离子功能内衣类织物,可以选用负离子功能纤维,也可以将织物经负离子功能整理获得。负离子纤维的原材料主要有选用产生负离子的天然矿石粉体微粒,将其加入聚酯、聚丙烯、聚丙烯腈等熔体或溶液中纺丝,或将特种矿物质超细粉末,在纺丝时添加到粘胶纤维或锦纶中,可制成负离子功能性纤维,经针织、染整加工为内衣,产生的负离子可消除疲劳,促进血液循环。负离子功能整理剂,有选用混合矿物质和芳草味液体处理,整理后织物表面黏附森林中的草腥味并产生负离子,使穿着者如同身临其境,有神清气爽的效果,也有采用来自海底深处由鱼、微生物和海藻等物质经采集制成精细微粒,染色后黏附在纤维表面,通过穿着过程的摩擦和振动而产生负离子效应。

5. 芳香功能内衣类织物

各种精油如薰衣草、薄荷、玫瑰精油等都具有安神、美容、治疗疾病的功能,把它们以特定方式制成芳香剂植入织物中,能赋予织物芳香气息,对皮肤还能起到很好的保护作用。芳香与纺织品结合由来已久,我国古代就有在衣服上缝缀香囊的习惯。欧洲自中世纪以来把衣物喷洒香水作为高雅格调,后来,又有薰香的方法。国外还有采用活性碳纤维吸附香气,附在衣服上。20世纪60~70年代,用浸香和涂香的办法把芳香传给织物颇为流行。20世纪80年代的微胶囊涂层技术,真正打开了芳香纺织品的市场。

(1)制备芳香功能内衣织物的方法。

①制备芳香纤维,然后用这些纤维制成织物和服装。这种芳香纤维可通过直接选用低熔点香精经共混纺丝法制得。新型处理工艺是将特制的香精包络复合物与低熔点高聚物混和作为芯层,聚酯或聚丙烯等成纤高聚物作为皮层,采用复合纺丝法制成皮芯结构的芳香复合纤维。由于香精被包含在芯部,它在纤维断面部分缓慢散发,使香味持久。

②采用微胶囊技术,对织物进行芳香后整理。微胶囊技术是将芳香剂通过一定的化学物理方法处理成类似于胶囊的非常细微的纳米尺寸级颗粒,其外表包覆一层非常薄的胶质薄膜,这些微胶囊随着服装穿用时逐渐破裂,从而不断释放出芳香。这种方法加工方便灵活,可供选择的芳香剂多,成本低廉,因而使用普遍。但是这种方法也有一个明显的缺点,即香味的留香持久性较差。

(2)芳香功能内衣面料整理配方。目前,芳香后整理工艺多采用浸轧、印花、喷雾及浸渍法等,适合坯布的连续作业整理,但裁片中有较多布料边角不能利用,而使成本增加。浸渍法适合成衣的芳香整理。以下是几种具体整理配方。

①浸轧法。

a. 工艺配方:香味整理剂 30 ~ 60g;低温固着剂 30 ~ 60g;柔软剂 10 ~ 20g/L。

b. 工艺流程:织物→浸轧(轧液率70% ~ 80%)→烘干(50 ~ 95℃)→成品。

②印花法。

a. 工艺配方:香味整理剂 10% ~ 30% ;涂料色浆 X;低温黏合剂 20% ~ 30% ;增稠剂 1% ~ 2% 。

b. 工艺流程:印花→烘干(50 ~ 95℃)→拉幅(100 ~ 105℃)→成品。

③喷雾法。

a. 工艺配方:香味整理剂 10% ~ 20% ;低温固着剂 20% ~ 30% ;柔软剂 1% ~ 2% 。

b. 工艺流程:50 ~ 100 目滤网或细布过滤,然后线条式喷雾上香,最后 50 ~ 90℃烘干,成品密封包装。

④浸渍法。

a. 工艺配方:香味整理剂 20% ~ 25% ;低温交链固着剂 3% 。

b. 工艺流程:成衣→浸渍芳香整理→脱液→烘干(60 ~ 80℃ ,30 ~ 60min)→成衣翻面→整烫→检验→包装。

影响内衣织物留香效果的因素有微胶囊的形状、微胶囊的粒径、微胶囊的皮芯比、微囊香精的香型、微囊香精的用量和上香工艺等。

6. 自清洁功能内衣织物

自清洁(又称"三防")功能,是指织物具有防水、防油、防污"三防"功能,或指织物遇到污物时,只有很少一部分污渍能附着织物,且这一小部分污渍便于清洗,另外对于织物内部的有害细菌也可以完全分解,使其保持清洁。自清洁整理技术的应用,可大大减少针织面料的洗涤次数,既最大程度地保证了外观风格,又大量节约了洗涤耗水和洗涤剂,对环境保护有较大意义。

目前,自清洁功能内衣织物的制备方法仅限于后整理法,且以浸渍为主。根据整理剂和整理原理的不同,可分为两大类,一是对面料进行"三防"整理,防止水渍、油污等在织物表面的吸附,保持清洁;二是采用某些纳米级半导体材料(如 TiO_2 纳米材料)受阳光或紫外线照射后,能与多种有机物发生反应,从而使油渍等有机物降解成 CO_2 和 H_2O 等小分子物质,避免了油渍的沾污。

以下为针织物自清洁整理实例。

(1)羊毛针织物的自清洁整理。

①整理织物:羊毛罗纹针织物。

②整理工艺流程:浸轧工作液→烘干→定形机焙烘。

③工作液处方。

SR－83:60g/L

HPC－1:80g/L

pH 值:4

轧余率:70%

定形温度:155℃

定形时间:120s

④自清洁性能(一):见表 1－1－1。

表 1－1－1　自清洁性能(一)

整理后的织物			整理后的织物经 20 次洗涤后		
淋水(分)	防油(分)	易去污(级)	淋水(分)	防油(分)	易去污(级)
90	120	4～5	80	100	4

(2)锦纶/棉(50/50)混纺针织物的自清洁整理。

①整理织物:锦纶/棉(50/50)混纺罗纹针织物。

②整理工艺流程:浸轧工作液→烘干→定形机焙烘。

③工作液处方:

OleophobolCO:10g/L

Oleophobol ZSR:60g/L

pH 值:5～5.5

轧余率:70%

定形温度:170℃

定形时间:60s

④自清洁性能(二):见表 1－1－2。

表 1－1－2　自清洁性能(二)

整理后的织物			整理后的织物经 20 次洗涤后		
淋水(分)	防油(分)	易去污(级)	淋水(分)	防油(分)	易去污(级)
90	140	4	80	110	3

第二节　运动休闲类织物

一、针织绒类织物

运动休闲针织绒类织物的生产,可以通过采用不同的原料、组织结构和后整理工艺获得。从纬编针织加工工艺和织物外观看,可以由衬垫组织经拉绒处理形成短绒(或薄绒)类产品,也可以由毛圈织物经割绒或剪绒处理形成中等绒长类的产品,还可以通过长毛绒织物经摇粒处理获得摇粒绒产品。除此以外,采用上一节提到的平针、罗纹、双罗纹基本组织,或提花等花色组织,经后整理过程中的拉绒、刷绒、磨绒等方式也可获得绒类织物。

纬编绒类织物的绒面,可以仅在织物的一面,也可两面均有。近十几年来,运动休闲类织物中也比较流行绒面经后整理过程中的摇粒处理,可获得绒面丰满、结构稳定、手感柔软、织物轻薄,具有良好的挡风效果的摇粒绒织物。

(一)原料

纬编绒类织物的物理机械性能,如织物强伸性、弹性、尺寸稳定性等主要取决于地纱,可采用天然纤维和化学纤维,常采用低弹涤纶丝、高收缩丝,可大大提高和改善织物的弹性和尺寸稳定性。纬编绒类织物的绒面手感、质量与外观,与形成绒面的纱线(衬垫纱、毛圈纱)性质密切相关。单面绒类织物,一般采用棉、粘胶纤维、涤纶、醋酯、腈纶等;双面绒绒织物,一般采用合成纤维,如涤纶。

纬编绒类织物对原料的捻度及均匀度要求比较严格。对短纤纱,其捻度一般较低,便于开捻,达到绒面绒感强、丰满的效果。对于长丝,细特、超细特纤维的应用,有利于改善其手感和风格。

(二)织物与织造工艺要点

单面针织绒,一般以二线衬垫(平针衬垫)、三线衬垫(添纱衬垫)、毛圈、长毛绒组织为主。单面毛圈织物,采用正包毛圈编织,后整理过程中经割绒和剪绒处理,可获得针织天鹅绒织物;在花色毛圈机上,采用选针编织获得提花毛圈织物,选沉降片编织获得浮雕毛圈织物。

1. 单面针织绒

(1)二线衬垫针织绒。

①机型:单面四针道大圆机。

②机号:$E28$。

③筒径:762mm(30 英寸)。

④路数:90 路。

⑤原料:地纱为 18.5tex(32 英支)精梳棉纱,衬垫纱为 36tex(16.5 英支)普梳棉纱,衬垫比例为 1:3。

⑥编织图、织针配置和三角排列如图 1-1-36 所示。该织物 4 路一个完全组织。

⑦穿纱方式:第 1 路、第 3 路穿入 36tex 普梳棉纱,选针衬垫编织;第 2 路、第 4 路穿入 18.5tex 精梳棉纱,地纱成圈编织。

⑧织物克重:230g/m² 。

(2)三线衬垫针织绒。

①机型:单面四针道大圆机。

②机号:$E24$。

③筒径:762mm(30 英寸)。

④路数:90 路。

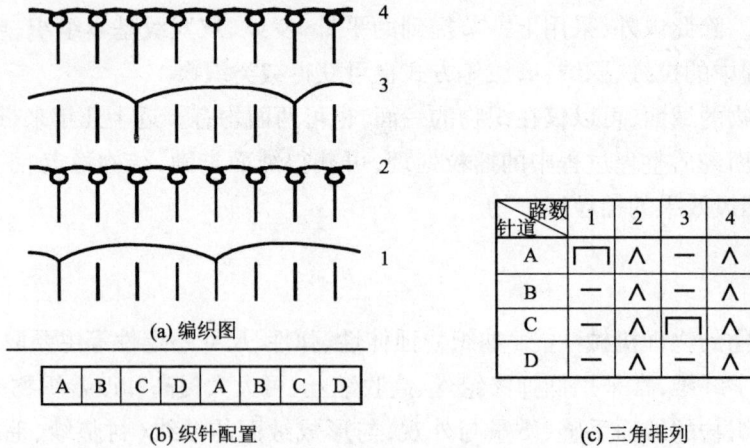

(a) 编织图

A B C D A B C D

(b) 织针配置

路数 针道	1	2	3	4
A	⊓	∧	—	∧
B	—	∧	—	∧
C	—	∧	⊓	∧
D	—	∧	—	∧

(c) 三角排列

图 1-1-36　二线衬垫针织绒编织图、织针配置及三角排列

⑤原料:地纱和面纱均为 19.7tex(30 英支)棉纱,衬垫纱为 36.9tex(16 英支)棉纱。衬垫比例为 1:3。

⑥编织图、织针配置和三角排列:如图 1-1-37 所示。该织物 6 路一个完全组织。

⑦穿纱方式:第 1 路、第 4 路穿入 36.9tex 棉纱,选针衬垫编织;第 2 路、第 3 路和第 5 路、第 6 路均穿入 19.7tex 棉纱,分别进行添纱横列编织,即第 2 路、第 3 路为一横列添纱,第 5 路、第 6 路为另一横列添纱。

⑧织物克重:300g/m^2。

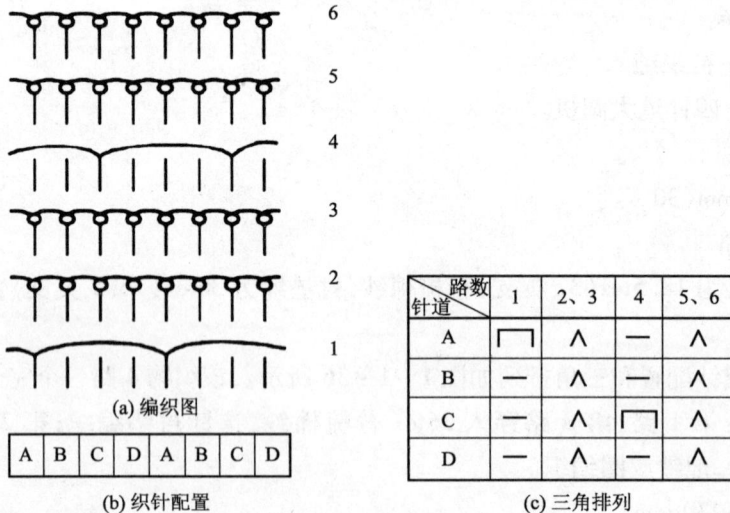

(a) 编织图

A B C D A B C D

(b) 织针配置

路数 针道	1	2、3	4	5、6
A	⊓	∧	—	∧
B	⊢	∧	—	∧
C	—	∧	⊓	∧
D	—	∧	—	∧

(c) 三角排列

图 1-1-37　三线衬垫针织绒编织图、织针配置及三角排列

(3)天鹅绒织物。

①机型:单面毛圈机。

②机号:E20。

③筒径:762mm(30 英寸)。

④原料:地纱为 111dtex(100 旦)/32f 涤纶丝 +44dtex(40 旦)氨纶丝(氨纶丝以添纱方式织入地组织中),毛圈纱为 19.7tex(30 英支)棉纱。

⑤编织方法:采用正包毛圈编织,在后整理工艺中采用割圈和剪毛处理。

⑥织物克重:225g/m²。

2. 双面针织绒

双面针织绒一般在单面毛圈机上进行双面毛圈编织,可获得两面具有较为丰满绒面效应的织物;也可在单面毛圈机上进行反包毛圈编织,后整理过程中,毛圈结构的一面经割绒、剪绒整理,可获得丰满的绒面效应,另一面经拉毛处理,有绒感,但绒面效应不明显,地组织纹理较为清晰。

(1)毛圈针织绒。

①机型:单面毛圈机。

②机号:E18。

③筒径:762mm(30 英寸)。

④原料:地纱为 14.1tex(42 英支)棉纱,正面毛圈纱为 24.6tex(24 英支)棉纱,反面毛圈纱为 19.7tex(30 英支)棉纱。

⑤织物克重:470g/m²。

(2)一面提花的双面毛圈织物。

①机型:双面提花毛圈针织机。

②机号:E18。

③筒径:762mm(30 英寸)。

④原料:地纱为 55dtex(50 旦)/24f 涤纶丝;正面毛圈纱为 167dtex(150 旦)/96f 涤纶丝;反面毛圈纱为 111dtex(100 旦)/144f 涤纶丝。

⑤织物的毛圈效应:如图 1 - 1 - 38 所示。

⑥织物克重:450g/m²。

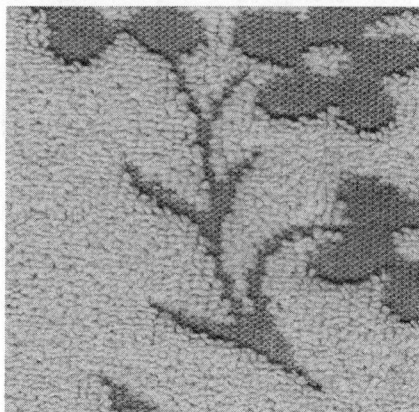
(a) 织物正面

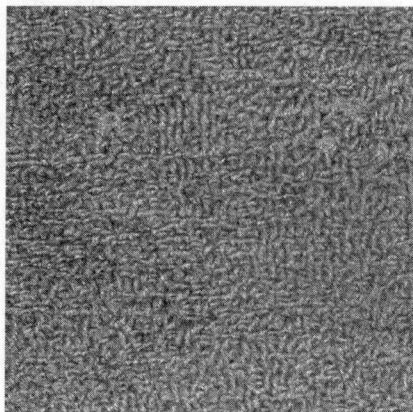
(b) 织物反面

图 1 - 1 - 38　一面提花的双面毛圈织物

3.摇粒绒

针织摇粒绒织物是由纬编毛圈织物或长毛绒织物经拉毛、梳毛、剪毛和摇粒工艺处理后形成的具有颗粒状绒球外观的针织绒类织物。其中,摇粒是摇粒绒织物生产中的一道关键工序,它是在滚球机上,在一定温度的蒸汽中,以一定的速度对织物进行机械翻动和揉搓,使毛绒缠结成一定大小的颗粒状。

摇粒绒织物蓬松,绒毛密集、不易掉毛和起球,手感柔软,保暖性好,可用于各种防寒服装里料、保暖内衣、运动休闲服以及其他保暖类产品。目前,市场上流行的摇粒绒织物,一般按照所选用的原料和后整理加工方式命名。从原料上看,大多以涤纶加工居多(长丝或短纤维),超细涤纶长丝的应用则有利于手感和品质的提高,另外也可选用羊毛、腈纶、高收缩纤维等。按后整理加工的方式不同,其品种有单刷单摇和双刷单摇之分,此处的"刷"即为后整理过程的"拉毛"处理,分为单面刷和双面刷;"摇"是指后整理过程中的"摇粒"处理。单刷单摇是指一面拉毛,然后梳毛、剪毛、摇粒,另一面不拉毛,此类织物的正面是绒面,另一面可以有毛圈或没有毛圈。如另一面没有毛圈,可与其他面料复合,复合的目的是使御寒的效果更好,如摇粒绒与摇粒绒复合、摇粒绒与牛仔布复合、摇粒绒与羊羔绒复合、摇粒绒与网孔布复合中间加防水透气膜等。不同的复合面料使设计及选择的空间加大,迎合了人们休闲保暖和个性化的需求,也是暖冬保暖面料发展方向之一。

(1)毛纱割圈式摇粒绒(双刷单摇)。

①机型:JL99 型割圈式长毛绒圆纬机。

②机号:$E15$。

③筒径:762mm(30 英寸)。

④路数:14 路。

⑤原料:地纱为 167dtex(150 旦)/48f 涤纶低弹丝,绒纱为 167dtex(150 旦)/288f 涤纶低弹丝。

⑥坯绒毛高:8~14mm。

⑦编织图和织针配置:如图 1-1-39 所示。其中针盘针满针排列,排列顺序为 AABBAABB;针筒针(刀针)一隔一抽针排列,排列顺序为 ABAB。该织物 6 路一个完全组织。

⑧穿纱方式:第 1 路、第 4 路穿绒纱,绒纱在针盘上 2 隔 2 选针编织;第 2 路、第 5 路穿地纱,地纱在针盘上满针编织,在针筒上不编织;第 3 路、第 6 路为割圈,不穿纱。

⑨生产工艺流程:绒纱(地纱)→络筒→编织→坯布检验修补→预定形→染色(印花)→柔软→烘干→定形→刷毛(双面)→梳毛→烫剪→摇粒→成品定形→检验→打卷包装。

⑩织物克重:350g/m²。

(2)反包毛圈摇粒绒(双刷单摇)。

①机型:单面毛圈机。

②机号:$E20$。

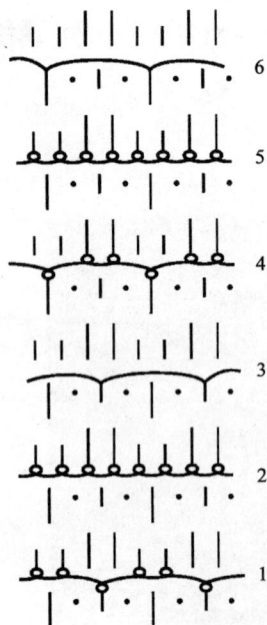

图 1-1-39　毛纱割圈式摇粒绒织物的编织图

③筒径:762mm(30 英寸)。

④原料:地纱为 111dtex(100 旦)/24f 锦纶;毛圈纱采用 167dtex(150 旦)/96f 涤纶。

⑤生产工艺:采用反包毛圈编织,双刷单摇处理。

⑥织物克重:310g/m²。

二、针织牛仔布

牛仔布一直以机织织物为主,织物风格坚挺厚实、粗犷,但舒适感略差。而在针织机上生产的针织牛仔布,具有较好的延伸性、双向弹性和透气性,悬垂性、抗折皱性好。针织牛仔布通常由靛蓝棉纱与本色棉纱或本色涤纶交织而成,纱线规格及织物组织决定了面料的厚薄等外观风格。通常棉纱线密度为 14~28tex,如需增加织物的挺括度与弹性,也可加入氨纶。针织牛仔布的生产工艺流程通常为:纱线染色→络筒→上机织造→后整理(通过特定类型的水洗、石磨和磨毛等)。

(1)单面变换组织牛仔布。

①机型:单面 4 针道圆纬机。

②机号:E24。

③筒径:762mm(30 英寸)。

④原料:14.8tex×2(40 英支/2)有色棉纱 + 167dtex(150 旦)涤纶弹力丝 + 44dtex(40 旦)氨纶裸丝。

⑤织物组织:如图 1-1-40(a)所示。

⑥织针配置:按 ABCD 循环排列。

⑦三角排列:如图 1-1-40(b)所示。

⑧穿纱方式:第 1 路、第 3 路穿 167dtex 涤纶弹力丝;第 2 路、第 4 路穿 14.8tex×2 有色棉纱 +44dtex 氨纶裸丝。

⑨毛坯克重:200g/m²。

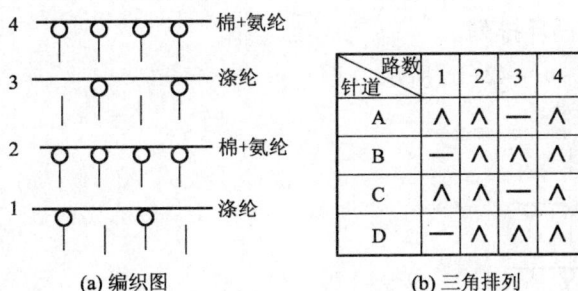

路数\针道	1	2	3	4
A	∧	∧	—	∧
B	—	∧	∧	∧
C	∧	∧	—	∧
D	—	∧	∧	∧

(a) 编织图　　(b) 三角排列

图 1-1-40　单面变换组织牛仔布编织图与三角排列图

(2)衬垫牛仔布。

①机型:单面 4 针道圆纬机。

②机号:E24。

③筒径:762mm(30 英寸)。

④原料:28tex(21 英支)有色棉纱 + 167dtex(150 旦)涤纶弹力丝。

⑤织物组织:如图 1-1-41(a)所示。

⑥织针配置：按 ABC 循环排列。

⑦三角排列：如图 1 − 1 − 41(b)所示。

⑧穿纱方式：第 1 路、第 3 路、第 5 路穿 28tex 有色棉纱，第 2 路、第 4 路、第 6 路穿 167dtex 涤纶弹力丝。

⑨毛坯克重：200g/m²。

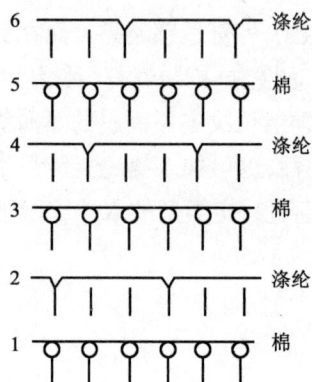

路数 针道	1	2	3	4	5	6
A	∧	⌐	∧	—	∧	—
B	∧	—	∧	⌐	∧	—
C	∧	—	∧	—	∧	⌐

(a) 编织图　　　　　　　(b) 三角排列

图 1 − 1 − 41　衬垫牛仔布编织图和三角排列图

(3)单面花式牛仔布。

①机型：单面 4 针道圆机。

②机号：E24。

③筒径：(34 英寸)。

④原料：18.5tex(32 英支)有色棉纱 + 28tex(21 英支)本色棉纱。

⑤织物组织：如图 1 − 1 − 42(a)所示。

⑥织针配置：按 AB 循环排列。

⑦三角排列：如图 1 − 1 − 42(b)所示。

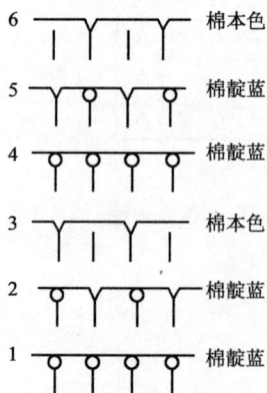

路数 针道	1	2	3	4	5	6
A	∧	∧	⌐	∧	⌐	—
B	∧	⌐	—	∧	∧	⌐

(a) 编织图　　　　　　　(b) 三角排列

图 1 − 1 − 42　单面花式牛仔布编织图和三角排列图

⑧穿纱方式:第1路、第2路、第4路、第5路穿18.5tex有色棉纱,第3路、第6路穿28tex本色棉纱。

三、双面效应织物

这种织物采用两种不同的原料、线密度、色彩或风格迥异的纱线,使之分别处于织物的两面。其特点是织物两面可具有不同的性能和外观等效应。双面效应织物可以是单面针织物,也可以是双面针织物。

1.单针筒双面效应织物

这类织物通常采用纬平添纱结构,编织时,要特别注意地纱与面纱的细度匹配、给纱张力、垫纱角度等的控制,以免出现露底现象。

实例:单面涤盖棉织物。

①机型:单面大圆机。

②机号:$E28$。

③原料:面纱为111dtex(100旦)涤纶拉伸低弹丝,地纱为14.1tex(42英支)棉纱。

④织物组织:纬平添纱组织。

2.双针筒双面效应织物

(1)罗纹型涤盖棉织物。

①机型:(2+2)双面针织圆机。

②机号:$E28$。

③筒径:762mm(30英寸)。

④原料:14.1tex(42英支)棉+111dtex(100旦)涤纶。

⑤织物组织:如图1-1-43(a)所示。

⑥织针配置:如图1-1-43(b)所示。

⑦三角排列:如图1-1-43(c)所示。

⑧穿纱方式:第1路、第4路穿14.1tex棉纱,第2路、第3路、第5路、第6路穿111dtex涤纶。

⑨织物克重:195g/m²。

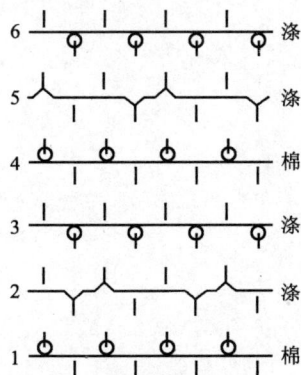

(a) 编织图　　　　(b) 织针配置　　　　(c) 三角排列

图1-1-43　罗纹型涤盖棉织物编织图、织针配置及三角排列图

（2）棉盖涤型导湿快干织物。

①机型：（2＋2）双面针织圆机。

②机号：E24。

③筒径：762mm（30英寸）。

④原料：18.5tex（32英支）棉/莫代尔混纺纱＋167dtex（150旦）Cooldry丝。

⑤织物组织：如图1－1－44（a）所示。

⑥织针配置：如图1－1－44（b）所示。

⑦三角排列：如图1－1－44（c）所示。

⑧穿纱方式：第1路、第4路穿18.5tex棉/莫代尔混纺纱,第2、3、5、6路穿167dtex Cooldry丝。

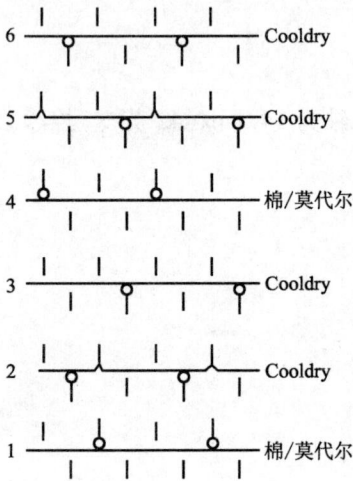
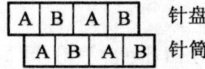

(a) 编织图　　　　　　　　(b) 织针配置　　　　　　(c) 三角排列

图1－1－44　棉盖涤型导湿快干织物编织图、织针配置及三角排列图

（3）双罗纹型双面效应织物（健康布）。

①机型：棉毛机。

②机号：E24。

③原料：涤纶拉伸变形丝＋棉纱。

④织物组织：如图1－1－45（a）所示。

⑤织针配置：如图1－1－45（b）所示。

⑥三角排列：如图1－1－45（c）所示。

（4）提花两面派织物。

①机型：双面提花机。

②机号：E28。

③筒径：762mm（30英寸）。

④原料：14.1tex（42英支）棉＋111dtex（100旦）涤纶全拉伸丝＋78dtex（70旦）涤纶拉伸变形丝。

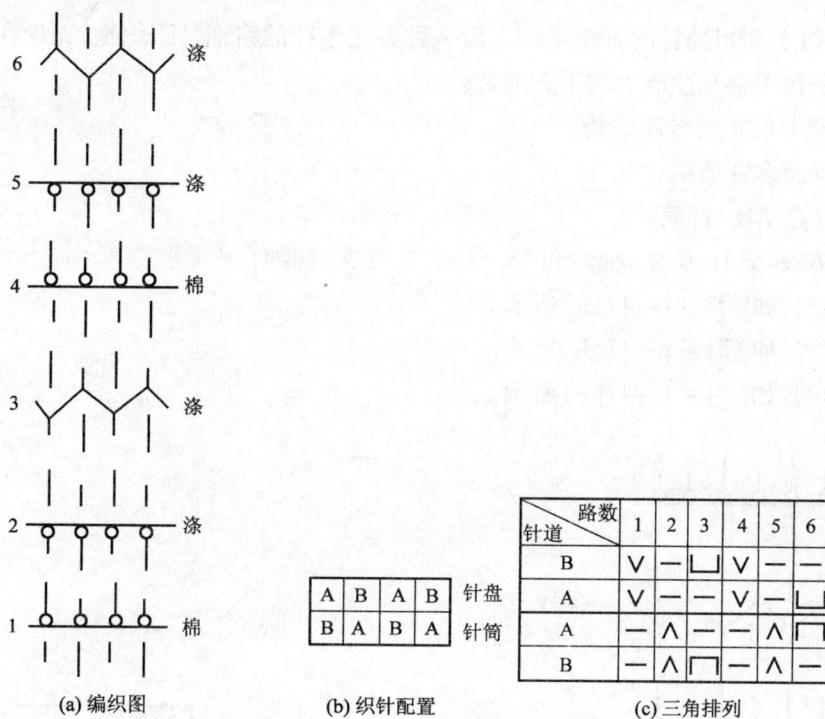

	(a) 编织图		(b) 织针配置		(c) 三角排列

图 1 - 1 - 45 双罗纹型双面效应织物编织图、织针配置及三角排列图

⑤织物组织:如图 1 - 1 - 46 所示。

⑥织物克重:155g/m²。

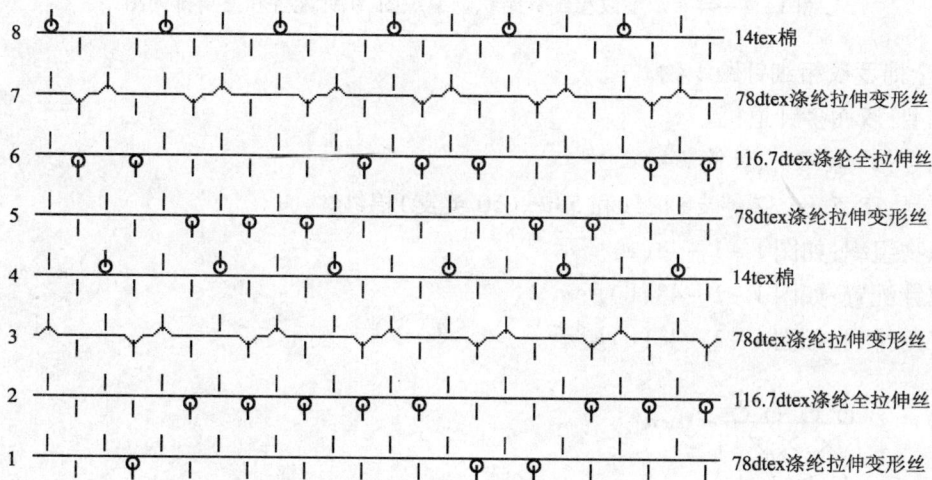

图 1 - 1 - 46 提花两面派织物编织图

3. 粗细针距织物

粗细针距织物通常在双面圆纬编机上编织,它利用两个针床上具有不同针距和不同粗细的织针排列,并采用不同粗细的原料,使织物达到正面纹路清晰、凹凸感强、粗犷豪放,而反面平整、细腻、光滑的效果。粗细针距织物一般采用上下针筒为不同机号的粗细针筒编织,但也可以

在普通双面纬机上利用抽针的方法生产。后一种方法生产的粗细针距织物,无论在纹路的清晰度、凹凸感还是在手感及性能上均不如前者。

(1)全棉双罗纹粗细针距织物。

①机型:双面多针道机。

②机号:针盘 $E16$;针筒 $E8$。

③原料:36.9tex(16 英支)棉纱和 18.5tex(32 英支)棉纱。

④织物组织:如图 1 - 1 - 47(a)所示。

⑤织针配置:如图 1 - 1 - 47(b)所示。

⑥三角排列:如图 1 - 1 - 47(c)所示。

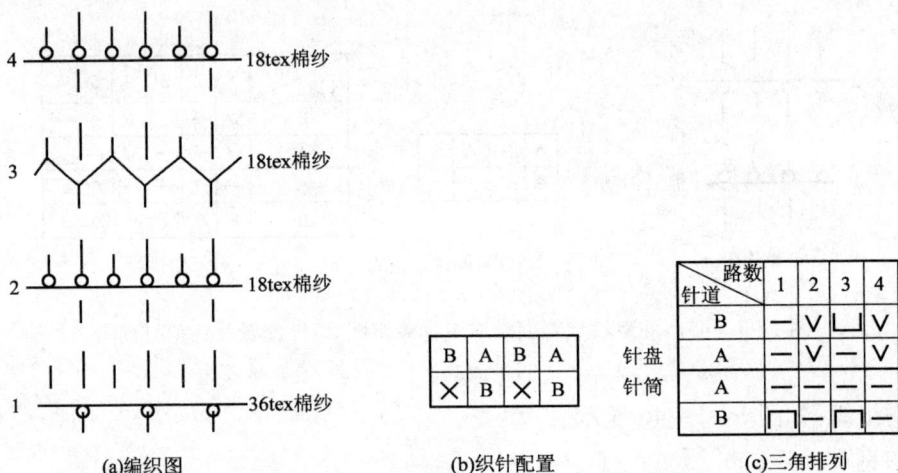

(a)编织图　　(b)织针配置　　(c)三角排列

图 1 - 1 - 47　双罗纹粗细针距织物编织图、织针配置和三角排列图

(2)全棉罗纹粗细针距织物。

①机型:双面多针道机。

②机号:针盘 $E16$,针筒 $E4$。

③原料:18.5tex(32 英支)棉纱和 59tex(10 英支)棉纱。

④织物组织:如图 1 - 1 - 48(a)所示。

⑤织针配置:如图 1 - 1 - 48(b)所示。

⑥三角排列:如图 1 - 1 - 48(c)所示。

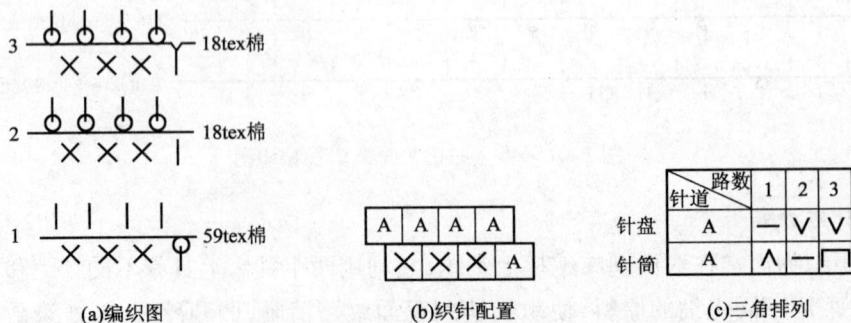

(a)编织图　　(b)织针配置　　(c)三角排列

图 1 - 1 - 48　罗纹粗细针距织物编织图、织针配置及三角排列图

第三节　非服用产品

非服用产品,通常指装饰用和产业用纺织品,其中产业用纺织品广泛应用于工业、农牧渔业、建筑、交通运输、医疗卫生、文娱体育、过滤、土工、军工国防、造纸、安全防护等领域,该类产品通常是专门设计的、具有工程结构特点的纺织品。

一、产业用纬编产品

产业用领域中,纬编针织结构相比其他纺织品结构具有以下的特点:优良的悬垂性,更适宜于加工复杂的外形结构;灵活的编织工艺,不需特殊的纱线准备工序,只用少量的纱线就能编织所需的增强结构;全成形编织,可以直接编织出全成形的三维立体结构;更适宜于制作各类较大变形的柔性复合材料。

现代产业用纬编针织物可以在横机和圆机上生产。运用不同的生产方法,利用不同的纤维原料,在不同的机器上就能生产出特性不同、用途各异的各类产业用纬编产品。

(一)原料

在纬编产业用品中所用原料除常规的涤纶、锦纶外,还使用大量特殊的原料,如玻璃纤维、碳纤维、高强聚乙烯纤维、各类金属丝等。

(二)织物

目前应用于产业领域中的纬编结构除一些基本结构(如纬平针、双罗纹)外,主要有纬编双轴向及多轴向织物、三维全成形织物、纬编间隔织物、毛圈绒织物、提花织物、集圈织物等。上述结构的织物可用作复合材料的增强基材(如合成革基布、弯管、三通管、头盔等)、车用织物(座椅套、车顶或车门板等覆盖物)、医疗卫生用织物(防褥疮床垫、弹性绷带、敷料、人造血管、人造食管、可扩张内支架、牙周补片等)、保健用品(矫正带、束缚带、弹性护肩、护腕、护膝、护腰)等。

1.纬编增强织物

(1)纬编双轴向织物:纬编双轴向织物的结构特点是在经向和纬向都可以织入增强衬纱,增强衬纱可以是直线状态配置于织物中,在织物纵向增强称衬经(或称90°铺放),在织物纬向增强称衬纬(或称0°铺放),如图1-1-49所示为纬编平针捆绑双轴向织物(又称COFAB针织物),使用的原料为玻璃纤维与芳纶纤维,其模压成形性能和经编双轴向织物接近。

天津工业大学研制出一种纬编罗纹捆绑双轴向多层织物的针织机,其织物结构如图1-1-50所示,使用罗纹组织结构来捆绑多至5层的衬经纱、衬纬纱,其罗纹捆绑纱可用芳纶、涤纶等柔性纱线。这

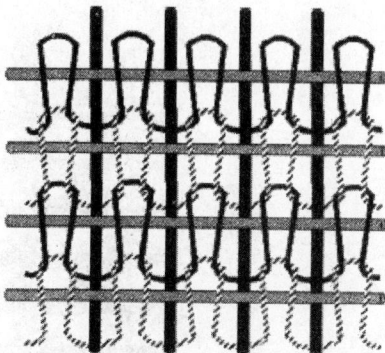

图1-1-49　纬编平针捆绑双轴向织物

种纬编双轴向多层织物具有更好的模压成形性能。

图1-1-50 纬编罗纹捆绑双轴向织物
1~3—衬纬纱 4、5—衬经纱 6—罗纹组织

图1-1-51 纬编罗纹捆绑多轴向织物

(2)纬编多轴向织物:图1-1-51是天津工业大学研制的纬编多轴向织物,采用罗纹组织捆绑衬经纱(90°铺放)、衬纬纱(90°铺放)以及斜向纱(±45°铺放)。图1-1-52(a)是东华大学研制的在双针床横机上,采用专用导纱装置形成以平针组织为基础的纬编多轴向织物,如图1-1-52(b)所示,包括两个纬平针地组织(1、1′)、两组经纱(2、2′)、两组纬纱(3、3′)、两组斜向±45°铺放纱(4、4′、5、5′)。

(3)纬编间隔织物:纬编间隔织物的优点:纵横向都具有弹性;可以通过选针进行提花编织,使花型图案更加丰富多彩;变换品种较快,生产效率较高。由于圆形纬编间隔织物的厚度主要由圆纬机中针盘相对于针筒的高度决定,所以目前织物的厚度只能在1.5~5.5mm范围内变化。圆形纬编间隔织物,除主要应用于内衣、运动休闲功能性服装外,还在产业用领域用于坐垫的表面材料、织物增强材料、隔热、阻音材料等。

实例:纬编间隔织物。

①机型:(2+4)多针道圆纬机。

②机号:E22。

③筒径:406mm(16英寸)。

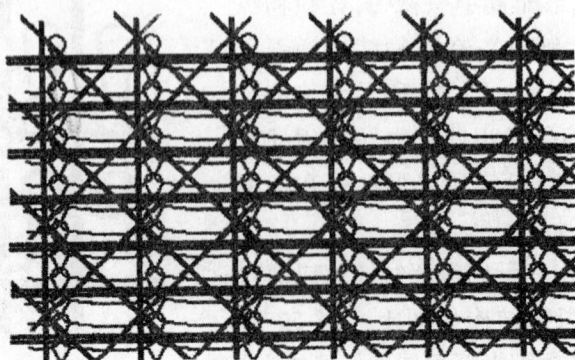

(a)

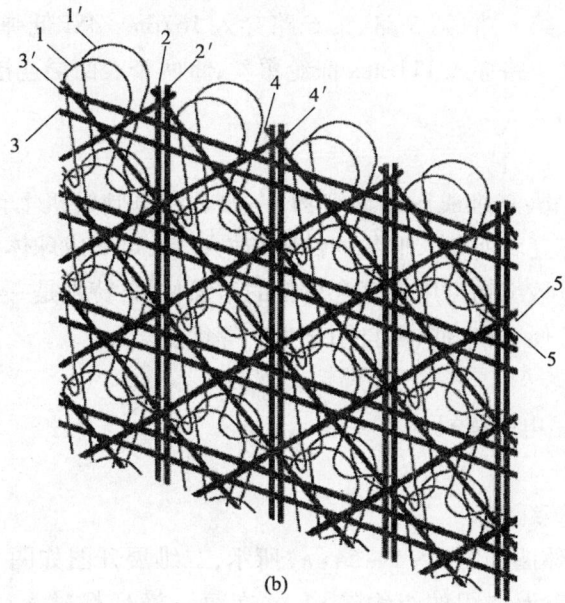

(b)

图1-1-52　双针床纬平针捆绑多轴向织物

④筒口距离:4.6mm。

⑤原料:间隔纱为111dtex(100旦)涤纶单丝,面纱为167dtex(150旦)/48f低弹涤纶长丝。

⑥编织图:如图1-1-53(a)所示。

⑦织针配置:如图1-1-53(b)所示。

⑧三角排列:如图1-1-53(c)所示。该织物6路一个完全组织。

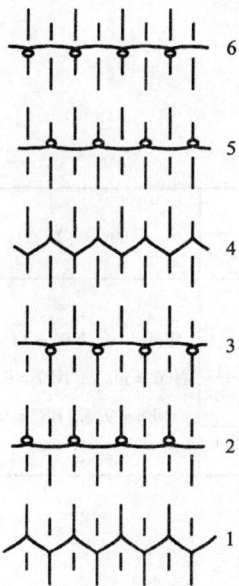

(a) 编织图　　　　　(b) 织针配置　　　　　(c) 三角排列

图1-1-53　纬编间隔织物编织图、织针配置及三角排列图

⑨穿纱方式:第 2 路、第 3 路、第 5 路、第 6 路穿入 167dtex/48f 低弹涤纶长丝,用于编织上下两个表面层;第 1 路、第 4 路穿入 111dtex 涤纶单丝,将两个表面层连接起来。

⑩织物厚度:2.84mm。

⑪织物克重:384g/m²。

（4）三维成形纬编织物:三维成形纬编织物,一般是在电脑横机上按照立体产品设计方法设计并编织的具有一定厚度和所要求形状的针织结构材料,可形成球体、盒体、锥体、管状、三通和凸台等各种结构形状。该织物可用作复合材料的增强材料,特别是一些小型成形构件。三维成形纬编织物具有成形方便、成本低、可自动化生产等优点。

实例:半球体针织物。

①机型:CMS303TC 型电脑横机。

②机号:E7。

③原料:95tex×2 石英纤维。

④球性针织物:其立体图如图 1-1-54(a)所示,二维展开图如图 1-1-54(b)所示。选用集圈连接的间隔织物作为编织的组织结构,并在每一横列都衬入衬纬纱线(95tex 石英纤维),以减小织物的横向延伸率。

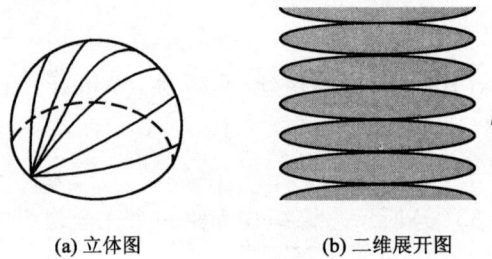

(a) 立体图　　(b) 二维展开图

图 1-1-54　球性针织物

⑤编织工艺参数:见表 1-1-3。

表 1-1-3　半球体的编织工艺参数

织物密度及形状工艺参数		组织结构		弯纱深度		备　注
		序号	编织代码	前针床	后针床	
横密(纵行/10cm)	31	4	∧　　∨	NP7	NP8	WMF =0, NP5 =11.3
纵密(横列/10cm)	77	3	∨　　∧	NP7	NP8	NP6 =11.2, NP7 =9.6
球体半径(mm)	50	2	◯　　◯	NP5	NP6	NP8 =9.5, RS2 =6
二维展开图循环数(RS2)	6	1	⌒　　⌒	NP5	NP6	

注　1. WMF 为电脑横机的主牵拉值代码。

　　2. NP5、NP6、NP7、NP8 为电脑横机的弯纱深度值代码。

　　3. RS2 为编织循环代码。

⑥上机工艺单:表 1-1-4 所示为运用三维成形针织物 CAD 系统,输入各编织参数,得到经过工艺优化后的一个循环的上机工艺单。

表1-1-4 半球体的上机编织工艺单

横列号	起始针	终止针	循环代码	横列号	起始针	终止针	循环代码
1	1	48		11	9	40	
2	16	33		12	5	44	
3	11	38		13	17	32	
4	7	42		14	10	39	
5	2	47		15	6	43	
6	21	28	RS2	16	2	47	RS2
7	14	35		17	19	30	
8	8	41		18	13	36	
9	3	46		19	7	42	
10	12	37		20	4	45	

⑦织物意匠图:如图1-1-55所示为半球体织物一个循环的编织意匠图。

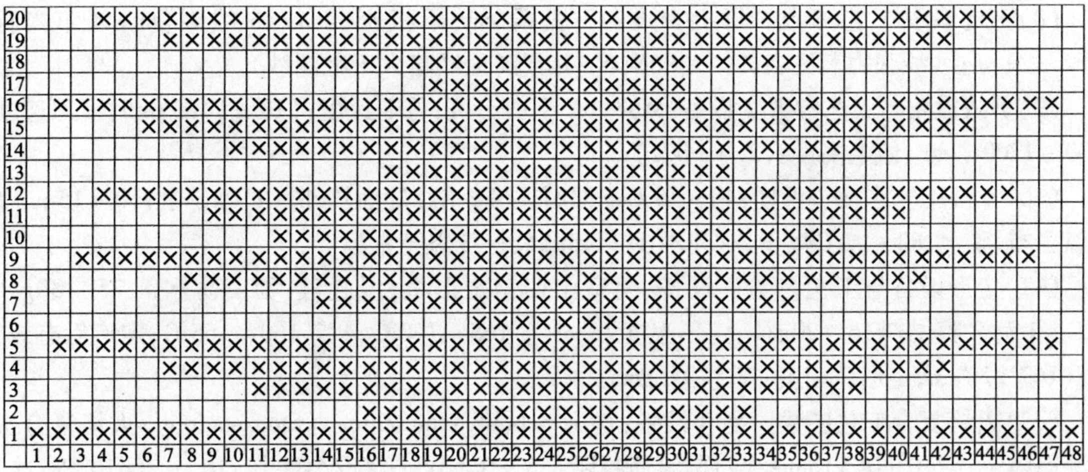

图1-1-55 半球体织物一个循环的编织意匠图
⊠—成圈 □—(持圈式收针)不编织

2. 车用织物

车用纬编针织物主要用于汽车内部的座椅罩、车顶、门、搁架的衬里和覆盖物等,这些用途充分发挥了纬编针织物的延伸性好、适于车内部件形状变化、包覆性能较佳的特性。

在圆机上生产的车用纬编针织物产品种类包括绒类织物和电子大型提花织物等。另外,利用横机技术开发的全成形汽车座椅套的编织工艺去除了裁剪和缝合工序,缩短了从订货到交货的时间,降低了保修成本,提高了质量,能设计生产出更符合人体工效学的汽车座椅。

与服用纺织品相比,车用织物在耐磨、耐日晒、抗紫外线、防污、阻燃、易清洁和尺寸稳定性等方面有更高的要求。

实例:四色提花毛圈绒复合织物。

(1)机型:MCPE2.4 电脑提花毛圈机。

(2)机号:E20。

(3)筒径:660mm(26 英寸)。

(4)路数:62 路。

(5)原料。地纱222dtex(200 旦)/72f 白色涤纶低弹网络丝,毛圈纱:222dtex(200 旦)/72f 藏青色涤纶低弹染色丝、222dtex(200 旦)/72f 深蓝色涤纶低弹网络丝、167dtex(150 旦)/72f 大红色涤纶低弹有色丝、167dtex(150 旦)/50f 金色涤纶低弹有色丝、167dtex(150 旦)/36f 海蓝色涤纶低弹有色丝、167dtex(150 旦)/50f 墨绿色涤纶低弹有色丝。

(6)色纱排列。第 1 路穿地纱,第 2 路穿藏青色毛圈纱,第 3 路穿深蓝色毛圈纱,第 4 路穿大红色(金色)毛圈纱(大红色与金色毛圈纱间隔排列,各 5 循环),第 5 路穿海蓝色(墨绿色)毛圈纱(海蓝色与墨绿色毛圈纱间隔排列,各 5 循环),第 6 路脱圈。

(7)生产工艺流程。编织→开幅→初剪浮线→精剪毛圈→水洗→坯布检验→定形涂层→半成品检验→火焰复合→成品检验→成品包装。

(8)上机编织工艺参数。机上密度:17 线圈/cm;下机密度:17.5 线圈/cm;坯布幅宽:(162±2)cm;纱线张力范围:4.9~9.8cN(5~10gf)(地纱略大于毛圈纱)。

(9)剪绒设备与工艺参数。设备:MB311A 型剪毛机;剪毛速度:(10±1)m/min;滚刀速度:1000~1200r/min;绒毛高度:(2.0±0.1)mm。

(10)水洗工艺参数。温度:40~45℃;柔软剂:5kg/缸;硅油:0.8~1.0kg/缸;10~15min 后降温出布、脱水,80~90℃烘干,时间不少于 45min,打冷风至常温。

(11)定形设备与工艺参数。设备:门富士四箱定形机;浸轧液:德美防水剂 25~30g/L;FRC-1 耐久阻燃剂 16~20g/L;定形温度:1~3 室 165~170℃,4 室 160~165℃;定形后有效幅宽:(167±2)cm;定形后密度:17 线圈/cm。

(12)火焰复合工艺参数。复合设备:德国 Schmitt-maschinen(Stookstadt/m)火焰复合机;上滚筒隔距:(2.0±0.5)mm;火口与滚筒隔距:(3±0.5)cm;液化气系统:10^3~$2×10^5$Pa;冷却水系统:<60℃;压缩空气系统:$4×10^5$~$8×10^5$Pa;海绵:密度28g/cm^3、厚度(4.0±0.1)mm、幅宽170cm;底布:经编平纹、密度 50g/cm^2、幅宽(170±5)cm;复合后净厚度:(5.0±0.5)cm;复合牢度:表皮与海绵≥8N/5cm、底布与海绵≥4N/5cm。

3. 医疗卫生用织物

医疗卫生用织物所用的纤维有天然纤维(棉、丝、麻)、再生纤维(粘胶纤维)、合成纤维[聚酯纤维(PET)、聚酰胺纤维(PA)、聚四氟乙烯纤维(PTFE)、聚丙烯纤维(PP)、聚氨酯纤维(PU)、聚乙烯纤维(PE)、碳纤维、玻璃纤维等],所有这些医用纤维均要求:无毒性、无过敏性、无致癌性、在消毒时不引起物理或化学性能的任何变化。医用纤维也可分为非生物降解纤维和可生物降解纤维。非生物降解纤维包括 PET、PP、PA、聚丙烯酸酯、芳香聚酯等纤维,其在生理环境中能长期保持稳定,不发生降解、交联或物理磨损等,并具有良好的力学性能。该类材料主要用于人体软、硬组织修复和制造人体器官、人造血管、接触镜和黏结剂等。可生物降解材料包括胶原、聚乙交酯(PGA)、聚丙交酯(PLA)、聚乙丙交酯(PGLA)、甲壳素(几丁质)及其衍生物、纤维素、聚氨基酸、聚乙烯醇、聚己内脂等,这些材料能在生理环境中发生结构性破坏,且降解产物能通过正常的新陈代谢被机体吸收或排出体外,主要用于药物释放载体及非永久性植入器械。

以下为一些采用纬编针织结构制备的医疗卫生用织物实例。

(1)双层结构抗菌织物。

①机型:电脑提花横机。

②机号:$E12$。

③原料:31.1tex(19英支)壳聚糖单纱 + 14.1tex×2(19英支/2)棉纱。

④组织结构:该织物编织图如图1 – 1 – 56(a)所示。

⑤织针配置:如图1 – 1 – 56(b)所示,采用罗纹排针配置,前针床织针排列顺序为ABCB,后针床织针排列顺序为B空A空。

⑥三角排列:如图1 – 1 – 56(c)所示。该织物4路一个完全组织。

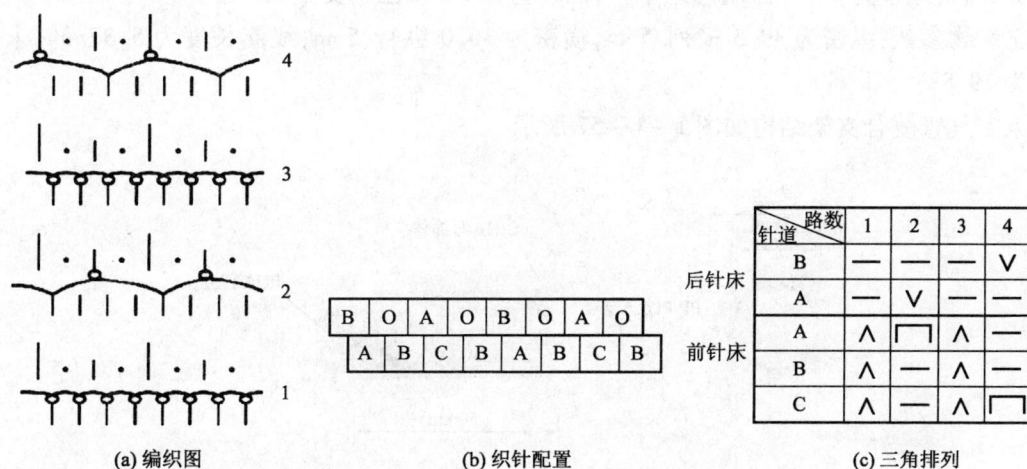

(a) 编织图　　(b) 织针配置　　(c) 三角排列

图1 – 1 – 56　双层结构抗菌织物编织图、织针配置及三角排列图

⑦穿纱方式:第1路、第3路穿入31.1tex壳聚糖单纱,用于编织织物正面;第2路、第4路穿入14.1tex×2棉纱,作为织物反面。

⑧织物厚度:2.04mm。

⑨织物克重:0.114g/m³。

⑩壳聚糖纤维含量:60.23%。

⑪特点:该织物既能充分发挥壳聚糖的抗菌性、生物相容性和促进伤口愈合等优势,又能满足敷料的物理机械性能。

(2)人造血管:人造血管根据直径不同,有大血管(直径>5mm)和小血管(直径<5mm)之分,前者一般采用医用级涤纶(PET)经针织和机织方法制成,后者选用医用聚四氟乙烯覆膜制备。早期的针织结构人造血管采用纬编方法制备,一般在专用小口径单面圆纬机上编织高密度纬平针组织,后整理过程中经致密化整理(稳定织物结构,增加织物密度)、波纹化热定形(形成环形或螺旋形折叠型皱折)、清洗(通过溶剂法,进行去污、漂白整理)等处理获得。由于纬编人造血管孔隙率较大、易卷边、脱散、径向尺寸稳定性差等缺陷,已较少使用,目前针织结构的人造

血管大多选用经编结构制备。

（3）人工气管：气管因肿瘤、外伤、炎症及先天性疾病等需行气管环形切除及气道重建，当切除长度超过直接吻合限度 50mm 时，则需用代用品来重建气管，以保持气道的连续性和通畅。人工气管的要求：管腔密封不漏气，易弯曲成形但不致踏陷，具有良好的组织相容性，能与宿组织紧密结合，炎症反应小，气管内壁光滑，能防止成纤维细胞和细菌的侵入，有利于气管内黏膜上皮的生长。

实例：人工气管内支架。

①机型：专用小口径单面圆纬机。

②筒径：30mm。

③总针数：44 针。

④路数：1 路。

⑤组织结构：纬平针添纱组织。

⑥原料：地纱为 30tex 医用丙纶单丝，面纱为 24tex 聚己丙交酯长丝。

⑦织物参数：纵密为 39.5 横列/5cm，横密为 36.0 纵行/5cm，线圈长度为 5.37mm，未充满系数为 19.88。

人工气管复合支架结构如图 1 - 1 - 57 所示。

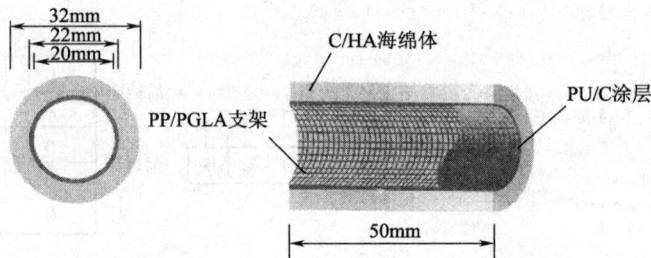

图 1 - 1 - 57　人工气管复合支架结构

人工气管内支架的制备工艺流程：平针添纱管状织物编织→甲壳胺涂层→干燥定形。

人工气管复合支架的制备工艺流程：人工气管支架内层医用级聚氨酯涂层→支架外层胶原蛋白/羟基磷灰石海绵体（C/HA）涂覆→冷冻干燥→真空热交联→辐射灭菌→包装。

（4）针织医用金属内支架：人体因血管粥样硬化、恶性肿瘤等原因会造成管腔狭窄或梗阻。医用内支架属于管状医疗器械，当移植到人体管腔狭窄处后能扩张成形，对人体管壁产生持续而均匀的支撑力，使人体管腔保持畅通。针织医用金属内支架采用镍钛形状记忆合金，经针织纬平针结构制成管状织物，其相变温度为 31℃，在 0 ~ 4℃ 的冰水中可以变得细小、柔软，便于医疗手术操作，而在人体温度（37℃ 左右）下可以恢复到原设计形状，产生相应的恢复力，起扩张、支撑和引流的作用。

实例：针织医用金属内支架。

①机型：专用小口径单面圆纬机。

②筒径：30mm。

③总针数：44 针。

④路数:1路。

⑤组织结构:纬平针。

⑥原料:直径为 0.15mm 镍钛形状记忆合金丝。

针织医用金属内支架结构如图 1 - 1 - 58 所示。

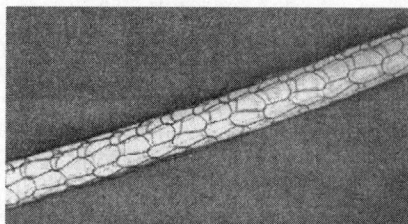

图 1 - 1 - 58　针织医用金属内支架结构

针织医用金属内支架的制备工艺流程:镍钛形状记忆合金丝前处理→平针编织→热定形(包括中温处理和时效处理)→灭菌消毒→包装。

该支架扩张均匀,弯曲变形时纵向柔顺性好,与人体接触面积小、同质性好,可以脱散而方便地形成各种不同长度的支架,在治疗及预防人体内胆道、前列腺道和食道等组织狭窄症上取得了较为满意的疗效。

(5)牙周补片:牙周补片(又称牙周再生片、引导性组织再生阻挡片)是一种微孔膜片,表面多孔,能使邻近的细胞容易伸展到牙周补片之内,保证组织复合良好,减少外皮沿着牙根表面向下生长。

实例:聚乙丙交酯牙周补片。

①机型:单面圆纬机。

②机号:$E34$。

③组织结构:纬平针。

④原料:7tex 聚乙丙交酯长丝。

⑤牙周补片的制备工艺流程:聚乙丙交酯长丝→纬平针骨架→表面壳聚糖涂层→干燥→剪裁→定形→环氧乙烷灭菌消毒→封装。

⑥织物参数。涂层前:纵密为 90 横列/5cm,横密为 66 纵行/5cm;涂层后:纵密为 93 横列/5cm,横密为 58 纵行/5cm,线圈长度为 2.58mm,未充满系数为 30.68,厚度为 0.25mm。

牙周补片可剪裁定形,如图 1 - 1 - 59 所示的成形结构。

(a)椭圆形　(b)方形　(c)邻面形　(d)单齿形　(e)包围形

图 1 - 1 - 59　牙周补片的成形结构

二、装饰用纬编产品

纬编装饰用产品主要用于室内装饰用织物(窗帘、靠垫、沙发等包覆用织物)、床上用品(床垫、床罩、毯子等)、长毛绒玩具等。与机织物、经编织物相比,装饰用纬编织物使用面和量均较小。常用纬编织物组织结构有提花、毛圈、长毛绒、衍缝等复合结构,以及毛圈织物经过后整理的天鹅绒、摇粒绒织物等。

(1)衍缝装饰织物。

①机型：UCC - 548 型提花圆纬机(2 + 4 双面圆纬机)。

②机号：E20。

③筒径：965mm(38 英寸)。

④路数：60 路。

⑤原料：28.1tex(21 英支)粘胶长丝、167dtex(150 旦)涤纶低弹白丝、167dtex(150 旦)涤纶染色(浅米黄)低弹丝、666dtex(600 旦)×2 涤纶网络白丝(一根网络度较高，一根网络度较低)。

⑥编织图：如图 1 - 1 - 60(a)所示。

⑦织针配置：如图 1 - 1 - 60(b)所示。

⑧三角排列：如图 1 - 1 - 60(c)所示。该织物 5 路一个完全组织。

⑨穿纱方式：第 1 路穿入 28.1tex(21 英支)粘胶长丝，第 2 路穿入 167dtex(150 旦)涤纶染色(浅米黄)低弹丝，第 3 路穿入 28.1tex(21 英支)粘胶长丝，第 4 路穿入 167dtex(150 旦)涤纶低弹白丝，第 5 路穿入 666dtex(600 旦)×2 涤纶网络白丝。

⑩织物后整理工艺流程：水洗→开幅→热定形。

⑪织物幅宽：230cm。

⑫织物克重：300g/m²。

⑬适用范围：高档床垫、床罩、靠垫等。

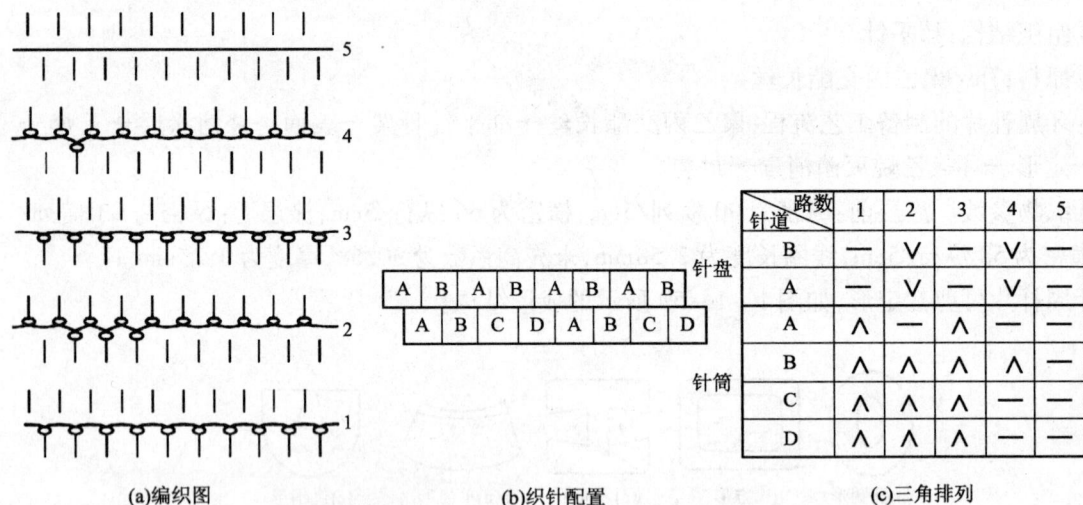

(a)编织图　　　(b)织针配置　　　(c)三角排列

图 1 - 1 - 60　绗缝装饰织物编织图、织针配置和三角排列图

(2)提花短绒装饰织物。

①机型：MCPE2.4 型电脑提花毛圈机。

②机号：E20。

③筒径：660mm(26 英寸)。

④路数：62 路。

⑤织物组织结构：浮雕提花毛圈组织。

⑥原料：毛圈纱 167dtex(150 旦)涤纶低弹丝(多色)；地纱 222dtex(200 旦)涤纶低弹白丝。

⑦花纹意匠图:如图 1 - 1 - 61 所示。

⑧毛坯克重:410g/m²。

⑨织物后整理工艺流程:剪毛→水洗→烘干→定形→复合。

⑩剪毛设备与剪毛工艺:意大利 Comeet 剪毛机,刀速为 1000r/min,布速为 3m/min,绒毛高度为 1.8 ~ 2.0mm。

⑪水洗工艺:温度 60 ~ 80℃。

⑫烘干:平网烘干机上烘干。

⑬定形温度:160 ~ 170℃。

⑭复合:将整理后的短绒面料与海绵、阻燃海绵、非织造布经过胶料黏合,即得到理想的针织短绒复合装饰面料。最佳的海绵厚度为 3 ~ 5mm。

⑮适用范围:包覆及墙饰(墙布)面料等。

(3)天鹅绒装饰织物。

①机型:单面毛圈机。

②机号:E24。

③织物组织结构:正包毛圈。

④原料:毛圈纱为 17.4tex(36 英支)腈纶纱;地纱为 83dtex(75 旦)涤纶低弹丝。

⑤后整理工艺流程:剪毛(顺、逆各一道)→染色(腈纶)→烘干→复剪毛→定形。

⑥成品门幅:173cm。

⑦成品克重:220g/m²。

⑧适用范围:窗帘、装饰布。

(4)彩条天鹅绒装饰织物。

①机型:单面毛圈机。

②织物组织结构:正包毛圈。

③原料:毛圈纱为 18.5tex(32 英支)棉纱 + 17.4tex(36 英支)腈纶纱;地纱为 83dtex(75 旦)涤纶拉伸变形丝。

④毛圈纱排列:19 路棉纱 + 1 路腈纶纱。

⑤后整理工艺流程:剪毛(顺、逆各一道)→染棉纱(形成彩条)→烘干→复剪毛→定形→染棉纱(形成彩条)。

该织物适用于玩具。

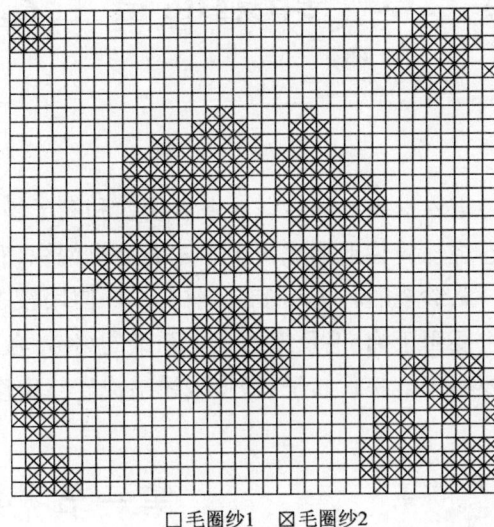

□毛圈纱1　⊠毛圈纱2

图 1 - 1 - 61　浮雕提花毛圈组织花纹意匠图

第二章 纬编准备工艺与设备

进入针织厂的纱线一般有绞纱和筒子纱两种卷装形式。绞纱不能直接用于针织机上,需要先卷绕在筒管上形成筒子纱才能上机编织,有些筒子纱则需要重新进行卷绕后才能上机使用。

络纱机的种类较多,目前针织厂使用较多的是槽筒式络纱机和菠萝锭络丝机。槽筒式络纱机主要用于棉、毛及绳纺等短纤维的络纱;菠萝锭络丝机主要用于络取长丝;另外,松式络筒机主要用于络松式筒子,即将纱线络成卷绕密度小而均匀的筒子,以便进行筒子染色加工。

第一节 槽筒式络纱机

一、胶木槽筒络纱机的技术特征

这是一种传统的络纱机,它是利用胶木槽筒的旋转和往复导纱运动,将纱线卷绕成一定卷装角度的筒子纱。络纱机的结构较简单,能耗小,络纱速度高,但由于摩擦转动,纱线磨损大,筒子成形差,且自动化程度低,一般不能适应高品质、高要求的络纱加工要求。针织生产上常用的国产槽筒络纱机有 GA014MD 型和 GA014PD 型,它们的技术特征列于表 1-2-1 中。

表 1-2-1 GA014 型槽筒络纱机的技术特征

项 目		技 术 特 征	
机型		MD 型	PD 型
每台锭数(锭)		40,60,80,100,120	40,60,80,100,120
锭距(mm)		254	254
导纱动程(mm)		152	152
络纱线速度(m/min)		510,575,643,713	140,160
筒管和尺寸	木管	斜度:6°,φ25mm/φ62mm×177mm	斜度:6°,φ25mm/φ62mm×177mm
	纸管	斜度:3°30′, 5°57′, 9°15′	斜度:3°30′
锥形筒子成形尺寸(mm)		φ200(大头)×152	φ200(大头)×152
外形尺寸(100锭)(长×宽×高)(mm)		13600×1150×1523	13600×1400×1960
主电动机(两只)		1.8kW,380V,1440r/min	1.1kW,380V,960r/min
辅助电动机(一只)		0.37kW,380V,960r/min	0.37kW,380V,960r/min
适用范围		筒纱喂入(络筒)	绞纱喂入(绞纱成筒)

二、新型槽筒式络纱机的技术特征

新型槽筒式络纱机型号很多,其主要特点是采用金属槽筒、无级调速,电脑控制整机工艺参数,装有电子清纱器、空气捻接器(或打结器),筒子定长装置和巡回清洁装置等。表 1-2-2 所示为 HS-101CH 型槽筒式络纱机技术特征。

表1-2-2 HS-101CH型槽筒式络纱机技术特征

项 目		技 术 特 征
结构形式(锭数/台)		双面式:36,72(标准)
锭距(mm)		364
导纱动程(mm)		152
卷绕速度(m/min)		300~1000
筒管	锥度	4°20′,5°57′,9°15′
	高度	170mm
满管尺寸(mm)		φ290(大头)×152
槽筒直径(mm)		82
防叠方式		变频摆频方式
外形尺寸(长×宽×高)(mm)		13700×1050×1650
断纱自停装置		光电探丝器控制方式
计长装置		可编程控制器(PLC)触摸屏设定并显示单锭计长值
电源,驱动		三相380V,50/60Hz,单锭独立交流电动机驱动,0.09kW/锭
调速装置		变频调速
张力器		每锭配置旋转清洁张力器和上蜡装置
电子式清纱装置		可选配
空气捻接器		可选配
适用范围		筒纱喂入(络筒)

三、主要机构及其作用

1. 清纱张力装置

清纱张力装置是用来清除纱线的杂质,并给纱线一定的张力,以便获得品质优良的筒子。

(1)板式清纱装置:清纱板的结构如图1-2-1(a)所示。前盖1固装在张力架上。固定清纱板2装在前盖板下方。活动清纱板3以螺丝固装在前盖板1和后盖板4之间,上面并装有紧压弹簧5,弹簧的弹力作用在活动清纱板3上,使有向下移动的作用力。故在调整缝隙大小时只要先松调节螺丝6,再将图1-2-1(b)所示的规定厚度的测微片插入缝隙内,活动清纱板3在压紧弹簧5的作用下降落,达到所需要的缝隙,然后旋紧调节螺丝6。

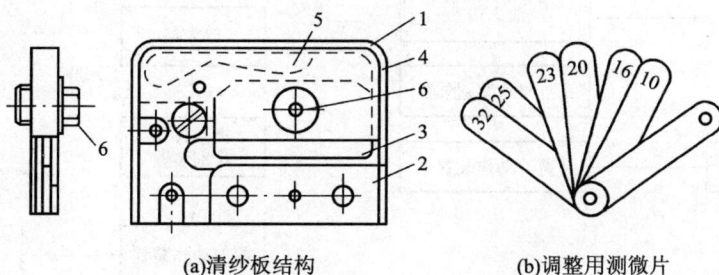

(a)清纱板结构　　　　(b)调整用测微片

图1-2-1 清纱板结构及调整

1—前盖　2—固定清纱板　3—活动清纱板　4—后盖板　5—紧压弹簧　6—调节螺丝

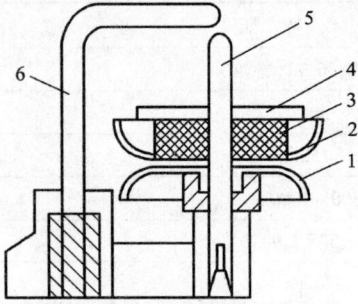

图1-2-2　张力装置结构
1—下张力盘　2—上张力盘　3—毛毡垫圈
4—张力垫圈　5—金属轴心　6—弹簧控制杆

（2）张力装置：张力装置的结构如图1-2-2所示。下张力盘1和上张力盘2套在金属轴心5上,上张力盘2内有毛毡垫圈3和张力垫圈4。在轴的上端还装有弹簧控制杆6,用来防止张力垫圈在运转时从轴上跳出。

（3）电子清纱器:电子清纱器是利用光电或电容的原理对纱线进行检测和除杂的,用它来替代目前使用的板式、棉针式清纱器,它不仅能对纱线进行除杂,而且还能对纱的粗细等有害疵点进行切除,以改善纱的质量。当纱线上的疵点经过清纱器检测头时,接收器便能感知纱线粗细的影响,经过放大到足够的电信号后,再经鉴别电路就翻转触发驱动电路,将带有纱疵的纱线切断。

络筒机上使用的电子清纱器的功能、规格、型号比较多。从监测原理来分析,有光电式和电容式两类电子清纱器。

①光电式:光电式清纱器的工作原理如图1-2-3所示。

光电式清纱器是将纱疵的直径和长度两个几何量通过光电系统直接转换成脉冲值和宽度来进行检测的。当纱疵的长度与粗度超过设定值时,则剪刀产生动作,切断纱线。

光电式清纱器在纱线回潮率、纤维种类变化时影响不大。但易受灰尘积聚和纱线毛茸的干扰,对扁平纱疵有可能漏切。

②电容式:电容式清纱器的工作原理如图1-2-4所示。电容式清纱器由两片金属极板组

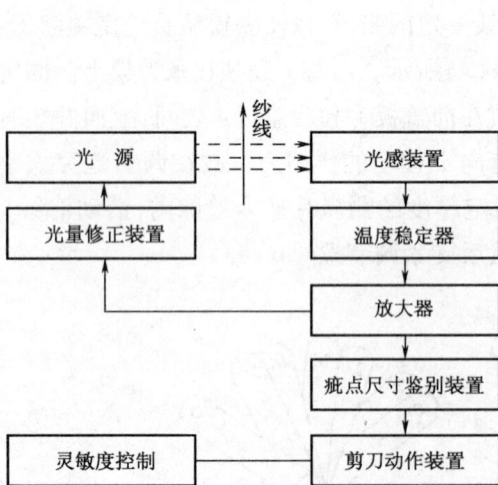

图1-2-3　光电式清纱器的工作原理

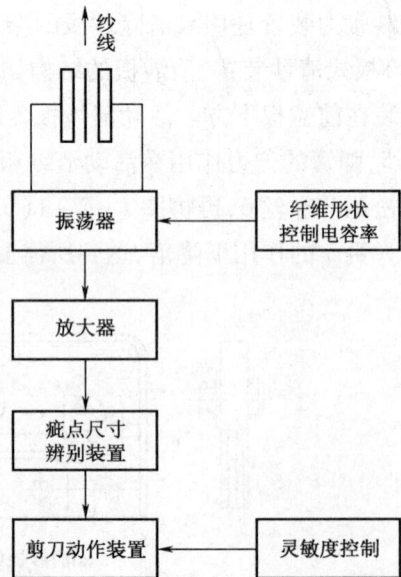

图1-2-4　电容式清纱器的工作原理

成隔距头,纱线从极板间通过,进纱后因纤维的介电常数比空气的大,故电容量增加,且增量的大小基本上与通过极板间的纱线质量成正比。若纱疵的长度与粗度超过设定值,鉴别装置将发出一个脉冲,从而带动剪刀切断纱线,达到消除纱疵的目的。

电容式检测与纱线的光泽、捻度无关,不怕毛茸,但易受回潮率、纤维种类变化的影响。

2. 卷绕成形机构

(1)GA014 型络纱机:卷绕成形机构的结构如图 1-2-5 所示,筒子的卷绕成形主要是以槽筒 1 的旋转和槽筒上的沟槽往复来完成。槽筒有胶本槽筒和金属槽筒两种,表面刻有螺旋沟槽,来回共 5 圈(单向沟槽 2.5 圈)。槽筒用沉头螺钉固定在槽筒轴上,每两只槽筒之间装有一只滚动轴承,由托架支撑着,各槽筒轴用连轴节紧密连接。

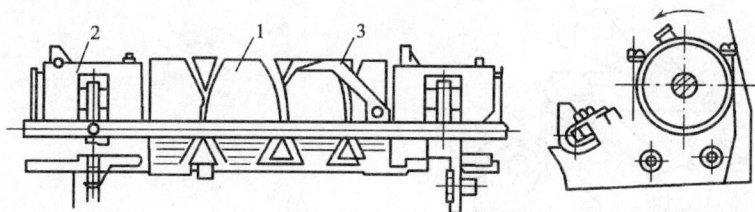

图 1-2-5 卷绕成形机构结构
1—槽筒 2—轴承盖 3—拦纱板

槽筒的两侧装有轴承盖 2,用来防止回丝卷上槽筒轴,拦纱板 3 防止接头后送纱不良在筒子大端处造成攀头(或称滑边),槽筒后面装有毛刷,其作用是防止槽筒高速回转时所产生的气流带动断头后的纱线缠绕在槽筒上。

(2)HS-101CH 型络纱机:槽筒是络纱机上重要卷绕成形部件之一,对筒子成形质量有直接影响。本机槽筒材料是锌铝合金通过成形模具压铸而成,克服了胶木槽筒的下列缺点:使用寿命短,易磨损破裂;与化纤纱或混纺纱摩擦易产生静电;槽筒导线沟槽交界处,由于制造质量差,易将纱磨断;与板式清纱器配合使用,会使络纱时纱线的毛羽增加。

金属槽筒具有导电性能好,有消除静电的作用,并且耐磨性好,使用寿命长,络纱速度高,筒子成形好,适应细特纱和化纤纱以及提高筒子纱质量的要求。

金属槽筒用沉头螺丝固定在单锭电动机连轴上,由单边支撑座(装有滚动轴承)连接在机架上,由单锭变频控制电动机带动槽筒独立运转。槽筒表面的螺旋沟槽来回共 5 圈(单向沟槽 2.5 圈)

3. 辅助机构

(1)**防叠装置:**在槽筒摩擦传动的筒子交叉卷绕机构上,当筒子的卷绕直径增大到某一定值时,导纱往复一次中筒子的转数恰好为整数,这时筒子上相邻的两层线圈便重合在一起,重合若干次后纱线便在筒子表明形成突起,即为重叠现象。重叠后的筒子的表面凹凸不平,络纱时纱线的摩擦加剧,造成筒子剧烈振动,同时,重叠的纱线在筒子两端滑边。

①间歇开关式防叠:电器开关箱内设电子无触点间歇开关,使电动机在运转中一开一停转速起伏。间歇时间根据纱线在筒子上的重叠情况调整,并设电子显示。

②防叠槽筒:防叠槽筒上主要采取以下几个措施,以达到防叠的目的。

a. 将槽筒上的沟槽做得深浅不一或阔狭不一。

b. 将沟槽的交叉点错开或做成左右扭曲。

c. 将槽纹断开或做成相对无槽。

③变频器摆频功能防叠:新型金属槽筒络纱机上的单锭独立交流电动机由变频器输出频率的大小来变换运转速度的快慢,而使槽筒轴转速忽快忽慢,从而达到防叠的目的,摆幅的大小和摆动的次数均可在程序控制(PLC)变频器操作面板上预先设定。

(2)断头自停装置。

①机械式断头自停装置:在络纱时,当纱线断头后,利用机械的动作使筒子迅速脱离高速旋转槽筒。自停装置的结构如图1-2-6所示。

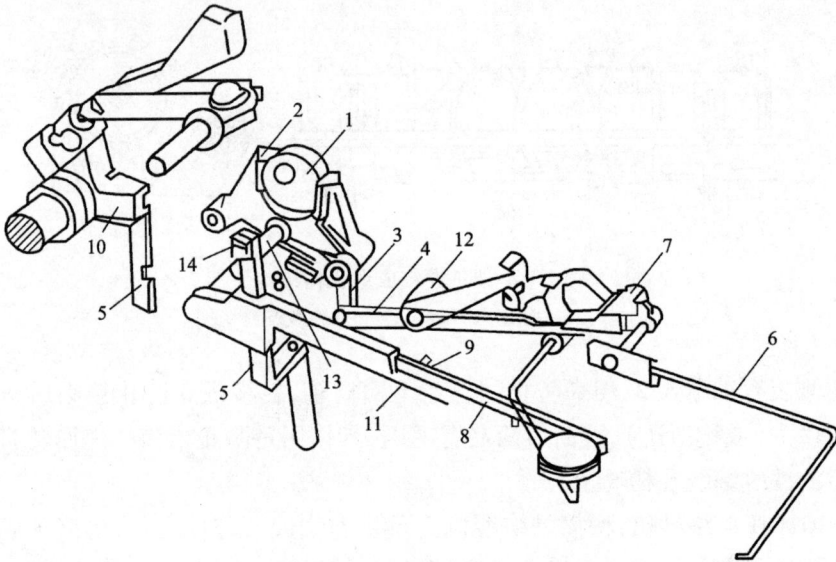

图1-2-6　机械式自停装置结构

1—偏心凸轮　2—摆动钳　3—摆动杆　4—往复杆　5—升降杆　6—探纱杆　7—重力撑头
8—连锁杆　9—凸头　10—筒子托头　11—弹簧　12—抬起杆　13—轴　14—滑块

在中心轴上装有偏心凸轮1,凸轮回转时,摆动钳2即以轴13为支点作左右摆动,摆动钳的两个下支臂分别同两套断纱自停装置中的摆动杆3铰接,摆动杆的一个支臂同往复杆4铰接,另一个支臂上的滑槽同升降杆5上的方滑块衔接。在络筒正常进行时,摆动钳的摆动只能促使往复杆作往复运动。纱线断头后,探纱杆6因失去纱线对它的压力,与其同轴的重力撑头7便下落而阻止往复杆的运动,此时摆动钳的摆动仅能通过摆动杆的另一个支臂迫使升降杆上升。升降杆的上端用滑块14同筒子托座10相连,因此,筒子托座随同升降杆一起上升,托座上的筒子便脱离槽筒而停转。升降杆上升到顶端后,连锁杆8在弹簧11的作用下伸进升降杆上的榫槽,使升降杆维持其上抬状态。与此同时,连锁杆上的凸头9释去对抬起杆12的支持,使后者的重尾下降而头端上抬,将重力撑头抬起,使其同往复杆脱离接触,以减少撑头的磨损。

②光电断头自停装置:光电式比机械式断头自停装置具有降低纱线磨损,断头控制可靠性

更高的优点。如图 1-2-7 所示,在纱线通道两侧有一对光感耦合区域,一侧发射光源区 A,另一侧接受光源区 B。当光源接通时,指示灯闪亮,表示断头状态;当光源不通时,指示灯熄灭,是纱线运行状态。在断头或不断头的状态下,光电传感器所发出的电子信号都被(变频器)程序控制。当纱线断头时,电动机被切断电源而停止转动;当不断头时,电动机被接通电源而正常运转。

(3)吹尘装置:吹尘装置的结构如图 1-2-8 所示。电动机通过长皮带带动皮带盘 1 转动。皮带盘转动有两个作用,一是带动风扇罩 2 内的风扇,使其产生的风通过象鼻通管 3,把风送到风口 5 和风口 9;二是带动整个吹风装置。转子 7 在导轨 6 上转动。转子 7 头端装有偏心盘 8,由偏心拉杆 10 拉动象鼻头 4 前后摆动。

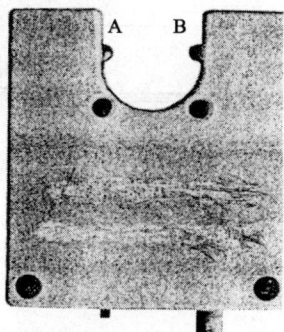

图 1-2-7　光电断头自停装置

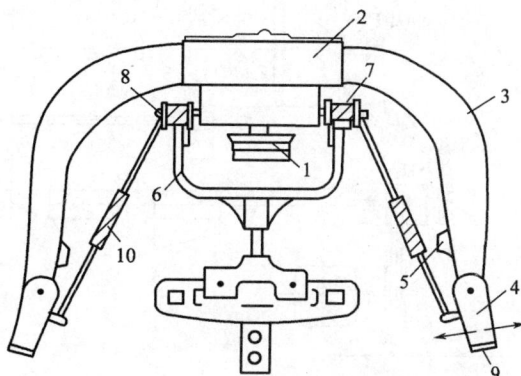

图 1-2-8　吹尘装置结构

1—皮带盘　2—风扇罩　3—象鼻通管　4—象鼻头　5、9—风口
6—导轨　7—转子　8—偏心盘　10—偏心拉杆

吹风装置的往复速度一般以 10m/min 左右为宜。

四、传动系统及计算

1. GA014 型络纱机传动系统

传动示意图如图 1-2-9 所示。传动路线为:

主电动机 $M_1 \rightarrow D_1 \rightarrow D_2 \rightarrow$ 槽筒轴

辅助电动机 $M_2 \rightarrow Z_1(15^T) \rightarrow Z_2(75^T) \rightarrow Z_3(15^T) \rightarrow Z_4(90^T)$ $\begin{cases} \rightarrow Z_5(20^T) \rightarrow Z_6(20^T) \rightarrow Z_7(16^T) \rightarrow \\ Z_8(16^T) \rightarrow \text{空管输送带} \\ \rightarrow \text{断头自停主动凸轮} \end{cases}$

机械计算如下。

(1)槽筒轴转速。

$$n = \frac{n_1 \times D_1}{D_2} \times \phi_1 = \frac{1450}{110} D_1 \phi_1 = 13.18 D_1 \phi_1$$

式中:n——槽筒轴转速,r/min;

n_1——主电动机转速(1450r/min);

D_1——电动机皮带轮节径,mm;

D_2——槽筒轴皮带轮节径(110mm);

ϕ_1——滑动系数(0.94 ~ 0.96)。

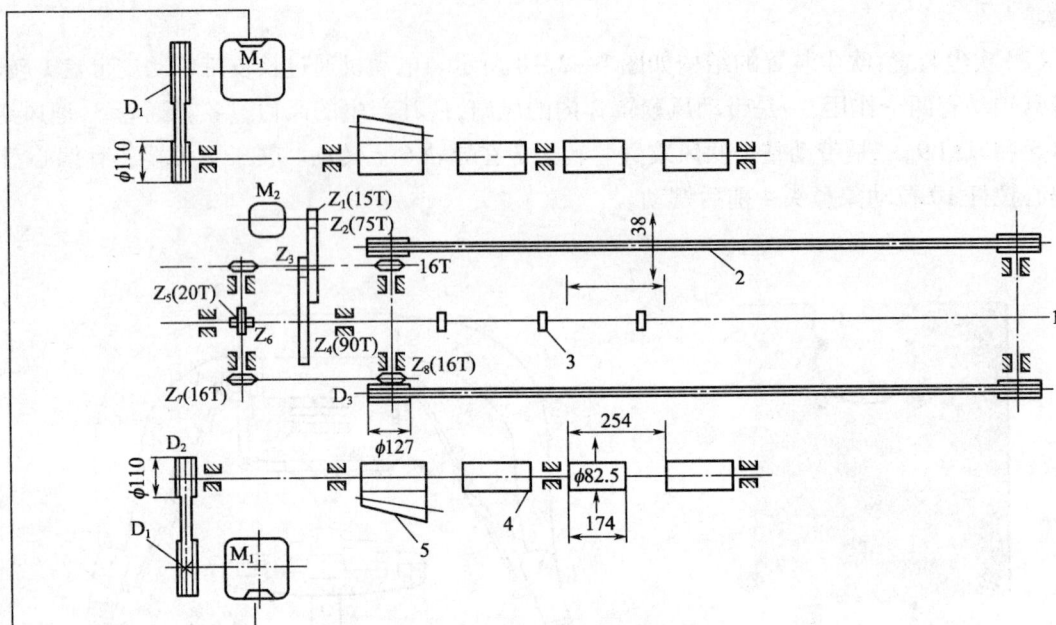

图 1 - 2 - 9　GA014 型络纱机传动示意图

1—车尾端　2—空管输送带　3—断纱自停主动凸轮　4—槽筒　5—筒管

M_1—主电动机　M_2—辅助电动机　D_1—主电动机皮带轮(可以调换)　D_2—槽筒轴传动皮带轮

$Z_1 \sim Z_8$—传动齿轮或链轮　D_3—空管输送皮带轮

(2)空管输送带速度。

$$v_3 = \frac{n_2 \times Z_1 \times Z_3 \times Z_5 \times Z_7 \times D_3 \times \pi}{1000 \times Z_2 \times Z_4 \times Z_6 \times Z_8} = \frac{900 \times 15 \times 15 \times 20 \times 16 \times 127 \times 3.14}{1000 \times 75 \times 90 \times 20 \times 16}$$

$$= 11.96(\text{m/min})$$

式中:v_3——空管输送带速度,m/min;

n_2——辅助电动机转速(900 r/min);

$Z_1 \sim Z_8$——传送齿轮齿数;

D_3——空管输送皮带轮节径(127mm)。

(3)断纱自停轴转速。

$$n_3 = \frac{n_2 \times Z_1 \times Z_3}{Z_2 \times Z_4} = \frac{900 \times 15 \times 15}{75 \times 90} = 30(\text{r/min})$$

式中:n_3——断纱自停轴转速,r/min;

n_2——辅助电动机转速,r/min;

$Z_1 \sim Z_4$——传动齿轮齿数。

2. HS – 101CH 型络纱机传动和控制系统

络纱机上的槽筒通过同轴独立电动机变频驱动,电动机的功率为 90W,由一台变频器 (5.5kW)控制 36 锭电动机转速。图 1 – 2 – 10 为 36 锭络纱机上的电气原理图。通过车头触摸屏设定和显示以下参数。

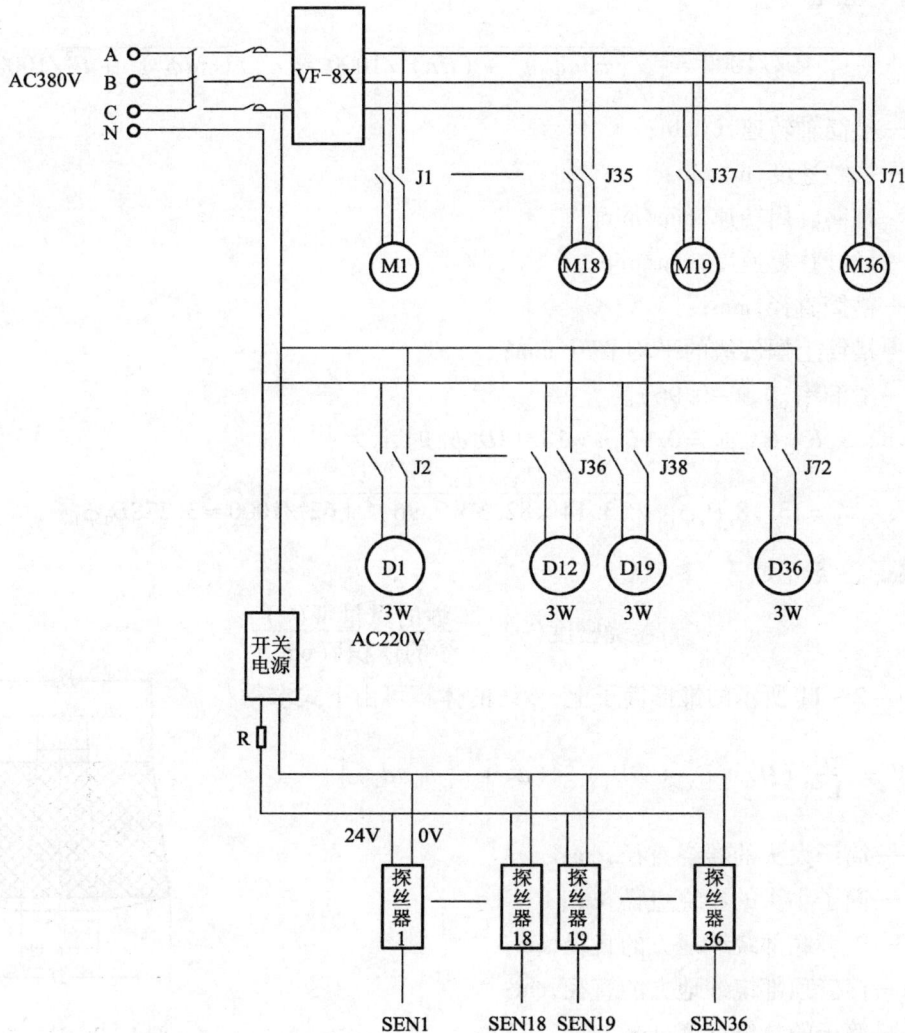

图 1 – 2 – 10　36 锭络纱机上的电气原理图

(1)络纱线速度:线速度与显示频率成正比例关系,线速度 $\approx 14.4 \times$ 显示频率数。例如, $14.4 \times 50 = 720(\mathrm{m/min})$。

(2)摆频参数:通过 PLC 程序控制变频器的频率上下变动的幅度和间隔时间。

(3)单锭计长度(m):通过电耗计算方式(一定时间电动机耗电量÷电动机转数),由编码传送到 CPU 芯片,经过处理再由显示屏显示每锭计长值。

五、络纱的工艺计算和工艺配置

1. 工艺流程

络纱工艺流程为:

原料抽验→工艺参数的确定→络纱(摇纱)→落筒→装筐(或纱筒架)→输送织布工序

工艺参数包括槽筒转数、络纱张力、刀门隔距(清纱器参数)、接头形式、上蜡(给油)等。

2. 工艺计算

(1)络纱速度

$$v \approx \sqrt{v_1^2 + v_2^2}/1000 \approx \sqrt{(\pi d n \phi_2)^2 + (Hn)^2}/1000 \approx n\sqrt{(\pi d \phi_2)^2 + H^2}/1000$$

式中:n——槽筒轴转速,r/min;

v——络纱速度,m/min;

v_1——槽筒圆周转速,mm/min;

v_2——导纱往复速度,mm/min;

d——槽筒直径,mm;

H——槽筒上螺旋线的平均节距,mm;

ϕ_2——滑溜率(0.9~0.96)。

当 $d = 82.5, H = 62, \phi_2 = 0.96, n = 13.18 D_1 \phi_1$ 时,v 为:

$$v = 13.18 D_1 \phi_1 \sqrt{(3.14 \times 82.5 \times 0.96)^2 + 62^2}/1000 \approx 3.378 D_1 \phi_1$$

(2)筒子卷绕密度

$$卷绕密度(\gamma) = \frac{纱的重量 W(g)}{纱的体积 V(cm^3)}$$

在图 1-2-11 所示的锥形筒子上,纱线的体积可由下式求得:

$$V = \frac{\pi H}{12}[(D^2 + D_1^2 + DD_1) - (d^2 + d_1^2 + dd_1)]$$

式中:D——筒子大头的卷绕直径,cm;

D_1——筒子小头的卷绕直径,cm;

d——筒管底部绕纱地方的直径,cm;

d_1——筒管顶部绕纱地方的直径,cm;

H——筒子的卷绕高度,cm。

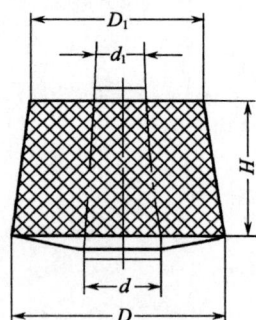

图 1-2-11 锥形筒子

纱线线密度与卷绕密度的关系见表 1-2-3。

表 1-2-3 纱线线密度与卷绕密度的关系

纱线线密度(tex)	卷绕密度(g/cm³)	纱线线密度(tex)	卷绕密度(g/cm³)
29(20 英支)棉纱	0.34~0.36	19.5(30 英支)粘胶纱	0.45~0.47
19.5(30 英支)棉纱	0.37~0.38	18(32 英支)棉/维纶纱	0.37~0.39
10(60 英支)棉纱	0.38~0.39	13(42 英支)涤纶/棉纱	0.40~0.50

3. 工艺配置

（1）张力器：在槽筒式络纱机上，主要采用圆盘式张力器装置，纱线张力可用增减张力垫圈的质量来调节。张力盘有光盘和磨盘（菊花盘）两种形式，其特点比较见表1-2-4。张力盘的质量配置见表1-2-5。

表1-2-4　两种形式张力盘的特点

项目　　　　　　　　形式	光盘式	磨盘式
适应品种	中、细（特）纱线	粗特纱线以及除杂要求较高的品种
除杂效率	较差	较好
络纱速度	适应各种速度	略低

表1-2-5　张力盘的质量配置

纱 线 规 格		加压质量（上张力盘重＋张力垫圈重）
tex	英支	（g）
58～36	10～16	19～15
32～24	18～24	15～12
21～18	28～32	11.5～9
16～14	36～42	9.5～8.5
11.5 及以上	50 及以上	8～6

注　槽筒式络纱机配置张力垫圈质量规格分为三种：即镀铬（19.4g），镀铜（6.5g），发蓝（3.6g），此外上张力盘质量4.4g，毛毡垫圈质量1.4g。

（2）清纱器：目前槽筒络筒机上采用的清纱器，一般为缝隙式清纱器，能清除一般杂质，但容易积聚尘屑、杂质，引起断头。不同原料清纱器隔距如表1-2-6所示。

表1-2-6　不同原料清纱器的隔距

原料类别	清纱器隔距（mm）	原料类别	清纱器隔距（mm）
精梳棉纱	$(2.0～2.5)d$	混纺纱	$3d$
细特棉纱	$(1.5～2.0)d$	股线	$(2.5～3.0)d$
中、粗特棉纱	$(2.0～2.5)d$	粗纺毛纱	$(2～2.5)d$

注　d 为纱线直径，mm。

（3）纱线线密度与清纱板隔距的关系见表1-2-7。

表1-2-7　纱线规格与清纱板隔距的关系

棉纱规格		直　径	清纱板隔距	棉纱规格		直　径	清纱板隔距	股线规格	股线直径	清纱板隔距
tex	英支	d(mm)	$(2.0 \sim 2.5)d$	tex	英支	d(mm)	$(1.5 \sim 2.0)d$	tex	英支	d(mm)	$(2.5 \sim 3.0)d$
58	10	0.28	0.56~0.71	19.5	30	0.16	0.24~0.32	18×2	32/2	0.27	0.68~0.81
48	12	0.26	0.51~0.64	18	32	0.16	0.24~0.32	15×2	36/2	0.25	0.63~0.76
42	14	0.24	0.48~0.60	16	36	0.15	0.22~0.30	14×2	42/2	0.24	0.60~0.72
36	16	0.22	0.44~0.56	14.5	40	0.14	0.21~0.28	10×2	60/2	0.20	0.50~0.60
32	18	0.21	0.42~0.52	14	42	0.14	0.21~0.28	7.5×2	80/2	0.17	0.42~0.50
29	20	0.20	0.40~0.50	13	45	0.13	0.20~0.27	5×2	100/2	0.16	0.40~0.48
28	21	0.20	0.40~0.50	10	60	0.12	0.18~0.24				
25	23	0.19	0.38~0.48	7.5	80	0.10	0.15~0.20				
22	26	0.17	0.35~0.44	6	100	0.09	0.14~0.18				
				5	120	0.08	0.12~0.14				

注　清纱器隔距允许差异要求不超过$^{+0.05}_{-0}$，一般用测微片插入检查左右应一致。

（4）给油与上蜡：纱线经给油或上蜡后，在编织中具有防止静电的产生，使纱线柔软，保持弹性，降低纱线摩擦因数等优点。

①给油：络纱中常用乳化油的成分如表1-2-8所示。

表1-2-8　络纱中常用乳化油的成分

用料名称	百分率（%）	主要作用	备　　注
白油	13.18	—	
油酸	4.02	乳化白油	
三乙醇	2	防静电	
甘油	0.4	平衡湿度	基本原料
羊毛脂	0.4	润滑和防静电	
软水	80	调节湿度	

注　上油率不超过1.5%。

②上蜡。

a. 蜡块成分：白蜡与白车油的混合配比需根据季节、气温的变化而改变，混合配比率见表1-2-9。

表1-2-9　蜡块成分的混合配比率

气温（℃）	白蜡油（kg）	白车油（kg）	白油占总重的比例（%）
5~10	10	3.16	24
10~15	10	2.66	21
15~20	10	2.195	18
20~25	10	1.765	15
25~30	10	1.235	11
30~35	10	0.75	7

b. 上蜡装置：上蜡装置的结构如图 1-2-12 所示。中心轴 3 固定在支座上，金属盘 1 上放置蜡块 2。蜡块可以绕芯轴回转，在金属盘下面放有橡皮垫圈 4，起防震作用，纱线在蜡块和金属盘之间通过，依靠纱线的运动带动蜡块逆时针方向旋转，使石蜡均匀地擦在纱线上，达到上蜡的目的。垫圈 5 具有加压作用，当蜡块磨损较多、转动不灵活时，加上重 1.2g 的垫圈后能保证它连续旋转。

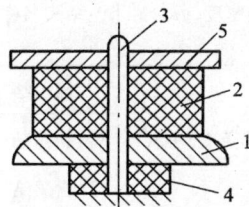

图 1-2-12　上蜡装置的结构
1—金属盘　2—蜡块　3—中心轴
4—橡皮垫圈　5—垫圈

c. 上蜡率的计算：

$$上蜡率 = \frac{C_1 - C_2}{C_2 - C_0} \times 100\%$$

式中：C_1——上蜡后筒子的重量，g；

C_2——上蜡前筒子的重量，g；

C_0——空筒管的重量，g。

上蜡率以控制在 0.5%~1% 为宜。

4. 纱线的结头

(1)纱线结头形式：纱线结头形式有四种，如图 1-2-13 所示，其优缺点比较见表 1-2-10。

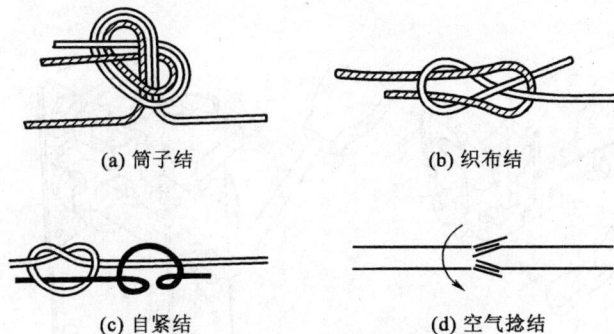

(a) 筒子结　　(b) 织布结

(c) 自紧结　　(d) 空气捻结

图 1-2-13　纱线结头形式

表 1-2-10　纱线结头形式的优缺点比较

结头形式	优　缺　点
筒子结（又称一把结）	结头简便，但结头较大，打结时如收得不紧易松散；成结后当纱线两端受到张力时，结头向留尾方向移动较易松开；又因结根与纱线垂直，呈直角方向突出，在织造过程中易产生织疵
织布结（又称蚊子结）	结头位于纱线中心，纱尾分布两侧，成结后当纱线受张力时，因结头纱圈紧压形成小而坚牢的结头。针织厂经常用此种结头。但这种结打结手续复杂
自紧结（又称渔网结）	结头位于纱线中心，结根和结尾分布在两侧。当结头受张力作用时，两个结圈互相抽紧纱线，坚牢可靠，抗张强度大，能抵抗织机拉伸，脱结少；但结尾稍长，打结手续复杂
空气捻结	没有结头，是最理想的结头形式，但机器价格高，成本增加

(2)常用结头质量比较见表 1-2-11。

表1-2-11 常用纱线结头质量比较

纱线线密度(tex)	结头名称	脱结次数		结头大小		打结时间(s)
		强力机拉脱结	手拉脱结	通过隔距(mm)	厚度(mm)	
25.4(23英支)单纱	筒子结	1.00	1.00	1.00	1.00	1.00
	织布结	1.00	0.33	0.79	0.74	1.43
	自紧结	0	0	0.93	0.87	2.00
14×2(42/2英支)股线	筒子结	1.00	1.00	1.00	1.00	1.00
	织布结	0	0	0.75	0.80	1.61
	自紧结	0	0	0.81	0.90	2.00

(3)结头形式的选择。

①生产棉织物时,股线采用自紧结,单纱采用织布结。

②合成纤维混纺时,粗特纱采用自紧结好;细特纱可采用剪刀头手打织布结或采用自紧结。

(4)打结器:我国普遍使用的打结器如图1-2-14(a)所示,这种打结器结构简单,打出的结头小,坚牢度高,而且减少了打结时间,降低了工人的劳动强度。图1-2-14(b)所示为另一种打结器,能够打自紧结。

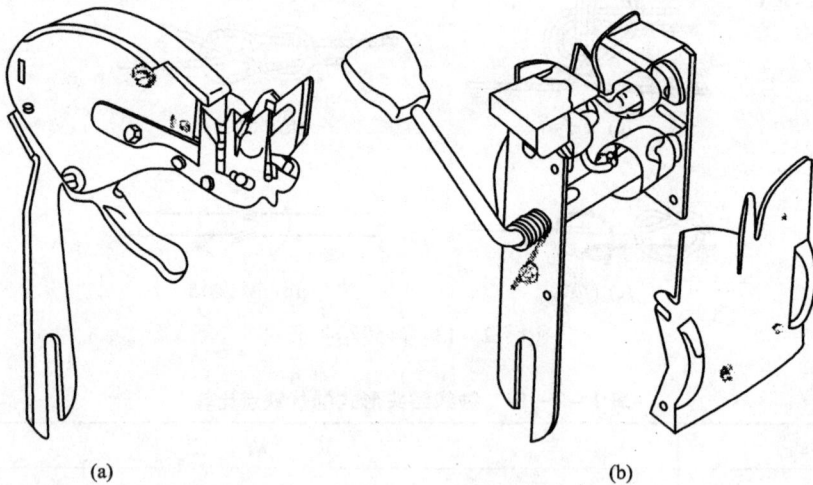

图1-2-14 打结器

(5)空气捻接器:空气捻接器是将机械打结改为空气捻接,使纱线成为无结纱,其工作原理是通过压缩空气将纱线先行退捻,然后在加捻腔内加捻、捻接,这一套动作完成大约需要1.5s的时间。它的结头处纱线直径是原纱直径的1.2倍左右,捻接头长度在20~30mm之间,结头处保留强力为原纱强力的80%以上。用空气捻接器接头,可使布面条纹清晰、均匀,并可减轻修织工的工作量。

使用空气捻接器还需要配备空气压缩机,为空气捻接器提供压缩空气。

六、筒子疵点产生原因和消除方法

槽筒式络纱筒子成形不良有 7 种情况,如图 1 – 2 – 15 所示。

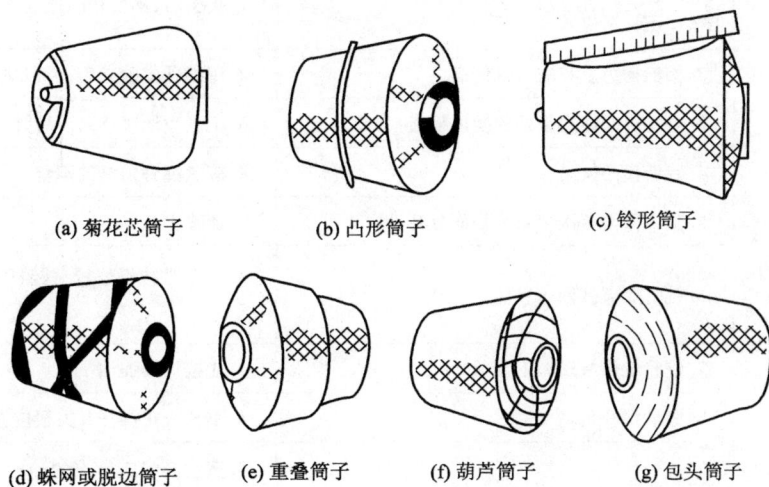

(a) 菊花芯筒子　　　　(b) 凸形筒子　　　　(c) 铃形筒子

(d) 蛛网或脱边筒子　　(e) 重叠筒子　　(f) 葫芦筒子　　(g) 包头筒子

图 1 – 2 – 15　筒子成形不良

槽筒式络纱筒子疵点产生原因和消除方法见表 1 – 2 – 12。

表 1 – 2 – 12　槽筒式络纱筒子疵点产生原因和消除方法

类别	疵点名称	产　生　原　因	清　除　方　法
筒子成形不良	菊花芯筒子（钝头）	1. 筒锭提臂固定螺丝松动,而使其顶端抬起	1. 用筒管校正规校正
		2. 锭子定位弹簧断裂或松动	2. 旋紧螺丝或换弹簧,校正筒锭位置
		3. 纱的张力小	3. 检查上下张力盘间是否有尘块,或张力盘是否过于光滑而失去了一定摩擦力
		4. 筒锭座颈圈装置不妥	4. 松去颈圈上的螺丝,移动颈圈,使其紧靠筒锭座,然后旋紧螺丝(但以不阻碍筒锭座下落为宜)
		5. 筒锭座上下松动,筒管隔距不对	5. 可将筒锭座上的螺丝旋紧,使偏心轮轴紧紧轧住,然后再缓缓放松螺丝,用筒管校正规校正
	凸形(腰带)筒子	1. 纱未断筒子就抬起,纱绕成一圈,筒子落下后,纱沿槽跑,凸起处受到较大阻力,于是这一圈纱就一直多些	1. 张力盘因含尘杂而抬起,致使张力松弛,应清除尘杂
		2. 纱在槽筒沟槽交口经常有间歇性跳纱	2. 检查交口有无毛刺,并调节张力
	铃形(喇叭)筒子	1. 纱的张力过大	1. 换较轻的张力垫圈
		2. 锭管位置不符	2. 用筒管校正规校正隔距

续表

类别	疵点名称	产　生　原　因	清　除　方　法
筒子成形不良	蛛网或脱边筒子	1.较大的脱边不规则地发生,一般是由于挡车工操作不良造成的	1.接头后,不要在纱还处于松弛状态下开车
		2.槽筒槽边上有缺口或伤痕	2.用细砂皮砂光后,再用纱头擦光
		3.纱在近槽筒边缘处的槽内跳出	3.把张力架座移向产后跳纱的一边
		4.锭管横向松动	4.旋紧锭管顶端的螺丝
		5.上下张力盘因尘杂堆积而分开	5.清除尘杂
		6.锭管底部被回丝缠住	6.检查拦纱板位置,并清除回丝,使锭管转动灵活
		7.锭管发热或转动不灵活	7.应按周期加油
		8.断纱探杆跳动	8.重新校正探杆及夹板位置
		9.筒锭座左右松动	9.擦去筒锭座前端的油污,放松颈圈,再把调节螺丝逐渐拧紧,使筒座能自由转动而无显著左右松动为止
		10.拦纱板位置不当	10.调节拦纱板位置,使其与纱线接触为限
	重叠筒子	1.槽筒位置不对	1.用筒管校正规校正隔距
		2.锭子运转不灵活	2.清除回丝,加油
		3.筒管不符规格	3.筒管应符合规格
		4.同一侧两人以上挡车时,落筒时间间隔太长,造成同轴两端压力不匀	4.缩短彼此落筒时间间隔
	葫芦筒子	1.清纱板上飞纱阻塞	1.清除飞纱
		2.张力座架的位置不对	2.张力盘中心应在槽筒沟槽左起第二与右起第三相交中间
		3.槽筒沟槽在相交处有毛刺	3.用细砂皮砂光后,再用纱头擦光
		4.导纱杆套磨出槽纹	4.关车时检修,导纱杆套管应经常加以转动,如每逢擦车时,转过一些角度,以免磨成槽沟,已磨损时应更换
	包头(大攀头)筒子	1.筒管未插到底	1.操作时须注意
		2.筒子纱没络好移到另一个锭子上继续络纱而造成	2.未满筒前不应取下而移到另一个锭子上继续络纱
		3.筒孔过大	3.调换
		4.锭子定位弹簧断裂、松动或失去弹性	4.拧紧螺丝或换弹簧(校正锭位)
		5.筒锭座左右松动或其颈圈松动	5.清除锭前油污,放松颈圈再把调节螺钉逐渐拧紧,使锭座能自由转动,而左右无显著松动
		6.锭管三脚弹簧损坏	6.更换

类别	疵点名称	产　生　原　因	清　除　方　法
筒子成形不良	断头过多	1.张力圈重量过大	1.调较轻的垫圈,减少张力,必要时平衡断纱探杆
		2.纱管中心线未对准导纱板孔	2.调整,使其符合要求
		3.纱自纱管退绕时与纱管顶部相摩擦	3.升高纱管位置,以增大纱的气圈直径
		4.清纱器隔距过小	4.按工艺校正隔距间隙
		5.双气圈	5.使纱管顶距导纱钩为50~100cm
		6.纱管没有插到底	6.操作时注意
		7.探杆跳动	7.校正探杆及夹板的位置
		8.管纱强力差,成形不良或条干不匀	8.提高纱质量
		9.管纱成圈拉出	9.纱管顶距导纱口以50cm为宜,上下速比以1:3为宜
纱结疵点	结头上回丝或飞花附着	1.打结时不当心,将接头回丝带入筒子内	接头时回丝要放入袋中,并及时做好清洁工作,随时注意纱条通道部位的清洁,防止回丝飞花附入
		2.清洁工作不良,将飞花带入筒子	
		3.纱线通道部分的回丝,飞花没有及时清除	
		4.原纱脱圈夹入	
		5.空中飞花落入	
	结头处扭结（俗称小辫子）	1.接头后拉纱太远或送纱太快,使纱失去张力而扭缩	1.接头后纱线要拉直,放头不要太快
		2.强捻纱线待管纱做完时,易在筒子上扭结	2.发现强捻纱应立即摘除
		3.停车时接头纱未伸直	3.停车时将接头纱伸直
		4.车间相对湿度过低	4.调整车间相对湿度,使其满足要求
	松结（脱结）	1.结头过短或过松,如用剪刀头打结剪刀头太快,当挡车工结头尚未收紧时,纱尾已被割断,因此,结头一受张力就松脱,或结头打得太快,以致结头未抽紧,这样容易松结	1.注意打结刀锋利程度,注意操作结头要抽紧
		2.打结器故障或操作不良	2.打结操作应做到捏纱、摆纱要符合标准,双手操作要配合好,结头位置要符合标准
筒子内在疵点	绞头	1.断头后找不出头,造成纱层混乱互相对绞	1.找头要细心
		2.断头纱从纱圈中引出接头	2.拉头要在断头处引出
	生头不良	1.供复式筒子架整经用的纱头太短,未嵌入纱槽	1.生头时绕纱两圈半,纱头要嵌入纱槽
		2.号头纸放置不良,影响断头	2.按操作法要求,号头纸要绕牢

续表

类别	疵点名称	产　生　原　因	清　除　方　法
筒子内在疵点	双纱	1. 在空调送风口下,风力过大时,纱线被吹附邻纱形成双纱	挡车工在巡回接头时要注意加强检查
		2. 断头被相邻筒子卷入	
	油污纱	1. 原纱上沾有油污	1. 挡车工发现油污纱应立即拣出
		2. 落筒时沾上油污	2. 加油或做清洁工作时注意勿溅污筒子
		3. 检修、擦车、加油时不慎沾上油污	3. 检修时要注意油污
		4. 宝塔筒管眼子内油污沾上纱线	4. 防止管纱落地
		5. 管纱落地面上沾上油污	5. 筒子按大小头堆放整齐,不要乱堆
	错特(支)	1. 不同线密度的纱混放	应认真执行各工种的岗位责任制,加强检查
		2. 坏纱处理时混入	
		3. 倒筒脚纱时,不同特(支)数纱混入	

第二节　松式络纱机

一、松式络纱机的特点和技术特征

松式络纱机主要用于纱线或长丝染色前的络纱,以便进行筒子染色加工。筒子的卷绕成形也是由高速旋转的槽筒通过摩擦传动带动筒子的回转运动,槽筒表面上的螺旋形沟槽引导纱线的往复运动来完成。松式络纱机与前述普通络纱机的主要区别是产品为松式筒子。

(1)松式纱筒卷绕密度要小而均匀,一般为 $0.15 \sim 0.4 \mathrm{g/cm^3}$,平均卷绕角较大,为 16°左右,以便纱层间有较大空隙。对于高温高压染色筒子来说,卷绕密度可适当大些。而普通纱筒的卷绕密度一般为 $0.4 \sim 0.6 \mathrm{g/cm^3}$,为了考虑纱圈在边缘的稳定,卷绕角较小,平均卷绕角为 13°~14°,且对卷绕密度的均匀性要求不很高。

(2)松式纱筒又称松边纱筒,筒子边部的卷绕密度与筒子中部差异很小,以保证染色均匀。普通纱筒又称硬边筒子,其边部的卷绕密度比中部大一倍以上,以保证筒子成形良好,便于高速退绕和搬运。

(3)松式纱筒卷绕时不允许重叠,普通纱筒对此项要求则相对偏低。

(4)松式纱筒采用不锈钢筒管,以耐染液腐蚀。不锈钢筒管上有许多孔眼,染色时可使染液由管内向外压出,以保证染色均匀。

(5)松式纱筒采用倾斜角较小的圆锥形筒管或圆柱形筒管,这样使卷绕角沿轴向不变或基本不变,保证卷绕密度沿轴向的均匀性,松式筒管的斜度有 0°、3°20′、3°30′和 4°20′几种;而普通筒管斜度有 5°57′、9°15′等几种。

表 1-2-13 为 GA012 型和 HS-101CS 型松式络纱机的主要技术特征。

表 1 - 2 - 13　GA012 型和 HS - 101CS 型松式络纱机的主要技术特征

项　目	主要技术特征	
	GA012 型	HS - 101CS 型
结构形式和每台锭数(锭)	双面槽筒48～120	双面槽筒,36、72(标准)
锭距(mm)	264	364
络纱导距(mm)	146	152,155
络纱速度(m/min)	350,400	300～1000
筒管锥度	0°、3°20′、3°30′、4°20′	0°、3°30′、4°20′
满筒大端直径(mm)	220	200
电动机和控制方式	主电动机:2 只,1.8kW,1440r/min 辅助电动机:1 只,0.18kW,960r/min	变频调速交流电动机,0.09kW/锭,摇摆电动机 0.37kW/12 锭
外形尺寸(长×宽×高)(mm)	4200×1120×1690(100 锭)	13700×900×1650

二、GA012 型络纱机的主要机构与工艺

1. 机械传动及计算

（1）槽筒转速

$$槽筒转速(r/min) = \frac{电动机转速(r/min)×电动机皮带轮节径(mm)}{槽筒皮带轮节径(mm)}$$

槽筒转速与电动机皮带轮节径的关系见表 1 - 2 - 14。

表 1 - 2 - 14　槽筒转速与电动机皮带轮节径的关系

件　号	电动机皮带轮节径(mm)	槽筒皮带轮节径(mm)	槽筒转速(r/min)	纱线速度(m/min)
GA012 - 0146	104	112	1337	350
GA012 - 0147	118	126	1348	400

（2）传动。

①左右侧槽筒轴分别用主电动机传动。

②小电动机通过齿轮箱传动自停偏心轮轴输送带,并经降速传动导轮。

2. 筒子压力减小与调整装置

络筒过程中,对筒子的加压程度将影响其卷绕密度。松式络筒采用轻加压工艺,并且要求随筒子卷绕直径增加和自重增加,不断减轻对筒子托架以及筒子的压力,使筒子获得较小且各纱层间均匀的卷绕密度。

图 1 - 2 - 16 是松式络筒机上的筒子加压调节装置示意图。挂有重锤 3 的调节杆 4 装在握臂座 2 的后端,筒子及其托架 1 装在握臂座 2 前端,重锤所产生的重力矩与筒子及托架所产生的重力矩方向相反,减轻了对筒子的加压。随筒子直径增加,可人工增加重锤个数或增加重锤在调节杆上的作用力臂长度,以抵消筒子自重逐渐增加的影响。

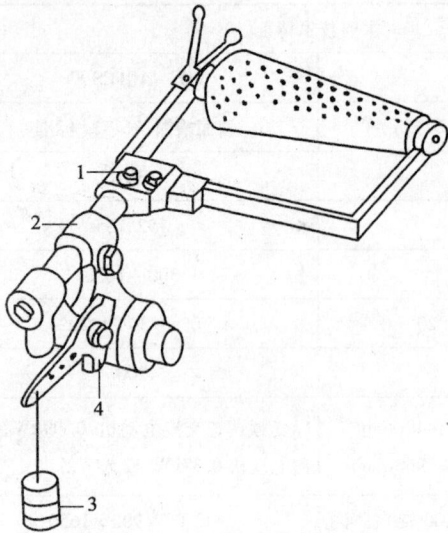

图 1-2-16　筒子加压调节装置

3. 小张力络筒与张力自动调节装置

减小络筒张力的目的,在于获得较小的卷绕密度。随着筒子卷绕直径的增加,实现张力自动减小是为防止筒子出现内松外紧和密度不匀。减小张力的措施有以下几方面。

(1)导纱板右移,以减小纱线对张力盘中心轴的摩擦包围角。

(2)倒置下张力盘下面的平底铁环,使其杯口朝下,络筒时下张力盘可轻快旋转。

(3)减小上张力盘的压力或不用上张力盘。由于松式络筒采用不锈钢筒管,为防止纱线从筒管上滑脱,络筒开始时,在张力架上放上张力盘,适当加大张力,增加纱线对筒管的摩擦力,待卷绕一小部分纱后,再摘去上张力盘,以减小络筒张力。

(4)适当降低络筒速度:图1-2-17所示为一张力自动调节装置。斜面板1经钢丝与筒锭握臂座2前端相连,随筒子卷绕直径的增加,斜面板后移。斜面板插在滑槽3中,当斜面板发生后移时,将逐渐顶高传动杆4。传动杆以支点轴5为中心向上摆动,经右侧铰接点传动锥形支柱6上升。锥形支柱自下而上依次套装有下张力盘7、上张力盘8和张力垫圈9、10、11。由于三个垫圈的孔径依次减小,使得在锥形柱6上升过程中,3个垫圈依次被抬起,达到随筒子卷绕直径增加,逐渐减小络筒张力的目的。

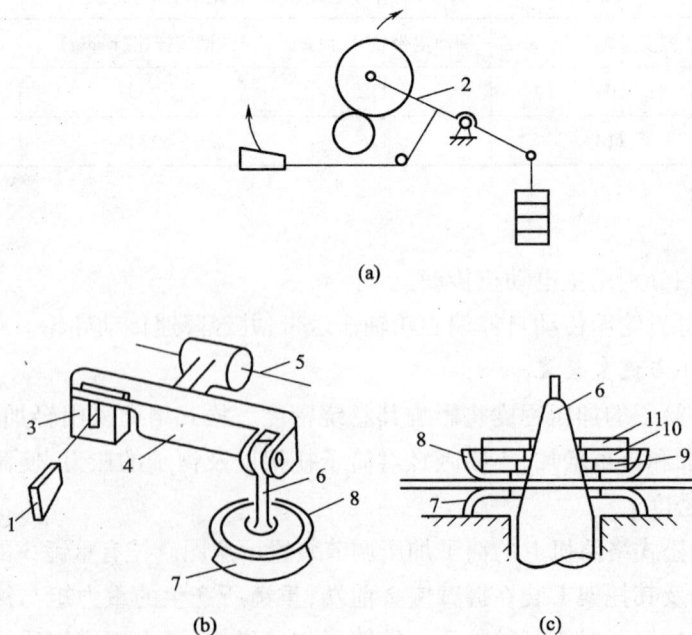

(a)

(b)

(c)

图 1-2-17　张力自动调节装置

4. 横动机构

横动机构的任务是通过周期性横动槽筒或筒子托架,减小筒子边部的卷绕密度,使其大小与筒子中部相近。图1-2-18为GA012型络筒机采用的槽筒横动机构,槽筒轴4由滚柱轴承3支承,齿轮Z_1与沟槽凸轮1固装在槽筒轴上。槽筒轴回转时,经齿轮Z_1、Z_2、Z_3传动齿轮Z_4。齿轮Z_4的滚珠轴承装在齿轮箱箱体上,Z_4只能转动而不能轴向移动,它的侧面固装有短栓2,短栓头端的转子嵌在凸轮1的沟槽中。

槽筒轴端部装有皮带盘5,它的滚珠轴承装在齿轮箱箱体上,皮带盘的轮颈上开有槽孔。槽筒轴穿过齿轮箱箱体和皮带盘的轴孔,槽筒轴端部的销孔与皮带盘上的槽孔对正,穿入销轴6,即可接受皮带盘的传动。因此,当电动机传动皮带盘,槽筒轴回转,齿轮Z_1、Z_2、Z_3和Z_4以及沟槽凸轮发生转动时,Z_4上的短栓及转子便推动沟槽凸轮连同槽筒轴一起横向往复运动。

5. 络纱工艺

按照染色要求,纱线等被络成松式筒子,要求松式筒子卷绕均匀、密度一致。

(1)清纱装置:设有刀门式清纱装置,隔距可以根据工艺要求任意调节。

(2)张力装置:张力架上的张力垫圈,共有10种,可以根据工艺要求,按品种不同任意配置。

(3)筒子平均密度计算:筒子结构如图1-2-19所示。

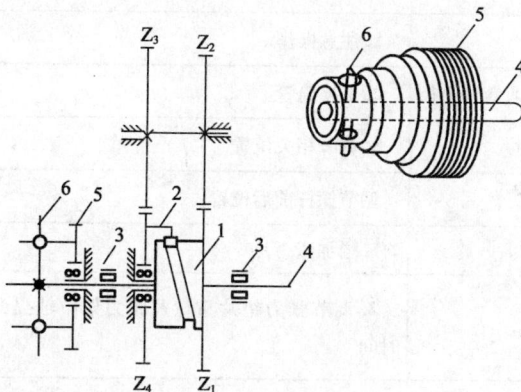

图1-2-18 槽筒横动装置

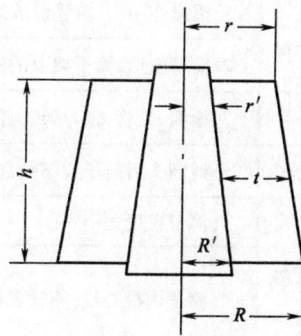

图1-2-19 筒子结构

$$t = R - R' = r - r'$$
$$R = t + R'$$
$$r = t + r'$$

密度$(g/cm^3) = \dfrac{纱的重量}{纱的体积}$,密度一般为$0.30 \sim 0.40 g/cm^3$。

6. 筒子疵点产生原因及消除方法

GA012型槽筒式松式络筒机,适用于纯棉、混纺纱,一般将纱线卷绕成锥形松筒子,供高温高压染色机用。

有些疵点产生原因及消除方法与槽筒式络纱机相同,如蛛网脱边、葫芦筒子、包头筒子、铃形筒子、环形筒子,在这里不一一叙述,此处只介绍其他部分(表1-2-15)。

表1-2-15 松式络筒机筒子部分疵点产生原因及消除方法

名　称	产　生　原　因	消　除　方　法
筒子太硬	1.筒管与槽筒相对位置不对	1.用工具校正
	2.筒管大头不接触槽筒	2.用工具较正
	3.筒子大时张力垫圈不抬起	3.提升张力垫圈轴
	4.筒子架上下不灵活	4.筒子座有毛刺或花衣,清除异物,校正筒子座位置
	5.张力片垫圈重	5.重配
	6.筒管转动不灵活	6.更换筒管
	7.探杆位置太高	7.调节探杆位置
	8.纱路有阻	8.检查纱路
	9.张力盘不转	9.检查张力盘不转的原因,排除障碍
	10.供纱位置太低	10.调节供纱高低位置
	11.张力架上零件位置不正确	11.按总图调节零件,使其位置正确
筒纱盖不上筒管上的小孔	1.因操作不当,筒管没放好	1.注意操作
	2.筒管变形,筒子架上的橡皮头无法进入筒管内径	2.更换筒管
	3.槽筒、筒管、张力架三者相对位置不对	3.调节相关位置
筒子不成形	纱线断头后筒子架不抬起	调节探杆前后位置
筒子两头冒纱	1.筒子密度太小	1.增加张力片
	2.筒子内松外紧,筒管表面太滑	2.调节张力垫片重量及张力架中轴提升垫片的时间
断头过多	1.张力垫圈重量太大	1.张力垫圈重新配置
	2.纱管中心线没有对准导纱板	2.使纱管中心对准张力架上导纱板眼子
	3.纱自纱管拉出时和纱筒顶部相磨	3.调节纱筒位置,以增大纱的气圈直径
	4.清纱板隔距不对	4.校正隔距
	5.双气圈	5.缩短纱筒顶与纱板的距离
	6.纱筒没有插到底	6.操作时注意
	7.探杆抖动	7.校正探杆及板的位置
	8.筒纱强力太差,成形不良或条干不匀	8.提高筒纱质量
	9.张力盘表面磨损	9.更换张力盘

三、HS－101CS型络纱机的主要特点与工艺

1. 主要特点

21世纪初,筒子染色行业在我国飞速发展起来,本机是在学习国外先进技术的基础上,研制而成的半自动化高速松式络纱机,其主要特点有以下几方面。

(1)采用单锭变频调速传动系统,具有络纱速度高,如短纤产品络纱速度可达600～850m/min,络筒纱线的线密度可达4.9tex(120英支)。单锭小电动机的实耗功率为80W/锭,整机噪声低,节约能耗。

(2)松式筒子成形好,卷绕密度均匀性达筒差在6%左右。

①采用变频器摆频功能和筒子架往复移动的软边装置。图1－2－20为筒架横动软边装置。防止筒纱卷装硬边,避免密度差异。

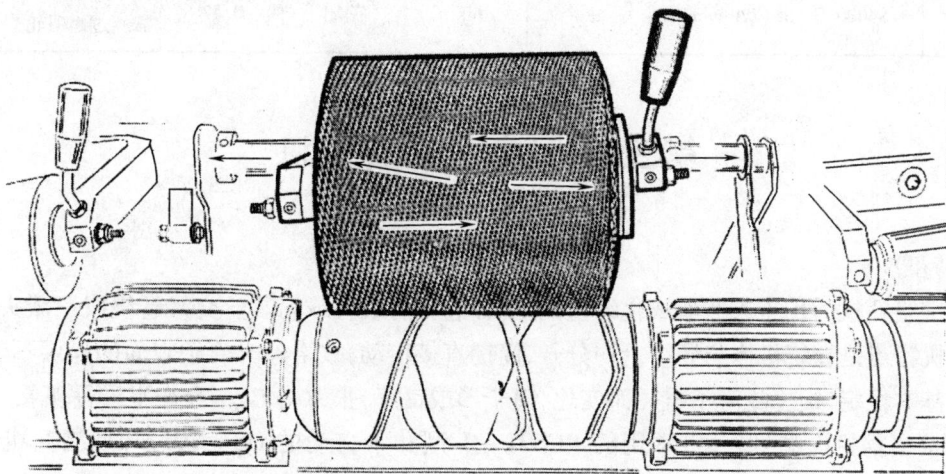

图1－2－20　松式络筒横动装置

②采用筒纱张力均衡超喂装置。在长丝产品络纱时使用该装置,通过先释放后加压的原理,使长丝络纱筒前获得相对一致的张力,使络成的筒纱密度均匀。

(3)采用电算化分体式PLC程控系统,来实现精确的计长功能,松式筒子计长精度达到2%以内,有利于染纱时染化料和助剂配合的准确率。

2. 络纱工艺

常用原料的络纱工艺见表1－2－16。

表1－2－16　常用原料的络纱工艺

纱线规格 tex(英支)	定长 (m/kg)	频率(Hz) (络纱速度)	摆频幅度 (%)	摆频间隔 (ms)	筒纱横动	卷绕密度 (g/cm³)	工艺路线
棉纱 28(21)	36000	42(600m/min)	±10	600	开启	0.32	低弹丝及底筒差异大的纱线:
棉纱 18(32)	54000	42(600m/min)	±10	600	开启	0.35	底筒→气圈→(超喂轮＜选配件＞)→光电

续表

纱线规格 tex(英支)	定长 (m/kg)	频率(Hz) (络纱速度)	摆频幅度 (%)	摆频间隔 (ms)	筒纱横动	卷绕密度 (g/cm³)	工艺路线
涤棉 13.5(45)	70000	40(570m/min)	±10	600	开启	0.37	探丝器→前导纱口→ 清纱器→对比杆→张 力盘(2~8g)→上蜡 盘→后导纱口→槽筒 导纱杆→槽筒→筒管 注:低弹丝及底筒差异 大的情况走纱工艺需经 过超喂轮,棉纱及底筒差 异小的情况走纱工艺无 需经过超喂轮
涤纶 16.7(150旦)	57000	35(500m/min)	±10	600	开启	0.33	
涤纶 8.3(75旦)	11400	32(450m/min)	±8	600	开启	0.35	
涤纶10×2 (60/2)	48000	35(500m/min)	±8	600	开启	0.30	
棉纱紧筒 18(32)	54000	50(720m/min)	±4	600	关闭	0.47	

第三节　菠萝锭络筒机

一、技术特征

菠萝锭络筒机适用于天然丝或化纤丝的络筒,它可将绞丝或筒装丝交叉卷绕成三截头圆锥形筒子。该机特点是卷绕机构与导纱机构分开,筒锭直接传动,故络丝时筒子表面的丝层不受损伤。卷绕速度基本恒定,锭速随筒子直径而变化,筒子形成良好,张力均匀,不会产生重叠现象。

菠萝锭络筒机的型号较多,常用的 VC601 - T 型和半自动的 HS - 101AP 型络筒机的技术特征见表 1 - 2 - 17。

表 1 - 2 - 17　VC601 - T 型和 HS - 101AP 型络筒机的技术特征

项　目		主　要　技　术　特　征	
		VC601 - T 型	HS - 101AP 型
结构形式和每台锭数(锭)		单面导纱钩式;10,20,50(5锭/节)	单面导纱钩式;36锭(标准)(3锭/节)
锭距(mm)		235	440
络纱导距(mm)		从148起逐渐缩减	从200起逐渐缩减
络纱速度(mm)		初速度126~224;满筒速度132~239	50~500
筒管锥度		筒管尺寸:大端直径50mm;高度170mm	3°30′,5°57′
成筒重量(g)		750(大),250(小)	
线密度[tex(旦)]		3.3~33(30~300)	
断头自停方式		机械式	光电控丝器控制方式
电动机和控制方式		1.8kW 一只	变频调速180W/锭
外形尺寸(mm)	10锭	2910×830×1500	1364×900×1930(3锭/节)
	20锭	5710×830×1500	
	50锭	14110×830×1500	

二、VC601-T型络筒机的机构与作用

VC601-T型络筒机的结构如图1-2-21所示。

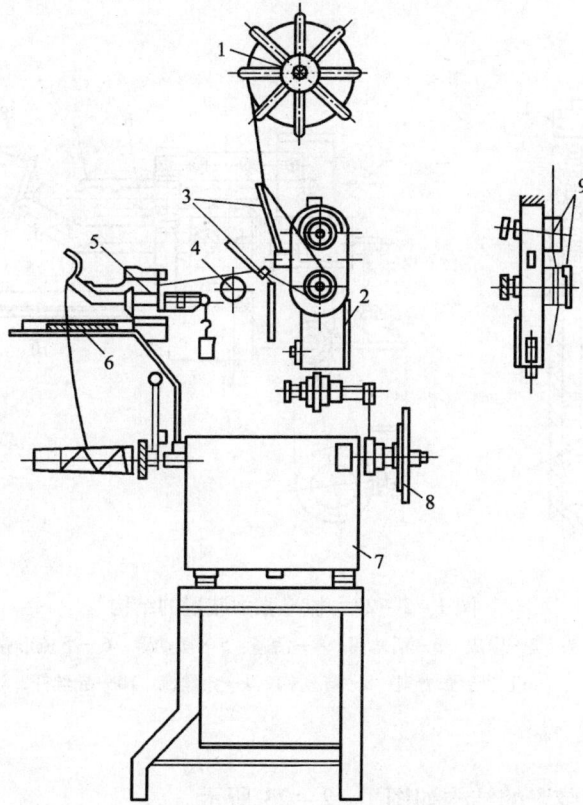

图1-2-21 VC601-T型络筒机的结构
1—绷架 2—输送轮架 3—导丝钩 4—上油轮 5—张力装置
6—清丝装置 7—卷绕凸轮箱 8—摩擦圆盘 9—输送轮

(一)输丝系统

1. 绷架机构

框架有八根和六根之分,是用镀络钢丝制成的,在其固装的底盘上有着相应的刻槽。一般绷架上钢丝越多,退绕时张力波动越小。

2. 输送轮机构

丝线从绷架上退解下来,经过输送轮,输送轮的作用是消除丝线从绷架上退解下来时所产生的张力不均匀现象。输送轮装在滚珠和滚柱轴承上。转速是锭轴转速的4倍,一般在1600~8900r/min之间。输送轮的传动带采用耐磨、耐油,并具有一定弹性的聚氨酯材料。

3. 张力和清纱

(1)梳形张力装置:其结构如图1-2-22所示。该机使用的是重锤加压的梳形张力装置。上梳形张力扇7为固定梳子,下梳形张力扇6为活动梳子。张力大小,通过下梳子的上下摆动自行调节。

张力大小的调节方法:重锤向摆杆前移动,张力减小,反之,张力增大。重锤的移动距离靠螺丝调节。

(2)清纱装置:用于丝一类的清纱装置一般称为刀口式清纱装置,由一片固定的丝刀和一根可调节的圆杆组成。

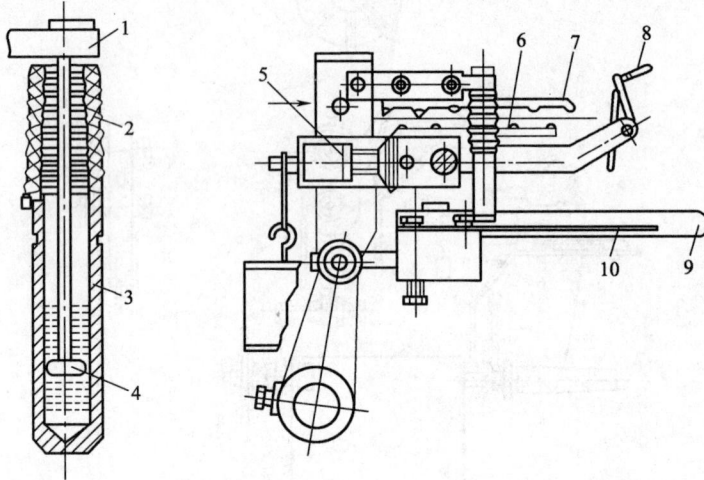

图1-2-22　梳形张力装置的结构
1—夹头　2—橡皮　3—活塞筒　4—活塞　5—摆动臂　6—下梳形张力扇
7—上梳形张力扇　8—导丝钩　9—导丝梳　10—导丝杆

4.加油轮装置

一般的双辊式给油装置的结构如图1-2-23所示。油槽1内置有乳化液,油辊2下半部浸于乳化液内。由于油辊2的回转,乳化液被带动给油辊3的表面,从而使绕过油辊3表面的纱线达到给油的目的,给乳化液量一般为1.5%左右。

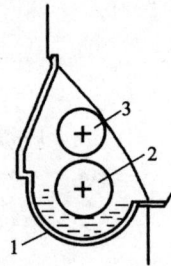

图1-2-23　双辊式给油装置的结构
1—油槽　2,3—油辊

(二)卷绕成形系统

1.锭轴变速装置

在卷绕过程中,筒管直径随丝层加厚而变化。为使纱线张力均匀,成形良好,应保持卷绕线速度恒定,要求锭轴的回转速度随着筒子直径的增加而减速。这就是锭轴变速装置的作用,其结构如图1-2-24所示。

当丝在筒管上逐渐增大时,前连杆5向上推动弧形扁铁1。弧形扁铁是用来止住小齿轮箱2向下滑动的,当弧形扁铁离开转子以后,小齿轮箱即向下滑动,并带动杠杆4,由于杠杆的作用,使轴承转子离开摩擦轮。摩擦轮是用套筒定位块安装在主轴上的,相对轴来说,只能左右滑动而不能转动。由于摩擦轮的轴芯(主轴)高于摩擦轮盘(即锭轴)的轴芯,因此摩擦轮与摩擦轮盘传动接触时产生一个切向分力,此力致使摩擦轮趋于摩擦轮盘边缘。摩擦轮转速是不变的,当离开摩擦轮盘的轴芯越远,则摩擦轮盘转速越慢,这样就达到了锭轴转速变化的目的。

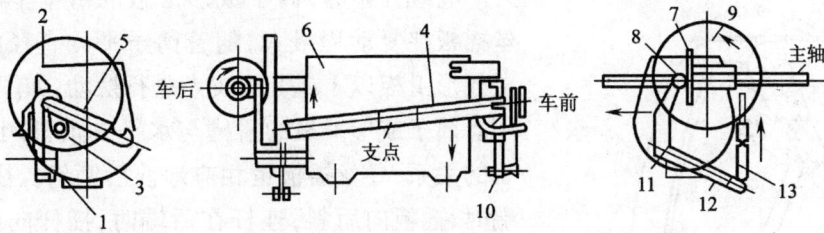

图 1 - 2 - 24 锭轴变速装置的结构

1—弧形扁铁 2—小齿轮箱 3—转子 4—杠杆 5—前连杆 6—卷绕凸轮箱 7—摩擦轮
8—培林转子 9—摩擦轮盘 10—齿条 11—转子托脚 12—杠杆托脚 13—后连杆

2. 导丝摇板往复横移装置

导丝摇板往复横移是按一定运动规律进行变化的。导丝摇板装置的结构如图 1 - 2 - 25 所示。

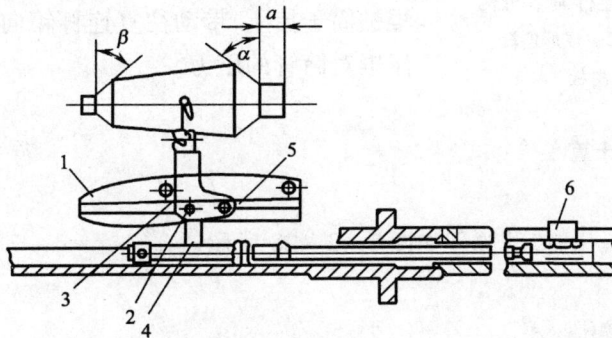

图 1 - 2 - 25 导丝摇板往复横移装置的结构

1—成形滑板 2—芯轴 3—导丝摇板 4—往复连杆 5—成形板转子 6—凸轮转子

(1)往复连杆箱体:锭轴的转动是靠摩擦轮带动的。通过两对齿轮的啮合带动成形凸轮。凸轮转子嵌在成形凸轮槽内,凸轮带动凸轮转子作圆周运动,而导丝摇板 3 与往复连杆 4 上的芯轴 2 连接,因此使导丝摇板在成形滑板槽内作往复运动。往复连杆箱体的结构如图 1 - 2 - 26 所示。

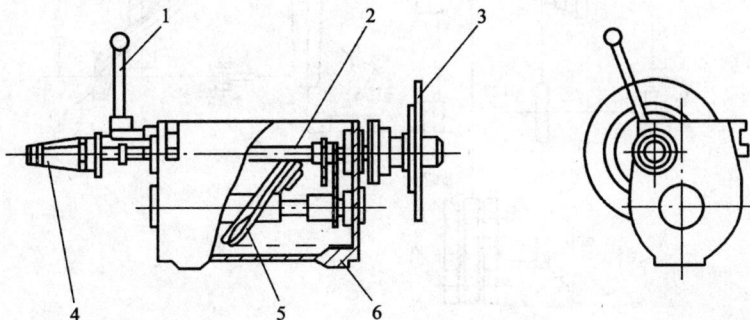

图 1 - 2 - 26 往复连杆箱体的结构

1—操作手柄 2—锭轴 3—摩擦圆盘 4—筒子衬筒 5—成形凸轮 6—卷绕凸轮箱

卷绕开始时,筒子成形滑板的滑槽呈水平,这时导丝摇板往复动程最大,随着筒子平均直径的增大,使筒子成形滑板以Ⅰ或Ⅱ为支点进行摆动,如图1-2-30所示。筒子成形滑板的滑槽与水平成倾斜,由于成形板转子的关系,导丝摇板也相应地前后倾斜。往复连杆在前端时,摇板向后斜,连杆在后端时,摇杆向前斜,从而使导丝动程逐渐缩短,使成形产品两端都有倾斜角。

(2)成形连杆调节机构:成形连杆上有四个调节孔,成形滑板上有Ⅰ、Ⅱ两个孔(图1-2-27),对于不同的原料和线密度,可调节不同的倾斜角度。

(3)加压:压辊对筒子要有适当的压力,过大或过小将会影响筒子成形。压辊连接在往复杆箱体上,络纱时压辊紧贴筒子表面而转动,当筒子丝层直径增大时,压辊被筒子抬上,带动往复连杆箱向上抬起。重锤可调节压辊对筒管的压力。

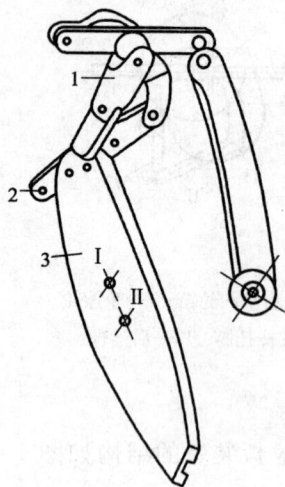

图1-2-27　成形连杆调节机构
1—成形升降短轴　2—成形连杆
3—筒子成形滑板

(三)传动系统及机械计算

1.传动示意图

VC601-T型络筒机的传动原理如图1-2-28所示。

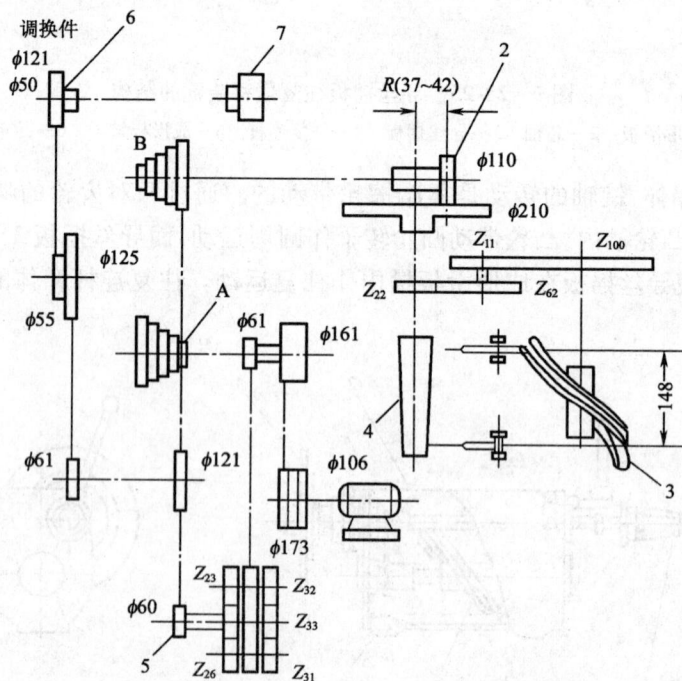

图1-2-28　VC601-T型络筒机的传动原理
A—主动塔轮　B—被动塔轮　2—摩擦轮套筒　3—纱筒成形凸轮
4—锭子　5—减速器　6—皮带轮　7—加油轮

2. 机械计算

（1）主轴转速：

$$n = n_\mathrm{m} \times \frac{106}{161} \times \frac{A}{B}$$

式中：n——主轴转速，r/min；

n_m——电动机转速，r/min；

A——主动塔轮直径，mm；

B——被动塔轮直径，mm。

主动及被动塔轮各分 5 级，其直径大小见表 1 – 2 – 18。

表 1 – 2 – 18　主动及被动塔轮直径

项　目	直径（mm）		主轴转速（r/min）
	塔轮 A	塔轮 B	
一　级	158	200	749
二　级	168.5	189.5	843
三　级	179	179	948
四　级	189.5	168.5	1066
五　级	200	158	1200

（2）锭速。

①初始锭速：

$$n_0 = n \times \frac{55}{R}$$

式中：n_0——初始锭速，r/min；

R——摩擦轮变化半径，mm。

②纱层任意厚时的锭速（r/min）：

$$n_\mathrm{x} = n_0 \times \frac{R}{R + 1.4S}$$

式中：n_x——纱层任意厚时的锭速，r/min；

S——纱层任意厚时转子位置相对于起始位置的位移，mm；

R——摩擦轮变化半径，37 ~ 42mm。

（3）络丝线速度。

①初始线速度：

$$v_0 = \frac{\pi D_0 n_0}{1000}$$

式中：v_0——初始线速度，m/min；

D_0——空筒管中部直径[$D_0 = \frac{1}{2}(30 + 50) = 40(\mathrm{mm})$]。

②纱层任意厚时的速度：

$$v_x = v_0 \frac{R}{R + 1.4S} \times \frac{D_x}{D_0}$$

式中：v_x——纱层任意厚时线速度，m/min；

　　　D_x——纱层任意厚时纱筒中部的直径，mm。

③平均卷绕线速度：

$$\bar{v} = \frac{1}{2}(v_x + v_0)$$

式中：$\bar{v}$——平均卷绕线速度，m/min。

（4）加油轮装置转速：根据油剂和附着量要求，可调换加油轴皮带轮6（见图1－2－28）。加油速度分为两级：

$$n_1 = 1440 \times \frac{106}{161} \times \frac{61}{173} \times \frac{1}{54} \times \frac{60}{121} \times \frac{61}{125} \times \frac{55}{50} = 16.4(\text{r/min})$$

$$n_2 = 1440 \times \frac{106}{161} \times \frac{61}{173} \times \frac{1}{54} \times \frac{60}{121} \times \frac{61}{125} \times \frac{55}{121} = 6.8(\text{r/min})$$

（5）平均锭速与平均线速度对照见表1－2－19。

表1－2－19　平均锭速与平均线速度对照表

摩擦轮变化半径 $R(\text{mm})$	主轴转速 $n(\text{r/min})$	锭速（r/min）				线速（m/min）			
		锭速比 $\left(\frac{n_x}{n_o}\right)$	初始锭速 (n_o)	满筒锭速 (n_x)	平均锭速 $(\overline{n_p})$	线速比 $\left(\frac{v_x}{v_o}\right)$	初始线速 (v_o)	满筒线速 (v_x)	平均线速 (v_p)
1	2	3	4	$5 = 3 \times 4$	$6 = \frac{1}{2}(4+5)$	7	8	$9 = 7 \times 8$	$10 = \frac{1}{2}(8+9)$
37	749	0.57	1113	634	874	1.067	140	150	145
	843	0.57	1253	714	984	1.067	157	168	163
	948	0.57	1409	803	1106	1.067	177	189	183
	1066	0.57	1585	853	1219	1.067	199	212	206
	1200	0.57	1784	1017	1400	1.067	224	239	232
42	749	0.60	981	589	785	1.125	126	132	129
	843	0.60	1104	662	883	1.125	139	157	148
	948	0.60	1241	745	993	1.125	156	176	166
	1066	0.60	1396	838	1117	1.125	175	197	186
	1200	0.60	1571	943	1257	1.125	197	222	210

（四）络丝工艺配置

1. 工艺路线

原料抽验$\xrightarrow{\text{进车间}}$确定上机工艺参数（包括锭轴转速、导纱距离、张力、刀门隔距、换头形式、绷架规格、加油量的确定）→络筒（摇丝、倒丝）→上油、装筐→输送织布工段

2. 工艺配置

(1)清纱器隔距的调节。

①涤纶丝、锦纶丝和腈纶丝的直径:不同线密度涤纶丝、锦纶丝和腈纶丝的直径见表1-2-20。

表1-2-20　涤纶丝、锦纶丝和腈纶丝的直径

线密度(tex)	直径(mm)		
	锦纶丝	涤纶丝	腈纶丝
2.2(20旦)	0.050	0.045	0.050
3.3(30旦)	0.061	0.055	0.051
4.4(40旦)	0.070	0.063	0.070
6.6(60旦)	0.087	0.078	0.087
7.7(70旦)	0.093	0.084	0.093
11.1(100旦)	0.112	0.107	0.112
15(135旦)	0.129	0.117	0.129
16.7(150旦)	0.135	0.123	0.135

②不同线密度和直径选用的清纱板隔距见表1-2-21。

表1-2-21　不同线密度和直径选用的清纱板隔距

线密度(tex)	直径(mm)	清纱板隔距(mm)	
		2.5d	3.0d
2.2~2.7(20~30旦)	0.045~0.061	0.11~0.15	0.14~0.18
4.4~5.5(40~50旦)	0.063~0.079	0.16~0.20	0.19~0.23
6.6~7.7(60~70旦)	0.078~0.093	0.19~0.23	0.23~0.28
11.1(100旦)	0.112	0.28	0.34
15(135旦)	0.129	0.32	0.39
16.7(150旦)	0.135	0.34	0.41

注　d表示直径。

(2)筒子容量:不同的针织机对筒子卷绕容量要求不同。筒子成形规格如图1-2-29所示。

3. 上油

为了进一步提高纱线在编织过程中的工艺性能,减少断头和回丝,以及为了改善针织物的品质,根据工艺要求在络筒时要对原料进行辅助处理。辅助处理一般有给油、上蜡等。在辅助处理中采用的各种油剂,应具有优良的品质,无臭、无毒,有较高的稳定性,不致氧化变质,不致损伤和阻塞机件,有利于后道工序的进行。

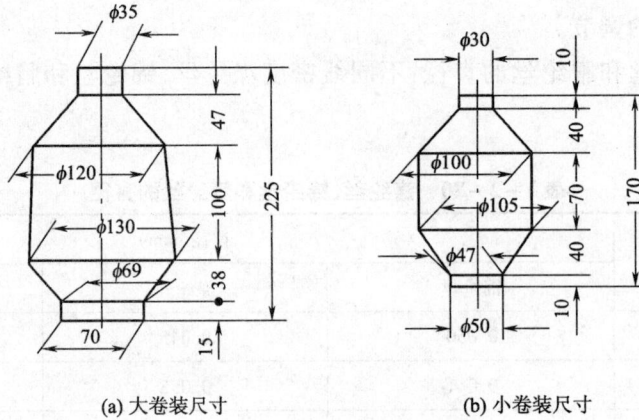

(a) 大卷装尺寸　　　　　　　　(b) 小卷装尺寸

图 1 – 2 – 29　筒子成形规格

对于不同品种的丝须有不同的上油率,这可以根据工艺要求来调节上油轮的转速。低弹涤纶丝的上油量控制在 2% ~ 4% 。

(五)筒子疵点产生原因及消除方法

VC601 – T 型络筒机筒子疵点产生原因及消除方法见表 1 – 2 – 22。

表 1 – 2 – 22　VC601 – T 型络筒机筒子疵点产生原因及消除方法

名　　称	产　生　原　因	消　除　方　法
蜘蛛网	1. 成形板转子与成形滑板槽宽配合间隙大 2. 张力突然放松,梳形张力扇突然放开	重新调配
塌边	卷绕张力过小	调节张力
表面下凹	卷绕张力过大	调节张力,固紧螺丝
蛇皮丝	1. 压丝辊跳动 2. 锭箱下方三个紧固螺丝松动	1. 重新调位置 2. 固定螺栓
动程突然缩短	1. 接完断头后,摇杆未复位 2. 自停连杆螺栓松动	1. 注意操作 2. 调节动程后拧紧螺栓

三、HS – 101AP 型菠萝锭络筒机的主要特点

该机特点是卷绕机构和导纱机构连动,筒锭传动,采用变频器调速(慢启动,急制动)功能,既保持卷绕纱线的张力恒定,又不会因摩擦而使丝松解起毛。该机采用变频器多段速功能,是解决纱线卷绕过程中断头减少的良好措施。该机采用上下超喂轮机构,能克服绞纱或底筒子纱线由于牵伸张力波动带来的不均匀,保持筒子张力均匀,成形良好。

1. 纱架构成

(1)绷纱架有 6 片镀铬钢丝制成,它被连接在一套可旋转的铝法兰盘上,法兰盘被固定在一套塑料内齿传动机构上,通过手拨反弹锁定机构任意旋转,来扩张或收缩绷纱架的直径大小,以适应不同纱线框长的要求。

(2)塑料内齿传动机构被固定在中心控制盒里一套阻尼和补偿装置上,通过联动机构使绞纱在运转过程中缓解惯性运转和绞纱纱片紊乱造成的张力波动。一般在绞纱退绕困难时,补偿杆由于受力克服拉簧作用而下行,第一段下行动程接通变频器二段速传感器时,机器减速运行,再下行接通停车位置,机器停车同时补偿杆带动反锁装置将绷纱架锁定,达到上绷架和机器同步停止运行的要求,基本保持纱线挂在纱路上不断头。

2. 输送(喂入)轮机构

纱线从绷架上退解下来,经过输送轮,输送轮的作用是消除纱线从绷架上退解下来时所产生的张力不均匀现象。输送轮内壳装有滚珠轴承被固定在上纱系统上下位置的机架上,转速是锭轴转速的近2倍,一般在1600~6000r/min之间。

3. 张力、清纱和上油装置

(1)该机使用的是压簧式加压张力装置。张力盘套在三档中心轴上,根据不同纱线张力的要求,选取不同张力克数的档次,张力克数从8~40g。

(2)该机的清纱装置采用刀口式清纱装置,由上下两片固定的丝刀和一套压簧式可调节刻度盘组成,可根据纱线的直径粗细来调节开口的大小。

(3)上油装置在上纱机壳上装有一套由6W电动机驱动,带动装在上油盒里的一个油辊作3r/min的回转。在油盒里内置适量的乳化液后,由于油辊的回转,迫使绕过油辊表面的纱线达到给油的目的。给油量一般在1.5%~3%,给油量的大小可调节油盒盖下方刮油板的间隙来控制。供油系统是采用1.5kW电动机带动油泵来实施整机通管和每个油盒分管的供油装置,机头的油箱内装有液位传感器,给出电信号启动电动机实施供油。当油箱内油面由于消耗低于液位传感器选定的位置,给出信号启动蜂鸣器发出缺油声音警报。

4. 卷绕成形机构

其结构如图1-2-30所示。

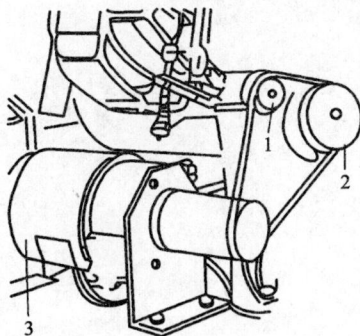

图1-2-30 HS-101AP型菠萝锭络筒机卷绕成形机构的结构
1—锭轴带轮 2—槽筒带轮 3—电动机和双联带轮

(1)锭轴调速装置:在卷绕过程中,筒纱直径随着纱线层叠加而变化。为使纱线张力均匀,成形良好,应保持卷绕线速度恒定。该机采用一套0.4kW的变频器来控制0.25kW电动机,由一个双联带轮,同步驱动锭轴和一套尼龙槽筒装置。锭轴调速设定线速度从 50～500m/min 任意选取,并且设定变频器(慢启动,急制动)的功能,使纱线在开始运行时处于慢速小张力的状态,断头或刹车时处于立即停车状态,既保持络筒过程中纱线运行张力均匀,又保证纱线在停车时克服惯性而产生的磨纱现象。

(2)尼龙槽筒装置:槽筒设定形线为 1.5 圈加速不等螺距形线,由嵌入式滑件和滑块及导纱钩组成排线机构,引导纱线按槽筒形线规则作往复一次在筒子上绕 3 圈的叠加过程。在槽筒皮带轮的另一端,有一套齿轮行星差动防叠机构,通过连杆联接槽筒同步旋转运动,带动 28 齿对 29 齿齿轮作 360°旋转,每转一圈对比上一圈相差 12.41°,转动 29 圈后又从 0°开始重新下一次循环差动,迫使纱线按此循环往复差动排列卷绕筒子,实现防重叠的成形要求。在尼龙槽筒装置的导纱钩上方装有一个拐角轴承连接点,轴承嵌入上方一套拉板滑槽中,拉板滑槽通过连接杆与筒子架相连接。当筒子直径增大时,连接杆逐渐推动拉板作导纱钩微量偏转往复运动,迫使纱线按次收缩往复排列卷绕筒子,实现菠萝锭的成形要求。

(3)锭子加压装置:该机采用杠杆原理的配重来调节筒子重量逐渐增加的抵消方式,可选取不同的位置调节筒子的松紧要求。此外,在摆杆的主轴孔斜上方小孔,是安装定径停车杆的位置。它是一组磁钢和霍耳传感原理的组合件,用于控制筒子直径达到设定的直径时,通过传感器给变频器停机信号来控制筒子直径的大小。

第三章 圆形纬编机

第一节 台 车

虽然现在针织行业内大多数纬编企业使用的是舌针圆形纬编机,但是台车作为一种有特点的钩针圆形纬编机,仍然有应用。

一、主要技术特征

台车的主要技术特征见表1-3-1。

表1-3-1 台车的主要技术特征

项 目	平针织物	衬垫织物
型 号	Z201A(集体)、Z201B(单机)	
原 料	棉纱、混纺纱、粘胶丝、真丝、合纤丝、麻	棉纱、混纺纱、腈纶毛纱
纱线线密度(tex)	13.8、18.2、27.5、15.2、6.8	18.2、27.5、36.5、58、96
机号 G(针/38.1mm)	28~44	20~28
密度范围(横列/5cm)	65~120	45~65
针筒直径[mm(英寸)]	356~787(14~31)	
进线路数	4~12	2~5
机器转速(r/min)	50~90	
传动方式	单机传动和集体传动	
机器尺寸(mm)	大台面(584~787):2670(长)×1336(宽)×2725(高) 小台面(356~559):2224(长)×1142(宽)×2725(高)	
功率(kW)	单机0.37~0.64(绒布1.3~1.5),集体传动6~7(6台)	
机器重量(kg)	大台面(584~787)1200,小台面(356~559)1000	

二、传动系统

台车的传动有单机传动和集体传动两类,其中前者采用较多。图1-3-1为单机传动图。

图1-3-1中 d 为电动机皮带轮,直径56mm; d_1 为中轴大皮带轮,直径260mm; d_2 为中轴小皮带轮,可变换,用作变速; d_3 为立轴皮带轮,直径380mm; Z_1 和 Z_3 为同轴圆柱传动齿轮,齿数均为36齿; Z_2 和 Z_4 为同轴活套圆柱传动齿轮,齿数均为37齿。

三、成圈机件的配置

编织平针和集圈织物成圈机件的配置如图1-3-2所示。其安装要求见表1-3-2。

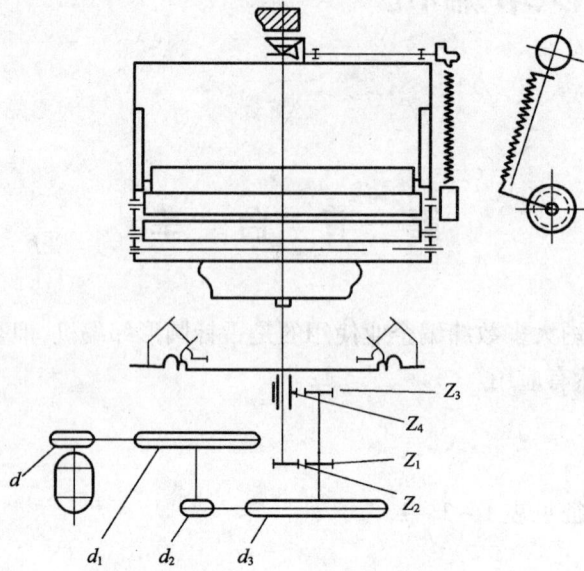

图1-3-1　台车单机传动图

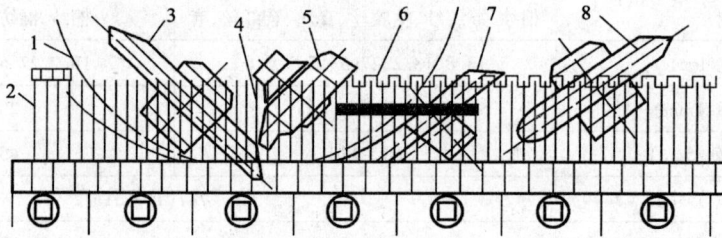

图1-3-2　台车编织平针和集圈织物的成圈机件配置

1—退圈圆盘　2—钩针　3—辅助退圈轮　4—导纱器　5—弯纱轮
6—压板(在编织集圈织物时为圆形花压板)　7—套圈轮　8—成圈轮

表1-3-2　台车编织平针和集圈织物的成圈机件安装要求

成圈机件	安　装　要　求
织针排列	1. 针蜡要与针筒平面保持垂直,不能左右歪斜 2. 针头、针杆要平齐,里外要保持圆整 3. 针蜡排列要均匀一致,排好后,针蜡上端不透光 4. 针蜡应丰满,无毛刺,无缺角,无坏针 5. 针弧要保持正圆形,针隙应保持垂直均匀,针杆长度应达到标准
退圈圆盘	1. 安装在长脚炮架的上部,定位方向对准天芯轴中心线,小针筒也可略向右偏一点 2. 左圆盘边缘距针头4～5mm,右边距针头3～4mm,底边距针筒口4～5mm,距针蜡1～2mm 3. 距套圈轮3～6mm 装好后,用手转动一下并盘动针筒,检查有无与针蜡距离过小的现象,以免开车后轧坏坯布

成圈机件	安　装　要　求
辅助退圈轮	1. 进针片数 12 片;$E36 \sim E44$ 为 11 片 2. 最低一片钢片与针蜡相距 $1 \sim 2mm$,沉降片尖与针杆里圆弧相平齐,紧靠左边针杆;往上数第 10 片($E34 \sim E40$ 为第九片)上缘与针头平齐,最高一片第 12 片进入针头,此时其上面第 13 片的片尖不得进入针头,而应与针头外圆弧相平 3. 最高一片钢片应在两针的中间位置,用手拨动略有一些弹性 4. 与弯纱轮越近越好,一般应有 $3 \sim 6mm$ 的距离
弯纱轮	1. 进针片数 $6 \sim 6.5$ 片(视密度而定) 2. 弯纱轮钢片肚中心,炮架尾螺母中心与针筒天芯轴心三点在一直线上 3. 进针第一片的片尖与针杆内圆平,往上数第七片凹槽与针头外圆平齐 4. 沉降片下部进针第一片钢片肚与右面针肚平行,且应保持一线之隙,不应靠紧 5. 弯纱轮最高一片应靠紧左面针,与针平行。用手拨动弯纱轮有 $2 \sim 3$ 枚针动,手感略有弹性。装好后将弯纱轮抬起慢慢放下,两边不挤针
导纱器	导纱孔位于沉降片钢片凹槽的上方,穿纱板与弯纱轮距离应小于1mm,以不碰钢片为好,穿纱板的前段距针约 2mm
压针钢板	1. 压针钢板应以压在针鼻最高点为准,压针面应保持水平 2. 压针钢板左尖角尽量靠近弯纱轮尖角,伸进弯纱轮最高一片的左边 $1 \sim 2$ 枚针,以不碰弯纱轮为准 3. 套圈轮最高一片在钢板的中间或在钢板的中前端 4. 压板压针压力要轻,以封闭针口为宜
套圈轮	1. 进针片数 10 片 2. 最低一片不能触及针蜡,应保持 $0.5 \sim 1mm$ 的空隙 3. 最高第二片的片尖要与针尖相平齐 4. 最高第一片钢片应靠向左边针,最低一片靠向右边针 5. 托起滚姆(无油情况下)能自然落回原处为好,用手拨动时要略有弹性
成圈轮	1. 进针片数为 $15 \sim 16$ 片 2. 最低一片紧靠右边针杆并保持一定间隙(约 0.1mm),片尖与针杆外圆平齐 3. 从第一片向上数第八片与针头平,位置在两针中间。上面离开针的最高一片要靠近左面针杆。当拨动时,成圈轮能触及左面一枚针的针头

注　台车机号 E 用针床上 38.1mm(1.5 英寸)长度内所具有的针数来表示。

台车生产的平针织物一般用来制作内衣,如汗衫,俗称汗布;集圈织物又称花布,用于夏季T恤面料。台车编织的衬垫织物有平针衬垫(二线绒)与添纱衬垫(三线绒),起绒整理后主要用作保暖面料,俗称绒布,生产卫生衣裤(绒衣、绒裤),也可以直接用作服装面料。

第二节　多针道机

多针道圆纬机是常用的纬编针织设备,可分为单面和双面两大类。其中单面机一般为下针筒四针道,而双面机多为上针盘二针道/下针筒二针道以及上针盘二针道/下针筒四针道。

一、单面多针道圆纬机

(一)SQJ121 型单面四针道圆纬机

1. 主要技术特征

国产 SQJ121 型单面四针道圆纬机的技术特征见表 1-3-3。机器的机号 E 与总针数的关系见表 1-3-4。

表 1-3-3　主要技术特征

项　目	技　术　特　征		
	SQJ121 型		
原料	天然纤维(棉、毛、丝、麻),混纺纱,化纤及加工丝		
针筒直径[mm(英寸)]	762(30)	813(32)	864(34)
进线路数	90	96	102
针筒转速(r/min)	20~40		
最大卷取直径(mm)	450		
最大牵拉量(mm/针筒一转)	168		
送纱范围(m/针筒一转)	1.8~18		
电动机型号及规格	Y132-4S 型 5.5kW/1440r/min		
外形尺寸(mm)	4500×4000×3250		
机器重量(kg)	1600		
机器用途	织平纹布以及网孔布、斜纹布等小花型单面织物		

表 1-3-4　机号 E 与总针数的关系

机号 E (针/25.4mm)	针筒直径[mm(英寸)]		
	762(30)	813(32)	864(34)
	总　针　数		
18	1740	1860	1980
20	1872	1980	2136
22	2100	2232	2376
24	2256	2376	2568
26	2448	2604	2760
28	2640	2820	2976

2. 传动系统

SQJ121 型单面四针道圆纬机的传动系统如图 1-3-3 所示,采用了交流变频无级调速来达到不同的运行速度。针筒回转速度分为慢速和正常运转。速度的调节通过变频器可变的频率信号控制电动机的输出转速实现。系统的传动过程为:固定在电动机 M 上的三角带轮 D_1 带动传动箱上的三角带轮 D_2,传动箱上的齿型同步带轮 Z_1 带动主轴上的齿型同步带轮 Z_2,主轴上的小齿轮 Z_3 带动台面大齿轮 Z_4 运转,Z_4 带动与之连接的针筒 1 一起运转。输线传动则由安装在主轴上的齿型同步带轮 D_3 带动齿型同步带轮 D_4 和 D_5 实现。卷布架由安装在台面大齿轮 2 下方的连接块 3 带动,与针筒同步转动。

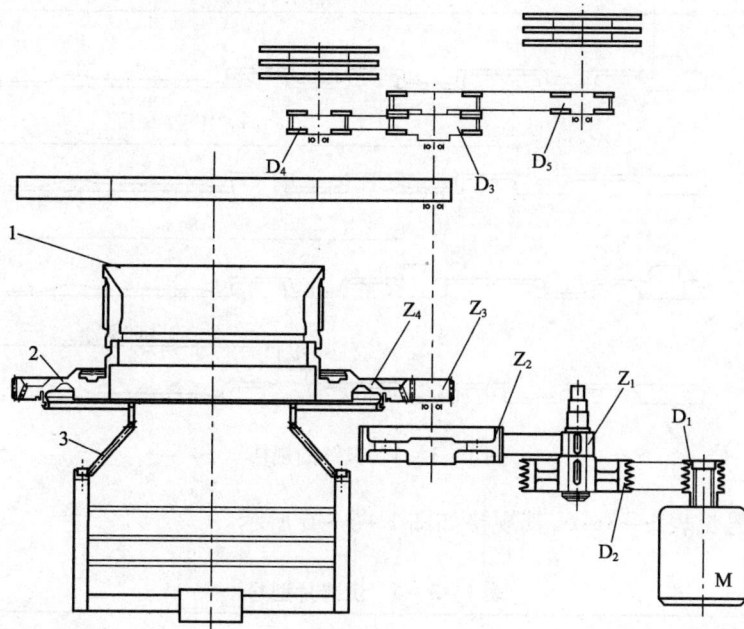

图1-3-3　SQJ121型单面四针道圆纬机的传动系统

3. 成圈机件及规格

(1)成圈系统组成:SQJ121型单面四针道圆纬机的成圈系统如图1-3-4所示。其中针筒外围的三角又称下三角。

(2)织针与沉降片:织针的型号见表1-3-5,其规格如图1-3-5所示。

表1-3-5　织针的型号

机号 E(针/25.4mm)	织针型号(德国 GROZ-BECKERT)
	Vo141.64G005
	Vo141.64G006
16,18	Vo141.64G007
	Vo141.64G008
	Vo141.52G005
	Vo141.52G006
20,22,24	Vo141.52G007
	Vo141.52G008
	Vo141.41G005
	Vo141.41G006
26,28	Vo141.41G007
	Vo141.41G008

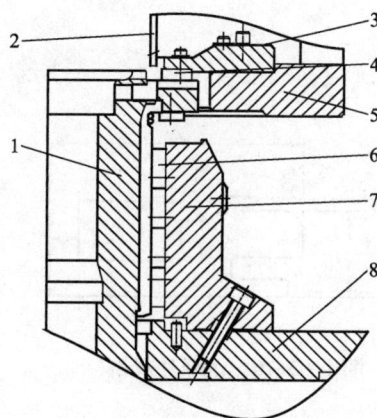

图1-3-4　SQJ121型单面四针道
圆纬机的成圈系统

1—针筒　2—导纱器　3—沉降片三角座

4—沉降片三角　5—沉降片三角座托圈

6—下三角　7—下三角座　8—下三角座托板

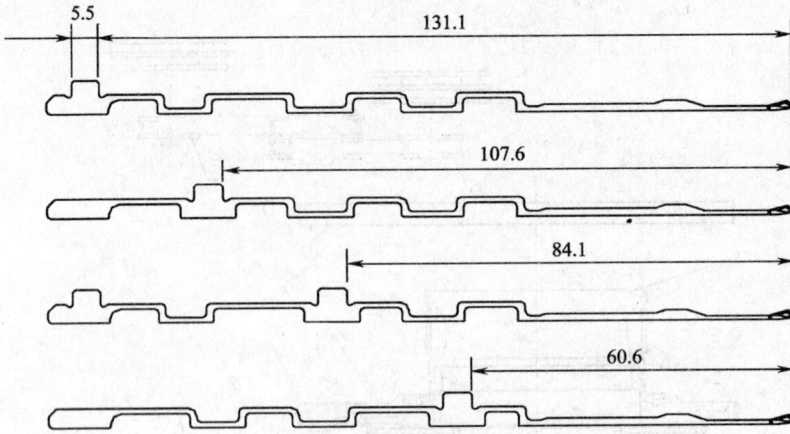

图 1-3-5 织针的规格

沉降片的型号见表 1-3-6,其规格如图 1-3-6 所示。

表 1-3-6 沉降片型号

机号 E(针/25.4mm)	沉降片型号(德国 Kern Liebers)
18,20,22,24,26,28	20 9201 751G/0.30/0.25

(3)针筒:针筒规格如图 1-3-7 所示,其具体尺寸见表 1-3-7。

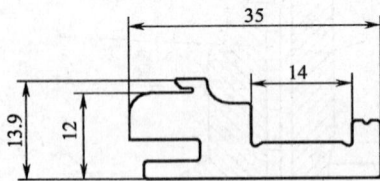

图 1-3-6 沉降片规格

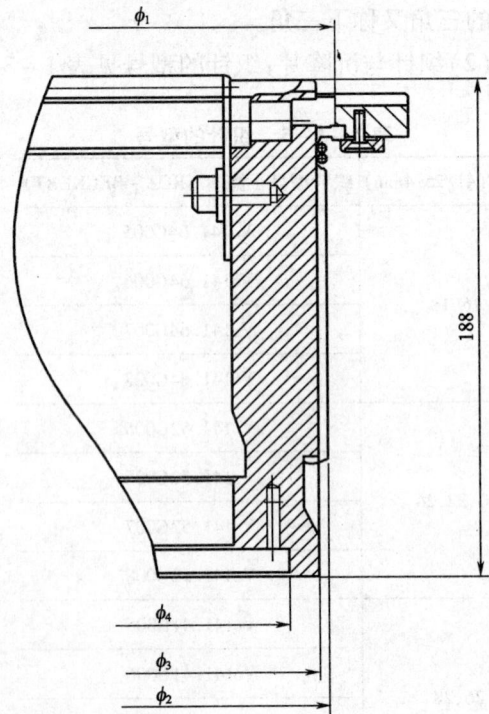

图 1-3-7 针筒规格

表 1 - 3 - 7　针筒尺寸

针筒直径 [mm(英寸)]	规　格（mm）			
	ϕ_1	ϕ_2	ϕ_3	ϕ_4
762(30)	775	769.4	762	743
813(32)	826	820.4	813	794
864(34)	877	871.4	864	845

（4）三角：三角规格如图 1 - 3 - 8 所示。各路所有针道上的编织三角可以选择成圈、集圈、浮线三种功能三角的任何一种进行排列，称为三功位变换三角或三位选针。

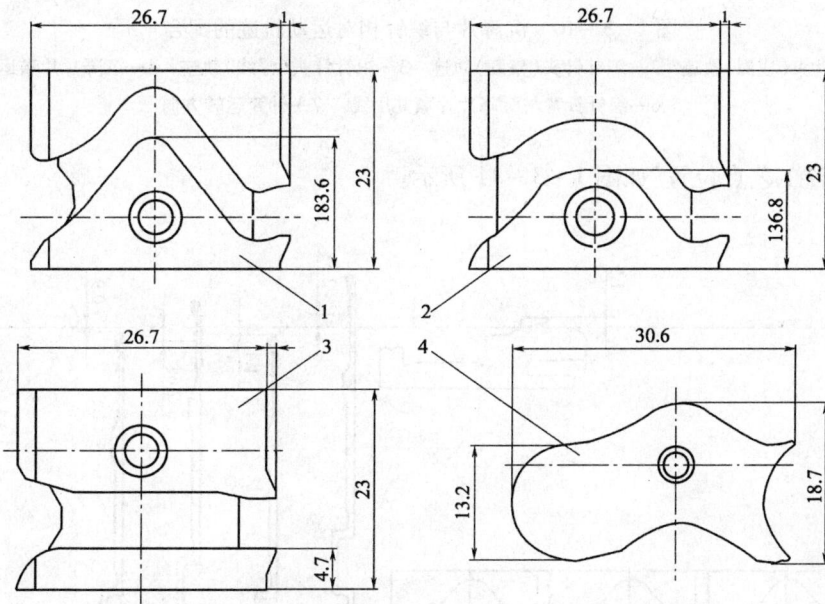

图 1 - 3 - 8　三角规格
1—成圈三角　2—集圈三角　3—平挡（不编织）三角　4—沉降片三角

（5）导纱器组件：导纱器组件如图 1 - 3 - 9 所示。

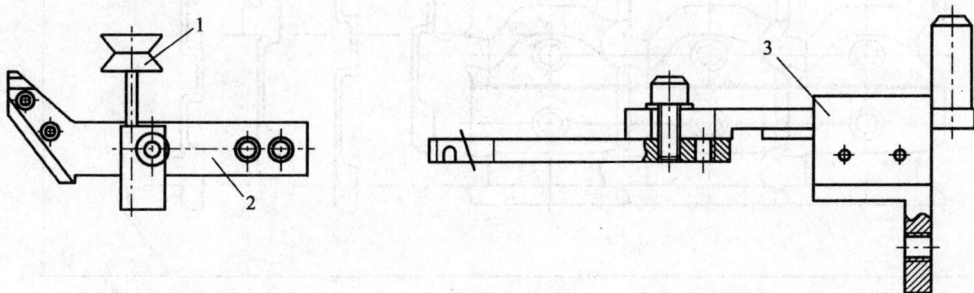

图 1 - 3 - 9　导纱器组件
1—氨纶导向轮　2—导纱器　3—导纱器座结合件

4. 成圈机件配置

（1）沉降片与织针相对运动轨迹的配合：如图 1 - 3 - 10 所示。

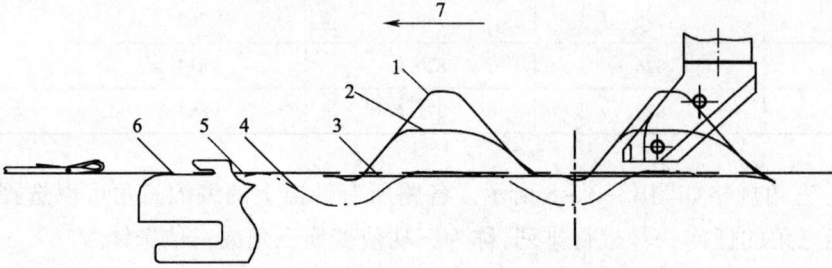

图 1 - 3 - 10 沉降片与织针相对运动轨迹的配合

1—织针针头（成圈）轨迹 2—织针针头（集圈）轨迹 3—织针针头（浮线）轨迹 4—沉降片片喉运动轨迹

5、6—织针针背与沉降片片颚共用线 7—针筒运转方向

（2）走针各工艺点位置：如图 1 - 3 - 11 所示。

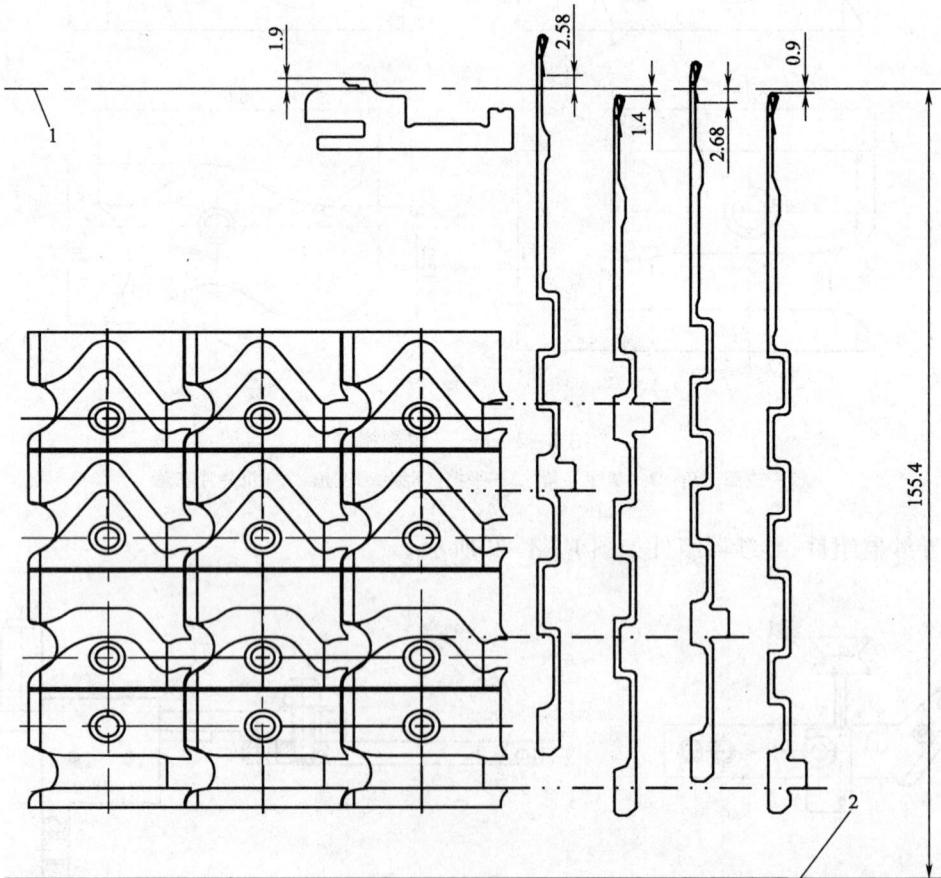

图 1 - 3 - 11 SQJ121 型单面四针道圆纬机走针各工艺点位置

1—沉降片片颚线 2—三角座底平面线

（3）导纱器与针、沉降片的配置：导纱器与织针、沉降片的相互位置如图1-3-12所示。导纱器的配置见表1-3-8。

表1-3-8　导纱器的配置

名　　称	高低位置	径向位置
导纱器	下边缘距沉降片片鼻1mm	与针头水平距离0.15mm,起针处稍大些

（4）针筒、三角、织针的间隙：见表1-3-9。

表1-3-9　针筒、三角、织针间的间隙

项　　目	针筒与下三角内表面	织针与针槽	织针与三角针道 （在挺针最高点及压针点）
间隙(mm)	0.20~0.25	0.04左右	≤0.50

（5）下三角调节：如图1-3-13所示,调节键2上的滚针3与调节凸轮4中的螺旋槽呈滑动配合,当旋转调节凸轮时,则通过滚针使调节键上下移动,连接于调节键上的各下三角即随之移动。顺时针方向旋转时,三角下移,逆时针方向旋转时,三角上移。三角上下移动可调总动程为4.5mm。

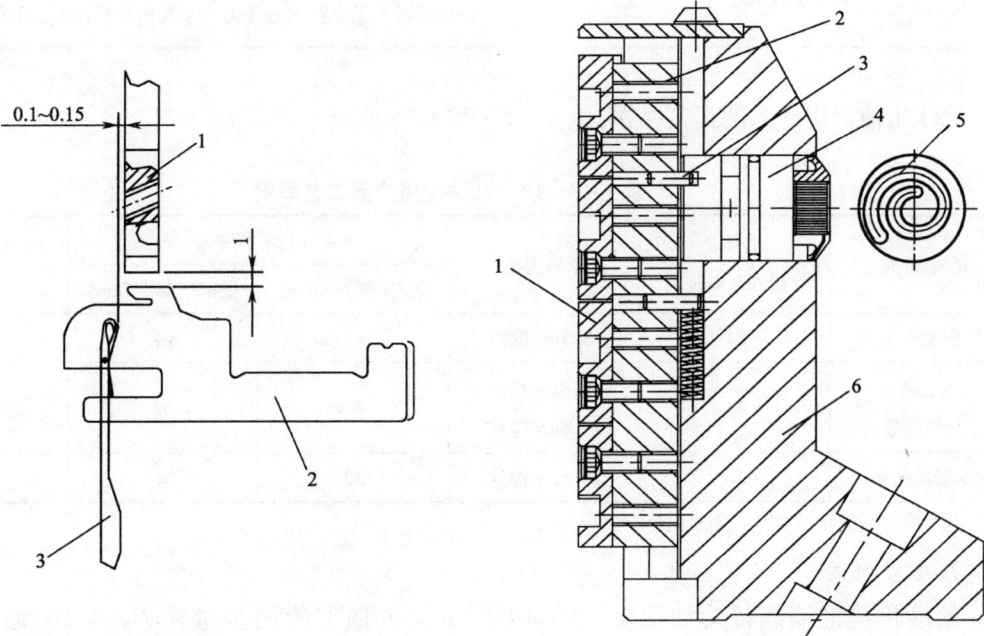

图1-3-12　导纱器与织针、沉降片的相互位置
1—导纱器　2—沉降片　3—织针

图1-3-13　下三角调节
1—下三角　2—调节键　3—滚针　4—调节凸轮
5—凸轮螺旋槽　6—三角座

5. 机号与纱线线密度的关系

机号与纱线线密度的关系见表1-3-10。

表1-3-10　机号与纱线线密度的关系

机号 E(针/25.4mm)		18	20、22、24	26、28
纱线线密度(tex)	纱线	27.5、17.8×2、14.2×2	27.5、17.8、14.2	17.8、14.2、9.5
	丝	15~16.6	11~16.6	7.8~11

6. 主要上机工艺参数

(1)编织过程中的主要工艺参数:SQJ121型单面四针道圆纬机编织过程中的主要工艺参数见表1-3-11。

表1-3-11　编织过程主要工艺参数

项　目	工　艺　要　求
喂纱张力(cN)	棉纱:1.96~5.88(2~4g) 涤纶丝:3.92~9.8(4~8g) 氨纶丝:1.85~8.66(3~4g)
纵向密度调节范围(横列/5cm)	50~120($E22~E28$)
牵拉卷取张力	牵拉卷取张力的大小取决于织物的组织结构和原料 一般纯棉纱的牵拉卷取张力小于混纺纱和涤纶丝的张力

(2)几种常用产品的工艺举例(表1-3-12)。

表1-3-12　几种常用产品工艺举例

产品名称	机号 E (针/25.4mm)	原料规格	毛坯密度		毛坯克重 (g/m²)
			纵密(横列/5cm)	横密(纵列/5cm)	
平纹汗布	24	18.5tex 棉纱	82	64	125
1×1 涤棉 交织横条	24	165dtex 涤纶 14.8tex 棉纱	92	62	190
单面网孔布	24	18.5tex 棉纱	50	58	145

7. 给纱机构

给纱机构的输线传动如图1-3-14所示。主轴上的同步带轮 D_3 和 D_3' 通过同步齿形带分别带动同步带轮 D_4 和 D_4',也即分别驱动两套相同的三片二带的螺旋调速盘机构 A 和 B。

从贮纱式输线轮输出的纱线量由输线带的线速度决定。调节调速盘的直径,调换变换齿轮均可改变输线带的线速度。输线量的变化范围见表1-3-13。

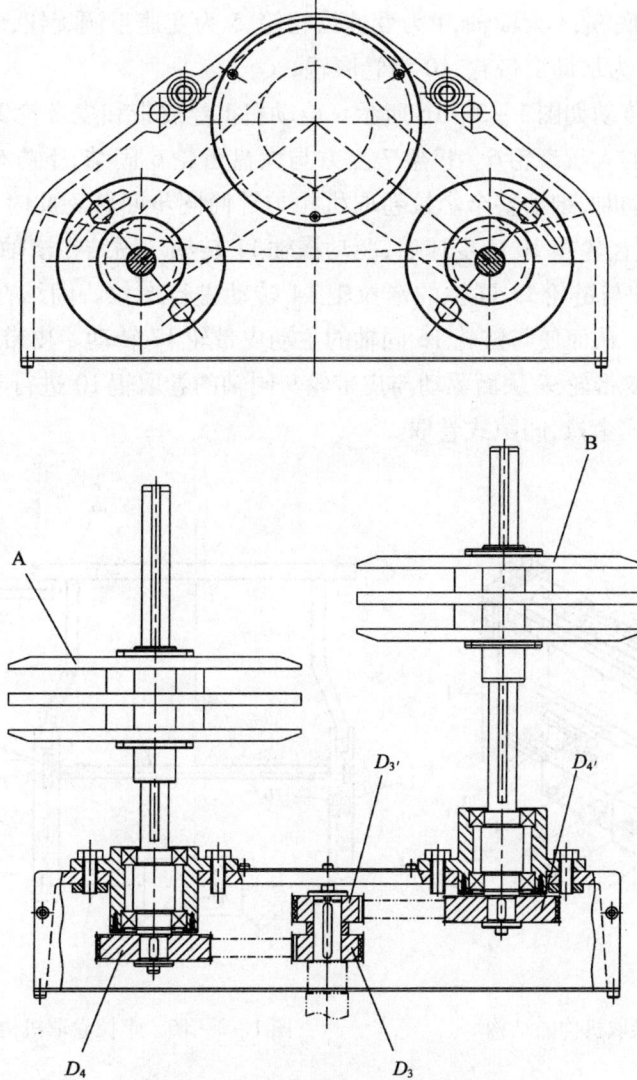

图 1 - 3 - 14　给纱机构的输线传动

表 1 - 3 - 13　输线量的变化范围

变换齿轮数		输线量变化范围(调速盘直径小→大)(m/针筒一转)
$D_3 \setminus D_3'$	$D_4 \setminus D_4'$	
20	52	1.42 → 3.46
32	40	2.64 → 7.06
40	32	5.17 → 11.23
52	20	9.06 → 23.36

8. 牵拉卷取机构

该机采用的是齿轮式牵拉卷取机构。

（1）牵拉卷取机构的结构与传动：牵拉卷取机构的结构如图 1－3－15 所示，1 为机构的机架，2 为固定伞形齿轮底座，3 为横轴，4 为变速齿轮箱，5 为变速粗调旋钮，6 为变速细调旋钮，7 为牵拉辊，8 为皮带，9 为从动皮带轮，10 为卷取辊。

牵拉卷取机构的传动如图 1－3－16 所示。电动机 1 经皮带和皮带轮 2、3、4 传动小齿轮 5，后者驱动固装有针筒的大盘齿轮 6。机架 7 上方与大盘齿轮 6 固结，下方坐落在固定伞齿轮 8 上。当大盘齿轮 6 转动时，带动整个牵拉卷取机构与针筒同步回转。此时，与伞齿轮 8 啮合的伞齿轮 9 转动，经变速齿轮箱 10 后变速后，驱动横轴 11 转动。固结在横轴一侧的链轮 12 经链条传动链轮 13，从而使与链轮 13 同轴的牵拉辊 14 转动进行牵拉。固结在横轴另一侧的链轮 15 经链条传动链轮 16，从而使与链轮 16 同轴的主动皮带轮 17 转动。皮带轮 17 经图 1－3－15 中的皮带 8 传动从动皮带轮 9，从而驱动与皮带轮 9 同轴的卷取辊 10 进行卷布。这种齿轮式牵拉卷取机构属于连续式牵拉，间隙式卷取。

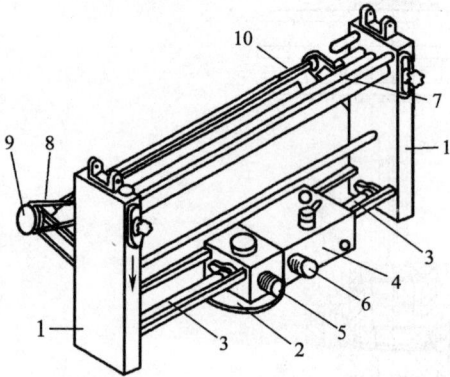

图 1－3－15　牵拉卷取机构的结构　　　图 1－3－16　牵拉卷取机构的传动图

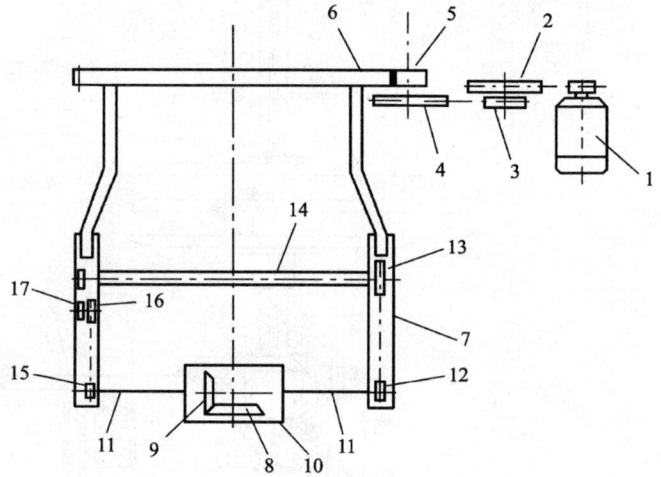

可以转动图 1－3－15 中的变速粗调旋钮 5 和变速细调旋钮 6 来调整齿轮变速箱的传动比，从而改变牵拉速度，两个旋钮不同转角的组合共有一百多档牵拉速度，可以大范围、精确地适应各种织物的牵拉要求。

（2）牵拉卷取机构的外形尺寸：如图 1－3－17 所示。

（3）扩布装置的外形尺寸：如图 1－3－18 所示。

9．主要辅助装置

（1）漏针、断纱、失张自停器：机器各种自停器的型号如下：

漏针自停器：JZ－HZ 型。

断纱自停器：DGC30 型、DGC3F 型。

失张自停器：DGC4A 型、JZ－ZL 型。

（2）吹尘与加油：吹尘装置有两组，一组为上端吹尘，其结构如图 1－3－19 所示。吹尘主要由三台小风扇 1 进行，小风扇分别装在回转臂 2 上，而回转臂则装在转座 3 上。转座可依靠风扇叶片转动后产生的反作用力围绕芯轴 4（固定座）旋转，从而使风扇对整机的相应部位吹

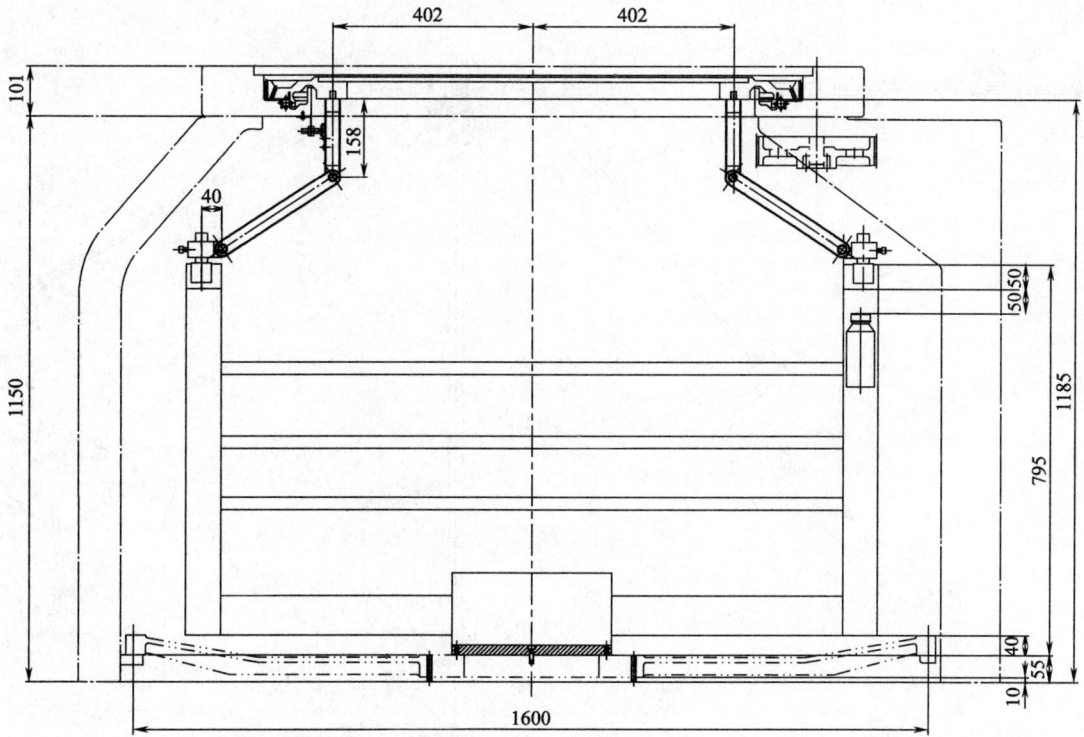

图 1 - 3 - 17　牵拉卷取机构的外形尺寸

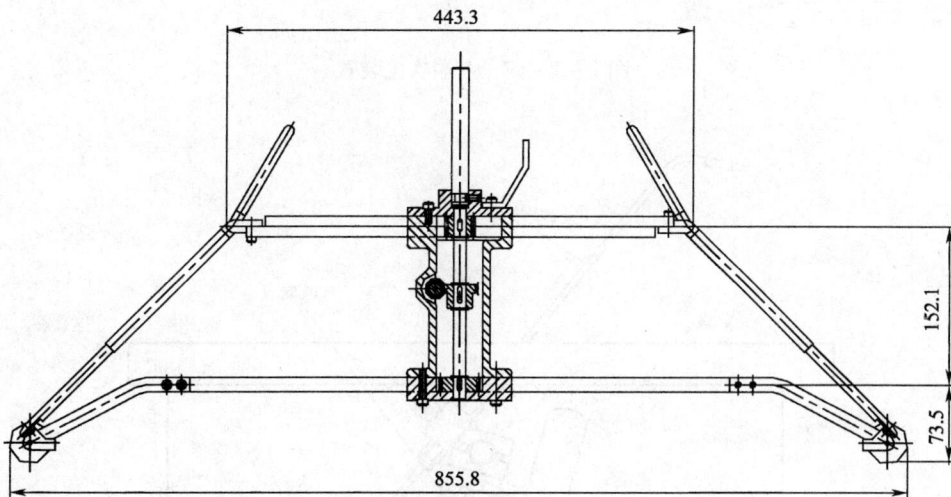

图 1 - 3 - 18　扩布装置的外形尺寸

尘。转座内有电刷 5 及铜环 6,导线通过铜环、电刷使外界电源通电于风扇。各层铜环间有绝缘圈 7 相互隔开。通过调整转座的高低及回转臂的长短、方位,可使三台风扇分别作用于所需要的吹尘部位(例如张力自停器、贮纱式输线器等)。

另一组为中端吹尘,主要功能是对编织系统(针筒口面、导纱器、织针头部、沉降片等工作部位)进行除尘,其结构如图 1 - 3 - 20 所示。由外来的压缩空气站输送来的压缩空气,经接头

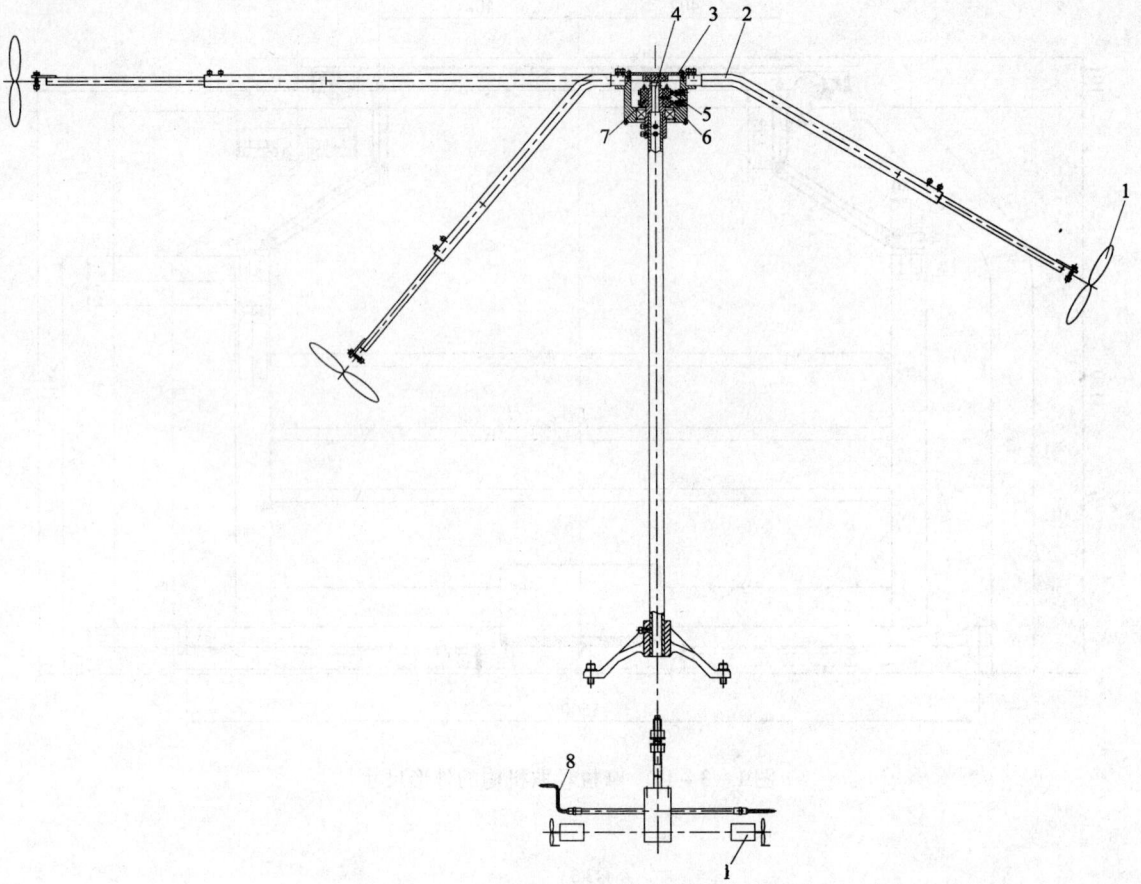

图 1 - 3 - 19　上端吹尘装置

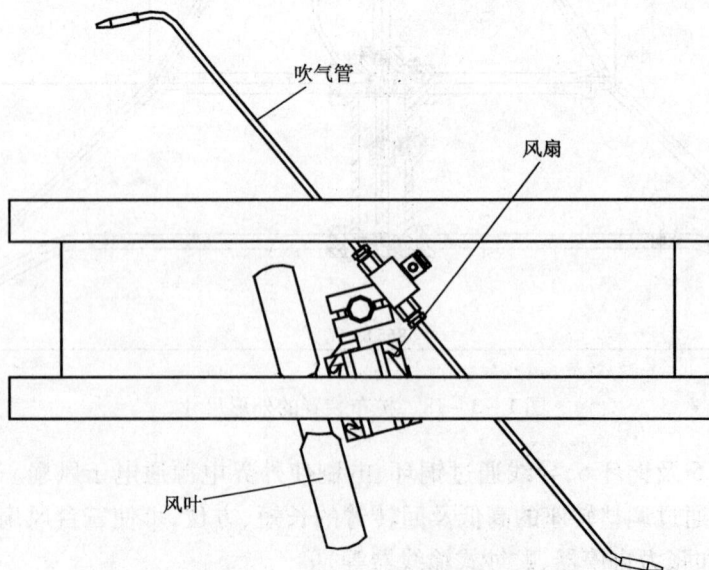

图 1 - 3 - 20　中端吹尘装置

及吹风管吹向针筒口面。吹风管则由低速永速磁同步电动机 8 经减速传动,转速为 0.5r/min。这种吹尘形式对纯棉织物的花衣吹尘效果不是最佳,因为风力小,而纯棉则花衣多。因此,改进后的编织部件吹尘亦同样用小风扇来吹尘,只是风扇更小,数量为两台风扇。

加油装置如图 1 – 3 – 21 所示。机器各加油部位应定期加油,其加油周期和种类可用表 1 – 3 – 14 所推荐的。

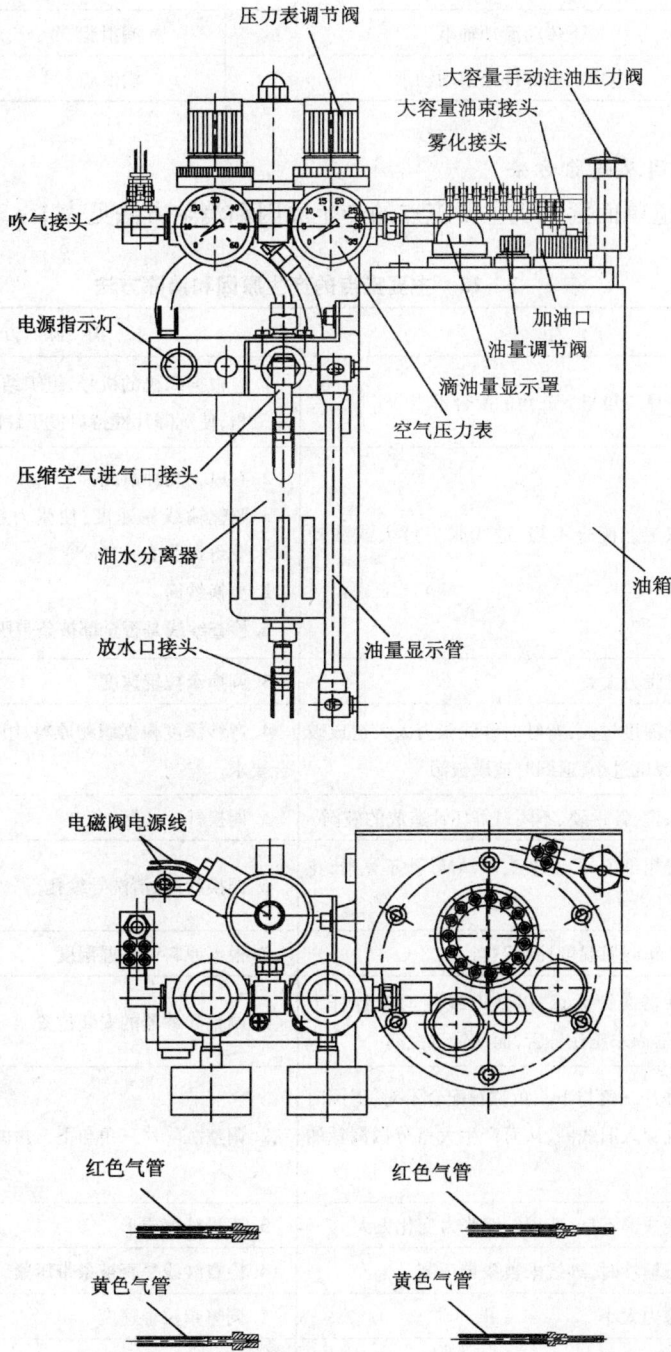

图 1 – 3 – 21 加油装置

表 1 - 3 - 14　加油部位、种类及周期

序号	加油部位	加油种类	加油周期
1	大容量喷雾加油装置(对编织各部件加油)	白油或 20 号机油	保持油标高度
2	传动箱	20 号机油	大平车时全部调换
3	卷取装置	20 号机油	一班
4	扳手	润滑脂	三个月
5	下传动滚动轴承	润滑脂	大平车时全部调换
6	电扇吹风部件处滚动轴承	润滑脂	大平车时全部调换

10. 疵点产生原因及消除方法

SQJ121 型四针道单面圆纬机主要疵点的产生原因和消除方法见表 1 - 3 - 15。

表 1 - 3 - 15　主要疵点的产生原因和消除方法

疵点名称	产 生 原 因	消 除 方 法
破洞	1. 沉降片三角与下三角的配合不当	1. 应根据织机的机号、组织结构、原料特性来调整沉降片三角,使沉降片握持口慢于针的成圈点 0.5 ~ 2 针距
	2. 编织工艺配合不当,进线张力过大或波动太大	2. 有以下几种情况: a. 调整输线轮速度,使张力趋于正常(纯棉纱张力 < 5cN,化纤纱张力 < 10cN) b. 更换纱筒 c. 检查纱线是否全部被条带压紧
	3. 牵拉张力太大	3. 调换牵拉辊速度
	4. 弯纱深度过大,弯纱时纱线张力太大造成破洞;弯纱深度过小,退圈时造成破洞	4. 弯纱深度根据织物原料、组织结构进行调整,使其符合要求
	5. 针头歪、针舌硬、不闭口等坏针造成的破洞	5. 调换针
	6. 纱线粗细不匀,大节头等,导纱孔不光滑,花衣塞住	6. 调换纱筒、清洗导纱孔
	7. 生产车间温湿度控制不当	7. 根据原料调整温湿度
漏针	1. 导纱器离针太远,以致旧线圈退到针杆上后,导纱器尚未压住针舌,而使针舌关闭	1. 调整导纱器的安装位置
	2. 沉降片三角与下三角位置配合不对,退圈时发生织针穿入旧线圈,从而产生大量分散漏针的现象	2. 调整沉降片三角与下三角的相对位置
	3. 纱线成形不良,造成纱线张力变化太大	3. 改进纱筒成形
	4. 积极输纱时,纱线未被条带压制	4. 检查纱线是否被条带压紧
	5. 牵拉力太小	5. 调整牵拉辊速度
花针	1. 坏针	1. 换针
	2. 牵拉力太小	2. 调整牵拉辊速度

续表

疵点名称		产　生　原　因	消　除　方　法
横条		1.各路进纱量比例不正确,或者纱线张力不一致	1.调整输线调速盘,使其符合吃纱比的要求,再调整各路压针三角,以达到张力一致的目的
		2.纱线线密度错	2.更换纱筒
		3.纱线条干均匀度差,造成云斑	3.检查纱线均匀度
坏针	打针踵	1.飞花、粗节织入引起工艺阻力突然增加	1.及时清理针槽
		2.三角过渡处不光滑或三角固定螺钉松开	2.更换三角
		3.针道内残留被打去的针踵	3.清除针道内残留的针踵
		4.个别针槽太紧,使织针上、下运动发生困难	4.修理针槽
	打针钩	1.车速太高,以致在压针时针舌以很大速度打在针钩尖上,把针钩打断	1.修理针槽
		2.纱线张力突然增加	2.找出原因后纠正
		3.织针针钩达到疲劳极限	3.更换新针
	针舌歪斜	导纱器安装位置不正确	调整导纱器位置

11. 织物设计与上机工艺举例

SQJ121 型单面四针道圆纬机,除了编织单面平针织物及衬氨纶平针织物外,还可编织出各类花色组织的织物,如网孔类、斜纹类、绉组织类、起皱类等。各类织物组织的形成均依靠织针的不同排列和各成圈系统中成圈三角、集圈三角、不编织三角不同配置来实现。

(1)织物组织中的花宽与花高。

①一个完全组织花纹宽度 B:一个完全组织花纹宽度 B(纵行)直接与织针针踵的排列有关。当针踵按"/"形或"\"形单针排列时,一个完全组织花纹宽度为 B:

$$B = n$$

式中:n——织针踵位数、本机的织针有四种踵位,即通常 $n=4$,故 $B=4$。

在编织一个完全组织花纹宽度大于 4 的花色组织时,一般是采用了规则或不规则重复所需纵行花纹的方法(可在意匠图中看到),也即利用了织针针踵的规则或不规则的排列来完成。但一个完全组织花纹宽度 B 值除总针数通常为整数,即:

$$\frac{N}{B} = m$$

式中:N——针筒总针数;

　　　B——一个完全组织花宽,纵行;

　　　m——整数(也即一个门幅中有 m 个花型宽度)。

同一个花纹宽度,在不同机器(不同针筒直径、或不同机号)编织时,若遇到 m 不是整数时,则在布幅中有花纹不连续处,即有花纹接痕,此接痕处可用于剖幅位置。可将剖幅机构的剖幅刀对准此处,即在机上直接完成剖幅。

②一个完全组织花纹高度 H:一个完全组织花纹高度 H(横列)基本与成圈系统数直接有关,也与编织组织的类别有关。除了编织色彩小花型织物或有特殊需要的织物外,一般意匠图

中一个完全组织的花纹高度 H 与机器其他参数的关系为：

$$\frac{F}{H \times n} = P$$

式中：F——机器总成圈系统数；

H——个完全组织花纹高度，横列；

n——织物一个色彩横列所需路数；

P——整数，表示针筒一转在织物上形成 P 个花纹高度。

若 P = 整数 + 余数时，则表示针筒一转，在织物上形成 P 个花纹高度外，还多出与余数相等的成圈系统，其不能编织出一个花纹高度。为此，此余数即为针筒一转中最后几个成圈系统，要求织针不参加编织，全配置不编织三角，且不喂入纱线。

（2）织物组织、织针针踵排列与三角配置方法举例。

以下实例采用的是针筒直径 762mm（30 英寸）、总编织系统数 F 为 90 的机器。

为了便于与成圈系统中三角配置的表达，织物组织用意匠图表示。

意匠图中符号表示：⊠—集圈，□—成圈，⊙—浮线。三角配置中符号表示：⊟—集圈三角，⋀—成圈三角，⊟—不编织（平挡）三角。

①珠地网孔织物：如图 1 - 3 - 22 所示。

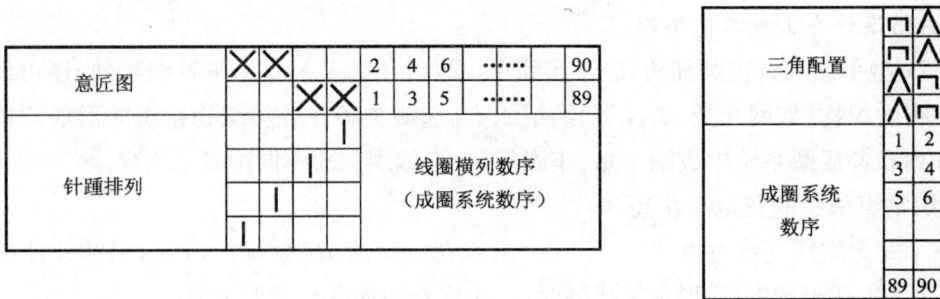

图 1 - 3 - 22　珠地网孔织物

由意匠图可知，该珠地网孔织物的一个完全组织的花宽 B = 4 纵行、花高 H = 2 横列。

②菱形网孔织物：如图 1 - 3 - 23 所示。

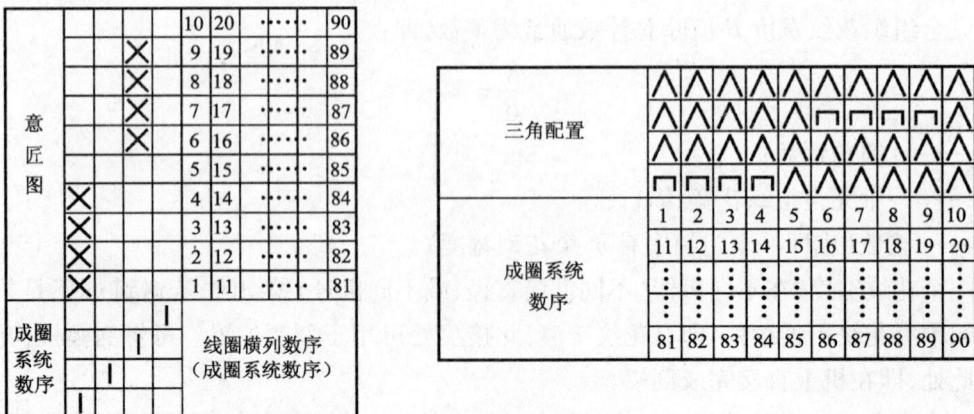

图 1 - 3 - 23　菱形网孔织物

由意匠图可知,菱形网孔织物的一个完全组织的花宽 $B=4$ 纵行、花高 $H=10$ 横列,针筒一转在纵向形成9个完全花纹。

③斜纹织物:如图1-3-24所示。

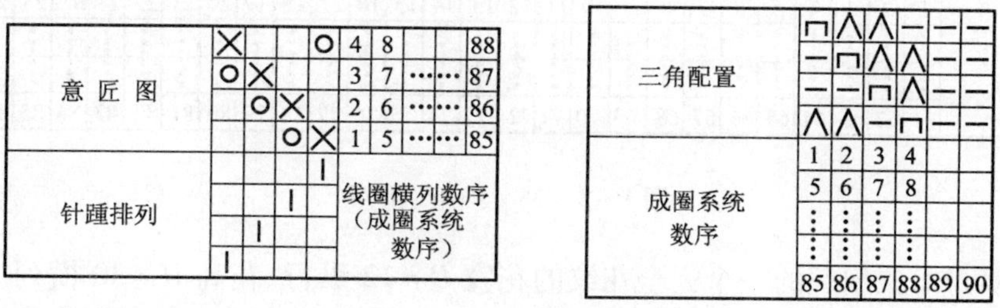

图1-3-24 斜纹织物

由意匠图可知,此斜纹织物的一个完全组织的花宽 $B=4$ 纵行、花高 $H=4$ 横列。因机器总的编织系统数 $F=90$,$F/H=22$ 余 2,为此在最后两个成圈系统中四个针道须配置平挡三角,且此两个成圈系统不喂入纱线。

④绉组织织物:如图1-3-25所示。

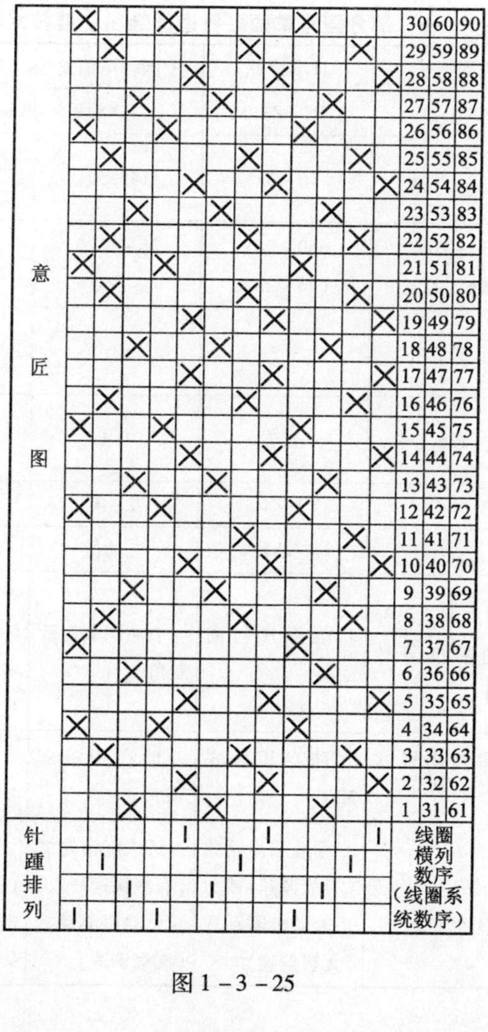

图1-3-25

| 三角配置 | |
| 成圈系统数序 | 1 2 3 4 5 6 7 8 9 10 11 12 13 14 15 16 17 18 19 20 21 22 23 24 25 26 27 28 29 30 ⋮⋮⋮⋮⋮⋮⋮⋮⋮⋮⋮⋮⋮⋮⋮⋮⋮⋮⋮⋮⋮⋮⋮⋮⋮⋮⋮⋮⋮⋮ 61 62 63 64 65 66 67 68 69 70 71 72 73 74 75 76 77 78 79 80 81 82 83 84 85 86 87 88 89 90 |

图 1 - 3 - 25　绉组织织物

由意匠图可知,该组织的一个完全花纹的花宽 $B=12$ 纵行、花高 $H=30$ 横列。在机号 $E28$ 的机器上编织,针筒总针数 $N=2640$,$N/B=220$,即针筒一周可以编织整数(220)个花宽。机器总成圈系统数 $F=90$,$F/H=3$,也为整数,故不用关闭任何成圈系统即可完整编织。

(二)部分型号单面多针道圆纬机简介

表 1 - 3 - 16 列出了目前国内外一些知名针织机械制造厂商生产的部分单面多针道圆纬机的机型及主要技术特征。

表 1 - 3 - 16　部分型号单面多针道圆纬机主要技术特征

生产厂商	德国迈耶西	德国得乐	日本福原	中国台湾佰龙	中国台湾凹凸	新加坡利达
型 号	Relanit 4.0	S296 - 1	VXC - Z3.2S	PL - KS3B	WS/3.0F - PFXC - L	UBX - 3SK
机号 E (针/25.4mm)	18~28	12~54	16~32	14~50	16~44	14~32
筒径 [mm(英寸)]	381~914 (15~36)	660~1067 (26~42)	660~965 (26~38)	76~1626 (3~60)	762~965 (30~38)	406~1168 (16~46)
系统数(路/英寸筒径)	4	3.2	3.2	3	3	3
针筒表面线速度(m/s)	2.0	1.6	1.7	1.4	1.3	1.2
针道数	2~4	4	1~4	2~4	4	4
三角变换	三功位	三功位	三功位	三功位	三功位	三功位
编织机构技术特点	沉降片相对运动	中央调节织针三角和沉降片三角	沉降片斜向运动	中央调节织针三角	只需更换少量配件(针筒等),即可实现不同筒径的互换	中央调节织针三角
输纱机构	储存积极式 CONI + 01	储存积极式 MPF	储存积极式 MPF	储存积极式 MPF	储存积极式 MPF	储存积极式 MPF
牵拉卷取机构	摩擦皮带加齿轮驱动连续式,无级调速	力矩电动机驱动,无级调速	可选配齿轮式(有级调速)或力矩电动机驱动式(无级调速)	可选配齿轮式(有级调速)或力矩电动机驱动式(无级调速)	可选配齿轮式(有级调速)或力矩电动机驱动式(无级调速)	可选配齿轮式(有级调速)或力矩电动机驱动式(无级调速)

（三）双向（相对）运动沉降片技术

在一般的单面多针道圆纬机中,沉降片除了随针筒同步回转外,只在水平方向作径向运动。在某些先进机型中,沉降片除了可以径向运动外,还能沿垂直方向与织针作相对运动,从而使织针动程和弯纱张力减小,成圈条件在许多方面得到了改善。目前,应用在单面圆纬机上的双向运动沉降片主要有以下两种形式。

1. 垂直配置的双向运动沉降片

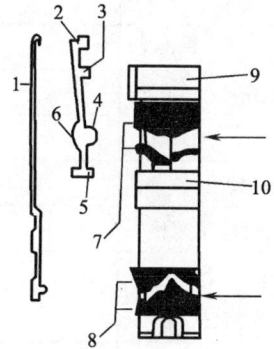

德国迈耶西的 Relanit 系列单面圆纬机都配置了这种沉降片。图 1-3-26 显示了这类机器的成圈机件配置。该机取消了传统的水平配置的沉降片圆环,沉降片 2 垂直安装在针筒中织针 1 的旁边,它具有三个片踵,3 和 5 分别为向针筒中心和针筒外侧摆动踵,4 为升降踵,6 为摆动支点。沉降片三角 9 和 10 分别作用于片踵 3 和 5,使沉降片以支点 6 作径向摆动,以实现辅助牵拉作用。片踵 4 受沉降片三角 7 的控制,在退圈时下降和弯纱时上升,与针形成相对运动。针踵受织针三角 8 控制作上下运动。该机改变弯纱深度不是靠调节压针三角高低位置,而是通过调节沉降片升降三角 7 来实现。由于该机去除了沉降片圆环,易于对成圈区域和机件进行操作与调整。

图 1-3-26　垂直配置的双向运动沉降片

2. 斜向运动（Z 系列）的双向运动沉降片

日本福原、中国台湾佰龙等公司的某些单面圆纬机采用了这种沉降片,其结构与工作原理如图 1-3-27 所示。沉降片配置在与水平面成 α 角（一般约 20°）倾斜的沉降片圆环中。当沉降片受沉降片三角控制沿斜面移动一定距离 c 时,将分别在水平径向和垂直方向产生动程 a 和 b。

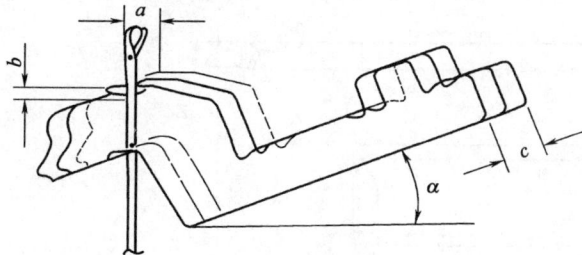

图 1-3-27　斜向运动的双向运动沉降片

二、双面多针道圆纬机

（一）QJZ076 型双面 2+4 针道圆纬机

该机除了可以编织传统的双罗纹织物外,还能生产罗纹型和双罗纹型变换类织物。

1. 主要技术特征

国产 QJZ076 型双面 2+4 针道（针盘 2 针道,针筒 4 针道）圆纬机的技术特征如表 1-3-17 所示。

表 1 - 3 - 17　QJZ076 型圆纬机的主要技术特征

项　目		特　征					
针筒直径[mm(英寸)]		864(34)					
进线路数		72					
机号 E(针/25.4mm)		18	20	22	24	28	32
总针数		1920×2	2112×2	2328×2	2544×2	2976×2	3408×2
原料		棉、混纺、腈纶、涤纶、锦纶					
纱线线密度	dtex		281~185	185~141	164~123	123~98	
	英支		21~32	32~42	36~48	46~60	
	旦		250~170	170~120	150~100	100~70	
针筒最高转速(r/min)		25					
电动机型号及规格		Y132S - 6,AC3kW,960r/min					
外形尺寸(mm)		5200×3200($\phi×H$)					
机器重量(kg)		约2500					
编织织物		双罗纹、集圈、变换组织等					

2.传动系统

该机的传动系统如图 1 - 3 - 28 所示。采用了交流变频无级调速系统来达到不同的运行速

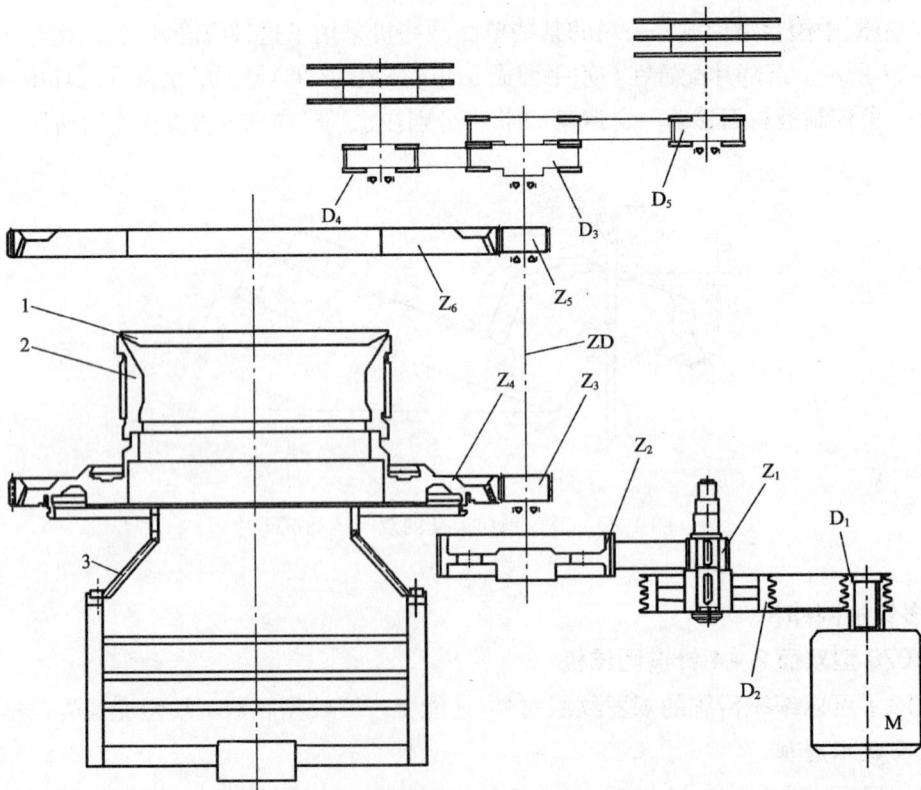

图 1 - 3 - 28　QJZ076 型圆纬机的传动系统

度,针筒回转速度分为慢速和正常运转。系统的传动过程为:电动机三角带轮 D_1 驱动传动箱上的三角带轮 D_2,传动箱上的齿型同步带轮 Z_1 驱动主轴 ZD 上的齿型同步带轮 Z_2,主轴上的小齿轮 Z_3 驱动台面大齿轮 Z_4 运转,Z_4 驱动与之连接的下针筒 2 一起运转;同时,主轴 ZD 上的齿轮 Z_5 驱动上层的大齿轮 Z_6 运转,Z_6 又带动上针盘 1 一起运转。其中齿轮 Z_3 与 Z_5、Z_4 与 Z_6 齿数相同,这样保证了上针盘、下针筒以相同的速度运转。输线传动则由安装在主轴 ZD 上的齿型同步带轮 D_3 驱动同步齿形带轮 D_4 和 D_5 实现。卷布架的回转由安装在针筒上联接针筒和卷布架的连接块 3 带动。

3. 成圈机件及规格

(1)成圈系统组成:成圈系统的组成如图 1 - 3 - 29 所示。这些主要机件习惯称为:上针盘(针盘)、下针筒(针筒)、上三角底座(针盘三角底座)、上三角(针盘三角)、上三角座(针盘三角座)、下三角(针筒三角)、下三角座(针筒三角座)、下三角底座(针筒三角底座)、上下织针(针盘针与针筒针)、导纱器等。

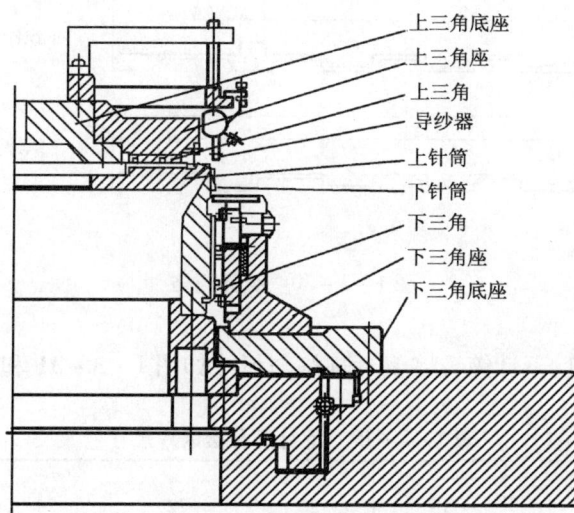

图 1 - 3 - 29　QJZ07 型圆纬机成圈系统的组成

(2)织针:织针型号如表 1 - 3 - 18 所示,织针规格如图 1 - 3 - 30 所示。

表 1 - 3 - 18　织针型号(德国 GROZ - BECKERT)

名　称	机号 E(针/25.4mm) 18、20、22、24	28	32
上针织(一)	Vota74.50G05	Vota74.41G003	Vota74.36G003
上针织(二)	Vo74.50G05	Vo74.41G003	Vo74.36G003
下针织(一)	Vota122.48G02	Vota122.41G01	Vota122.41G01
下针织(二)	Vo122.48G04	Vo122.41G01	Vo122.41G01
下针织(三)	Vo122.48G05	Vo122.41G02	Vo122.41G02
下针织(四)	Vo122.48G06	Vo122.41G03	Vo122.41G03

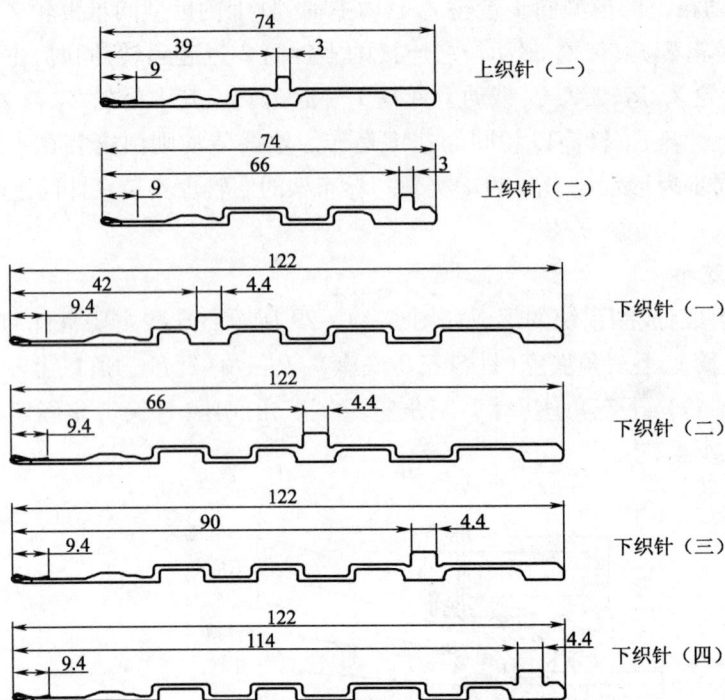

图 1 - 3 - 30　织针规格

（3）下针筒与上针盘：下针筒及镶钢片规格与尺寸如图 1 - 3 - 31 和表 1 - 3 - 19 所示。

表 1 - 3 - 19　下针筒及镶钢片尺寸

项　目　　　　机号 E(针/25.4mm)	18	20	22	24	28	32
针槽数	1920	2112	2328	2544	2976	3408
槽底直径 D(mm)	864					
筒口厚度 b(mm)	0.4					
针槽宽度(mm)	0.51	0.51	0.51	0.51	0.44	0.44
扩槽宽度(mm)	1.00	0.90	0.85	0.75	0.65	0.55
针槽深度 h_1(mm)	3.7					
针筒全高 h_2(mm)	132					
α(°)	55					
钢片长度 h_3(mm)	106					
钢片厚度 δ(mm)	0.9	0.78	0.66	0.56	0.47	0.36

上针盘及镶钢片规格与尺寸如图 1 - 3 - 32 和表 1 - 3 - 20 所示。

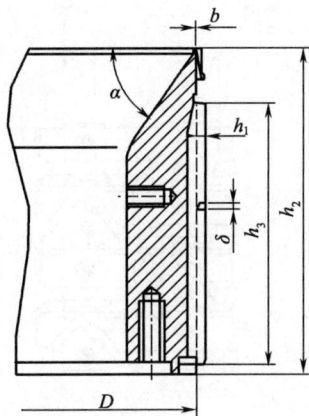

图 1 - 3 - 31　下针筒及镶钢片规格　　　　图 1 - 3 - 32　上针盘及镶钢片规格

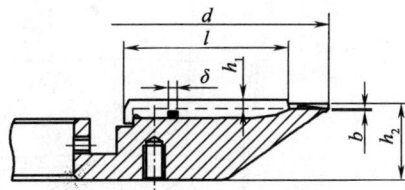

表 1 - 3 - 20　上针盘及镶钢片尺寸

机号 E(针/25.4mm)　　项　目	18	22	24	28	32
针盘外径 d(mm)	861.6	861.2	861.4	861.6	861.8
针槽数	1920	2328	2544	2976	3408
针槽宽度(mm)	0.53	0.53	0.53	0.44	0.39
扩口槽宽度(mm)	1.00	0.80	0.75	0.65	0.55
针盘口厚度 b(mm)	0.35				
针槽深度 h_1(mm)	3.3				
针盘高度 h_2(mm)	28.7				
钢片长度 l(mm)	62.2				
钢片厚度 δ(mm)	0.83	0.593	0.494	0.44	0.377

（4）三角:本机三角采用分块封闭式紧针道设计,具有严格控制织针轨迹和减少织针对三角冲击力的作用。

上三角有内、外两个针道,每个成圈系统均可按织物品种的不同分别选装入内、外成圈三角,内、外集圈三角和内、外平挡三角。下三角有四个针道。每个成圈系统均由四个三角组成。三角的配置则按织物结构的不同分别选装入成圈、集圈或平挡三角。

在图 1 - 3 - 33 中上半部分为编织双罗纹组织时,上、下三角的配置及工艺尺寸;下半部分为提供选装的上、下集圈三角。

图 1 - 3 - 34 为上、下三角的调节结构。从图中可以看出,上下各三角均可以通过各自独立的调节凸轮进行单独的调整,以适应不同织物的需要。

（5）导纱器:导纱器结构与规格如图 1 - 3 - 35 所示。

4.成圈机件配置

（1）织针配置:编织双罗纹织物和双罗纹型变换组织织物时,上下针槽相对,织针配置如图

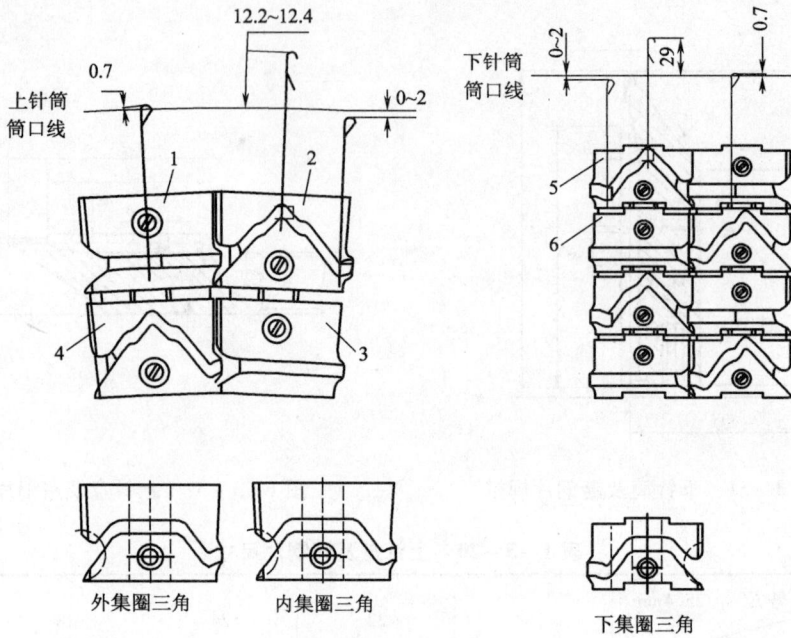

图 1-3-33 QJZ076 型圆纬机三角结构

1—外平挡三角 2—外成圈三角 3—内平挡三角 4—内成圈三角

5—下成圈三角 6—下平挡三角

(a) 上三角调节结构　　　　　　　　　　(b) 下三角调节结构

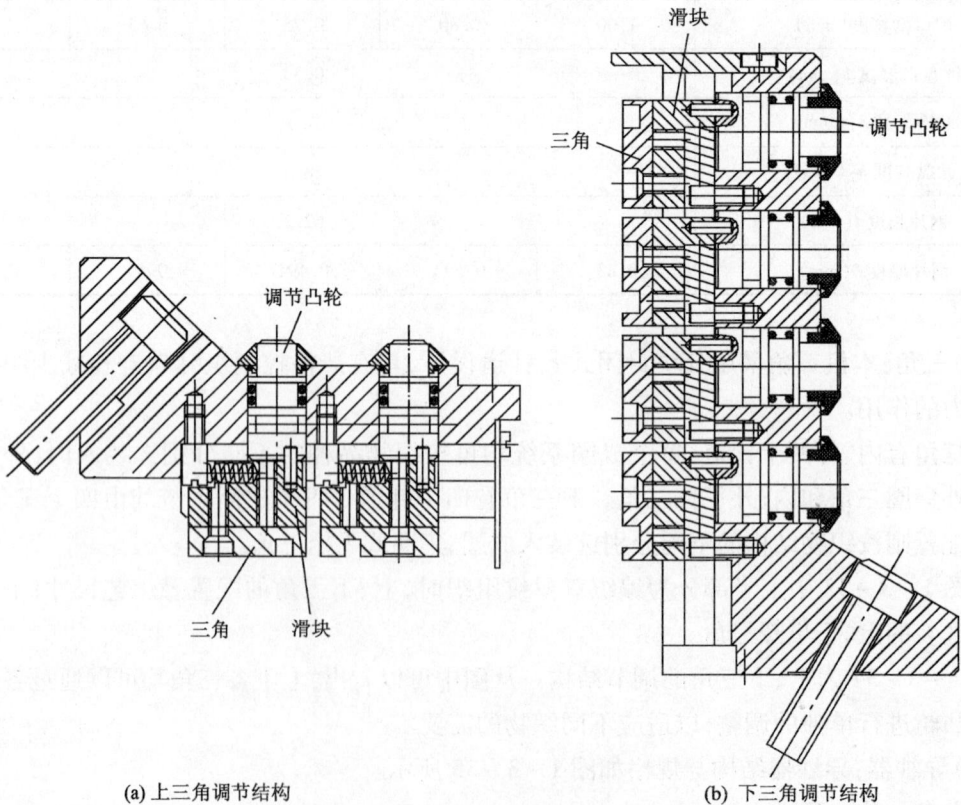

图 1-3-34 QJZ076 型圆纬机上下三角的调节结构

1－3－36 所示。编织罗纹型变换组织织物时,上下针槽交错,织针配置如图 1－3－37 所示。

（2）上针盘与下针筒的配置如图 1－3－38 所示。

（3）上针盘及下针筒与三角的间隙:通常上针盘、下针筒与三角保持 0.15~0.25mm 的间隙。

（4）上下织针对位:编织双罗纹织物时,上下织针对位如图 1－3－39 所示。

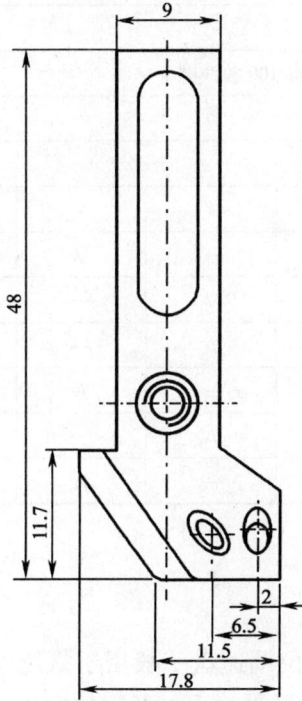

图 1－3－35　导纱器规格

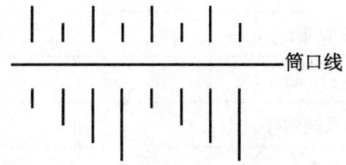

图 1－3－36　双罗纹型配置

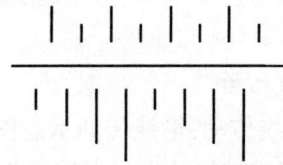

图 1－3－37　罗纹型配置

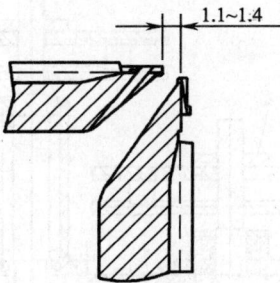

图 1－3－38　上针盘与下针筒的配置

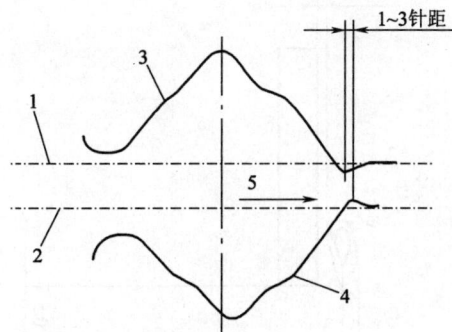

图 1－3－39　编织双罗纹织物时上下织针对位

1—下针筒筒口线　2—上针盘盘口线　3—下织针针头轨迹
4—上织针针头轨迹　5—针筒运转方向

（5）导纱器的安装要求:如图 1－3－40 所示。

5. 主要上机工艺参数

QJZ076 型圆纬机编织双罗纹织物时的主要上机工艺参数见表 1－3－21。

表1-3-21　QJZ076型圆纬机编织双罗纹织物的主要上机工艺参数

项　　目		主要上机工艺参数					
机号 E(针/25.4mm)		24					
织针配置		见图1-3-36					
原料		18tex(32英支),C/T(65/35)					
幅宽(cm)		92×2					
织物毛坯密度		织物毛坯线圈长度30cm/100枚线圈					
织物毛坯克重(g/m²)		约200					
车速(r/min)		20					
成圈系统数序		1	2	3	4	5	6
三角配置	上三角 (二针道)	V	—	V	—	V	—
		—	V	—	V	—	V
	下三角 (四针道)	—	∧	—	∧	—	∧
		∧	—	∧	—	∧	—
		—	∧	—	∧	—	∧
		∧	—	∧	—	∧	—

注　C—棉纤维　T—涤纶　C/T—棉涤混纺纱。

6.给纱机构

(1)输线传动:输线传动示意图如图1-3-41所示。低位调速盘一般用于氨纶丝输送,高位调速盘用于纱线输送。根据输送要求来选择可调换同步齿形带轮Ⅰ与Ⅱ间的配比。

(2)输线量变换范围:同步齿形带轮齿数与给纱速度间的关系见表1-3-22。

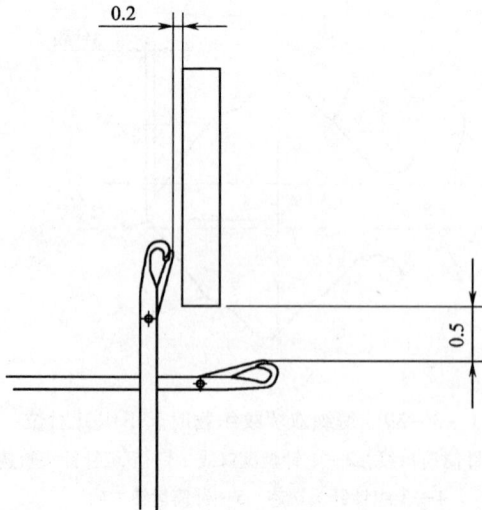

图1-3-40　导纱器安装要求

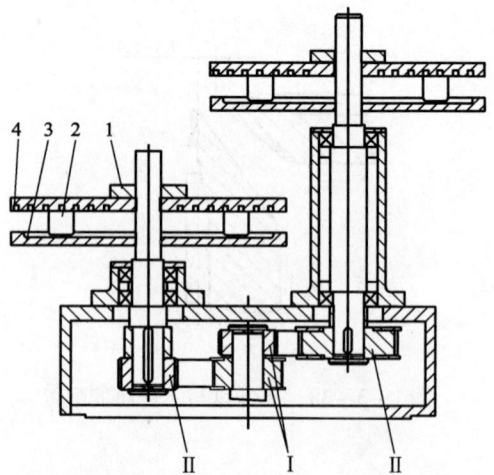

图1-3-41　输线传动机构
1—螺母　2—扇形块　3—底盘　4—螺旋盘
Ⅰ、Ⅱ—可调换同步齿形带轮

表 1 - 3 - 22　输线量变换范围

可调换同步齿形带轮齿数		输线量变换范围(m/针筒每转)
Ⅰ(主动)	Ⅱ(被动)	(调速轮直径为 83 ~ 250mm)
30	72	0.7 → 2.12
32	40	1.35 → 4.08
40	32	2.12 → 6.37
72	30	4.06 → 12.24

(3)螺旋调速盘装置:该装置如图 1 - 3 - 41 所示,该装置由 12 块扇形块 2、底盘 3 及螺旋盘 4 所组成。12 块扇形块均可在螺旋盘中同时滑移,而且不论滑移至任何位置,12 块扇形块均能组成一个同圆。因而调整扇形块的位置,即可使输线带获得各种不同的输线速度。由 12 块扇形块外圆构成圆的直径可在 83 ~ 250mm 调节。

调整输线调速轮直径大小时,先松开螺母 1,转动螺旋盘 4,此时螺旋盘内的 12 块扇形块即沿螺旋盘内的螺旋线同时向内或向外移动。当扇形块向外移动时,由扇形块组成的圆外径增大,从而使输线带线速度增加,纱线的输线量也相应增加。反之扇形块向内移动,由扇形块组成的圆外径减小,输线量减少。

7. 牵拉卷取机构

采用的是齿轮式牵拉卷取机构,与前面所述的 SQJ121 型单面四针道圆纬机的牵拉卷取机构相同,这里不再赘述。

8. 主要辅助装置

(1)漏针、断纱、失张自停器:与前面所述 SQJ121 型单面四针道圆纬机的相同。

(2)吹尘装置:与前面所述 SQJ121 型单面四针道圆纬机的吹尘装置相同。

(3)加油装置:喷雾加油装置按加油方式的不同有连续式和脉冲式之分,可根据用户不同的需求选用。本机采用连续式大容量喷雾加油装置(参见前面图 1 - 3 - 21),对编织系统的机件进行上针盘、下针筒吹尘和三角加油。油量大小可根据机器运转需要而定,一般调节范围在 25 ~ 40滴/min(针织油型号是针织 18 号白油),且可根据需要调节油雾浓度调节阀。

在用棉纱或其他短纤维混纺纱编织时,每匹布下机前需按一下大剂量冲洗的按钮,大剂量油束即可冲洗织针针头、织针和针槽。连续冲洗时间为机器慢速转动 2 ~ 3 转,编织长丝时,可按需要冲洗(一般情况下每一班冲洗一次)。本机尚有计数器自动大剂量冲洗动作。注油是利用空气压力将润滑油输送到齿轮、轴承等润滑点。加油装置加油点的分布情况如图 1 - 3 - 42 所示。

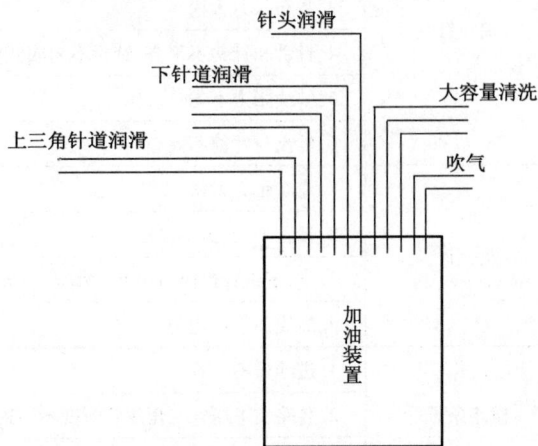

图 1 - 3 - 42　加油装置加油点的分布

加油周期和所用油号可参考表 1 – 3 – 23。

表 1 – 3 – 23 加油周期和所用油号

名 称	采用油号	加油部位	加油周期
大容量喷雾加油装置雾化器	18 号针织用白油	上、下三角针道织针针头	保持油标高度
大容量喷雾加油装置注油器	20 号机油	上大、小齿轮	保持油标高度
	润滑脂	传动箱齿轮	大平车时加注
	20 号机油	卷取装置齿轮	大平车时加注
	润滑脂	下传动滚动轴承	大平车时加注
	润滑脂	上传动滚动轴承	大平车时加注

9. 疵点产生原因及消除方法

QJZ076 型圆纬机疵点产生原因及消除方法见表 1 – 3 – 24。

表 1 – 3 – 24 QJZ076 型圆纬机疵点产生原因及消除方法

疵点名称	产 生 原 因	消 除 方 法
破 洞	1. 导纱器安装位置不正确	1. 调整导纱器位置
	2. 上压针三角压得太深	2. 调整压针三角
	3. 上、下三角互相之间位置配合不好	3. 调整上、下三角配合位置
	4. 卷布架卷取张力大	4. 调整卷布张力
	5. 导纱器瓷圈发毛	5. 换光滑瓷圈
	6. 针舌歪斜、针舌不灵活、针头毛	6. 换针
	7. 进纱张力过大	7. 调整纱线张力
	8. 纱线粗细不匀	8. 换质量好的纱线
漏 针	1. 导纱器安装位置不正确	1. 调整导纱器位置
	2. 三角走针面有较大磨损痕迹	2. 换三角
	3. 卷布张力太松	3. 调整卷布张力
	4. 针舌和针钩不平齐、针舌不闭或针头变形	4. 换针
	5. 纱线张力不匀	5. 调整纱线张力
	6. 针盘与针筒不同心	6. 调整针盘针筒同心
花 针	1. 卷布张力太松	1. 调整卷布张力
	2. 针舌歪、针舌不灵活	2. 换针
	3. 上、下织针进筒口尺寸太小	3. 调整压针三角
	4. 纱线条干不均匀	4. 换条干均匀的纱线
横路条子	1. 进纱量不一致	1. 检查各输纱器送纱情况
	2. 各路上下压针三角压针深度不一致	2. 调整各路三角压针深度使其保持一致
	3. 粗细纱	3. 调换纱
稀路针	针槽内油棉过多,将针垫起	清除油棉

10. 织物结构与上机编织工艺举例

（1）双罗纹型织物：QJZ076 型圆纬机编织双罗纹织物和双罗纹型变换组织类织物时，上下织针的配置如图 1 – 3 –36 所示。

①双罗纹网孔织物：该织物一个完全组织 6 路，其三角配置见表 1 – 3 –25。

表 1 – 3 – 25　双罗纹网孔织物三角配置

上三角	V	—	⊔	—	V	—
	—	V	—	V	—	⊔
下三角	—	∧	—	∧	—	∧
	∧	—	∧	—	∧	—
	—	∧	—	∧	—	∧
	∧	—	∧	—	∧	—
成圈系统数序	1	2	3	4	5	6

②双罗纹型"两面派"织物：该织物一个完全组织 4 路，其三角配置见表1 – 3 – 26。

表 1 – 3 – 26　双罗纹型"两面派"织物三角配置

上三角	—	—	⊔	V
	⊔	V	—	—
下三角	∧	—	—	—
	—	—	∧	—
	∧	—	—	—
	—	—	∧	—
成圈系统数序	1	2	3	4

（2）罗纹型织物：QJZ076 型圆纬机编织罗纹型变换组织类织物时，上下织针的配置如图 1 – 3 –37 所示。

①罗纹型"两面派"织物：该织物一个完全组织 3 路，其三角配置见表 1 – 3 – 27。

表 1 – 3 – 27　罗纹型"两面派"织物三角配置

上三角	⊔	—	V
	⊔	—	V
下三角	⊓	∧	—
	⊓	∧	—
	⊓	∧	—
	⊓	∧	—
成圈系统数序	1	2	3

②罗纹斜纹织物：该织物一个完全组织 8 路，其三角配置见表 1 – 3 – 28。

表 1 - 3 - 28　罗纹斜纹织物三角配置

上三角	—	V	—	V	—	V	—	V
	—	V	—	V	—	V	—	V
下三角	∧	⊓	∧	—	∧	⊓	∧	—
	∧	⊔	∧	⊓	∧	—	∧	—
	∧	—	∧	⊔	∧	—	∧	⊓
	∧	—	∧	—	∧	—	∧	⊔
成圈系统数序	1	2	3	4	5	6	7	8

（二）部分型号双面多针道圆纬机

表 1 - 3 - 29 列出了目前国内外一些知名针织机械制造厂商生产的部分双面多针道圆纬机的机型及主要技术特征。

表 1 - 3 - 29　部分型号双面多针道圆纬机主要技术特征

生产厂商	德国迈耶西	德国得乐	日本福原	中国台湾佰龙	中国台湾凹凸	新加坡利达
型　号	InterRib 4 - 1.6 QC	I3P 184	VC - SDR	PL - KD3C	WD/3.2F - QD4R	UDX - 2.4DE
机号 E（针/25.4mm）	10 ~ 28	18 ~ 32	14 ~ 28	14 ~ 40	14 ~ 28	12 ~ 28
筒径［mm（英寸）］	762 ~ 914（30 ~ 36）	762 ~ 965（30 ~ 38）	762 ~ 965（30 ~ 38）	660 ~ 1067（26 ~ 42）	762 ~ 864（30 ~ 34）	406 ~ 1067（16 ~ 42）
系统数（路/英寸筒径）	1.6	2.8	2	2.8	3.2	2.4
针筒表面线速度（m/s）	1.2	1.1	1.1	1.1	1.1	1.1
针道数　针盘	2	2	2	2	2	2
针道数　针筒	4	4	4	6	4	4
三角变换	三功位	三功位	三功位	三功位	三功位	三功位
编织机构技术特点	快速变换针盘和针筒的机号	快速变换针盘和针筒的机号	快捷换针筒方式	下针筒6针道，可编织部分小提花结构	积极驱动方式调整下三角座	快速变换针筒的机号
输纱机构	储存积极式 CONI + 02	储存积极式 MPF	储存积极式 MPF	储存积极式 MPF	储存积极式 MPF	储存积极式 MPF
牵拉卷取机构	摩擦皮带加齿轮驱动连续式，无级调速	力矩电动机驱动，无级调速	可选配齿轮式（有级调速）或力矩电动机驱动式（无级调速）	可选配齿轮式（有级调速）或力矩电动机驱动式（无级调速）	可选配齿轮式（有级调速）或力矩电动机驱动式（无级调速）	可选配齿轮式（有级调速）或力矩电动机驱动式（无级调速）

第三节　罗纹机

尽管一些双面多针道机也能够编织罗纹织物,但是罗纹机的三角系统经专门设计,用其编织的罗纹织物弹性更好。多数罗纹机还能编织一些变化类结构。此外,罗纹机一般有小筒径系列,以生产不同规格尺寸的圆筒形大身衣坯。

一、QJZ012 型罗纹机
(一)主要技术特征

国产 QJZ012 型罗纹机的技术特征如表 1 -3 -30 所示。

表 1 - 3 - 30　QJZ012 型罗纹机主要技术特征

项　目	主要技术特征										
针筒直径 [mm(英寸)]	356(14)	381(15)	406(16)	432(17)	457(18)	482(19)	508(20)	533(21)	559(22)	584(23)	610(24)
进线路数	27	29	31	33	35	37	39	41	43	45	47
机号 E (针/25.4 mm)	总针数										
18	792×2	852×2	912×2	972×2	1032×2	1080×2	1140×2				
19	840×2	900×2	960×2	1020×2	1080×2	1140×2	1200×2	1260×2	1320×2	1380×2	1440×2
20	888×2	948×2	1008×2	1068×2	1128×2	1188×2	1248×2				
最高转速(r/min)	35	33	33	33	30	30	30	28	28	25	25
电动机型号	传动电动机:Y112M - 6　AC 2、2kW,940r/min										
机器用途	主要用以编织 1 + 1 罗纹、2 + 2 罗纹及有氨纶添纱的罗纹组织坯布,经调换三角后,可编织有规律变化的集圈组织坯布										
机号 E (针/25.4 mm)	适用原料[tex(英支)]										
18	13.88 ~ 18.22(42 ~ 32),精梳针织用(TK)纱、混纺纱和无结纱,可加氨纶丝										
19	13.22 ~ 16.22(42 ~ 36),混纺纱和无结纱,可加氨纶丝										
20	13.22 ~ 16.22(42 ~ 36),混纺纱和无结纱,可加氨纶丝										
机器重量(kg)	约1500										
外形尺寸(mm) (直径×高)	3500×3000										

(二)传动系统

QJZ012 型罗纹机的传统系统与 QJZ076 型双面 2 +4 针道圆纬机相同,传动简图参见图 1 - 3 -28。

图 1 - 3 -43 为下针筒的传动结构。下针筒 8 用螺钉 7 与连接块 6 固定在一起,连接块 6 又通过螺钉 5 与大齿轮 3 紧固成一体,通过钢丝滚珠跑道 4 与台面 1 联接,由小齿轮 2 带动。

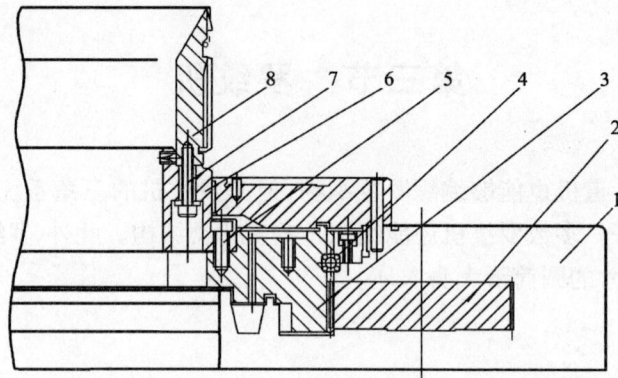

图 1 - 3 - 43　QJZ012 型罗纹机下针筒传动结构

1—台面　2—小齿轮　3—大齿轮　4—钢丝滚珠跑道　5、7—螺钉　6—连接块　8—针筒

(三)成圈机件及其配置

1. 成圈系统的组成

QJZ012 型罗纹机成圈系统的组成与 QJZ076 型双面 2 + 4 针道圆纬机的相同,主要由上针盘、下针筒、上三角底座、上三角、上三角座、下三角、下三角座、下三角底座、导纱器等组成,具体可参见图 1 - 3 - 29。

2. 成圈机件

(1)织针型号及规格:织针型号及规格如表 1 - 3 - 31 及图 1 - 3 - 44 所示。

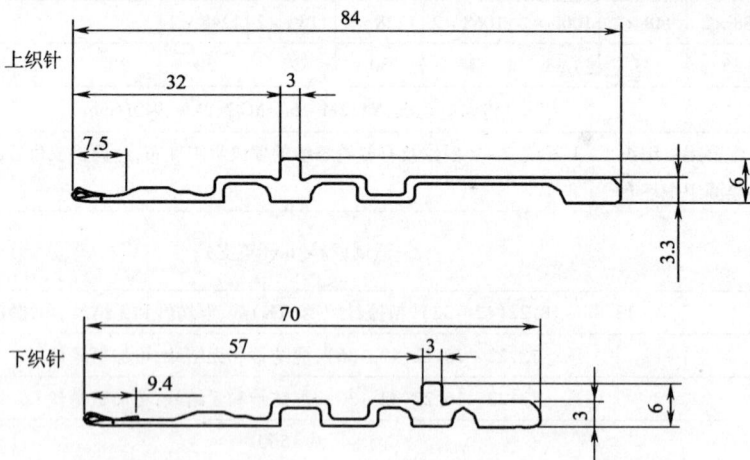

图 1 - 3 - 44　织针规格

表 1 - 3 - 31　织针型号

名　称	机号 E(针/25.4mm)	织针型号(德国 GROZ)	针厚(mm)
上织针	18、19、20	Vota84.41 G005	0.41
下织针	18、19、20	Po70.45 G01	0.45

(2)下针筒和镶钢片规格:下针筒规格如图 1 - 3 - 45 和表 1 - 3 - 32 所示。

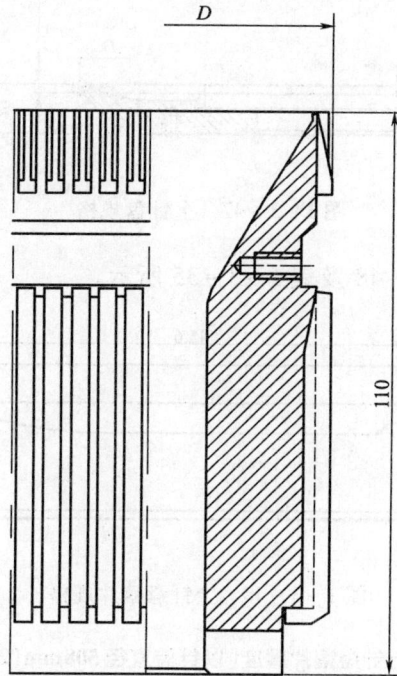

图 1 - 3 - 45　下针筒规格

表 1 - 3 - 32　下针筒尺寸

针筒外径 D[mm(英寸)]	356/ (14)	381/ (15)	406/ (16)	432/ (17)	457/ (18)	482/ (19)	508/ (20)	533/ (21)	559/ (22)	584/ (23)	610/ (24)

下针筒镶片规格如图 1 - 3 - 46 及表 1 - 3 - 33 所示。

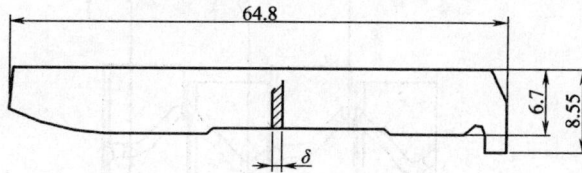

图 1 - 3 - 46　下针筒镶片规格

表 1 - 3 - 33　下针筒镶片厚度[以针筒直径 508mm(20 英寸)为例]

机号 E(针/25.4mm)	18	19	20
δ(mm)	0.77	0.78	0.78

（3）上针盘和镶片规格：上针盘规格如图 1 - 3 - 47 及表 1 - 3 - 34 所示。

表 1 - 3 - 34　上针盘外径

针盘名义直径 [mm(英寸)]	356(14)	381(15)	406(16)	432(17)	457(18)	482(19)	508(20)	533(21)	559(22)	584(23)	610(24)
上针盘外径 D(mm)	353.8	378.8	403.8	429.8	454.8	479.8	505.8	530.8	556.8	581.8	607.8

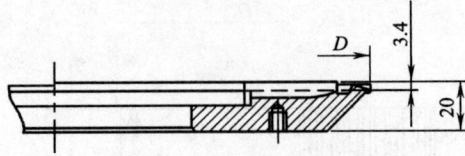

图 1 - 3 - 47　上针盘规格

上针盘镶片规格如图 1 - 3 - 48 及表 1 - 3 - 35 所示。

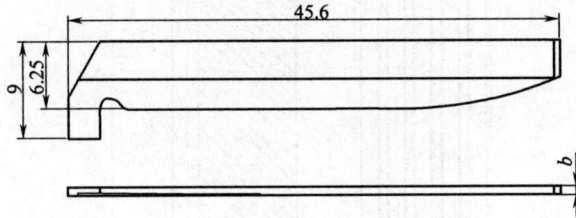

图 1 - 3 - 48　上针盘镶片规格

表 1 - 3 - 35　上针盘镶片厚度 [以针筒直径 508mm(20 英寸) 为例]

机号 E(针 /25.4mm)	18	19	20
b(mm)	0.84	0.78	0.73

（4）上下三角形式与结构：如图 1 - 3 - 49 所示。

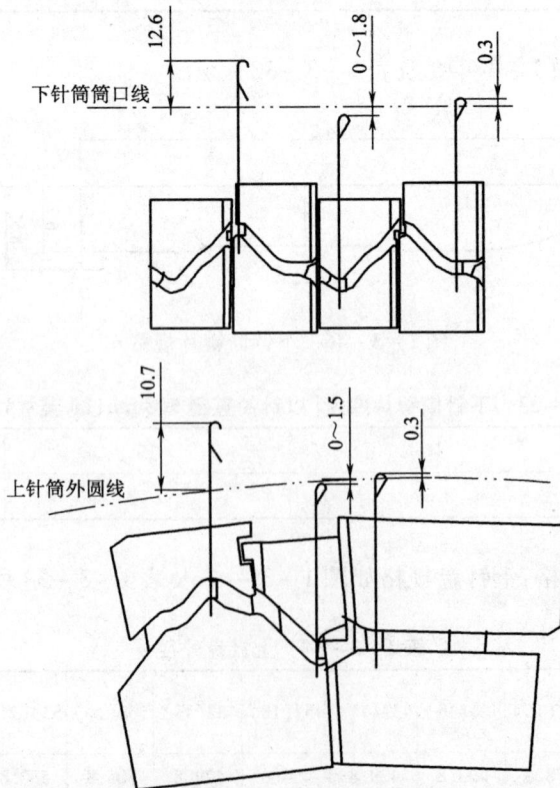

图 1 - 3 - 49　QJZ012 型罗纹机上下三角形式结构与主要工艺点的参数

（5）导纱器规格如图 1 - 3 - 50 所示。

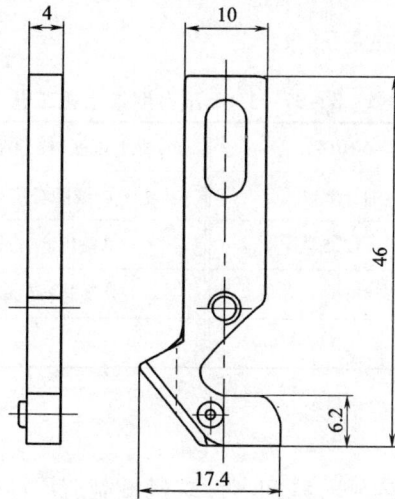

图 1 - 3 - 50　导纱器规格

3. 成圈机件的配置

（1）织针配置:如图 1 - 3 - 51 所示。其中,图 1 - 3 - 51(a)为编织 1 + 1 弹力罗纹时的上下织针配置,图 1 - 3 - 51(b)为编织 2 + 2 灯芯弹力罗纹时的上下织针配置。

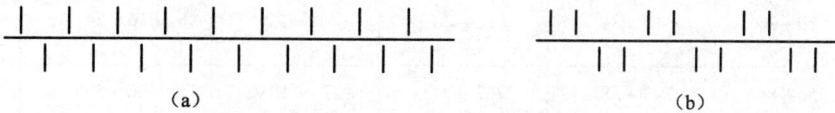

图 1 - 3 - 51　织针配置

（2）上针盘与下针筒配置:配置情况如图 1 - 3 - 52 所示,上针盘与下针筒的间距 A 见表1 - 3 - 36。

表 1 - 3 - 36　上针盘与下针筒的间距

机号 E(针/25.4mm)	18	19	20
A(mm)	1.1	1.1	1.1

（3）下针筒及上针盘与三角间隙。

下针筒与下三角间隙:0.15 ~ 0.25mm。

上针盘与上三角间隙:0.15 ~ 0.25mm。

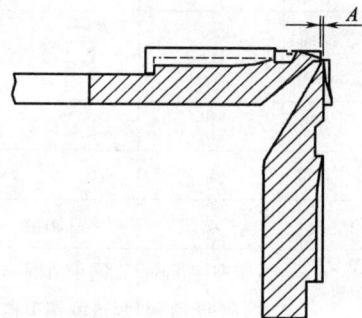

图 1 - 3 - 52　上针盘与下针筒配置

（4）走针工艺点:织针在成圈过程主要工艺点的参数如图 1 - 3 - 49 所示。

4. 其他机构与装置

该机的给纱机构、牵拉卷取机构、主要辅助装置等与本章第二节所述 QJZ076 型双面 2 + 4 针道圆纬机的相同,具体可参见有关的内容。

（四）产品上机工艺举例

以针筒直径为 457mm（18 英寸）的 QJZ012 型罗纹机为例，其编织 1+1 细针罗纹织物的上机工艺见表 1-3-37。

表 1-3-37 1+1 细针罗纹上机工艺

针筒直径[mm（英寸）]	457(18)	机上密度（横列/5cm）	76
织物名称	细针罗纹	毛坯布线圈长度（mm）	4.8
原料线密度（tex）	15.5	羊角尺寸（cm）	46
机号 E（针/25.4mm）	19	光坯轧幅（cm）	46（双层）
机器转速（r/min）	30		

二、部分型号罗纹机简介

表 1-3-38 列出了目前国内外一些知名针织机械制造厂商生产的部分罗纹机的机型及主要技术特征。

表 1-3-38 部分型号罗纹机主要技术特征

生产厂商		德国迈耶西	德国得乐	日本福原	中国台湾佰龙	中国台湾凹凸	新加坡利达
型号		FS 2.0	RH 216	V-ER11	PL-KRA	WD/1.9F-GU	UDX-1.8RB
机号 E（针/25.4mm）		10~20	10~24	12~20	12~22	16~24	8~24
筒径[mm（英寸）]		356~864（14~34）	203~584（8~23）	762~965（30~38）	279~1016（11~40）	406~559（16~22）	203~1067（8~42）
系统数（路/英寸筒径）		2	1.7	2	2	1.8	1.8
针筒表面线速度（m/s）		1.5	1.5	1.4	1.3	1.3	1.2
针道数	针盘	1	1	1	2	1	1
	针筒	1	1	1	2	1	1
三角变换		三功位	三功位	三功位	三功位	三功位	三功位
编织机构技术特点		带握持沉降片，可自动起口	同步成圈与滞后成圈调节范围广	快捷换针筒方式	滞后成圈最多可达5mm	三角设计确保了坯布高密度、机台高速度	快速变换针筒的机号
输纱机构		储存积极式CONI+03	储存积极式MPF	储存积极式MPF	储存积极式MPF	储存积极式 MPF	储存积极式MPF
牵拉卷取机构		摩擦皮带加齿轮驱动连续式，无级调速	力矩电动机驱动，无级调速	可选配齿轮式（有级调速）或力矩电动机驱动式（无级调速）	可选配齿轮式（有级调速）或力矩电动机驱动式（无级调速）	可选配齿轮式（有级调速）或力矩电动机驱动式（无级调速）	可选配齿轮式（有级调速）或力矩电动机驱动式（无级调速）

第四节　毛圈机

毛圈机可以分为普通和提花两类。普通毛圈机又有正包毛圈机、反包毛圈机、两面毛圈机等;提花毛圈机包括凹凸提花毛圈机(通过机械或电子选沉降片)和满地提花毛圈机(通过电子选针)。尽管双针床(双面)毛圈机也能编织毛圈织物,但是目前的毛圈机基本上是单针筒(单面)的。

一、GE151C 型和 QJZ156 型毛圈机

(一)主要技术特征

国产 GE151C 型和 QJZ156 型单面毛圈机可生产普通(非提花)毛圈,其主要技术特征见表 1 - 3 - 39。

表 1 - 3 - 39　毛圈机的技术特征

项　　目		技　术　特　征	
		GE151C 型	QJZ156 型
原　料		低弹涤纶丝、棉纱和混纺纱	
纱线线密度	tex	丝:7.8 ~ 16.6,纱:17.8 ~ 14.2	
	英支	32 ~ 42	
针筒直径[mm(英寸)]		660(26)、762(30)、863.6(34)	762(30)
进线路数 F		36、42、48	48
机号 E(针/25.4mm)		20 ~ 24	20
总针数		1656 ~ 1932、1908 ~ 2232、2316	1896
针筒转速(r/min)		16 ~ 18	16 ~ 18
最大卷取直径(mm)		400	400
最大牵拉量(m/针筒一转)		170	170
积极送纱范围(mm/针筒一转)		1.5 ~ 24	1.5 ~ 24
电动机规格		Y132 - S - 8 2.2 ~ 3kW、720r/min	Y132 - S - 8 3kW、720r/min
外形尺寸(长×宽×高)(mm)		4400 × 4400 × 3025	4400 × 4400 × 3025
机器重量(kg)		1600	1600
机器用途		用于编织毛圈布	

(二)传动系统

GE151C 型、QJZ156 型单面毛圈机传动形式采用 QJT905 通用机架,与本章第二节所述的 SQJ121 型单面四针道圆纬机的传动系统相同,可参见图 1 - 3 - 3。

（三）成圈机件及其配置

1. 成圈系统的组成

GE151C 型和 QJZ156 型单面毛圈机的成圈系统，其结构形式分别如图 1 - 3 - 53 和图 1 - 3 - 54

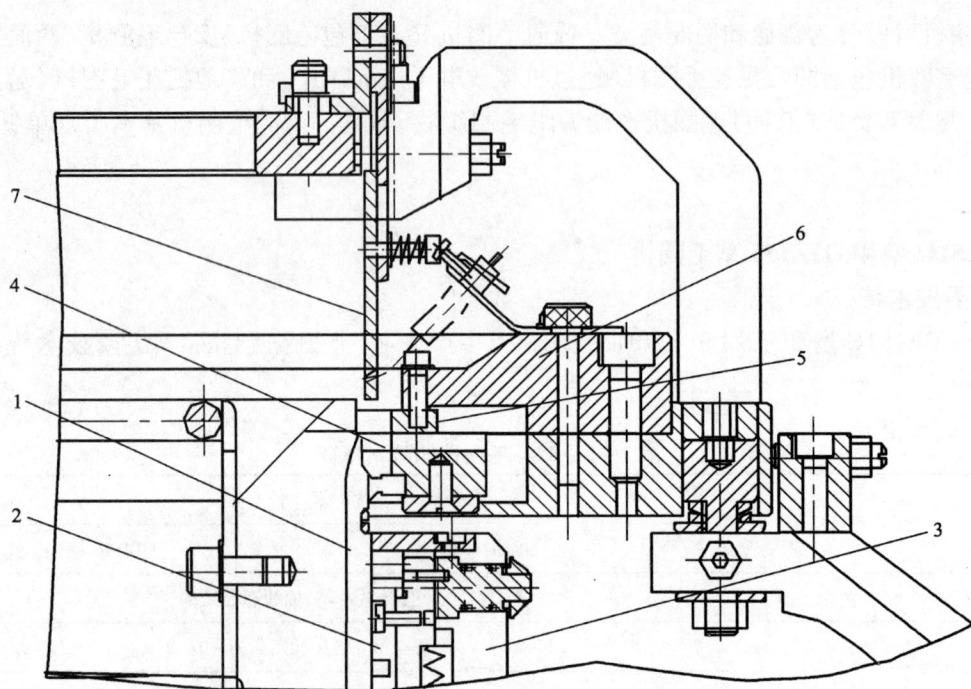

图 1 - 3 - 53　GE151C 型毛圈机成圈系统

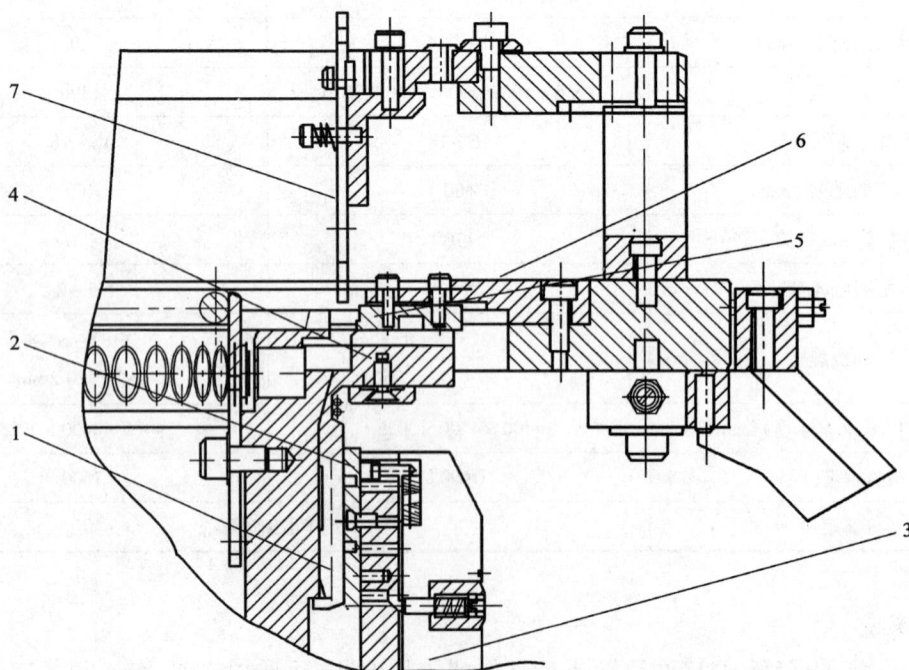

图 1 - 3 - 54　QJZ156 型毛圈机成圈系统

所示。系统包括织针和沉降片(图中未画)、针筒1、织针三角2、织针三角座3、沉降片环4、沉降片三角5、沉降片三角罩6和导纱器7。

2. 成圈机件

(1)织针的型号与规格:织针型号见表1-3-40,规格如图1-3-55所示。

表1-3-40　织针型号

机器型号	织针型号(德国 GROZ - BECKERT)	针身厚度(mm)
GE151C 型	Vo86.50G006	0.50
QJZ156 型	Vo89.52G007	0.52

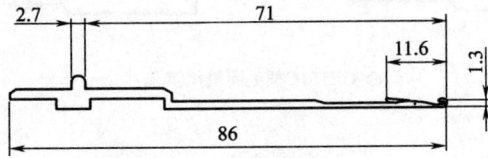

(a)GE151C型毛圈机用针

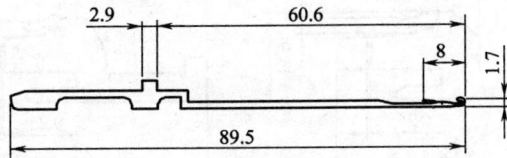

(b)QJZ156型毛圈机用针

图1-3-55　织针规格

(2)沉降片的型号与规格:沉降片的型号见表1-3-41,规格如图1-3-56所示。

表1-3-41　沉降片型号

机器型号	沉降片型号(德国 Kern - Liebers)	沉降片厚度(mm)	片鼻高
GE151C 型	207843000	0.25	2.1
	207844000	0.25	2.5
	207846000	0.25	2.9
	207848000	0.25	3.4
QJZ156 型	JCH2.7	0.25	2.7
	HJ2.9	0.25	2.9

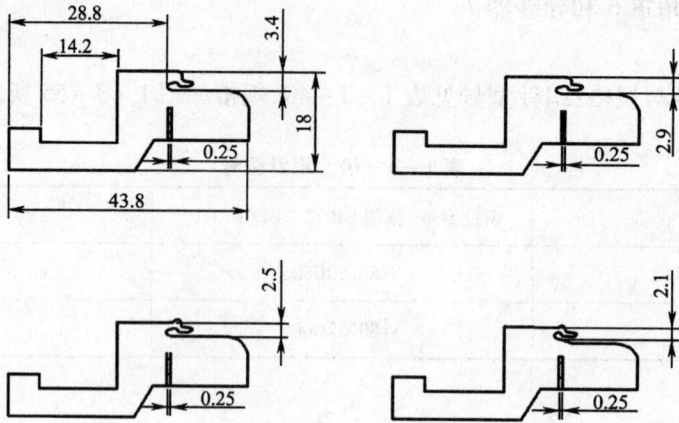

(a) GE151C型毛圈机用沉降片

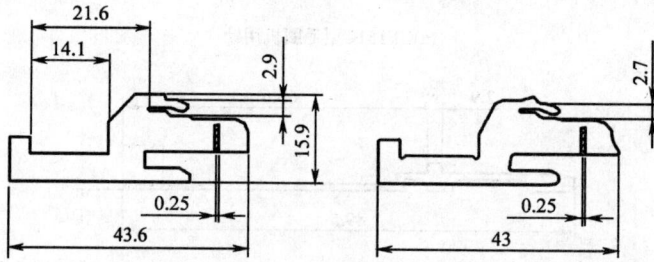

(b) QJZ156型毛圈机用沉降片

图 1 - 3 - 56　沉降片规格

（3）针筒规格：针筒规格如图 1 - 3 - 57 所示，具体尺寸见表 1 - 3 - 42。针筒运转方向均为顺时针。

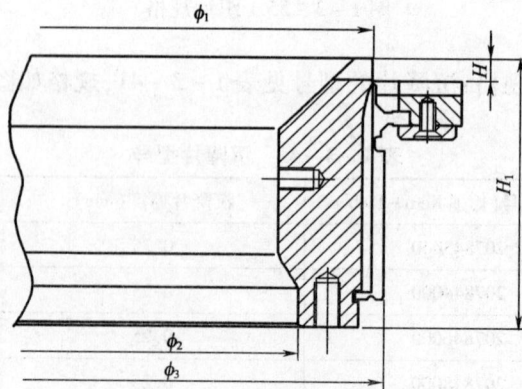

图 1 - 3 - 57　针筒规格

表1-3-42　针筒尺寸(mm)

机器型号	ϕ_1	ϕ_2	ϕ_3	H	H_1	针槽宽度
GE151C 型 26	660.4	618	668.4	8.4	91.8	0.55
GE151C 型 30	762	712	770	8.4	985	0.55
GE151C 型 34	863.6	813.6	871.6	8.4	98.5	0.54
QJZ156 型 30	772.58	711	780	6.15	130	0.54

（4）三角规格:筒径660~863mm(26~34英寸)的GE151C型单面毛圈机的三角外形相同,如图1-3-58所示。

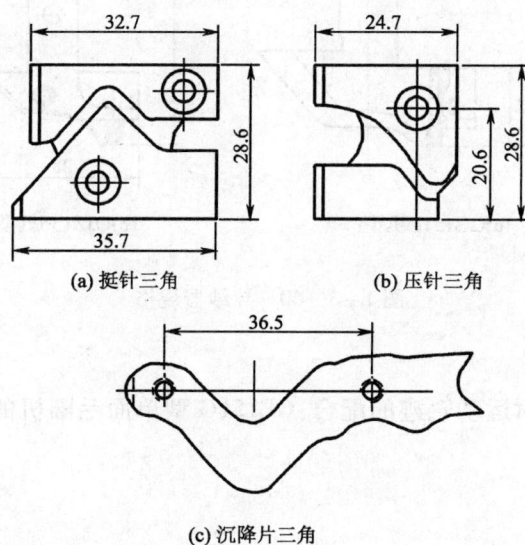

(a) 挺针三角　　(b) 压针三角

(c) 沉降片三角

图1-3-58　GE151C型单面毛圈机的三角

QJZ156型单面毛圈机的下三角属二针道三角,形状如图1-3-59所示。

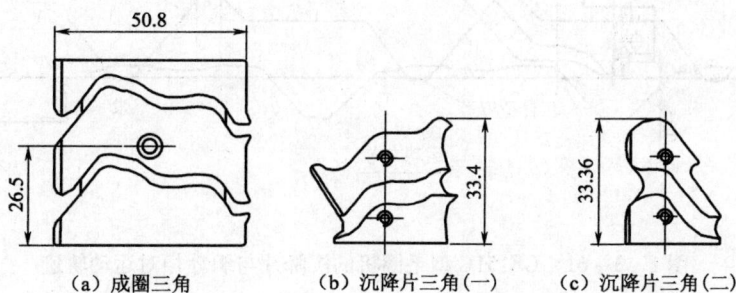

（a）成圈三角　　（b）沉降片三角（一）　　（c）沉降片三角（二）

图1-3-59　QJZ156型单面毛圈机的三角

（5）导纱器规格:导纱器的规格如图1-3-60所示。

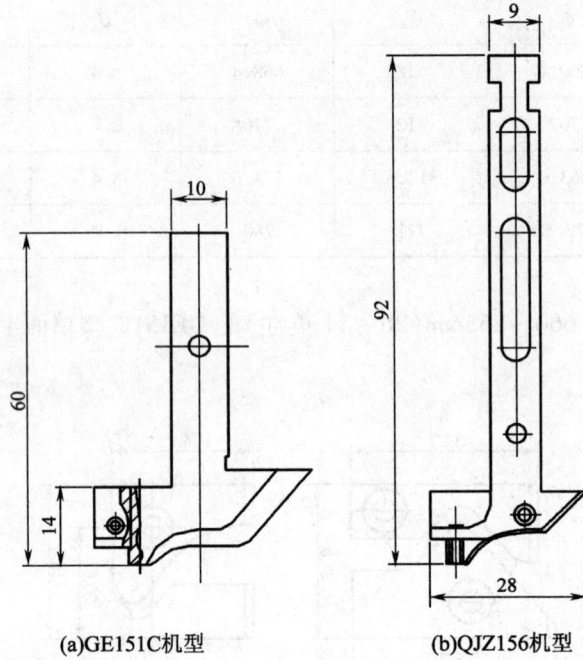

(a)GE151C机型　　　　(b)QJZ156机型

图 1 - 3 - 60　导纱器规格

3. 成圈机件的配置

（1）沉降片与织针相对运动轨迹的配合：GE151C 型单面毛圈机的沉降片与织针相对运动轨迹如图 1 - 3 - 61 所示。

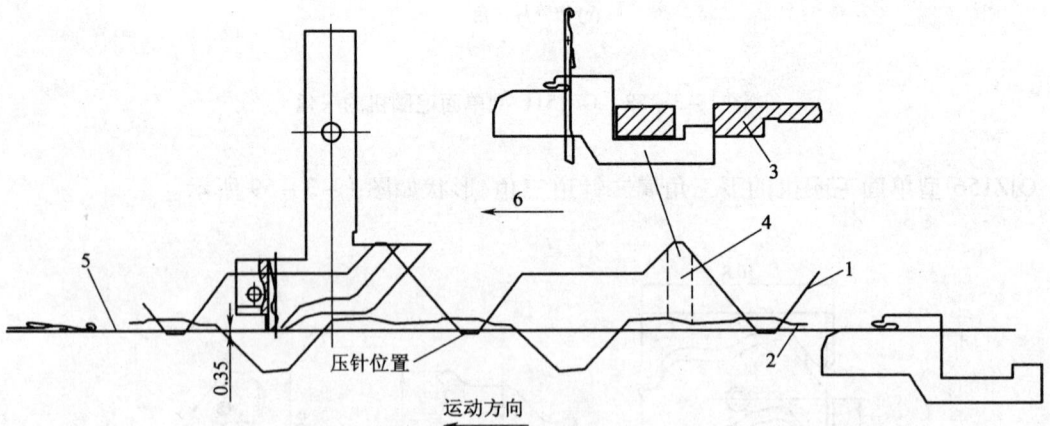

图 1 - 3 - 61　GE151C 型毛圈机的沉降片与织针相对运动轨迹

1—针头轨迹　2—沉降片片喉轨迹　3—微调三角　4—沉降片微调控制区

5—沉降片片颚与针背公用线　6—针筒运转方向

QJZ156 型单面毛圈机的沉降片与织针相对运动轨迹如图 1 - 3 - 62 所示。

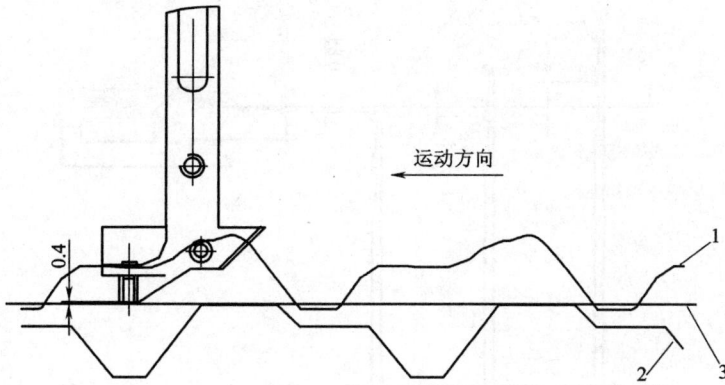

図 1 – 3 – 62　QJZ156 型毛圈机的沉降片与织针相对运动轨迹
1—针头轨迹　2—沉降片片喉轨迹　3—沉降片片颚线与针背公用线

（2）走针各工艺点位置：GE151C 型和 QJZ156 型毛圈机的走针各工艺点位置分别如图 1 – 3 – 63 和图 1 – 3 – 64 所示。

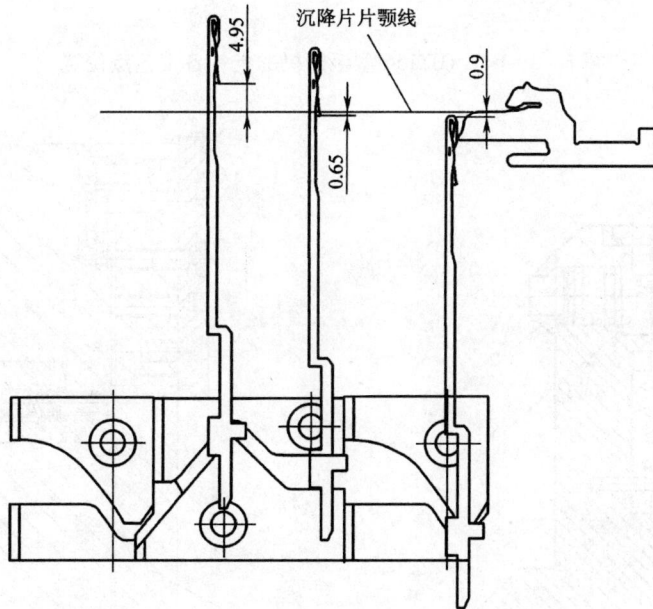

図 1 – 3 – 63　GE151C 型毛圈机的走针各工艺点位置

（3）压针三角的调节：GE151C 型单面毛圈机密度调节采用调节凸轮旋转来控制织物松与紧，顺转织物开松，逆转织物开紧。调节凸轮结构如图 1 – 3 – 65 所示。QJZ156 型单面毛圈机密度调节是利用调节螺钉头部 90°斜锥的进出来实现的，螺钉顺转织物开松，逆转织物开紧，如图 1 – 3 – 66 所示。

沉降片片颚线

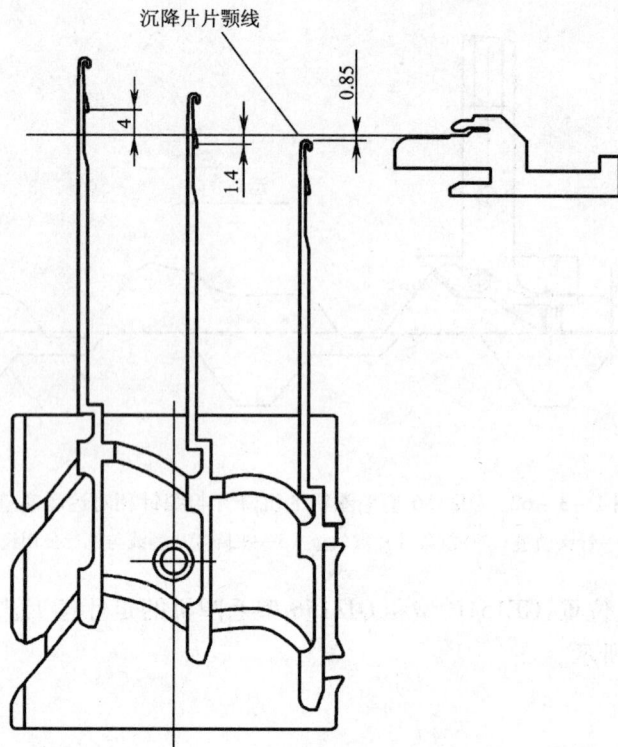

图 1 - 3 - 64　QJZ156 型毛圈机的走针各工艺点位置

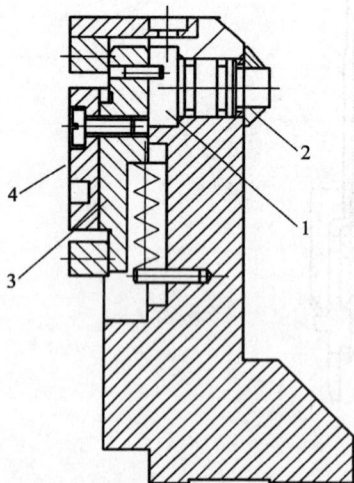

图 1 - 3 - 65　GE151C 型单面毛圈机的密度调节机构　图 1 - 3 - 66　QJZ156 型单面毛圈机的密度调节机构
1—调节凸轮　2—压针三角刻度盘　　　　　　　　　1—90°斜锥头调节螺钉　2—压针三角刻度盘
3—压针键　4—压针三角　　　　　　　　　　　　　　3—压针键　4—压针三角

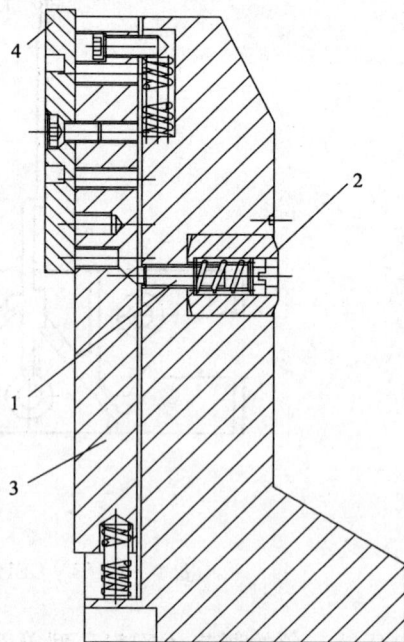

(四)主要上机工艺参数

1. 成圈过程中的主要工艺参数

GE151C 型和 QJZ156 型毛圈机成圈过程的主要工艺参数见表 1 - 3 - 43。

表 1 - 3 - 43　成圈过程的主要工艺参数

项　　目	主要工艺参数
喂纱张力(cN)	毛圈纱:1.96 ~ 2.94(2 ~ 3g) 底纱:棉纱:3.92 ~ 4.9(4 ~ 5g),涤:5.88 ~ 7.94(6 ~ 8g)
纵向密度(横列/5cm)	60 ~ 84
牵拉卷取张力	张力取决于原料,一般纯棉纱的牵拉张力小于混纺纱和涤纶的牵拉卷取张力

2. 几种常用产品的工艺举例

GE151C 型和 QJZ156 型毛圈机几种常用产品的工艺举例见表 1 - 3 - 44。

表 1 - 3 - 44　GE151C 型和 QJZ156 型毛圈机几种常用产品的工艺举例

产品名称	机号 E(针/25.4mm)	原料规格(tex)	毛坯纵密(横列/5cm)	毛坯克重(g/m²)
普通毛圈布	20	毛圈纱:18 腈棉 底纱:11 涤纶	60 ~ 64	195
普通毛圈布	20	毛圈纱:18 腈棉 底纱:11 涤纶	80	265
天鹅绒	20	毛圈纱:18TK 纱 底纱:11 涤纶	84	310

二、部分型号毛圈机简介

表 1 - 3 - 45 列出了目前国内外一些知名针织机械制造厂商生产的部分毛圈机的机型及主要技术特征。

表 1 - 3 - 45　部分型号毛圈机主要技术特征

生产厂商	德国迈耶西	德国得乐	日本福原	中国台湾佰龙	中国台湾凹凸	新加坡利达
型号	MCPE 2.4	APL - E	VX - DSP	PL - KDSPS	WS/2.0F - CTSP	UBX - 2TR
机号 E (针/25.4mm)	18 ~ 22	18 ~ 24	14 ~ 18	18 ~ 24	18 ~ 24	18 ~ 28
筒径 [mm(英寸)]	660 ~ 864 (26 ~ 34)	610 ~ 762 (24 ~ 30)	660 ~ 864 (26 ~ 34)	660 ~ 1016 (26 ~ 40)	762 ~ 965 (30 ~ 38)	406 ~ 1016 (16 ~ 40)
系统数(路/ 英寸筒径)	2.4	2	1.4	1.6	2	2
针筒表面线 速度(m/s)	0.72	0.65	1.0	0.7	1.0	0.9

续表

生产厂商	德国迈耶西	德国得乐	日本福原	中国台湾佰龙	中国台湾凹凸	新加坡利达
毛圈产品特点	最多可达12色的满地提花毛圈	满地提花毛圈	两面满地毛圈	一面满地毛圈（割圈）	一面满地毛圈	一面满地毛圈（反包）
编织毛圈的技术特点	电子选针，双沉降片，预弯纱技术	电子选针，双沉降片，预弯纱技术	1针道，正面毛圈和反面毛圈用双沉降片	2～4针道带割毛圈装置	2针道	2针道
输纱机构	储存积极式CONI SEP 03	储存积极式MPF，SFE（用于毛圈纱）	储存积极式MPF（MFD）	储存积极式MPF	储存积极式MPF	储存积极式MPF
牵拉卷取机构	摩擦皮带加齿轮驱动连续式，无级调速	力矩电动机驱动，无级调速	直流电动机驱动式ATC，无级调速	可选配齿轮式（有级调速）或力矩电动机驱动式（无级调速）	可选配齿轮式（有级调速）或力矩电动机驱动式（无级调速）	可选配齿轮式（有级调速）或力矩电动机驱动式（无级调速）

三、提花毛圈与两面毛圈编织技术

（一）提花毛圈编织技术

通过选针或选沉降片装置可以编织满地提花毛圈或凹凸提花毛圈。这里介绍德国迈耶西和德乐公司通过选针编织满地提花毛圈的技术。它采用了选针、双沉降片和预弯纱技术。其基本原理是地纱和各色毛圈纱先分别单独预弯纱，最后一起穿过旧线圈，形成新线圈。

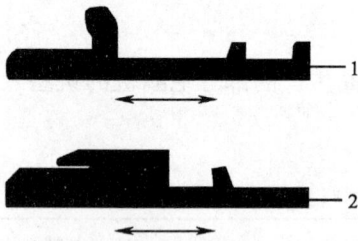

图 1-3-67 所示为双沉降片的结构，其中 1 为毛圈沉降片，2 为握持沉降片，它们相邻插在同一片槽中，并受两个不同的沉降片三角控制其运动轨迹。织针受专门的选针机构控制。

图 1-3-68 为编织两色提花毛圈组织时织针与双沉降片的运动轨迹及其配合。X 表示一个完整的编织区域，区段 G_1、H_1 和 H_2 分别为地纱和两根毛圈纱的喂入与编织系统，其中 $G_{1,1}$ 和 $G_{1,2}$ 分别是织针的退圈和脱圈区域。织针1 作上下和水平（圆周）运动，箭头 14 表示向上的方向，箭

图 1-3-67 双沉降片结构

头 13 为水平运动的方向，2 则是织针的运动轨迹。握持沉降片 4 和毛圈沉降片 9 除了作径向运动外，还与织针同步水平（圆周）运动，箭头 15 和 16 为半径方向并指向针筒外侧，5 和 10 分别表示握持沉降片 4 和毛圈沉降片 9 的运动轨迹。3 为针筒筒口展开线。

下面结合图 1-3-68，简要说明编织过程：

（1）织针处于起始位置（位置 A）。

（2）所有织针上升到退圈垫入地纱（位置 B）。

（3）织针下降但不脱圈，地纱预弯纱（位置 C）。

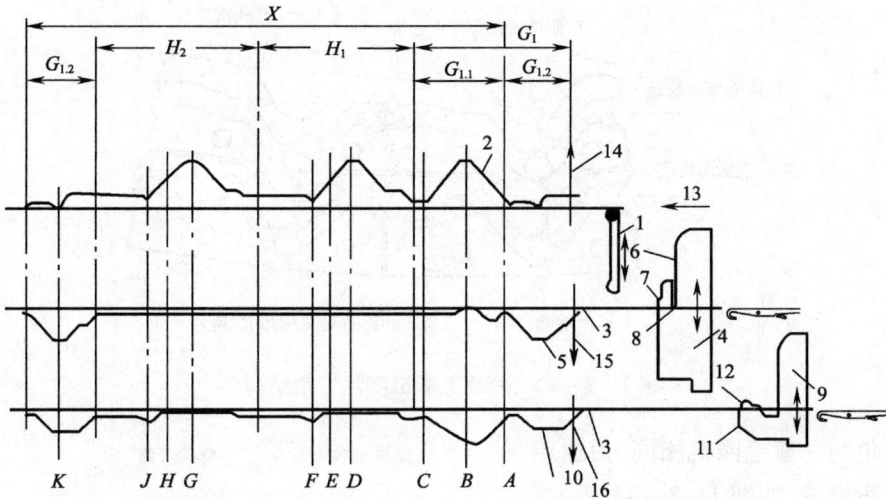

图 1 - 3 - 68　编织两色提花毛圈织针与双沉降片的运动轨迹

1—织针　2—织针运动轨迹　3—针筒筒口展开线　4—握持沉降片　5—握持沉降片运动轨迹

6—沉降片片颚(握持平面)　7—沉降片片鼻边缘　8—沉降片片喉　9—毛圈沉降片

10—毛圈沉降片运动轨迹　11—毛圈沉降片上边缘　12—毛圈沉降片片鼻

13—织针水平运动方向　14—织针向上运动　15、16—沉降片沿半径方向指向针筒外侧

（4）被选中的针上升垫入第一色毛圈纱(位置 D)。

（5）织针下降第一色毛圈纱预弯纱(位置 E)。

（6）第一次未被选中的织针上升垫入第二色毛圈纱(位置 G)。

（7）织针下降第二色毛圈纱预弯纱(位置 H)。

（8）织针下降旧线圈脱在预弯纱的地纱和毛圈上形成新线圈(位置 K)。

上述方法编织的提花毛圈织物,每一横列的毛圈由两种颜色的毛圈互补形成。采用这种技术最多可以编织 12 色的满地提花毛圈。

（二）两面毛圈编织技术

这里介绍日本福原公司的两面毛圈编织技术。编织这类毛圈,需要用到两片沉降片,如图 1 - 3 - 69 所示。两片沉降片相邻插在同一片槽中,受图 1 - 3 - 70 所示的各自沉降片三角的控制。

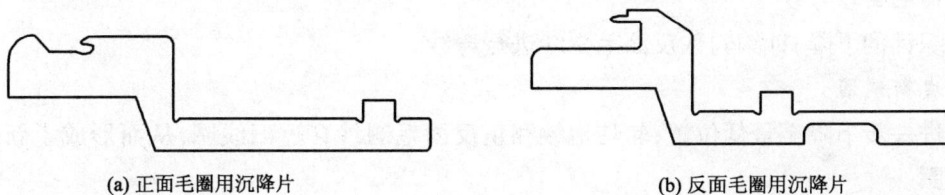

(a) 正面毛圈用沉降片　　　　　　(b) 反面毛圈用沉降片

图 1 - 3 - 69　两面毛圈用沉降片

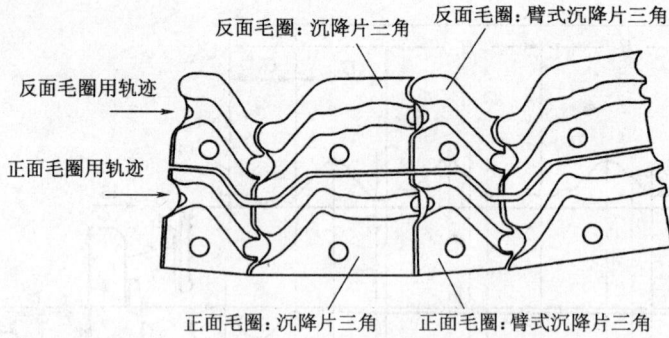

图 1 - 3 - 70　两面毛圈沉降片三角结构

织针三角与一般毛圈机相同,由退圈三角和弯纱三角组成,如图 1 - 3 - 71 所示。

两面毛圈由正面毛圈纱、反面毛圈纱及地纱三根纱线织成。下面结合图 1 - 3 - 72 所示的织针与沉降片运动轨迹及其配合,简要说明编织过程。

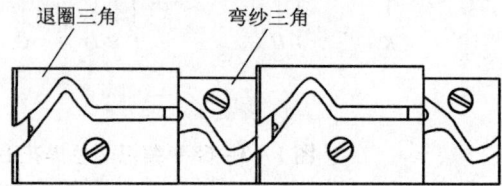

图 1 - 3 - 71　两面毛圈织针三角

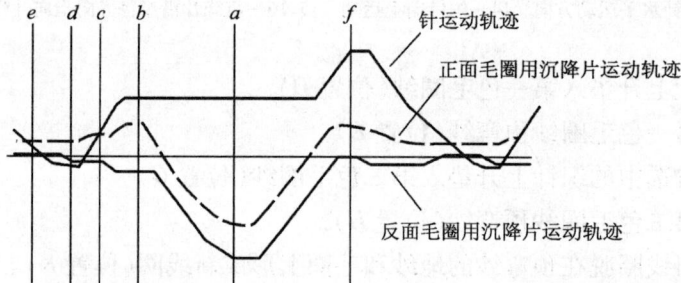

图 1 - 3 - 72　两面毛圈织针与沉降片运动轨迹及其配合

1. 垫入地纱

织针上升完成退圈后,垫入地纱。

2. 垫入正反面毛圈纱及正面纱弯纱

正面毛圈纱垫放在比地纱位置低的针舌外,之后正面毛圈用沉降片向针筒中心挺进,利用片喉将毛圈纱弯纱。同时,反面毛圈纱垫放在比地纱位置高的针钩下方。

3. 反面毛圈纱弯纱

随着织针的下降,针钩勾住反面毛圈纱进行弯纱。

4. 形成新线圈

织针进一步下降至最低位置,勾住地纱和正反面毛圈纱穿过旧线圈,从而形成了新线圈和正反面毛圈。

5. 抽紧正面毛圈

织针从最低位置上升开始退圈,正面毛圈用沉降片向针筒中心挺进,利用其片喉将正面毛圈推向针后并抽紧它。

6. 抽紧反面毛圈

随着织针的进一步上升放松线圈,反面毛圈用沉降片向针筒中心挺进,利用片鼻台阶抽紧反面毛圈。

第五节　衬垫机

衬垫单面圆纬机俗称卫衣机,有添纱(三线)衬垫(衬垫纱、面纱和地纱)和平针(二线)衬垫(衬垫纱和地纱)两种,前者可生产厚绒类织物,后者适宜加工薄绒类产品。它是传统的台车(绒布)圆纬针织机的替代机型。

一、QJ122 型添纱衬垫圆纬机

(一)主要技术特征

国产 QJ122 型添纱衬垫单面圆纬机的技术特征见表 1 – 3 – 46。

表 1 – 3 – 46　QJ122 型添纱衬垫单面圆纬机的主要技术特征

项　目		主 要 技 术 特 征	
原　料		棉纱、涤纶和混纺纱	
纱线线密度	tex	衬垫纱:28～100;面纱、地纱:18.6、20 纯棉、腈纶;16.6 涤纶	
	英支	衬垫纱:6、10、16、21;面纱、地纱:30、32 纯棉、腈纶	
针筒直径[mm(英寸)]		762(30)	864(34)
进线路数 F		30×3	34×3
机号 E(针/25.4mm)		18、20、22	18、20、22
总针数		1740、1872、2100	1980、2136、2376
针筒转速(r/min)		18～25	18～20
最大卷取直径(mm)		450	450
最大牵拉量(m/针筒一转)		168	168
积极送纱范围(mm/针筒一转)		1.5～24	1.6～29
电动机规格		Y132 – 4S 型 5.5kW/1440	Y132 – 4S 型 5.5kW/1440
外形尺寸(长×宽×高)(mm)		4400×4400×3025	4500×4400×3250
机器重量(kg)		1600	1600
机器用途		可编织手感柔软、保暖性好的三线衬垫组织坯布	

(二)传动系统

SQJ122 型添纱衬垫单面圆纬机的机架、传动系统等均与 SQJ121 型四针道道单面圆纬机相同。

(三)成圈机件及其配置

1.成圈系统的组成

QJ122 型添纱衬垫单面圆纬机的成圈系统如图 1 - 3 - 73 所示。编织部件主要由针筒、外沉降片座、沉降片三角座、沉降片三角、下三角、导纱器等组成。

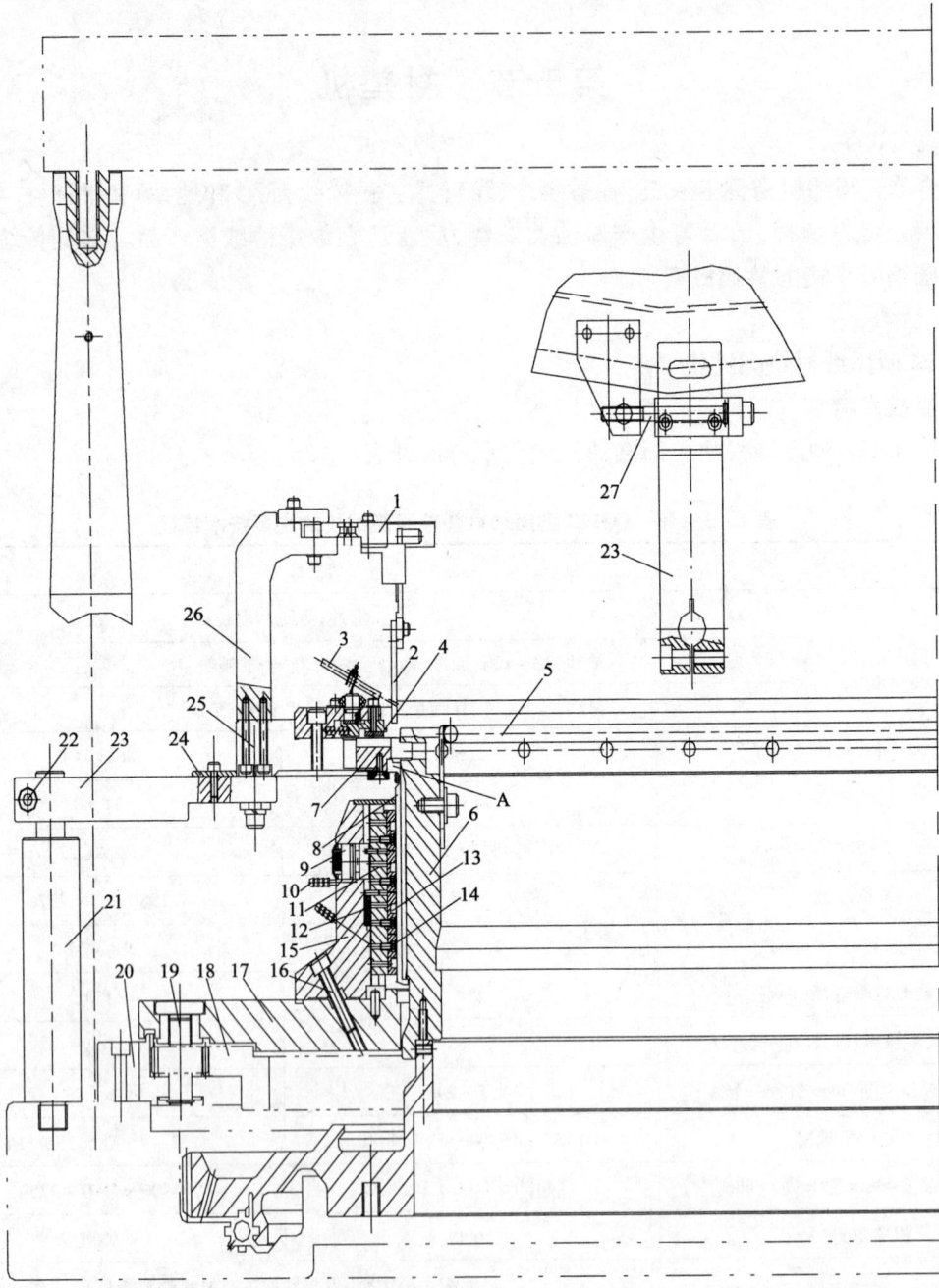

图 1 - 3 - 73　QJ122 型添纱衬垫单面圆纬机的成圈系统

1—导纱环　2—导纱器　3—坏针自停器　4—沉降片三角　5—托布环　6—针筒　7—外沉降片座　8—针槽
9—调节凸轮　10—喷油管　11—三角键　12—压簧　13—三角　14—三角安装螺钉　15—三角座　16—三角座螺钉
17—三角座集体升降台面　18—集体升降大齿轮　19—升降台面调节齿轮　20—集体升降座　21—小立柱　22—锁紧螺钉
23—沉降片托座支撑臂　24—沉降片托座定位板　25—沉降片托座　26—梭子环托脚　27—曲线对位调节螺钉

针筒采用镶钢片结构。对于762mm(30英寸)筒径的机器,针筒周围的90只三角座以销钉及销钉螺丝为准分别作周向及径向定位,可保证三角内表面与针筒外圆保持精确一致的间隙。里沉降片座与针筒是一体,外沉降片环支承在针筒镶片A处,并由压板和螺钉紧固。沉降片三角座下平面装有90只沉降片三角,以控制沉降片编织时的有关工艺点。沉降片三角座由沉降片托座支撑臂托持,在沉降片三角座上再支承一个导纱环,环上装有90只导纱器,以实现每一路正确垫纱。

编织部件中沉降片三角座和导纱器环的定位、高低由双头螺丝调节,周向由圆弧槽调节,径向由凸轮柱调节。

机器的三角座为合金铸铁,散热良好。三角座内的三角键上可采用任何一个组合方式,可方便地用螺钉拧上成圈、集圈或平挡三角,以适合四种针踵位置。所有三角均是封闭针道的复合三角。三角座上的调节凸轮是调节织物密度与纱线张力用的,该机具有集体升降调节织物密度与纱线张力的功能。

2. 成圈机件

(1)织针的型号与规格:QJ122型添纱衬垫圆纬机织针的型号见表1-3-47,织针的规格与具体尺寸如图1-3-74所示。

表1-3-47 QJ122型添纱衬垫圆纬机织针型号

机号E(针/25.4mm)	织 针 型 号
	德国 GROZ-BECKERT
16、18	Vo141·64G005
	Vo141·64G006
	Vo141·64G007
	Vo141·64G008
20、22	Vo141·52G005

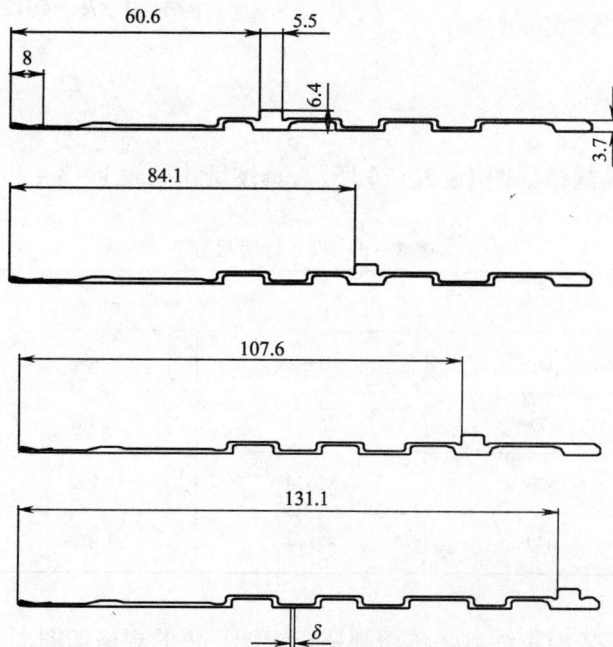

图1-3-74 织针规格

（2）沉降片的型号与规格：沉降片的型号见表
1-3-48，沉降片的规格与具体尺寸（E16~E22 通
用）如图 1-3-75 所示。

表 1-3-48　沉降片型号

机号 E（针/25.4mm）	型　　号
	德国 Kern Lieberas
18、20、22	20　9201　751G

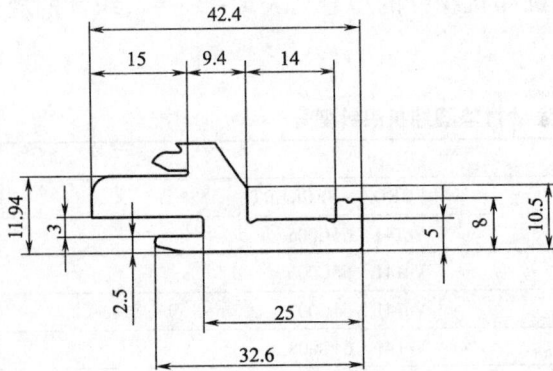

图 1-3-75　沉降片规格

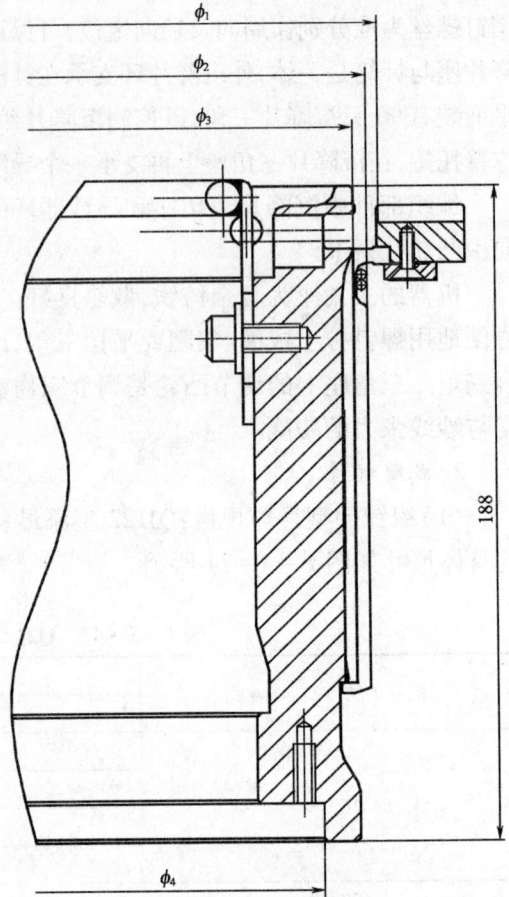

图 1-3-76　QJ122 型添纱衬垫单面
圆纬机针筒规格

（3）针筒规格：针筒规格如图 1-3-76 所示，具体尺寸见表 1-3-49。

表 1-3-49　针筒尺寸

针筒直径 [mm（英寸）]	规　格（mm）			
	ϕ_1	ϕ_2	ϕ_3	ϕ_4
762（30）	775	769.4	762	743
813（32）	826	820.4	813	794
864（34）	877	871.4	864	845

（4）三角规格：QJ122 型添纱衬垫单面圆纬机织针三角的规格如图 1-3-77 所示。该机编
织衬垫比为 1:2 的添纱衬垫织物时下三角的配置如图 1-3-78 所示。沉降片三角的规格及配

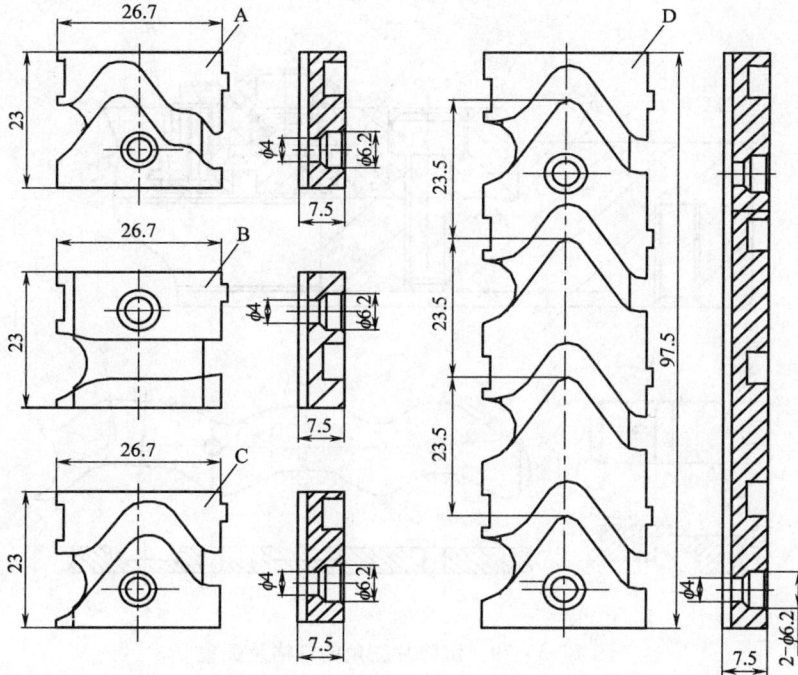

图 1 - 3 - 77　QJ122 型添纱衬垫单面圆纬机三角规格
A—地纱三角　B—平挡三角　C—衬垫三角　D—面纱三角

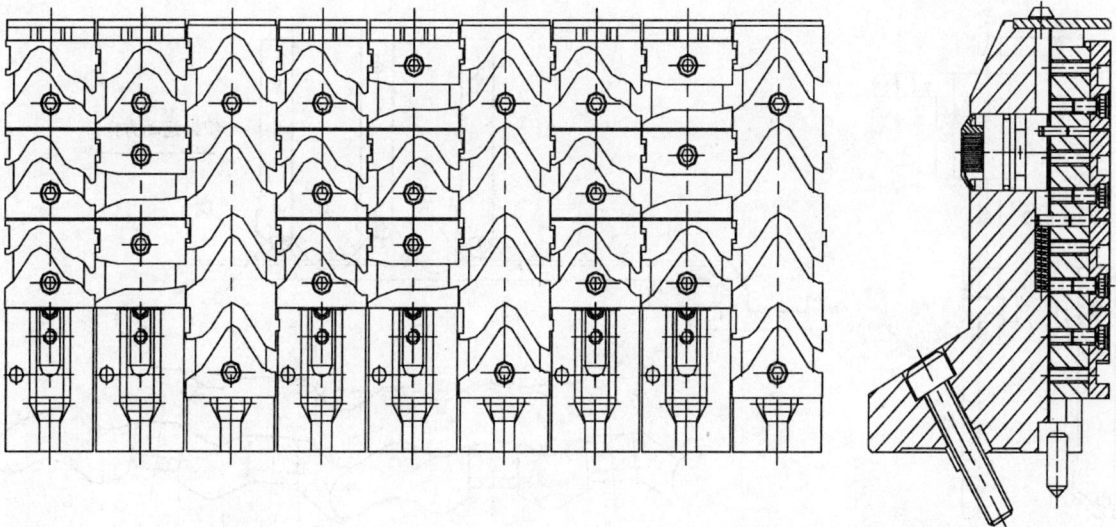

图 1 - 3 - 78　编织衬垫比为 1:2 的添纱衬垫织物的下三角配置

置如图 1 - 3 - 79 所示。

（5）导纱器组件：导纱器组件如图 1 - 3 - 80 所示。

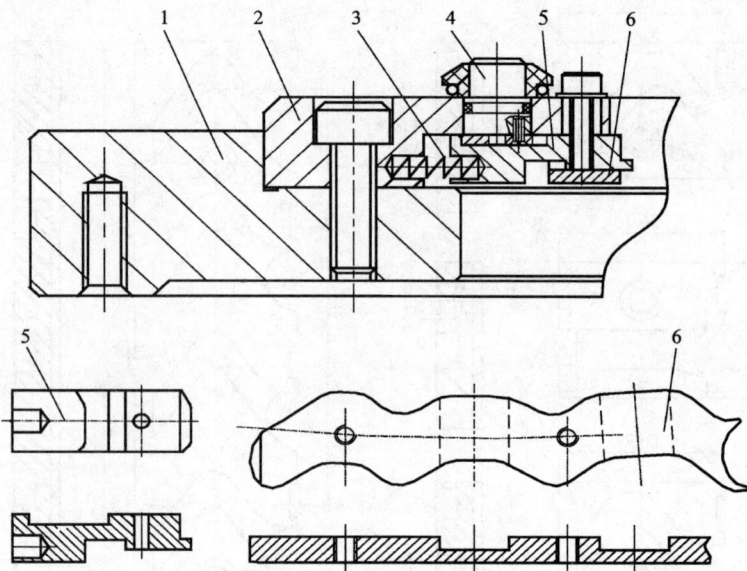

图 1 - 3 - 79　沉降片三角的规格及配置

1—沉降三角托座　2—沉降三角座　3—压簧　4—调节凸轮结合件

5—衬垫沉降三角　6—沉降三角

3. 成圈机件配置

（1）沉降片、织针相对运动轨迹的配合：图 1 - 3 - 81 是 QJ122 型添纱衬垫单面圆纬机沉降片与织针相对运动配合轨迹图。

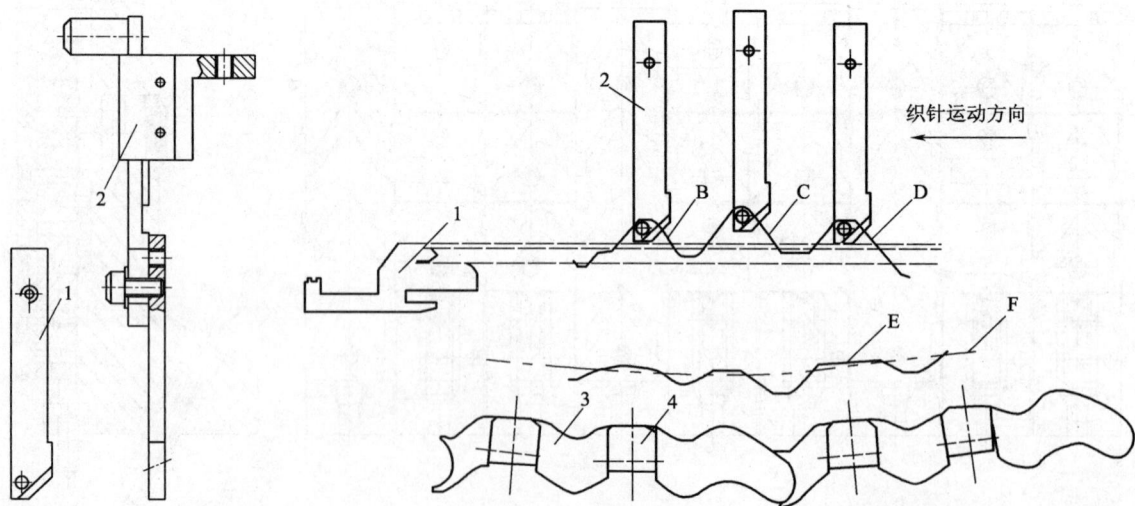

图 1 - 3 - 80　导纱器组件

1—导纱器　2—导纱器结合件

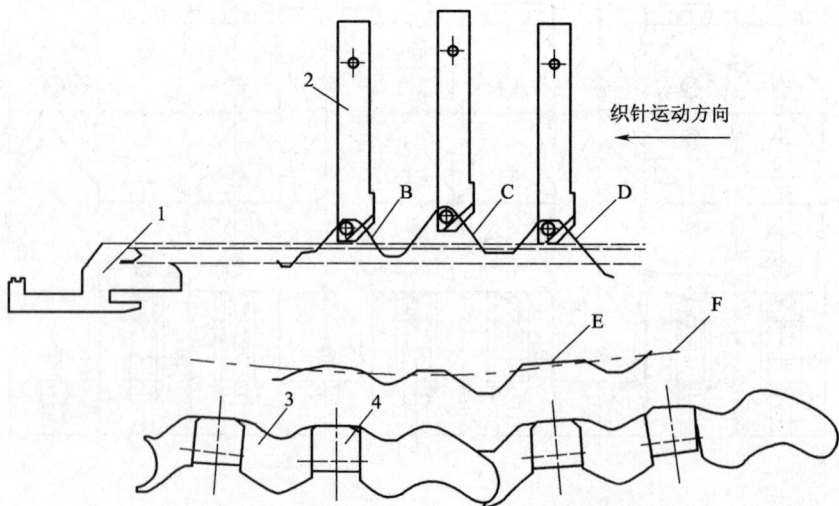

图 1 - 3 - 81　沉降片与织针相对运动轨迹

1—沉降片　2—导纱器　3—沉降三角　4—衬垫沉降三角

B—喂入地纱时织针针头轨迹　C—喂面纱时织针针头轨迹

D—喂衬垫纱时织针针头轨迹　E—沉降片上片颚轨迹线　F—针背线

（2）走针各工艺点的位置：QJ122 型添纱衬垫单面圆纬机织针各工艺点的位置如图 1 － 3 － 82 所示。

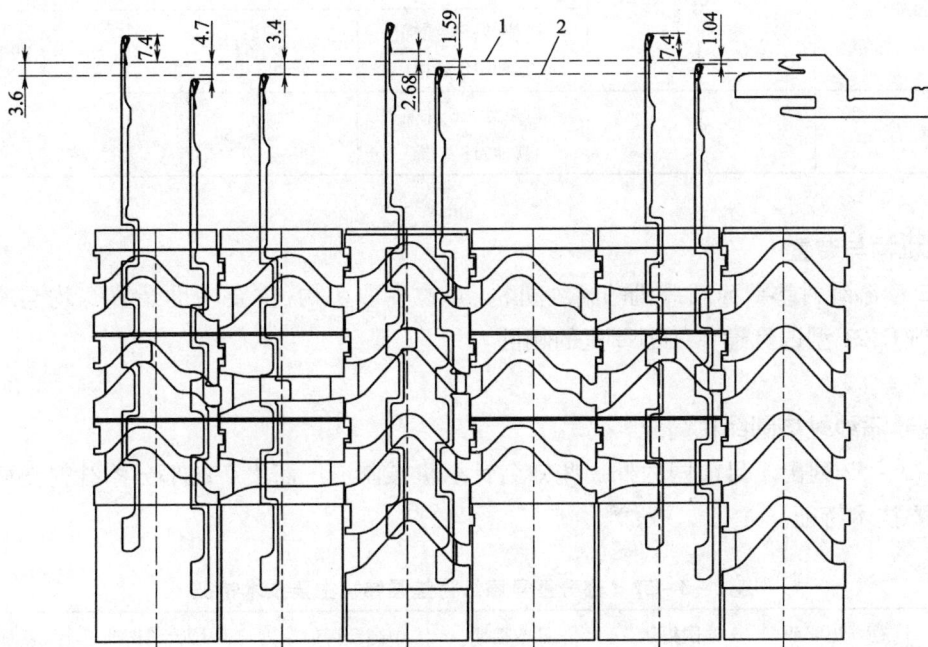

图 1 － 3 － 82 织针各工艺点的位置
1—沉降片片鼻线 2—沉降片片颚线

（四）主要上机工艺参数

QJ122 型添纱衬垫单面圆纬机成圈过程中的主要工艺参数见表 1 － 3 － 50。几种常用产品的工艺举例见表 1 － 3 － 51。

表 1 － 3 － 50 成圈过程主要工艺参数

项 目	工 艺 要 求
喂纱张力	衬垫纱：1.96 ~ 3.92(2 ~ 4g) 底纱：1.96 ~ 3.92(2 ~ 4g) 面纱：1.96 ~ 3.92(2 ~ 4g)
纵向密度（横列/5cm）	52 ~ 68
牵拉卷取张力	张力取决于织物的原料，一般纯棉纱的牵拉卷取张力小于混纺纱和涤纶丝的牵拉卷取张力

表1-3-51 几种常用产品的工艺举例

产品名称	机号E(针/25.4mm)	原料规格(tex)	毛坯密度(横列/5cm)	毛坯克重(g/m²)
不拉毛绒布	20	衬垫纱:36 腈棉 其他:18 腈棉	60~64	242
		衬垫纱:58 纯棉 其他:18 纯棉	64	290
拉毛绒布	20	衬垫纱:36 纯棉 其他:18 腈棉	53~54	250

(五)其他机构与装置

QJ122 型添纱衬垫单面圆纬机的给纱机构、牵拉卷取机构、主要辅助装置等均与本章第二节所述的 SQJ121 型四针道单面圆纬机的相同。

二、部分型号添纱衬垫圆纬机简介

表1-3-52 列出了目前国内外一些知名针织机械制造厂商生产的部分添纱衬垫圆纬机的机型及主要技术特征。

表1-3-52 部分型号添纱衬垫圆纬机主要技术特征

生产厂商	德国迈耶西	德国得乐	日本福原	中国台湾佰龙	中国台湾凹凸	新加坡利达
型号	MBF 3.2	SBF 296-1	VX-ZDF4	PL-KF3B	WS/3.0F-PFFB	UBX-3DF
机号E(针/25.4mm)	12~24	16~24	14~24	14~28	16~22	14~24
筒径[mm(英寸)]	279~864(11~34)	660~914(26~36)	610、864(24、34)	330~1016(13~40)	762~965(30~38)	406~1016(16~40)
系统数(路/英寸筒径)	3.2	3.2	3	3	3	3
针筒表面线速度(m/s)	1.3	1.2	1.4	1.1	1	1
针道数	4	4	4	4	4	4
编织机构技术特点	通过简单的更换成圈机件,可以编织平针、二线衬垫、添纱等结构	可中央或每路独立调节织针三角,快速变机号	斜向运动沉降片,高速,可氨纶添纱	衬垫纱不露底,可氨纶添纱	沉降片推动衬垫纱,使悬弧更均匀整齐,编织三角新设计,布面清晰弹性好	通过简单的更换成圈机件,可转换成单面机或毛圈机
输纱机构	储存积极式CONI+02	储存积极式MPF	储存积极式MPF	储存积极式MPF	储存积极式MPF	储存积极式MPF
牵拉卷取机构	摩擦皮带加齿轮驱动连续式,无级调速	力矩电动机驱动,无级调速	可选配齿轮式(有级调速)或力矩电动机驱动式(无级调速)	可选配齿轮式(有级调速)或力矩电动机驱动式(无级调速)	可选配齿轮式(有级调速)或力矩电动机驱动式(无级调速)	可选配齿轮式(有级调速)或力矩电动机驱动式(无级调速)

第六节 提花机

提花圆纬机根据针床数可分为单面和双面两类,后者又有一面提花(一般下针筒选针)和两面提花(下针筒和上针盘/筒都选针)两种。此外,根据选针机构的类型,分为机械式选针(如拨片式、提花轮式、推片式等)和电子选针两种,电子选针提花圆纬机俗称电脑提花圆纬机。

一、拨片式单面提花圆纬机

(一)主要技术特征

国产 GE178 型拨片式单面提花圆机的主要技术特征见表 1 – 3 – 53。

表 1 – 3 – 53　GE178 型拨片单面提花圆机主要技术特征

项　目	技 术 特 征				
机器型号	GE178				
针筒直径[mm(英寸)]	762(30)				
进线路数(F)	72				
机号 E(针/2.54cm)	18	20	22	24	28
总针数	1656	1872	2088	2232	2664
适用原料线密度(tex)	4.4～16.7 低弹涤纶长丝、16.67～29.4 短纤纱				
选针机构形式	拨片式三功位选针				
最大花型范围(宽纵行×高横列)	72×36(对称型二色提花组织),36×24(非对称型三色提花组织)				
机器用途	编织色泽提花、网孔提花、起绒提花等				
电动机功率(kW)	5.5				
机器最高转速(r/m)	25				
针筒转向	逆时针				
外形尺寸(mm)	高 3200×φ4500				
机器重量(kg)	3000				
附属装置	有预备纱筒的立式纱架				

(二)传动系统

1. 传动机构特点

如图 1 – 3 – 83 所示,GE178 型拨片式单面提花圆机采用交流变频无级调速系统来达到不同的运行速度。针筒回转速度分为慢速和正常运转。传动过程为:电动机皮带轮 D_1 带动传动箱上的带轮 D_2,传动箱上的同步齿轮 1 带动主轴上的同步齿轮 2,主轴上的小齿轮 Z_1 带动台面大齿轮 Z_2 运转,Z_2 带动与之连接的下针筒 2 一起运转;同时,主轴上的齿轮 Z_3 带动上层的大齿轮 Z_4 运转,Z_4 又带动沉降片圆盘 1 一起运转。其中齿轮 Z_1 与 Z_3 齿数相同,Z_2 与 Z_4 齿数相同,这样保证了针筒与沉降片圆盘以相同的速度运转。输线传动则由安装在主轴上的同步带轮 D_3 传动带轮 D_4 和 D_4' 实现。卷布架的运转由安装在针筒上联接针筒和卷布架的连接块带动。

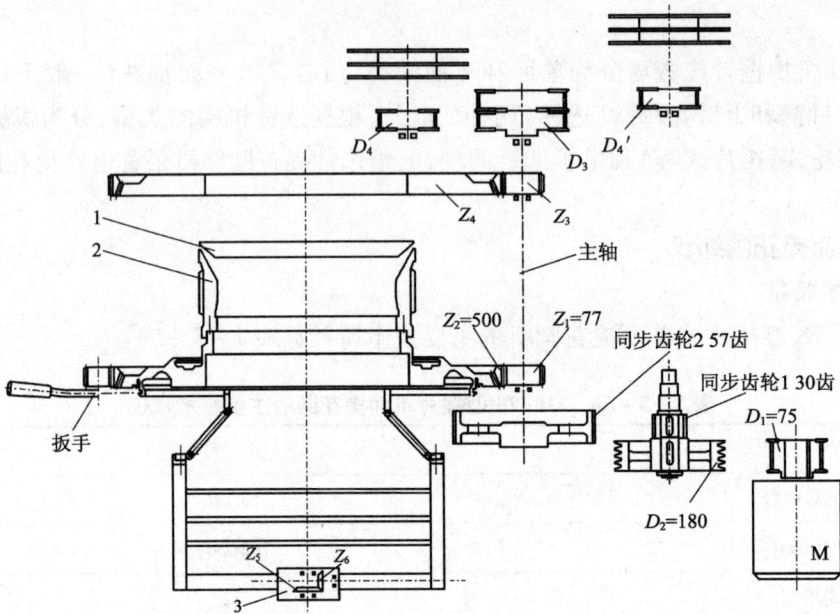

图 1 - 3 - 83　GE178 型拨片式单面提花圆机传动简图

2. 针筒转速计算

$$针筒转速(r/min) = \frac{75 \times 30 \times 77}{180 \times 57 \times 500} \times n_M$$

式中: n_M——电动机的转速。

3. 主要传动机件规格尺寸(表 1 - 3 - 54)

表 1 - 3 - 54　主要传动机件规格尺寸

名　　称	规　　格
电动机带轮 D_1	$\phi 75$
同步齿轮 1	30 齿
主侧轴下齿轮 Z_1	77 齿
带轮 D_2	$\phi 180$
同步齿轮 2	57 齿
台面大齿轮 Z_2	500 齿

(三)成圈机件及其配置

1. 成圈系统组成

GE178 型拨片式单面提花圆机成圈系统的组成以及针筒和沉降片圆盘等机件的配置如图 1 - 3 - 84 所示。

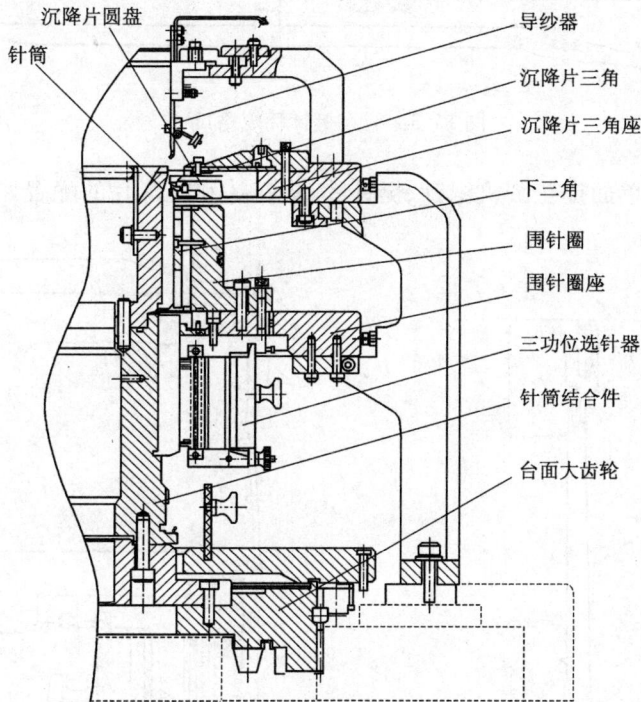

图 1 - 3 - 84　GE178 型拨片式单面提花圆机成圈系统

2. 织针、沉降片和提花机件的型号、尺寸与配置

织针、沉降片、挺针片和提花片的型号与规格尺寸如表 1 - 3 - 55、图 1 - 3 - 85 ~ 图 1 - 3 - 88 所示。

表 1 - 3 - 55　织针、沉降片和提花机件型号

项　　目	型　　　　号					生产厂
机号 E(针/25.4mm)	18	20	22	24	28	
下　针	Wo75.50 G015				Wo75.41 G019	GROZ
沉降片	20 66 86 G001				20 66 87 G001	KERNLIEBERS
挺针片	246614202				246614200	KERNLIEBERS
提花片	236609000A ~ 037				236609100A ~ 037	KERNLIEBERS

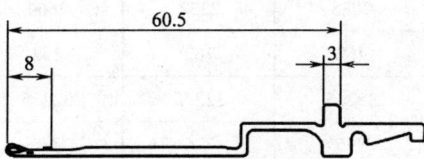

图 1 - 3 - 85　下针规格尺寸

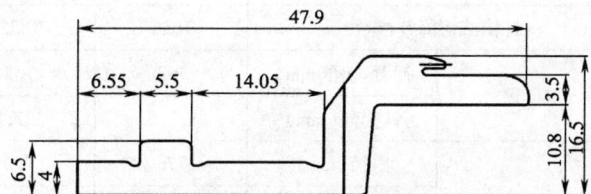

图 1 - 3 - 86　沉降片规格尺寸

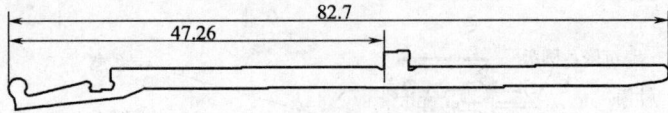

图 1 - 3 - 87　挺针片规格尺寸

GE178 型拨片式单面提花圆机织针、挺针片、提花片和沉降片的配置如图 1 - 3 - 89 所示。

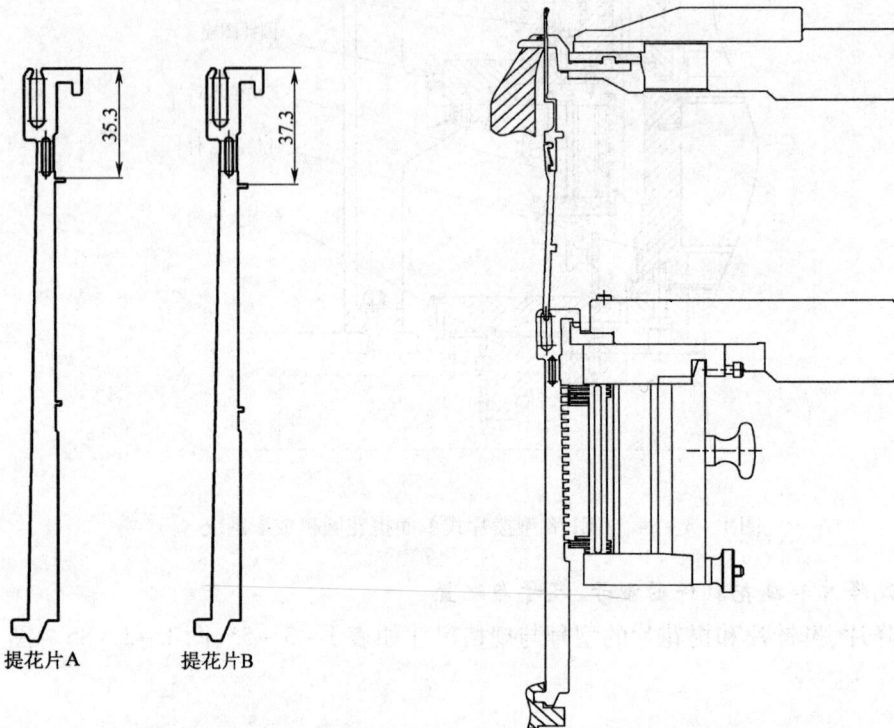

提花片A　　　提花片B

图 1 - 3 - 88　提花片规格尺寸　　　　图 1 - 3 - 89　GE178 型拨片式单面提花圆机织针、

挺针片、提花片和沉降片的配置

3. 针筒和沉降片圆盘的规格与尺寸

GE178 型拨片式单面提花圆机针筒和沉降片圆盘的规格尺寸见表 1 - 3 - 56。针筒镶片的规格尺寸如图 1 - 3 - 90 和表 1 - 3 - 57 所示。

表 1 - 3 - 56　针筒和沉降片圆盘的规格尺寸

项　　目		机　　号				
		E18	E20	E22	E24	E28
针槽或沉降片槽数		1656	1872	2088	2232	2664
针　筒	针背直径(mm)	762	762	762	762	762
	针筒高(mm)	322.5	322.5	322.5	322.5	322.5
沉降片圆盘	内径(mm)	776	776	776	776	776
	外径(mm)	847	847	847	847	847
	高度(mm)	18.5	18.5	18.5	18.5	18.5

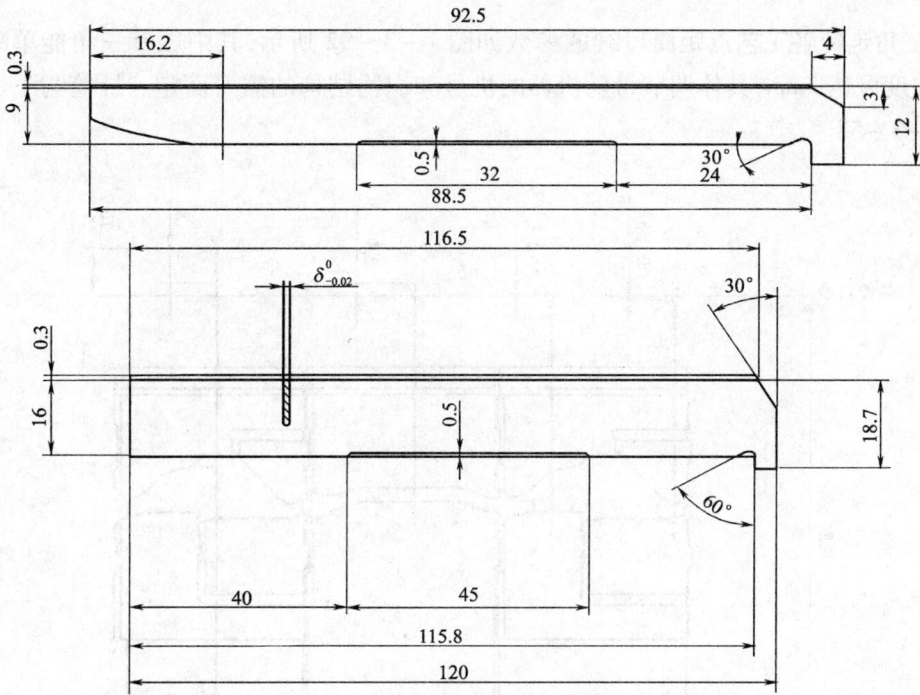

图 1 – 3 – 90　针筒镶片的规格尺寸

表 1 – 3 – 57　针筒镶片的厚度

机号 E(针/25.4mm)	18	20	22	24	28
针筒镶片的厚度 δ(mm)	0.78	0.71	0.61	0.53	0.5

4. 三角形式及主要工艺参数

（1）下三角形式及工艺参数：GE178 型拨片式单面提花圆机下针各种三角的形式如图 1 – 3 – 91

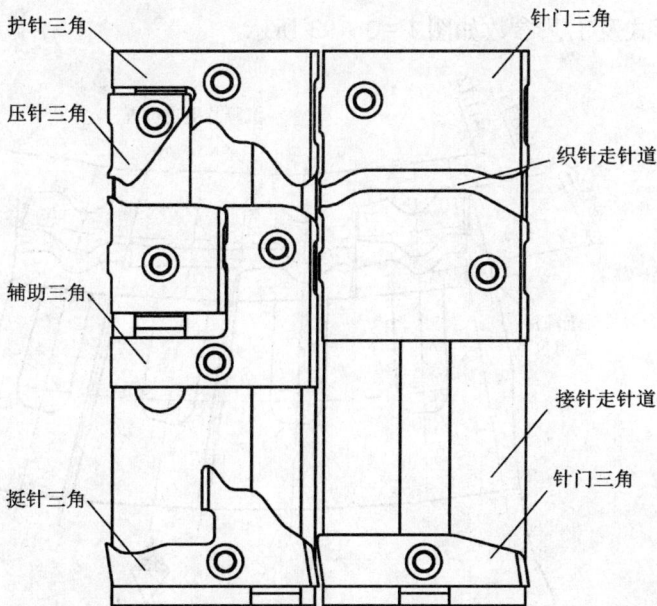

图 1 – 3 – 91　下三角形式

所示。下三角走针各工艺点距筒口线的参数如图 1 - 3 - 92 所示,其中压针三角能单独上下调节,调节幅度可达 3mm,具体调节量随机器的机号和织物结构的需要而定。针筒与下三角的间隙见表 1 - 3 - 58。

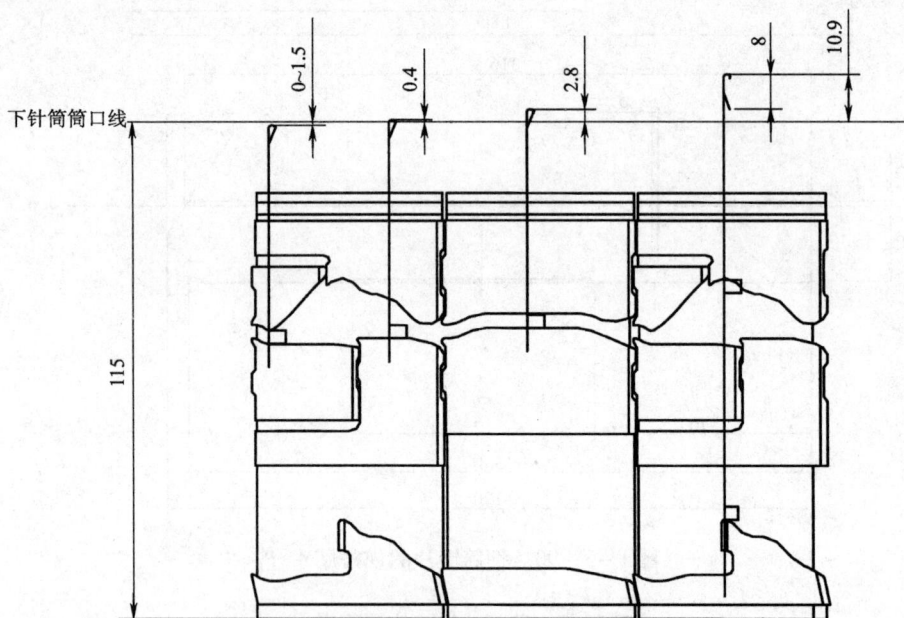

图 1 - 3 - 92　下三角走针各工艺点参数

表 1 - 3 - 58　针筒与下三角的间隙

项　　目	间隙(mm)	项　　目	间隙(mm)
针筒与下三角内表面	0.15 ~ 0.25	针筒外沉降片座与沉降三角	0.15 ~ 0.25

(2)沉降片三角形式及工艺参数如图 1 - 3 - 93 所示。

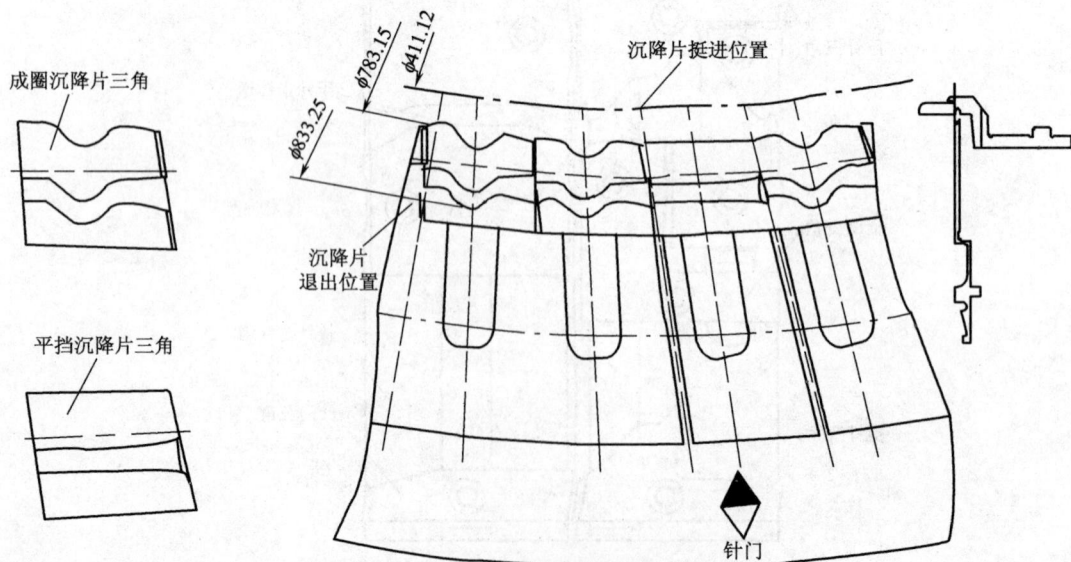

图 1 - 3 - 93　沉降片三角及工艺参数

（3）织针与沉降片相对运动轨迹及调节：织针与沉降片相对运动轨迹如图 1-3-94 所示。为配合不同的织物密度，沉降片运动曲线在 D 点可作调节，调节时，只要拧动图 1-3-95 中的调节芯轴，沉降片三角的 A、B 两个面可作用于沉降片，使 D 点移动。

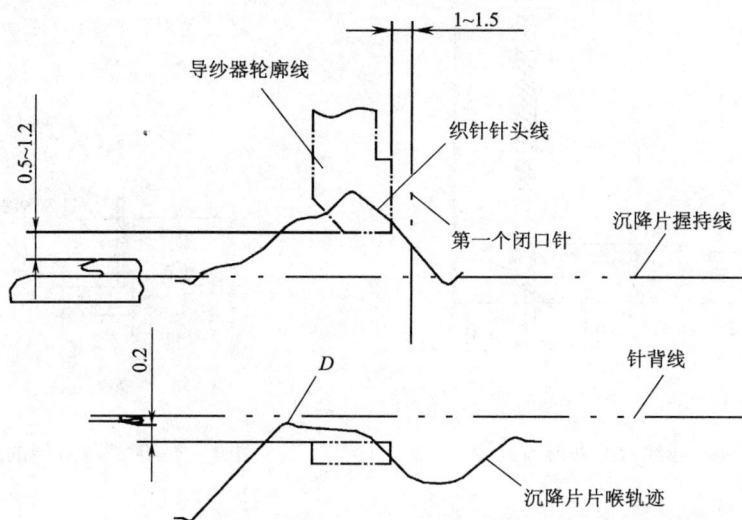

图 1-3-94　织针与沉降片相对运动轨迹

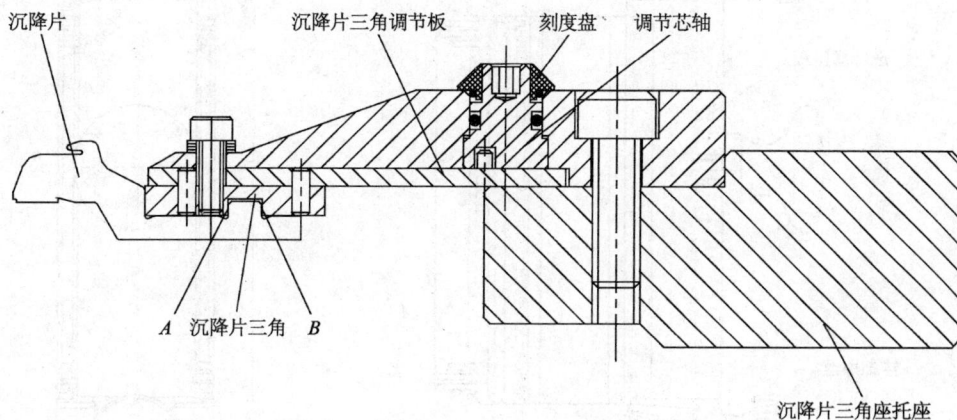

图 1-3-95　沉降片三角的调节

5. 导纱器（梭子）的尺寸与配置

导纱器的外形与尺寸如图 1-3-96 所示。在机器上安装的高低和径向位置如图 1-3-97 所示，左右位置见图 1-3-94 导纱器轮廓线所示。

（四）选针机构

1. 选针机构的组成

GE178 型拨片式单面提花圆机选针机构的组成如图 1-3-98 所示。每个选针器座内，均有 39 片选针刀片（拨片），每 2 片选针刀片之间有选针器隔板隔开。选针刀片、选针器隔板依次

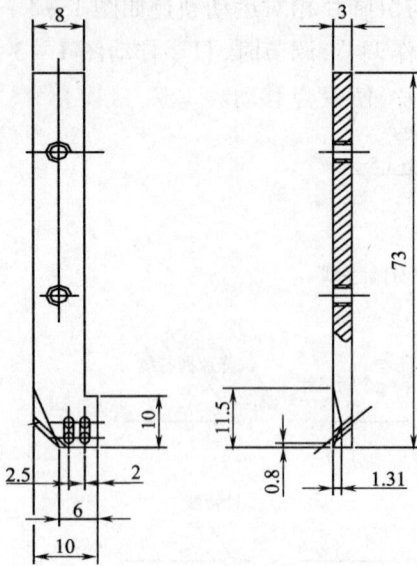

图 1 – 3 – 96 导纱器的外形与尺寸

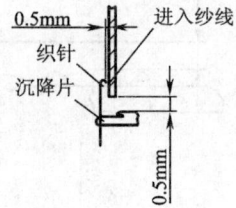

图 1 – 3 – 97 导纱器的配置

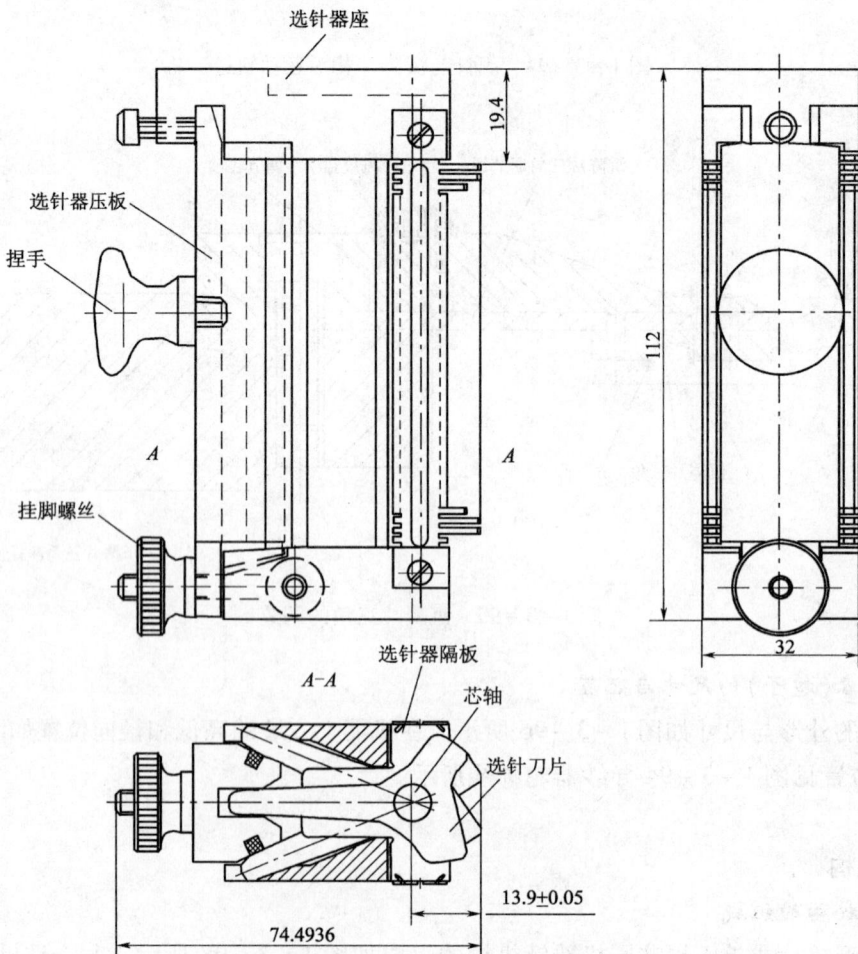

图 1 – 3 – 98 选针机构的组成

套入芯轴。每片选针刀片可按织物意匠图要求分别拨动至左、中、右三个位置,对应不编织、成圈、集圈三种选针。

2.选针机构的安装要求及选针原理

选针刀片各工作面的位置与挺针三角走针曲线的相对位置,必须符合图 1 - 3 - 99 所示的要求。

每一提花片上有 39 档齿,其中 1 ~ 37 档齿称为选针齿,每片提花片只保留其中一档选针齿。此外,奇数提花片还保留了 A 齿,偶数提花片还保留了 B 齿,A 和 B 齿用于快速设置。提花片上 39 档不同高度的齿与拨片式选针装置的 39 档拨片一一对应。当刀片的拨动柄位于中间位置时,则刀片前端不与提花片的选针齿作用,即与提花片相嵌的挺针片的片踵露出针筒外圆,在挺针三角作用下挺针片上升带动织针完成了成圈编织。当刀片的拨动柄位于右面位置时,挺针片在挺针三角的作用下上升将织针推升到集圈(不完全退圈)高度后,与挺针片相嵌的并留同一档选针齿的提花片被刀片前端压入针槽,使挺针片不再继续上升退圈,从而其上方的织针集圈。当刀片的拨动柄位于左面位置时,它会在退圈一开始就将留同一档选针齿的提花片压入针槽,使挺针片片踵埋入针筒,从而导致挺针片不上升,这样织针也不上升,即不编织。这种选针方式属于三功位(成圈、集圈、不编织)选针。

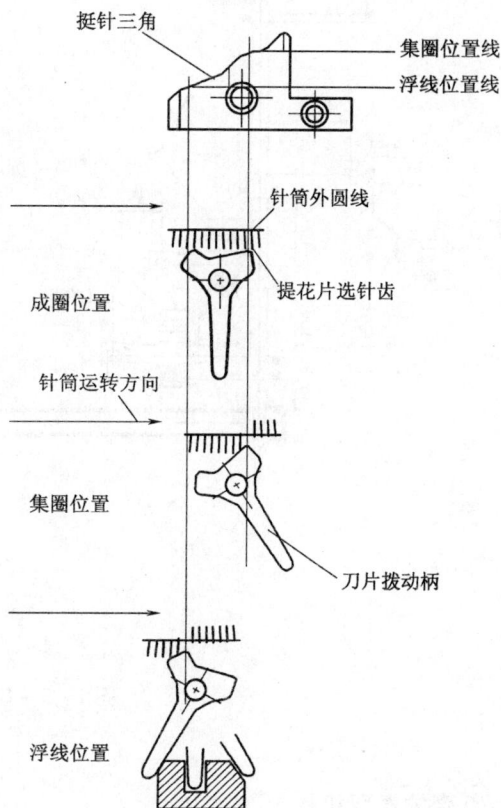

图 1 - 3 - 99　选针机构的安装要求

(五)给纱机构

1.输线装置的传动

如图 1 - 3 - 100 和前面的图 1 - 3 - 83 所示,安装在主轴上的同步带轮 D_3 传动带轮 D_4 和 D_4',带轮 D_4 和 D_4' 再分别传动两套普通纱输线装置 S_1 和 S_2,氨纶输线装置 L 由另一个带轮 D_L(图 1 - 3 - 84 中未画出)驱动。输线装置 S_1、S_2 和 L 的输线速度可通过改变无级调速带轮 D_4、D_4' 和 D_L 的传动半径来实现。

2.给纱机构主要参数(表 1 - 3 - 59)

表 1 - 3 - 59　给纱机构主要参数[筒径 762mm(30 英寸)]

项　目	数值（mm）	项　目	数值（mm）
ϕ_1	2059	ϕ_A	168
ϕ_2	2199	ϕ_B	1264
ϕ_3	2759	ϕ_C	1330
ϕ_4	2803	输线带长度	11200

165

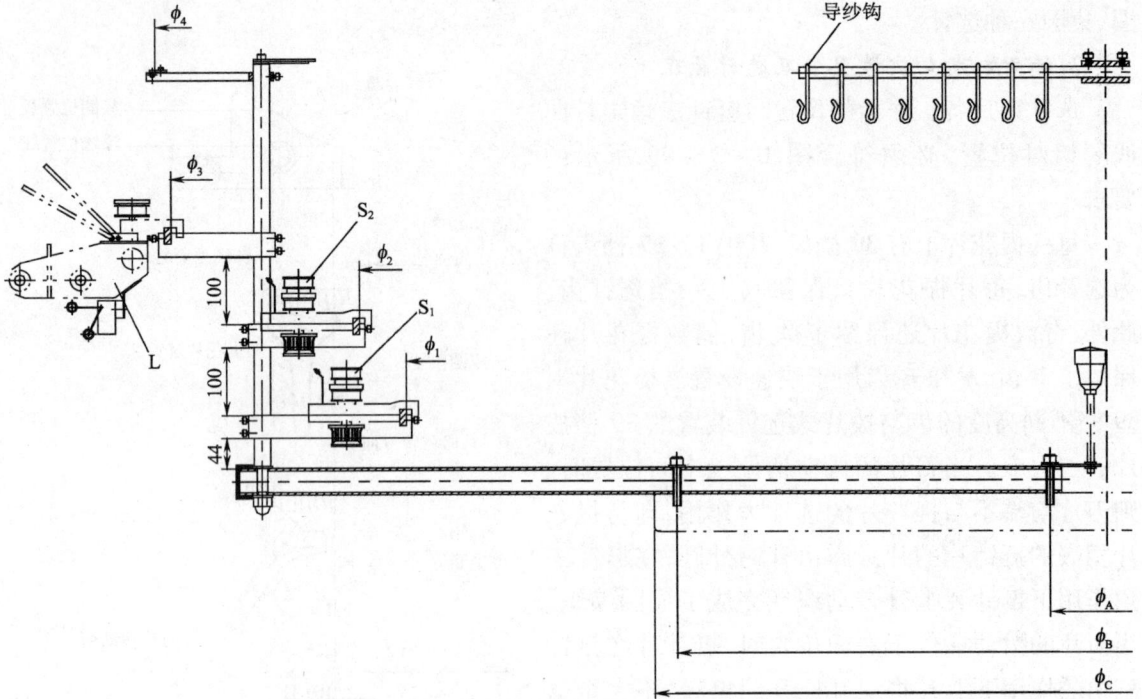

图 1 – 3 – 100　给纱机构的组成

(六)牵拉卷取机构

GE178 型拨片式单面提花圆机的牵拉卷取机构与 SQJ121 型四针道单面圆纬机的相同。

(七)上机编织工艺举例

在 GE178 型拨片式单面提花圆机上编织两色单面提花织物的花型意匠图、上机工艺图和拨片的设置分别见图 1 – 3 – 101、图 1 – 3 – 102 和表 1 – 3 – 60。

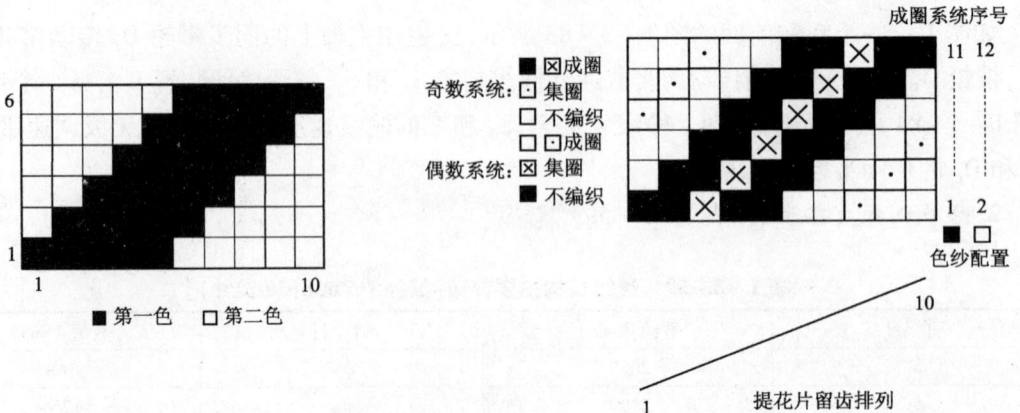

图 1 – 3 – 101　两色单面提花织物花型意匠图

图 1 – 3 – 102　两色单面提花织物上机工艺图

图 1 - 3 - 101 为两色单面提花织物的花型意匠图。由于同一种颜色的线圈在每一横列上连续排列 5 个,造成织物反面跨越 5 个线圈纵行的长浮线。为此,利用该机在任何编织系统可以三功位选针的特点,引入了集圈来缩短浮线,改进后的上机工艺图如图 1 - 3 - 102 所示。因为集圈悬弧在织物正面不显露,所以对正面花型没有影响。

在图 1 - 3 - 102 中,只排列了编织一个花高的 12 路成圈系统,该机有 72 路,第 13 路至第 72 路的排列与此相仿,机器一转可以编织 6 个花型。提花片只保留了第 1 齿至第 10 齿中的一个齿,留齿呈步步高排列。图中也只排出了一个花宽的提花片,其余提花片按此循环排满针筒一周。与图 1 - 3 - 102 相对应的第 1 路至第 12 路拨片选针装置的拨片设置见表 1 - 3 - 60 所示,其余各路拨片选针装置的拨片设置与此相仿。

表 1 - 3 - 60　拨片的设置

| 系统序号 | 拨片档数 | | | | | | | | | |
| | 1 | 2 | 3 | 4 | 5 | 6 | 7 | 8 | 9 | 10 |
	拨片位置									
1	中	中	中	中	中	左	左	右	左	左
2	左	左	右	左	左	中	中	中	中	中
3	左	中	中	中	中	中	左	中	右	右
4	中	左	左	右	左	左	中	中	中	中
5	左	左	左	左	中	中	中	中	中	右
6	中	中	左	左	右	左	左	中	中	中
7	右	左	左	中	中	中	中	中	中	中
8	中	中	中	左	左	右	左	左	中	中
9	左	右	左	左	中	中	中	中	中	中
10	中	中	中	中	左	左	右	左	左	中
11	左	中	右	左	左	中	中	中	中	中
12	中	中	中	中	中	左	左	右	左	左

二、拨片式双面提花圆机

(一)主要技术特征

国产 QJZ038 型拨片式双面提花圆机采用了与 GE178 型拨片式单面提花圆机相同的通用机架、选针机构、给纱机构以及牵拉卷取机构,本机的主要技术特征见表 1 - 3 - 61。

表 1 - 3 - 61　主要技术特征

项　目	技　术　特　征
机器型号	QJZ038
针筒直径[mm(英寸)]	762(30)
进线路数	72

项　目	技　术　特　征	
机号 E(针/2.54cm)	22	24
总针数	2052×2	2232×2
适用原料线密度(tex)	15.5~20.4	13.5~18
选针机构形式	拨片式三功位选针	
最大花型范围(宽纵行×高横列)	72×36(对称型二色提花组织)，36×24(非对称型三色提花组织)	
机器用途	编织罗纹为基础的各种小花型提花组织	
电动机型号及功率	Y132M2-6　5.5kW	
机器最高转速(r/m)	22	
针筒转向	逆时针	
外形尺寸(mm)	高3200×φ4500	
机器重量(kg)	3000	
附属装置	有预备纱筒的立式纱架	

(二)传动系统

1.传动机构特点

如图1-3-103所示,QJZ038型拨片式双面提花圆机采用交流变频无级调速系统来达到不同的运行速度。针筒回转速度分为慢速和正常运转。传动过程为:电动机皮带轮 D_1 带动传动箱上的带轮 D_2,传动箱上的同步齿轮1带动主轴上的同步齿轮2,主轴上的小齿轮 Z_1 带动台面大齿轮 Z_2 运转, Z_2 带动与之连接的下针筒2一起运转;同时,主轴上的齿轮 Z_3 带动上层的

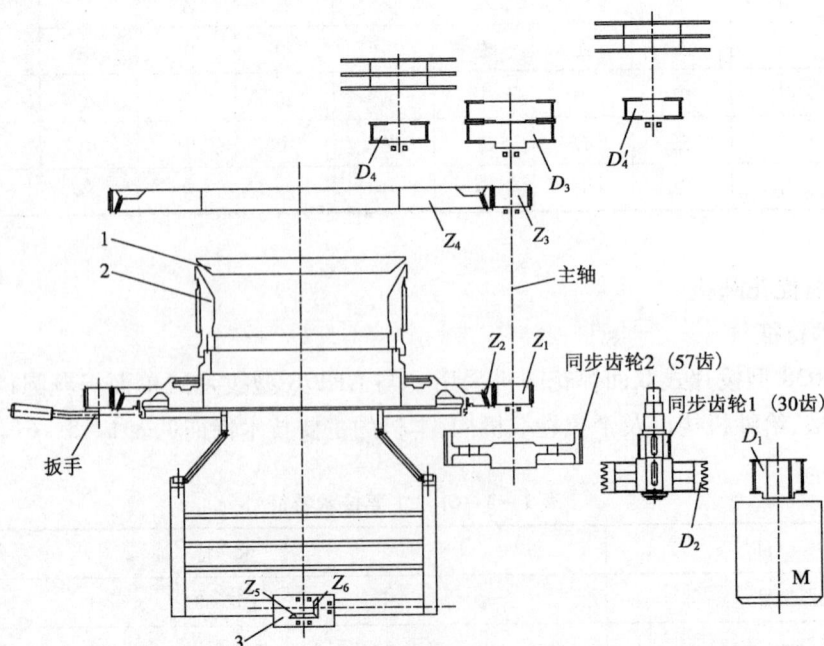

图1-3-103　QJZ038型拨片式双面提花圆机传动简图

大齿轮 Z_4 运转，Z_4 又带动上针盘 1 一起运转。其中齿轮 Z_1 与 Z_3 齿数相同，Z_2 与 Z_4 齿数相同，这样保证了针筒与针盘以相同的速度运转。输线传动则由安装在主轴上的同步带轮 D_3 带动带轮 D_4 和 D_4' 实现。卷布架的运转由安装在针筒上联接针筒和卷布架的连接块带动。

2. 针筒转速计算

$$针筒转速(r/min) = \frac{75 \times 30 \times 77}{180 \times 57 \times 500} \times n_M$$

式中：n_M——电动机的转速。

3. 主要传动机件规格尺寸（表 1-3-62）

表 1-3-62　主要传动机件规格尺寸

名　　称	规　　格
电动机带轮 D_1	$\phi 75$
同步齿轮 1	30 齿
主侧轴下齿轮 Z_1	77 齿
带轮 D_2	$\phi 180$
同步齿轮 2	57 齿
台面大齿轮 Z_2	500 齿

（三）成圈机件及其配置

1. 成圈系统组成

QJZ038 型拨片式双面提花圆机成圈系统的组成及其下针筒和上针盘等机件的配置如图 1-3-104 所示。

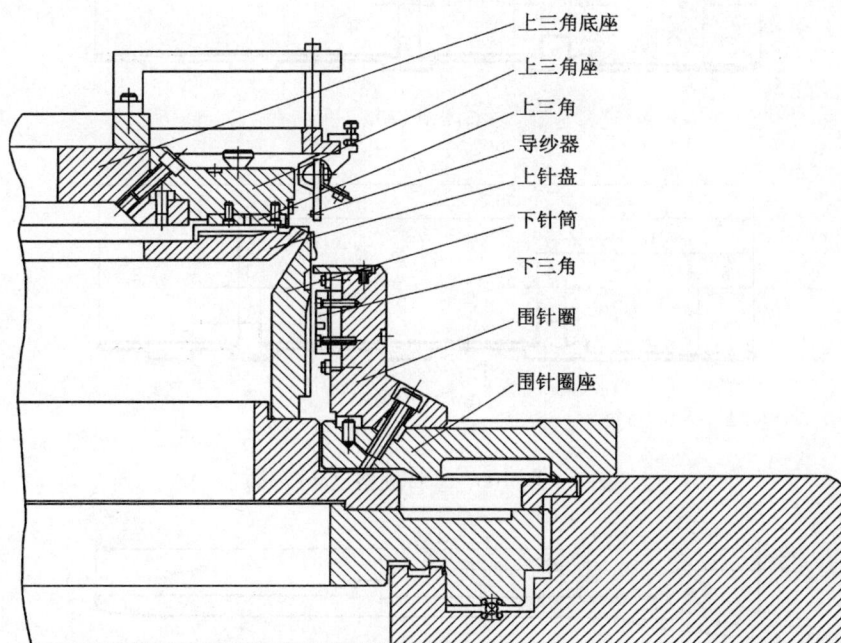

图 1-3-104　QJZ038 型拨片式双面提花圆机成圈系统组成

2. 织针和提花机件的型号、尺寸与配置

QJZ038 型拨片式双面提花圆机织针、挺针片和提花片的型号与规格尺寸如表 1 - 3 - 63、图 1 - 3 - 105 ~ 图 1 - 3 - 108 所示。

表 1 - 3 - 63　织针和提花机件型号

项　　目	型　　号		生　产　厂
机号 E(针/25.4mm)	22	24	
下针	WO65.41 G014		GROZ
上针(高)	WO94.41 G015		GROZ
上针(低)	WO94.41 G016		GROZ
挺针片	24661420		KERNLIEBERS
提花片	236609001 ~ 037		KERNLIEBERS

注　上针—针盘针　下针—针筒针。

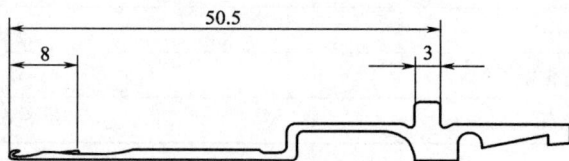

图 1 - 3 - 105　下针规格尺寸(mm)

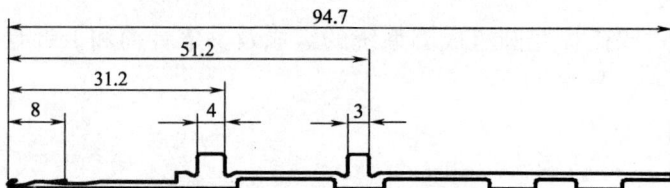

(a) 上针(高)

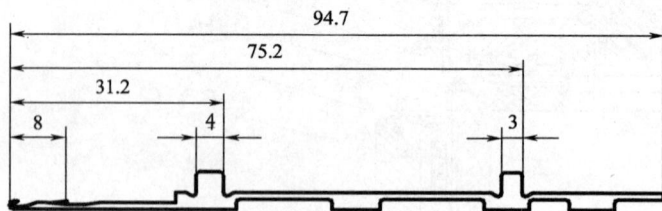

(b) 上针(低)

图 1 - 3 - 106　上针规格尺寸(mm)

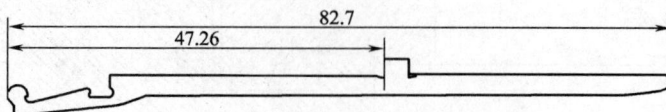

图 1 - 3 - 107　挺针片规格尺寸(mm)

上下织针、挺针片和提花片的配置如图 1 – 3 – 109 所示。

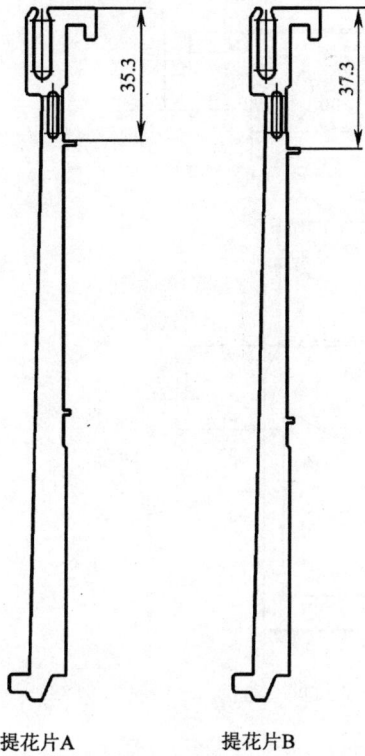

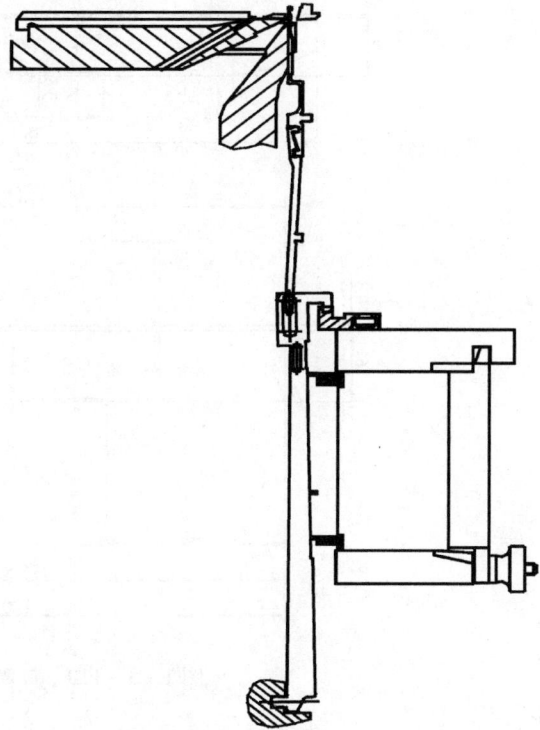

图 1 – 3 – 108　提花片规格尺寸

图 1 – 3 – 109　上下织针、挺针片、提花片和沉降片的配置

3.针筒和针盘的规格与尺寸

针筒和针盘的规格尺寸见表 1 – 3 – 64。

表 1 – 3 – 64　针筒和针盘的规格尺寸

项　　目		机号 E(针/25.4mm)	
		22	24
针筒槽或针盘槽数		2052	2232
针筒	针背直径(mm)	762	762
	针筒直径(mm)	722	722
	针筒高(mm)	314	314
针盘	外径(mm)	759.8	759.9
	高度(mm)	24	24

针筒与针盘镶片的规格尺寸如图 1 – 3 – 110、图 1 – 3 – 111 和表 1 – 3 – 65 所示。

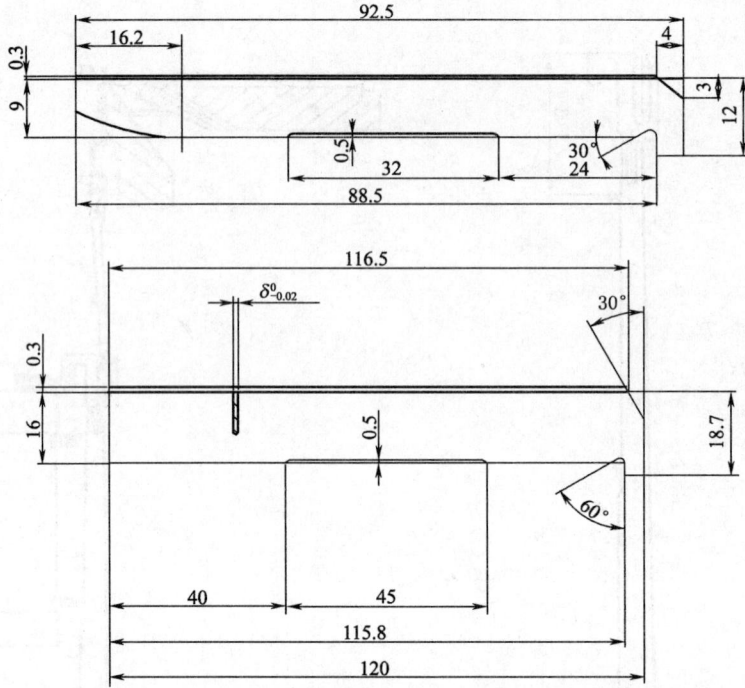

图 1 – 3 – 110　针筒镶片的规格尺寸

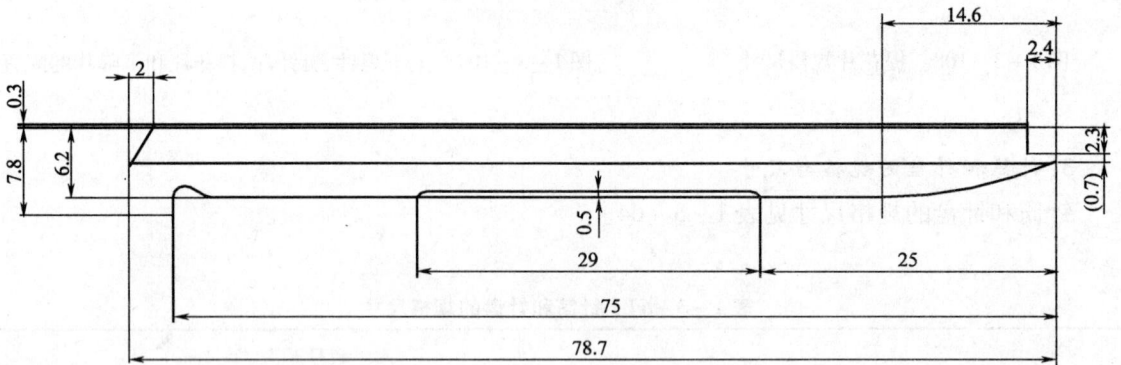

图 1 – 3 – 111　针盘镶片的规格尺寸

表 1 – 3 – 65　针筒和针盘镶片的厚度

项　　目	机号 E(针/25.4mm)	
	22	24
针筒镶片的厚度(mm)	0.71	0.61
针盘镶片的厚度(mm)	0.69	0.60

4.三角形式及主要工艺参数

（1）下三角形式及工艺参数：下针各种三角的形式如图 1 – 3 – 112 所示,下三角走针各工艺点距筒口线的参数如图 1 - 3 - 113 所示,针筒与下三角的间隙见表 1 - 3 - 66。

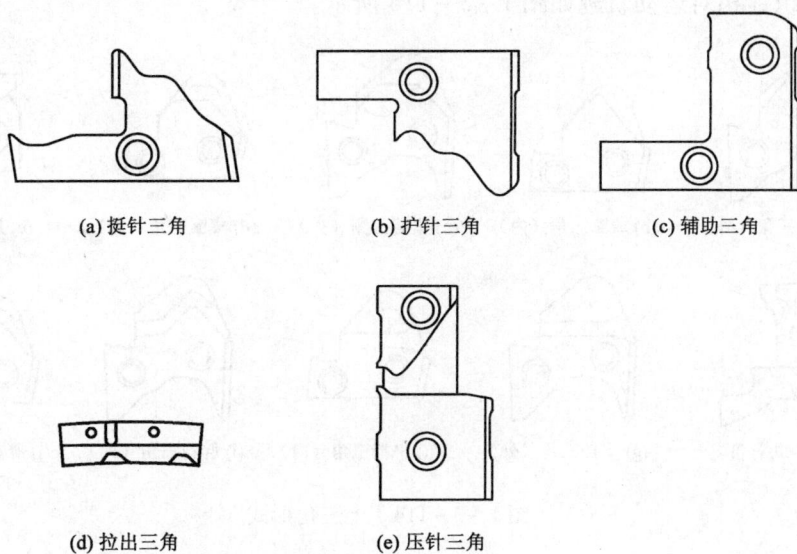

(a) 挺针三角　　　　　　(b) 护针三角　　　　　　(c) 辅助三角

(d) 拉出三角　　　　　　(e) 压针三角

图 1 - 3 - 112　下三角形式

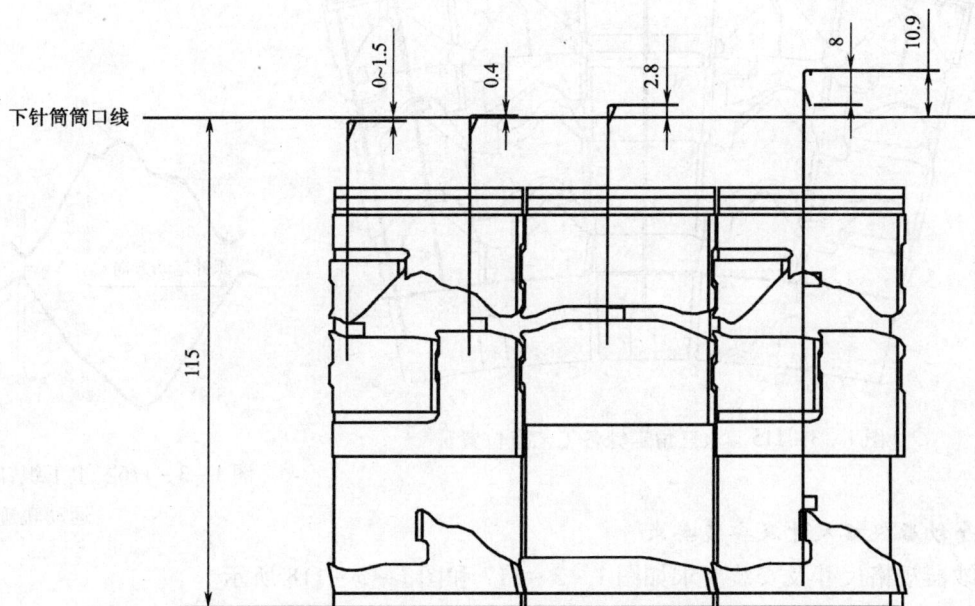

图 1 - 3 - 113　下三角走针各工艺点参数

表 1 - 3 - 66　针筒和针盘与三角的间隙

项　目	间　隙	项　目	间　隙
针筒与下三角内表面(mm)	0.15 ~ 0.25	针盘与上三角内表面(mm)	0.15 ~ 0.25

(2)上三角形式及工艺参数:上针各种三角的形式如图 1 - 3 - 114 所示,上三角走针各工

艺点距盘口线的参数如图1-3-115所示,针盘与上三角的间隙见表1-3-66所示。

(3)上下织针相对运动轨迹如图1-3-116所示。

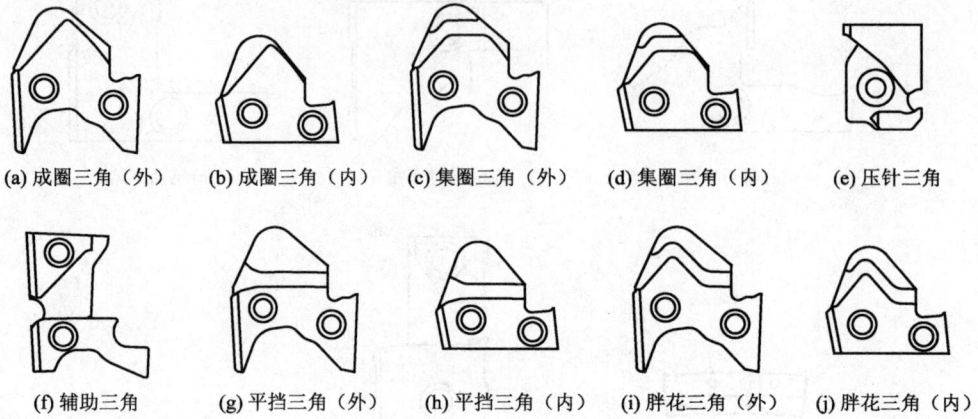

(a) 成圈三角（外）　(b) 成圈三角（内）　(c) 集圈三角（外）　(d) 集圈三角（内）　(e) 压针三角

(f) 辅助三角　(g) 平挡三角（外）　(h) 平挡三角（内）　(i) 胖花三角（外）　(j) 胖花三角（内）

图1-3-114　上三角形式

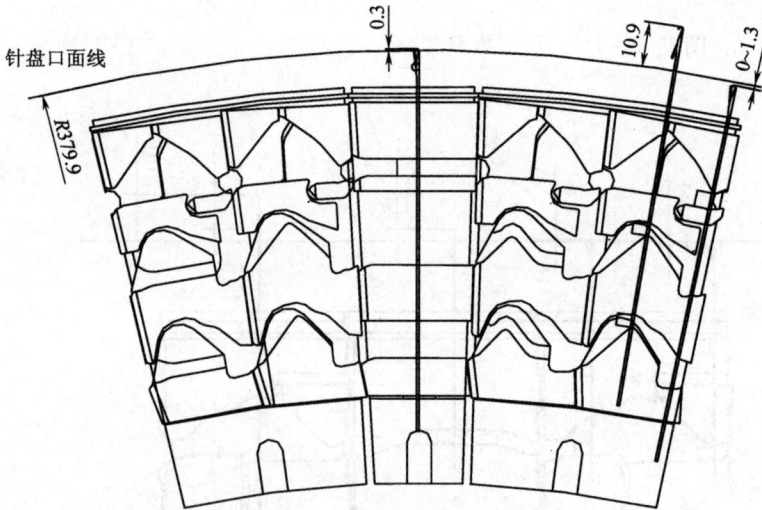

图1-3-115　上三角走针各工艺点位置

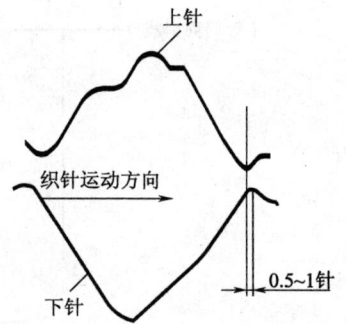

图1-3-116　上下织针相对
运动轨迹

5.导纱器规格尺寸及安装要求

导纱器规格尺寸及安装要求如图1-3-117和图1-3-118所示。

(四)选针机构

QJZ038型拨片式双面提花圆机选针机构与GE178型拨片式单面提花圆机相同,可参见相关的内容。

(五)给纱机构

QJZ038型拨片式双面提花圆机给纱机构与GE178型拨片式单面提花圆机相同,可参见相关的内容。

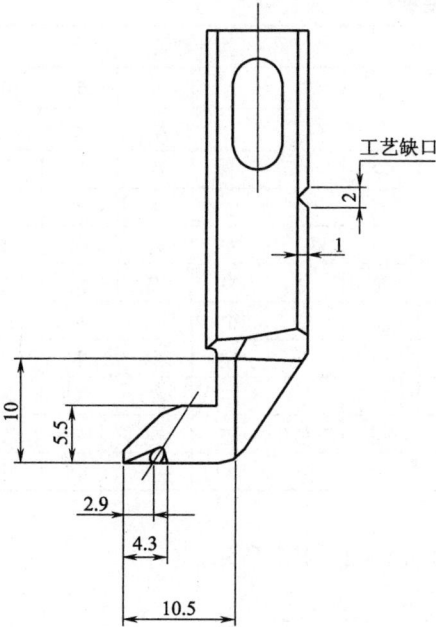

图1-3-117　导纱器规格尺寸

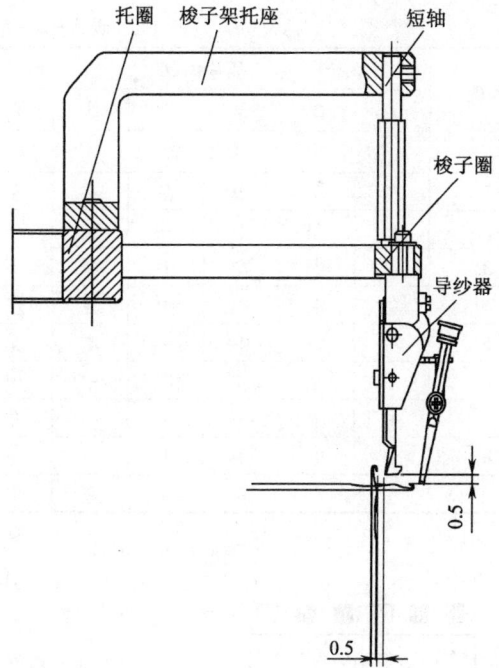

图1-3-118　导纱器安装要求

(六)牵拉卷取机构

QJZ038型拨片式双面提花圆机牵拉卷取机构与GE178型拨片式单面提花圆机相同,可参见相关的内容。

(七)上机编织工艺举例

图1-3-119为两色双胖织物的花型意匠图,一个完全组织6×6。

图1-3-120为QJZ038型拨片式双面提花圆机上机工艺图,编织一个横列需要3路,图中只排列了编织一个花高的18路成圈系统,该机有72路,第19路至第72路的排列与此相仿,机器一转可以编织4个花型。提花片只保留了第1齿至第6齿中的一个齿,留齿呈步步高排列。图中也只排出了一个花宽的提花片,其余提花片按此循环排满针筒一周。

与图1-3-120相对应的第1路至第18路拨片选针装置的拨片设置见表1-3-67所示,其余各路拨片选针装置的拨片设置与此相仿。

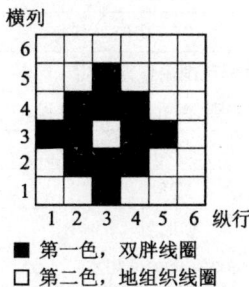

图1-3-119　两色双胖织物花型意匠图

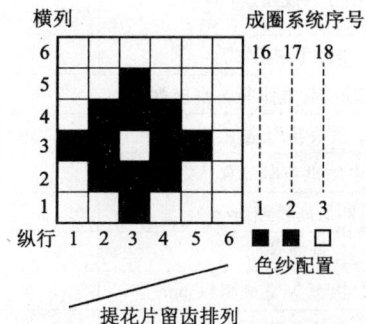

图1-3-120　上机工艺图

表1-3-67 拨片的设置

系统序号	拨片档数						系统序号	拨片档数					
	1	2	3	4	5	6		1	2	3	4	5	6
	拨片位置							拨片位置					
1	左	左	中	左	左	左	10	左	中	中	中	左	左
2	左	左	中	左	左	左	11	左	中	中	左	左	左
3	中	中	左	中	中	中	12	中	左	左	左	中	中
4	左	中	左	左	左	左	13	左	左	左	左	左	左
5	左	中	左	左	左	左	14	左	左	左	左	左	左
6	中	左	左	左	中	中	15	左	左	左	左	左	左
7	中	中	左	左	左	左	16	左	左	左	左	左	左
8	中	中	中	左	左	左	17	左	左	左	左	左	左
9	左	左	左	左	左	中	18	中	中	中	中	中	中

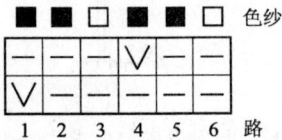

图1-3-121 上三角排列

上三角的排列如图1-3-121所示。

三、电子选针双面提花圆机

(一)主要技术特征

国产 QJZ036/D 型电子选针双面提花圆机采用了与 QJZ038 型拨片式双面提花圆机相同的通用机架、下三角形式、给纱机构以及牵拉卷取机构。该机除了能编织双面提花等织物外,更换下针和部分三角还能编织移圈罗纹织物。QJZ036/D 型电子选针双面提花圆机的主要技术特征见表1-3-68。

表1-3-68 主要技术特征

项 目	技 术 特 征		
机器型号	QJZ036/D		
针筒直径[mm(英寸)]	762(30)		
进线路数	48		
机号 E(针/2.54cm)	16	18	20
总针数	1488×2	1664×2	1872×2
适用原料线密度(tex)	7.8~16.7低弹涤纶长丝、弹力锦纶长丝,12.3~28.2纯棉或混纺纱,2.2~5.5氨纶弹力丝		
选针机构形式	8×2 三功位		
最大花型范围(宽纵行×高横列)	全幅范围内任意选定		
机器用途	编织多种大花型的色织提花、移圈、网孔提花、胖花提花等双面提花纬编坯布		
电动机功率(kW)	5.5		
机器最高转速(r/m)	25		
针筒转向	逆时针		
外形尺寸(长×宽×高)(mm)	4400×4400×3025		
机器重量(kg)	3000		
附属装置	有预备纱筒的立式纱		

(二)传动系统

QJZ036/D 型电子选针双面提花圆机传动系统与 QJZ038 型拨片式双面提花圆机相同,可参见相关的内容。

(三)成圈系统

1. 成圈系统组成

成圈系统的组成以及机件的配置如图 1 – 3 – 122 所示。

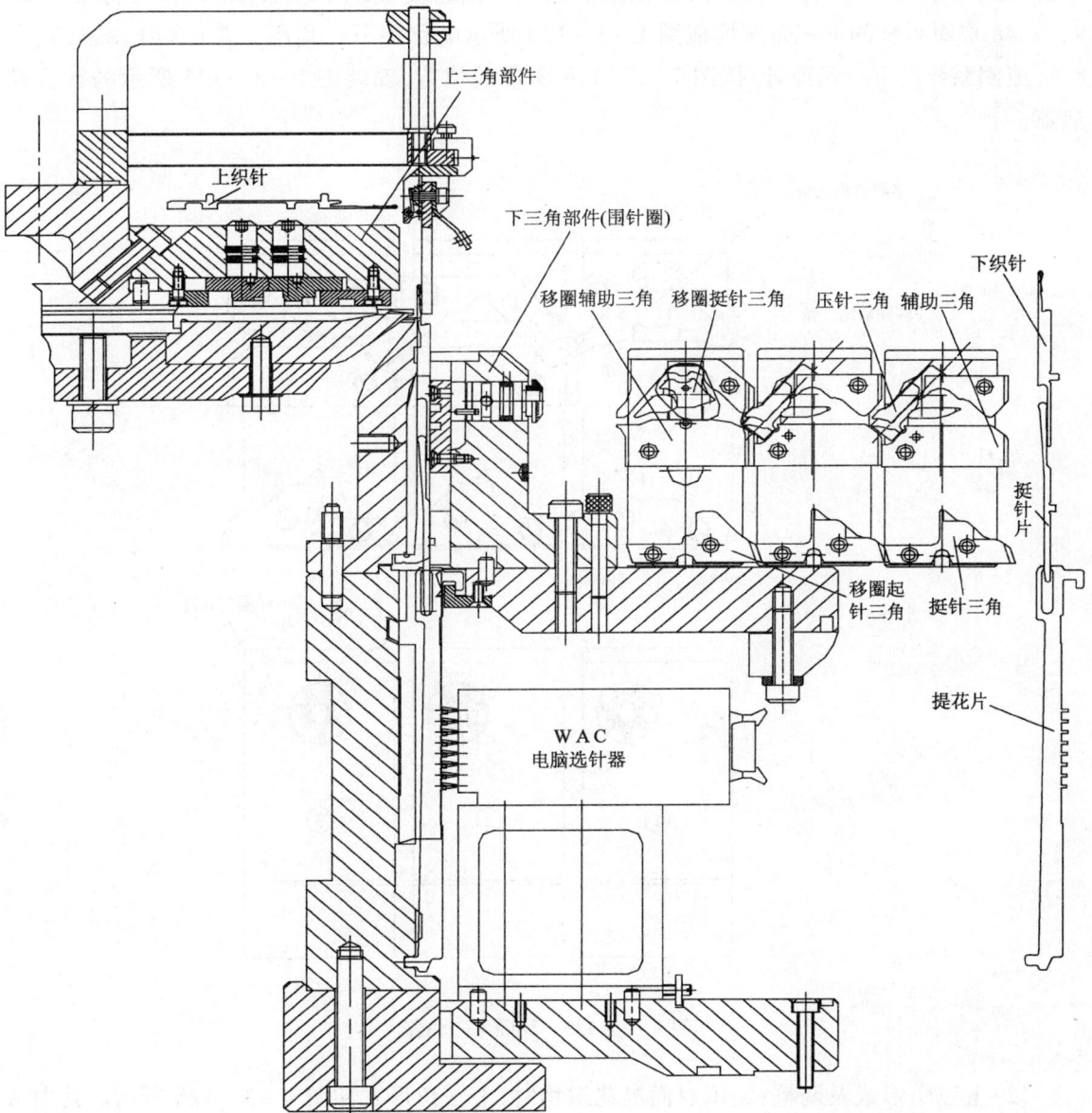

图 1 – 3 – 122　QJZ036/D 型电子选针双面提花圆机成圈系统组成

2. 织针和提花机件的型号、尺寸与配置

QJZ036/D 型电子选针双面提花圆机编织双面提花织物时与 QJZ038 型拨片式双面提花圆机相同。当需要编织罗纹移圈织物时,下针需换成带移圈弹簧片的专用织针。

3. 针筒和针盘的规格与尺寸

QJZ036/D 型电子选针双面提花圆机针筒和针盘与 QJZ038 型拨片式双面提花圆机相同,可参见相关的内容。

4. 三角形式及调整

(1)下三角形式及调整:QJZ036/D 型电子选针双面提花圆机编织双面提花织物时,下三角的形式与 QJZ038 型拨片式双面提花圆机相同。当需要编织罗纹移圈织物时,将第 3、6、9、…、48 成圈系统的下三角座换成图 1 - 3 - 123 所示的移圈下三角座。并在第 1、2、4、5、7、8、…成圈系统的下三角座处,按图 1 - 3 - 124 所示的位置,安装图 1 - 3 - 125 所示的针舌开启器。

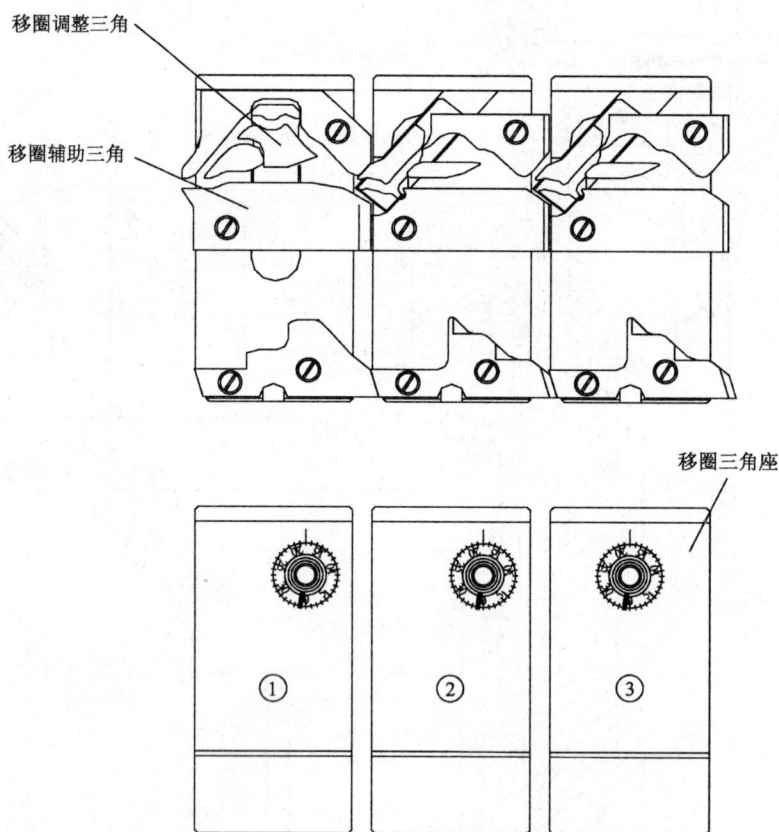

图 1 - 3 - 123　移圈下三角座

(2)上三角形式及调整:编织双面提花织物时,上三角形式如图 1 - 3 - 126 所示。其中 A 为高踵上针挺针三角,B 为高踵上针集圈三角,C 为低踵上针挺针三角,D 为低踵上针集圈三角。当 A、B、C、D 三角均向外侧调整时,高、低踵织针均为浮线编织(图示 I),当 A、C 三角向外调整,B、D 三角向内调整时,高、低踵织针均为集圈编织(图示 II),当 A、B、C、D 三角均向内调

开针舌器

No.1，4，7，…   No.2，5，8，…   No.3，6，9，…

① ② ③

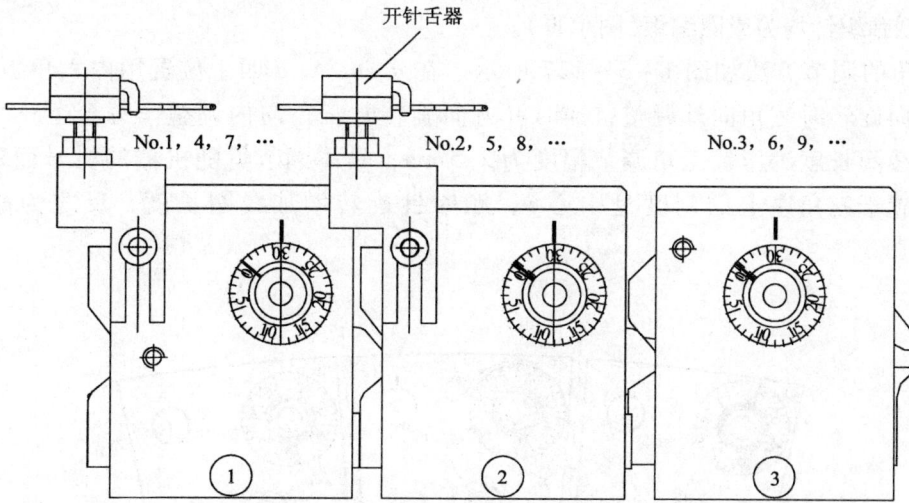

图1－3－124 针舌开启器安装位置

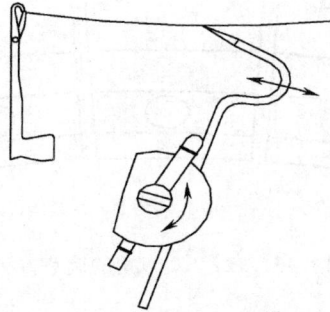

图1－3－125 针舌开启器

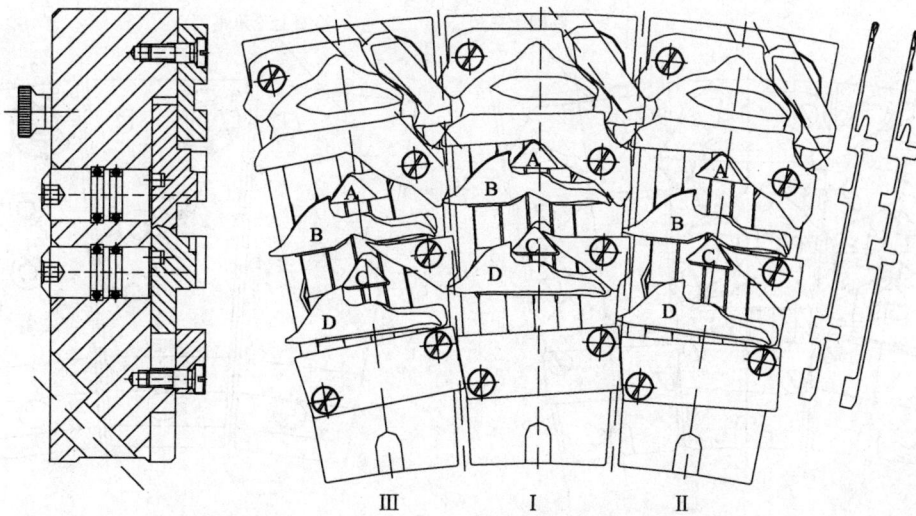

Ⅲ   Ⅰ   Ⅱ

图1－3－126 上三角形式

整时,高、低踵织针均为成圈编织(图示Ⅲ)。

　　上三角的调节方法如图 1 - 3 - 127 所示,在 a、b、c、d 四个位置用内六角扳手调节,顺时针方向旋转时三角向外调整,逆时针方向旋转时三角向内调整。每个上三角座都能单独调节线圈长度,压针三角调节幅度为 2.5mm,具体调节量随机器的机号而定。用内六角扳手置于三角座上的刻度盘中心 p,顺时针旋转增加线圈长度,反之为减少线圈长度。

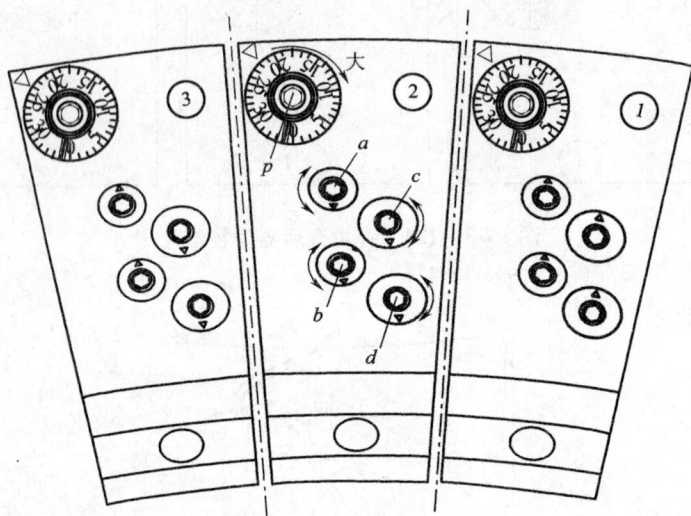

图 1 - 3 - 127　上三角的调节方法

　　当需要编织罗纹移圈织物时,将第 3、6、9、…、48 成圈系统的上三角座换成图 1 - 3 - 128 所示的移圈上三角座。

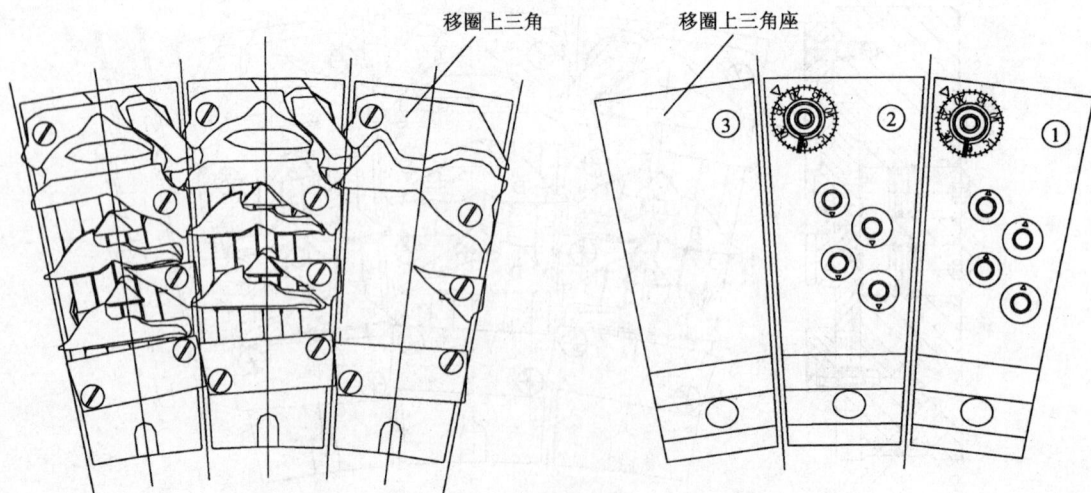

图 1 - 3 - 128　移圈上三角座

（3）上下织针相对运动轨迹：上下织针相对运动轨迹如图 1 – 3 – 129 所示。本机所织的织物是以罗纹提花为主，上织针的成圈所需要的纱线不能依赖于下织针供给，因此上、下三角曲线是基本采用同步成圈形式，即上、下压针三角的压针点位置基本对准，或下织针稍后吃一针位置。

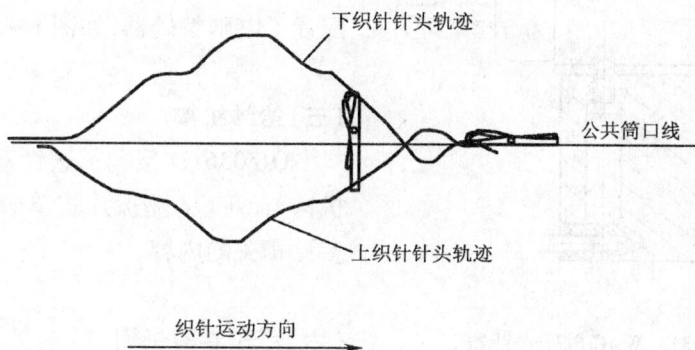

图 1 – 3 – 129　上下织针相对运动轨迹

5. 导纱器结构及安装要求

导纱器结构、高低及径向位置与上、下织针之间隙如图 1 – 3 – 130 所示，其周向位置则按不同织物结构、上下织针相对运动轨迹是同步或滞后而定，保证纱线能正确喂入织针。

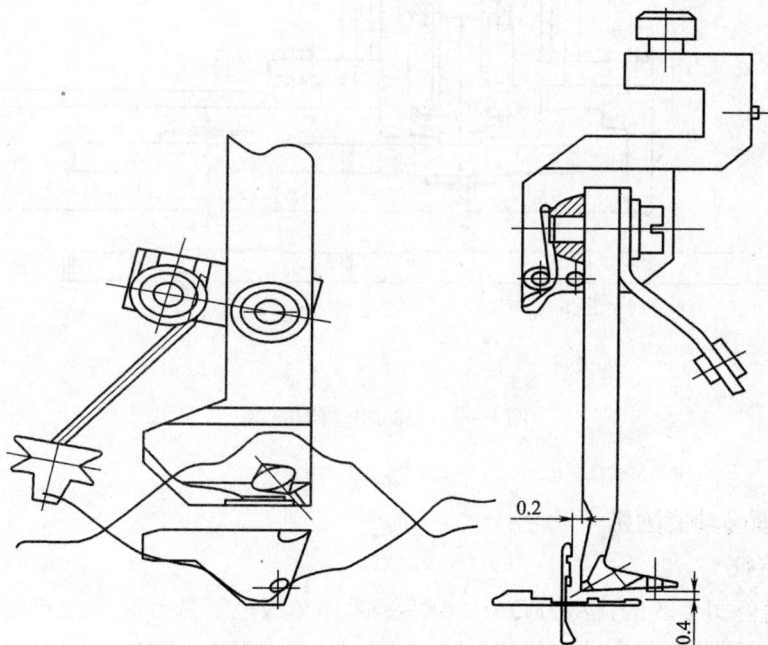

图 1 – 3 – 130　导纱器结构与安装要求

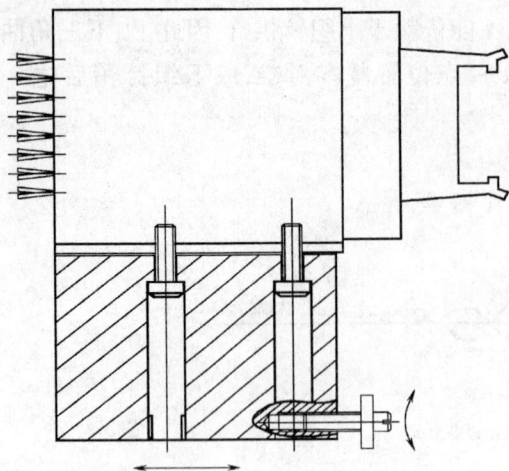

图 1 – 3 – 131　WAC 电子选针器

(四)选针装置

QJZ036/D 型电子选针双面提花圆机采用了日本 WAC 的压电式八级电子选针器,其外观如图 1 – 3 – 131 所示。

为了实现机器运转时可靠地选针,本机还配置了电脑编码器,如图 1 – 3 – 132 所示。

(五)给纱机构

QJZ036/D 型电子选针双面提花圆机给纱机构与 GE178 型拨片式单面提花圆机相同,可参见相关的内容。

(六)牵拉卷取机构

QJZ036/D 型电子选针双面提花圆机牵拉卷取机构与 GE178 型拨片式单面提花圆机相同,可参见相关的内容。

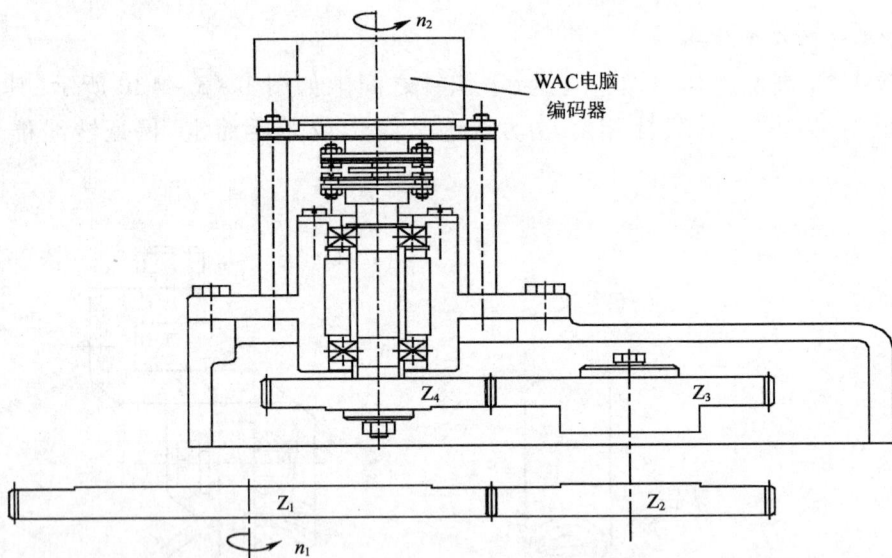

图 1 – 3 – 132　电脑编码器

四、电子选针双面多功能圆机

(一)主要技术特征

德国迈耶西公司生产的机型 OVJA 1.6ET 是采用单级电子选针装置的双面圆纬机,不仅可以编织 2~6 色双面提花织物,而且可以编织 1~2 色双面移圈提花织物。如果加装衬纬装置或毛圈装置,该机还可以编织衬纬结构或单面提花毛圈织物。该机的主要技术特征如表 1 – 3 – 69 所示。

表 1 - 3 - 69　主要技术特征

项　　目	技　术　特　征
机器型号	OVJA 1.6ET
针筒直径[mm(英寸)]	762(30)
进线路数	48
机号 E(针/2.54cm)	18
总针数	2×1680
适用原料线密度(tex)	12.2 ~ 16.7
选针机构形式	单级电子选针,可在成圈/集圈/不编织三者中进行两功位选针
最大花型范围	宽度1680纵行,高度不受限制
机器用途	编织双面提花、移圈、衬纬织物和单面提花毛圈织物
电动机功率(kW)	4
机器最高转速(r/min)	24
针筒转向	逆时针
外形尺寸(高×长×宽)(mm)	$3430 \times 5100 \times 3400$
机器重量(kg)	3500
附属装置	衬纬装置、毛圈装置、预备纱筒的立式纱架

(二)整机构造

OVJA1.6ET 型双面圆纬机整机的构造如图 1 - 3 - 133 所示,各部分和机件的名称见表 1 - 3 - 70。

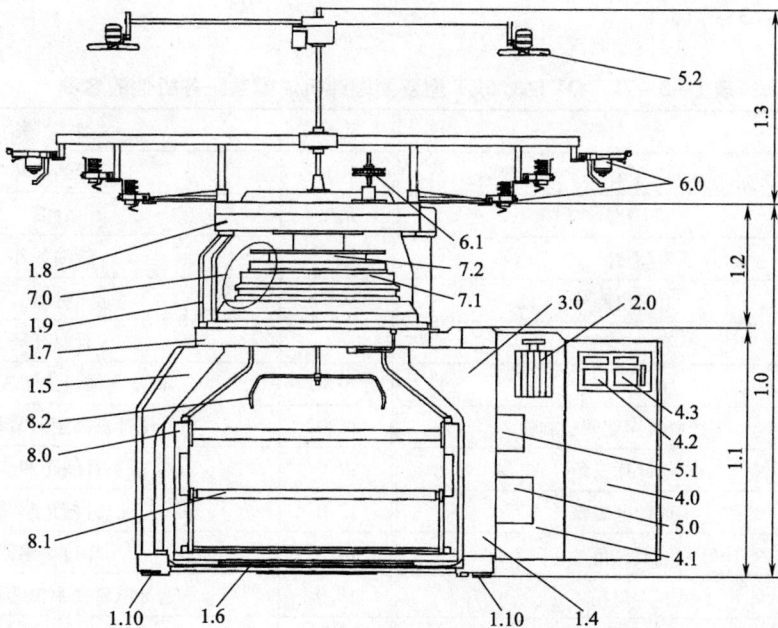

图 1 - 3 - 133　OVJA1.6ET 型双面圆纬机整机构造

表 1 - 3 - 70　整机各部分和机件的名称

代号	名　　称	代号	名　　称
1.0	机架(高度)	4.1	输纱装置供电
1.1	下机架(高度)	4.2	花型控制面板
1.2	上机架(高度)	4.3	机器控制面板
1.3	输纱部分(高度)	5.0	自动加油装置
1.4	主传动机脚	5.1	空气压缩装置
1.5	机脚	5.2	除尘风扇
1.6	地面支架及牵拉机构托环	6.0	输纱装置
1.7	针筒及下三角托环	6.1	输纱装置的传动
1.8	针盘及上三角托环	7.0	编织部分
1.9	托环支柱	7.1	针筒及下三角
1.10	调水平装置	7.2	针盘及上三角
2.0	主电动机	8.0	牵拉机构
3.0	传动系统	8.1	卷取机构
4.0	电控箱	8.2	扩布装置

此机器也是采用交流变频无级调速系统来达到不同的运行速度。其传动机构的组成与工作原理与前述的拨片式双面提花圆机的相似。

(三)成圈等机件及其配置

1.成圈系统组成

OVJA1.6ET 型双面圆纬机成圈系统的组成及其各机件的配置如图 1 - 3 - 134 所示。各机件的名称见表 1 - 3 - 71。

表 1 - 3 - 71　OVJA1.6ET 型双面圆纬机成圈系统各机件的名称

代号	名　　称	代号	名　　称
1.0	下针	7.1	导纱器环
2.0	选针片	8.0	针筒
3.0	上针	8.1	针筒托环
4.0	下三角部分	9.0	针盘
4.1	下三角托环	9.1	针盘托环
4.2	织针三角	10.0	同步与滞后成圈调节装置
4.3	下针弯纱深度调节旋钮	11.0	针盘高度调节装置
4.4	选针片三角	12.0	上下针间距调节装置
5.0	选针电磁铁	13.0	针槽传感器
6.0	上三角	14.0	零位传感器
6.1	上三角托环	15.0	选针电磁铁及传感器的供电
6.2	上针弯纱深度调节旋钮	16.0	防护罩
7.0	导纱器及支架		

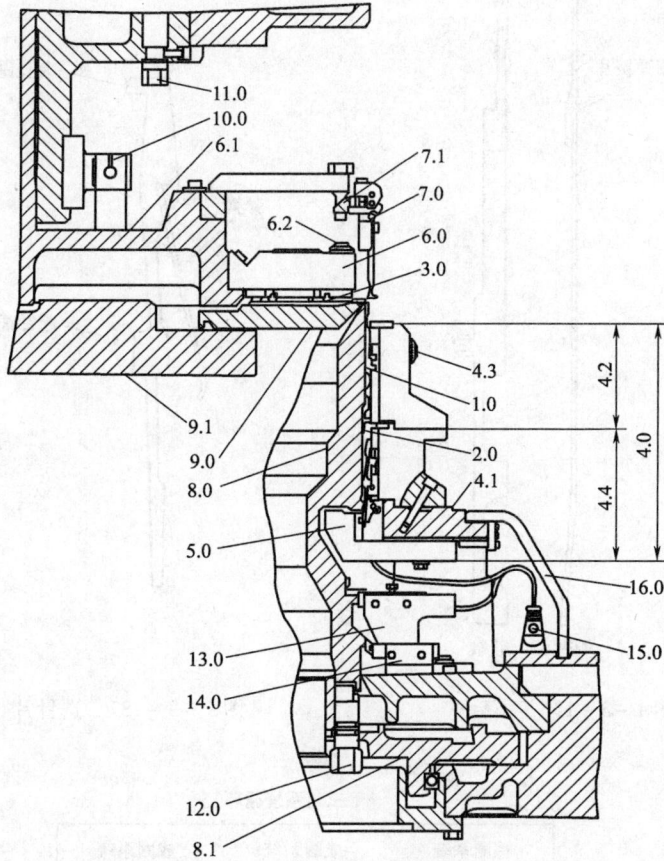

图 1 - 3 - 134 OVJA1.6ET 型双面圆纬机成圈系统组成

2. 织针及选针片形式

上针、下针和选针片的形式分别如图 1 - 3 - 135 ~ 图 1 - 3 - 137 所示。

3. 三角配置及主要工艺参数

（1）下三角系统：下三角系统的配置如图 1 - 3 - 138 所示，一个循环包括两个成圈系统和一个移圈系统。

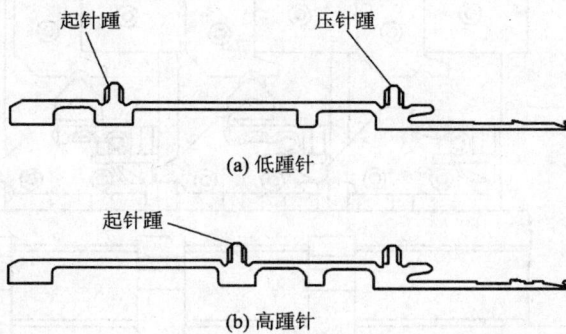

(a) 低踵针

(b) 高踵针

图 1 - 3 - 135 上针

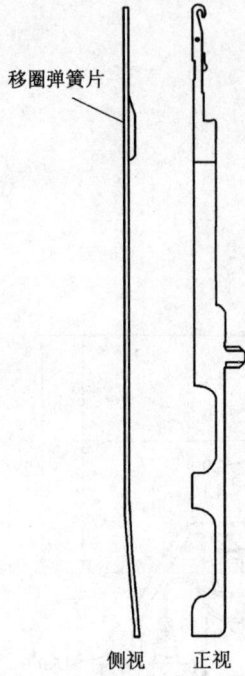

图 1 - 3 - 136　下针

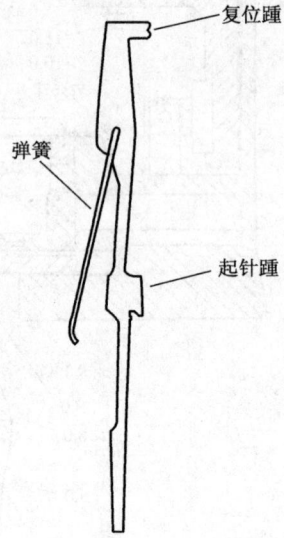

图 1 - 3 - 137　选针片

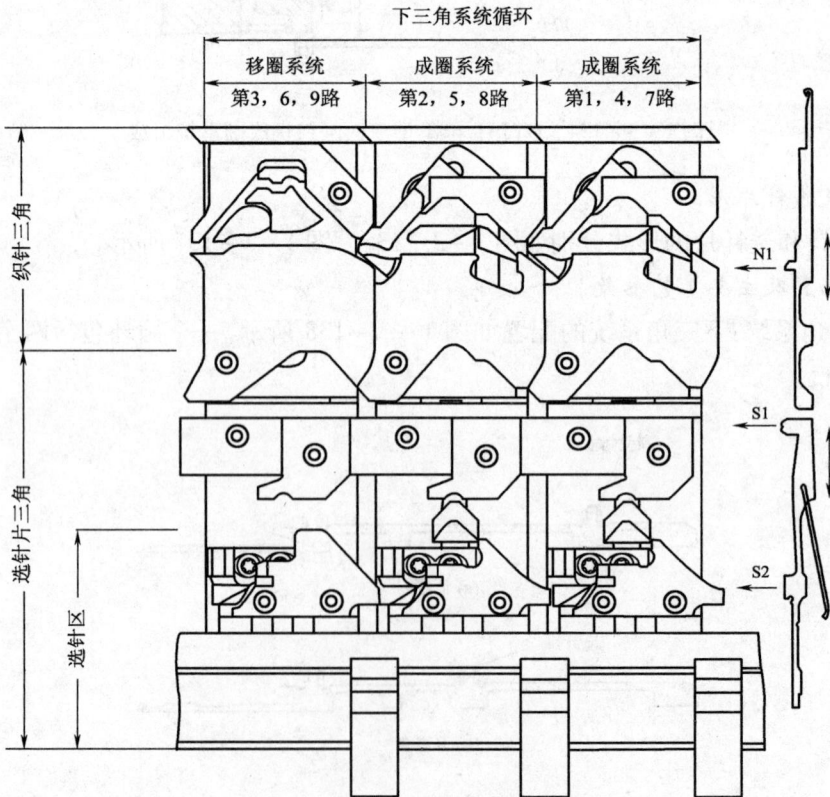

图 1 - 3 - 138　下三角系统配置

　　进行成圈/集圈编织时的织针三角和选针片三角的形式分别如图1-3-139和图1-3-140所示。其中选针片在位置Ⅰ～Ⅴ的工作原理如图1-3-141所示。在位置Ⅰ，选针片被径向复位三角推向选针电磁铁。在位置Ⅱ，如果电磁铁未通电，则选针片被电磁铁吸住（握持），其片踵不走上起针三角，上方的织针不编织。在位置Ⅲ，如果电磁铁通电，则选针片被推离电磁铁，其片踵走上起针三角，上方的织针成圈或集圈。在位置Ⅳ，如果选针片挺针变换三角转至低位，走上起针三角的选针片不再上升，使其上方的织针不完全退圈，即进入集圈位置。在位置

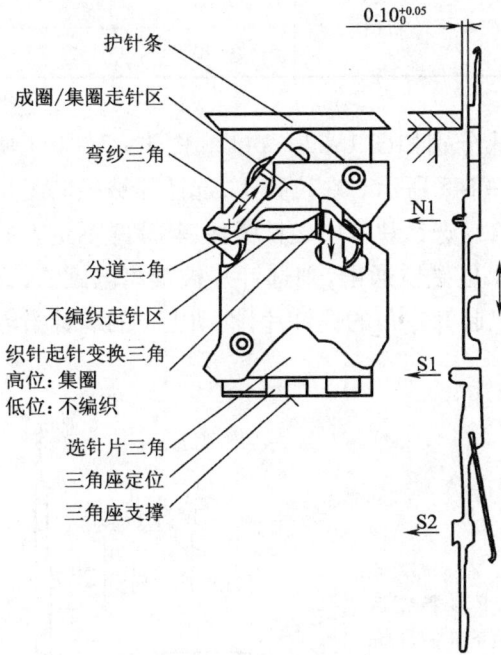

图1-3-139　成圈/集圈编织时的织针三角

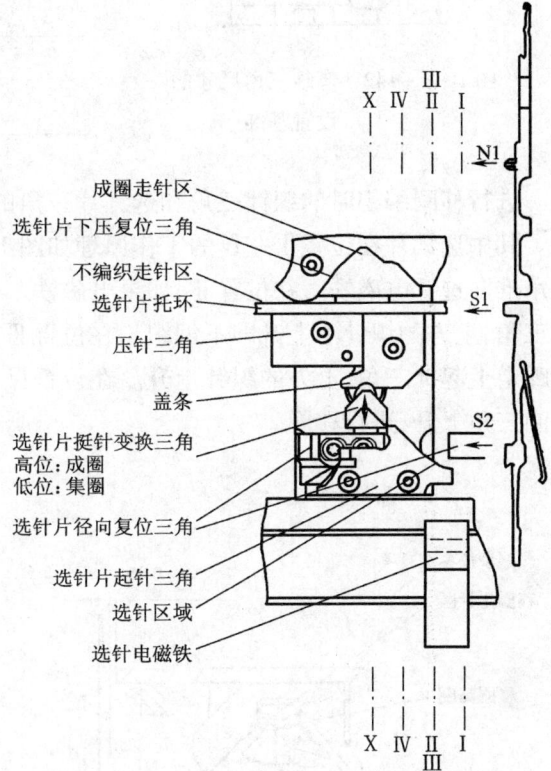

图1-3-140　成圈/集圈编织时的选针片三角

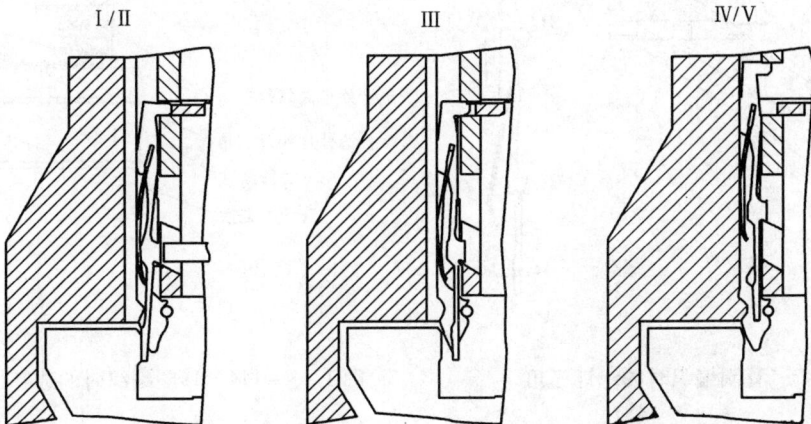

图1-3-141　选针片在不同位置时的选针编织原理

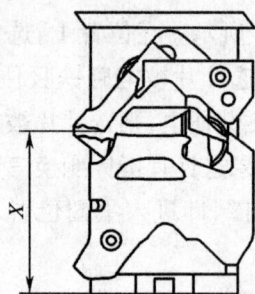

图 1-3-142　弯纱三角尺寸的
设置基准

Ⅴ,如果选针片挺针变换三角转至高位,走上起针三角的选针片进一步上升,使其上方的织针正常退圈,即进入成圈位置。

各路弯纱三角的设置尺寸如图 1-3-142 和表 1-3-72 所示。

表 1-3-72　弯纱三角的设置尺寸

成圈区域	$X(mm)$	刻度设定
标准的 E14~E16 机型	51.00	1
	49.20	21

进行移圈编织时的织针三角和选针片三角的形式分别如图 1-3-143 和图 1-3-144 所示。其中选针片在位置 Ⅰ~Ⅳ的工作原理如图 1-3-145 所示。在位置 Ⅰ,选针片被径向复位三角推向选针电磁铁。在位置 Ⅱ,如果电磁铁未通电,则选针片被电磁铁吸住,其片踵不走上起针三角,上方的织针不上升即不编织。在位置 Ⅲ,如果电磁铁通电,则选针片被推离电磁铁,其片踵走上起针三角,上方的织针上升。在位置 Ⅳ,走上起针三角的选针片,推动上方的织针沿着移圈三角上升,进行移圈。

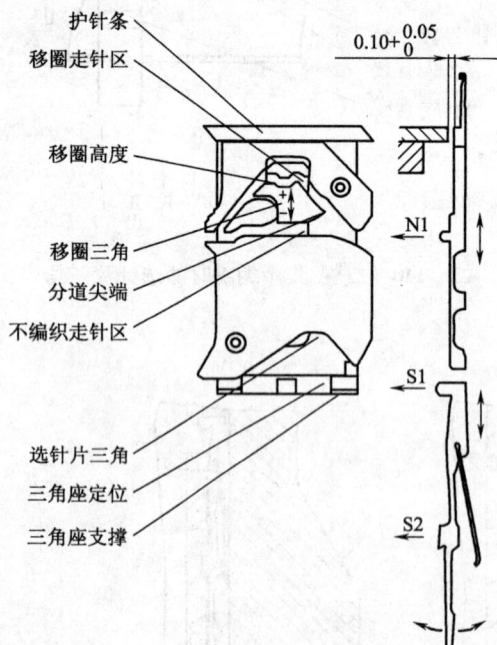

图 1-3-143　移圈编织时的织针三角

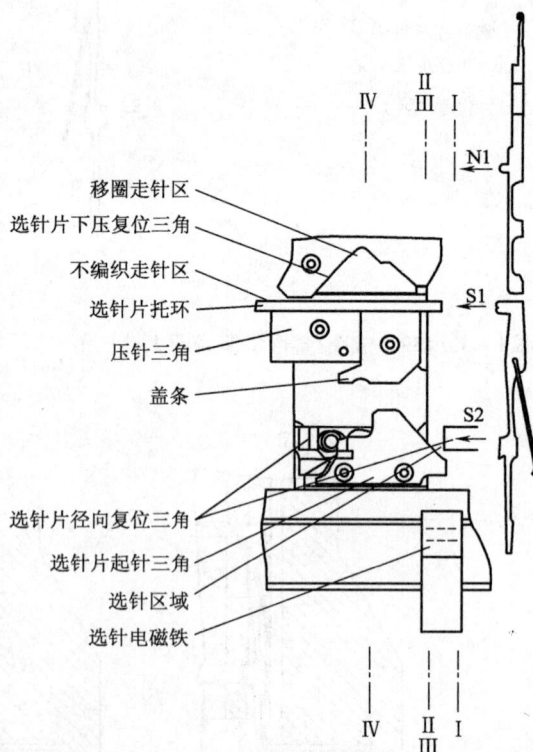

图 1-3-144　移圈编织时的选针片三角

用于移圈的选针片起针三角还可以更换为用于成圈的选针片起针三角,如图 1-3-146 所示。

I / II　　　　　　III　　　　　　IV

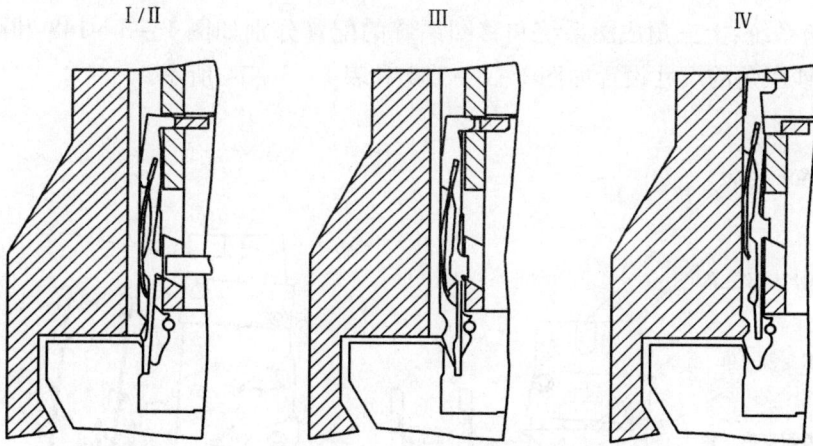

图 1 – 3 – 145　选针片在不同位置时的选针移圈原理

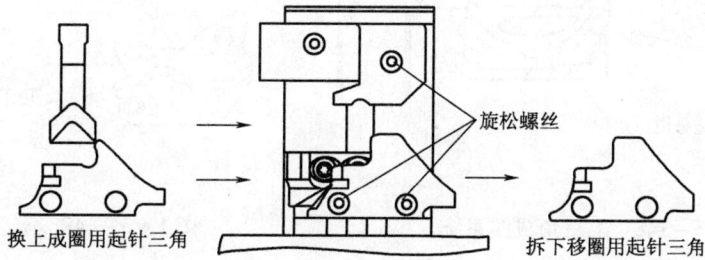

旋松螺丝

换上成圈用起针三角　　　　　　拆下移圈用起针三角

图 1 – 3 – 146　更换移圈为成圈的选针片起针三角

移圈系统的移圈三角的设置尺寸如图 1 – 3 – 147 和表 1 – 3 – 73 所示。

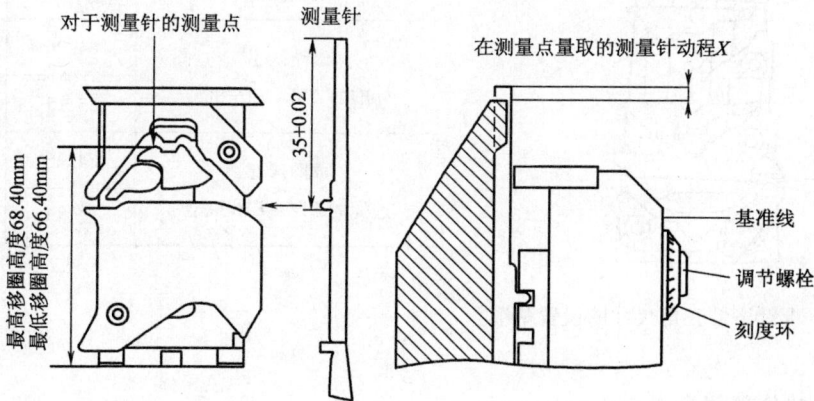

对于测量针的测量点　　测量针

在测量点量取的测量针动程 X

$35+0.02$

最高移圈高度68.40mm
最低移圈高度66.40mm

基准线

调节螺栓

刻度环

图 1 – 3 – 147　移圈三角尺寸的测量方法

表 1 – 3 – 73　移圈三角的设置尺寸

机　号	针的动程 X(mm)	刻度环设置值	机　号	针的动程 X(mm)	刻度环设置值
$E14 \sim E16$	0.60	15	$E18$	0.50	15

（2）上三角系统：上三角成圈系统和移圈系统的配置分别如图 1 - 3 - 148 和图 1 - 3 - 149 所示。上针弯纱三角的尺寸设置如图 1 - 3 - 150 和表 1 - 3 - 74 所示。

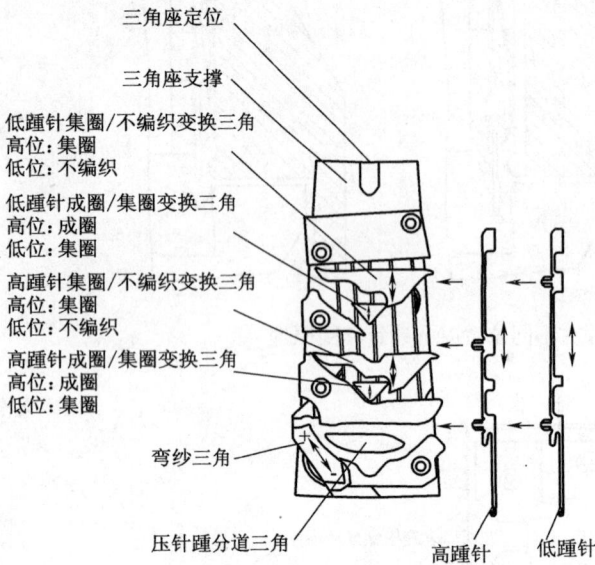

图 1 - 3 - 148　上三角成圈系统

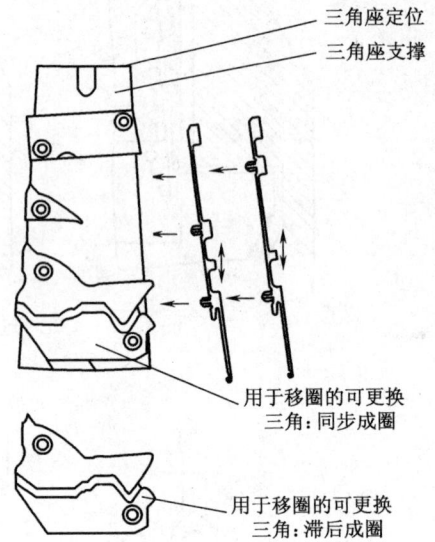

图 1 - 3 - 149　上三角移圈系统

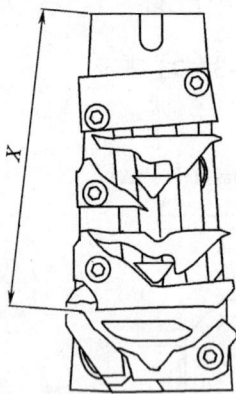

图 1 - 3 - 150　上针弯纱三角尺寸的设置基准

表 1 - 3 - 74　上针弯纱三角的设置尺寸

成圈三角	X(mm)	刻度设定
成圈区 I	84.96	0
标准的 $E14 \sim E16$ 机型	83.15	19
成圈区 II	84.25	0
选配的 $E14 \sim E16$ 机型	82.45	19

4. 上下织针对位的调整要求

上下织针对位的调整点如图 1 - 3 - 151 所示。

在调整上下织针对位到移圈位置时，要确保上针正好位于由下针针杆与移圈弹簧片形成的扩圈空间的中央，如图 1 - 3 - 152 所示。

在调整上下织针的滞后/同步成圈对位时，首先应根据需要设置上针可更换三角（图 1 - 3 - 149），然后调整滞后/同步成圈装置，使针盘上读数表的读数达到规定的要求，如图 1 - 3 - 153 所示。

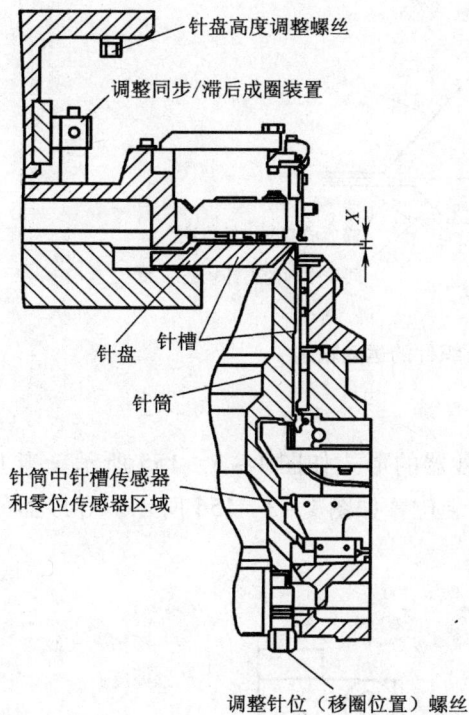

针盘高度调整螺丝
调整同步/滞后成圈装置
针槽
针盘
针筒
针筒中针槽传感器
和零位传感器区域
调整针位（移圈位置）螺丝

图 1 - 3 - 151　上下织针对位的调整点

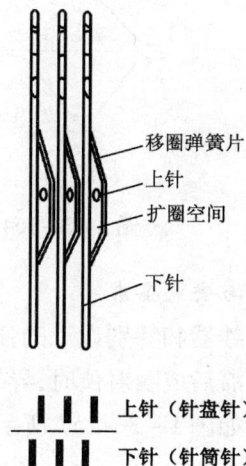

移圈弹簧片
上针
扩圈空间
下针

||| 上针（针盘针）

||| 下针（针筒针）

图 1 - 3 - 152　移圈时上下织针的对位

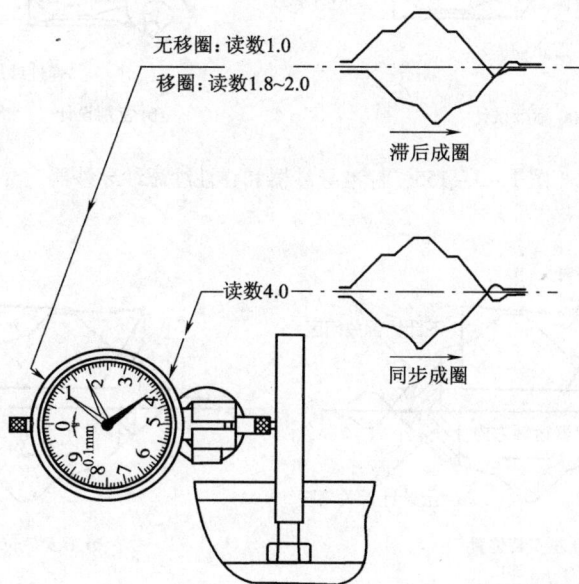

无移圈：读数1.0
移圈：读数1.8~2.0

滞后成圈

读数4.0

同步成圈

图 1 - 3 - 153　滞后/同步成圈的调整

在移圈系统,滞后/同步成圈时上下织针的运动轨迹如图 1 - 3 - 154 所示。

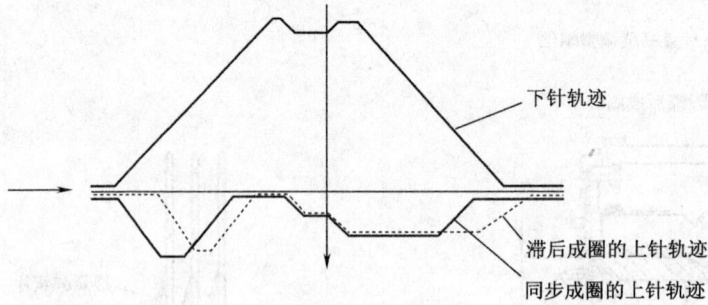

图 1 - 3 - 154　移圈系统上下织针的运动轨迹

5.导纱器形式与安装要求

标准设计的导纱器和特别设计的弹性纱添纱导纱器的形式如图 1 - 3 - 155 所示。当上下针处于同步成圈和滞后成圈对位时,导纱器的左右安装位置如图 1 - 3 - 156 所示。导纱器的高低和径向安装位置如图 1 - 3 - 157 所示。

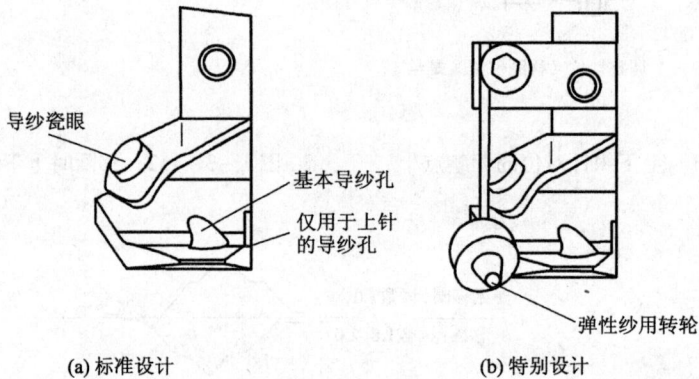

(a) 标准设计　　　　　　　(b) 特别设计

图 1 - 3 - 155　标准导纱器和弹性纱添纱导纱器

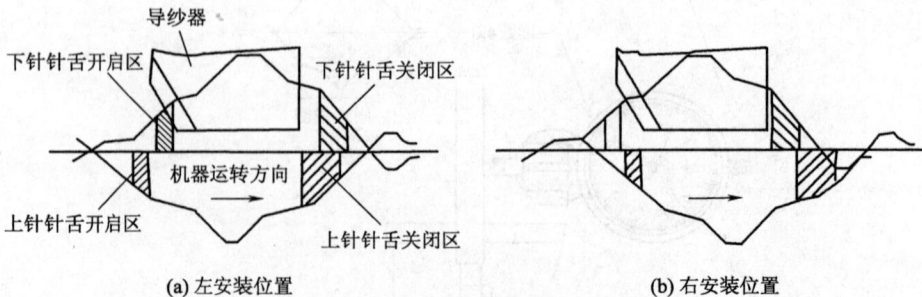

(a) 左安装位置　　　　　　　(b) 右安装位置

图 1 - 3 - 156　导纱器的左右安装位置

该机还可以根据需要选配衬纬纱导纱器,该导纱器的安装要求如图 1 - 3 - 158 所示,不成圈的衬纬纱垫放在上针和下针的针背。

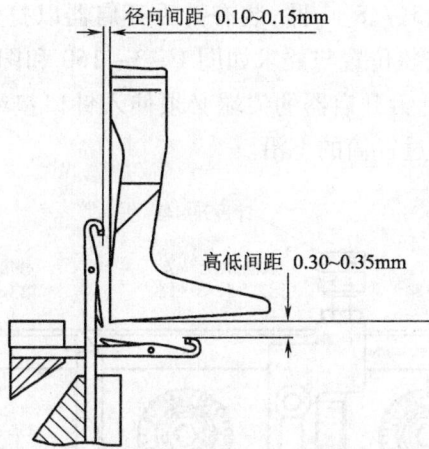

图 1 – 3 – 157　导纱器的径向和高低安装位置

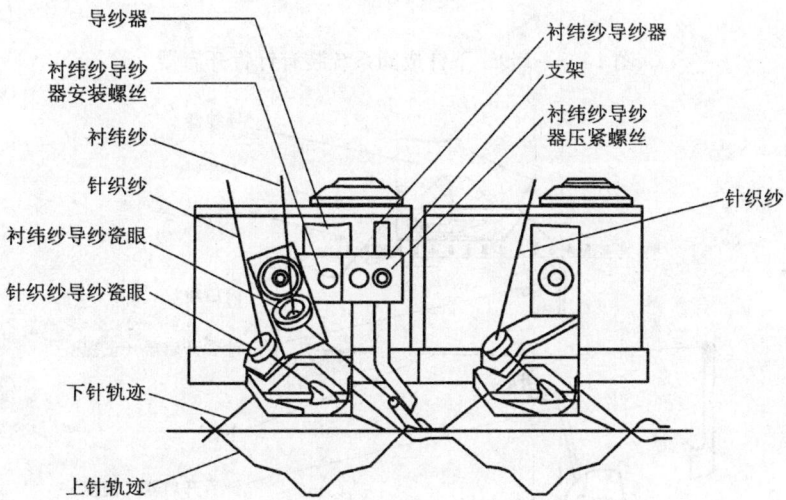

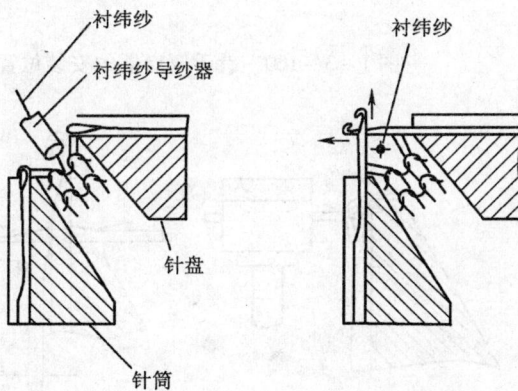

图 1 – 3 – 158　衬纬纱导纱器的安装要求

6.下针针舌开启器的安装要求

　　在下针成圈系统第1、2、4、5、7、8、…路,装有针舌开启器以打开退圈织针的针舌,如图1-3-159所示。针舌开启器的安装位置与要求如图1-3-160和图1-3-161所示。其中位置Ⅰ-Ⅰ表示下针开始退圈时,针舌开启器的尖端必须伸入针口垫纱空间的中央;位置Ⅱ-Ⅱ表示针舌开启器的上沿不可以超过针筒的上沿。

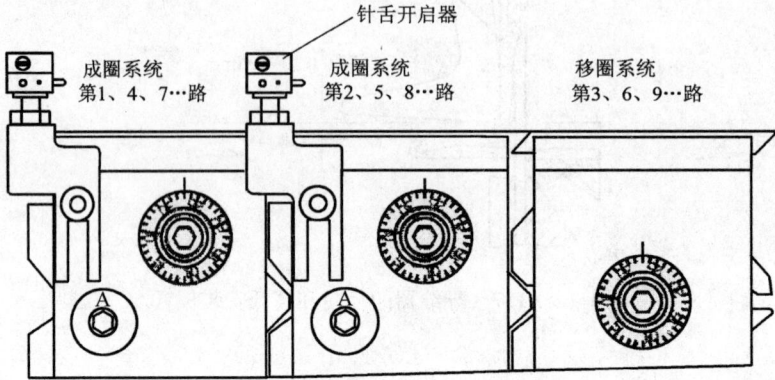

图1-3-159　下针成圈系统装有针舌开启器

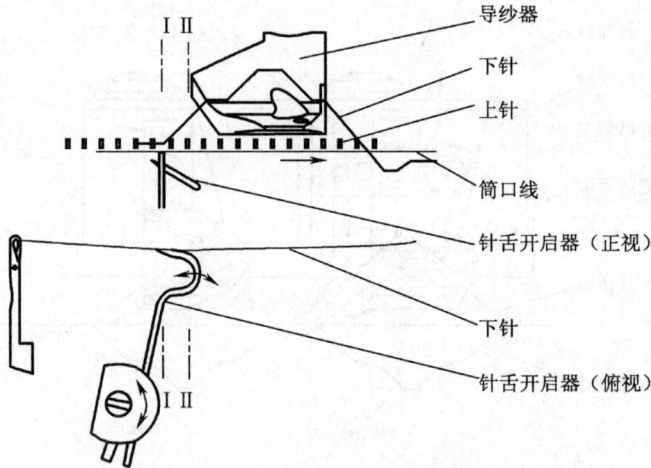

图1-3-160　针舌开启器的安装位置

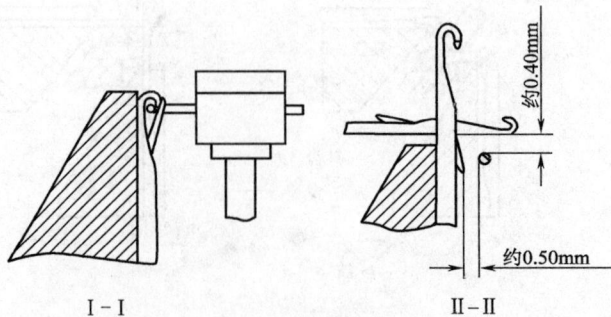

图1-3-161　针舌开启器的安装要求

7. 上针针舌压下装置的安装要求

为了确保编织某些复杂结构时移圈的可靠性,该机安装了上针针舌压下装置以防止针舌关闭太早。针舌压下装置的安装要求如图 1 - 3 - 162 所示,开启和关闭的针舌不可以撞击或擦伤压下装置。

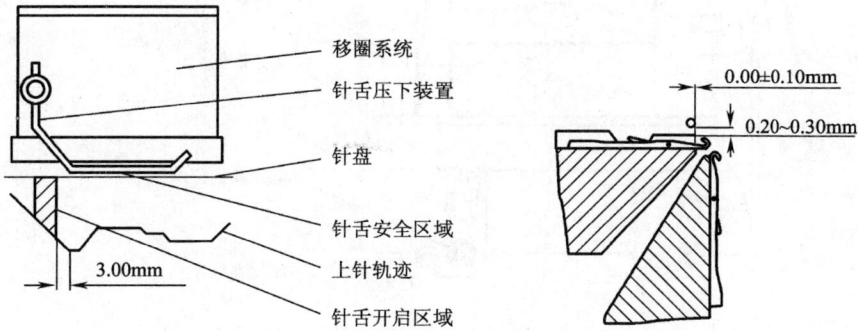

图 1 - 3 - 162　针舌压下装置的安装要求

(四)选针装置及工作原理

1. 选针装置结构

OVJA1.6ET 双面圆纬机采用单级电子选针器的选针装置的结构如图 1 - 3 - 163 和图 1 - 3 - 164 所示。

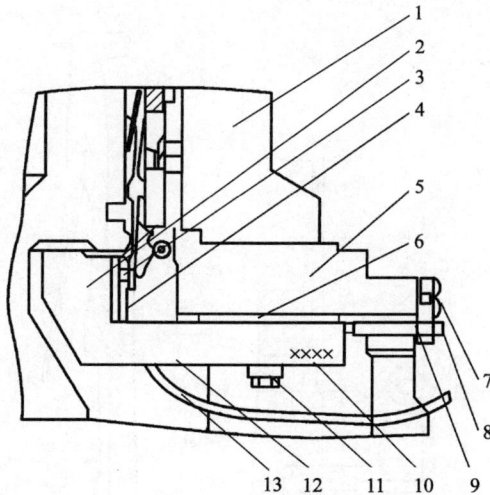

图 1 - 3 - 163　OVJA1.6ET 双面圆纬机选针装置的结构(剖视图)

1—选针片三角座　2—选针电磁铁　3—磁极靴　4—选针片监测传感器　5—三角底板
6—中间板　7—压紧螺丝　8—电磁铁定位螺丝　9—托架　10—电磁铁序列号
11—带弹簧垫圈和垫片的压紧螺丝　12—电磁铁托架　13—电磁铁和传感器供电

三角座

选针片径向复位三角

选针片选择区

三角底板

压紧螺丝

托架

电磁铁定位螺丝

安装螺丝

电磁铁托架

系统编号
（同电磁铁编号）

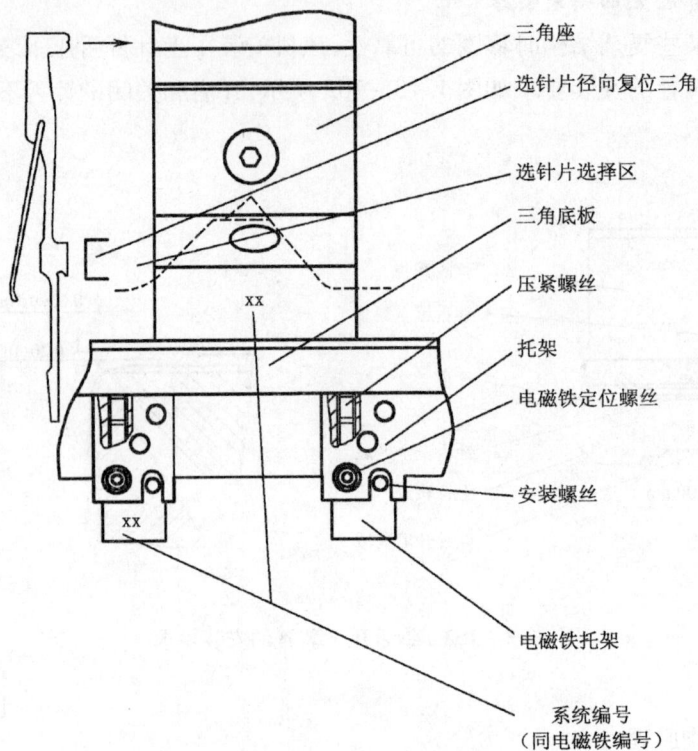

图 1 - 3 - 164 选针装置的结构（正视图）

2. 选针区

选针区及相关机件的配置如图 1 - 3 - 165 和图 1 - 3 - 166 所示。

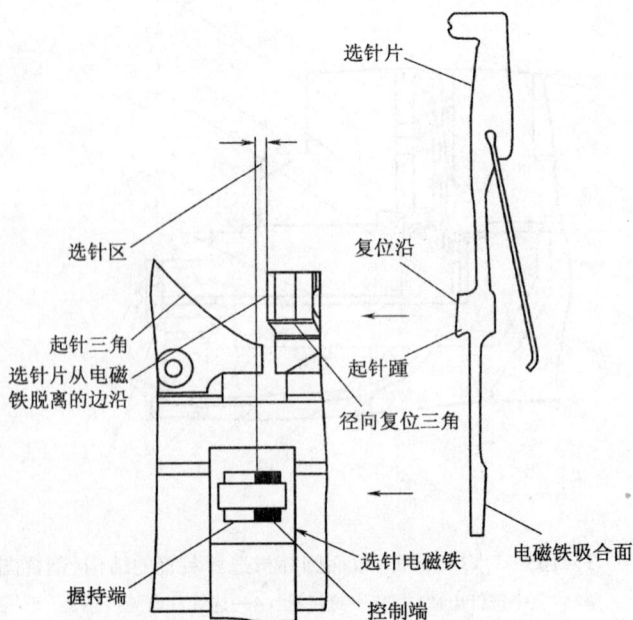

选针片

选针区

复位沿

起针三角

起针踵

选针片从电磁
铁脱离的边沿

径向复位三角

握持端

选针电磁铁

控制端

电磁铁吸合面

图 1 - 3 - 165 选针区（正视图）

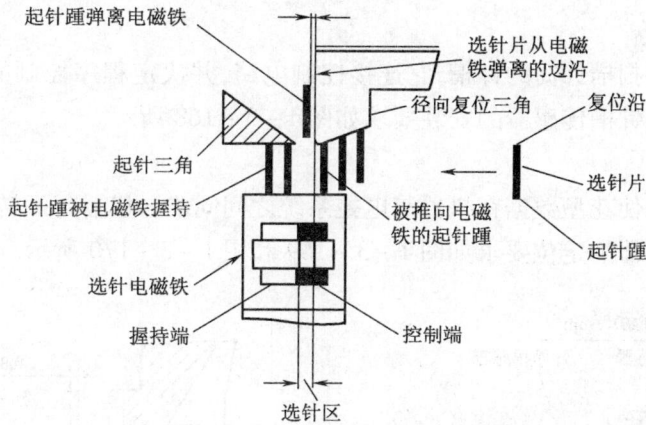

图 1 - 3 - 166　选针区(俯视图)

3. 选针原理

图 1 - 3 - 167 显示了选针原理,其中除第一个分图为正视图外,其余五个分图均为俯视图。在位置Ⅰ,所有选针片被径向复位三角推向选针电磁铁的控制端,并被后者吸合。在位置Ⅱa,选针片移出复位三角的边沿,电磁铁的选针区未得电,选针片被电磁铁握持端握持并移向位置Ⅲ。在位置Ⅱb,选针片移出复位三角的边沿,电磁铁的选针区得电,选针片弹离电磁铁握持端并移向位置Ⅳ。在位置Ⅲ,选针片未走上起针三角而是从其内表面水平走过,其上方的织针不编织。在位置Ⅳ,选针片走上起针三角,其上方的织针编织。

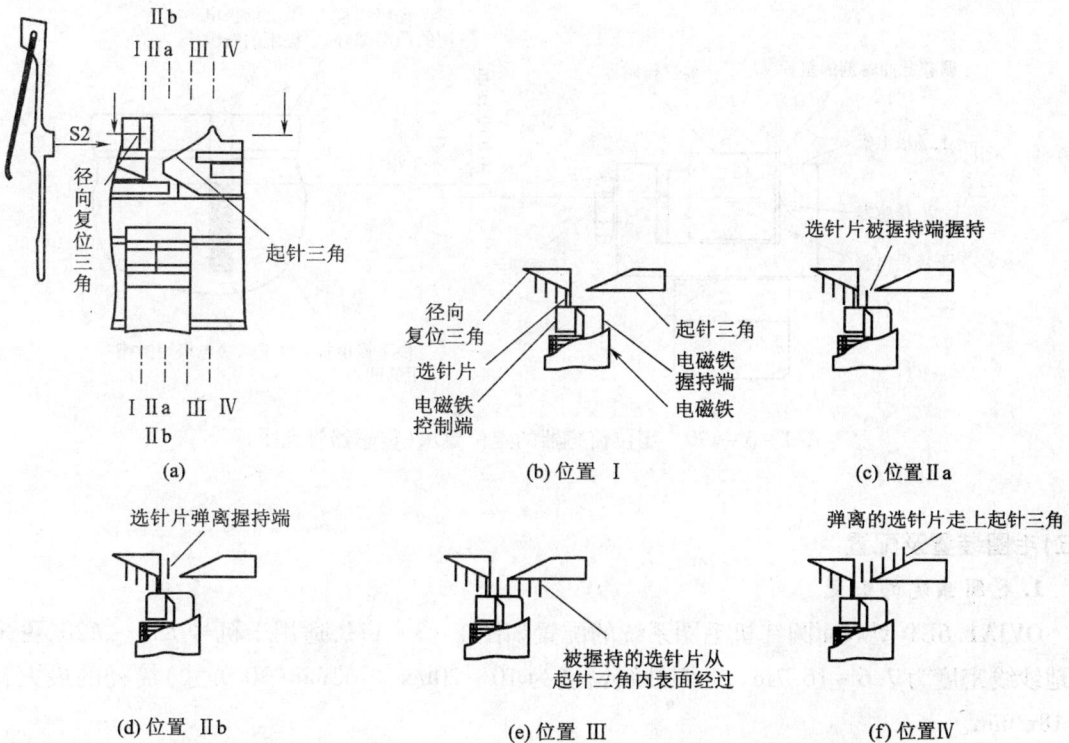

图 1 - 3 - 167　选针原理

4. 针槽传感器

针槽传感器用来扫描针筒的针槽,它连接控制电路,并决定程序控制的开关电脉冲信号何时触发选针电磁铁。针槽传感器的安装要求如图 1 - 3 - 168 所示。

5. 零位传感器

零位传感器用来使花型数据在机器与电控系统之间同步。机器每一转,它发送一个脉冲给电控系统。零位传感器的定位要求如图 1 - 3 - 169 和图 1 - 3 - 170 所示。

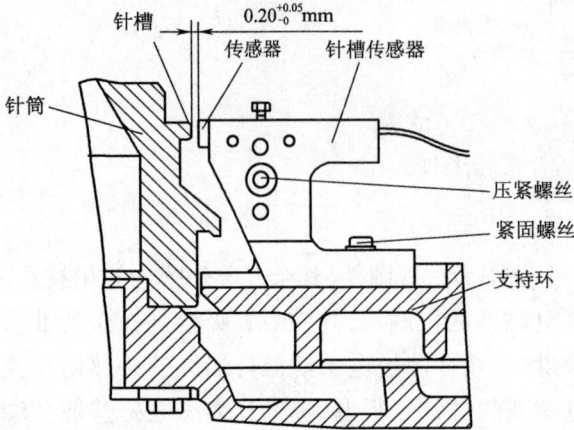

图 1 - 3 - 168　针槽传感器的安装要求

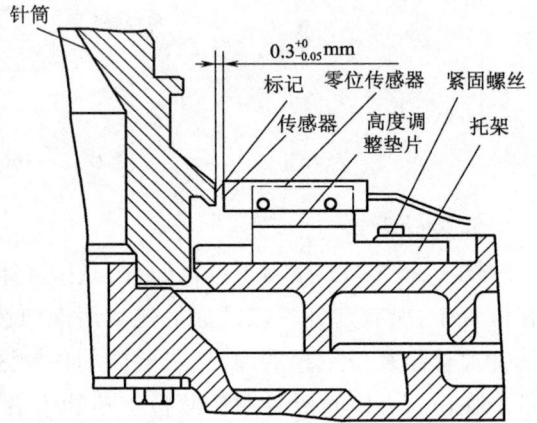

图 1 - 3 - 169　零位传感器相对针筒的定位要求

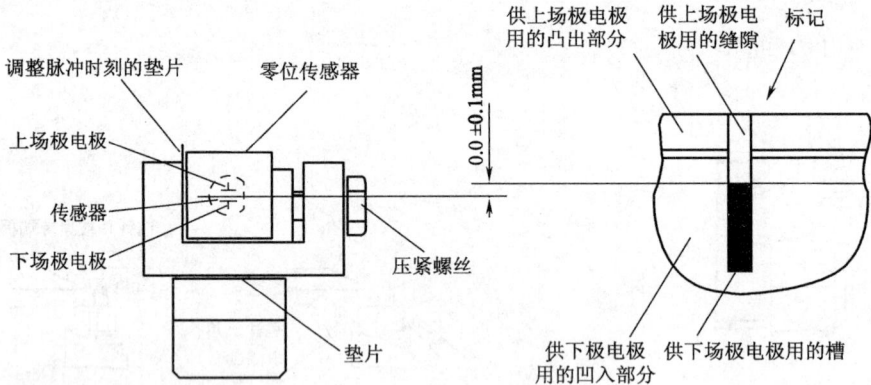

图 1 - 3 - 170　零位传感器的定位要求(传感器侧视图)

(五)毛圈装置及配置

1. 毛圈系统的配置

OVJA1.6ET 型双面圆纬机毛圈系统的配置如图 1 - 3 - 171,适用于机号 $E14 \sim E20$,可采用的地纱线密度为 7.6 ~ 16.7tex,毛圈纱线密度为 10 ~ 20tex。762mm(30 英寸)筒径的最大转速为 18r/min。

2. 变换部件的调整要求

变换部件和底板等的调整要求如图 1 - 3 - 172 所示。

系统编排

奇数系统
不穿纱

偶数系统穿
地纱与毛圈纱

上三角超前成圈
弯纱三角读数6

针盘高度 2.8

地纱导纱器

握持机件
（根据线圈长度设置X）

压下部件

脱下毛圈系统　编织毛圈系统

针舌开启器

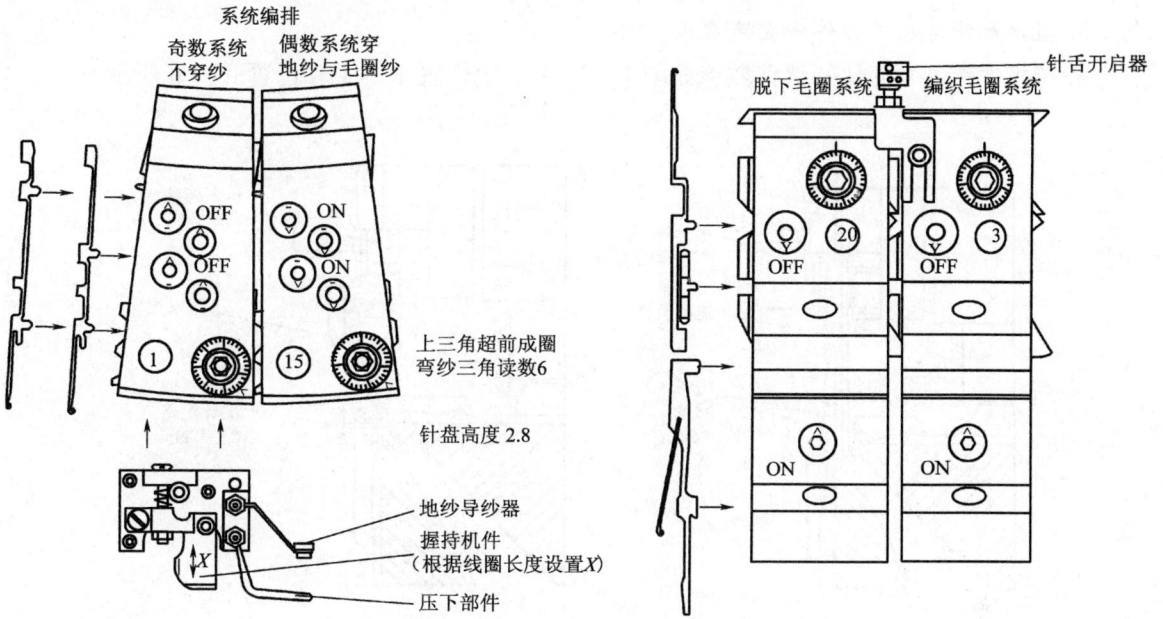

图 1-3-171　毛圈系统的配置

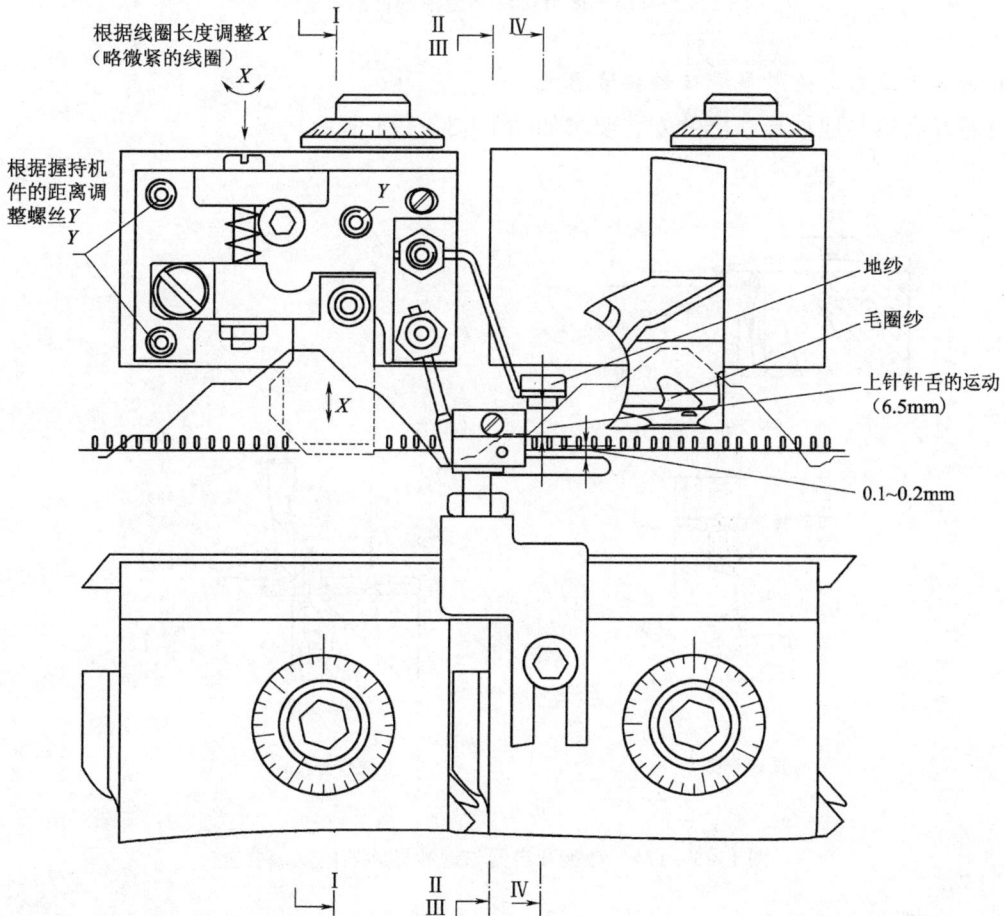

根据线圈长度调整X
（略微紧的线圈）

根据握持机
件的距离调
整螺丝Y

地纱

毛圈纱

上针针舌的运动
（6.5mm）

0.1~0.2mm

图 1-3-172　变换部件的调整要求

3.握持机件与压下部件的安装要求

握持机件和压下部件的调整要求如图 1 – 3 – 173 中位置 Ⅰ—Ⅰ 和位置 Ⅱ—Ⅱ 所示。

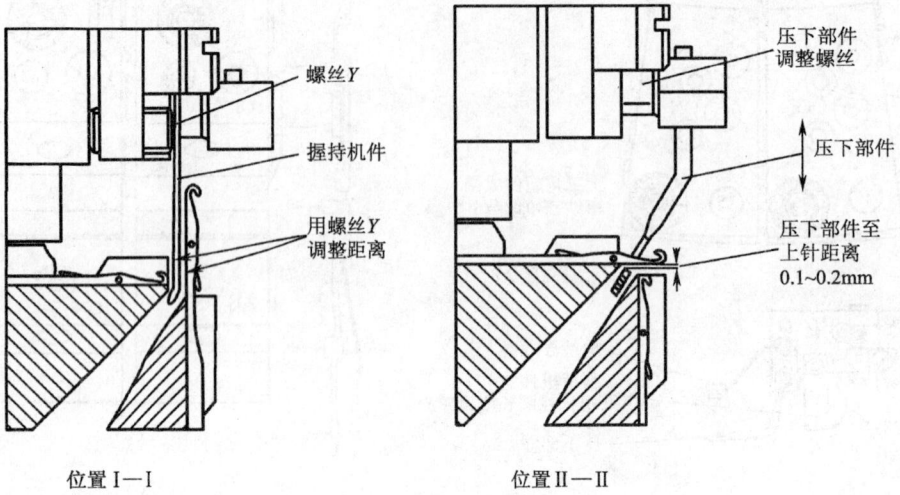

位置Ⅰ—Ⅰ　　　　　　　　　位置Ⅱ—Ⅱ

图 1 – 3 – 173　握持机件和压下部件的安装要求

4.针舌开启器与地纱导纱器的安装要求

针舌开启器与地纱导纱器的安装要求如图 1 – 3 – 174 所示。

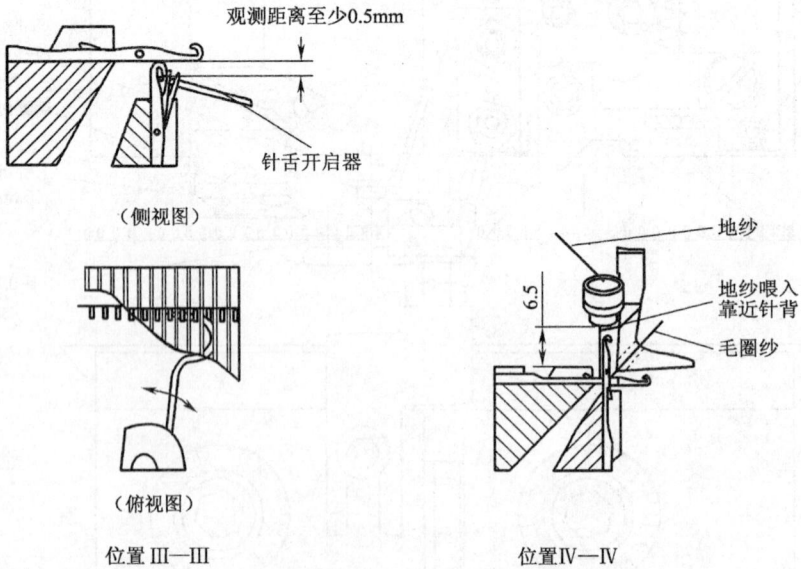

（侧视图）

位置Ⅲ—Ⅲ　　　　　　　　　位置Ⅳ—Ⅳ

图 1 – 3 – 174　针舌开启器与地纱导纱器的安装要求

5.毛圈导纱器的安装要求

毛圈导纱器的安装要求如图 1 – 3 – 175 所示。

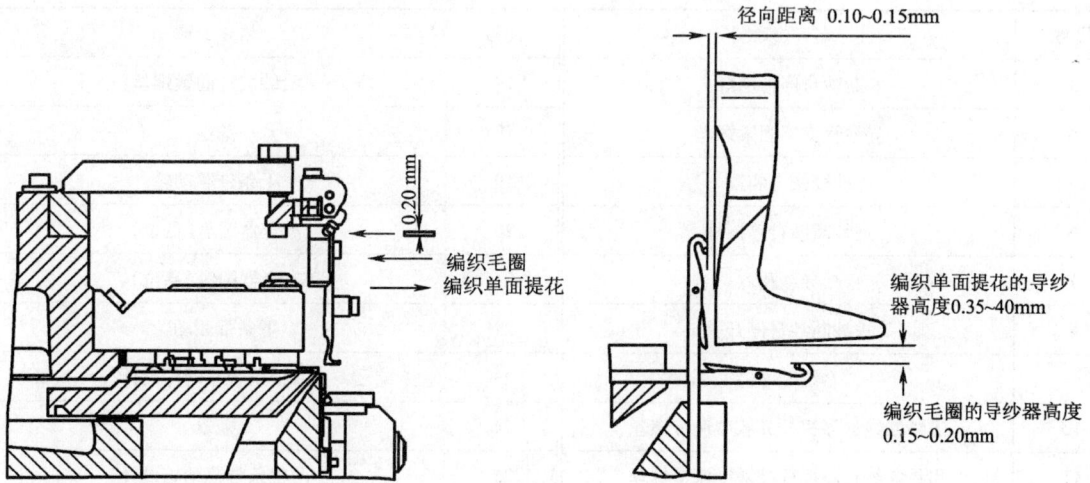

径向距离 0.10~0.15mm

0.20 mm

编织毛圈
编织单面提花

编织单面提花的导纱
器高度0.35~40mm

编织毛圈的导纱器高度
0.15~0.20mm

图 1 – 3 – 175　毛圈导纱器的安装要求

6.单面提花毛圈编织原理

如图 1 – 3 – 176 所示,在奇数路不垫纱,所有下针上升脱去毛圈,上针则握持住线圈不编织;在偶数路,下针根据花型选针上升,垫入毛圈纱形成毛圈,而上针则垫入地纱和毛圈纱形成地布。

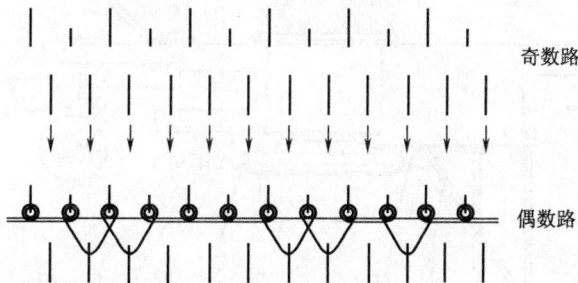

奇数路

偶数路

图 1 – 3 – 176　单面提花毛圈编织原理

(六)给纱机构

1.贮存式积极给纱装置的结构与尺寸

贮存式积极给纱装置的结构如图 1 – 3 – 177 所示,各部分的名称见表 1 – 3 – 75。

表 1 – 3 – 75　给纱装置各部分的名称

代号	名　　称	代号	名　　称
1	纱线导入孔	14	出纱断纱自停开关
1.1	导纱管支架	15	第二出纱支架
2	粗纱节探测器	16	连接电源

代号	名　称	代号	名　称
3	断纱自停指示灯	17	给纱装置固紧螺丝
4	导纱管支架固紧螺丝	18	基座
5	纱线张力装置	19	上条带驱动轮
6	进纱断纱自停探杆	20	离合器圆盘(低位)
7	导纱孔	21	离合器圆盘(高位)
8	进纱断纱自停开关	22	下条带驱动轮
9	卷绕贮纱轮	23	一根条带驱动轮设计
10	进纱断纱自停探杆灵敏度调节螺丝	24	盖罩
11	出纱断纱自停探杆灵敏度调节螺丝	25	两根条带驱动轮设计
12	第一出纱支架	26	贮纱轮盖环(附件)
13	出纱断纱自停探杆	27	杆笼状卷绕贮纱轮(附件)

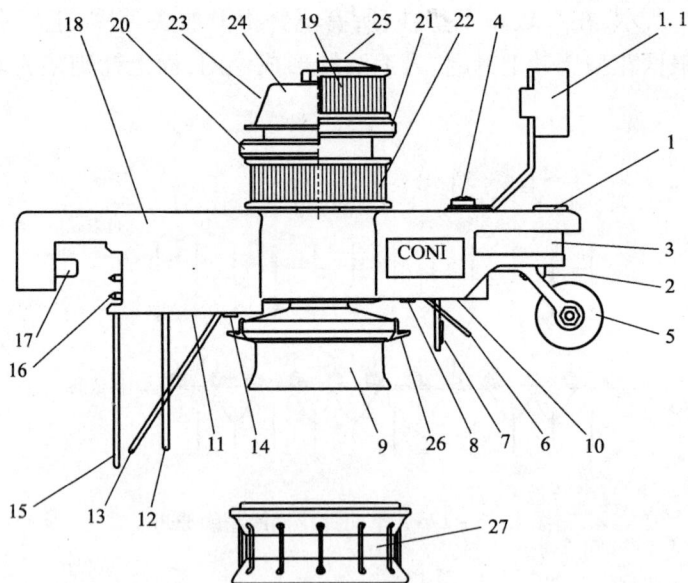

图1-3-177　贮存式积极给纱装置的结构

该给纱装置的安装尺寸如图1-3-178所示。

2. 条带的传动

图1-3-179显示了给纱装置条带的传动,机器的主电动机经过一系列的传动机件来提供驱动动力。

3. 给纱速度的调整

(1)调速盘:调速盘的外形与尺寸如图1-3-180所示。旋松螺母1,按照所需方向(顺时针或逆时针)转动圆盘2便可改变调速盘的传动半径,螺丝3用于更换不同大小的调速盘。

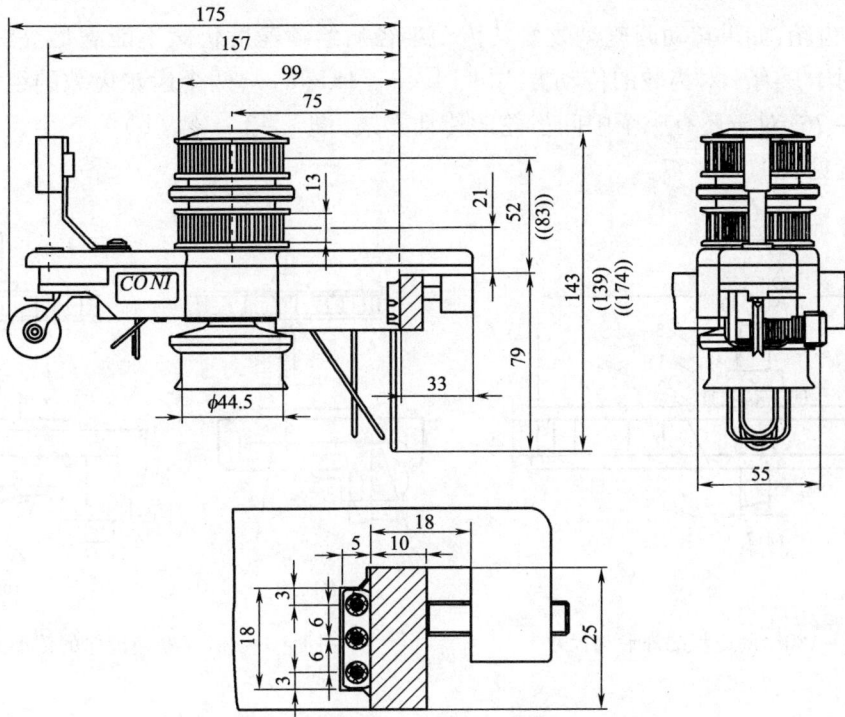

图 1 - 3 - 178 给纱装置的安装尺寸

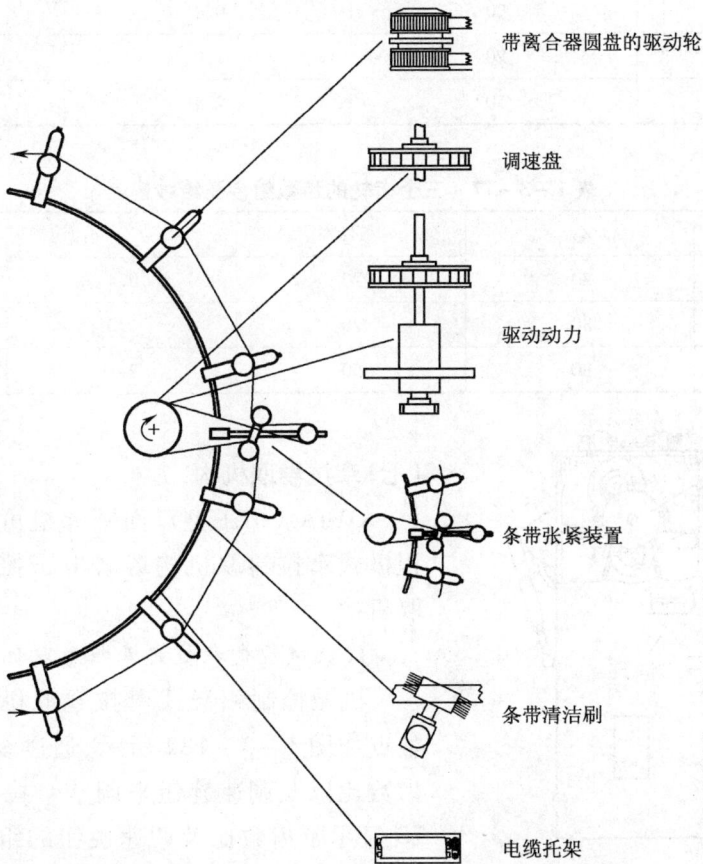

图 1 - 3 - 179 条带的传动

（2）变换齿轮：如果转动调速盘改变其传动半径后给纱速度仍然不能满足要求，可以更换传动齿轮。对于只有一对齿轮的传动方式[图1－3－181（a）]，两个齿轮齿数的组合及给纱速度见表1－3－76；对于还有一个中间齿轮的传动方式[图1－3－181（b）]，三个齿轮齿数的组合及给纱速度见表1－3－77。

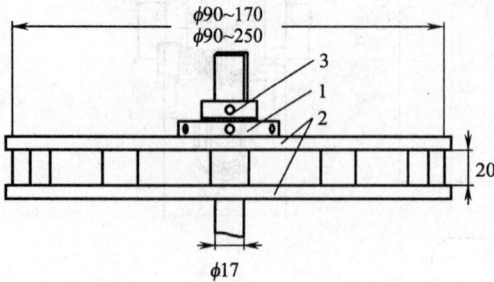

图1－3－180　调速盘的外形与尺寸

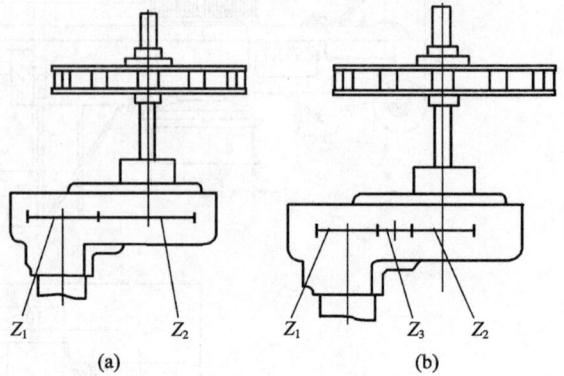

图1－3－181　变换齿轮的传动方式

表1－3－76　两个齿轮的齿数组合及给纱速度

Z_1	Z_2	$i = Z_2/Z_1$	给纱速度
50	20	0.4	最大
20	20	1.0	中
20	50	2.5	最小

表1－3－77　三个齿轮的齿数组合及给纱速度

Z_1	Z_2	Z_3	$i = Z_2/Z_1$	给纱速度
50	20	20	0.4	最大
20	30	20	1.0	中
20	30	50	2.5	最小

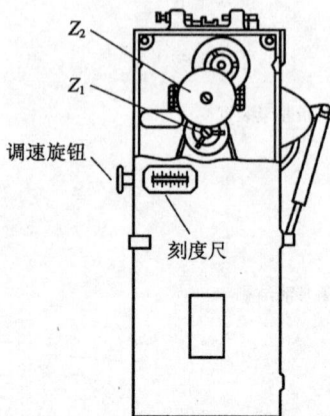

图1－3－182　牵拉速度的调整点

（七）牵拉卷取机构

OVJA1.6ET型双面圆纬机可以配置机械控制积极式牵拉卷取机构或者电子控制积极式牵拉卷取机构。

1. 机械控制积极式牵拉卷取机构

机械控制积极式牵拉卷取机构牵拉速度的调整点如图1－3－182所示，通过改变齿轮Z_2/Z_1的齿数比以及调速旋钮来调整牵拉速度。表1－3－78显示了齿数比及调速旋钮的组合与牵拉速度的对应关系。

表1-3-78　齿数比及调速旋钮的组合与牵拉速度对应关系

调速旋钮刻度	齿数比 Z_2/Z_1							
	106/20	98/28	86/40	72/54	54/72	40/86	28/98	20/106
	牵拉速度(mm/针筒一转)							
0	5.0	8.0	12.0	19.0	34.0	54.0	88.0	133.0
5	6.0	9.0	14.0	22.0	40.0	63.0	103.0	156.0
10	7.0	10.0	16.0	25.0	46.0	72.0	118.0	179.0
15	7.5	11.0	18.0	29.0	51.0	82.0	133.0	201.0
20	8.0	13.0	20.0	32.0	57.0	91.0	148.0	224.0
25	9.0	14.0	22.0	35.0	63.0	100.0	163.0	247.0
30	10.0	15.0	24.0	38.0	69.0	109.0	178.0	270.0
35	11.0	16.0	26.0	42.0	75.0	118.0	193.0	292.0
38	11.5	17.0	27.0	44.0	78.0	124.0	202.0	305.0

牵拉速度的计算公式如下:

$$A_M = \frac{C_R \times T_F \times 10}{P_B}$$

式中:A_M——牵拉速度,mm/针筒一转;

$\quad$ C_R——编织速度,横列/针筒一转;

$\quad$ T_F——张力因数[由织物牵伸率,最小1.02(2%),最大1.25(25%)];

$\quad$ P_B——织物纵密,横列/cm。

除了以上的人工计算外,还可以在机器的控制面板上输入机器中参加工作的系统数、编织每一横列所需的系统数、织物纵密,直接获得计算结果(牵拉速度、齿数比以及调速旋钮的刻度值)。实际操作时,需要检查机上织物的松紧(牵拉张力)。

2. 电子控制积极式牵拉卷取机构

该机构由计算机程序控制电动机进行牵拉。设置时只需在机器的控制面板上输入机器中参加工作的系统数、编织每一横列所需的系统数、织物纵密、张力因数,计算机程序将控制电动机自动进行牵拉。如遇输入参数所获得的控制牵拉速度超出了允许范围(牵拉速度特快或特慢的情况),则需要更换传动齿轮,并在控制面板上修改传动齿轮的齿数。

五、部分型号提花圆纬机

表1-3-79列出了目前国内外一些知名针织机械制造厂商生产的部分双面提花圆纬机的机型及主要技术特征。

表1-3-79　部分型号双面提花圆纬机主要技术特征

生产厂商	德国迈耶西	德国得乐	日本福原	中国台湾佰龙	中国台湾凹凸	西班牙珍宝家
型号	OVJA 1.6EE	UCC 572	V-LEC4DSI	PL-KDDSCJ	WD/1.8F-SCMJ	DJE-6
机号 E (针/25.4mm)	18~28	14~32	12~22	18~24	16~28	18~28

续表

生产厂商	德国迈耶西	德国得乐	日本福原	中国台湾佰龙	中国台湾凹凸	西班牙珍宝家
筒径 [mm(英寸)]	762~965 (30~38)	762~965 (30~38)	762~965 (30~38)	762~1067 (30~42)	762~965 (30~38)	762~864 (30~34)
系统数(路/ 英寸筒径)	1.6	2.4	1.6	1.5~1.6	1.8	1.6
针筒表面线 速度(m/s)	0.8	0.95	0.8	0.7	0.8	0.8
上针盘针道数	1	2	1	1	2	2
上三角变换		三功位			三功位	三功位
选针机构 技术特点	下针筒和上针盘均采用两功位单级电子选针	下针筒采用压电式8级三功位电子选针	下针筒采用三功位单级电子选针,上针盘采用两功位单级电子选针	下针筒采用压电式三功位电子选针,上针盘采用压电式二功位电子选针	下针筒采用压电式8级三功位电子选针	下针筒采用压电式8级三功位电子选针
输纱机构	储存消极式 CONI SEP 03	储存消极式 SFE	储存消极式 SFE	储存消极式 SFE	储存消极式 SFE	储存消极式 SFE
牵拉卷取机构	摩擦皮带加齿轮驱动连续式,无级调速	力矩电动机驱动,无级调速	可选配齿轮式(有级调速)或力矩电动机驱动式(无级调速)	可选配齿轮式(有级调速)或力矩电动机驱动式(无级调速)	可选配齿轮式(有级调速)或力矩电动机驱动式(无级调速)	力矩电动机驱动,无级调速

第七节　调线机

可以在各种圆纬机(多针道机、毛圈机、衬垫机、提花机等)的基础加装四色或六色调线装置而制成调线机,调线装置有机械控制和电脑控制两种,现在后者已成为主流。调线机能编织具有彩横条、凹凸横条纹等效应的织物,但一般并不改变原有圆纬机的编织功能和织物的组织结构。

一、六色调线单面提花圆纬机
(一)主要技术特征

国产 SQJ181 型六色调线单面提花圆纬机的技术特征见表 1－3－80 所示。

表 1－3－80　主要技术特征

机　　型	SQJ181
针筒直径[mm(英寸)]	762(30)
进线路数	48/72
转速(r/min)	22

续表

机　型	SQJ181		
机号 E（针数/25.4mm）	24		
总针数	2304		
原料	棉纱、混纺纱、腈纶纱、涤纶丝、锦纶丝		
编织织物	单针道基于4路的结构,单网孔和双网孔,单面汗布,拉绒,扭锁状花纹布,2线抓绒,不规则集圈织物,特殊斜纹织物。所有的织物都有变色效果		
机器外形尺寸长×宽×高（mm）	2200×1700×1900		
机器重量（kg）	净重	约3200	
	毛重	约3480	
包装尺寸（mm）	宽	2780	
	高	2180	
	长	2180	

（二）传动系统

SQJ181 型六色调线单面提花圆纬机传动系统与 SQJ121 型单面四针道圆纬机的相同,传动简图可参见图 1－3－3。

（三）成圈与选针机件及其配置

1. 成圈系统的组成

SQJ181 型六色调线单面提花圆纬机成圈系统的组成如图 1－3－183 所示,主要包括下针

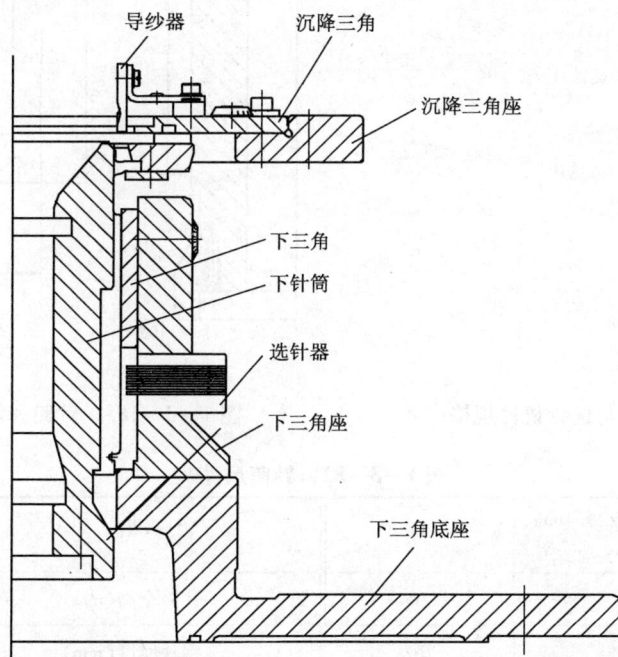

图 1－3－183　成圈系统组成

筒、下三角、下三角座、下三角底座、选针器、沉降三角座、沉降三角和导纱器等组成。其主要成圈和选针机件为织针、提花片、挺针片和沉降片。

2.成圈与选针机件及其配置

(1)成圈与选针机件型号及规格:织针型号见表1-3-81,规格如图1-3-184所示。

表1-3-81 织针型号

名　　称	机号 E(针/25.4mm) 18,20,22,24	名　　称	机号 E(针/25.4mm) 18,20,22,24
下针织	AG07211	挺针片	AK10521
沉降片	AP02911	提花片	AK117T65~68

(2)针筒和钢片规格:针筒和钢片规格如图1-3-185所示,具体尺寸如表1-3-82所示。通常针筒与三角保持0.18~0.25mm的间隙。

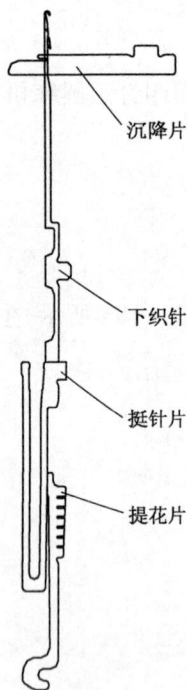

图1-3-184 成圈与选针机件规格　　　　图1-3-185 针筒和钢片规格

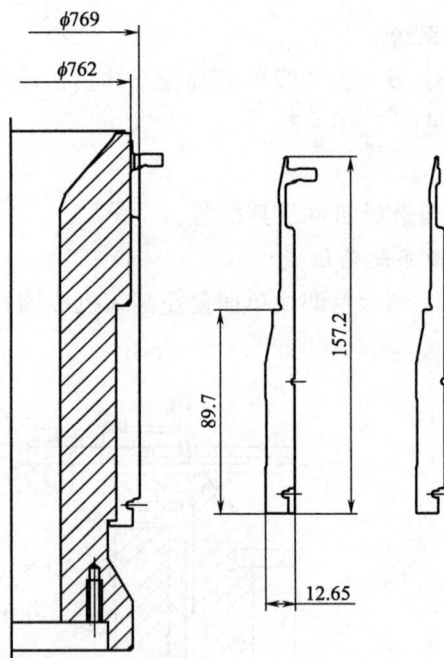

表1-3-82 针筒尺寸

项　目	机号 E(针/25.4mm) 24	项　目	机号 E(针/25.4mm) 24
针槽数	2304	针筒全高(mm)	212
槽底直径(mm)	762	钢片厚度(mm)	0.50
针槽宽度(mm)	0.50		

（3）三角：SQJ181 型六色调线单面提花机三角采用分块式针道设计,具有严格控制织针轨迹和减少织针对三角冲击力的作用。图 1 – 3 – 186 所示为下三角内径展开与选针器、导纱器间的相互关系,以及编织单面调线织物时各工艺点位置。

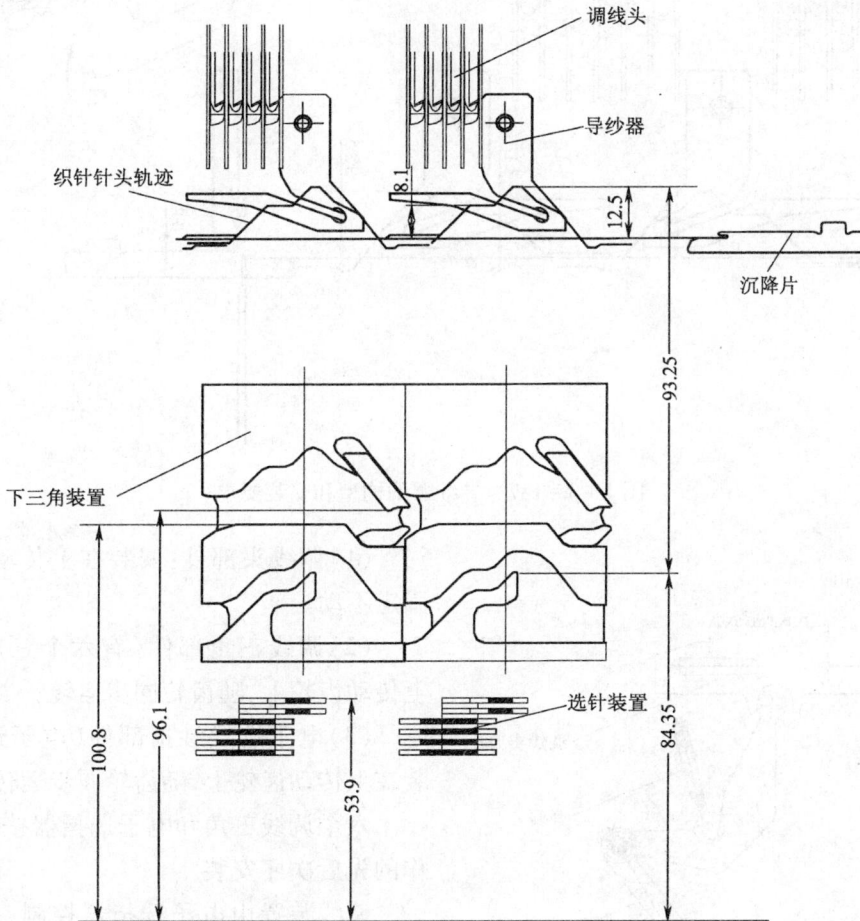

图 1 – 3 – 186　下三角等装置及各工艺点位置

下三角只有一个针道,通过外部拨片式选针装置来实现成圈、集圈和平挡的三功位选针编织。

三角的调节结构与其他机型类似,均可以通过各自独立的调节凸轮进行单独的调整,以适应不同织物的需要。

（4）导纱器:导纱器的构型和安装要求如图 1 – 3 – 187 所示。

（四）调线装置结构和工作原理

SQJ181 型六色调线单面提花圆纬机的调线装置是立式安装,其结构如图 1 – 3 – 188 所示。调线功能的实现是依靠以下三个部件协同工作。

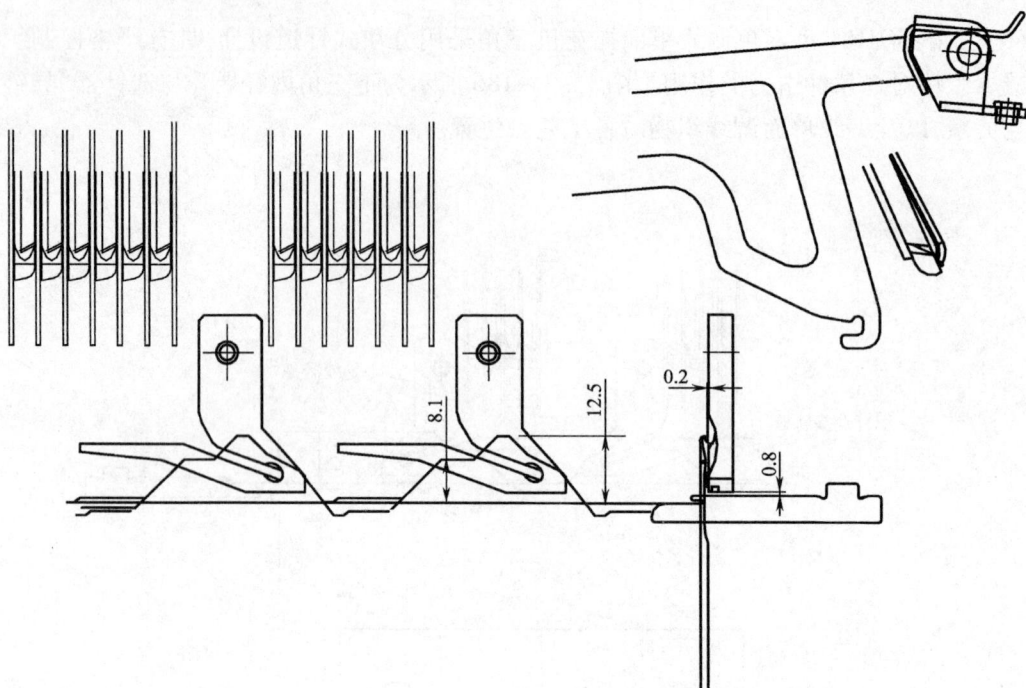

图 1 – 3 – 187 导纱器的构型和安装要求

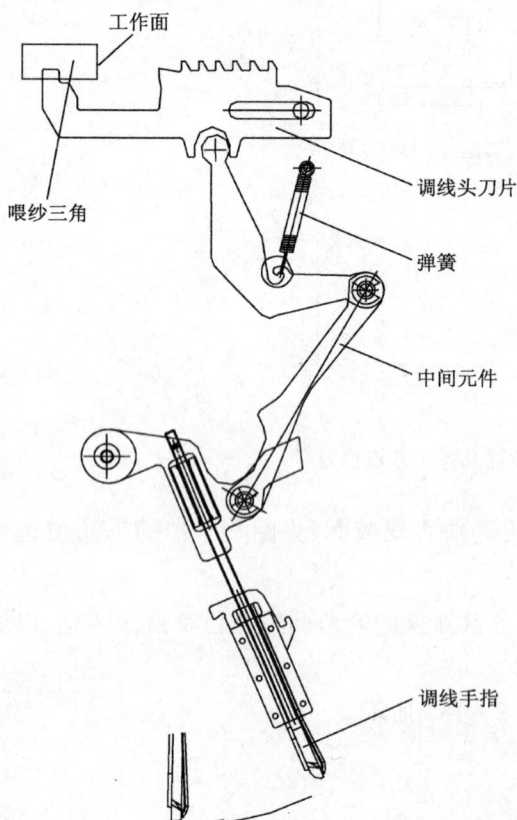

.图 1 – 3 – 188 调线装置结构和工作原理

（1）调线头部件：安装在上传动齿轮座上，固定不动。

（2）调线三角部件（有六个三角）：安装在上传动齿轮上，随齿轮同步运转。

（3）电子选导纱指部件（电子选指器）：安装在上传动齿轮上，随齿轮同步运转。

六个调线三角和电子选指器按照其参与工作的先后次序安装。

调线装置由电子选指器控制，后者受电控箱里的计算机软件控制。调线的工作过程大致如下：计算机发出控制信号到电子选指器，电子选指器的使某个选针头动作，带动调线头中相对应的选指刀片动作，选指刀片的后续一系列动作由调线三角控制，通过调线头中间传动零件，最后控制调线头的调线手指动作，实现调线。

（五）主要上机工艺参数

SQJ181 型六色调线单面提花圆纬机编织单面调线织物的主要上机工艺参数见表 1 – 3 – 83。

表 1 – 3 – 83　主要上机工艺参数

织物结构	单　面	织物结构	单　面
机号 E(针/25.4mm)	24	毛坯布线圈长度	300mm/100 枚针
原料	18.2tex 棉纱	毛坯布克重(g/m²)	约150
幅宽(cm)	92×2	转速(r/min)	22

（六）其他机构与装置

1. 给纱机构

SQJ181 型六色调线单面提花圆纬机给纱机构与 QJZ076 型双面 2＋4 针道圆纬机的给纱机构相同。

2. 牵拉卷取机构

牵拉卷取机构的构造如图 1 – 3 – 189 所示。由计算机控制伺服电动机,通过一系列齿轮传动而进行恒张力牵拉,牵拉张力的大小可根据织物的不同要求设置。卷取速度是由卷布压辊根据卷取量自动调节。

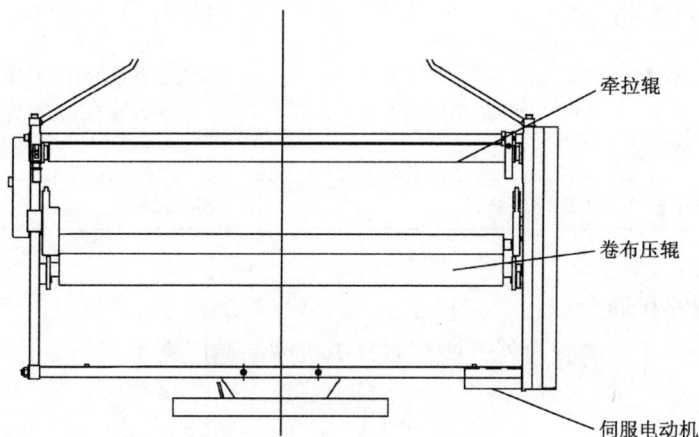

图 1 – 3 – 189　牵拉卷取机构

3. 主要辅助装置

（1）漏针、断纱、失张自停器:SQJ181 型六色调线单面提花圆纬机与 SQJ121 型单面四针道圆纬机的相同。

（2）吹尘装置:SQJ181 型六色调线单面提花圆纬机与 SQJ121 型单面四针道圆纬机的吹尘装置相同。

（3）喷雾加油装置:SQJ181 型六色调线单面提花圆纬机与 QJZ076 型双面 2＋4 针道圆纬机的喷雾加油相同。

（七）疵点产生原因及消除方法

SQJ181 型六色调线单面提花圆纬机疵点产生原因及消除方法见表 1 – 3 – 84。

表1-3-84　疵点产生原因及消除方法

疵点名称	产生原因	消除方法
破洞	1.导纱器安装位置不正确 2.卷布架卷取张力大 3.针舌歪斜、针舌不灵活、针头毛 4.进纱张力过大 5.纱线粗细不匀	1.调整导纱器位置 2.调整卷布张力 3.换针 4.调整纱线张力 5.换质量好的纱线
漏针	1.导纱器安装位置不正确 2.三角走针面有较大磨损痕迹 3.卷布张力太松 4.针舌和针钩不平齐、针舌不闭或针头变形 5.纱线张力不匀	1.调整导纱器位置 2.换三角 3.调整卷布张力 4.换针 5.调整纱线张力
花针	1.卷布张力太松 2.针舌歪、针舌不灵活 3.织针进筒口尺寸太小 4.纱线条干不均匀	1.调整卷布张力 2.换针 3.调整压针三角 4.换条干均匀的纱线
横路条子	1.进纱量不一致 2.各路压针三角压针深度不一致 3.粗细纱	1.检查各输纱器送纱情况 2.调整各路三角压针深度使其保持一致 3.调换纱
稀路针	针槽内油棉过多,将针垫起	清除油棉

二、部分型号调线圆纬机简介

表1-3-85列出了目前国内外一些知名针织机械制造厂商生产的部分调线圆纬机的机型及主要技术特征。

表1-3-85　部分型号调线圆纬机主要技术特征

生产厂商	德国迈耶西	德国得乐	日本福原	中国台湾佰龙	中国台湾凹凸	西班牙珍宝家
型号与机器名称	Relanit 1.6 ER	I3P4F142	V-LEC4BY	PL-KESCS6-V	WD/1.4F-SACJ	SJE-4L
机号 E (针/25.4mm)	14~28	12~28	18~28	14~28	16~22	16~28
筒径 [mm(英寸)]	660~864 (26~34)	762~864 (30~34)	762~914 (30~36)	660~1067 (26~42)	762~965 (30~38)	660~864 (26~34)
系统数(路/英寸筒径)	1.6	1.4	1.3~1.6	1.8	1.4	1.4~1.6
针筒表面线速度(m/s)	0.8	1	0.9	1	0.7	0.8

续表

生产厂商	德国迈耶西	德国得乐	日本福原	中国台湾佰龙	中国台湾凹凸	西班牙珍宝家
编织部分技术特点	下针筒三功位电子选针,单面提花,沉降片相对运动	下针筒二针道/上针盘二针道双面机,三功位变换三角	下针筒三功位电子选针,上针盘二针道三功位变换三角,双面提花	单面四针道,三功位变换三角	下针筒三功位电子选针,上针盘二针道三功位变换三角,双面提花	下针筒三功位电子选针,单面提花
调线装置的技术特点	电子控制四色调线	电子控制四色调线	电子控制四色调线	电子控制六色调线	电子控制六色调线	电子控制四或六色调线
输纱机构	储存消极式CONI RS	储存积极式MPF	储存消极式SFE	储存积极式MPF	储存消极式SFE	储存消极式SFE
牵拉卷取机构	直流电动机驱动,无级调速	力矩电动机驱动,无级调速	力矩电动机驱动,无级调速	可选配齿轮式(有级调速)或力矩电动机驱动式(无级调速)	可选配齿轮式(有级调速)或力矩电动机驱动式(无级调速)	力矩电动机驱动,无级调速

三、其他形式调线装置的结构和工作原理

(一)用在迈耶西机器上的调线装置

该装置主要由导纱指、夹线器和剪刀等机件组成。其调线工作原理如图 1 - 3 - 190 所示,可以分为以下四个阶段。

1.带有纱线 A 的导纱指处于基本位置

如图 1 - 3 - 190(a)所示,导纱机件 2 与带有剪刀 4 和夹线器 5 的导纱指 3 处于基本位置。纱线 A 穿过导纱机件 2、导纱指 3 和导纱器 1 垫入针钩。此时导纱机件 2 处于较高位置,剪刀 4 和夹线器 5 张开。

2.带有纱线 B 的导纱指摆向针背

如图 1 - 3 - 190(b)所示,另一导纱指 7 带着夹线器 9、剪刀 8 和纱线 B 摆向针背。

3.带有纱线 B 的导纱指进入垫纱位置

如图 1 - 3 - 190(c)所示,带着夹线器 9、剪刀 8 和纱线 B 的导纱指 7 与导纱机件 6 一起向下运动,进入垫纱位置。纱线 B 进入约 6 ~ 10mm 宽的不插针区域[图 1 - 3 - 190(e),其为局部区域俯视图],为垫纱做准备。

4.完成调线

如图 1 - 3 - 190(d)所示,当纱线 B 在调线位置被可靠地编织了二三针后,夹线器 9 和剪刀 8 张开,放松纱端。在基本位置的导纱指 3 上的夹线器 5 和剪刀 4 关闭,握持纱线 A 并将其剪断。至此调线过程完成。

(二)用在福原机器上的调线装置

该装置的结构如图 1 - 3 - 191 所示,主要由导纱指、夹线器、剪刀器、固定刀、曲轴、滑杆、摇

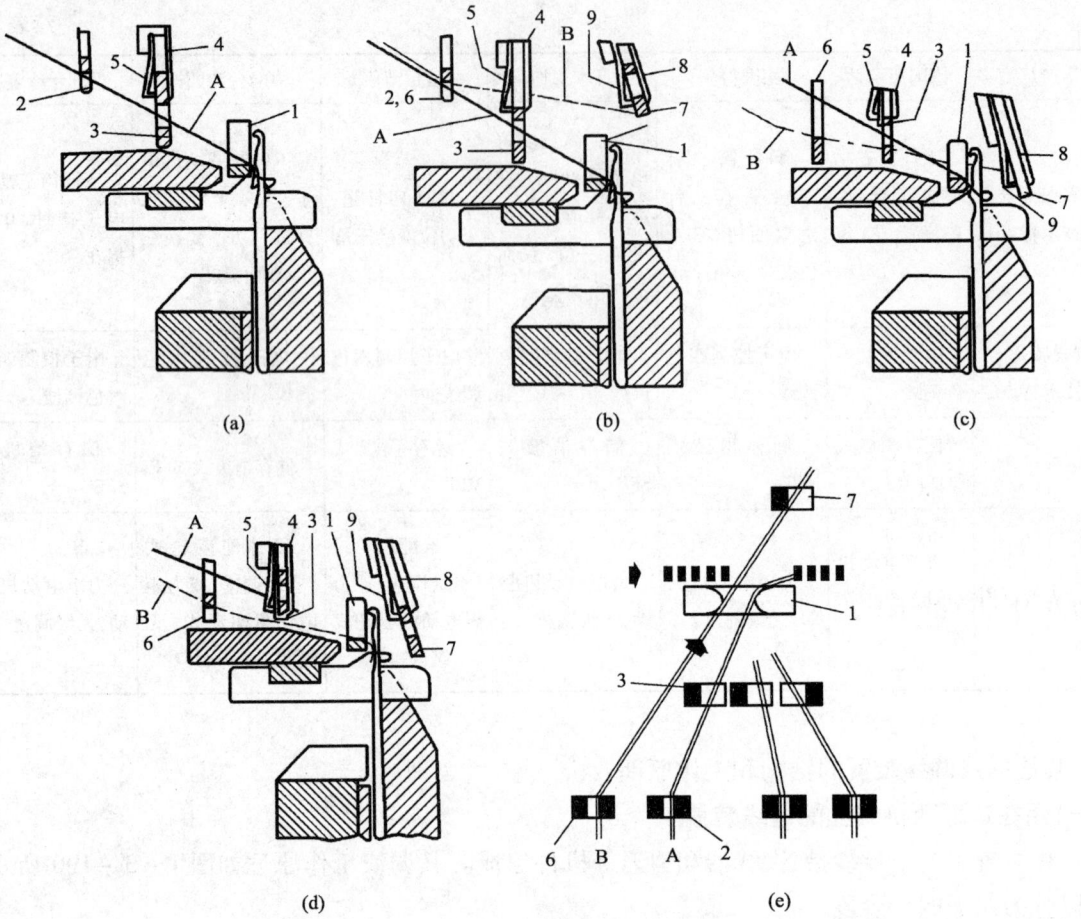

图 1－3－190 调线工作原理

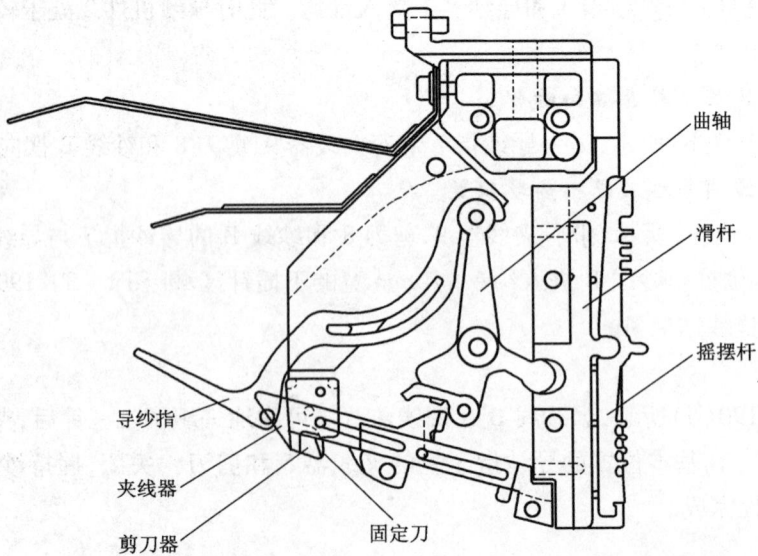

图 1－3－191 调线装置的结构

摆杆等机件组成。

1. 喂纱动作过程

喂纱动作过程如图 1 - 3 - 192 所示,分为以下三个阶段。

(1)调节器的喂纱选择钢片(图中未画出)受电脑控制信号作用摆动,推入摇摆杆上部的针踵(图中横向箭头),使摇摆杆下部出来。

(2)摇摆杆底部的上升针踵沿上升三角开始上升。

(3)在与滑杆连接的曲轴的作用下,导纱指出来,即进入喂纱状态。

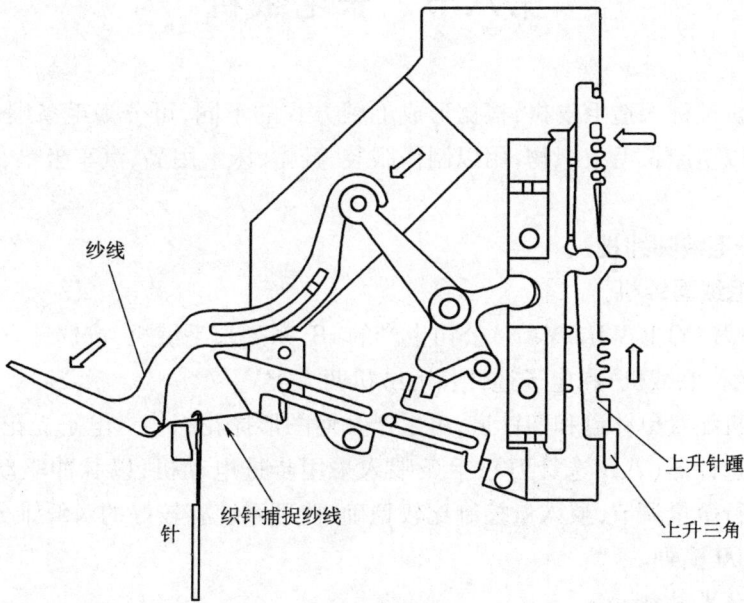

图 1 - 3 - 192 喂纱动作

2. 非喂纱时捕捉/切断纱线过程

非喂纱时捕捉/切断纱线过程如图 1 - 3 - 193 所示,分为以下三个阶段。

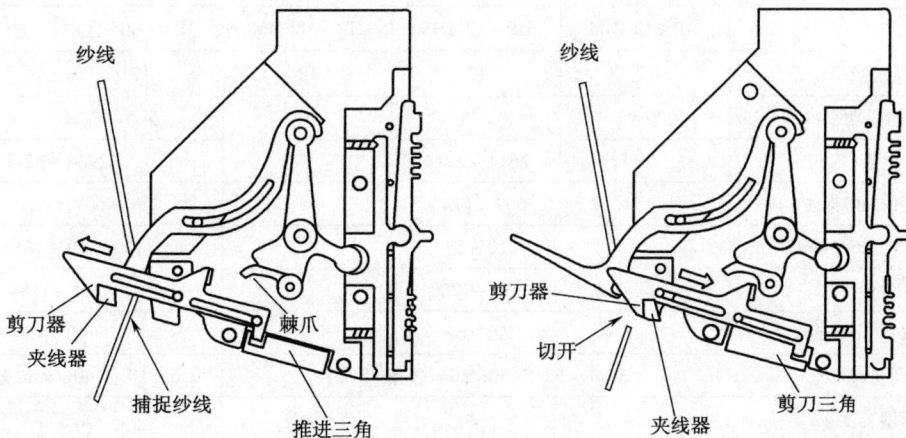

图 1 - 3 - 193 捕捉/切断纱线过程

（1）导纱指从喂纱状态转为非喂纱状态时,调节器的非喂纱选择钢片(图中未画出)受电脑控制信号作用摆动,推入摇摆杆下部的针踵,使摇摆杆上部出来,从而使夹线器和剪刀器受到棘爪的作用被推出。

（2）为了夹线器捕捉纱线,推进三角将夹线器和剪刀器起始位置推至最左侧。

（3）剪刀三角将夹线器和剪刀器向右推回起始位置,在夹线器和固定刀夹住纱线的同时,剪刀器切断纱线。

第八节　长毛绒机

长毛绒圆纬机又称人造毛皮机,根据形成毛绒方式的不同,可分为毛条喂入式和毛纱割圈式两类。该机可以生产长毛绒织物,用以制作服装、鞋帽、床上用品、汽车坐垫、玩具等产品。

一、毛条喂入式长毛绒圆纬机

（一）HP 系列长毛绒圆纬机

美国威德曼(MAYER WILDMAN)公司生产的 HP 系列长毛绒机,按选针方式不同分为机械式选针(又称素色长毛绒机)和电子选针长毛绒机两大类。

素色长毛绒机配置单针道和四针道,可生产几何图形提花织物。电子提花长毛绒机每一路有一个多级电子选针器(八片选针刀);毛条喂入采用步进电动机,以脉冲驱动步进电动机,对毛条喂入速度进行微量调节,喂入量控制比较精确;梳理系统有较好的对纤维分梳功能;四色花型最大高度为 2400 横列。

1.机器主要技术特征

HP 系列长毛绒机的主要技术参数见表 1−3−86,其中前三种是素色长毛绒机,后两种为电子提花长毛绒机。

表 1−3−86　主要技术参数

项　　目	主 要 技 术 参 数				
	HP−12SMM	HP−12MMS	HP−18SMM	HP−12E Ⅲ	HP−18E Ⅲ
系统数	12	12	18	12	18
主传动电动机功率(kW)	7.5	7.5	10	7.5	10
机器重量(kg)	2614~2914			2984~3211	
针筒直径[mm(英寸)]	609.6(24)			609.6(24)	
机号 E(针/25.4mm)	10~16			10~16	
总针数(针)	756~1200			744~1184	
机器转速(r/min)	50~60			40~45	
台时产量(m/h)	35.7~53.5(50r/min,效率85%)			9.6~15.0(40r/min,效率85%)	
花型宽度	全幅				
花型高度(横列)	2400				
适应纤维长度(mm)	22~150				

续表

项　　目	主　要　技　术　参　数				
	HP－12SMM	HP－12MMS	HP－18SMM	HP－12EⅢ	HP－18EⅢ
适应纤维线密度(dtex)	2～40				
毛条质量(g/m)	10～25				
条重偏差率(%)	≤5				
织物克重(g/m²)	300～1200				
底纱常用线密度(tex)	化纤纱2×28 或 2×19,长丝2×15 或 2×17				
油泵用空压机压力(MPa)	0.12～0.25				
油泵用空压机容量(m³/h)	3.24				
吹风机容量(m³/h)	54～72				
吸风机容量(m³/h)	1440～2160				
纱架形式	架空或侧立式				
针筒回转方向	逆时针方向				

2. 传动系统

HP系列长毛绒机结构如图1－3－194所示。

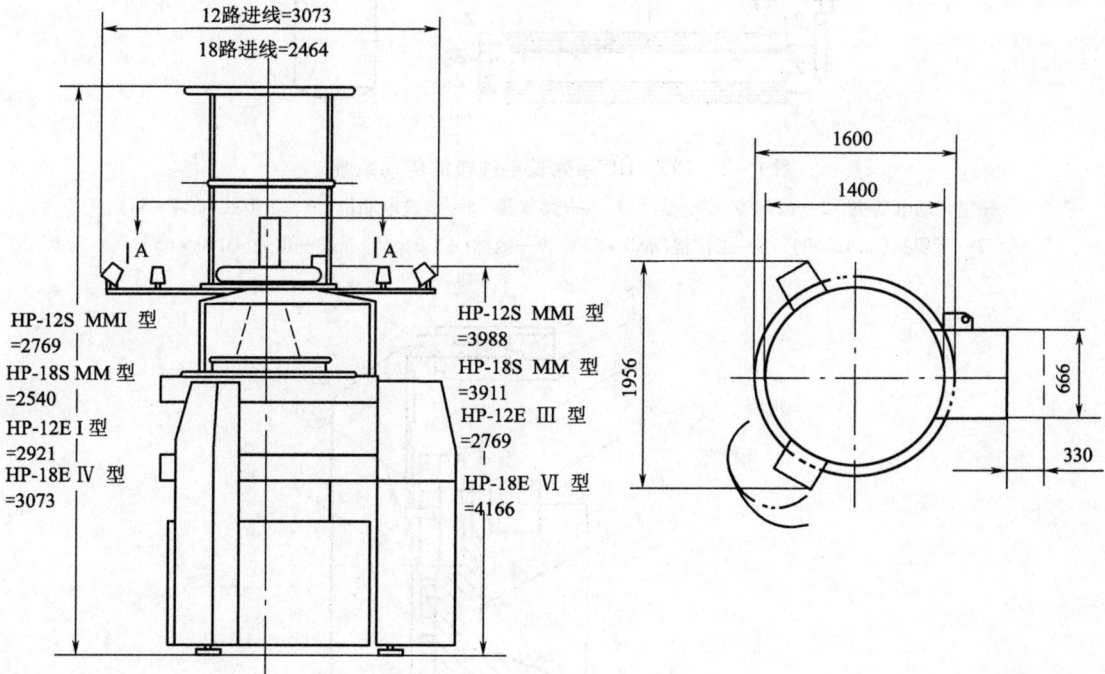

图1－3－194　HP系列长毛绒机结构简图

HP系列长毛绒机传动系统如图1－3－195所示。

3. 成圈机件及配置

HP－18SMM型素色长毛绒机成圈机件配置如图1－3－196所示,沉降片三角系统如图1－3－197所示。

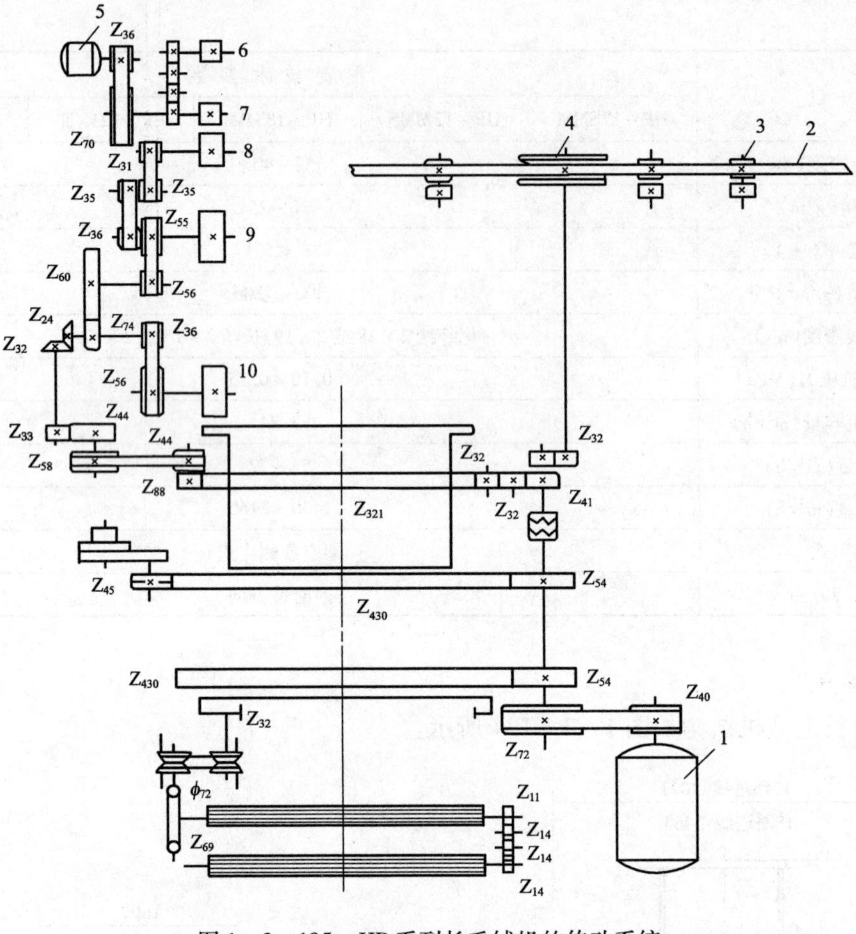

图 1 - 3 - 195　HP 系列长毛绒机的传动系统

1—主传动电动机　2—齿形带　3—给纱器　4—调节器　5—步进电动机　6—上罗拉($\phi34 \times 58$)

7—下罗拉($\phi34 \times 58$)　8—工作辊($\phi80 \times 53$)　9—锡林($\phi130 \times 65$)　10—道夫($\phi130 \times 65$)

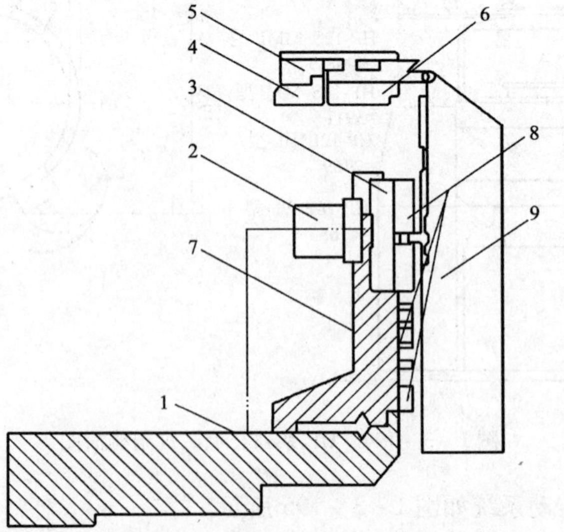

图 1 - 3 - 196　素色长毛绒机成圈机件配置

1—台面　2—弯纱调节钮　3—弯纱三角柱　4—沉降片座托环　5—沉降片三角组件

6—沉降片座　7—围针圈　8—三角　9—针筒

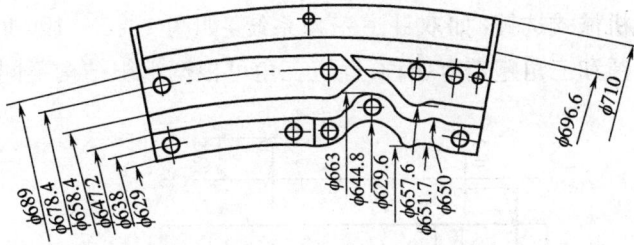

图 1 - 3 - 197　沉降片三角系统

HP - 12E Ⅲ型电子提花长毛绒机的成圈系统如图 1 - 3 - 198 所示。

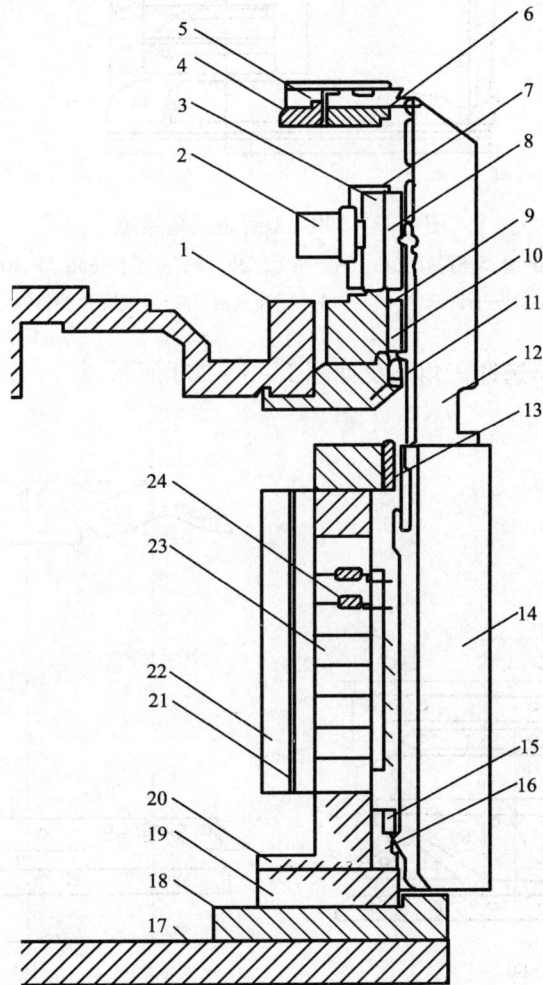

图 1 - 3 - 198　电子提花长毛绒机的成圈系统

1—上针床　2—弯纱调节钮　3—三角滑块　4—托环　5—沉降片三角组件　6—沉降片座

7—上三角环　8—三角　9—三角环　10—挺针三角　11—三角环　12—上针筒　13—起针三角

14—下针筒　15—选针三角　16—框架　17—基座　18—选针器座　19—基板　20—选针器罩

21—电子线路板　22—护板　23—选针器支架　24—选针磁铁刀片

4. 选针机构

HP 系列长毛绒机机械式选针(如双针道三角系统)如图 1 - 3 - 199 所示。该系统用来编织一隔一浮线组织,针踵和三角跑道有四种,针道三角可根据组织结构不同进行调换。

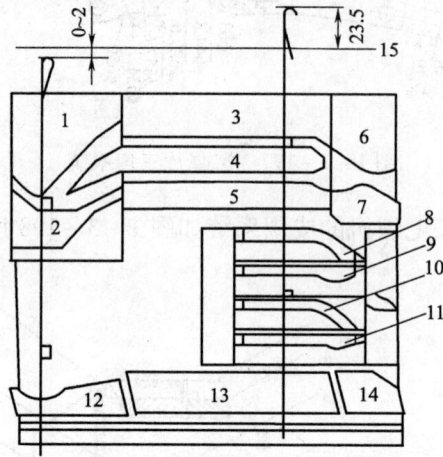

图 1 - 3 - 199　双针道三角系统

1、2—成圈三角　3、5—拦针三角　4—喂毛三角　6、7—平针三角　8、10—分针三角

9、11—平针三角　12 ~ 14—拦针三角　15—沉降片握持线

HP 系列长毛绒机电子选针三角系统如图 1 - 3 - 200 所示。

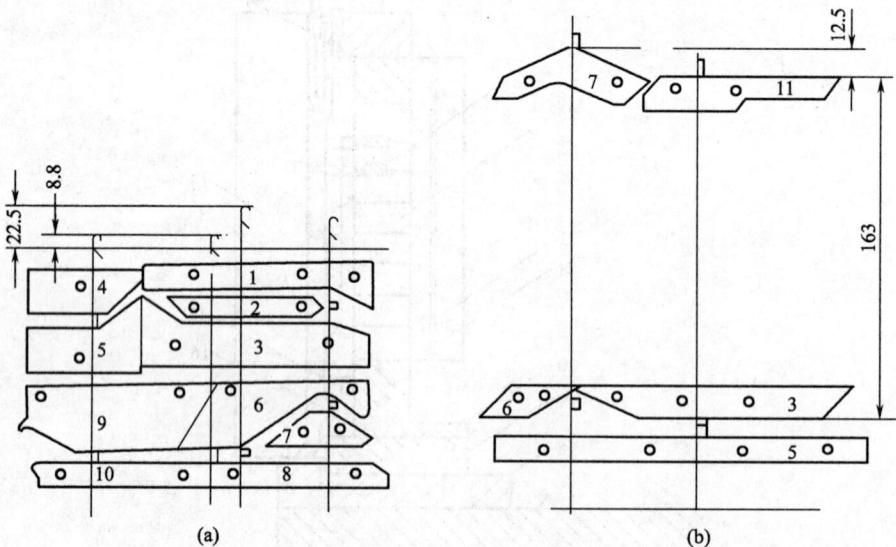

图 1 - 3 - 200　电子选针三角系统

1、3、5、8、9、10—镶板　2—挺针三角　4—压针三角　6—压片三角　7—挺片三角　11—复位三角

图 1 - 3 - 201 所示为电子选针器选针及成圈机件配置。在同一针槽内自上而下插入提花片 3、挺针片 2 与织针 1。提花片受电子选针器脉冲信号控制确定它是否沿提花片三角 7

上升,从而确定位于上方的挺针片以及织针是否沿挺针片三角6、织针三角5上升,达到选针的目的。

5. 长毛绒梳理机构

梳理机构主要结构如图1-3-202所示,其主要特点是毛条喂入采用步进电动机, 可根据

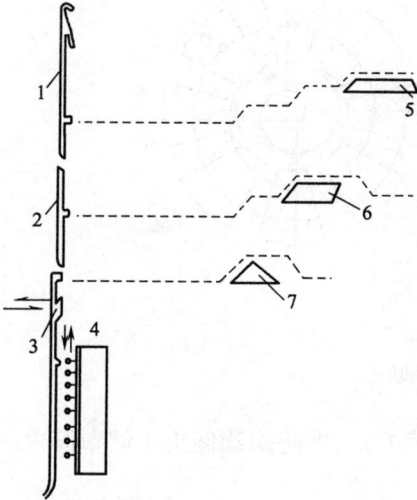

图1-3-201　电子选针器的工作原理

1—织针　2—挺针片　3—提花片
4—单针电子选针器　5—织针三角
6—挺针片三角　7—提花片三角

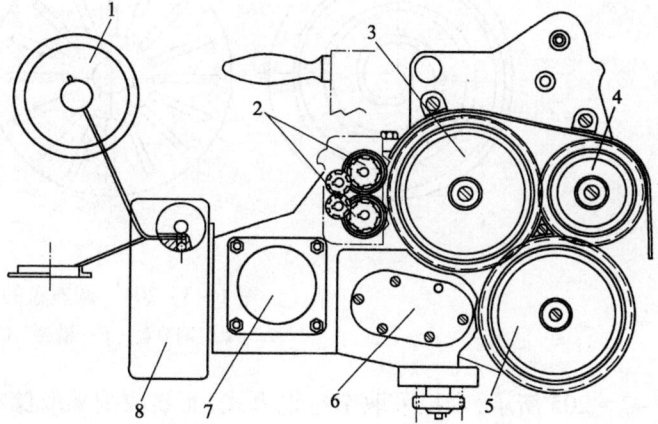

图1-3-202　梳理机构

1—断条探测轮　2—喂毛罗拉　3—锡林　4—工作辊
5—道夫　6—齿轮箱　7—步进电动机　8—电气箱

花型准确调整梳理头之间的喂入量,步进电动机级数为0.01~100;在停车时梳理头可用手动开关,使毛条前后移动。梳理头宽度为625mm,总重为25kg。

6. 给纱机构

给纱装置采用储存积极式,其结构如图1-3-203所示。

给纱量的改变借助调速盘,其结构如图1-3-204所示。调速盘具有无级变速功能,转动螺旋调节器A可以调节滑块C在B盘槽中的位置,从而改变调速盘直径即改变传动速比,用以调节纱线输入速度。调速盘与针筒速比为1:10.86;调速盘直径最小为65mm、最大为200mm;纱线输入速度最小为221.8cm/s、最大为682.4cm/s。

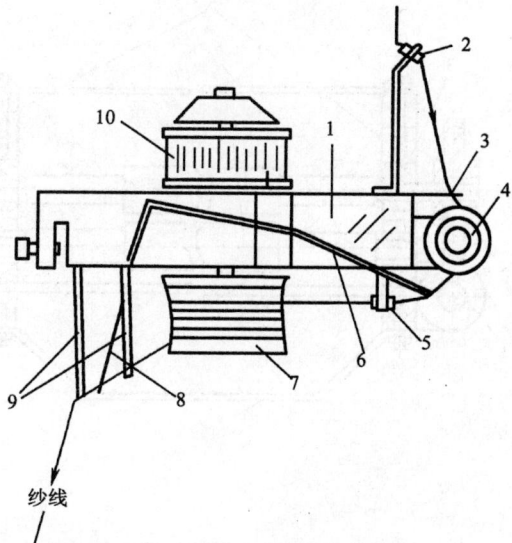

7. 牵拉卷取机构

HP系列长毛绒机牵拉卷取机构如图

图1-3-203　给纱装置的结构

1—指示灯　2、5—导纱瓷眼　3—清纱器　4—张力器
6、8—断纱探测器　7—储纱器　9—支架　10—齿形轮

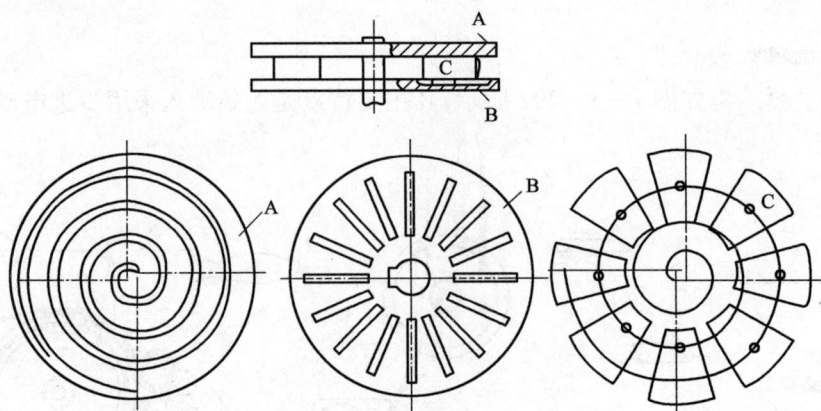

图1-3-204　调速盘的结构

A—螺旋调节盘　B—槽盘　C—滑块

1-3-205所示,牵拉采取牵拉辊方式,而卷取则采取储布筒方式,即将织物储集于储布筒内。当针筒一转时,卷取量的范围在15.9~63.6mm。

8. 吹风与吸尘装置

吹风与吸尘装置的结构如图1-3-206所示。吹风装置可使纤维集束,以顺利地与地纱一起成圈。吸尘装置将游离纤维及织针在成圈过程产生的尘埃一并吸入集尘器。

吹风与吸尘装置的主要技术参数见表1-3-87。

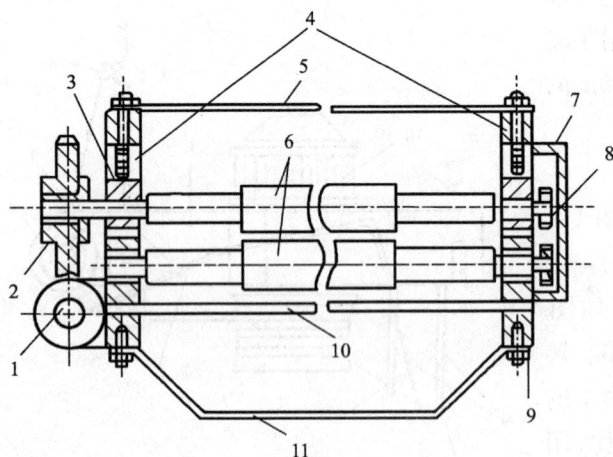

图1-3-205　牵拉卷取机构的结构

1—蜗杆　2—蜗轮　3—滑动架　4—弹簧

5—铰链杆　6—卷布辊　7—罩壳　8—齿轮

9—托架　10—铰链杆　11—悬杆

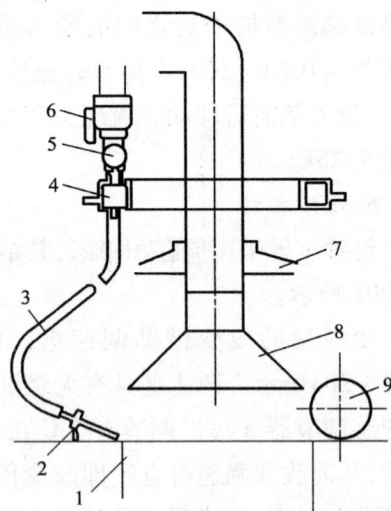

图1-3-206　吹风与吸尘装置的结构

1—针筒口　2—吹风嘴　3—风管

4—风管圈　5—风压表　6—进气阀

7—支架　8—吸尘罩　9—道夫

表 1 - 3 - 87　吹风与吸尘装置的主要技术参数

项　目	主要技术参数		项　目	主要技术参数	
	吹风机	吸尘机		吹风机	吸尘机
型号	7 ~ 19,6.3A	6 ~ 46,6A	转速(r/min)	2900	2450
风压(Pa)	9241 ~ 9369	1960 ~ 2450	功率(kW/台)	13/4	10/4
风量(m³/h)	2720 ~ 3256	5696			

(二)JL99D - E 型长毛绒机

该机采用电子提花机构,可生产 2 色、3 色、4 色、5 色提花人造毛皮和素色人造毛皮,更换部分三角便可实现一机两用,提高设备使用率。其织物模仿天然裘皮。该机采用大功率步进电动机和步进控制器对梳毛量进行自动控制。该机适用于编织以腈纶、涤纶、丙纶、羊毛纤维等作毛绒,以涤纶低弹丝或短纤纱作底布的人造毛皮。

1. 机器的主要技术特征

JL99D - E 型长毛绒机主要技术特征见表 1 - 3 - 88。

表 1 - 3 - 88　JL99D - E 型长毛绒机的主要技术特征

项　　目	主要技术特征	项　　目	主要技术特征
针筒直径[mm(英寸)]	686(27)	织物毛高(mm)	40 ~ 130
机号 E (针/25.4 mm)	14	纱架形式	伞式
针筒总针数	1200	台时产量	根据织物不同而变
成圈系统数	18	喂毛梳理机构	弹性针布,锡林直径 $\phi130$,道夫直径 $\phi150$,工作轮直径 $\phi103$
针筒转速(r/min)	0 ~ 30	贮布筒最大贮毛皮坯布量(m)	50
针筒旋转方向	逆时针	电动机功率(kW)	5.5
喂毛速度	步进电动机控制	外形尺寸(长×宽×高)(mm)	3400 × 3400 × 3258

2. 主要结构

JL99D - E 型毛绒机主要结构如图 1 - 3 - 207 所示。

该机由编织部件、梳理头部件、牵拉部件、吹风吸风部件、选针部件、断毛自停部件、纱架部件、机架及大剂量喷雾加油等组成。

(1)编织部件:由编织三角、提花三角、沉降片三角及三角座组成。底纱及毛纤维在织针,沉降片作用下连续成圈编织成毛皮坯布。通过调节压针深度及沉降片三角座可编织不同密度的平整坯布。针筒采用热处理钢片镶嵌式,提高了针槽的滑动程度,刚性和强度,适应高速,提高了针筒的使用寿命。

(2)梳理头部件:根据不同坯布要求垫入各色毛条,由电脑控制选针器及梳理头步进电动机配合喂入织针,编织出不同的图案坯布。为实现断毛自停,本梳理头采用弹性针布,减少了针耗,扩大了毛条适用范围,提高了织物的质量。

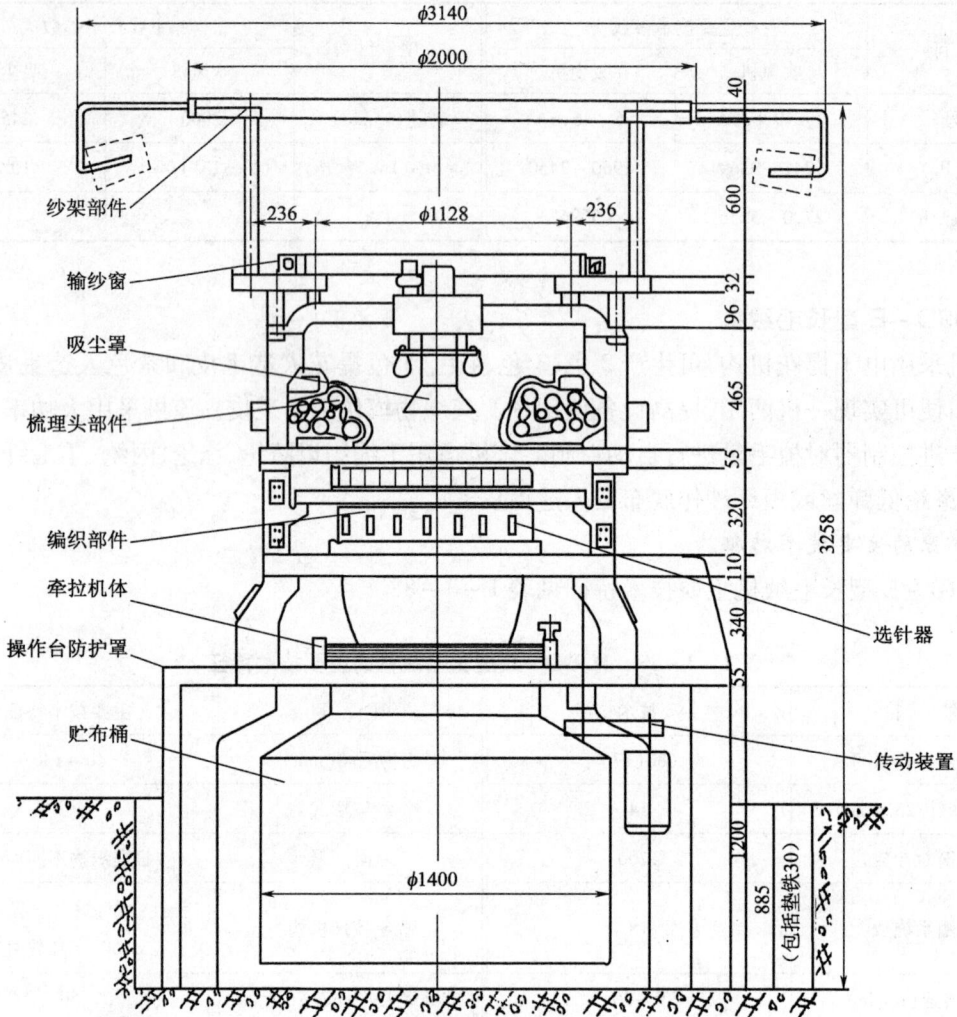

图 1 - 3 - 207　JL99D - E 型长毛绒机主要结构

（3）吹风吸风装置:在每路压针位置都安装吹风嘴,通过风力使织针钩取的毛纤维进入针钩吹向针背,顺利进入编织,另外,吹风装置还可把没有被钩取的松散纤维吹入吸风罩,从而保证坯布光滑平整,故无吹风时不得开机。喇叭形风罩上端与总吸风通道连接,编织时借风力理顺被织针钩取的毛纤维,并及时吸走未被编织上的飞花,以避免产生纤维堆积。

（4）牵拉机构:固定在下大齿轮上,内齿圈固定在下台面上,下大齿轮内装有小齿轮传动座,在内齿圈上做圆周运动,并带动牵拉部件整体做圆周运动,牵拉部件上的小齿轮在内齿轮作用下而转动,通过活络三角带带动蜗杆蜗轮转动,从而使两只牵拉辊转动,两牵拉辊的夹布压力由两端箱体的调节螺钉调节。采用"摩擦式"带传动,实现自动调节,使织物张力均匀能提高织物上胶及后整理质量。

（5）储布桶:吊装在下大齿轮内圈上,与下大齿轮同步转动,使织物在储布桶内不致缠绕。

3. 疵点产生原因及排除方法

JL99D - E 型长毛绒机疵点产生原因及排除方法见表 1 - 3 - 89。

表1-3-89　疵点产生原因及排除方法

疵点名称	产　生　原　因	排　除　方　法
破洞	纱线张力过大或过小	调节纱线张力至最佳程度,对准纱筒与导线钩
	纤维质量差、喂毛不均匀、道夫上有存毛	正确选用纤维,调节好道夫与锡林距离以及织针与道夫针布外圆间隙,针布外圆要完好
	导纱管内有飞花阻塞	导纱管要光滑无毛刺,并清除管内飞花等杂物
	针舌歪,不灵活,个别针槽紧	更换织针、修理针槽
	牵拉张力过大	调整牵拉张力
	线圈密度过大	调整密度
	地纱有粗、细节	地纱条干要均匀
	飞花带入	导纱管要清洁、纱筒不可积尘,平时应及时清理飞花
布面不清及反毛	针舌翘起较小,脱圈不清	更换织针
	吹风量不足	排除风管漏风或更换风机
	牵拉张力过小	加大牵拉张力
	织针与沉降片运动不协调	调节沉降片三角座,使两者运动轨迹满足要求
	吹风量不足及吹风嘴位置不当	调节吹风嘴位置,排风管漏风或更换风机
跳针花针	各路进纱速度不一致	调节进纱速度
	化纤毛条粗细不均匀	正确选择化纤、毛条
	单纱断线	选择合格的纱线
	纱线条干不匀	提高条干均匀度
	毛条色差偏大	和毛要均匀
	牵拉张力过小	调整牵拉张力
	针头歪斜	更换织针
缺毛	断毛自停装置失灵	及时检修断毛自停装置
	喂毛机构失控	及时检修传动部件
跳纱	导纱管位置安装不稳	调节导纱管位置
断纱	纱筒成形不良	检查纱筒质量
	导纱管堵塞	清理导纱管及去毛刺
	导纱钩与纱筒位置不当	调整纱筒及导纱钩位置
针布表面缠毛	纤维含油量过大	更换纤维
	油剂配比不当	调节配比
	道夫针布与针头间隙过大	调节至合理间隙
	纤维喂入量过大	降低喂入量
坏针头	针头与针布间隙过小	调整间隙
	导纱管位置不当	调节导纱管位置

续表

疵点名称	产 生 原 因	排 除 方 法
撞针	相邻三角过渡不平滑或固定螺丝松动	修理三角并紧固螺丝
	个别针槽太紧,织针上下运动不灵活	修理针槽或更换新针
	三角接头处间隙过大	修理三角
	针道间隙过小或针道内有杂物	修理针道、清除杂物
	针舌歪斜、导纱管、拦针板安装位置不正确	调节安装位置
	针槽缺油	加油
撞沉降片	沉降片三角过宽、工作面积过大	修理三角
	三角接缝不平滑	修理三角
	沉降片与三角间隙太小	调整间隙
	沉降片槽过紧或有杂物	修理沉降片槽并清理杂物

(三)产品与工艺参数

表1-3-90列出了几种毛条喂入式长毛绒产品及工艺参数。

表1-3-90 几种毛条喂入式长毛绒产品及工艺参数

产品名称	机号 E(针/25.4mm)	原料规格	毛高(mm)	克重(g/m²)
仿兽类落水毛	12	地纱:28tex 涤棉 毛条:腈纶	60	700
仿羊羔皮滚球绒	14	地纱:28tex 棉 毛条:高收缩腈纶(10% ~30%)与腈纶、氯纶(90% ~70%)	7	520
平剪毛	12	地纱:165dtex 涤纶 毛条:腈纶	16	820

二、毛纱割圈式长毛绒圆纬机

毛纱割圈式长毛绒圆纬机也分素色和电脑提花两类。

(一)JL-99型割圈式素色长毛绒机

1.主要技术特征

JL-99型割圈式素色长毛绒机适用于编织以腈纶、涤纶、丙纶等作为毛绒纱,以化纤长丝及短纤纱做底布的割圈式长毛绒织物,其主要技术特征见表1-3-91。

表1-3-91 主要技术特征

项　目	主要技术特征	项　目	主要技术特征
针筒直径[mm(英寸)]	660 ~914(26 ~36)	织物毛高(mm)	4 ~45,通过变换三角可达120
机号 E(针/25.4mm)	10 ~26	割圈绒坯布长度(m)	30

项　　目	主要技术特征	项　　目	主要技术特征
编织系统数	12～18	机器产量(m/h)	5～7
针筒转速(r/min)	0～22	主电动机功率(kW)	2.2

2. 机器的主要结构

该机主要结构如图1－3－208所示,其由机架、传动、编织、输纱和牵拉五个部分组成。

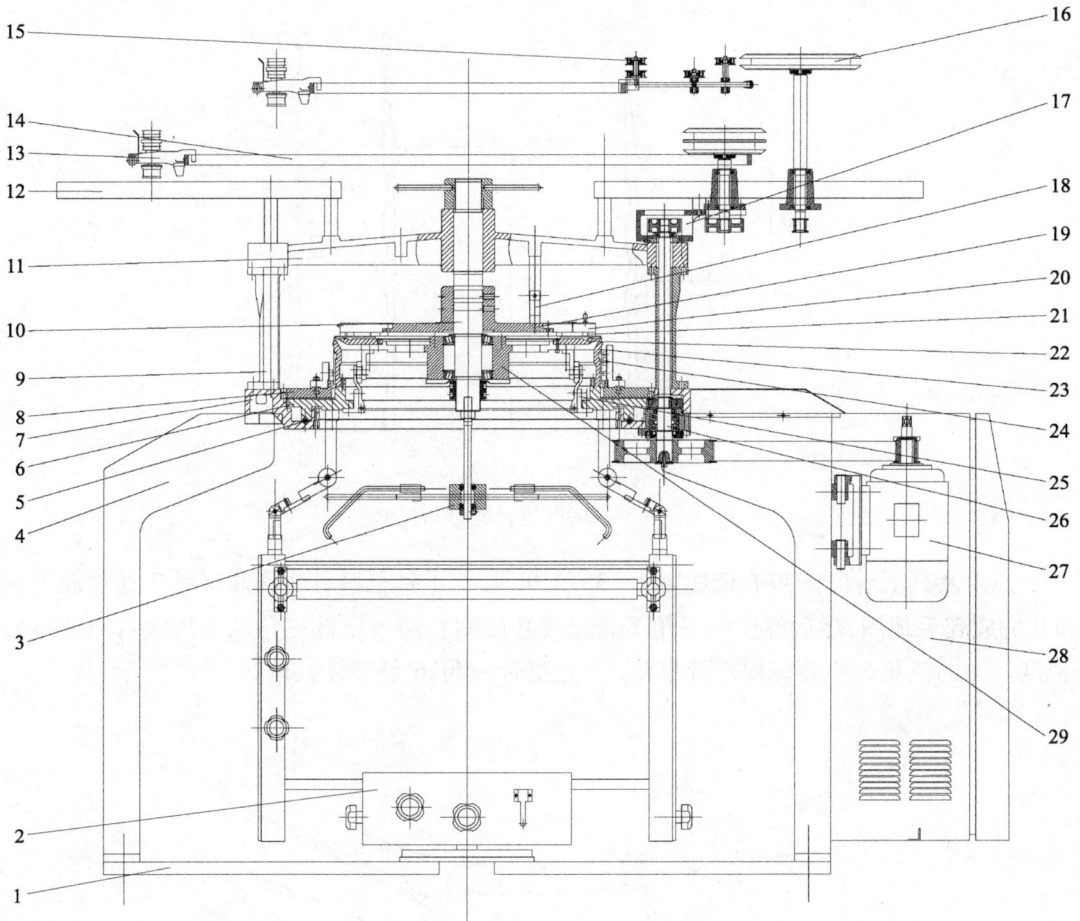

图1－3－208　机器的主要结构

(1)机架部分包括底板1、机脚4、撑脚9、三头架11、台面7、下壳8、电器箱28等。

(2)传动部分包括电动机27、主轴26、钢丝跑道5、大齿轮6、中心轴10、培林座25等。传动线路为:电动机通过小同步带齿轮经同步带、大同步带齿轮驱动主轴;经小传动齿轮、大齿轮带动下针筒转动;再经培林座带动上针盘同步回转。

(3)编织部分包括下针筒23、下三角座与上三角24、上针盘座29、上针盘22、上三角21、扇形板20、上三角座19、上下针槽调节座18等。

（4）输纱部分包括输纱箱机构17、变速盘16、输纱器圈14、输纱器13、涨紧架15、纱架12等。传动线路为：主轴带动输线同步带轮，经输线轴带动输线变速盘，再经穿孔皮带驱动输纱器完成地纱和毛绒纱的输送。调整变速盘可以改变输纱速度。

（5）牵拉部分包括齿轮变速箱2、绷布架3等。牵拉速度的调整应根据织物密度与品种，通过改变齿轮变速箱的粗调手轮档位（A、B、C、D四档）和细调手轮档位（1~15档）来实现。

3.编织部件与编织工艺

（1）上针与上三角：上针安插在上针盘中，有高低两种不同的踵位，其构型与尺寸如图1－3－209所示。

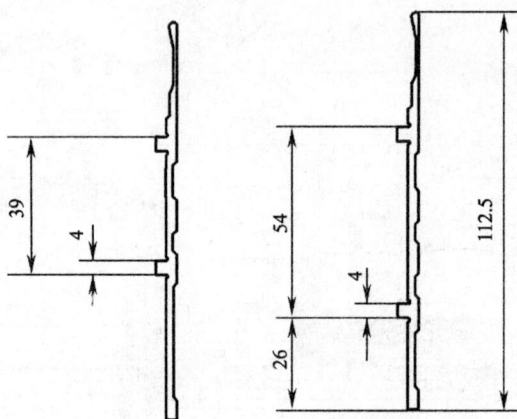

图1－3－209　上针构型与尺寸

上三角及其上针的编织原理如图1－3－210所示，上针低踵针2和高踵针7通过起毛三角4和8完成起毛成圈，然后经压针三角1完成底纱成圈。通过压针三角调节滑块可以调整底布的密度。辅助三角5主要确保走针平稳。3是挺针三角，6是平针三角。

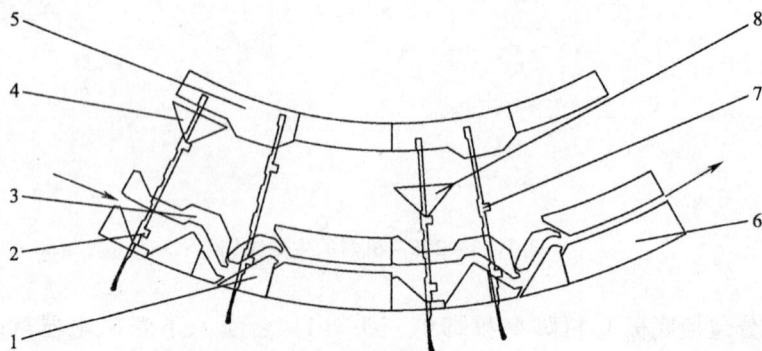

图1－3－210　上三角及其上针的编织原理

（2）刀针与下三角：刀针安插在下针筒中，可以有两种或几种不同的踵位，其构型与尺寸如图1－3－211所示。刀针没有针舌，因此不能成圈。其针钩用于勾取毛绒纱，针钩下方的刀刃用于割断毛绒纱。在割圈式素色长毛绒机上，一般下针筒的针槽与上针盘的针槽相对，即上针与下刀针呈类似双罗纹的配置。

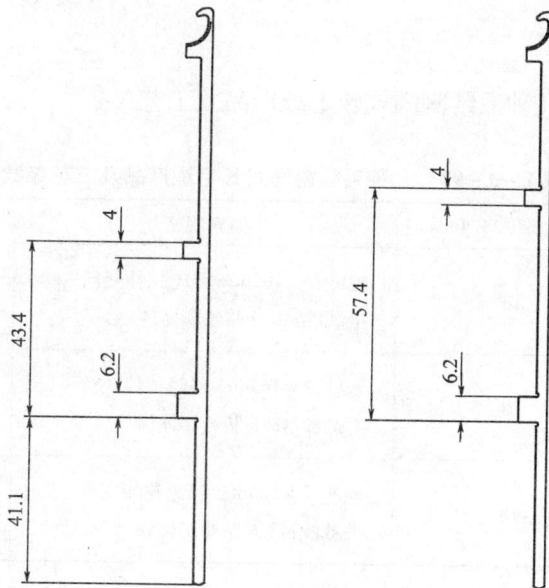

图 1 - 3 - 211　刀针构型与尺寸

下三角及其刀针的编织原理如图 1 - 3 - 212 所示。低踵刀针 2 和高踵刀针 3 通过刀针起毛三角 4 与 8 上升到毛绒要求的高度，并结合上三角中的起毛三角 4 和 8 以及上针 2 与 7，完成垫入毛纱，然后经压毛三角 1 完成拉圈；再经挺刀针三角 5 和 6 及压刀针三角 7，并结合压毛轮的作用完成割断毛圈。9 是护针三角。

毛纱割圈式长毛绒织物中毛绒的高度与机器中上针盘口与下针筒口的间距有关，可以调节

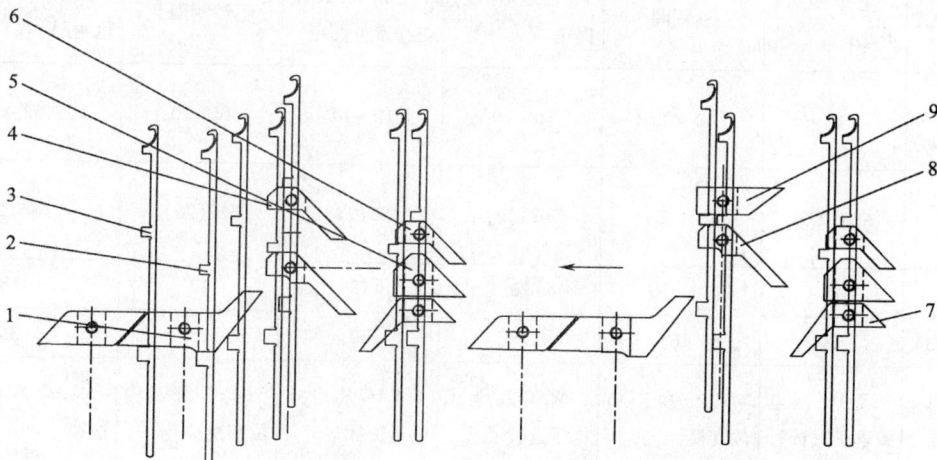

图 1 - 3 - 212　下三角及其刀针的编织原理

筒口距离来改变毛绒高度。毛毯织物筒口距离为 4～28mm,通过变换三角可以调高至 45mm 左右。松针绒产品可以通过变换三角调高至 120mm 左右。毛绒的高度的调整要与输纱速度的改变同步进行。

(二)产品与工艺参数

表 1-3-92 列出了几种毛纱割圈式长毛绒产品及工艺参数。

表 1-3-92　几种毛纱割圈式长毛绒产品及工艺参数

产品名称	机号 E(针/25.4mm)	原料规格	毛绒高度(mm)	克重(g/m²)
平　绒	18	地纱:2×165dtex 涤纶拉伸变丝 毛绒纱:48.6 腈纶膨体纱	10～16	650
压花绒	18	地纱:2×165dtex 涤纶拉伸变丝 毛绒纱:48.6 腈纶膨体纱	16～20	730
混色绒	18	地纱:2×165dtex 涤纶拉伸变丝 毛绒纱:48.6 腈纶膨体纱	10～12	590

三、部分型号长毛绒机

表 1-3-93 列出了目前国内主要长毛绒针织机械制造厂商生产的部分长毛绒圆纬机的机型及主要技术特征。

表 1-3-93　部分型号长毛绒圆纬机主要技术特征

生产厂商	江苏四方	江苏四方	无锡佳龙	南通林盛	南通林盛	威海创为
型号	TSGE72	TSGE85-Ⅱ	JL09E	DYM183	DYG122	WHCW-T/S18B-27A
形成毛绒方式	毛条喂入,提花	毛纱割圈	毛纱割圈,提花	毛条喂入,提花与素色两用	毛纱割圈	毛条喂入,提花与素色两用
机号 E(针/25.4mm)	12	14～20	16～20	12～14	14～20	12～14
筒径[mm(英寸)]	686(27)	914(36)	762(30)	686(27)	660(26)	686(27)
系统数	18	16～20	16	18	12	18
转速(r/min)	28	16	18	30	23	30
编织机构技术特点	WAC 压电式电子选针	上三角三功位变换	WAC 压电式电子选针	WAC 压电式电子选针	上三角三功位变换	WAC 压电式电子选针
织物毛绒高度(mm)	25～120	8～32	6～22	26～127	8～45	26～127

续表

生产厂商	江苏四方	江苏四方	无锡佳龙	南通林盛	南通林盛	威海创为
喂毛或输纱形式	步进电动机控制毛条喂入	积极送纱	积极送纱	步进电动机控制毛条喂入	积极送纱	步进电动机控制毛条喂入
牵拉卷取形式	辊式牵拉,可选配储布筒或辊式卷取	辊式牵拉,可选配储布筒或辊式卷取	辊式牵拉,可选配储布筒或辊式卷取	辊式牵拉,可选配储布筒或辊式卷取	辊式牵拉,可选配储布筒或辊式卷取	辊式牵拉,可选配储布筒或辊式卷取

第九节　计件衣坯机

计件衣坯机是具有编织分离横列和起口光边功能的双面圆纬机,布坯下机后,剪断并拆去分离横列纱线,连续布坯便分解成一段段半成形的衣坯,可以进行下一步的裁剪缝合成衣加工。根据两个针床的配置方式,计件衣坯机分针盘针筒型和双针筒型(双反面机)两类;根据传动的形式,有针盘针筒回转和三角座回转两种。

一、V – AERGY 型双面计件衣坯机
(一)主要技术特征

日本福原公司生产的 V – AERGY 型双面计件衣坯机的主要技术特征见表 1 – 3 – 94。

表1 – 3 –94　主要技术特征

项　目	技 术 特 征
直径[mm(英寸)]	864(34)
进线路数	48 路,每路 2 个选针点
机号 E(针/25.4mm)	14 ~ 22
机器用途	生产内衣、外衣计件面料供裁剪缝合成衣
针筒转向	逆时针
最高针筒表面线速度(m/s)	0.9
成圈三角	可自动变换同步成圈或滞后成圈;可分别控制二种成圈方式的弯纱深度
选针器类型	8 级电磁选针器,8 级电磁选针调节器
选针功能	针筒、针盘选针;48 路编织,针筒、针盘每路各安装 2 个 8 级电磁选针器,合并实现三功位选针
送纱功能	每路安装 4 色或 6 色自动调线器;针筒、针盘均可安装钢片式针舌开启器
衣片下摆	计件编织,分离线连接,边口带空转横列

（二）主要成圈与选针机件及配置

针筒用织针、中间片和选针片外形结构如图1-3-213所示。

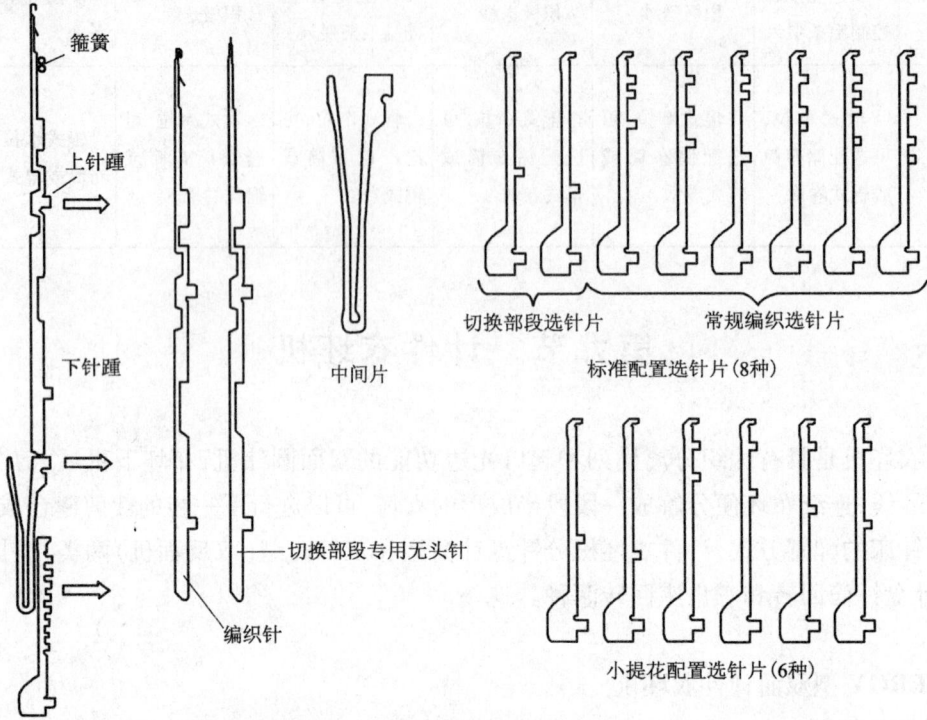

图1-3-213　针筒用织针、中间片和选针片外形结构

针盘用织针、中间片和选针片外形结构如图1-3-214所示。

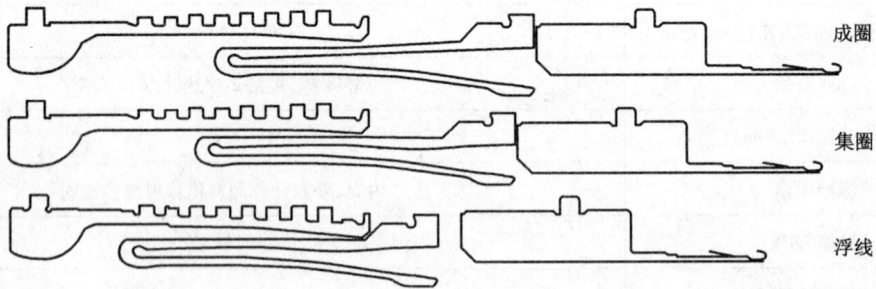

图1-3-214　针盘用织针、中间片和选针片外形结构

针筒和针盘及其编织与选针机件配置如图1-3-215所示。

（三）选针机构

该机具有针筒和针盘电子选针功能,其选针机构主要由2个分别安装在针筒和针盘上的八级电磁选针调节器(图1-3-215)和144个安装在48路成圈系统的八级电磁选针器(图1-

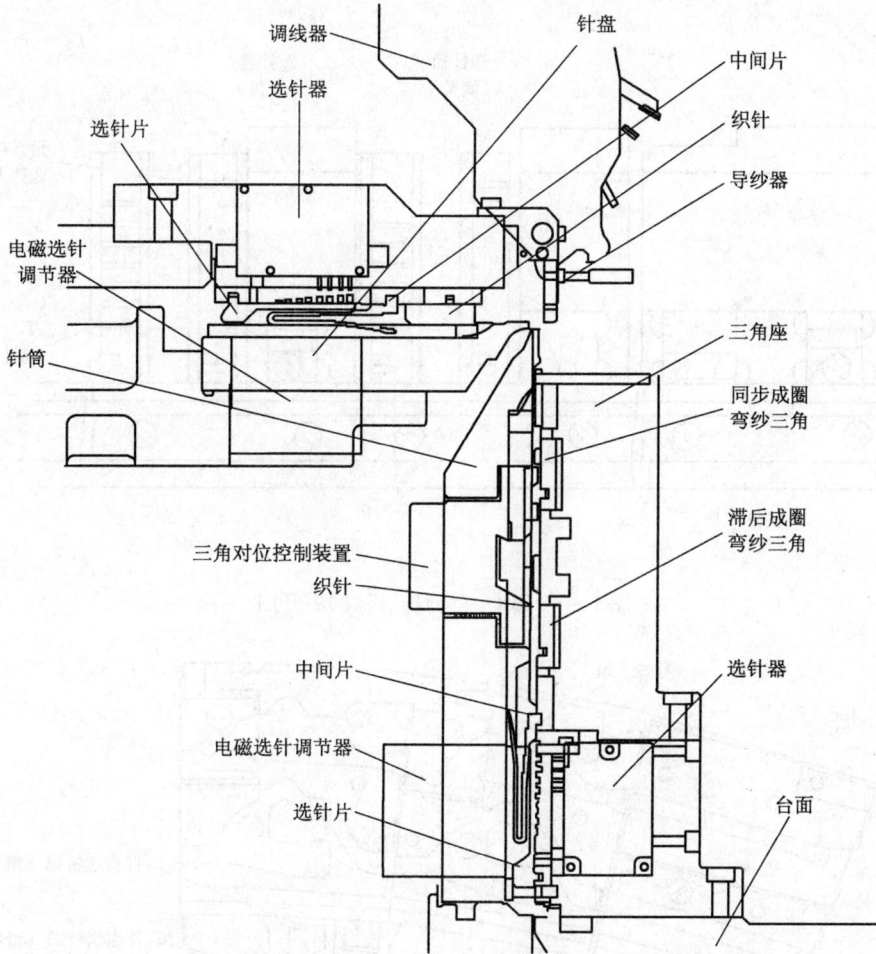

图 1 - 3 - 215　针筒和针盘及其编织与选针机件配置

3 - 216)组成。编织时,电磁选针调节器随针筒和针盘回转,依次控制各个电磁选针器中的选针刀的状态,实现选针编织。如图 1 - 3 - 217 所示,每一路成圈系统的针筒和针盘位置各安装两个电磁选针器,可以合并可实现三功位选针。

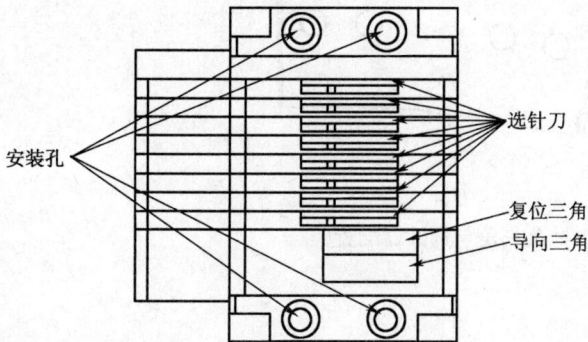

图 1 - 3 - 216　八级电磁选针器

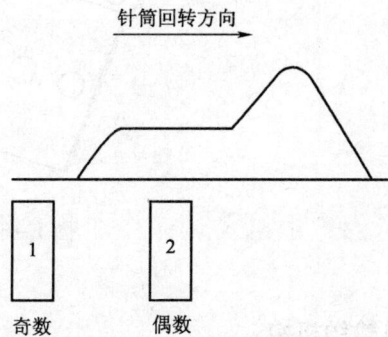

图 1 - 3 - 217　三功位选针

图 1 - 3 - 218 为针筒选针器的展开图。图 1 - 3 - 219 为针盘三角与选针器配置图。

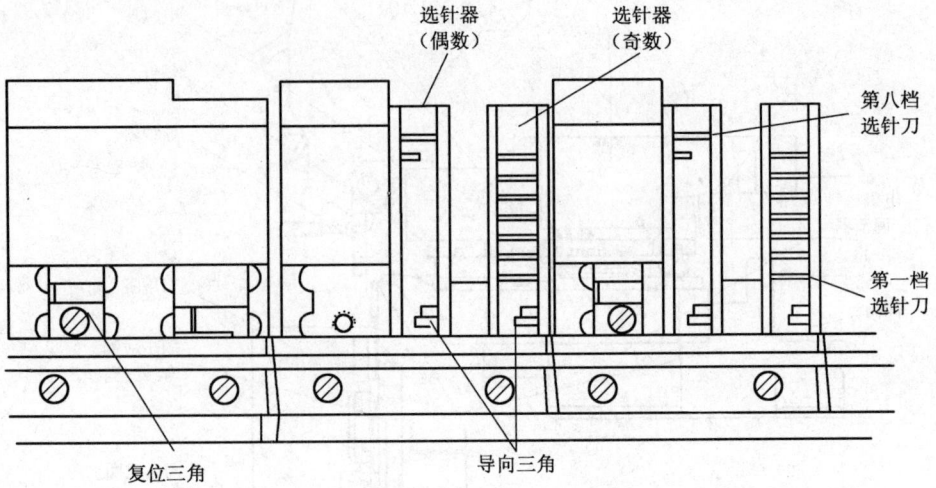

图 1 - 3 - 218　针筒选针器的展开图

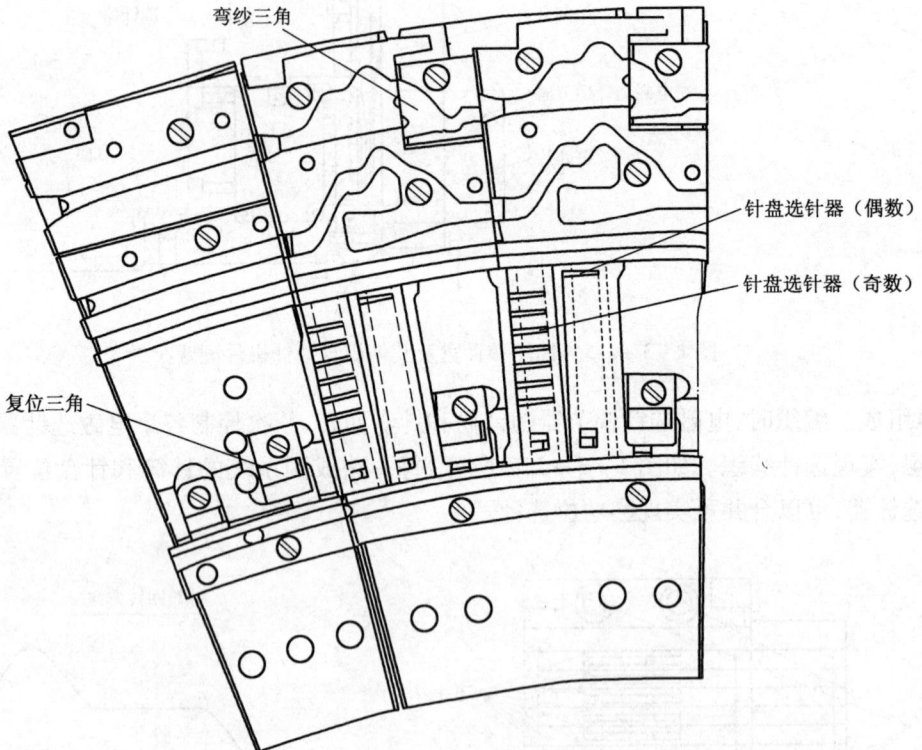

图 1 - 3 - 219　针盘三角与选针器配置

(四) 输纱机构

1. 电子控制调线装置

该机具有 4 色或 6 色调线功能。电子控制调线装置的工作状态如图 1 - 3 - 220 所示。其主要作用为在编织中按照花型图案的信息自动变换编织纱线。在计件衣坯编织中,调线装置还有以下作用。

图 1 - 3 - 220　调线装置的工作状态

(1)调入分离纱线,编织分离横列。

(2)切换为无纱编织,使部分织针上的旧线圈在不垫纱状态下脱出针头,形成空针。

(3)调入粗纱或加入一根纱线形成双纱编织,以满足罗纹编织所需的密度和弹性。

2. 导纱器与钢片式针舌开启器

导纱器的外形结构及其与织针的配合要求如图 1 - 3 - 221 所示。

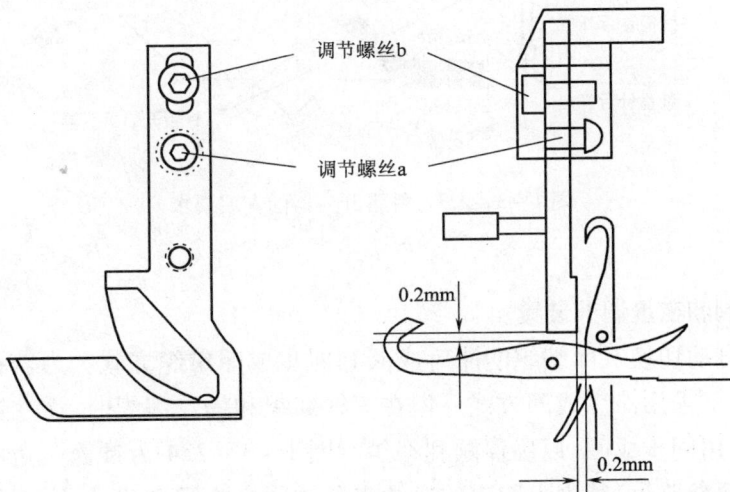

图 1 - 3 - 221　导纱器的结构及其配置

　　钢片式针舌开启器的作用是在织针退圈阶段利用钢片的刃口强制打开重新进入工作的空针针舌,确保垫纱编织。该机的针筒和针盘上均可安装针舌开启器。针舌开启器的安装数量由机器规格而定。如编织一般计件罗纹和大身衣片,只在编织下摆起口横列和下摆与大身衣片的过渡横列的成圈系统处安装针舌开启器。在此情况下,下摆横列数受到一定的限制。钢片式针舌开启器的安装位置如图1-3-222所示,安装要求如图1-3-223所示。

图1-3-222 针舌开启器的安装位置

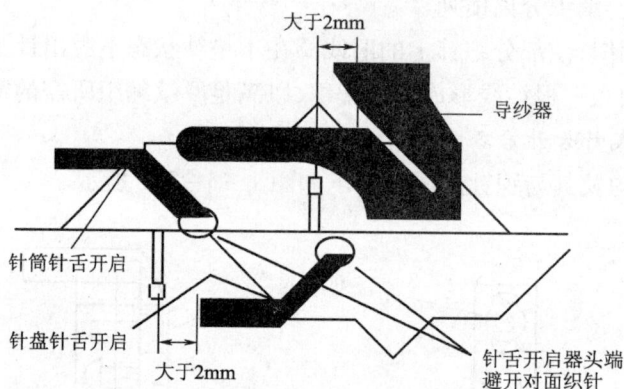

图1-3-223 针舌开启器的安装要求

(五)三角对位控制和密度调节装置

在该机上能自动切换双面编织的滞后成圈和同步成圈编织方式。为获得较为紧密的织物组织,一般情况下采用滞后成圈方式。但在双纱编织和提花编织时,需在调整成圈三角弯纱深度的同时,采用同步成圈,以确保顺利编织。图1-3-224为针筒三角配置图。三角配置中安排了上下两条跑道,其中上跑道的弯纱三角按同步成圈方式设计,而下跑道的弯纱三角按滞后成圈方式设计。为了实行切换,上跑道的同步成圈弯纱三角和下跑道的滞后成圈弯纱三角之间装有一根连接两者的滑杆;针筒上装有一个控制滑动杠杆的三角对位控制装置(图1-3-225);针筒织针带有上下两个工作针踵(图1-3-213),能分别在上下两个跑道内运行。

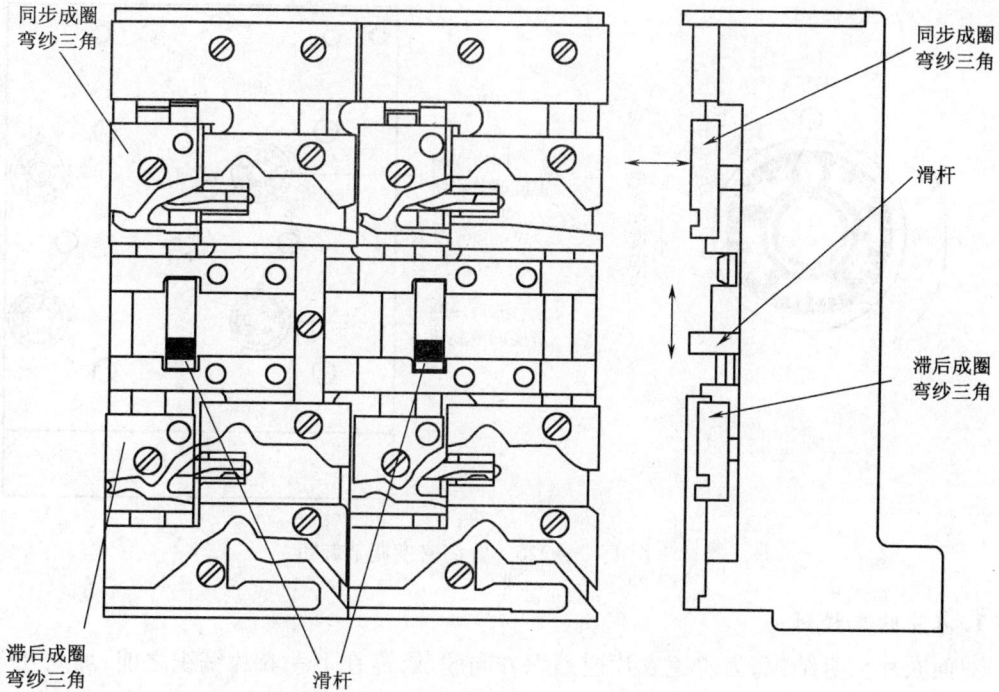

图1-3-224 针筒三角配置

编织下摆时,安装在针筒上的三角对位控制装置中的同步成圈切换三角进入工作,在回转中与滑杆相遇,滑杆在其斜面作用下下降,使上跑道弯纱三角被径向推出,进入工作,而下跑道弯纱三角径向缩回,退出工作,所有针筒针的上针踵在上跑道内运行,以同步成圈方式编织罗纹下摆;下摆编织结束后,三角对位控制装置中的滞后成圈切换三角进入工作,滑杆在其斜面作用下上升,使得上下两路弯纱三角切换,下针踵在下跑道内按滞后成圈的方式编织大身坯布。同时,为了满足这一需求,针筒排针时在坯布缝剖位安排8~12cm宽的专用无头织针(图1-3-213),作为三角对位控制的切换部段。

图1-3-226为针筒上采用的两套密度调节旋钮,分别调整上下跑道内弯纱三角的弯纱深度,以满足衣片不同部段的顺利编织。

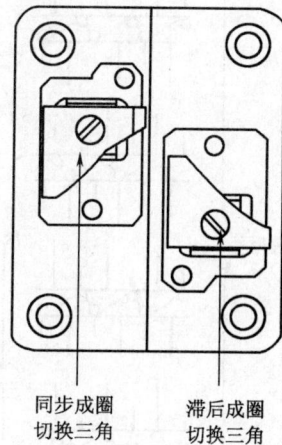

图1-3-225 三角对位控制装置

(六)计件衣坯编织工艺

计件衣坯的编织工艺包括以下部段:结束横列、分离横列、起口空转横列、下摆与大身过渡横列。

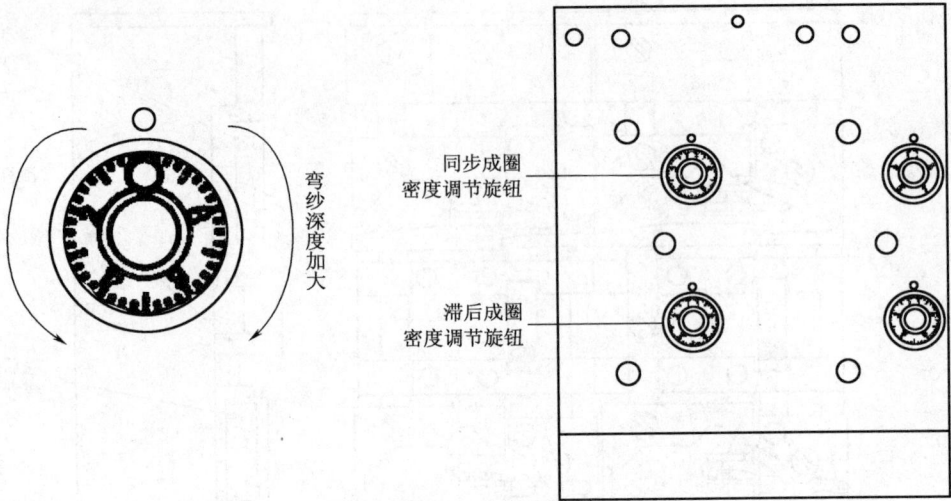

图 1 - 3 - 226　针筒密度调节旋钮

1. 衣片结束横列

双面衣片大身结束,为避免衣片逆编织方向脱散,需在下一衣片编织之前,加入几个紧密的防脱散横列。

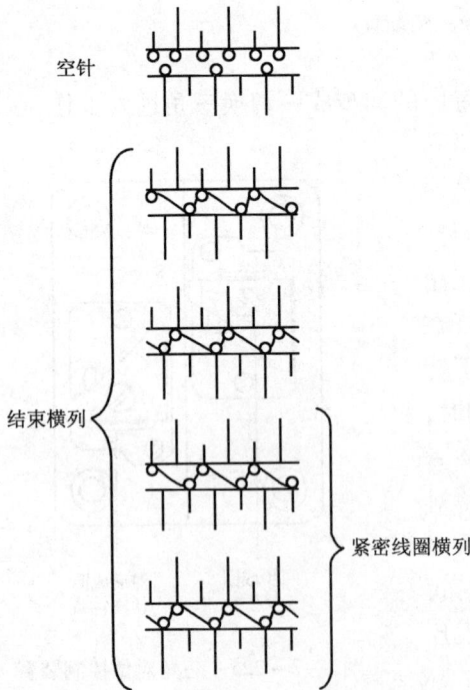

图 1 - 3 - 227　棉毛结构的结束横列

（1）棉毛结构的结束横列:编织方法如图 1 - 3 - 227 所示。第一和第二编织横列由高、低锤针分别编织 1 + 1 罗纹,合并形成一横列双罗纹线圈。根据需要编织 2 ～ 3 个双罗纹横列后,将部分织针在不垫纱的状态下脱下旧线圈,形成空针。棉毛结构以及空针的配置方式需根据衣片下摆罗纹的组织结构而定。如采用包芯弹力纱编织,则防脱散效果更佳。

（2）加入变化平针结构的结束横列:编织方法如图 1 - 3 - 228 所示。在双罗纹横列结束后,再由高、低锤上针分别编织变化平针,两个变化平针横列合并形成一个上针线圈横列。根据需要编织 4 ～ 8 个变化平针横列后,将部分织针在不垫纱的状态下脱出旧线圈,形成空针。

加入变化平针结构的结束横列可降低衣片空针纵行上所受的牵拉力,如能在下针上也加入变化平针,则效果更好。

2. 分离横列

分离横列的编织是计件衣坯下摆编织的重要步骤,其作用是连接各衣片形成连续编织。连续衣片下机后,只需将分离纱线抽出,便形成各个单片衣坯。一般情况下,要求分离线强度较

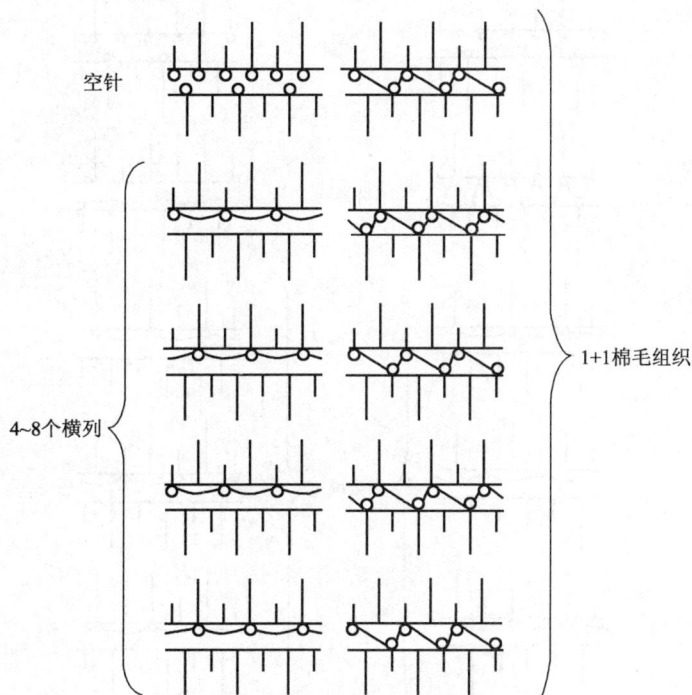

图 1 – 3 – 228　加入变化平针结构的结束横列

高,延伸性较小。分离横列的连接状况如图 1 – 3 – 229 所示。

图 1 – 3 – 229　分离横列的连接状况

图 1 – 3 – 230 为 1 + 1 下摆罗纹分离横列的编织图。一种方法是满针垫入分离线,待下一横列空针时,脱下的线圈纱线全部转移到未脱圈的线圈中,形成拉长线圈,如图 1 – 3 – 230(a)所示。此类编织方法形成的分离线较长,易于钩出纱线,但分离耗时长。另一种方法是仅在非空针的线圈纵行上垫入分离线,如图 1 – 3 – 230(b)所示。此种编织方法分离衣片耗时短,但由于分离线圈较小,拉出分离线不太容易。

3. 空针配置及起口空转横列

空针的配置方式要求满足两点:一是不干扰分离横列,二是符合下一罗纹下摆的起口编织。

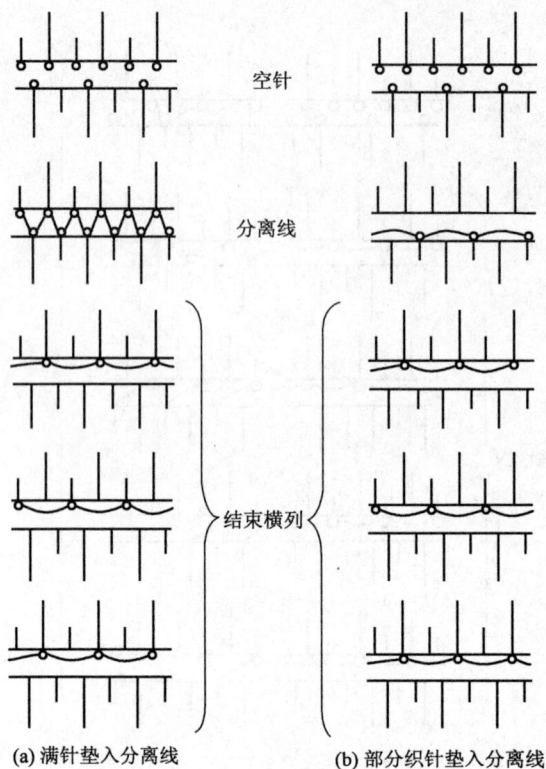

（a）满针垫入分离线　　　　　（b）部分织针垫入分离线

图 1 – 3 – 230　1 + 1 下摆罗纹分离横列的编织

图 1 – 3 – 231 为常用 1 + 1 和 2 + 2 下摆罗纹组织的空针配置图。空针脱圈时，织针上的旧线圈在不垫纱的状态下退圈、脱圈，形成空针。此时，该成圈系统中的成圈三角应有足够的弯纱深度，否则将形成疵点。

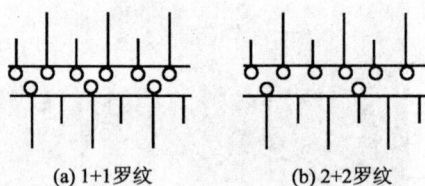

（a）1+1罗纹　　　　　　　（b）2+2罗纹

图 1 – 3 – 231　下摆罗纹组织的空针配置

图 1 – 3 – 232 为 2 + 2 下摆罗纹的起口空转横列编织工艺。空针脱圈后，接着采用两个成圈系统选针编织两个 1 + 1 起口，合并形成一横列 2 + 2 形式的线圈悬弧，此时需采用针舌开启器打开针舌。为形成尽量紧密的起口横列，宜采用弹性纱线编织。起口编织后，上下针交替编织 2 隔 1 的变化平针，合并形成 1 ~ 2 横列筒状单面线圈结构，如此编织后，下摆部位的质感较为紧密和饱满。起口空转后，编织 2 + 2 罗纹下摆。图 1 – 3 – 233 中打叉处为罗纹的抽针位。

4. 下摆与大身过渡横列

在罗纹编织结束，进入衣片大身的双面结构编织时，通常有空针的加入。由于空针的第一次编织仅在织针上形成悬弧，当形成悬弧的纱线来自于对面针床的相邻织针时，稀松的悬弧将在该横列上形成一个大洞，严重影响产品的风格和外观。下摆与大身过渡横列的编织，旨在消

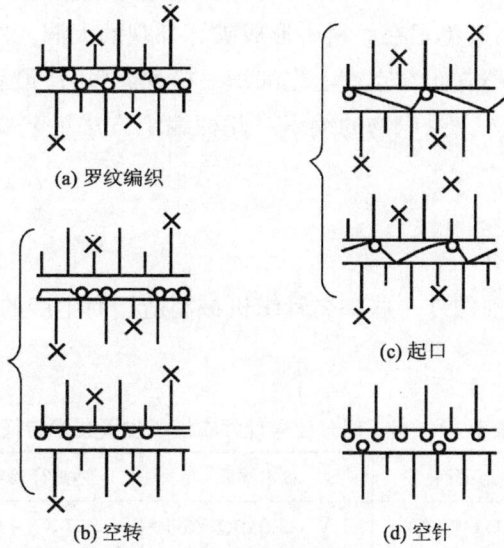

(a) 罗纹编织

(c) 起口

(b) 空转

(d) 空针

图 1 - 3 - 232　2 + 2 下摆罗纹的起口空转横列编织

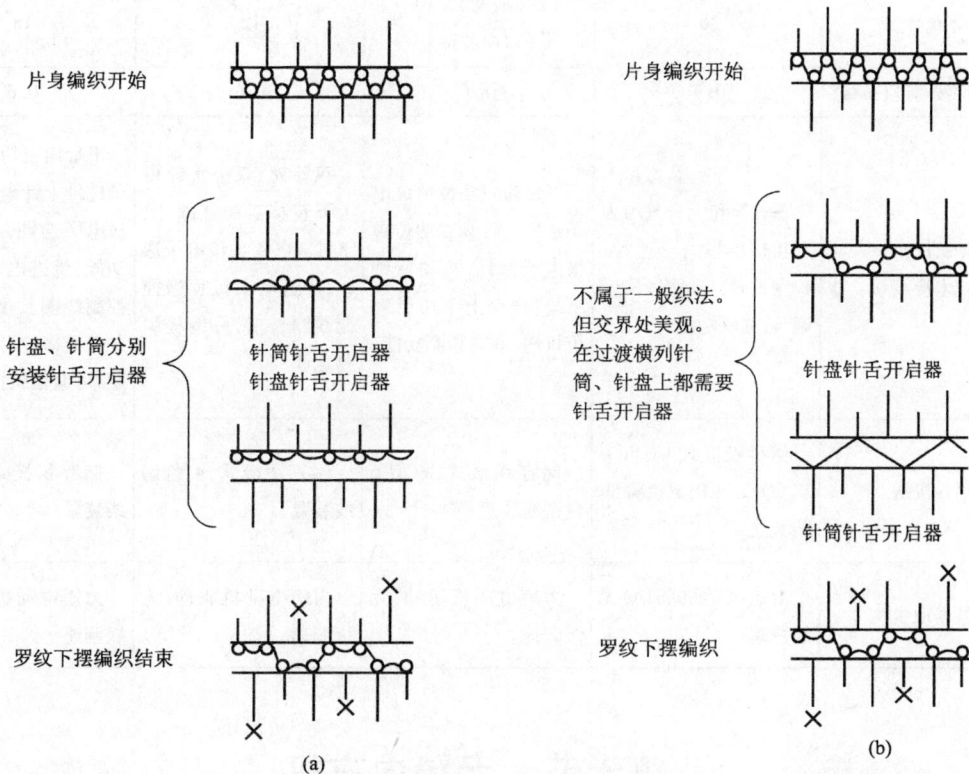

片身编织开始

针盘、针筒分别
安装针舌开启器

针筒针舌开启器
针盘针舌开启器

罗纹下摆编织结束

(a)

片身编织开始

不属于一般织法。
但交界处美观。
在过渡横列针
筒、针盘上都需要
针舌开启器

针盘针舌开启器

针筒针舌开启器

罗纹下摆编织

(b)

图 1 - 3 - 233　2 + 2 下摆罗纹与大身过渡横列的编织

除或尽可能地避免出现影响产品外观的大洞。

图 1 - 3 - 233 为 2 + 2 下摆罗纹与大身过渡横列的编织工艺。图中 1 - 3 - 233（a）表明，
2 + 2 罗纹下摆编织结束后，上下针分别编织一横列平针，上下合并形成一横列筒状单面线圈，

此时需采用针舌开启器打开针舌,使原先空针的部位形成悬弧。由于悬弧纱线来自于同一针床的相邻线圈,纱线较短,因而避免了在面料中形成破坏外观的大洞。图1-3-233(b)是在2+2罗纹下摆编织的最后一个横列前,在空针上先编织一横列悬弧,待最后一横列2+2罗纹下摆结束后,悬弧便作为旧线圈进入大身织物的编织。此种编织方法工艺要求较高,但下摆和衣片的交界处较美观。

二、部分型号计件衣坯机简介

表1-3-95列出了目前国外一些知名针织机械制造厂商生产的部分计件衣坯机的机型及主要技术特征。

表1-3-95　部分型号计件衣坯机主要技术特征

生产厂商	德国迈耶西	日本福原	西班牙珍宝家	西班牙珍宝家
型号	OVJA 1.1 TTRB	V-LEC3DGTY6	DWN-3E	TLJ-6E
机号 E(针/25.4mm)	14~18	12~18	4~14	5~14
筒径[mm(英寸)]	864(34)	864(34)	838(33)	965(38)
系统数	36	20(成圈)+10(双向移圈)	12	18
针筒表面线速度(m/s)	0.8	0.7	0.6	0.6
编织机构技术特点	下针筒和上针盘均为三功位单极电子选针,程序控制自动弯纱深度调节,移圈功能	下针筒三功位单极电子选针上针盘二功位单极电子选针,自动弯纱系统,自动上下压针对位机构,双向移圈功能	双针筒,双头舌针可上下转移双向移圈,上下针筒各4功位电子选针,步进电动机程序控制线圈长度,可编程织物宽度	下针筒三功位单极电子选针上针盘二功位单极电子选针,双向移圈功能,步进电动机程序控制线圈长度,电子控制针盘移位可达±5针距,可编程织物宽度
输纱机构	储存积极式CONI+Y,CONI SEP,5色调线装置	储存积极式,F型6色调线装置	储存积极式,4色调线装置	储存积极式,5色调线装置
牵拉卷取机构	力矩电动机驱动,无级调速	力矩电动机驱动,无级调速	力矩电动机驱动,无级调速	力矩电动机驱动,无级调速

第十节　无缝内衣机

无缝针织内衣是在专用针织圆机上一次基本成形,下机后稍加裁剪、缝边以及后整理便可成为无缝的最终产品。无缝内衣针织圆机是在袜机的基础上发展而来,其特点为:一是具有袜机除编织头跟之外的所有功能,并增加了一些机件以编织多种结构与花型的无缝内衣;二是针筒直径较袜机大,一般在254~432mm(10~17英寸)。无缝内衣机可分为单面和双面两类,其中多数为前者。

一、SM8-TOP2型单面无缝内衣机
(一)主要技术特征

意大利圣东尼公司生产的SM8-TOP2型单面无缝内衣机的主要技术特征见表1-3-96。

表1-3-96 机器主要技术特征

项 目	技 术 特 征
针筒直径[mm(英寸)]	305~508(12~20)
进线路数	8路,每路2个选针点
机号E(针/25.4mm)	16~32(可提供其他机号)
机器用途	生产内衣、外衣、泳衣、运动衣及保健织物(含毛圈);可编织单件分隔产品
针筒转向	逆时针
最高针筒表面线速度(m/s)	1.9
针筒转动	非接触式电动机和电动控制的手动转动装置
成圈三角	步进电动机独立控制,每一路均可在同一横列中快速变化密度
选针器类型	16级电子选针器
选针功能	8路编织,三功位选针;气动控制起针三角和集圈三角;可将相邻2路合并编织,在横列中增加2根色纱
导纱嘴	每路8只导纱嘴,其中2只导纱嘴具有2个工作位置,1只导纱嘴具有6个工作位置,另2只导纱嘴用于色纱
送纱器	每路配置1只MEMMINGER公司SFE送纱器、1只BTSR公司KTF25HP、1只LGL公司SMART SANTONI送纱器;第2、6路增加1只BTSR公司KTF50HP橡筋送纱器
包覆纱、裸氨纶线夹	每路配置1只线夹;第2、6路增加1只橡筋夹子
牵 拉	2只吸风电动机或中央吸风系统
机器重量(kg)	净重620;毛重770
纱线传感器	光电串行纱线传感器(共64只)
自动控制	4MB内存Dinema主板
程 序	Dinema公司出品软件,Digraph3或Digraph3+或Graphitron-5程序,可通过FDU-2或信号线直接传送到机器
功 耗	功率:风机3.9kW 主电动机:2.2kW 压缩空气50L/min,0.6MPa(6bar) 标准:机器符合CE和UL标准

机器外形如图1-3-234所示。

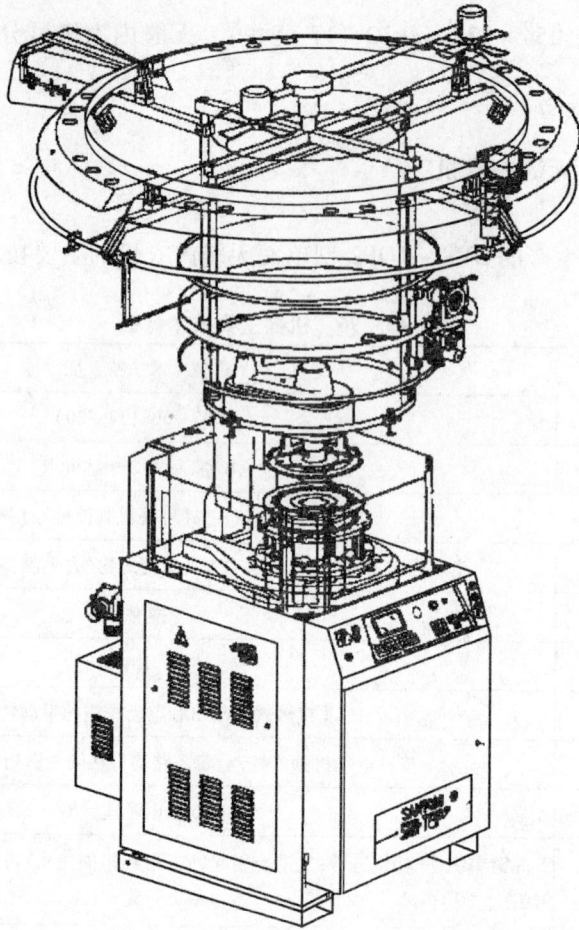

图 1 - 3 - 234　SM8 - TOP2 型单面无缝内衣机外形

(二)主要成圈机件

SM8 - TOP2 型单面无缝内衣机主要成圈机件包括织针、沉降片、哈夫针、中间片和提花片。各机件的外形结构如图 1 - 3 - 235 所示。

(1)织针:织针分为长踵针和短踵针,以满足活动三角能在机器运行状态下径向进入工作。长踵针占织针总数的 1/4。

(2)沉降片:沉降片分为普通沉降片和毛圈沉降片,长片踵沉降片用于编织毛圈。

(3)哈夫针:该机采用单片式哈夫针,用于编织内衣产品的双层折边边口。

(4)中间片:中间片插在针槽中,位于提花片上方和织针的下方,可将织针顶起或将提花片压下,满足选针编织的需求。

(5)提花片:提花片有 16 档不同高度的片齿。每片提花片留有一档片齿,对应于选针器上的一档选针刀的高度,受选针刀的控制进行选针。提花片通常在机器上呈"/"步步高排列,凡片齿被选针刀作用到的提花片被压进针槽内,其上方的织针不进行编织。提花片的下片踵用于起针。

(三)选针机构

采用装有 16 把电磁选针刀的电子选针装置如图 1 - 3 - 236 所示。

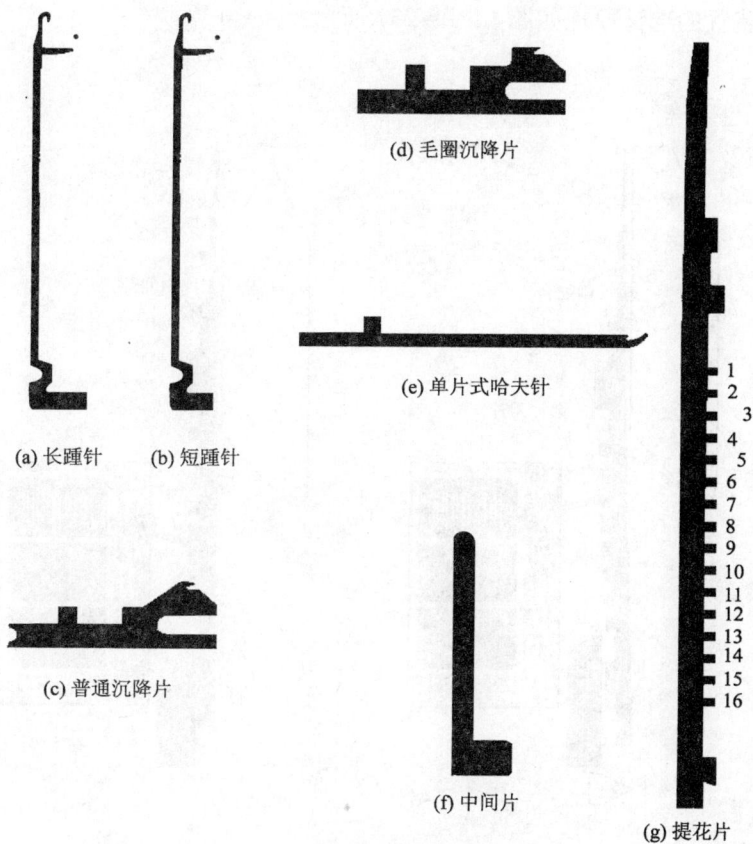

(d) 毛圈沉降片

(e) 单片式哈夫针

(a) 长踵针　(b) 短踵针

(c) 普通沉降片

(f) 中间片

(g) 提花片

图 1 - 3 - 235　主要成圈机件

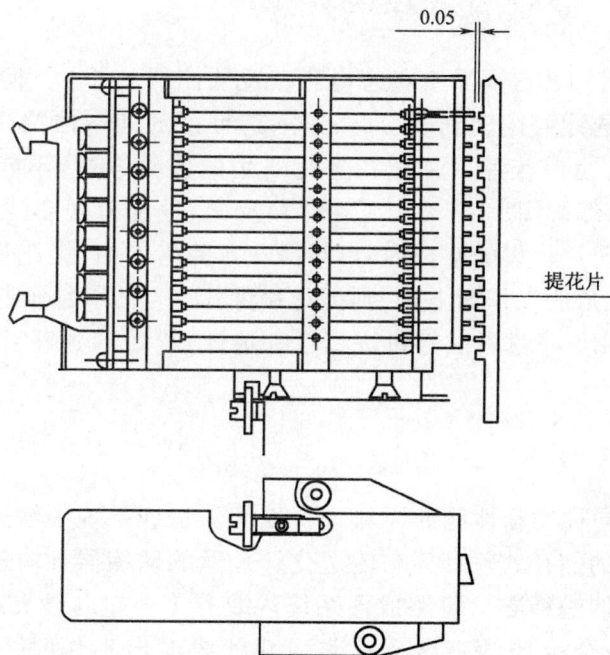

0.05

提花片

图 1 - 3 - 236　电子选针装置

电子选针装置的选针原理如图 1 – 3 – 237 所示。

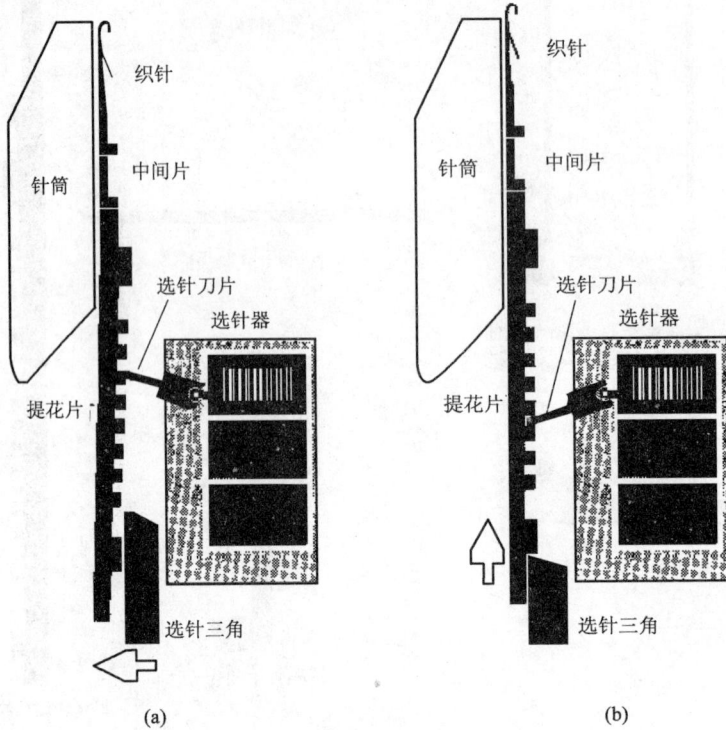

图 1 – 3 – 237 选针原理

选针器中每把选针刀片在一个双稳态电磁装置的控制下可上下摆动,进入高位或低位状态。当某一档位的选针刀摆动到高位时,进入选针区的同一档位高度的提花片片齿被该选针刀压入针槽中,使提花片下片踵在选针三角的内侧通过,不能沿三角的工作面上升,其上的织针不起针编织[图 1 – 3 – 237(a)];反之,选针刀摆动到低位时,选针刀高度处于进入选针区的提花片片齿的空档内,不与提花片片齿作用,提花片保持原有的径向位置,其下片踵沿选针三角的工作面上升,则提花片将其上方的织针顶起,织针起针编织[图 1 – 3 – 237(b)]。采用电子选针装置可进行单针选针,花高不受限制,最大花宽可达针筒总针数。

(四)送纱系统

机器采用各种不同种类和性能的原料进行编织。送纱系统中纱架为落地纱架,输线装置包括输送短纤纱的储存式输纱器、输送化纤长丝的储纬器、输送氨纶包芯纱的输纱器以及输送氨纶裸丝的输纱器。每路成圈系统内装有 1 个包芯纱夹线器,第 2 路和第 6 路成圈系统另增加一个橡筋纱夹线器;非弹性纱线退出工作时,依靠吸风气流握持纱头。

每个成圈系统内有两个垫纱区域,配有 8 个导纱嘴。机器上的进纱排序位置如图 1 – 3 –

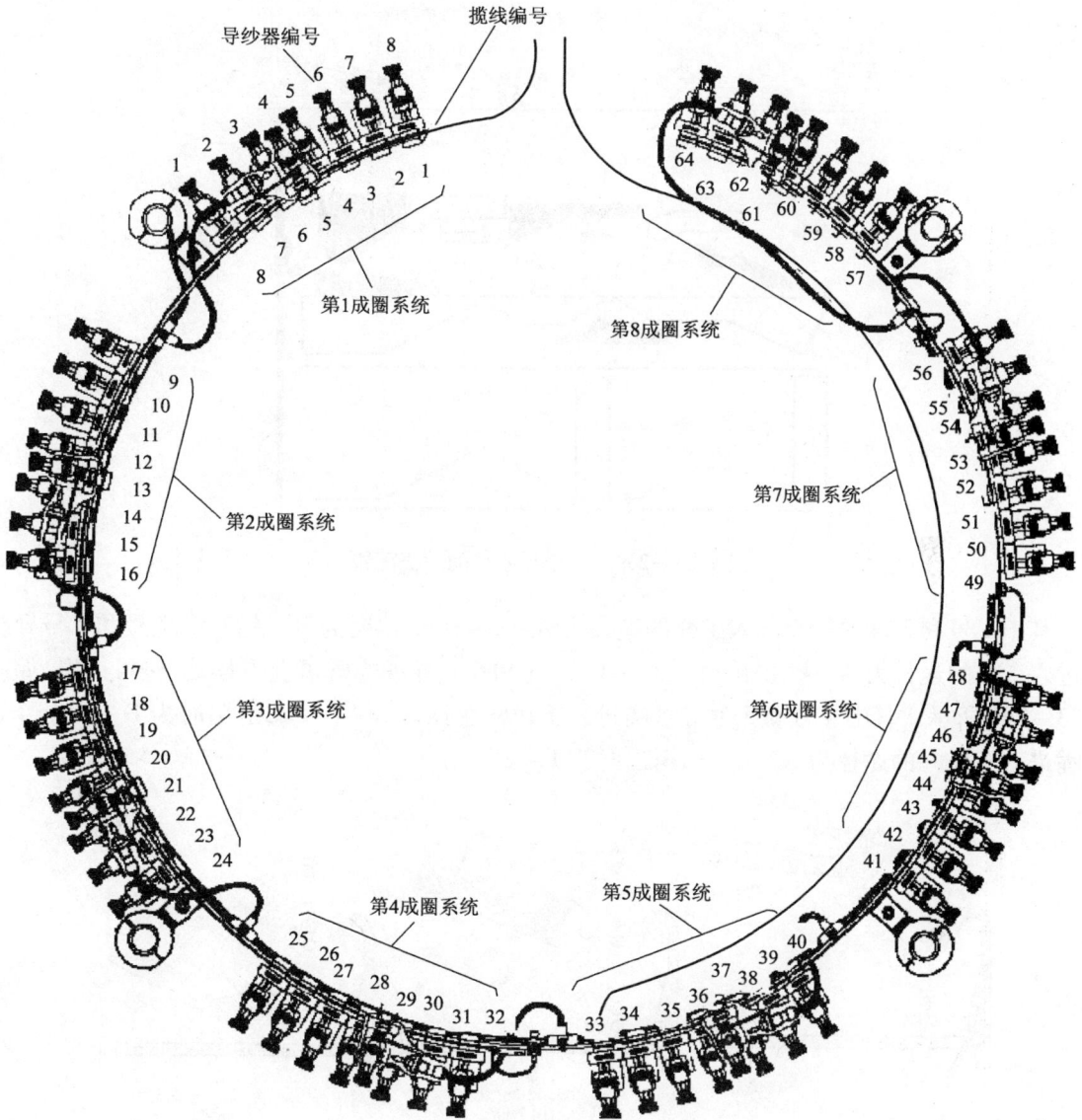

图1-3-238 进纱排序位置

238 所示。成圈系统中各个导纱嘴的配置如图1-3-239所示。

在上机工艺中,由于导纱嘴的横向位置不能调节,因此,需根据织物的组织结构、原料细度和原料性能等变化因素合理选用第1~8个导纱嘴,以满足各根进纱的垫纱角要求。在编织中,导纱嘴由编织程序控制,可根据组织结构的需要进入或退出工作。通常1号或2号导纱嘴穿地纱,4号或5号导纱嘴穿面纱(或色纱),两者按添纱编织的要求配置;8号或7号导纱嘴在编织提花组织时穿色纱;6号导纱嘴可穿编织弹性织物的氨纶纱或毛圈组织的地纱等;3号导纱嘴一般穿橡筋纱或氨纶丝。

在编织中,为确保垫纱的可靠性,各个导纱嘴在编织程序的控制下,处于不同的高低和前后停留位置,工作或不工作。1号、2号、3号、7号和8号导纱嘴可上下摆动,如图1-3-240所

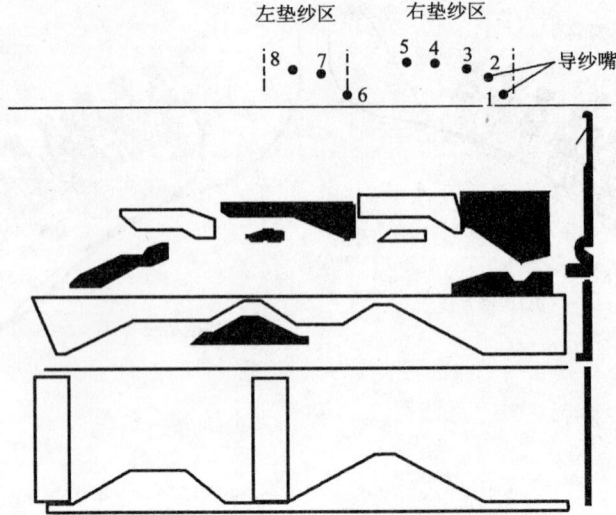

图 1-3-239　各个导纱嘴的大概配置

示。其中 1 号和 2 号导纱嘴进入工作的途径为 A－C－B,退出时为 B－A;3 号、7 号和 8 号导纱嘴进入工作的途径为 A－C,退出时为 C－A。4、5 和 6 号导纱嘴既可上下摆动,也可进出,如图 1-3-241 所示。其中 4 号和 5 号导纱嘴进入工作的途径为 A－C－D,退出时为 D－A;6 号导纱嘴进入工作时的途径为 A－E－F,退出时为 F－E－A。

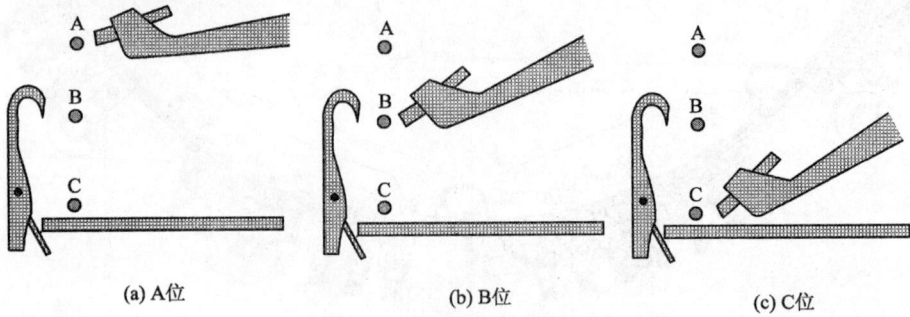

(a) A位　　　　　　(b) B位　　　　　　(c) C位

图 1-3-240　导纱嘴位置(A、B、C)

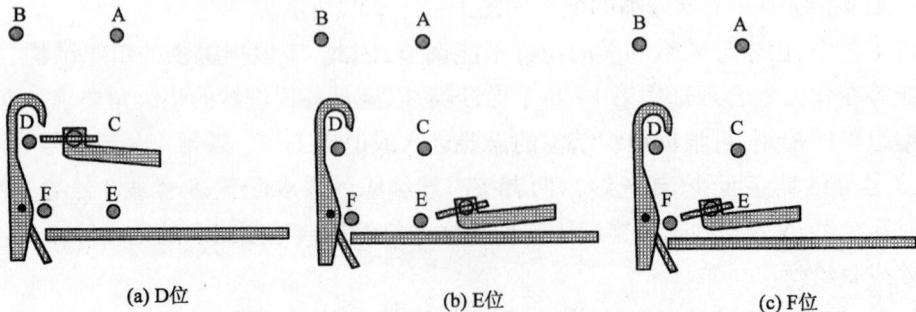

(a) D位　　　　　　(b) E位　　　　　　(c) F位

图 1-3-241　导纱嘴位置(A、B、C、D、E、F)

（五）三角配置及织针走针轨迹

1.三角配置

三角装置的平面展开如图 1-3-242 所示。其中 B 为沉降片片颚线，A 为针头，C、D、M 为导纱嘴，P 为中间片片踵，O 为提花片片齿。整套三角系统由固定三角和活动三角组成，活动三角以黑色表示。图中上部为织针三角，其中 E 为起针三角，F 为退圈三角，J 和 K 为挺针三角，Q、H 和 R 为收针三角，N 为成圈三角，U 为回针三角；中部为中间片三角，其中 G 为中间片挺片三角，V 为中间片压片三角；下部为提花片三角，其中 S 为提花片起针三角，T 为提花片退圈三角，I 和 L 分别为第一和第二电子选针装置。整个三角系统中 E、F、H、J 和 G 为径向活动三角，N 和 U 为上下活动三角。此外，第 1 路、第 3 路、第 5 路、第 7 路成圈系统中的成圈三角 N 还可以径向退出工作，使前后二路成圈系统合并为一路成圈系统。径向活动三角采用气动控制，上下活动三角采用步进电动机控制，用以改变线圈长度。

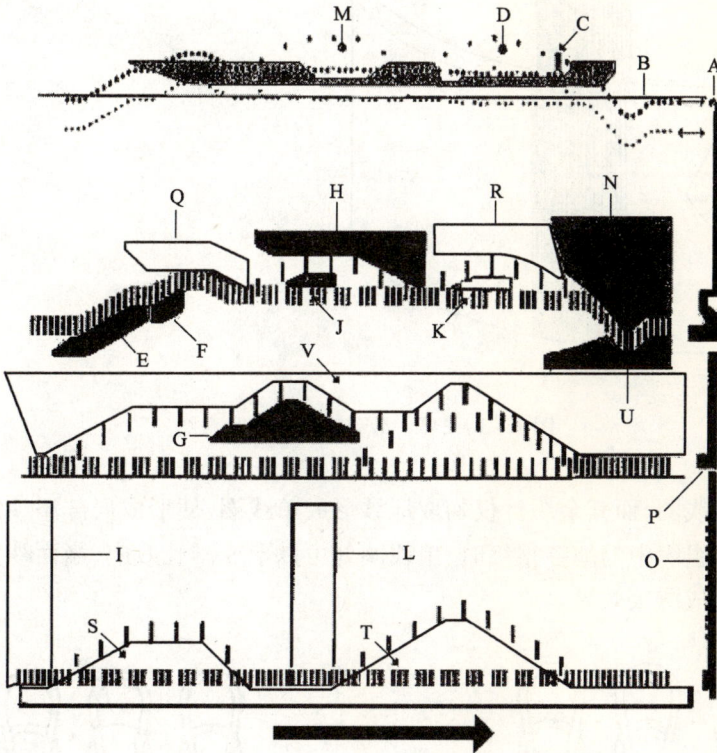

图 1-3-242　三角装置平面展开图

图 1-3-243 为活动三角安装示意图。

2.走针轨迹

（1）平纹添纱组织：线圈结构如图 1-3-244 所示。编织时，所有织针在两个选针区均被选中成圈，在 1 号或 2 号纱嘴处勾取包芯纱作地纱，在 4 号或 5 号纱嘴处勾取其他纱线作面纱，面纱和地纱一起成圈，形成添纱线圈。

（2）局部添纱组织：线圈结构如图 1-3-245 所示。编织时，有选择地使某些织针勾取面

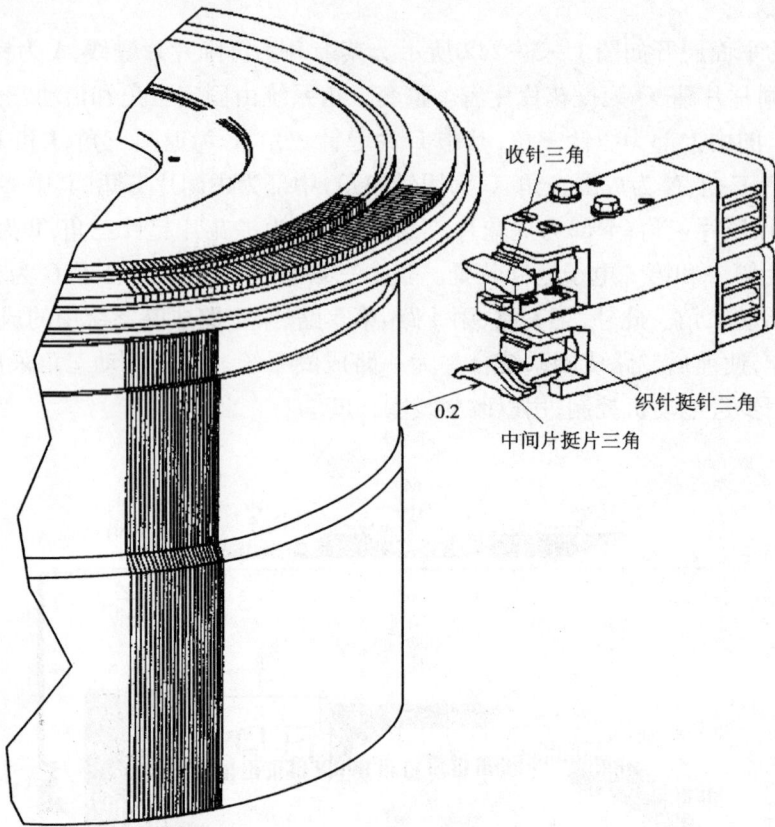

图 1-3-243　活动三角安装示意图

纱和地纱形成添纱线圈,而其余织针仅勾取地纱形成单线圈,便形成局部添纱组织,又称架空添纱组织。局部添纱组织中的地纱很细时,单线圈处可以形成网孔效应;当面纱和地纱均较粗时,添纱线圈处可以形成绣纹效果。

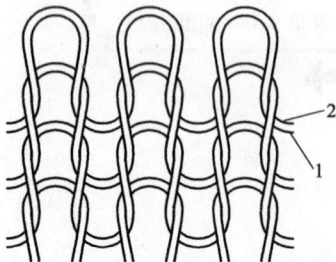

图 1-3-244　平纹添纱组织
1—面纱　2—地纱

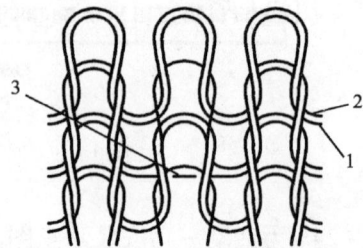

图 1-3-245　局部添纱组织
1—面纱　2—地纱　3—面纱浮线

　　编织局部添纱的走针轨迹如图 1-3-246 所示,起针三角 E 和退圈三角 F 退出工作,其余过程如下:

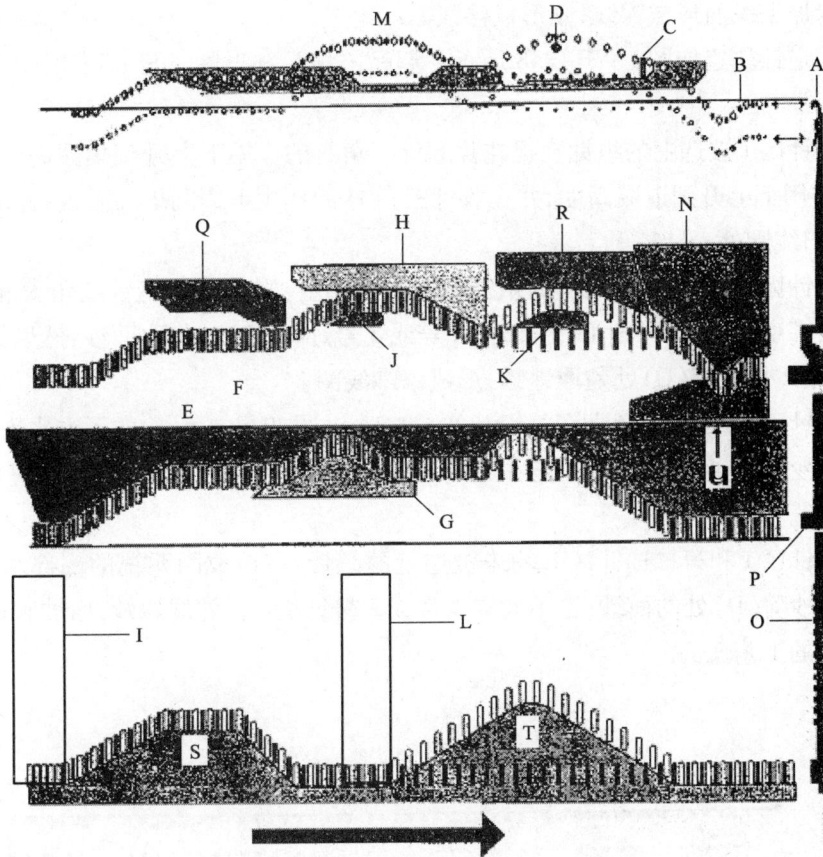

图 1 - 3 - 246 局部添纱的走针轨迹

所有织针在第一选针区 I 被选上后,织针在提花片起针三角 S 的作用下上升到集圈高度,并在中间片三角 G 的作用下上升到退圈高度,然后在收针三角 H 的作用下回到集圈高度,此时所有织针针舌开启,旧线圈处于针杆上。

在第二选针区 L,被选上的织针在挺针三角 K 的作用下再次上升到达退圈高度后沿收针三角 R 下降,在 4 号或 5 号纱嘴(D)处勾取面纱,然后沿成圈三角 N 下降,在 1 号或 2 号纱嘴(C)处勾取地纱,形成添纱线圈。

在第二选针区 L,未被选上的织针在挺针三角 K 的下方水平横移,不能勾取 4 号或 5 号纱嘴处的面纱,只能在成圈三角 N 的作用下,在 1 号或 2 号纱嘴处勾取地纱,形成单线圈,4 号或 5 号纱嘴处的面纱以浮线的形式处于单线圈的工艺反面。

(3)浮线添纱组织:浮线添纱组织是在局部添纱组织的基础上增加了浮线,其线圈结构如图 1 - 3 - 247 所示。编织时,有选择地使某些

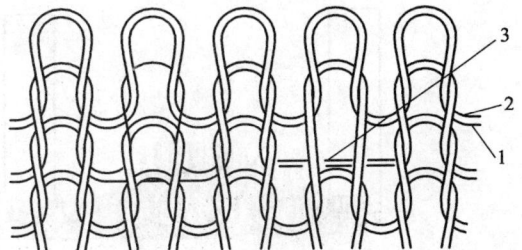

图 1 - 3 - 247 浮线添纱组织
1—面纱 2—地纱 3—地纱面纱浮线

织针参加编织,勾取面纱和地纱形成添纱线圈;某些织针参加编织,仅勾取地纱形成单线圈;而其他织针不参加编织而形成浮线,则形成浮线添纱组织。

编织时的走针轨迹如图1－3－248所示。起针三角E和退圈三角F退出工作,其余过程如下:

在第一选针区I被选上的织针在提花片起针三角S的作用下上升到集圈高度,然后在中间片三角G的作用下上升到退圈高度,并在收针三角H的作用下回到集圈高度,此时被选上的织针针舌开启,旧线圈处于针杆上。

在第二选针区L,处于集圈高度的织针如再次被选上,则织针在挺针三角K的作用下再次上升到达退圈高度,沿收针三角R下降,在4号或5号纱嘴(D)处勾取面纱,然后沿成圈三角N下降,在1号或2号纱嘴(C)处勾取地纱,形成添纱线圈。

在第二选针区L,处于集圈高度的织针如未被选上,在挺针三角K的下方水平横移,不能勾取4号或5号纱嘴(D)处的面纱,只能在成圈三角N的作用下,在1号或2号纱嘴(C)处勾取地纱,形成单线圈。

在第一选针区I和第二选针区L均未被选上的织针,在该成圈系统的底部水平横移,不勾取4号或5号纱嘴(D)处的面纱,也不勾取1号或2号纱嘴(C)处的地纱,面纱和地纱以浮线的形式处于线圈的工艺反面。

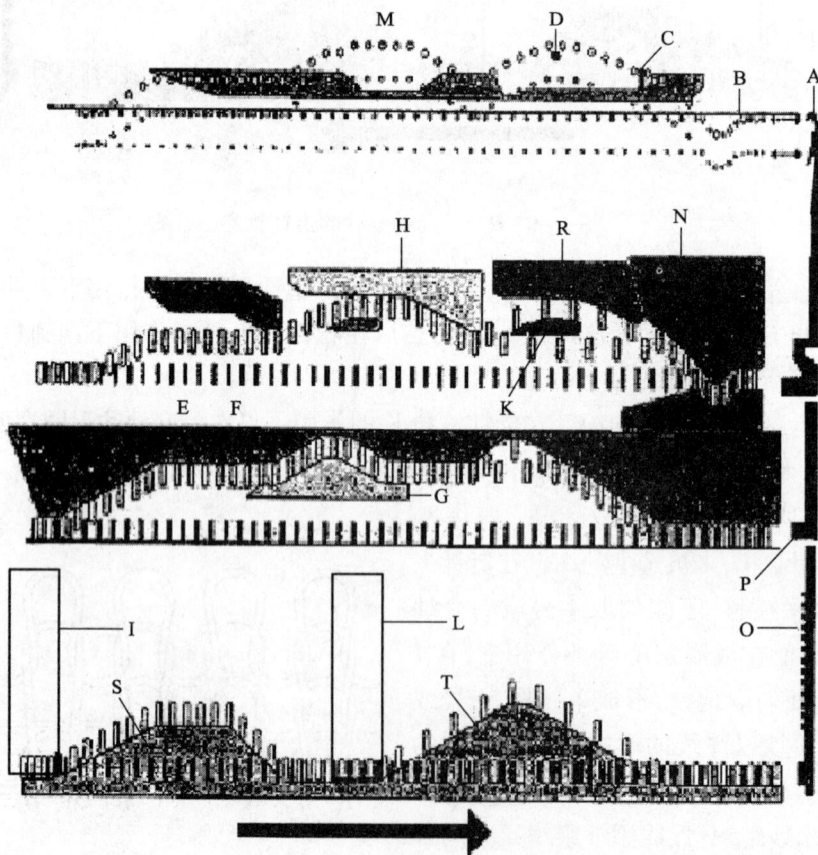

图1－3－248　浮线添纱组织的走针轨迹

（4）氨纶添纱组织：在浮线添纱组织的基础上，有选择地使某些织针勾取面纱和地纱形成添纱线圈，某些织针勾取氨纶丝和地纱形成氨纶添纱线圈而形成。

编织时的走针轨迹如图1-3-249所示，三角配置与浮线添纱组织相同，在6号纱嘴Q中增加一根氨纶丝，并进入最低工作位置，其余过程如下：

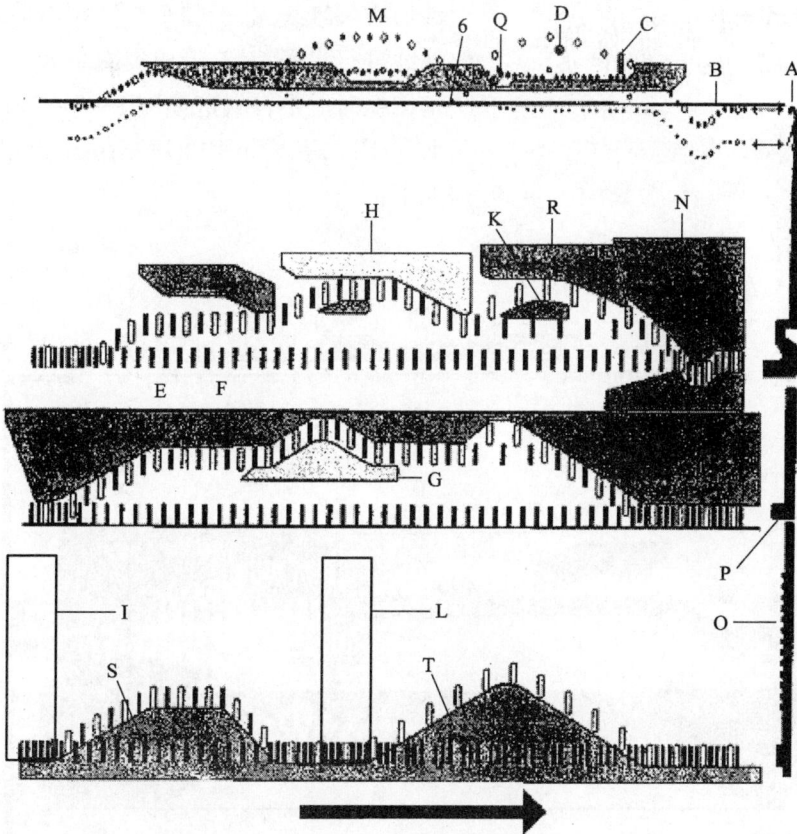

图1-3-249　氨纶浮线添纱组织的走针轨迹

在第一选针区I被选上的织针上升到集圈高度，然后在中间片三角G的作用下上升到退圈高度，并在收针三角H的作用下勾取6号纱嘴Q中的氨纶丝后回到集圈高度，此时被选上的织针针舌开启，氨纶丝在针口内，旧线圈处于针杆上。

在第二选针区L，处于集圈高度的织针如再次被选上，则织针在挺针三角K的作用下再次上升到达退圈高度。由于6号纱嘴位置低，氨纶丝退到针杆上；织针继续沿收针三角R下降，在4号或5号纱嘴（D）处勾取面纱，然后沿成圈三角N下降，在1号或2号纱嘴（C）处勾取地纱，地纱和面纱一起形成添纱线圈。此时，氨纶丝和旧线圈一起脱出针头，氨纶丝未成圈，形成衬垫。

在第二选针区L，处于集圈高度的织针如未被选上，在挺针三角K的下方水平横移，不能勾取4号或5号纱嘴（D）处的面纱，只能在成圈三角N的作用下，在1号或2号纱嘴（C）处勾取地纱，氨纶丝和地纱一起成圈，形成氨纶添纱线圈。

在第一选针区I和第二选针区L均未被选上的织针，在该成圈系统的底部水平横移，不勾取 6 号纱嘴中的氨纶丝,也不勾取 4 号或 5 号纱嘴(D)中的面纱以及 1 号或 2 号纱嘴(C)中的地纱,氨纶丝、面纱和地纱以浮线的形式处于线圈的工艺反面。

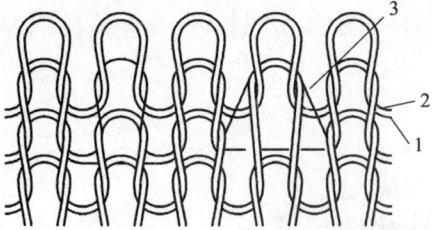

图 1 - 3 - 250　集圈添纱组织
1—面纱　2—地纱　3—地纱集圈

(5)集圈添纱组织:线圈结构如图 1 - 3 - 250 所示。编织时,有选择地使某些织针退圈后勾取面纱和地纱形成添纱线圈,而其余织针在不退圈的情况下勾取地纱进行集圈编织,形成集圈添纱组织。

编织时的走针轨迹如图 1 - 3 - 251 所示,起针三角 E、退圈三角 F 和中间片三角 G 退出工作,其余过程如下:

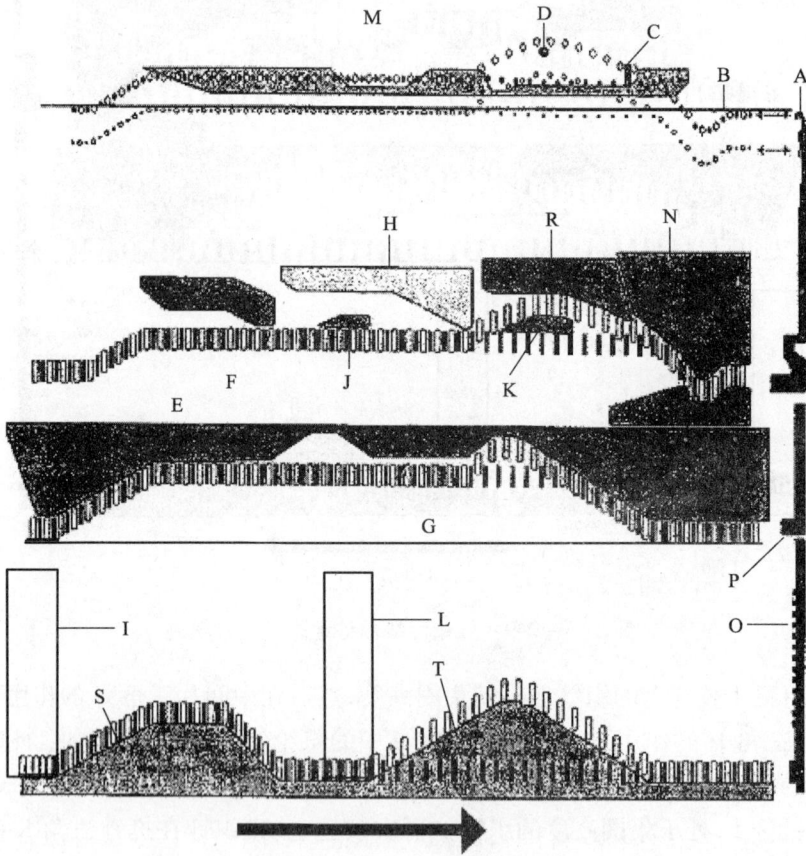

图 1 - 3 - 251　集圈添纱组织的走针轨迹

在第一选针区 I,所有织针被选上,上升到集圈高度,在挺针三角 J 的下方水平横移,此时所有织针针舌开启,旧线圈处于针口内。

在第二选针区 L,被选上的织针在挺针三角 K 的作用下上升到退圈高度,沿收针三角 R 下降,在 4 号纱嘴(D)处勾取面纱,最后在成圈三角 N 的作用下,在 1 号或 2 号纱嘴(C)处再勾取地纱。面纱和地纱一起成圈,形成添纱线圈。

在第二选针区 L,未被选上的所有织针,在挺针三角 K 的下方水平横移,不能勾取面纱,然后在沿成圈三角 N 下降时在 1 号或 2 号纱嘴(C)处勾取地纱。旧线圈和地纱一起形成集圈。

(6)浮线集圈添纱组织:线圈结构如图 1 - 3 - 252 所示。编织时,有选择地使某些织针退圈后勾取面纱和地纱形成添纱线圈;某些织针在不退圈的情况下勾取地纱,形成集圈;而其余织针不编织形成浮线,形成浮线集圈添纱组织。

编织时走针轨迹如图 1 - 3 - 253 所示,起针三角 E、退圈三角 F 和中间片三角 G 退出工作,其余过程如下:

在第一选针区 I,被选上的织针上升到集圈高度,针舌开启旧线圈处于针口内;未被选上的

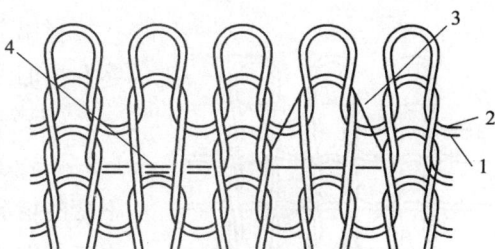

图 1 - 3 - 252　浮线集圈添纱组织
1—面纱　2—地纱　3—地纱集圈　4—地纱面纱浮线

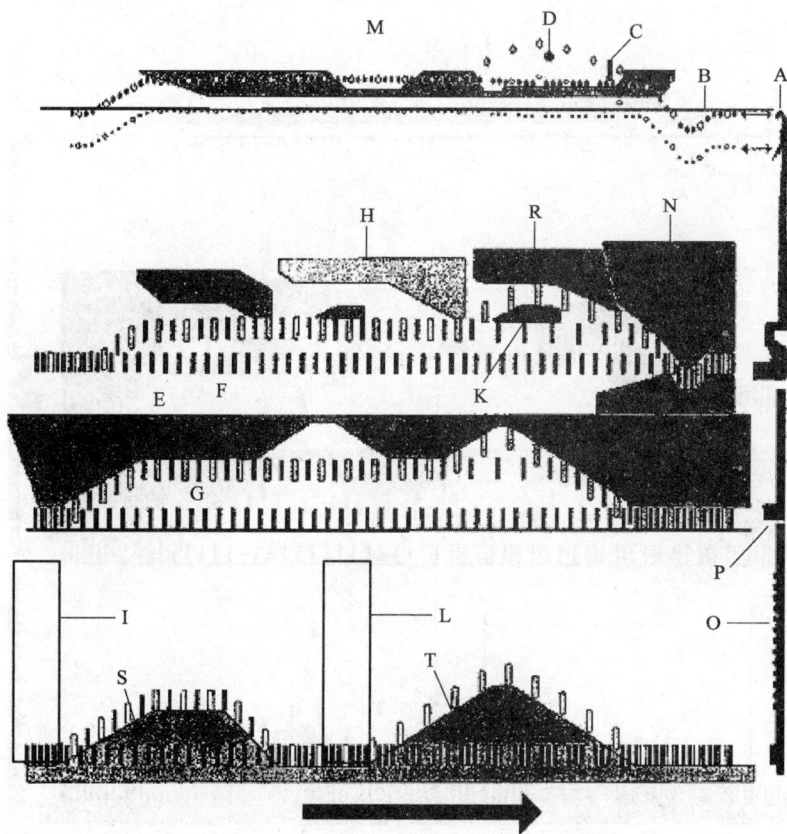

图 1 - 3 - 253　浮线集圈添纱组织的走针轨迹

织针水平横移。

在第二选针区 L,被选上的织针在挺针三角 K 的作用下上升到退圈高度,沿收针三角 R 下降,在 4 号纱嘴(D)处勾取面纱,最后在成圈三角 N 的作用下,在 1 号或 2 号纱嘴(C)处再勾取地纱。面纱和地纱一起成圈,形成添纱线圈。

在第一选针区 I 被选上,而第二选针区 L 未被选上的织针,在挺针三角 K 的下方水平横移,

不能勾取面纱,然后沿成圈三角 N 下降时在 1 号或 2 号纱嘴(C)处勾取地纱。旧线圈和地纱一起形成集圈。

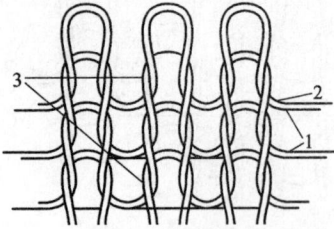

图 1 - 3 - 254 双色提花添纱组织
1—面纱色① 2—面纱色② 3—地纱

在第一选针区 I 和第二选针区 L 均未被选上的织针,始终握持旧线圈,不进行编织,形成浮线。

(7)双色提花添纱组织:线圈结构如图 1 - 3 - 254 所示,1、2 和 3 分别为色纱、地纱以及地纱单线圈。编织时,在地纱不变的情况下,根据花纹的需要,有选择地在某些织针上采用二种面纱(色纱)进行编织,而在其余织针上编织单线圈,形成双色提花添纱组织。

编织时走针轨迹如图 1 - 3 - 255 所示。起针三角 E 和退圈三角 F 进入工作,4 号(D)和 8 号(M)纱嘴穿色纱,1 号或 2 号纱嘴(C)穿地纱,其余过程如下:

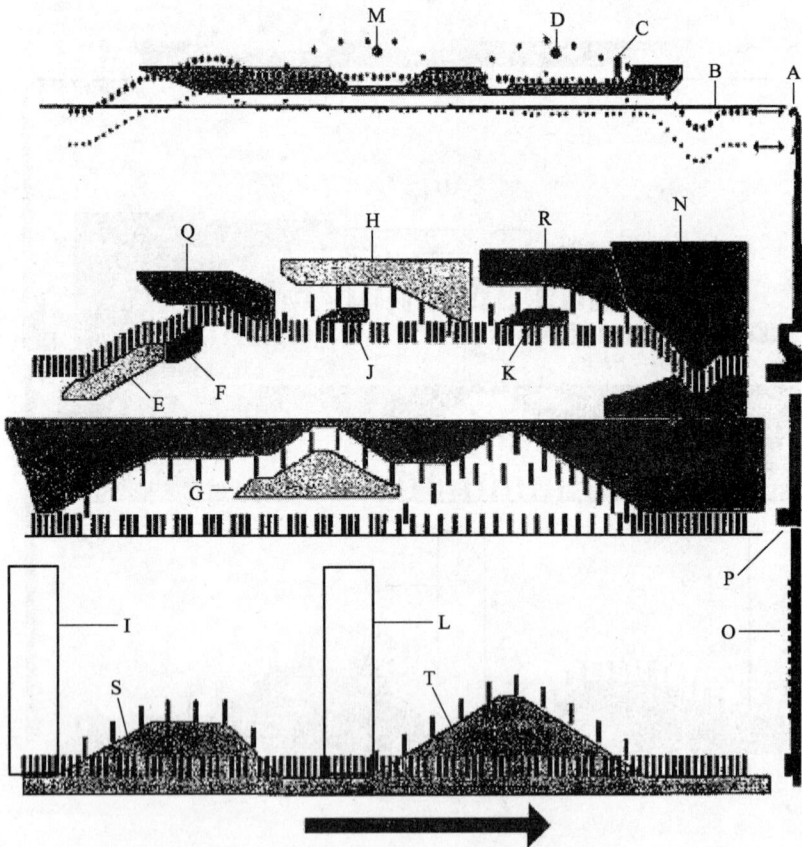

图 1 - 3 - 255 双色提花添纱组织的走针轨迹

在第一选针区 I 被选上的中间片上升到集圈高度,同时所有织针在起针三角 E 的作用下上升到集圈高度,然后所有的织针在退圈三角 F 的作用下上升到退圈高度,并在收针三角 Q 的作用下回到集圈高度,此时所有织针针舌开启,旧线圈处于针杆上。

在第一选针区 I 被选上的中间片在中间片三角 G 的作用下将织针顶上,使被选上的织针在挺针三角 J 的作用下再次上升到退圈高度,沿收针三角 H 下降,在 8 号纱嘴(M)处勾取第一面纱后回到集圈高度。勾取第一面纱的织针在第二选针区 L 不被选中,在挺针三角 K 的下方水平横移,不能勾取 4 号或 5 号纱嘴(D)处的第二面纱,最后在成圈三角 N 的作用下,在 1 号或 2 号纱嘴(C)处再勾取地纱。第一面纱和地纱一起成圈,形成第一色纱提花添纱线圈。

第一选针区 I 未被选上的所有织针,在挺针三角 J 的下方水平横移,不能勾取第一面纱。当经过第二选针区 L 时,这些织针中,被选中的织针在挺针三角 K 的作用下再次上升到达退圈高度后沿收针三角 R 下降,在 4 号或 5 号纱嘴(D)处勾取第二面纱,然后沿成圈三角 N 下降,在 1 号或 2 号纱嘴(C)处再勾取地纱。第二面纱和地纱一起成圈,形成第二色纱提花添纱线圈。

第一选针区 I 和第二选针区 L 均未被选中的织针,在挺针三角 J 和挺针三角 K 的下方水平横移,最后沿成圈三角 N 下降,在 1 号或 2 号纱嘴(C)处勾取地纱,形成单线圈,显露地纱的颜色。

(8)集圈提花添纱组织:线圈结构如图 1－3－256 所示。编织时,在地纱不变的情况下,根据花纹的需要,有选择地使某些织针勾取色纱和地纱形成提花添纱线圈,而其余织针在不退圈的情况下勾取地纱进行集圈,形成集圈提花添纱组织。

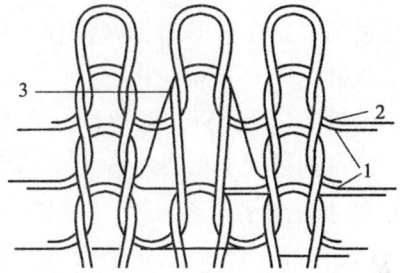

图 1－3－256 集圈提花添纱组织
1—色纱面纱 2—地纱 3—地纱集圈

编织时走针轨迹如图 1－3－257 所示,起针三角 E 和中间片三角 G 进入工作,退圈三角 F 退出工作,其余过程如下:

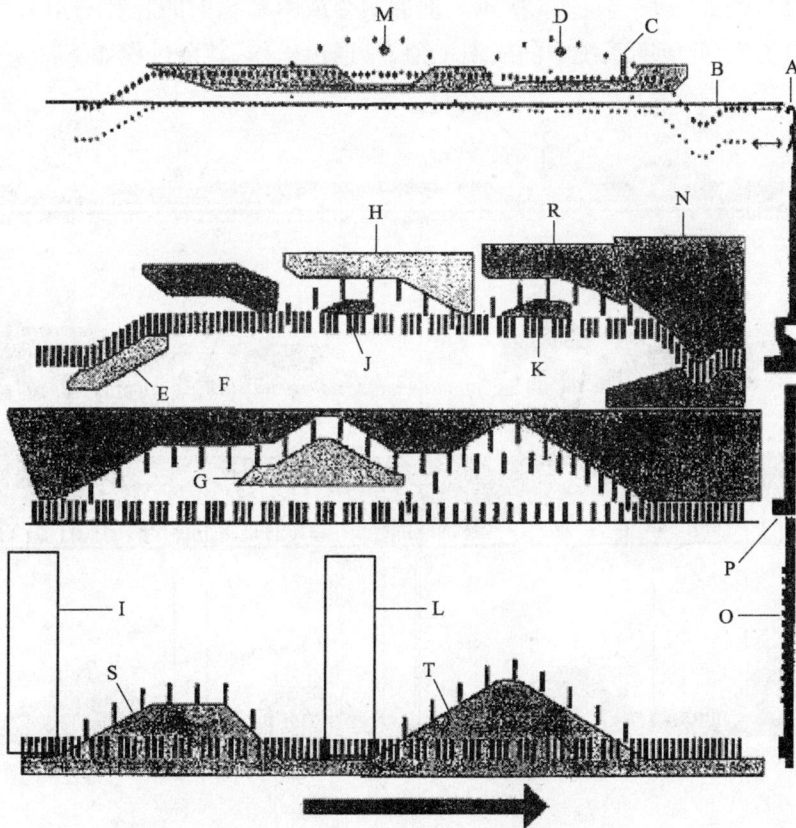

图 1－3－257 集圈提花添纱组织的走针轨迹

在第一选针区 I 被选上的中间片上升到集圈高度,同时所有织针在起针三角 E 的作用下上升到集圈高度。此时全部织针针舌开启,旧线圈处于针口内。

在第一选针区 I 被选上的中间片在中间片三角 G 的作用下将织针顶上,使织针在挺针三角 J 的作用下上升到退圈高度,沿收针三角 H 下降,在 7 号或 8 号纱嘴(M)处勾取第一面纱后回到集圈高度。勾取第一面纱的织针在第二选针区 L 不被选中,在挺针三角 K 的下方水平横移,不能勾取 4 号或 5 号纱嘴(D)处的第二面纱,最后在成圈三角 N 的作用下,在 1 号或 2 号纱嘴(C)处再勾取地纱。第一面纱和地纱一起成圈,形成第一色纱提花添纱线圈。

第一选针区 I 未被选上的所有织针,在挺针三角 J 的下方水平横移,不能勾取第一面纱。当经过第二选针区 L 时,这些织针中,被选中的织针在挺针三角 K 的作用下上升到达退圈高度后沿收针三角 R 下降,在 4 号或 5 号纱嘴(D)处勾取第二面纱,然后沿成圈三角 N 下降,在 1 号或 2 号纱嘴(C)处再勾取地纱。第二面纱和地纱一起成圈,形成第二色纱提花添纱线圈。

第一选针区 I 和第二选针区 L 均未被选中的织针,处于集圈高度,在挺针三角 J 和挺针三角 K 的下方水平横移,最后沿成圈三角 N 下降,在 1 号或 2 号纱嘴(C)处勾取地纱,形成集圈。

(9)浮线三色提花添纱组织:浮线三色提花添纱组织采用相邻二路成圈系统合并为一个大成圈系统编织。前一成圈系统中的成圈三角 N_1 退出工作,该系统中垫入的色纱进入后一路成圈系统中勾取地纱后闭口、套圈、脱圈、弯纱、成圈。因此,整个针织机上八路成圈系统合并为四路大成圈系统进行编织,每个大成圈系统内含有四个选针区域 $I_1 \sim I_4$。如此编织后,在一个线圈横列中可增加 1~2 根色纱,形成三色或四色提花。

编织时走针轨迹如图 1-3-258 所示。前后两个成圈系统中的起针三角 E_1、E_2 和退圈三角 F_1、F_2 均退出工作,前成圈系统中的成圈三角 N_1 退出工作,其余过程如下:

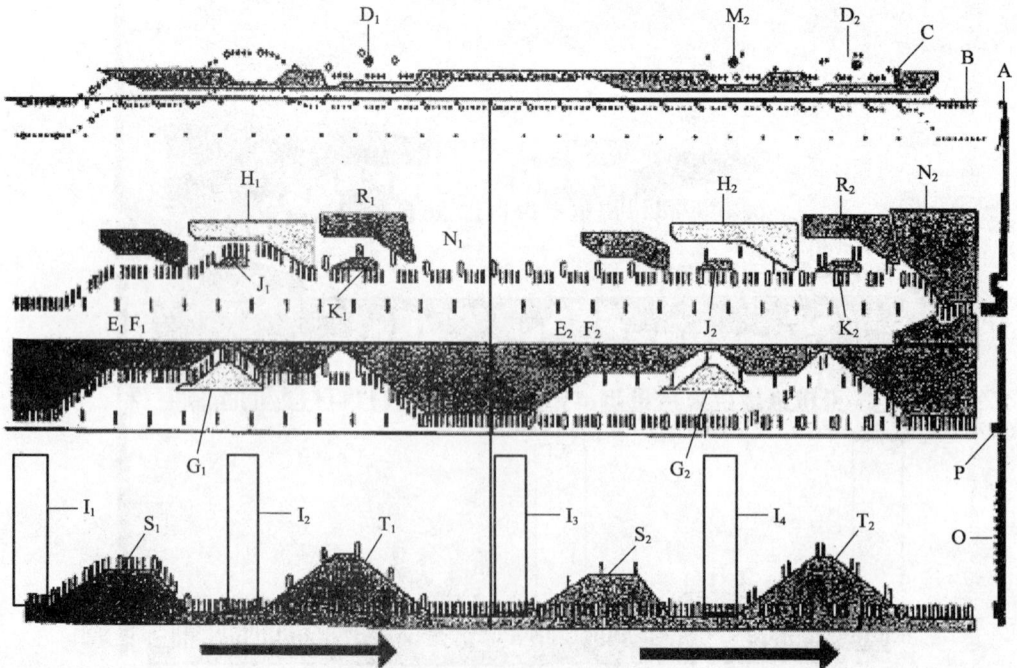

图 1-3-258　浮线三色提花添纱组织的走针轨迹

　　在第一选针区 I_1,形成浮线的不编织织针不被选中,其余织针均被选中,在中间片三角 G_1 和挺针三角 J_1 的作用下退圈,然后在收针三角 H_1 的作用下回到集圈高度,此时,被选中织针针舌打开,旧线圈处于针杆上。

　　在第二选针区 I_2,编织第一色纱的织针被选中,在挺针三角 K_1 的作用下再次达到退圈高度,然后沿收针三角 R_1 下降勾取 4 号(或 5 号)纱嘴(D_1)中的第一色纱,回到集圈高度。

　　在第三选针区 I_3,编织第二色纱的织针被选中,在中间片三角 G_2 和挺针三角 J_2 的作用下再次达到退圈高度,然后沿收针三角 H_2 下降勾取 8 号(或 7 号)纱嘴(M_2)中的第二色纱,回到集圈高度。

　　在第四选针区 I_4,编织第三色纱的织针被选中,在挺针三角 K_2 的作用下再次达到退圈高度,然后沿收针三角 R_2 下降勾取 4′号(或 5′号)纱嘴(D_2)中的第三色纱,并在成圈三角 N_2 的作用下勾取 1 号或 2 号纱嘴(C)中的地纱,成圈后形成第三色纱提花添纱线圈。

　　已勾取第一色纱和第二色纱的织针在挺针三角 K_1、K_2 的下方平移,最后在成圈三角 N_2 的作用下勾取 1 号或 2 号纱嘴(C)处的地纱,形成第一和第二色纱提花添纱线圈;不编织织针始终未被四个选针区选中,在成圈系统的底部平移,形成浮线。

　　(10)集圈三色提花添纱组织:集圈三色提花添纱组织采用相邻二路成圈系统合并为一个大成圈系编织。编织时走针轨迹如图 1－3－259 所示。前成圈系统中的起针三角 E_1 进入工作,退圈三角 F_1 和成圈三角 N_1 退出工作;后成圈系统中的起针三角 E_2 和退圈三角 F_2 退出工作,其余过程如下:

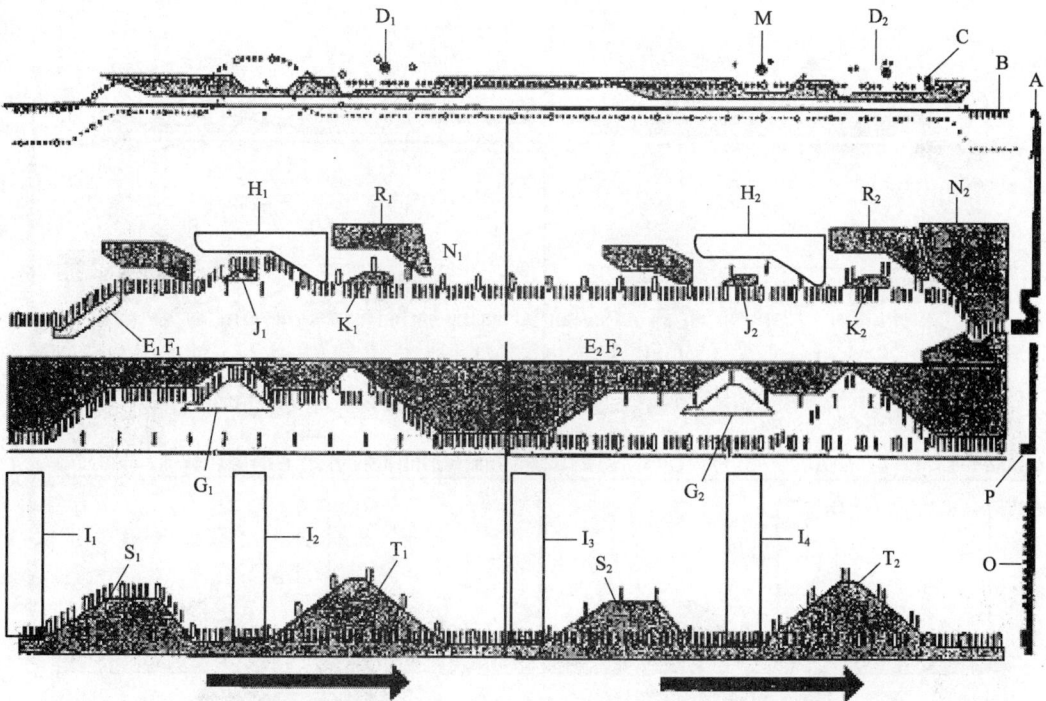

图 1－3－259　集圈三色提花添纱组织的走针轨迹

　　在第一选针区 I_1,形成集圈的织针下方的提花片不被选中,其余提花片均被选中;被选中的

织针在中间片三角 G_1 和挺针三角 J_1 的作用下上升退圈,然后在收针三角 H_1 的作用下回到集圈高度,此时,被选中织针针舌打开,旧线圈处于针杆上;形成集圈的织针在起针三角 E_1 的作用下上升,打开针舌,旧线圈处于针口内,然后在挺针三角 J_1 的下方平移。

在第二选针区 I_2,编织第一色纱的织针被选中,在挺针三角 K_1 的作用下再次达到退圈高度,然后沿收针三角 R_1 下降勾取 4 号(或 5 号)纱嘴(D_1)中的第一色纱,回到集圈高度。

在第三选针区 I_3,编织第二色纱的织针被选中,在中间片三角 G_2 和挺针三角 J_2 的作用下再次达到退圈高度,然后沿收针三角 H_2 下降勾取 8 号(或 7 号)纱嘴(M)中的第二色纱,回到集圈高度。

在第四选针区 I_4,编织第三色纱的织针被选中,在挺针三角 K_2 的作用下再次达到退圈高度,然后沿收针三角 R_2 下降勾取 4′号(或 5′号)纱嘴(D_2)中的第三色纱,并在成圈三角 N_2 的作用下勾取 1 号或 2 号纱嘴(C)中的地纱,成圈后形成第三色纱提花添纱线圈。

已勾取第一色纱和第二色纱的织针在挺针三角 K_2 的下方平移,最后在成圈三角 N_2 的作用下勾取 1 号或 2 号纱嘴(C)处的地纱,形成第一和第二色纱提花添纱线圈;集圈织针始终未被四个选针区选中,在挺针三角 J_1、J_2 和挺针三角 K_1、K_2 的下方平移,最后在成圈三角 N_2 的作用下勾取 1 号或 2 号纱嘴(C)处的地纱,旧线圈和地纱一起形成集圈。

(11)浮线集圈三色提花添纱组织:浮线集圈三色提花添纱组织是浮线三色提花添纱和集圈三色提花添纱的复合。编织时走针轨迹如图 1 - 3 - 260 所示。两个相邻成圈系统中的起针三角 E_1、E_2 和退圈三角 F_1、F_2 均退出工作;前成圈系统中的中间片三角 G_1 径向退出一半工作;编织集圈线圈的织针采用短踵针,其余过程如下:

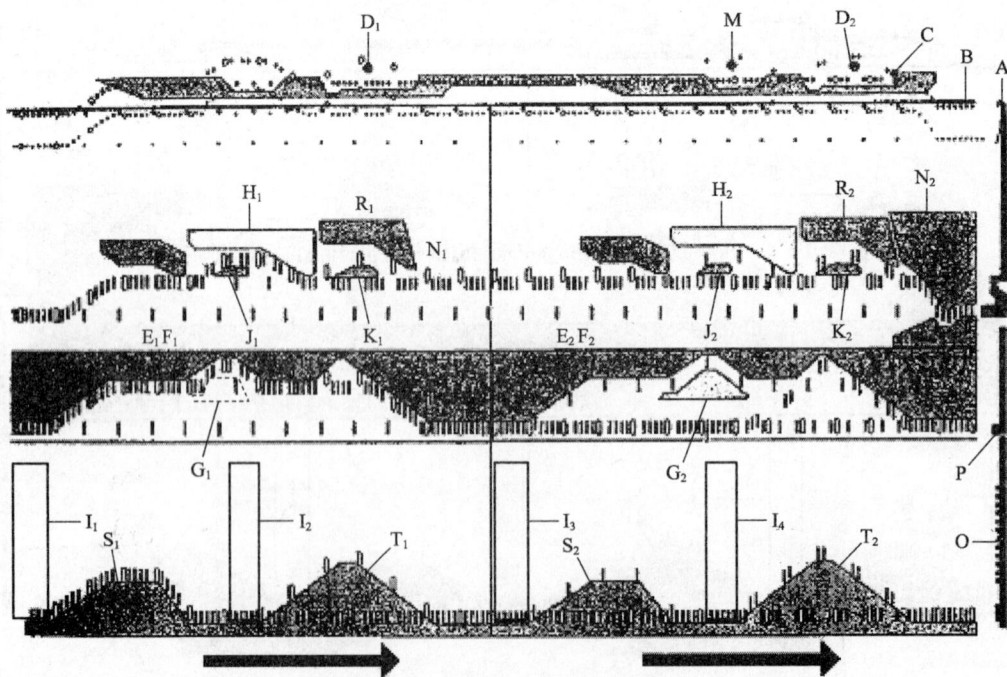

图 1 - 3 - 260　浮线集圈三色提花添纱组织的走针轨迹

在第一选针区 I_1,形成浮线的织针不被选中;其余织针均被选中,在提花片起针三角 S_1 的作用下到达集圈高度;所有的长踵针在挺针三角 J_1 的作用下退圈,然后在收针三角 H_1 的作用下回到集圈高度,此时,针舌打开,旧线圈处于针杆上;所有的短踵针在挺针三角 J_1 的下方平移,保持集圈高度。

在第二选针区 I_2,编织第一色纱的织针被选中,在挺针三角 K_1 的作用下再次达到退圈高度,然后沿收针三角 R_1 下降勾取 4 号(或 5 号)纱嘴(D_1)中的第一色纱,回到集圈高度。

在第三选针区 I_3,编织第二色纱的织针被选中,在中间片三角 G_2 和挺针三角 J_2 的作用下再次达到退圈高度,然后沿收针三角 H_2 下降勾取 8 号(或 7 号)纱嘴(M)中的第二色纱,回到集圈高度。

在第四选针区 I_4,编织第三色纱的织针被选中,在挺针三角 K_2 的作用下再次达到退圈高度,然后沿收针三角 R_2 下降勾取 4′号(或 5′号)纱嘴中(D_2)中的第三色纱,并在成圈三角 N_2 的作用下勾取 1 号或 2 号纱嘴(C)中的地纱,成圈后形成第三色纱提花添纱线圈。

已勾取第一色纱和第二色纱的织针在挺针三角 K_2 的下方平移,最后在成圈三角 N_2 的作用下勾取 1 号或 2 号纱嘴(C)处的地纱,形成第一和第二色纱提花添纱线圈;集圈织针始终未被四个选针区选中,在挺针三角 J_1、J_2 和挺针三角 K_1、K_2 的下方平移,最后在成圈三角 N_2 的作用下勾取 1 号或 2 号纱嘴(C)处的地纱,旧线圈和地纱一起形成集圈。不编织织针始终未被四个选针区选中,在成圈系统的底部平移,形成浮线。

(六)无缝内衣产品举例

无缝内衣产品常用组织结构为平针组织、添纱组织、毛圈组织和变化平针组织等。其中变化平针的外观酷似罗纹,俗称假罗纹。

无缝内衣产品以细薄弹力面料为主。常用原料有细支棉纱、棉/氨纶包芯纱、锦纶/氨纶包芯纱、高弹锦纶丝和氨纶裸丝等。其中棉纱用作内衣中的面纱或毛圈纱,包芯纱用作地纱或面纱,氨纶裸丝和高弹锦纶丝用作添纱。

常用无缝内衣产品有无缝胸衣(又称隐带上衣),女式吊带衫、美体女上衣、花式三角裤、男式平脚裤、美体裤等。下面举两例说明。

1. 美体裤

美体裤的结构可分为三个主要部段:裤腰、裤身和裤管口,其后部分和前部分的裤结构如图 1 – 3 – 261 所示。裤腰和裤管口均采用平针双层扎口结构;臀部采用平针和 1 + 1 假罗纹,其周边采用 3 + 1 假罗纹组织,以满足臀部的体型;前腹部采用平针和 3 + 1 假罗纹,使腹部收紧。

美体裤产品可采用 77dtex/22dtex 锦/氨包芯纱作为地纱,10tex 棉纱作为面纱,233dtex 和 122dtex 氨纶裸丝分别作为裤腰和裤管口的弹性纱。

穿纱时,所有 1 – 8 路成圈系统中的 2 号喂纱嘴中穿入地纱,7 号喂纱嘴中穿入面纱;第 4、8 路成圈系统中的 3 号喂纱嘴中穿入裤腰弹性纱,仅在编织裤腰时进入工作;第 2、6 路成圈系统中的 3 号喂纱嘴中穿入裤管弹性纱,仅在编织裤管口时进入工作。如此编排后,由于氨纶丝的细度不同,裤腰的弹性将大于裤管口的弹性。

编织时,第 1 – 8 路的成圈系统中所有成圈三角均进入工作,采用一个选针器选择成圈与浮线编织的织针,织物类型为浮线添纱组织。起口、平针双层扎口后,编织 3 + 1 假罗纹裤腰;裤腰

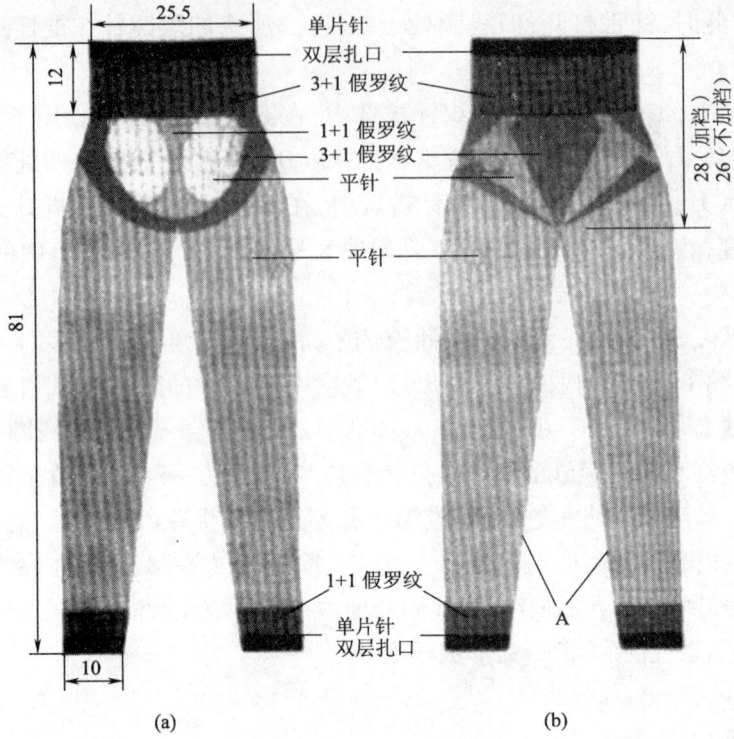

图 1 - 3 - 261　美体裤结构

结束,第 4、8 路成圈系统中的 3 号喂纱嘴退出工作,按美体裤的结构变化选针编织臀部和裤管;裤管结束后,第 2、6 路成圈系统中的 3 号喂纱嘴进入工作,编织平针双层结构的裤管口。织物下机后,沿裤管内侧线 A 裁剪后缝合,即形成最终产品。

2. 毛圈平脚裤

毛圈平脚裤的后半部分和前半部分结构如图 1 - 3 - 262 所示。该产品可采用 77dtex/68f 锦纶弹力丝作为地纱,77dtex/22dtex 锦/氨包芯纱作为面纱,14tex 棉纱作为毛圈纱。

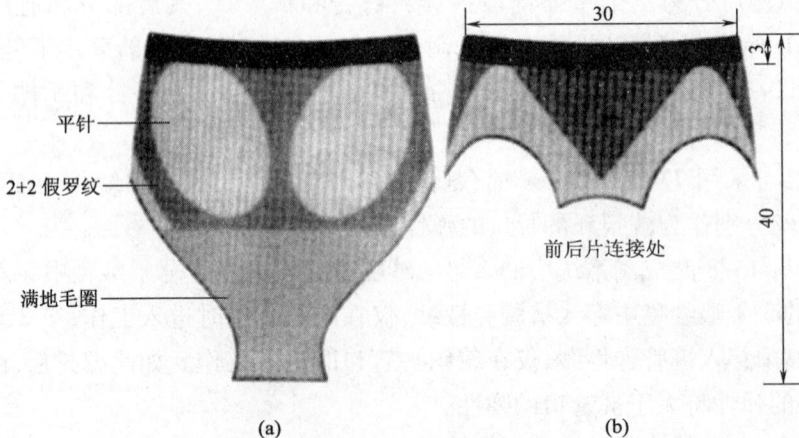

图 1 - 3 - 262　毛圈平脚裤结构

穿纱时,所有 1 – 8 路成圈系统中的 2 号喂纱嘴中穿入地纱,7 号喂纱嘴中穿入面纱;5 号喂纱嘴中穿入毛圈纱。织物组织为满地毛圈。

编织时,第 1 – 8 路的成圈系统中所有成圈三角均进入工作,采用一个选针器选针。起口、平针双层扎口后,按毛圈平脚裤的结构变化选针编织臀部和裆部。织物下机后,将裆部缝合,即形成最终产品。

二、部分型号无缝内衣机简介

表 1 – 3 – 97 列出了目前国内外一些知名针织机械制造厂商生产的部分无缝内衣机的机型及主要技术特征。

表 1 – 3 – 97　部分型号无缝内衣机主要技术特征

生产厂商	意大利圣东尼	意大利胜歌	德国梅茨	慈溪慈星	无锡金龙	广州科赛恩
型号	SM9 – 3W	Jumbo Chroma	MBS	GE90	JL208 – 2	SmartPro ES
机号 E（针/25.4mm）	12 ~ 15	16 ~ 32	16 ~ 32	16 ~ 32	12 ~ 28	24 ~ 32
筒径 [mm(英寸)]	356 ~ 559 (14 ~ 22)	330 ~ 432 (13 ~ 17)	254 ~ 432 (10 ~ 17)	305 ~ 432 (12 ~ 17)	330 ~ 381 (13 ~ 17)	305 ~ 406 (12 ~ 16)
系统数	356mm(14 英寸)筒径:6 路成圈 + 3 路移圈;406 ~ 559m(16 ~ 22 英寸)筒径:8 路成圈 + 4 路移圈	8	8	8	8	8
针筒表面线速度(m/s)	0.75	1.7	1.8	1.7	1.5	1.5
编织机构技术特点	下针筒每路两只单针电子选针器,可三功位选针编织,针盘和移圈位置各有一只电子选针器,可从针筒到针盘或从针盘到针筒的双向移圈。步进电动机独立控制成圈三角,每一路均可在同一行中快速变化密度。上下针对位采用滞后成圈,每一路针筒三角均可调节 4 ~ 5 针	下针筒每路两只多极电子选针器,可三功位选针编织。步进电动机独立控制成圈三角,每一路均可在同一行中快速变化密度	下针筒每路两只单极电子选针器,可三功位选针编织。步进电动机控制线圈长度,精度 0.01mm。步进电动机垂直调整哈夫针盘高度	下针筒每路两只 16 极电子选针器,可三功位选针编织。步进电动机控制线圈大小,可在同一行中改变线圈大小。步进电动机控制哈夫针盘升降	下针筒每路两只 WAC16 极电子选针器,可三功位选针编织	下针筒每路两只 WAC16 极电子选针器,可三功位选针编织。步进电动机控制线圈大小,可在同一行中改变线圈大小。针筒与哈夫针盘由各自独立的交流伺服电动机驱动
送纱机构	每路 2 只 SFE 送纱器,每路 4 只导纱嘴,每只纱嘴一个 UFS – IRO 机械纱线传感器	每路 7 只导纱嘴,每个色纱喂入区 2 个导纱嘴,每路 2 只垂直纱夹用于弹性纱,每路 1 只气流引纱装置	Merz 积极送纱装置,CONI SEP 4 色调线装置,每路 7 只导纱嘴,8 只橡筋纱纱夹,4 只程序控制纱剪	每路 7 只主导纱嘴,其中 2 个色纱导纱嘴,另加 2 个无浮线色纱纱嘴。每路各有 2 个纱夹,剪刀盘高度可根据工艺自动调节	储存积极式 SFE	每路 7 只导纱嘴,5 路 2 个功位,1 路 3 个功位

生产厂商	意大利圣东尼	意大利胜歌	德国梅茨	慈溪慈星	无锡金龙	广州科赛恩
牵拉卷取机构	电子控制的织物卷取装置,牵拉和卷取可以根据不同尺寸独立编程	2只吸风电动机或中央吸风系统,配有转动管防止产品扭曲	步进电动机控制气流牵拉,抗扭曲装置	独立吸风或中央吸风气流牵拉,抗扭曲装置	吸风气流牵拉	中央吸风气流牵拉
机器用途	编织带有下摆和分离纱的连续编织织物,以及各种类型的罗纹以及衬入结构,用于生产内衣、外衣、运动衣和医疗服等	内衣、外衣、运动衣、游泳衣、医疗服等	内衣、浴衣、运动衣、医疗服等	内衣、外衣、运动衣、游泳衣、医疗服等	内衣、外衣、运动衣、游泳衣、医疗服等	内衣、外衣、运动衣、游泳衣、医疗服等

第四章　纬编产品设计与生产

纬编织物的设计是根据产品用途、流行趋势和设备条件进行的。首先选择原料种类和规格,确定坯布组织结构和工艺参数,再制订各道加工工序的上机工艺,最后进行用纱量和成本计算。本章介绍服用织物的设计与生产。

第一节　纬编坯布设计

一、设计原则与方法

纬编坯布的设计原则是用途明确(产销对路)、织物新颖(符合潮流)和具有加工可能性,其价格能为市场接受并为企业带来显著效益。

常用的设计方法有如下三种。

1. 仿制设计

通过分析样品的外观特性、产品风格、织物组织结构、使用的原料种类和规格、织物后整理风格等,制订产品的编织工艺和后整理工艺,仿制出与样品相同或类似的产品。样品的来源有两种:一种是由客户提供,另一种是对流行的产品进行仿造生产。

2. 改进设计

在仿制设计的基础上,根据实际情况或自己的需要,进行工艺上的变化或采用其他原料,以赋予产品更新的特性、更好的质量,并具有更低的成本。改进设计可以从以下几个方面进行。

(1)改变原料。通过改变原料的品种和类型,可改变产品的性能和风格;通过改变原料的线密度,可改变产品的单位面积重量。这些变化最终将改变产品的生产成本。

(2)改变工艺参数。工艺参数主要包括织物的密度、线圈长度、单位面积重量(克重)、厚度等。由于各工艺参数之间有互相联系,这些工艺参数的变化最终将改变产品的外观风格和服用性能。

(3)改变针织物组织结构。在分析研究原有产品性能的基础上,可以有目的地保留或改变针织物的一些性能,使改进设计的针织产品能更好地适合于某一使用目的或使用对象。如丝盖棉织物可以采用单面的添纱组织编织而成,也可以采用在双面针织机上的单面编织和集圈编织组合而成,且这种双面编织又有多种不同的组合方式。这种单双面的织物结构以及双面编织中的不同组合方式将直接影响到丝盖棉织物的厚度、两种原料的覆盖性能和针织物的成本等。

(4)改变针织物的色彩和花纹图案。只改变产品的色彩和花纹图案也是改进设计中较为常用和容易做到的一种方法。在设计出一种新的产品后,可以通过改变产品的色彩和花纹图案的方式,派生设计出系列产品,以满足不同消费者对色彩及图案的要求。

(5)改变产品的性能或功能。这种改进设计,大多采用后整理或功能整理的方式,或采用引入新型纱线的方式来进行,可以弥补原有针织产品在某些性能方面的不足或增加产品的某些功能,以提升产品的附加值。随着目前新型纱线的开发和染整后整理加工工艺的不断出现,赋予织物不同功能的产品也越来越多。

3. 创新设计

创新设计有两种方法。一种是根据原料的特性,选择相应的织物组织结构、编织工艺和后整理工艺,在特定的机器上编织出具有某种特性的产品,以满足人们的某种需求。另一种方法是先设计某种具有特定用途,满足某些要求的产品构思,然后分析该织物的性能特点,选择原料、织物组织结构和编织设备,制订编织工艺和后整理工艺,生产出性能各异的针织产品,从中选择质量优良,成本合适,具有市场潜力的产品。这种设计要求较高,要求设计人员具有多方面的知识和经验,需要企业投入较高的开发费用。

二、设计内容

(一)原料选择

圆形纬编产品设计时,要根据产品最终用途合理选择原料。如针织内衣要求柔软,吸湿透气,穿着舒适,具有一定的保温性、保护皮肤的功能,可考虑选择棉和具有舒适功能性的新型化纤。又如外衣,要求尺寸稳定性好,不易变形,具有一定的硬挺性,免烫性,外形美观并具有一定的风格,适宜选用合成纤维或其他新型原料。国际市场流行的针织品,选用多种天然纤维经过改性处理或经过特殊后整理工艺加工而成。混纺纱线具有多种原料优势互补的特点,提高产品的服用性能。交织类针织产品既可保持各种原料的性能,又可提高产品的档次,而且在一定程度上可降低生产成本。

为了保证编织过程顺利进行和坯布质量,原料规格和品质要符合下列要求。

(1)具有一定的强度和延伸性,以便能够弯纱成圈。

(2)捻度均匀且偏低。

(3)细度均匀,纱疵少。

(4)抗弯刚度低,柔软性好。

(5)表面光滑,摩擦因数低。

(6)原料规格应与坯布物理指标和加工设备相配合。

(二)坯布组织结构设计

针织物组织可分为基本组织和花色组织两大类。基本组织是常用组织,各有特点。在组织结构设计时,要根据产品用途选择不同的组织结构。搭配好常用组织、发挥色纱和花色组织的结构特色,可以开发出丰富多彩的针织面料。如内衣要求柔软、弹性好,一般选用纬平针组织、罗纹组织、双罗纹组织等;保暖内衣要求轻薄保暖,一般选择复合组织;外衣要求挺括、保形性和悬垂性好,有一定的弹性和柔软性,除选用一般的花色组织外,还应充分运用各种组织特点适当搭配进行创新性设计。

(三)确定坯布的物理指标

在圆形纬编产品设计时,常规的物理指标应该达到国家标准,如强力、缩水率等。但有些物理指标要根据产品的不同要求由设计者决定,如织物的单位面积重量、坯布幅宽(门幅)、织物密度、线圈长度等。

1. 织物的单位面积重量

单位面积重量与针织机的机号有关,每一种机号都有它适宜加工的织物单位面积重量范围。产品要求不同,织物的单位面积重量也不同。

2. 织物的幅宽

幅宽关系到成品坯布的裁剪。织物幅宽与针织机筒径、机号,织物密度、单位面积重量,纱线种类(如化纤类、天然纤维类、混纺或交织类)和纱线线密度、织物组织结构、后整理方式和工艺、环境气候等诸多因素和参数有关。因此,在实际生产中,通常按照经验估算获得。

3. 织物的密度

针织物的密度与织物组织结构、线圈长度和纱线线密度直接相关。一般情况下,已知纱线线密度(或直径)和线圈长度,可以根据经验公式来计算织物的密度。

4. 线圈长度

线圈长度是针织物的重要参数,它与控制织物质量、改善服用性能有密切关系,越来越引起人们的重视。

(四)编织生产工艺设计

根据设计的织物结构和产品要求选用相适应的针织机种类和机号,并确定适合的上机编织工艺。

(五)后整理工艺设计

好的后整理工艺将提高最终产品的质量和档次。织物经过多种整理技术,能得到更好的手感,更好的稳定性,更好的外观和多种特殊的功能,提高产品的附加值和档次。目前整理技术很多,有改善手感和外观的柔软、硬挺、碱减量、仿麻整理;有改变外观的起毛、剪毛、烧毛、轧光、轧纹等整理;有使织物具有特殊功能的防缩、防皱、防静电、吸水速干,抗起毛起球、抗菌防臭、抗静电、阻燃等整理技术。

(六)新型染化料和助剂选用

"绿色纺织品"正日益受到人们的喜爱,短流程、少污染、高效节能是今后发展方向。同时,正确使用新的助剂,如供漂染加工用的渗透剂、助练剂、稳定剂、洗涤剂、添加剂、匀染剂、消泡剂、防皱剂、分散剂、涂料用黏合剂、染色增深剂等,以及供多种整理技术用的多种助剂,如柔软剂、硬挺剂、抗静电剂、卫生整理剂、涂层剂、水洗砂洗整理剂、起毛磨绒整理剂等。

三、坯布工艺参数设计

纬编坯布生产工艺参数主要包括纱线线密度、线圈长度、织物横向密度和纵向密度、密度对比系数、未充满系数和单位面积重量等。

(一)线圈长度与织物密度的确定

线圈是组成针织物的基本结构单元,线圈长度直接影响坯布的其他工艺参数和织物品质。

线圈长度、织物密度可根据坯布的品种和部分已知工艺参数,采用公式计算法、试验计算法和称重换算法来确定。

1. 公式计算法

针织物线圈中的纱线为一空间曲线,为了计算方便,假设线圈在平面上的投影由圆弧与直线连接而成,采用该线圈模型求得的线圈长度与试验值较接近(误差允许范围5%)。公式计算法以纱线线密度和密度对比系数为依据,一般用于新产品设计和织物分析。

(1)纬平针织物。

①纱线的直径 $F(mm)$。已知纱线的线密度 Tt,则:

$$F = 0.03568 \sqrt{\frac{Tt}{\delta}}$$

式中:δ——纱线的密度,g/cm^3,其大小与纱线种类有关,常用纱线的密度见表 $1-4-1$。

若采用多根纱线编织,则 Tt 为换算线密度。

表 1-4-1　常用纱线的密度

纱线种类	密度(g/cm^3)	纱线种类	密度(g/cm^3)
棉 纱	0.75~0.85	聚酯丝	0.55~0.70
精梳毛纱	0.75~0.81	聚丙烯腈丝	0.60~0.70
粗梳毛纱	0.65~0.72	聚丙烯丝	0.40~0.45
绢纺丝	0.73~0.78	弹力丝	0.032~0.035
粘胶丝	0.70~0.80	聚酯变形丝	0.04~0.06
聚酰胺丝	0.50~0.70		

②织物密度 P。圆形纬编针织物的密度用横向密度 P_A(纵行/50mm)和纵向密度 P_B(横列/50mm)表示。

$$P_A = \frac{50}{A}$$

$$P_B = \frac{50}{B}$$

式中:A——圈距,mm;

B——圈高,mm。

设计纬平针织物时,其圈距 $A = 4F$。

$$密度对比系数\ C = \frac{P_A}{P_B} = \frac{B}{A}$$

纬平针织物密度对比系数 C 为 0.78~0.83。

③线圈长度 $L(mm)$。

$$L = 1.57A + 2B + \pi F = \frac{78.5}{P_A} + \frac{100}{P_B} + \pi F$$

例:确定18tex 纯棉纬平针织物的线圈长度和织物密度。

已知 Tt = 18tex,由表 $1-4-1$ 查得纱线的体积重量 δ 为 $0.8g/cm^3$,取密度对比系

数 $C = 0.8$，则：

$$F = 0.03568 \sqrt{\frac{Tt}{\delta}} = 0.03568 \sqrt{\frac{18}{0.8}} = 0.169 (\text{mm})$$

$$A = 4F = 0.68 (\text{mm})$$

$$P_A = \frac{50}{A} = 73.5 (\text{纵行}/50\text{mm})$$

$$P_B = \frac{P_A}{C} = \frac{73.5}{0.8} = 92 (\text{横列}/50\text{mm})$$

$$L = \frac{78.5}{73.5} + \frac{100}{92} + 3.14 \times 0.169 = 2.68 (\text{mm})$$

（2）添纱衬垫织物。

①纱线的直径。已知添纱衬垫织物的地纱线密度为 $Tt_1 (\text{tex})$，添纱线密度为 $Tt_2 (\text{tex})$，衬垫纱线密度为 $Tt_0 (\text{tex})$，则地纱与添纱两根纱线的合股直径 $F_P (\text{mm})$ 为：

$$F_P = 0.03568 \sqrt{\frac{Tt_1 + Tt_2}{\delta}}$$

②织物密度 P。地纱线圈的圈距计算公式为 $A_P = 4.1 F_P$。

$$P_A = \frac{50}{A_P}$$

$$P_B = \frac{P_A}{C}$$

添纱衬垫织物密度对比系数 C 为 $0.78 \sim 0.83$。

③线圈长度。地纱线圈长度 $L_{P1} (\text{mm})$ 可按纬平针织物的线圈长度公式计算（纱线直径为地纱与添纱两根纱线的合股直径）。

$$L_{P1} = \frac{78.5}{P_A} + \frac{100}{P_B} + \pi F_P$$

添纱衬垫组织中添纱线圈和地纱线圈的长度是不相等的。由台车编织的添纱衬垫组织时，地纱线圈长度 L_{P1} 比添纱线圈长度 L_{P2} 长，由舌针圆纬机编织时，其添纱线圈比地纱线圈长，线圈长度差异 m' 为 $5\% \sim 10\%$。因此添纱线圈长度 L_{P2} 和衬垫纱的线圈长度 L_{P0} 分别为：

$$L_{P2} = L_{P1} (1 \pm m')$$

$$L_{P0} = \frac{nT_0 + 2d_0}{n}$$

式中：T_0——针距，mm；

　　　n——垫纱比循环数；

　　　d_0——针杆直径，mm。

（3）双罗纹织物（棉毛布）。

①纱线的直径 F 计算方法同纬平针织物。

②织物密度 P。双罗纹织物圈距计算公式为 $A = (3.5 \sim 4.5)F$。

$$P_A = \frac{50}{A}$$

$$P_{\mathrm{B}} = \frac{P_{\mathrm{A}}}{C}$$

双罗纹织物密度对比系数 C 为 $0.79 \sim 0.82$。

③线圈长度 $L(\mathrm{mm})$：

$$L = 1.8A + 2B + 3.6F = \frac{90}{P_{\mathrm{A}}} + \frac{100}{P_{\mathrm{B}}} + 3.6F$$

由于双罗纹织物的线圈形态在织物内受许多因素影响,故上述计算方法有较大的误差。

(4)罗纹织物。

①纱线的直径 F 计算方法同纬平针织物。

②织物密度 P。罗纹织物的横密有几种表示方法,实际密度一般为 5cm 内一面线圈纵行数,织物两面的密度分别用 P'_{A} 和 P''_{A} 表示,$1 + 1$ 罗纹、$2 + 2$ 罗纹的 $P'_{\mathrm{A}} = P''_{\mathrm{A}}$；换算密度 P_{An} 是把各种不同种类罗纹密度换算成相当于 $1 + 1$ 罗纹组织结构的密度,以便能对不同种类罗纹组织横向稀密程度进行比较。换算密度 P_{An} 与实际密度的关系如下：

$$P_{\mathrm{An}} = (P'_{\mathrm{A}} + P''_{\mathrm{A}})(1 - \frac{1}{R})$$

式中：R——一个完全组织内的线圈纵行数。

一般用于罗纹线圈长度计算的密度为假定密度 P_{AS},其对应的圈距用 A_{s} 表示,则：

$$A_{\mathrm{S}} = 4F$$

$$P_{\mathrm{AS}} = \frac{50}{A_{\mathrm{s}}}$$

$$P_{\mathrm{B}} = \frac{P_{\mathrm{AS}}}{C}$$

领口、袖口和裤口罗纹的密度对比系数 C 为 $0.94 \sim 1$,下摆罗纹的密度对比系数 C 为 $0.57 \sim 0.64$。

③线圈长度 $L(\mathrm{mm})$。

$$L = \frac{78.5}{P_{\mathrm{As}}} + \frac{100}{P_{\mathrm{B}}} + \pi F$$

2. 试验计算法

对于不同种类的针织物,未充满系数(线圈模数)σ 是经过生产实践积累得出的,根据纱线线密度 Tt(tex)以及适当的未充满系数,即可求得常用织物的线圈长度 $L(\mathrm{mm})$,计算方法为：

$$L = \frac{\sigma \sqrt{\mathrm{Tt}}}{31.62}$$

常见纬编针织物未充满系数(线圈模数)的参考值见表 $1 - 4 - 2$。

表 $1 - 4 - 2$ 常见纬编针织物未充满系数(线圈模数)的参考值

织物组织	纱线种类	未充满系数(线圈模数)σ	织物组织	纱线种类	未充满系数(线圈模数)σ
平针	棉纱	21	$1 + 1$ 罗纹	棉纱	21
	羊毛	20		羊毛	21

续表

织物组织	纱线种类	未充满系数(线圈模数)σ	织物组织	纱线种类	未充满系数(线圈模数)σ
双罗纹	棉纱	19~23	双反面	羊毛(外衣)	25
	羊毛	19~24		羊毛(头巾)	27
2+2罗纹	棉纱	21~22			

根据线圈长度和纱线的线密度,求圈距 A 和圈高 B 的经验公式见表1-4-3。

表1-4-3 圈距、圈高经验公式

组 织	纱线种类	圈距 A(mm)	圈高 B(mm)
平针	棉纱	$0.20L+\dfrac{0.7\sqrt{Tt}}{31.62}$	$0.27L-\dfrac{1.5\sqrt{Tt}}{31.62}$
平针	羊毛	$0.19L+\dfrac{1.3\sqrt{Tt}}{31.62}$	$0.25L-\dfrac{1.5\sqrt{Tt}}{31.62}$
1+1罗纹	棉纱	$0.3L+\dfrac{0.1\sqrt{Tt}}{31.62}$	$0.28L-\dfrac{1.3\sqrt{Tt}}{31.62}$
1+1罗纹	羊毛	$0.25L+\dfrac{1.3\sqrt{Tt}}{31.62}$	$0.27L-\dfrac{1.5\sqrt{Tt}}{31.62}$
双罗纹	棉纱	$0.13L+\dfrac{3.4\sqrt{Tt}}{31.62}$	$0.35L-\dfrac{3\sqrt{Tt}}{31.62}$

求得圈距 A 和圈高 B 的值,即可计算出织物的密度。

例:用试验法确定28tex纯棉汗布的未充满系数 σ 为21,所以线圈长度 L 为:

$$L=\frac{\sigma\sqrt{Tt}}{31.62}=\frac{21\sqrt{28}}{31.62}=3.51(mm)$$

根据表1-4-3,计算圈距 A 和圈高 B:

$$A=0.20\times3.51+\frac{0.7\sqrt{28}}{31.62}=0.819(mm)$$

$$B=0.27\times3.51-\frac{1.5\sqrt{28}}{31.62}=0.697(mm)$$

横向密度 P_A 和纵向密度 P_B 为:

$$P_A=\frac{50}{A}=\frac{50}{0.819}=61(纵行/50mm)$$

$$P_B=\frac{50}{B}=\frac{50}{0.697}=71.7(横列/50mm)$$

3.称重换算法

根据已知纱线的线密度和织物的密度,取织物小样进行称重换算,可求出净(光)坯布的线圈长度。毛坯布的线圈长度与净坯布的线圈长度不相等,因为纱线是在一定张力条件下进行编织的,染整加工后纱线上的应力消除,线圈长度有可能缩短。但长度变化很小,故看作近似相等。

毛坯布单位面积重量与净坯布单位面积干燥重量关系式为:

$$G_M = G_g \times \frac{1+W}{1-Y}$$

式中：G_M——毛坯布单位面积重量，g/m^2；

G_g——净坯布单位面积干燥重量，g/m^2；

Y——坯布染整重量损耗率；

W——净坯布标准回潮率。

净坯布的线圈长度 L 计算公式为：

$$L = 2.5 \times 10^3 \times \frac{G_M}{tP_AP_B Tt}$$

式中：t——组织系数（单面针织物为 1，双面针织物为 2）。

常用坯布染整重量损耗率见表 1-4-4，净坯布回潮率见表 1-4-5。

表 1-4-4　坯布染整重量损耗率（%）

坯布品种	染整工艺	化纤各色	精漂碱缩	染浅色（碱缩）	染深色	
					煮练	不煮练
棉或棉型混纺纱坯布	汗布	—	7.2	7	6.5	2
	棉毛布		7.2	7	6.5	2
	绒布		—	9.8	6.5	5.7
化纤坯布	汗布	3.7	—			
	棉毛布	3				
	绒布	4.5				

注　1. 不同种类纱线织的坯布，按各自损耗率和组成比例加权计算。纯棉与化纤交织或混纺时，一般只染一种纱线，采用一浴法染色，即以交织比例加权计算染整的损耗率；如染两种纱线时，可采用两浴法，应另加染整损耗 2%。

2. 色纱与本色纱交织成彩条时，色纱的制成率已包括染纱损耗，在计算漂染损耗率时，只能按吃纱比例计算本色部分，色纱部分不应再计算染整损耗。

3. 绒布包括起毛损耗。

表 1-4-5　净坯布标准回潮率

类　别	净坯布回潮率（%）	类　别	净坯布回潮率（%）
纯　棉	8	丙　纶	0.2
腈　纶	2	维　纶	5
锦　纶	4.5	羊　毛	15
涤　纶	0.4	粘胶丝	13
氯　纶	0	真　丝	11

注　不同原料交织的织物应按交织比例计算。

例：已知 18tex 深色棉毛布，净坯布干燥重量为 198g/m^2；$P_A = 69$ 纵行/50mm，$P_B = 73$ 横列/50mm；组织系数 $t=2$，织物回潮率 $W=8\%$，染整损耗率 $Y=6.5\%$，求净坯布的线圈长度 L。

毛坯布单位面积重量 G_M：

$$G_M = G_g \times \frac{1+W}{1-Y} = 198 \times \frac{1+8\%}{1-6.5\%} = 228.7(g/m^2)$$

则净坯布的线圈长度 L 为：

$$L = 2.5 \times 10^3 \times \frac{G_M}{t P_A P_B \text{Tt}} = 2.5 \times 10^3 \frac{228.7}{2 \times 69 \times 73 \times 18} = 3.15 \, (\text{mm})$$

表 1-4-6~表 1-4-8 分别为纬平针组织（汗布）、双罗纹组织（棉毛布）和衬垫组织（绒布）毛坯布密度与线圈长度的关系。

表 1-4-6　纬平针组织（汗布）毛坯密度与线圈长度的关系

原料 tex（英支）	机号	毛坯纵向密度（横列/50mm）							线圈长度（mm）						
		档　次						公差	档　次						公差
		1	2	3	4	5	6		1	2	3	4	5	6	
2×28tex （21 英支/×2）	22G 22N	46	48	50	52	54	56	+2 -1	3.22	3.33	3.74	3.85	3.06	3.07	±0.02
18tex （32 英支）	34G 32N	70	72	74	76	78	80	+2 -1	3.18	3.13	3.06	3	2.94	2.88	±0.02
10tex×2 （60 英支/2）	34G 32N	70	72	74	76	78	80	+2 -1	3.18	3.13	3.06	3	2.94	2.88	±0.02
14tex （42 英支）	36G 36N	78	80	82	84	86	88	+2 -1	3.03	2.98	2.93	2.83	2.77	2.73	±0.02
13tex （46 英支）	36G 36N	82	84	86	88	90	92	+2 -1	2.924	2.876	2.828	2.78	2.732	2.684	±0.02
7.5tex×2 （80 英支/2）	40G 40N	76	78	80	82	84	86	+2 -1	3	2.95	2.90	2.85	2.80	2.75	±0.02
7tex×2 （84 英支/2）	40G 40N	82	84	86	88	90	92	+2 -1	2.921	2.894	2.847	2.80	2.753	2.706	±0.02
6tex×2 （100 英支/2）	40G 40N	84	86	88	90	92	94	+2 -1	2.875	2.83	2.785	2.74	2.695	2.65	±0.02

注　G—台车机号（即滚姆号），针/38.1mm；N—台车针号，针/38.1mm。G、N 统一时可称为机号。粗针号可使织物纹路更清晰。

表 1-4-7　双罗纹组织（棉毛布）毛坯密度和线圈长度的关系

18tex（32 英支）棉毛布		14tex（42 英支）棉毛布		19.7tex（30 英支）腈纶棉毛布	
毛坯纵向密度 （横列/50mm）	线圈长度（mm）	毛坯纵向密度 （横列/50mm）	线圈长度（mm）	毛坯纵向密度 （横列/50mm）	线圈长度（mm）
66	3.23	55	3.494	59	3.47
69	3.155	59	3.405	62	3.38
72	3.08	62	3.339	65	3.29
75	3.005	65	3.272	67	3.23
78	2.93	68	3.206	70	3.14
81	2.855	71	3.14	73	3.05
84	2.78	74	3.073	76	2.96

表 1 – 4 – 8　衬垫组织（绒布）毛坯密度和线圈长度的关系

原料 tex（英支）	机号 G	毛坯纵向密度（横列/50mm）						线圈长度（mm）										
		档　次					公差	档　次										公差
		1	2	3	4	5		1		2		3		4		5		
								18tex	28tex	18tex	28tex	18tex	28tex	18tex	28tex	18tex	28tex	
18tex+28tex+2×96tex（32英支+21英支+6英支×2）	22	54	56	58	60	62	+2 −1	5.34	4.80	5.17	4.67	5	4.54	4.83	4.41	4.66	4.28	±0.02
18tex+28tex+96tex（32英支+21英支+6英支）	22	52	54	56	58	60	+2 −1	4.33	4.24	4.45	4.36	4.57	4.48	4.69	4.60	4.81	4.72	±0.02
18tex+28tex+58tex（32英支+21英支+10英支）	22	54	56	58	60	62	+2 −1	4.46	4.24	4.58	4.36	4.70	4.48	4.82	4.60	4.94	4.72	±0.02
18tex+18tex+58tex（32英支+32英支+10英支）	28	54	56	58	60	62	+2 −1	4.79	4.81	4.77	4.68	4.26	4.55	4.72	4.42	4.70	4.29	±0.02
14tex+14tex+58tex（42英支+42英支+10英支）	28	52	54	56	58	60	+2 −1	4.62	4.52	4.75	4.65	4.88	4.78	5.01	4.91	5.14	5.04	±0.02

注　G—台车机号，针/38.1mm，且表示滚姆号与针号相同。

（二）织物单位面积重量

织物单位面积重量是考核针织物质量的重要指标之一，当原料种类和线密度一定时，单位面积重量间接反映了针织物的厚度、密度，它不仅影响针织物的物理机械性能，而且也是控制针织物重量、进行经济核算的重要依据。各种织物单位面积重量的计算是以单线圈重量及单位面积线圈数量为依据。

（1）纬平针织物单位面积重量 $G(\text{g/m}^2)$：

$$G = 4 \times 10^{-4} L \cdot P_A \cdot P_B \cdot \text{Tt}$$

$$G_g = \frac{G}{1 + W}$$

式中：G_g——净坯布织物单位面积干燥重量，g/m^2。

（2）添纱衬垫织物单位面积重量 $G(\text{g/m}^2)$

$$G = 4 \times 10^{-4} P_A \cdot P_B \cdot (L_{P1} \cdot \text{Tt}_1 + L_{P2} \cdot \text{Tt}_2 + L_{P0} \cdot \text{Tt}_0)$$

（3）双罗纹织物单位面积重量 $G(\text{g/m}^2)$：

$$G = 8 \times 10^{-4} L \cdot P_A \cdot P_B \cdot \text{Tt}$$

（4）罗纹织物单位长度重量 $G_L(\text{g/m})$：

$$G_L = 2 \times 10^{-5} L \cdot N \cdot P_B \cdot \text{Tt}$$

式中：N——罗纹两面纵行数，即针筒针数与转盘针数之和。

例1：确定18tex纯棉汗布的单位面积干燥重量。

根据试验法 $L = \dfrac{\sigma \sqrt{\text{Tt}}}{31.62}$，棉纱的未充满系数 σ 为21，所以线圈长度 L 为：

$$L = \frac{21 \sqrt{18}}{31.62} = 2.82(\text{mm})$$

根据表 $1-4-3$，计算圈距 A 和圈高 B 如下：

$$A = 0.20 \times 2.82 + \frac{0.7 \sqrt{18}}{31.62} = 0.658(\text{mm})$$

$$B = 0.20 \times 2.82 - \frac{1.5 \sqrt{18}}{31.62} = 0.560(\text{mm})$$

横向密度 P_A 和纵向密度 P_B 分别为：

$$P_A = \frac{50}{A} = \frac{50}{0.658} = 76.0(\text{纵行/50mm})$$

$$P_B = \frac{50}{B} = \frac{50}{0.560} = 89.3(\text{横列/50mm})$$

织物单位面积重量 G 为：

$$G = 4 \times 10^{-4} L \cdot P_A \cdot P_B \cdot \text{Tt} = 4 \times 10^{-4} \times 2.82 \times 76.0 \times 89.3 \times 18 = 137.8(\text{g/m}^2)$$

织物回潮率 $W = 8\%$，单位面积干燥重量 G_g 为：

$$G_g = \frac{G}{1 + W} = \frac{137.8}{1 + 8\%} = 127.6(\text{g/m}^2)$$

例2：确定18tex纯棉双罗纹织物的单位面积重量。

根据试验法 $L = \dfrac{\sigma \sqrt{\text{Tt}}}{31.62}$，对于纯棉双罗纹组织，查表 $1-4-2$ 得未充满系数 σ 为23，所以线

圈长度 L 为：

$$L = \frac{23\sqrt{18}}{31.62} = 3.09(\text{mm})$$

根据表 1-4-3，计算圈距 A 和圈高 B 如下：

$$A = 0.13L + \frac{3.4\sqrt{\text{Tt}}}{31.62} = 0.13 \times 3.09 + \frac{3.4\sqrt{18}}{31.62} = 0.858(\text{mm})$$

$$B = 0.35L - \frac{3\sqrt{\text{Tt}}}{31.62} = 0.35 \times 3.09 - \frac{3\sqrt{18}}{31.62} = 0.679(\text{mm})$$

横向密度 P_A 和纵向密度 P_B 分别为：

$$P_A = \frac{50}{A} = \frac{50}{0.858} = 58.3(\text{纵行}/50\text{mm})$$

$$P_B = \frac{50}{B} = \frac{50}{0.679} = 73.6(\text{横列}/50\text{mm})$$

18tex 纯棉双罗纹织物的单位面积重量 G 为：

$G = 8 \times 10^{-4}L \cdot P_A \cdot P_B \cdot \text{Tt} = 4 \times 10^{-4} \times 3.09 \times 58.3 \times 73.6 \times 18 \times 2 = 190.9(\text{g/m}^2)$

例3：设计 14tex×2(42 英支/2)纯棉 1+1 袖口罗纹的工艺参数。

根据实验法 $L = \frac{\sigma\sqrt{\text{Tt}}}{31.62}$，对于纯棉 1+1 罗纹组织，查表 1-4-2 得未充满系数 σ 为 21，所以

线圈长度 L 为：

$$L = \frac{21\sqrt{14 \times 2}}{31.62} = 3.51(\text{mm})$$

根据表 1-4-3，计算圈距 A 和圈高 B 如下：

$$A = 0.3L + \frac{0.1\sqrt{\text{Tt}}}{31.62} = 0.3 \times 3.51 + \frac{0.1\sqrt{14 \times 2}}{31.62} = 1.07(\text{mm})$$

$$B = 0.28L - \frac{1.3\sqrt{\text{Tt}}}{31.62} = 0.28 \times 3.51 - \frac{1.3\sqrt{14 \times 2}}{31.62} = 0.77(\text{mm})$$

横向密度 P_A 和纵向密度 P_B 分别为：

$$P_A = \frac{50}{A} = \frac{50}{1.07} = 46.7(\text{纵行}/50\text{mm})$$

$$P_B = \frac{50}{B} = \frac{50}{0.77} = 64.9(\text{横列}/50\text{mm})$$

织物单位长度重量 G_L 为（设针筒针数 $N = 240$ 枚）

$G_L = 2 \times 10^{-5}L \cdot N \cdot P_B \cdot \text{Tt} = 2 \times 10^{-5} \times 3.15 \times 240 \times 64.9 \times 14 \times 2 = 30.5(\text{g/m})$

例4：设计 18tex+28tex+2×96tex(32 英支+21 英支+6 英支×2)衬垫组织（厚绒布）的工艺参数。

因为 $\text{Tt}_1 = 18\text{tex}$，$\text{Tt}_2 = 28\text{tex}$，$\text{Tt}_0 = 2 \times 96 = 192\text{tex}$，则：

$$\text{Tt} = \text{Tt}_1 + \text{Tt}_2 = 18 + 28 = 46(\text{tex})$$

地纱与添纱两根纱线的合股直径 F_P 为：

$$F_P = 0.03568\sqrt{\frac{\text{Tt}}{\delta}} = 0.03568\sqrt{\frac{46}{0.8}} = 0.27(\text{mm})$$

衬垫纱直径 F_0 为:

$$F_0 = 0.03568\sqrt{\frac{192}{0.8}} = 0.55(\text{mm})$$

地纱圈距 A_P 为:

$$A_P = 4.1F_P = 4.1 \times 0.27 = 1.11(\text{mm})$$

织物横向密度 P_A:

$$P_A = \frac{50}{A_P} = \frac{50}{1.11} = 45.0(\text{纵行}/50\text{mm})$$

取密度对比系数 $C = 0.8$,则织物纵向密度:

$$P_B = \frac{P_A}{C} = \frac{45.0}{0.8} = 56.3(\text{横列}/50\text{mm})$$

线圈长度为:

$$L_{P1} = \frac{78.5}{P_A} + \frac{100}{P_B} + \pi F_P = \frac{78.5}{45.0} + \frac{100}{56.3} + 3.14 \times 0.27 = 4.37(\text{mm})$$

$$L_{P2} = L_{P1}(1 + 10\%) = 4.37(1 + 10\%) = 4.81(\text{mm})$$

因为:$n = 3$,$T_0 = 1.73\text{mm}$(用机号为 22 针/38.1mm 的台车针织机编织),$d_0 = 0.8\text{mm}$,则:

$$L_{P0} = \frac{nT_0 + 2d_0}{n} = \frac{3 \times 1.73 + 2 \times 0.8}{3} = 2.26(\text{mm})$$

织物单位面积重量为:

$$G = 4 \times 10^{-4}P_A \cdot P_B(L_{P1} \cdot Tt_1 + L_{P2} \cdot Tt_2 + L_{P0} \cdot Tt_0) =$$

$$4 \times 10^{-4} \times 45.0 \times 56.3 \times (4.37 \times 18 + 4.81 \times 28 + 192 \times 2.26) = 647.3(\text{g/m}^2)$$

若已知其染整损耗率 Y 为 5.2%,织物回潮率 W 为 8%,则净坯布单位面积干燥重量 G_g 为:

$$G_g = \frac{G(1-Y)}{1+W} = \frac{647.3(1-5.2\%)}{1+8\%} = 568.2(\text{g/m}^2)$$

第二节 织物生产工艺计算

一、纬编织物发展方向

纬编织物的发展方向主要体现在以下几方面。

1. 轻薄

为了适应人们生活与工作环境的改善和穿着舒适性的要求,越来越多的针织织物采用较细的纱线和较高机号的针织机来编织。例如,圆纬机的最高机号已达 $E44$,横机机号也达到 $E18$,最轻薄的织物每平方米重量只有几十克。

2. 弹性

除了一些泳装、专业运动服等具有较高的氨纶含量和较大的弹性外,许多日常穿着的服饰加入 2% ~10% 的氨纶,使织物具有较小的弹性,主要是为了提高织物与服装的保形性,洗涤后易护理。

3. 舒适

涉及织物与服装的热湿传递性能,皮肤的触觉和对人体的压力;可以通过采用导湿、保暖等功能性纤维与纱线和针织物结构的合理设计来改善热湿传递性能。通过对纱线的前处理和织物的后整理改善与消除对皮肤的不舒适触觉,如苎麻织物和羊毛织物的刺痒感等。通过原料选配,织物结构与服装款式的优化设计,使服装对人体的压力保持在一个合理舒适的水平。

4. 功能

目前市场上的功能性织物与服装,如医疗保健、防护屏蔽、抗菌、保暖、护肤保健、吸湿排汗等,主要是借助功能性原料的研制与开发以及后整理技术来实现的。

5. 光洁

为了减少织物的毛羽和在服用过程中的起毛起球现象,改善服用性能,围绕纤维改性、纺纱技术、后整理工艺等方面开展了一系列研究并取得了一些进展。

6. 绿色环保

一些新型环保纤维正在被推广应用,完全或部分实现了加工过程无污染,用弃后可降解的环保要求。

7. 成形衣片、整体编织与无缝内衣

传统的针织服装加工与机织(梭织)服装加工相似,是将织物先裁剪成衣片再缝制而成。为了提高产品的档次与整体服用性能,全成形织可穿针织毛衫和无缝针织内衣等产品正在流行。其在高档针织服装市场所占的比重正日益增加。它们的生产工艺计算见专设章节介绍。

二、原料和坯布用料计算

根据企业最终产品是销售服装还是织物不同,用料计算程序有所区别,下面介绍最终产品是服装的计算程序。如果销售织物,则只要考虑各道加工工序的相应损耗和回潮率。

用料计算是生产设计的一项重要内容,也是产品成本核算的主要依据。用料计算是在已经确定了样板,排料方法,所用织物幅宽、段长、段数,织物单位面积重量及各工序损耗率的基础上,对单位数量产品耗用坯布的重量进行核算。

(一)计算用料中的有关损耗

在生产过程中,由于工艺或操作等原因,将会产生一定的损耗,损耗的大小与工艺条件、工人操作技术水平、设备状况、生产组织方式、原料质量有关。主要的损耗有无形损耗、络纱损耗、编织损耗、染整损耗、成衣损耗等。损耗的大小用相应的损耗率来表示。

1. 无形损耗

由于原料中水分的挥发,加工过程中原料内灰尘、杂质的去除,在络纱或织造过程中均会造成无形损耗,数量大小与管理方法有关。特别是原料中的含水考核,如果计算和考核方法正确,则无形损耗数量不大,一般中细特纱无形损耗率为 0.03% ~0.05%,粗特纱为 0.06% ~

0.08%。另外,无形损耗还与纱线的质量有关,质量较好的纱线无形损耗率较小,反之则大。化纤原料无形损耗可略去不计。无形损耗率的计算公式为:

$$无形损耗率 = \frac{用纱重量 - 织成坯布重量 - 各种回丝重量}{用纱重量} \times 100\%$$

2. 络纱损耗

络纱损耗是由换纱管或绞纱时的回丝、断头打结的纱头和清除不良纱管造成的余纱所组成。络纱损耗率的计算公式为:

$$络纱损耗率 = \frac{络纱前重量 - 络纱后质量}{络纱前重量} \times 100\%$$

通常络纱损耗率:本色纱为 0.1% ~ 0.5%,色纱为 0.17% ~ 0.35%,锦纶弹性丝为 0.5% ~ 0.8%,涤纶低弹丝为 0.5% 左右。

3. 编织损耗

编织损耗是由换筒子、断纱接头、套不同丝及试车回丝所造成的。编织损耗率计算公式为:

$$编织损耗率 = \frac{络纱后重量 - 织成织物重量 - 回丝重量}{络纱后重量} \times 100\%$$

编织损耗率:汗布一般为 0.09% ~ 0.12%,绒布为 0.1% ~ 0.13%,棉毛布为 0.09% ~ 0.12%,罗纹布为 0.10% ~ 0.12%,腈纶棉毛布为 0.06% ~ 0.11%。

4. 染整损耗

染整损耗是由染整损耗和后整理加工所造成的。染整损耗率是指毛坯布经过漂染和后整理加工所损失的重量与毛坯布原重量之比率。染整工艺不同,损耗率也不同,染整耗损率的计算公式为:

$$染整损耗率 = \frac{染整前重量 - 染整后重量}{染整前重量} \times 100\%$$

染整损耗率通常与坯布品种及色泽有关,染整损耗率的大小可参考表 1 - 4 - 4。

5. 成衣损耗

成衣损耗是针织生产中损耗最大的部分,它主要包括段耗与裁耗两部分。

(1)段耗与段耗率。所谓段耗是指净坯布经过铺料段料所产生的损耗。段耗多少反映了坯布的疵点率以及倒残借裁的水平,是体现工厂加工工艺技术水平的重要指标之一。

段耗发生的主要原因有:由匹端盖印、毛边漂染时两端缝合或一些残疵等因素所造成的匹端损耗;当匹长不是段长的整数倍时,不够成品段长或裁独件产品不能互套的余料以及更改成品规格或裁制附件所剩余的料造成的损耗;坯布有残疵而又无法躲开而裁下的横断料或衣片废品所造成的损耗;因裁剪技术不熟练,落料不齐而修剪下来的横布碎料等造成的损耗等。

段耗率的计算公式为:

$$段耗率 = \frac{段耗重量}{投料重量} \times 100\% = \frac{段耗重量}{落料重量 + 段耗重量} \times 100\%$$

正常生产条件下,常见针织坯布段耗率参考值见表 1 - 4 - 9。

表1-4-9　常见针织坯布段耗率

段耗率(%)　　成衣品种	棉汗布		棉毛布	毛巾布	绒布		化纤布
	平汗布	色织布			薄绒布	厚绒布	
文化衫(短袖无领)	0.5～0.85	0.8～1.1	0.8～0.9	1.2～1.3	—	—	1～1.2
T恤衫(短袖有领)	0.5～0.8	0.8～1	0.7～0.9	1.1～1.2	—	—	0.9～1.2
运动衫裤(长袖长裤)	—	—	0.9～1.1	1.2～1.4	0.8～1	1.2～1.4	1～1.3
短裤	0.5～0.8	0.7～0.9	0.8～0.9	1～1.2	—	—	0.8～1.1
背心	0.8～1.2	1～1.3	1.1～1.2	1.5～1.6	—	—	1.2～1.5

注　在实际生产中,各不同企业、不同款式、不同规格产品的段耗率大小会有所不同。

(2)裁耗与裁耗率。在划样开裁中所产生的损耗(如领圈、挂肩以及套弯部位等处挖下的零碎料)称为裁耗。在正常情况下裁耗是不可避免的,但合理地设计样板和运用套料方法是可以降低裁耗的。在某种程度上裁耗的大小可以反映样板的合理性以及套裁的水平。

裁耗率的计算公式为:

$$裁耗率 = \frac{裁耗重量}{落料重量} \times 100\% = \frac{裁耗重量}{衣片重量 + 裁耗重量} \times 100\%$$

(二)幅宽、段长的确定

1.幅宽的确定

坯布的幅宽俗称门幅,一般是指筒状针织物经整理定形后坯布的宽度。

我国生产加工的各种筒状纬编针织坯布,经过染整加工定形后的幅宽范围通常为35～70cm(对应坯布圆筒周长的范围为70～140cm),且幅宽每2.5cm为一档,则相应坯布圆筒周长的档差为5cm,因此,当估算的幅宽在两档幅宽之间时,则要对坯布的幅宽进行选取。一般来说,当估算的幅宽超过某档幅宽规格1cm以上时,则可选择该档幅宽上一档幅宽的坯布;当估算的幅宽虽超过某档幅宽规格,但超出范围在1cm以内时,则可选择该档幅宽的坯布,但此时要对排料或样板作适当的调整,以确保成衣规格的准确。

坯布的幅宽主要是根据衣片种类、样板特点及相应部位成衣规格来估算确定。常用坯布幅宽的估算与选用方法如下。

(1)上衣身样板坯布幅宽的估算与确定:

不合肋型身样板坯布幅宽 = 成品胸宽规格(成品胸围规格÷2)

合肋型身样板坯布幅宽 = 成品胸宽规格(成品胸围规格÷2) + 2.5cm

(2)上衣袖样板坯布幅宽的估算与确定:

短袖样板坯布幅宽 = 成品挂肩规格 + 成品袖口规格 + 2.5cm

长袖样板坯布幅宽 = 成品挂肩规格 + 成品袖口规格 + 1.25cm

(3)翻领衫领子、贴口袋、门襟等样板坯布幅宽的估算与确定:

样板坯布幅宽 = (成品规格 + 1cm) × 整数(倍)

整数选择的原则是使估算的样板坯布幅宽与可选用的坯布幅宽尽可能接近。

(4)裤子样板坯布幅宽的估算与确定。

①不合侧缝的圆筒裤子产品：

$$裤子样板坯布幅宽 = 成品腰宽规格（成品腰围规格 \div 2）$$

②侧缝缝合型裤子产品：

$$裤子样板坯布幅宽 = 成品腰宽规格（成品腰围规格 \div 2） + 2.5cm$$

2. 段长的确定

段长是指排料时的断料长度，是以坯布的幅宽和样板的排料方法为依据确定的。针织服装套裁排料主要是根据坯布的幅宽和样板的外形特点来进行。常用的套裁方法有平套法、斜套法、镶套法、借套法、提缝套法、剖缝套法、互套法、叉套法、混合套法、拼接法等。

现将常见品种的大身、袖子、裤身等段长计算方法介绍如下。

（1）大身段长计算方法。

①连肩产品大身段长计算。连肩上衣大身样板一般采用平套法排料，则大身段长计算公式为：

$$连肩产品段长（2 件） = 样板衣长（厚绒产品加下摆挽边厚度损耗 0.2 \sim 0.25cm） \times 2$$

②合肩产品段长计算。合肩上衣大身样板一般采用斜套法或镶套法排料，其大身段长计算公式为：

$$合肩产品段长（2 件） = 样板衣长（厚绒产品加下摆挽边厚度损耗 0.2 \sim 0.25cm） \times$$
$$2 - 肩斜套进量$$

肩斜套进量的大小，主要由肩斜数与领宽数共同来确定，同时还应考虑划样裁剪损耗、坯布弹性的影响。常见产品两件衣长样板套裁排料时，肩斜尺寸（落肩尺寸）与套进量的经验数值见表 1 - 4 - 10。

表 1 - 4 - 10　肩斜尺寸与套进量的经验数值　　　　　　　　　　单位：cm

规　格	套进量　　肩斜尺寸　　成品领宽	1.5	2	3	4	5
儿童	9 ~ 12.5	0.5				
少年	10 ~ 13.5	1				
成人	14 ~ 17			1.5	2	3
	18 ~ 19			1	1.5	2
	20 ~ 22			0.8	1	1.2

（2）袖子用料段长计算。

①短袖（装袖）段长计算方法。一般取 10 件袖子样板长度作为段长，计算公式如下：

$$短袖（装袖）袖子段长 = 样板袖长 \times 10 + 斜断料损耗$$

斜断料损耗是指当所选用的坯布幅宽规格小于计算的坯布幅宽值时，为保证袖子的规格而减少套进量却使段长增加所产生的损耗。现将经验数据列入表 1 - 4 - 11 中，供计算时参考选用。

表 1-4-11　斜断料损耗经验数值　　　　　　单位:cm

斜断料损耗　　胸围成品规格 品种类别	50~60	65~75	80 以上
挽边斜袖	2.5	2.5	4
滚边、加边斜袖	2.5	2.5	3.5
长袖斜袖	2	2	3

②长袖(装袖)段长计算方法。一般取 5 件袖子样板长度作为段长,计算公式如下:

长袖(装袖)袖子段长 = 样板袖长 ×5 + 斜断料损耗

长袖(装袖)的常用品种(挽边、滚边、罗纹口等)均可采用以上方法。

辅料的计算与主料类似。

(3)裤子段长计算方法。根据排料方法可知,长裤一般以两条裤长样板尺寸作为段长,现将常见长裤产品(罗口长裤、双宽带运动裤)的段长计算方法介绍如下。

①罗口长裤(大小裆)段长计算:

$$罗口长裤段长(2 件) = 样板裤长 ×2 - \frac{前后腰差}{2}$$

如果在罗口裤脚口处套裁大裆时,段长不减 1/2 前后腰差。

②双宽带运动裤段长计算:

双宽带运动裤段长(2 件) = 样板裤长 ×2

双宽带运动裤由于腰边要穿两道腰带,因而腰挽边比较宽,一般为 5.5cm,裤脚口只有一道松紧带,裤脚口挽边宽为 1.5~2cm 。裤腰处穿两道腰带后皱纹较多,需考虑皱纹对长度的影响,其影响值在 0.5 左右。

(三)用料计算方法

为了便于管理且减少计算误差,在用料计算过程中,一般以 10 件(套)产品(国外市场以一打 12 件、套)为单位进行产品的用料核算,进而可以计算出每件产品的用料。

在用料计算过程中应特别注意:当产品各部件所用坯布品种、单位面积重量、幅宽、段长不同时,应分别计算各自的用料重量。

1.主料计算方法

(1)主料用料面积计算。

$$每 10 件产品用净坯布面积(m^2) = \sum \frac{段长 × 幅宽 × 坯布层数 × 段数}{1 - 段耗率}$$

其中段长和幅宽的单位均为米(m)。段数是指 10 件产品中所需的段长个数,计算方法为:

段数 = 10 ÷ 每个段长中的件数

例:已知合肩产品大身采用斜套法排料,每个段长中的件数为 2,则:

$$段数 = 10 \div 2 = 5 \ 段（即 10 \ 件产品需要 5 \ 个段长）$$

圆筒形针织坯布一般为双层,则坯布层数取值为2。

（2）主料用料重量计算。

①每10件产品用净坯布重量:

$$每 10 \ 件产品用净坯布重量(kg) = \frac{10 \ 件用料面积(m^2) \times 单位面积干重(g/m^2) \times (1 + 坯布回潮率)}{1000 \times (1 - 段耗率)}$$

②每10件产品用毛坯布重量:

$$每 10 \ 件产品用毛坯布重量(kg) = \frac{10 \ 件产品净坯布重量(kg)}{1 - 染整损耗率}$$

③每10件产品用纱线重量:

$$每 10 \ 件产品用纱线重量(kg) = \frac{10 \ 件产品用毛坯布重量(kg)}{1 - 编织耗损率} \times \frac{(1 + 纱线回潮率)}{(1 + 针织物回潮率)}$$

由于针织物与纱线的回潮率不同,因此以不同的形式出现时,其回潮率应该进行换算。

④每10件产品用原纱重量:通常不是所有的原纱在编织前都需要络纱(一般络纱重量为原纱重量的10% ~20%),若络纱重量占原纱重量的百分比为 A,则:

$$每 10 \ 件产品用纱重量(kg) = \frac{10 \ 件产品用纱线重量(kg) \times A}{1 - 络纱损耗率} + 10 \ 件用纱重量(kg) \times (1 - A)$$

2. 辅料计算方法

针织服装中的辅料主要包括衣裤中各种边口罗纹、领子、门襟、口袋以及滚边、加边、贴边等辅料。领子、门襟、口袋、贴边等用料计算方法与主料类似,可以通过样板套料等方法计算出其用料面积和用料重量。现将难以用门幅、段长等数据计算其用料面积和用料重量的各种罗纹边口的用料计算方法介绍如下:

当采用大筒径针织罗纹机生产的大幅宽罗纹布作为衣裤边口罗纹时,罗纹用料的计算方法与主料类似,可以通过样板尺寸确定坯布幅宽,通过套裁排料计算出段长、段数,根据坯布的单位面积重量及加工损耗率计算出其用料面积和用料重量。

当采用与边口部位规格相适应、不需缝合的筒状罗纹作为罗纹边口时,很难以单位面积重量进行核算,因此针织行业,通常以罗纹机针筒的针数及所用原料品种、线密度作为依据,确定其每厘米长度的干燥重量,然后计算每件成品耗用各种罗纹坯布的样板长度,即可算出罗纹用料的总重量。现将领口、下摆、袖口、裤口每件产品所需罗纹重量的计算方法分别介绍如下。

$$每件领口(或下摆)罗纹重 = 每件领口(或下摆)罗纹样板长度(cm) \times 干重(g/cm) \times (1 + 坯布回潮率)$$

$$每件袖口(或裤口)罗纹重 = 每件袖口(或裤口)罗纹样板长度(cm) \times 2 \times 干重(g/cm) \times (1 + 坯布回潮率)$$

式中的干重是根据罗纹边口的部位原料由表1 - 4 - 12查出相应的针筒针数,再根据针筒针数所用原料由表1 - 4 - 13查出所用罗纹布每厘米长的干燥重量。

表1-4-12 常用坯布、款式规格所用罗纹边口的纱线规格与罗纹机针筒针数的关系

坯布类别	罗纹边口	用纱规格 tex	用纱规格 英支	针筒针数（针）儿童(cm) 50~60	儿童(cm) 65~75	中童(cm) 78	中童(cm) 75	成人(cm) 80	成人(cm) 85	成人(cm) 90	成人(cm) 95	成人(cm) 100	成人(cm) 105	成人(cm) 110
汗布	领口罗纹	2×14tex	42英支×2	440~460	460~480	540~560	540~560	540~560	540~560	540~560	540~560	540~560	560~580	560~580
	领口罗纹	9.1tex×2~10tex×2	64英支/2~60英支/2		440~480	540~560	540~560	540~560	540~560	540~560	560~580	560~580	560~580	560~580
		6.9tex×2	84英支/2					540	540	540	540	560	560	560
双纱布	袖口罗纹	2×14tex	42英支×2			240	240	240	240	240	260~280	260~280	260~280	260~280
各类坯布	下摆罗纹	10tex×2	60英支/2				1050~1120	1050~1120	1050~1120	1050~1120	1200	1200	1260~1280	1280~1290
	运动衫					1050								
汗布	短式女背心（下摆罗纹）	10tex×2	60英支/2			1120	1120	1120	1120	1120~1200	1220~1260	1120~1260		
棉毛布	领口罗纹	2×14tex棉	42英支×2		460~480	540~560	540~560	540~560	540~560	540~560	540~560	540~560	560~580	560~580
	袖口罗纹	14tex棉+13.3tex锦	42英支+120旦		220	240	240	240	240	240	260~280	260~280	260~280	260~280
	裤口罗纹	2×14tex棉	42英支×2	240	280	320	320	320	320	320	320	320	340~360	340~360
	下摆罗纹				820~560	1050~1120	1050~1120	1050~1120	1050~1120	1050~1120	1200	1200	1260~1280	1260~1280
厚薄绒布	领口罗纹	14tex×2+28tex棉	14tex×2+21英支	300~320	360~380	380~400	380~400	380~400	380~400	380~400	400~420	400~420	400~420	400~420
	高领	28tex棉+15.6tex锦	21英支+140旦		380~400	420	420	420	420	420	440	440	440	440
	平领	14tex棉+13.3tex锦	42英支+120旦		380~400	420	420	420	420	420	440	440	440	440

续表

坯布类别	罗纹边口	用纱规格 tex	用纱规格 英支	儿童(cm) 50~60	中童(cm) 65~75	中童(cm) 78	成人(cm) 针筒针数(针) 75	80	85	90	95	100	105	110
厚薄绒布	运动衫下摆罗纹	14tex×2+28tex 棉 28tex×2 棉	42英支/2+21英支 21英支/2			780~820	780~820	780~820	780~820	780~820	852	852	900	900
	袖口罗纹	14tex×2+28tex 棉 28tex+15.6tex 锦	42英支/2+21英支 21英支+140旦		140~160	200	200	200	200	200	220	220	220	220
	裤口罗纹	14tex+13.3tex 锦	42英支+120旦	200	220	240	240	240	240	240	240	260	260	260
细绒(衫)	运动衫下摆罗纹	14tex×2+28tex 棉	42英支/2+21英支	480~540	580~640	780~820	780~820	780~820	780~820	780~820	852	852	900	900
	领口罗纹	28tex+15.6tex 锦	21英支+140旦	220	240~260	280~320	280~320	280~320	280~320	280~320	380~400	380~400	380~400	380~400
	袖口罗纹	14tex+13.3tex 锦	42英支+120旦	180~200	220	240	240	240	240	240	240	260	260	260
细绒(裤)	长裤裤口罗纹	14tex×2+28tex 棉 28tex+15.6tex 锦	42英支/2+21英支 21英支+140旦	240	280	320	320	320	320	320	320	320		
	腰口罗纹(动动裤)	14tex+13.3tex 锦	42英支+120旦	580~640(女)			780~820	780~820	780~820	780~820	820~852	820~852		

表 1-4-13　各种罗纹布每厘米长的干燥重量

干重（g/cm）＼纱线规格＼针筒针数	14tex×2 + 28tex（棉）深色	28tex×2（棉）深色	14tex×2（棉）深色	15.6tex×2（棉）本色	28tex（棉）+ 15.6tex（锦纶）深色	14tex（棉）+ 13.3tex（锦纶）深色
200	0.515	0.49	0.27	0.26	0.382	
220	0.557	0.53	0.28	0.268	0.414	0.26
240	0.599	0.57	0.29	0.296	0.43	0.28
260	0.65	0.62	0.32	0.332	0.46	0.31
280	0.675	0.64	0.34	0.349		0.33
300	0.73	0.69	0.36	0.366	0.65	
320	0.78	0.74	0.376	0.385	0.71	0.38
340	0.82	0.78	0.388	0.404	0.83	
380	0.91	0.87				
420	1.00	0.98	0.411			
440	1.16	1.13	0.456			
460	1.20	1.17	0.506	0.553		
480	1.24	1.21	0.546	0.573		
540	1.39	1.35	0.596	0.598		
560	1.42	1.38	0.626	0.628		
580	1.45	1.41	0.653			
600	1.48	1.44	0.68			
620	1.51	1.47	0.71			
640	1.55	1.51	0.737			
800	2.01	1.91				
820	2.11	2.01				
852	2.25	2.14				
900	2.38	2.20				
1120			1.207			
1200			1.329			
1240			1.392			

第三节　纬编织物生产工序和设备的选定

一、制订生产工序应考虑的因素

从原纱至毛坯布入库，要经过原纱检验、络纱、编织、密度检验、过磅打戳、毛坯布检验、修补、翻布装袋、入库等生产工序。这些工序的选用是随原料卷装形式、原料品种、成品染整加工及对产品质量要求等的不同而异。制定生产工序应考虑的因素如下：

1. 原纱检验

针织厂所用的原料主要是纱线和原丝。目前大部分工厂以筒子纱进厂，经原纱检验后，直接上机进行编织。但对高档汗布产品使用的18tex（32英支）、10tex×2（60英支/2）、7.5tex×2（80英支/2）精梳纱及19.5tex（30英支）腈棉混纺纱等则需经过络纱工序，以保证产品质量，同时编织产品的技术要求也相当高。提高原纱卷装的要求，可以减少下一工序生产的困难。如以绞纱进厂，必须选用络纱工序。

原纱检验是保证原纱质量必须进行的工序。除检验原纱的传统试验指标外，对筒子的硬度、成形和回潮率也应检验。

2. 络纱

经过络纱工序的纱线，筒子成形良好，纱线上的杂质与残疵得到清除，筒子紧密，从而减少了针织机停台次数，提高了坯布的产量和质量。另外，生产中，小筒容易产生断头残疵，因此，在编织车间还需设置一定数量的络纱机来卷绕小筒管。因此，在工厂设计中，络纱机的多少可视对产品品质要求的不同有所增减。

3. 编织

使用的设备有主机与副机。主机随选用的坯布品种不同而异，副机是指生产下摆罗纹、领口罗纹和袖口罗纹使用的罗纹机。

4. 密度检验

密度检验是指检查毛坯布的密度，通过检验可随时调整机上的工艺参数，使毛坯织物密度符合工艺要求，提高产品的正品率。生产中密度检验有两种方法。一种是采用线圈测长仪来控制织物密度，在针织机运转中进行测量，故又称动态测量法，该方法控制织物密度及时，可节省劳动力。另一种是在织物下机后，经过磅打戳，利用密度仪进行测量。

5. 过磅打戳

织物下机后称重，然后在布头上打戳，主要内容有织物的重量、幅宽、日期、挡车工的工号等，以便追查责任。此工序必不可少。

6. 检验与修补

检验与修补应是两个工序，由两个工人分别进行。检验是检查织物的品质，也是检验产品品质完成情况及挡车工品质指标完成情况的一种方法。检验时对应修补的部位在布匹上做一标记，以便修补。

7. 翻布

翻布工序是否需要或翻几次应根据产品及加工要求而定。如汗布修布只修小辫子残疵时，要求在正面修理；而染整时，要使反面朝外。当下机坯布正面朝外时（单面大圆机生产），可在修补后翻布；当下机坯布反面朝外时，需要在修补前翻布一次，使正面朝外，以便修补，修补后再翻布一次，以便染整。双面织物修补两面，但染整时正面朝里，故可翻布一次。

二、主要坯布品种的生产工艺流程

（1）精漂汗布的生产工艺流程：原纱→检验→络纱→编织→密度检验→过磅打戳→（翻布→）检验修补→（翻布→）入毛坯布库。

（2）棉毛布生产工艺流程：原纱→检验→络纱→编织→过磅打戳→密度检验→检验修补→翻布→修补→入毛坯布库。

（3）绒布生产工艺流程：原纱→检验→络纱→编织→密度检验→过磅打戳→（翻布→）检验修补→（翻布→）入毛坯布库。

（4）罗纹布生产工艺流程：原纱→检验→编织→密度检验→过磅打戳→检验修补→（翻布→）入毛坯布库。

（5）化纤染色织物：原丝→检验→编织→过磅打戳→密度检验→检验修补→装袋→入毛坯布库。

（6）化纤色织物：原丝→检验→松式络纱→筒子染色（由染色车间生产）→络纱→编织→过磅打戳→密度检验→检验修补→装袋→入毛坯布库。

三、纬编设备的选定

针织机的选定主要是确定设备的型号、针筒直径、机号、总针数等。首先要确定的是设备型号，根据织物组织结构类型，选择合适型号的圆纬机来编织。当设备型号确定后，针筒直径、机号、总针数则为选择与计算的主要内容，而这些又与产品品种及其工艺参数有关。

（一）针筒直径与机号的确定

多数针织圆纬机同一型号下的针筒直径和机号是系列化的，针筒直径和机号确定后，其总针数也随之确定。针筒直径和机号的确定与成品布幅宽、织物密度、织物结构、纱线线密度等有关。在生产过程中影响针织成品幅宽的因素很多，如染色定形对针织物成品幅宽就有一定的影响，若忽略这些影响因素，在织物结构及线密度满足编织的条件下，成品布幅宽及横向密度最终决定编织机器的总针数。

1. 总针数与幅宽、密度的关系

$$N = 0.4 W P_A$$

式中：N——针筒总针数；

P_A——针织物横向密度，纵行/5cm；

W——针织物成品圆筒幅宽，cm。

若为开幅，将开幅布幅宽除以2换算成圆筒布幅宽。

针织物的成品幅宽由针织物的最终产品（服用织物、产业用织物、装饰用织物）决定。针织服装分为圆筒成衣与开边合肋缝成衣两种，无论是圆筒成衣还是开边合肋缝成衣，针织服装排版的幅宽决定针织布生产的成品幅宽。针织设备的选择对服装产品的生产至关重要，不同规格服装的排版设计决定的织物幅宽要求不同型号、规格的针织圆机与之相适应。这些与针筒直径和机号的确定有关。

2. 机号的选择

机号主要取决于纱线类别、纱线线密度以及针织物的组织结构。机号可根据纱线细度和线圈长度计算，但在生产中常采用实际经验方法进行选择，可根据纱线线密度和织物类别从表1－4－14～表1－4－18中查出。

表1-4-14 一定机号的针织机编织纬平针织物最适合的纱线规格

机 号	适于加工纱线的规格	
	短纤纱[tex(英支)]	长纤纱(dtex)
5	$233.2 \times 2 \sim 83.3 \times 2(2.5/2 \sim 7.0/2)$	$660 \times 2 \sim 550 \times 2$
6	$166.6 \times 2 \sim 61.4 \times 2(3.5/2 \sim 9.5/2)$	$550 \times 2 \sim 400 \times 2$
7	$116.6 \times 2 \sim 48.6 \times 2(5.0/2 \sim 12.0/2)$	$470 \times 2 \sim 330 \times 2$
8	$83.3 \times 2 \sim 41.7 \times 2(7.0/2 \sim 14.0/2)$	$400 \times 2 \sim 280 \times 2$
9	$61.4 \times 2 \sim 68.6 \times 1(9.5/2 \sim 8.5/1)$	$330 \times 2 \sim 235 \times 2$
10	$58.3 \times 2 \sim 58.3 \times 1(10.5/2 \sim 10.5/1)$	$280 \times 2 \sim 200 \times 2$
12	$41.7 \times 2 \sim 48.6 \times 1(14.0/2 \sim 12.0/1)$	$235 \times 2 \sim 150 \times 2$
14	$68.6 \sim 41.7(8.5 \sim 14)$	$200 \sim 235$
15	$55.5 \sim 35.3(10.5 \sim 16.5)$	$150 \sim 200$
16	$48.6 \sim 30.7(12.0 \sim 19.0)$	$250 \sim 167$
18	$41.7 \sim 24.8(14 \sim 23.5)$	$200 \sim 150$
20	$32.4 \sim 22.4(18.0 \sim 26.0)$	$167 \sim 122$
22	$27.1 \sim 19.8(21.5 \sim 29.5)$	$150 \sim 110$
24	$24.8 \sim 16.4(23.5 \sim 35.5)$	$140 \sim 100$
26	$22.4 \sim 14.1(26.0 \sim 41.5)$	$122 \sim 84$
28	$19.8 \sim 12.8(29.5 \sim 47.5)$	$110 \sim 76$
30	$16.4 \sim 9.9(35.5 \sim 59.0)$	$100 \sim 67$
32	$14.1 \sim 8.2(41.5 \sim 71.0)$	$84 \sim 55$

表1-4-15 一定机号的针织机编织衬垫织物最适合的纱线规格

机 号	适于加工纱线的规格	
	短纤纱[tex(英支)]	长纤纱(dtex)
12	$233.2 \sim 61.4(2.5 \sim 9.5)$	$720 \times 2 \sim 622 \times 1$
14	$166.6 \sim 48.6(3.5 \sim 12.0)$	$620 \times 2 \sim 500 \times 1$
15	$124 \sim 41.7(4.7 \sim 14.0)$	$500 \times 2 \sim 420 \times 1$
16	$97.2 \sim 35.3(6.0 \sim 16.5)$	$833 \sim 360$
18	$83.3 \sim 32.4(7.0 \sim 18.0)$	$660 \sim 300$
20	$68.6 \sim 29.2(8.5 \sim 20.0)$	$500 \sim 280$
22	$55.5 \sim 24.8(10.5 \sim 23.5)$	$360 \sim 200$
24	$41.7 \sim 22.4(14.0 \sim 26.0)$	$300 \sim 167$
26	$35.3 \sim 19.8(16.5 \sim 29.5)$	$250 \sim 150$
28	$30.7 \sim 16.4(19.0 \sim 35.5)$	$200 \sim 122$
30	$27.1 \sim 14.1(21.5 \sim 41.5)$	$150 \sim 110$
32	$24.8 \sim 12.3(23.5 \sim 47.5)$	$122 \sim 84$

表 1 − 4 − 16　一定机号的针织机编织罗纹织物最适合的纱线规格

机　号	适于加工纱线的规格	
	短纤纱［tex（英支）］	长纤纱（dtex）
5	48.6 × 2 ~ 35.3 × 2（12.0/2 ~ 16.5/2）	800 ~ 550
6	41.7 × 2 ~ 30.7 × 2（14.0/2 ~ 19.0/2）	660 ~ 400
7	35.3 × 2 ~ 27.1 × 2（16.5/2 ~ 21.5/2）	550 ~ 330
8	30.7 × 2 ~ 48.6 × 1（19.0/2 ~ 12.0/1）	470 ~ 280
9	27.1 × 2 ~ 41.7 × 1（21.5/2 ~ 14.0/1）	400 ~ 235
10	48.6 ~ 32.4（12.0 ~ 18.0）	330 ~ 200
12	41.7 ~ 29.2（14.0 ~ 20.0）	280 ~ 167
14	35.3 ~ 24.8（16.5 ~ 23.5）	235 ~ 150
15	29.2 ~ 19.8（20.0 ~ 29.5）	200 ~ 122
16	24.8 ~ 16.4（23.5 ~ 35.5）	167 ~ 100
18	19.8 ~ 12.3（29.5 ~ 47.5）	150 ~ 90
20	14.1 ~ 11.0（41.5 ~ 53.0）	122 ~ 76
22	12.3 ~ 9.9（47.5 ~ 59.0）	100 ~ 67
24	11.0 ~ 8.2（53.0 ~ 71.0）	84 ~ 55

表 1 − 4 − 17　一定机号的针织机编织双罗纹织物最适合的纱线规格

机　号	适于加工纱线的规格	
	短纤纱［tex（英支）］	长纤纱（dtex）
5	2 × 41.7 × 2 ~ 2 × 27.1 × 2（2 × 14.0/2 ~ 2 × 21.5/2）	800 ~ 550
6	2 × 32.4 × 2 ~ 2 × 24.8 × 2（2 × 18.0/2 ~ 2 × 23.5/2）	660 ~ 470
7	2 × 27.1 × 2 ~ 41.7 × 2（2 × 21.5/2 ~ 14.0/2）	550 ~ 400
8	2 × 24.8 × 2 ~ 32.4 × 2（2 × 23.5/2 ~ 18.0/2）	470 ~ 330
9	41.7 × 2 ~ 27.1 × 2（14.0/2 ~ 21.5/2）	400 ~ 280
10	35.3 × 2 ~ 48.6 × 1（16.5/2 ~ 12.0/1）	330 ~ 235
12	27.1 × 2 ~ 41.7 × 1（21.5/2 ~ 14.0/1）	280 ~ 200
14	48.6 ~ 35.3（12.0 ~ 16.5）	235 ~ 167
15	41.7 ~ 30.7（14.0 ~ 19.0）	220 ~ 150
16	35.3 ~ 27.1（16.5 ~ 21.5）	200 ~ 133
18	27.1 ~ 24.8（21.5 ~ 23.5）	167 ~ 110
20	24.8 ~ 19.8（23.5 ~ 29.5）	50 ~ 100
22	20.4 ~ 16.4（28.5 ~ 35.5）	133 ~ 100
24	17.7 ~ 14.1（33.0 ~ 41.5）	122 ~ 90
26	16.4 ~ 12.3（35.5 ~ 47.5）	110 ~ 84
28	14.1 ~ 11.0（41.5 ~ 53.0）	100 ~ 76
30	12.3 ~ 9.9（47.5 ~ 59.0）	90 ~ 67
32	11.0 ~ 8.2（53.0 ~ 71.0）	76 ~ 50

表 1 - 4 - 18 一定机号的针织机编织提花织物最适合的纱线规格

机 号	适于加工纱线的规格	
	短纤纱[tex(英支)]	长纤纱(dtex)
5	$2 \times 48.6 \times 2 \sim 2 \times 27.1 \times 2(2 \times 12.0/2 \sim 2 \times 21.5/2)$	$550 \times 2 \sim 330 \times 2$
6	$2 \times 41.7 \times 2 \sim 2 \times 27.1 \times 2(2 \times 14.0/2 \sim 2 \times 21.5/2)$	$400 \times 2 \sim 280 \times 2$
7	$2 \times 35.3 \times 2 \sim 2 \times 24.8 \times 2(2 \times 16.5/2 \sim 2 \times 23.5/2)$	$330 \times 2 \sim 220 \times 2$
8	$2 \times 27.1 \times 2 \sim 41.7 \times 2(2 \times 21.5/2 \sim 14.0/2)$	$280 \times 2 \sim 200 \times 2$
9	$55.5 \times 2 \sim 41.7 \times 2(10.5/2 \sim 14.0/2)$	$220 \times 2 \sim 167 \text{tex} \times 2$
10	$41.7 \times 2 \sim 32.4 \times 2(14.0/2 \sim 18.0/2)$	$200 \times 2 \sim 150 \times 2$
12	$29.2 \times 2 \sim 24.8 \times 2(20.0/2 \sim 23.5/2)$	$167 \times 2 \sim 122 \times 2$
14	$44.9 \sim 32.4(13.0 \sim 18.0)$	$235 \sim 200$
15	$41.7 \sim 30.7(14.0 \sim 19.0)$	$220 \sim 167$
16	$35.3 \sim 27.1(16.5 \sim 21.5)$	$200 \sim 150$
18	$32.4 \sim 24.8(18.0 \sim 23.5)$	$167 \sim 122$
20	$27.1 \sim 22.4(21.5 \sim 26.0)$	$150 \sim 110$
22	$24.8 \sim 20.4(23.5 \sim 28.5)$	$122 \sim 100$
24	$22.4 \sim 17.7(26.0 \sim 33.0)$	$100 \sim 84$
26	—	$84 \sim 78$
28	—	$78 \sim 67$
30	—	$67 \sim 50$

机号也可按类比系数方法估算,即:

$$Tt = \frac{K}{G^2}$$

式中:Tt——纱线的线密度,tex;

    G——机号;

    K——类比系数。

该公式反映了线密度与机号的关系,即加工纱线的线密度与机号的平方成反比。目前由于针织机各种编织机构的参数还没有完整的标准化、系列化,不能迅速地计算出 K 值,因此,可从生产同类产品的经验数据中利用公式求出总体的类比系数 K,然后再代入所要求解的理论公式。

例:已知 16 机号棉毛机可加工 28tex(21 英支)棉纱,22.5 机号棉毛机可加工 14tex(42 英支)棉纱,现设计 28 机号棉毛机可加工棉纱的线密度。

按公式 $K = Tt \cdot G^2$ 计算类比系数:

$$K_1 = Tt_1 \times G^2 = 28 \times 16^2 = 7168$$

$$K_2 = Tt_2 \times G^2 = 14 \times 22.5^2 = 7087.5$$

所以：

$$Tt = \frac{\left(\dfrac{K_1 + K_2}{2}\right)}{G^2} = \frac{\left(\dfrac{7168 + 7087.5}{2}\right)}{28^2} = 9.09(\text{tex})$$

由此估算出，在 28 机号的棉毛机上可加工 9tex（64 英支）棉纱，由于前面的已知条件不一定是最高线密度极限，因此 10tex（60 英支）也可加工。

3. 针筒直径的确定

总针数及机号确定之后，就可确定针筒直径，计算公式如下：

$$L = \frac{N}{G} \times 2.54$$

$$D = \frac{L}{\pi}$$

式中：L——针筒周长，cm；

N——针筒针数；

G——机号，针/2.54 cm；

D——针筒直径，cm。

计算的针筒直径根据筒径系列修正，选取合适的筒径。

例 1：22.4tex（26 英支）精棉平针织物幅宽为 90cm，横密为 73 纵行/5cm，确定生产该织物单面圆纬机筒径。

$$N = 0.4WP_A = 0.4 \times 90 \times 73 = 2628(\text{枚})$$

计算出编织该织物所需的总针数为 2628 枚，由于针织圆机的机号、筒径是系列化的，其总针数都近似等于机号乘以圆周长（$N = \pi DG$），首先由表 1 - 4 - 14 可知 22.4tex（26 英支）纱线编织平针较适宜的机号为 26，根据生产经验，22.4tex（26 英支）纱线也可在机号 24 或 28 针织机上编织，已知：

机号 24、筒径为 762mm（30 英寸）针织机，总针数近似为 2262 枚

机号 26、筒径为 762mm（30 英寸）针织机，总针数近似为 2450 枚

机号 28、筒径为 762mm（30 英寸）针织机，总针数近似为 2638 枚

进行比较，其中 2638 枚针最接近，故选用机号 28、筒径为 762mm（30 英寸）的机器编织该平纹布。

例 2：29tex（20 英支）精棉 1 + 1 罗纹织物幅宽为 79cm，横密为 44 纵行/5cm（一面），确定生产该织物双面罗纹机筒径。

$$N = 0.4WP_A = 0.4 \times 79 \times 44 = 1390(\text{枚})$$

计算出编织该织物所需的总针数为 1390 枚（单面的总针数），由表 1 - 4 - 16 可知 29tex（20 英支）纱线编织罗纹较适宜的机号为 14、15、16，已知：

机号 14、筒径为 762mm（30 英寸）针织机，单面总针数近似为 1319 枚

机号 15、筒径为 762mm（30 英寸）针织机，单面总针数近似为 1414 枚

机号 16、筒径为 762mm（30 英寸）针织机，单面总针数近似为 1508 枚

进行比较，其中 1414 枚针最接近，故选用机号 15、筒径为 762mm（30 英寸）的机器编织该罗纹布。

注意:不同型号的针织圆机,其实际总针数与公式 $N = \pi DG$ 计算的总针数有十几枚针数的偏差。

(二)针筒直径与幅宽、机号、密度的关系

(1)台车筒径与幅宽、机号、密度的关系见表 1 − 4 − 19。

表 1 − 4 − 19　台车筒径与幅宽、机号、密度的关系

横密(纵行/5cm)	42	45	47	56	57	76	81	85	87	89	94
机号(针/38.1mm)	22	22	22	28	28	34	36	36	40	40	40
幅宽(cm)	针筒直径(cm)										
37.5		37.5	40	37.5	37.5	42.5	42.5	45	40	42.5	45
40		40	42.5	40	40	45	45	47.5	42.5	45	47.5
42.5	37.5	42.5	45	42.5	42.5	47.5	47.5	50	45	47.5	50
45	40	45	47.5	45	45	50	50	52.5	47.5	50	52.5
47.5	42.5	47.5	50	47.5	47.5	52.5	52.5	55	50	52.5	55
50	45	50	52.5	50	50	55	55	57.5	52.5	55	57.5
52.5	47.5	52.5	55	52.5	52.5	57.5	57.5	60	55	57.5	60
55	50	55	57.5	55	55	60	60	62.5	57.5	60	62.5

(2)棉毛机筒径与幅宽、机号、密度的关系见表 1 − 4 − 20。

表 1 − 4 − 20　棉毛机筒径与幅宽、机号、密度的关系

横密(纵行/5cm)	70		69		63		53
机号(针/25.4mm)	21	22.5	21	22.5	21	22.5	16
幅宽(cm)	针筒直径(cm)						
35	37.5	35	37.5	35			37.5
37.5	40	37.5	40	37.5	35		40
40	52.5	40	42.5	40	37.5	35	42.5
42.5	45	42.5	45	42.5	40	37.5	45
45	47.5	45	47.5	42.5 45	42.5	40	47.5
47.5	50	47.5	50	45 47.5	45	42.5	50
50	52.5	50	52.5	47.5 50	47.5	45	52.5
52.5	55	52.5	55	50 52.5	50	47.5	55
55	57.5	55	57.5	52.5 55	52.5	47.5 50	57.5

第五章 纬编生产辅助设备与检测装置

第一节 计算机花型准备系统

电脑针织机械需要使用计算机花型准备系统来设计花型图案及制备上机工艺文件。目前，国内外知名的针织机械制造厂商都开发了适配于自己公司电脑针织机的计算机花型准备系统，这些系统一般不兼容和通用。下面介绍德国迈耶西公司的 MDS1 花型准备系统，它是在原有的 PIC 系列花型准备系统上新开发而成，具有更强大的功能、更便捷的操作和用户友好的界面，以及自动处理功能。

一、显示界面

MDS1 花型准备系统的显示界面如图 1-5-1 所示，主要包括菜单栏、常用工具栏、绘图工具栏、绘图区、工艺设置栏、状态栏等。

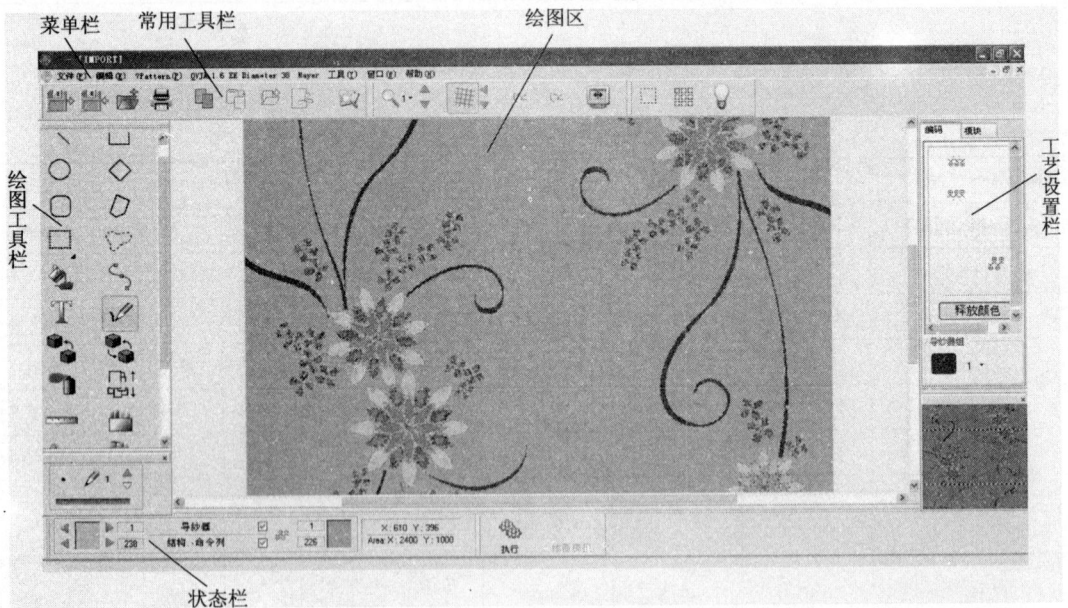

图 1-5-1　MDS1 花型准备系统的显示界面

二、图形绘制与编辑

在绘制花型图案之前，首先要选择机型，如图 1-5-2 所示。MDS1 花型准备系统适用于迈耶西公司的所有电脑圆纬机，包括单面提花机、提花毛圈机、双面提花机（下针电子选针以及上下针均电子选针两种）、单双面提花/调线机、双面提花/移圈机、双面提花/调线/移圈机、计

294

件衣坯机等。其次还要选择筒径、机号、花型总的宽度(总针数)和花高(横列数)等参数,如图1-5-3所示。

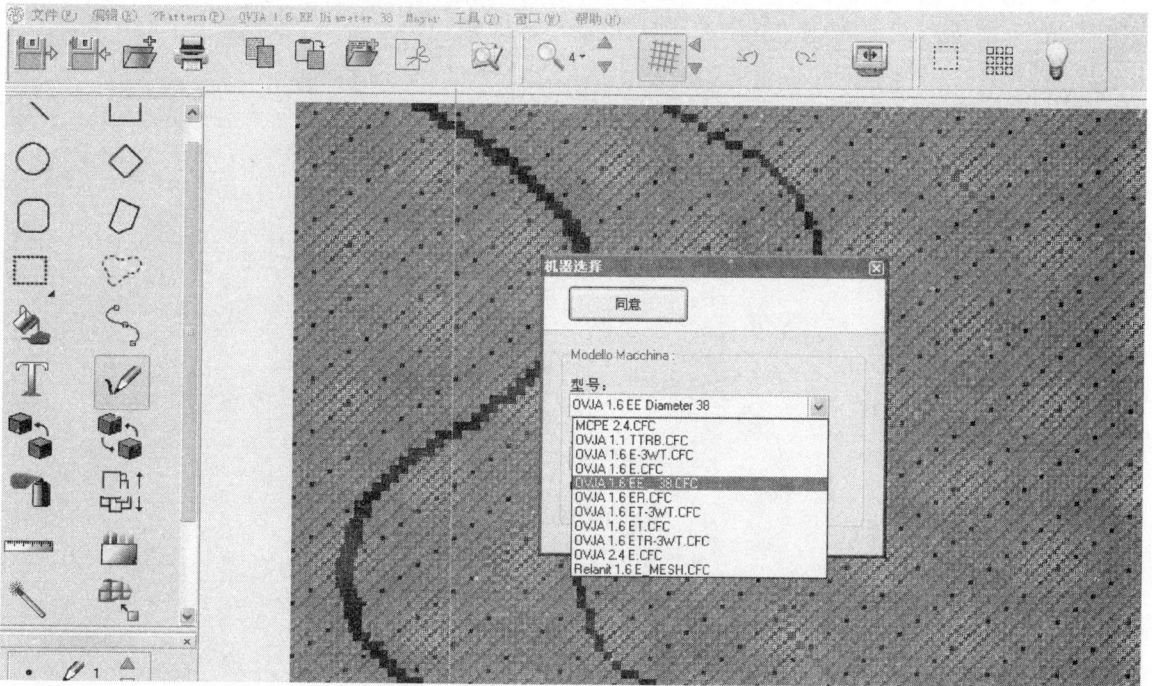

图1-5-2 选择机型

图1-5-3 选择筒径及机号等参数

　　绘制花型可以在绘图区(方格意匠区)用绘图工具栏中的工具操作,也可导入已有图片进行修改编辑。绘图工具栏的主要功能如图 1－5－4 所示。点击任何一个绘图工具,还可以进一步设置绘图及编辑有关的参数,如线型、线粗细等。标记功能可以下拉展开,对标记的矩形区域进行复制、多重复制、改变区域尺寸、区域镜像、区域旋转等操作,如图 1－5－5 所示。

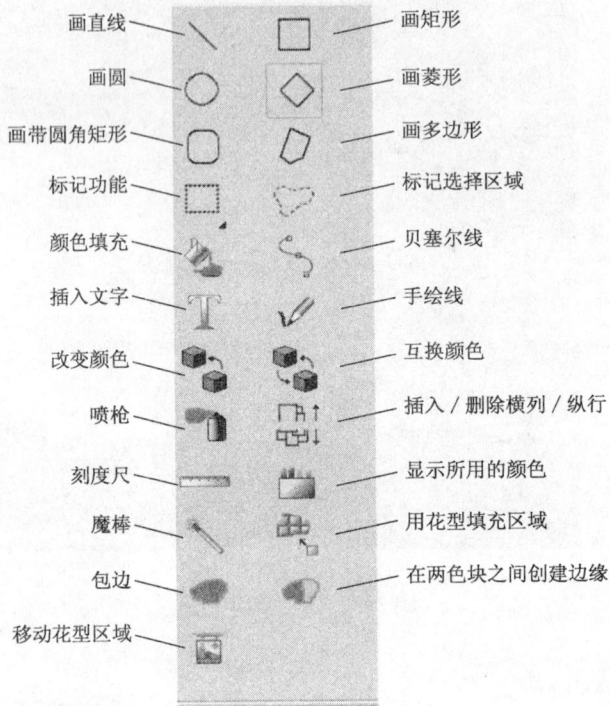

画直线		画矩形
画圆		画菱形
画带圆角矩形		画多边形
标记功能		标记选择区域
颜色填充		贝塞尔线
插入文字		手绘线
改变颜色		互换颜色
喷枪		插入/删除横列/纵行
刻度尺		显示所用的颜色
魔棒		用花型填充区域
包边		在两色块之间创建边缘
移动花型区域		

图 1－5－4　绘图工具栏

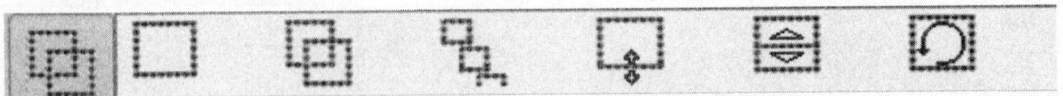

图 1－5－5　标记功能展开

　　图 1－5－6 显示了一个两面提花(上下针电子选针)图案实例,其结构为绗缝织物,4 路为一个色纱循环周期(即每 4 路下针编织一个完整的正面线圈横列,且每 4 路衬入一根不成圈的衬纬纱),对于每一种色纱编织的区域,都可以用几色号的小方格绘制。如左边数起第一和第三条曲线花纹区域为一种颜色纱线编织,采用了第 101 和 109 色号绘制;左边数起第二和第四条曲线花纹区域为另一种颜色纱线编织,采用了第 102 和 107 色号绘制;除此之外的底色区域用第 100、104、110、112 和 103 色号绘制,其中 103 色号表示连接正反面的连接点。

　　除此之外,还可以利用工艺设置栏的编码工具,即用成圈、集圈、移圈等图符来绘制花型,如图 1－5－7 所示。

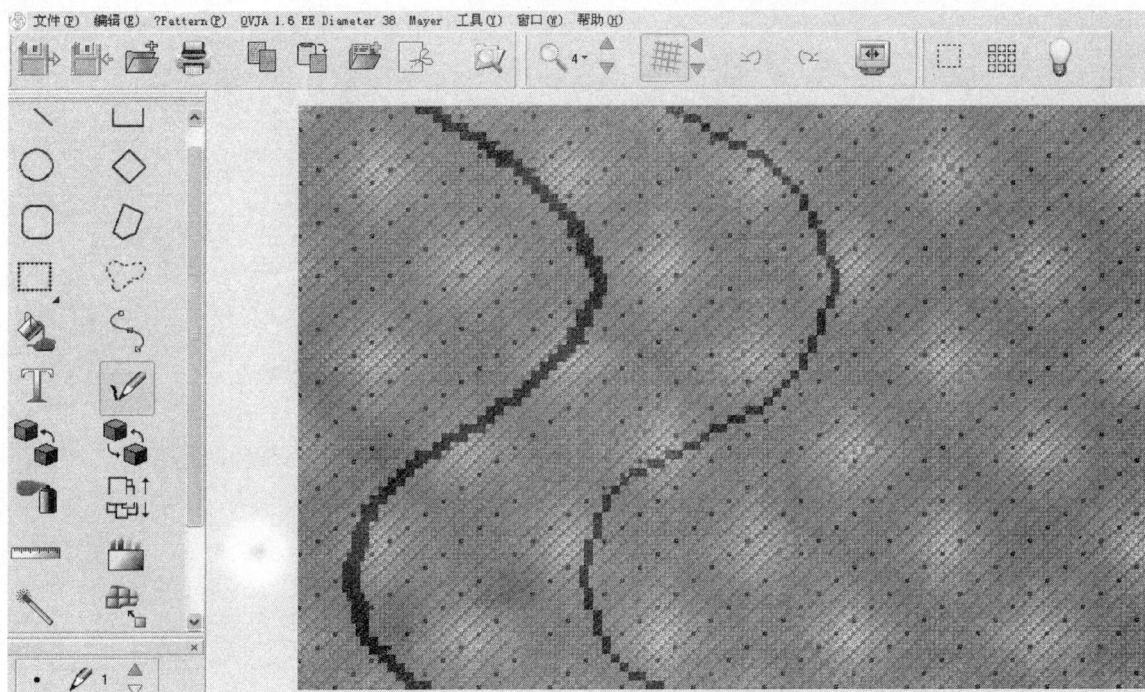

图 1-5-6 两面提花图案实例

三、上机工艺设置

上机工艺包括一个色纱循环周期内各路的色纱配置、机速、牵拉速度、下针筒和上针盘的线圈长度、上下针对位、调线装置(调线机)等。下面仅介绍最为重要的各路的色纱配置。对于图 1-5-6 所示的实例,点击工艺设置栏的模块健,将会出现图 1-5-8 所示的色纱设置界面。该织物 4 路一个色纱循环,需要对绘图用到的所有色号,按照一定规律配置在每一路的下针筒和上针盘方框内,一般先设置下针筒(织物正面花型)各路的色号。

如图 1-5-8 所示,第 1 路用 100、104、110、112 和 103 色号(即与绘图区相同颜色的方格)编织底色(第一色纱),第 2 路用 102 和 107 色号(第二色纱)编织一种曲线花纹区域,第 3 路用 101 和 109 色号(第三色纱)编织另一种曲线花纹区域,第 4 路用 103 色号(第四色纱)编织连接点。上针盘色号的配置要考虑避免在织物中形成长的浮线以影响上机编织,本例在第 1 路配置 107 和 109 色号,它表示与下针选针编织的第一色纱区域(即 100、104、110、112 和 103 色号区域)对应的织物反

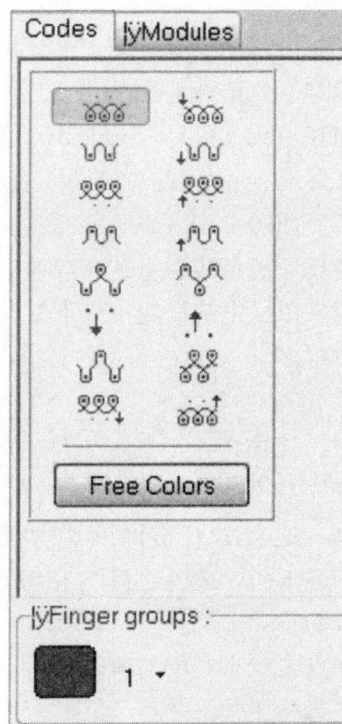

图 1-5-7 编码工具

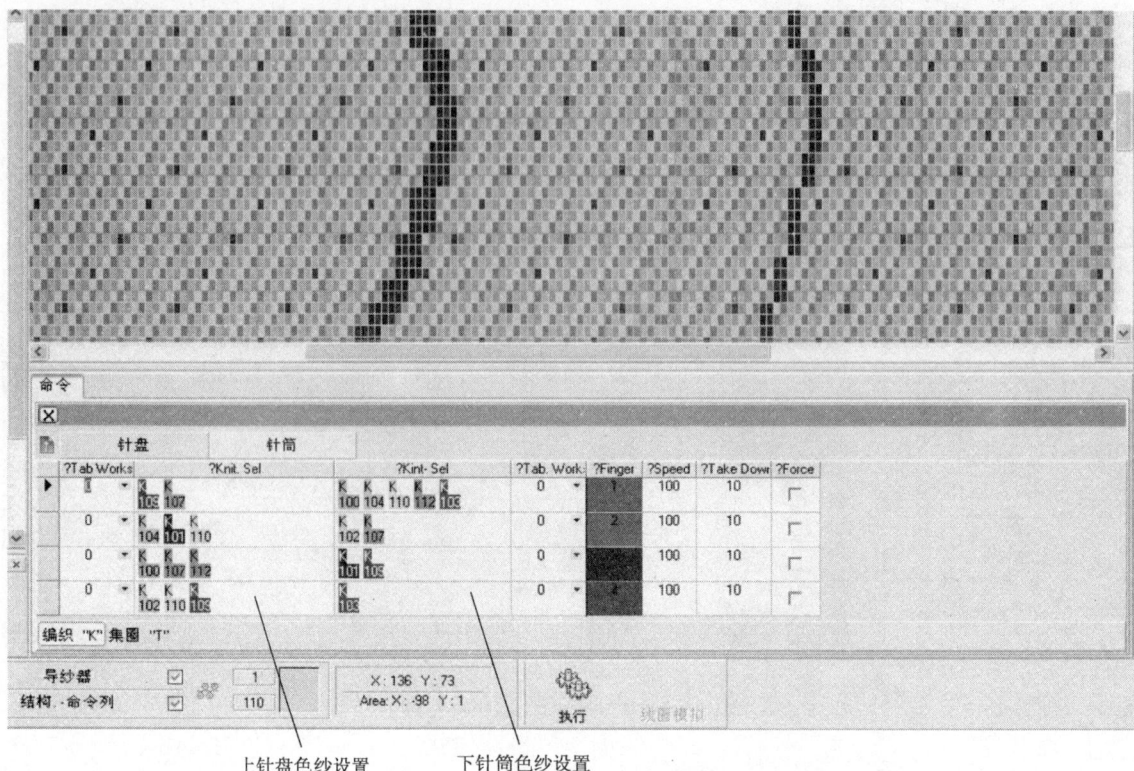

上针盘色纱设置　　　　下针筒色纱设置

图 1 - 5 - 8　色纱配置

面区域是由第二色纱(107 色号)和第三色纱(109 色号)编织;第 2 路配置 104、110 和 101 色号,它表示与下针选针编织的第二色纱区域(102 和 107 号)对应的织物反面区域是由第一色纱(104、110 色号)和第三色纱(101 色号)编织;其余各路依此类推。

实际上,绘图区的意匠图既表示了织物正面的花型图案,又反映了织物反面几种颜色线圈的配置。如图 1 - 5 - 8 所示,底色(第一色)区域的反面几色线圈呈斜纹效应,第二色和第三色区域的反面两色线圈呈芝麻点效应。

对于单面电脑提花机或下针选针的双面电脑提花机,只需要设置下针筒的色纱,相对来说要简单得多。

四、执行与检验

在完成花型设计和工艺设置之后,首先要执行设计的花型程序,系统会根据设定的条件检查工艺是否有错误或不合理之处。对于本例来说,就是检查浮线的长度。可以选择工艺设置栏中的模块特性,在检查控制器中设定浮线长度(图 1 - 5 - 9),一般最大浮线长度在 4 针。

在点击状态栏中的执行键后,系统会自动检查程序,如果出现图 1 - 5 - 10 所示的界面,表示工艺运行正常。

如果出现图 1 - 5 - 11 所示的界面,则表明某些横列中浮线过多。此时可以根据显示的浮线行号,进一步用状态栏中的相关工具,检查长浮线所在行的编织图,如图 1 - 5 - 12 所示。

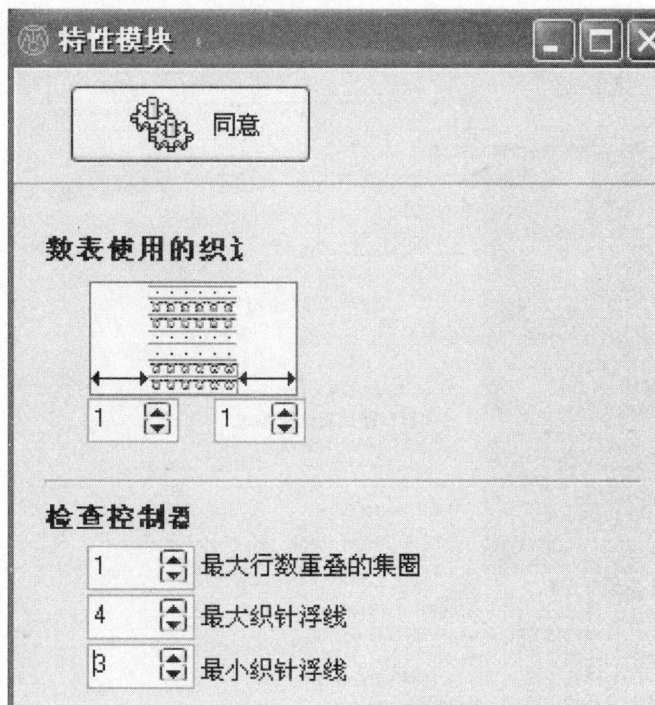

图 1 - 5 - 9 设定浮线长度

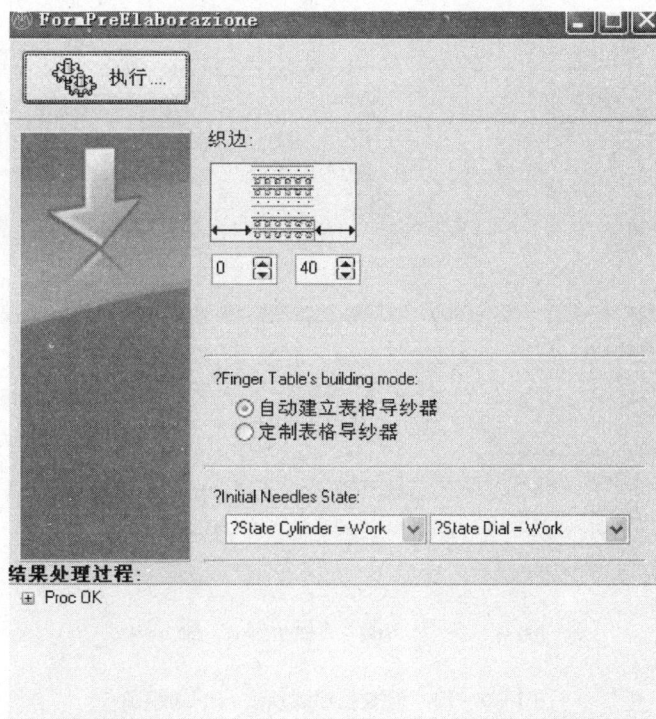

图 1 - 5 - 10 运行后显示工艺无误

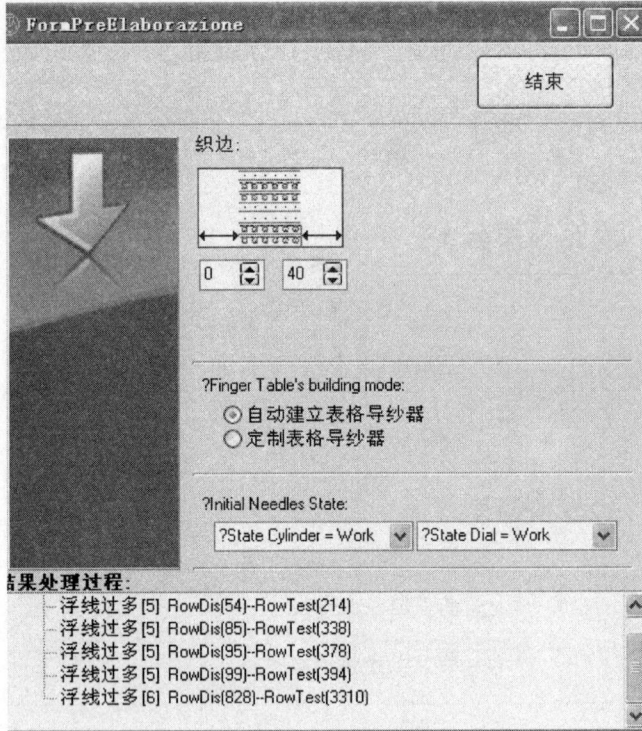

图 1 - 5 - 11　运行后显示浮线过多

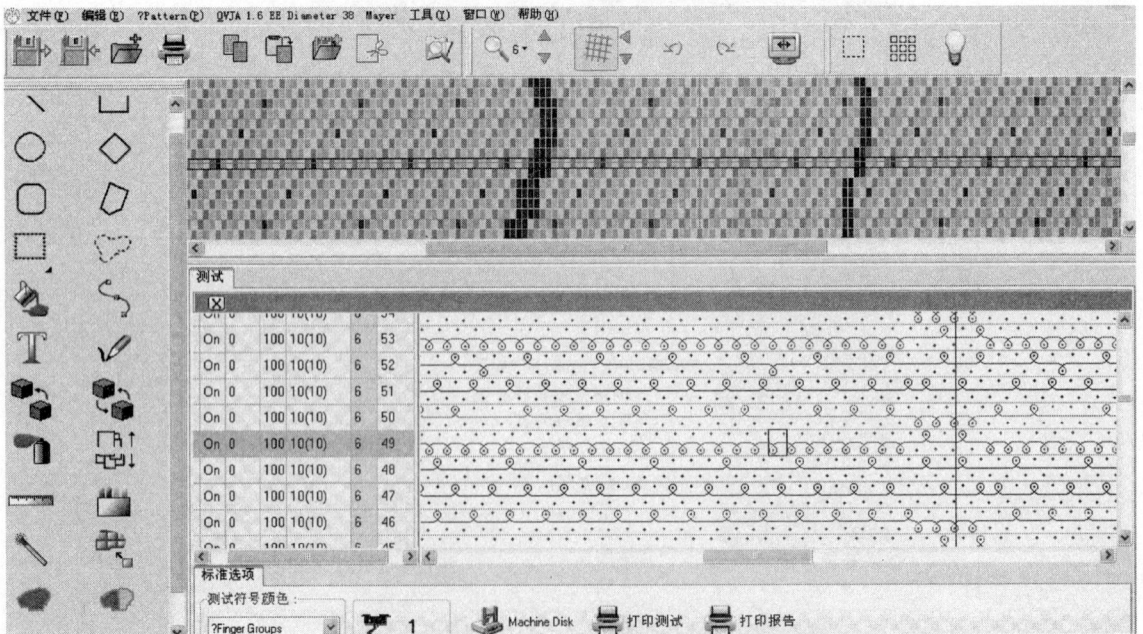

图 1 - 5 - 12　检查长浮线所在行的编织图

　　之后,需要修改上针盘的色号配置,甚至修改花型意匠图,直至程序执行后显示"OK"。最后就可以制作上机工艺文件并存盘。

第二节　送纱装置

根据功能与用途,目前常用的纬编针织机的送纱装置有积极式送纱装置、储存消极式送纱装置、弹性纱送纱装置、多色调线送纱装置、电子送纱装置等。

一、积极式送纱装置

积极式送纱装置一般用于用纱量不变的织物结构编织。德国美名格公司(Memminger – IRO)生产的 MPF – F 型积极式送纱装置的主要技术参数见表1 – 5 – 1。该装置的结构如图1 – 5 – 13 所示。

表1 – 5 – 1　MPF – F 型积极式送纱装置的主要技术参数

项　　　目	技术参数	项　　　目	技术参数
断纱自停电路公称电压(V)	12/24(AC/DC)	最小张力(cN)	0.8
公称电流(mA)	25		

图1 – 5 – 13　MPF – F 型送纱装置结构

图1 – 5 – 13 中1 为振动式张力器,张力片环振动并逆纱线运动方向转动从而起到自洁的作用。2 是绕纱与储纱轮,标配为封闭轮,可以选配分纱式轮或插针式轮。3 为断纱变色指示灯。4 为出纱端集成防缠绕机构,编织长丝时,单丝断裂易缠绕在绕纱轮上,影响送纱,因此出纱端可选择较大的出纱角以防断丝缠绕。5 为进纱瓷眼和清纱刀片。6 为上支撑架。7 为断纱自停器。8 为传动轮,由齿形条带驱动。

类似的装置还有宁波太阳实业有限公司生产的 ZPF20 – B28 型送纱装置等。

二、储存消极式送纱装置

储存消极式送纱装置一般用于用纱量变化的织物结构(如提花组织等)的编织。德国美名格公司生产的 SFE 型储存消极式送纱装置的主要技术参数见表 1 – 5 – 2。该装置的结构如图 1 – 5 – 14 所示。

表 1 – 5 – 2　SFE 型储存消极式送纱装置的主要技术参数

项　　目	技术参数	项　　目	技术参数
电压(V)	3 × 42	平均功耗(VA)	55
每相最大电流(A)	1.41	最大送纱速度(m/min)	500
每相平均电流(A)	0.75	纱线线密度(dtex)	83 ~ 2500
最大功耗(VA)	100	最小送纱器环直径(mm)	300

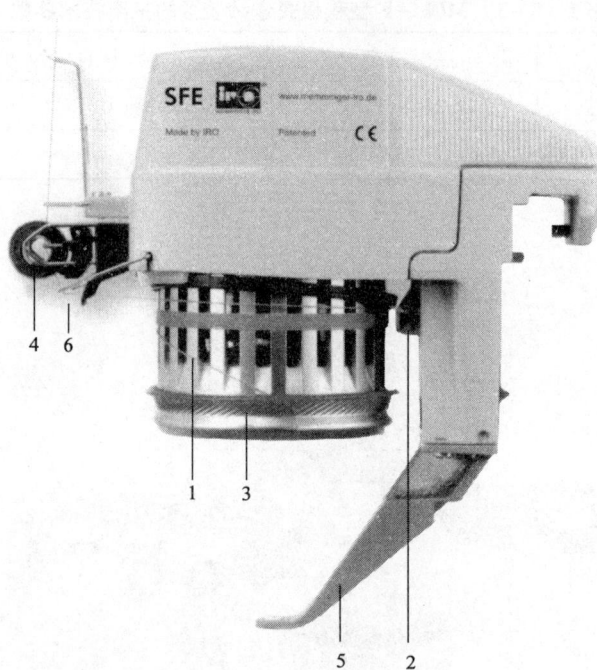

图 1 – 5 – 14　SFE 型储存消极式送纱装置的结构

图 1 – 5 – 14 中 1 为绕纱储纱轮,储纱量极小,易于下送。2 为光电传感器,它监视绕纱轮上的储纱量,反馈给微处理器;微处理器控制内置的电动机调速,使储纱量始终保持恒定。3 为张力圈,可更换不同的张力圈来调整送纱张力。4 为振动式张力器。5 为可选配的出纱自停器。6 为断纱自停器。

类似的装置还有宁波太阳实业有限公司生产的 SJFB3 – 4 型送纱装置等。

三、弹性纱送纱装置

该装置一般用于氨纶裸丝等弹性纱的积极定长输送。德国美名格公司生产的 MER3 型弹性纱送纱装置的主要技术参数见表 1 – 5 – 3。该装置的结构如图 1 – 5 – 15 所示。

表1－5－3　MER3型弹性纱送纱装置的主要技术参数

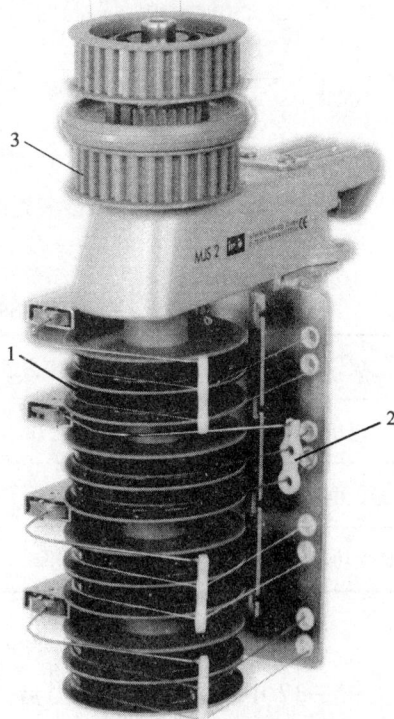

项　目	技术参数	项　目	技术参数
断纱自停电路公称电压(V)	12/24(AC/DC)	公称电流(mA)	25

图1－5－15中1为断纱自停器,自停杠由纱线张力、重力和磁力共同作用,断纱后自停器通过磁力驱动停机。2为断纱变色指示灯。3为传动轴,依靠摩擦驱动氨纶纱筒4以相同的线速度转动输送纱线。5为可选配的防尘罩,可以防止纱筒聚积灰尘,减少织疵和停机次数,提高机器效率。该送纱装置可由齿形条带驱动传动轮6进行集体传动,或选配自带马达7进行单独传动,后者使送纱装置和机器的传动分离,可安装在任意位置,调速盘积灰及皮带打滑等将不再影响送纱量,从而保证送纱量一致。

类似的装置还有宁波太阳实业有限公司生产的WAL5－4BZ型送纱装置(集体传动)等。

四、多色调线送纱装置

该装置用于2~6色调线织物编织时纱线输送。德国美名格公司生产的MJS2型多色调线送纱装置的主要技术参数见表1－5－4。该装置的结构(适配于4色调线)如图1－5－16所示。

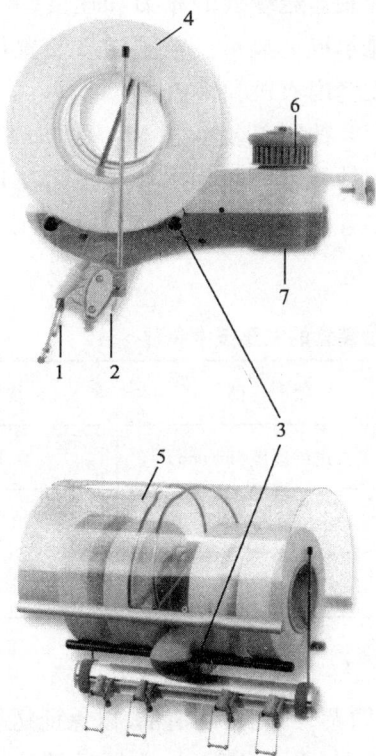

图1－5－15　MER3型弹性纱送纱装置的结构　　图1－5－16　MJS2型多色调线送纱装置结构

表1－5－4　MJS2型多色调线送纱装置的主要技术参数

项　目	技术参数	项　目	技术参数
摩擦轮数(个)	2~6	送纱张力(cN)	8~10

图 1 - 5 - 16 中 1 为摩擦轮,表面包覆橡皮圈,利用摩擦原理送纱,该装置可以配置 2 至 6 个摩擦轮,适合于 2 至 6 色调线。2 为弹簧摆杆,用来保证送纱量一致;当织机需喂入纱线时,由于纱线的张力将弹簧摆杆拉向前方,此时缠绕在摩擦轮上纱线完全接触橡皮圈从而输送纱线。3 为传动轮,由齿形条带驱动。为了保证每路送纱装置的恒定送纱量,需在入纱端前方配置弹簧张力器,并在入纱端和出纱端配置断纱自停器。

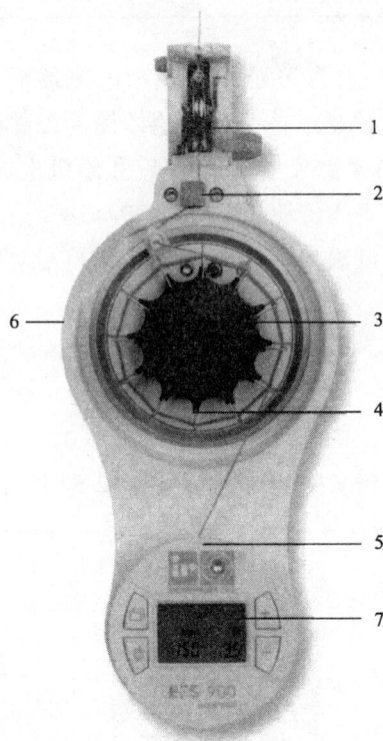

图 1 - 5 - 17 EFS900 型电子送纱装置的结构

类似的装置还有宁波太阳实业有限公司生产的 DPF - 4 - A 型(适配于 4 色调线)和 DPF - 6 - A 型(适配于 6 色调线)送纱装置等。

五、电子送纱装置

这种送纱装置采用电子元件与技术精确控制输送纱线的张力和速度,并在高对比度显示屏上显示。电子送纱装置可用于袜机、无缝内衣机和横机。

德国美名格公司生产的 EFS900 型电子送纱装置的主要技术参数见表 1 - 5 - 5。该装置的结构如图 1 - 5 - 17 所示。

表 1 - 5 - 5 EFS900 型电子送纱装置的主要技术参数

项　目	技术参数	项　目	技术参数
电压(V)	57(DC)	最大送纱速度(m/min)	1500
最大电流(A)	3	张力范围(cN)	0.5 ~ 40
最大功耗(VA)	35	最大回纱长度(mm)	600

图 1 - 5 - 17 中 1 为双磁力张力器,可进行张力微调,并能自动清洁,以保证送纱张力稳定;上端为封闭瓷眼,防止缠扰成圈的纱线通过。2 为纱夹,受电磁驱动,由回纱臂位置控制,回纱时夹持纱线。3 为绕纱轮,自重极轻但非常坚固,从而保证了强劲电动机的动态特性得以完全发挥,绕纱量极其精准。4 为回纱臂,位于绕纱轮后,回纱时将纱线绕到另一储纱轮上,最大回纱长度 600 mm。5 为纱线张力传感器,带一个挑纱杠,用于自动校零;特别设计的传感器反应灵敏,张力测量准确;高速的数据处理和强劲的电动机,可消除一切纱线张力骤变。6 为连接管理系统的接口,可通过光纤高速、高效地传递大量数据。

第三节　喷雾加油及除尘清洁装置

一、喷雾加油装置

喷雾加油装置能持续润滑织针、三角、沉降片和其他针织机件。Uniwave 喷雾加油装置是德国美名格公司旗下的品牌。Uniwave419 型喷雾加油装置的主要技术参数见表 1 – 5 – 6。该装置的结构如图 1 – 5 – 18 所示。

表 1 – 5 – 6　419 型喷雾加油装置的主要技术参数

20 个润滑点	坚固的储油箱
2 个低流量接口	长而可靠的使用寿命

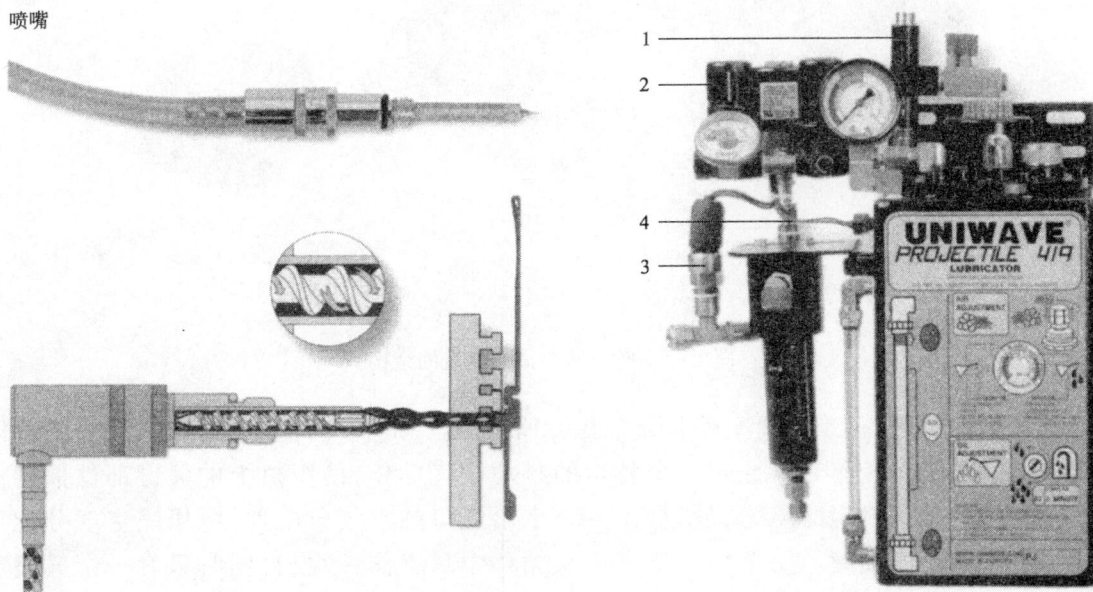

图 1 – 5 – 18　喷雾加油装置的结构

图 1 – 5 – 18 中 1 是冲洗装置,连接独特的喷嘴使油雾分离成空气和润滑油微滴,用于强力清洗针织元件,有手动和电控两种。2 为调压阀,用于调整送往除尘系统的空气压力。3 为低压传感器(选配),当供给针织机的压缩空气压力低于预设的最低限位,该传感器可以使织机自动停机。4 是低油位传感器,当油位线低于预设的最低限位,该传感器可以使织机自动停机。

二、除尘清洁装置

Uniwave 的适用于双面圆纬机的除尘清洁装置的主要技术参数见表 1 – 5 – 7。该装置的结构如图 1 – 5 – 19 所示。

表 1-5-7　除尘清洁装置的主要技术参数

项　目	技术参数	项　目	技术参数
喷嘴数(个)	18	分配给每个喷嘴的工作时间(s)	1.75
清洁工作时间间隔(s)	40~54		

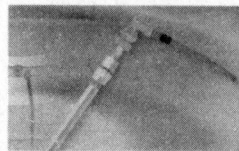

(b) 抖动气喷嘴

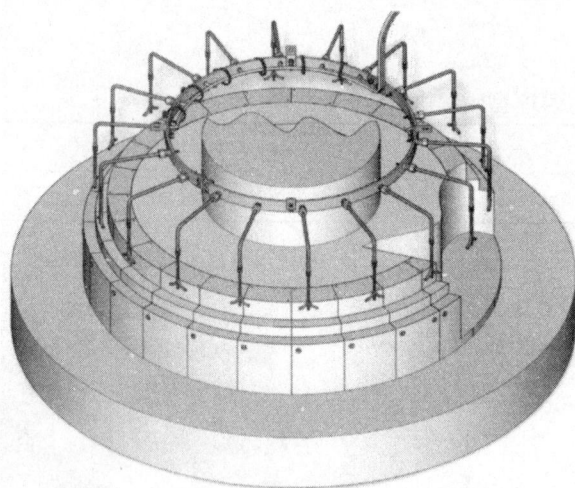

(a) 喷嘴分布

(c) 空气分配器

图 1-5-19　除尘清洁装置的结构

除尘清洁装置的 18 个喷嘴环形分布在针筒/针盘一周。专门设计的抖动气喷嘴可以安装在导纱器或针盘附近。通过一个特殊的抖动吹气动作,使织机上的关键部件保持清洁。压缩空气按照设定的压力,通过带有 18 个出气口的空气分配器,将压缩空气分配至每个独立的抖动气喷嘴。每个气喷嘴在每次循环中只工作一次,且同时只有一个气喷嘴在工作。这些特点能保证一个非常高效、彻底的清洁效果。气喷嘴的抖动工作间隔是不固定的,保证了针织部件在不同角度都能得到吹气清洁,抖动气喷嘴的清洁效果远远高于其他普通气喷嘴。

第四节　检测仪表

一、纱线张力仪
一般针织企业使用的纱线张力仪可分为手持机械式和手持电子式两类。

(一)手持机械式纱线张力仪
德国施密特(SCHMIDT)公司生产的 ZF2 系列手持机械式纱线张力仪的主要技术参数见表

1 – 5 – 8。该装置的结构如图 1 – 5 – 20 所示。

表 1 – 5 – 8　ZF2 系列手持机械式纱线张力仪的主要技术参数

型　号	张力范围(cN)	精　度	适宜线密度(tex)	最大线速度(m/min)
ZF2 – 5	1 ~ 5	满刻度的 ±1%		
ZF2 – 10	1 ~ 10	满刻度的 ±1%		
ZF2 – 12	1 ~ 12	满刻度的 ±1%	<25	900(标准型导向轮)
ZF2 – 20	2 ~ 20	满刻度的 ±1%		2000(K 型导向轮)
ZF2 – 30	3 ~ 30	满刻度的 ±1%		450(T 型导向轮)
ZF2 – 50	5 ~ 50	满刻度的 ±1%	<50	450(W 型导向轮)
ZF2 – 100	10 ~ 100	满刻度的 ±1%	<100	

该张力仪采用三轮测量体系。图中 1 为被测纱线,2 为测量轮(中央导向轮),3 为外侧导向轮,4 为纱线导向架,5 为表盘,6 为拇指滑块,7 为样品固定器,8 为纱线线径补偿器,可根据客户需要安装线径补偿器,使被测纱线线径变化导致的误差降到最低。

(二)手持电子式纱线张力仪

德国施密特公司生产的 ZEF 系列手持电子式纱线张力仪的主要技术参数见表 1 – 5 – 9。该装置的结构如图 1 – 5 – 21 所示。

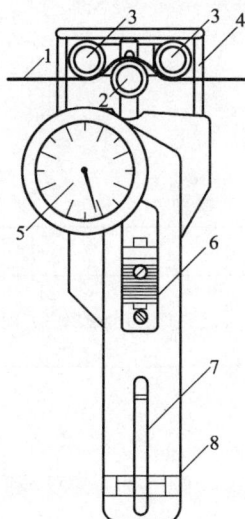

图 1 – 5 – 20　ZF2 系列手持机械式
纱线张力仪的结构

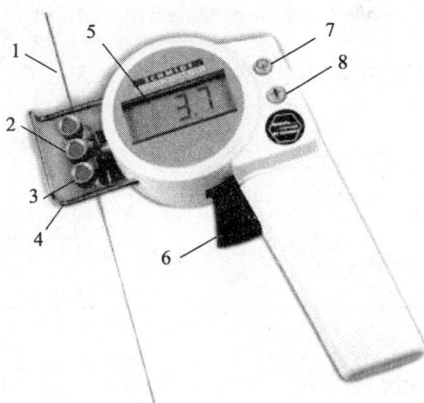

图 1 – 5 – 21　ZEF 系列手持电子式纱线张力仪结构
1—被测纱线　2—测量轮(中央导向轮)　3—外侧导向轮
4—纱线导向架　5—液晶显示器　6—测量按键(使纱线导入三轮)
7—电源开闭按钮　8—电子阻尼按钮

表 1 – 5 – 9　ZEF 系列手持电子式纱线张力仪的主要技术参数

型　　号	张力范围（cN）	分辨率（cN）	适宜线密度（tex）	最大线速度（m/min）
ZEF – 50	0.5 ~ 50	0.1	< 50	900（标准型导向轮）
ZEF – 100	0.5 ~ 100	0.1	< 100	2000（K 型导向轮）450（T 型导向轮）
ZEF – 200	1 ~ 200	1	< 200	450（W 型导向轮）

二、多功能测速测长仪

德国施密特公司生产的 YS – 20 型多功能测速测长仪,可以通过接触方式测量纱线等的线速度和长度,如图 1 – 5 – 22 所示;还可以通过接触(用适配器)或非接触(用反光条)方式测量轴、针筒、皮带轮等的转速,如图 1 – 5 – 23 所示。

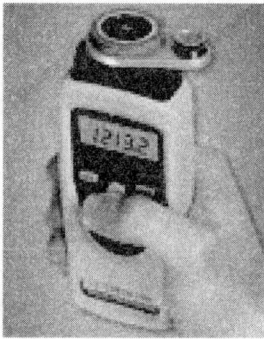

图 1 – 5 – 22　测量纱线的线速度和长度　　　　图 1 – 5 – 23　测量轴的转速

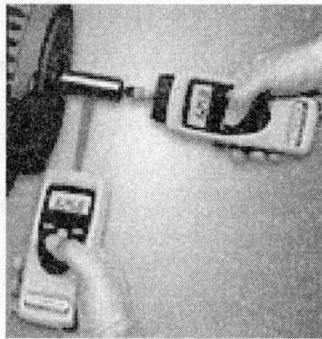

该仪器的主要技术参数见表 1 – 5 – 10。

表 1 – 5 – 10　YS – 20 多功能测速测长仪主要技术参数

线速度测量(m/min)	长度测量(m)	转速测量(r/min)	精　　度
0.1 ~ 1999	0 ~ 99999	1 ~ 99999(非接触式)0.1 ~ 99999(接触式)	显示值的 ±2% 或 ±1 个数字

三、线圈长度测定仪

德国施密特公司生产的 LMC – V 型线圈长度测定仪,可用于测量圆纬机单根纱线编织时的线圈长度。该仪器的组成如图 1 – 5 – 24 所示。

图 1 – 5 – 24 中 1 为带有磁性底座的安装架,可以吸附在针织机台面上;2 为带有显示器的测速表,其背面带有测速轮(图 1 – 5 – 25);3 为磁铁,吸附在针织机的机架上;4 为传感器,固定在磁铁 3 的附近,当针织机每转一圈,传感器将接收到磁铁 3 的信号,从而触发计数电路,根据测速计算出机器一转(或若干转)消耗的纱线长度,再根据参加编织的总针数就可以换算得到每一枚织针的线圈长度;5 为连接传感器与测速表的线缆。

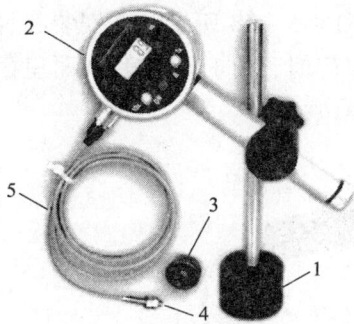

图 1 – 5 – 24　LMC – V 型线圈长度测定仪的组成

图 1 – 5 – 25　测速轮

该仪器的主要技术参数见表 1 – 5 – 11,其中预选开关可以预设机器每转多少圈时的消耗的纱线长度,将测得的纱线长度除以预设机器转数和总针数,即可得出每一枚织针的线圈长度。

表 1 – 5 – 11　LMC – V 型线圈长度测定仪主要技术参数

测量范围(cm)	分辨率(cm)	精　　　度	测量原理	预选开关(机器转数)
1~999999	1	显示值的 ±0.1% 或 ±1 个数字	脉冲计数	1~99

第五节　其他辅助装置

一、断纱自停装置

宁波太阳实业有限公司生产的 DGC3D 型断纱自停装置如图 1 – 5 – 26 所示,它适用于圆纬机。正常输纱时,纱线 1 穿过摆架 2 的孔将该架下压,遇到断纱时,摆架 2 在重力作用下上摆,使里面的触点开关接通,发出自停信号。

该公司生产的 DGC3T 型断纱自停装置如图 1 – 5 – 27 所示,它适用于横机。正常输纱时,纱线穿过挑线簧 1 的孔将其下压,摆架 2 处于低位置;遇到断纱时,挑线簧 1 上抬,作用于摆架 2 使其上摆,使里面的触点开关接通,发出自停信号。

图 1 – 5 – 26　圆纬机用断纱自停装置

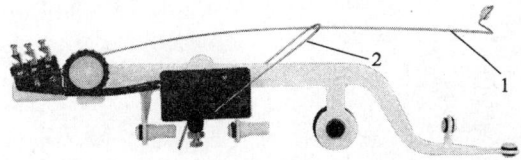

图 1 – 5 – 27　横机用断纱自停装置

二、漏针与坏针自停装置

该公司生产的 DGC2A 型漏针与坏针自停装置如图 1 - 5 - 28 所示。它安装在针筒或针床口，机器运转时，当探针遇到漏针（针舌关闭）、坏针等障碍时，会向上弹缩，从而里面的触点开关接通，发出自停信号。重新使用时，必须将探针按回原位。

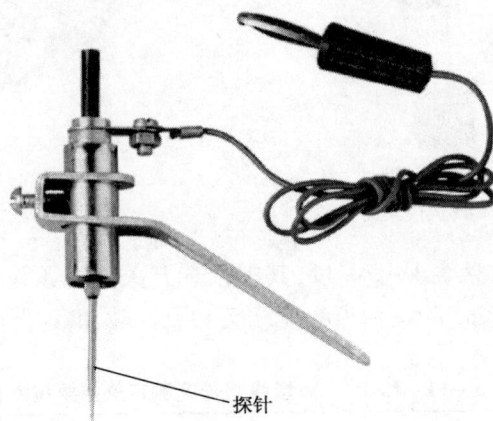

探针

图 1 - 5 - 28 漏针与坏针自停装置

第六章　圆形纬编生产技术经济指标

第一节　纬编设备产量

一、各机种理论产量

机器的理论产量是指单位时间内机器连续运转所生产的坯布重量。理论产量与机器转速及路数有关,选用适宜的机器转速是提高理论产量的首要条件,但机器速度过高不仅不能高产优质,相反会影响机器的正常转动。但过低的速度又难以发挥机器固有的潜力。成圈系统数的选择应有个合适的范围。各机种理论产量计算公式如下。

(一)络纱机(络丝机)

$$A_c(N_e) = \frac{v \cdot M \cdot 60}{N_e \times 1.69 \times 1000} = 3.5 \times 10^{-2} \frac{v \cdot M}{N_e}$$

$$A_c(N_m) = \frac{v \cdot M \cdot 60}{N_m \times 1000} = 6 \times 10^{-2} \frac{v \cdot M}{N_m}$$

$$A_c(Tt) = \frac{v \cdot M \cdot Tt \cdot 60}{1000 \times 1000} = 6 \times 10^{-5} vMTt$$

$$A_b(D) = \frac{\bar{v} \cdot D \cdot M \cdot 60}{9000 \times 1000} = 6.67 \times 10^{-6} \cdot \bar{v} \cdot D \cdot M$$

式中：A_c——络纱机的理论产量,kg/(台·h)；

A_b——络丝机的理论产量,kg/(台·h)；

v——络纱线速度,m/min；

M——每台锭子数；

N_e——纱线的英制支数(英支)；

N_m——纱线的公制支数(公支)；

Tt——纱线的线密度,tex；

$\bar{v}$——络丝平均线速度,m/min；

D——纱线的纤度,旦。

(二)纬编机

织物的线圈长度、机速、总针数、纱线线密度、编织路数等是计算理论产量的基本条件。

1. 按重量计算理论产量

$$A_w(N_m) = 6 \times 10^{-5} \cdot \sum \frac{l \cdot N \cdot M \cdot n}{N_m}$$

$$A_w(N_e) = 3.54 \times 10^{-5} \cdot \sum \frac{l \cdot N \cdot M \cdot n}{N_e}$$

$$A_{\mathrm{w}}(\mathrm{Tt}) = 6 \times 10^{-8} \cdot \sum l \cdot N \cdot M \cdot n \cdot \mathrm{Tt}$$

$$A_{\mathrm{w}}(D) = 6.67 \times 10^{-9} \cdot \sum l \cdot N \cdot M \cdot n \cdot D$$

式中：A_{w}——圆纬机的理论产量，kg/（台·h）；

　　　l——线圈长度，mm；

　　　N——参加编织针数；

　　　M——参加编织路数；

　　　n——针筒转速，r/min；

　　　N_{m}——纱线的公制支数（公支）；

　　　N_{e}——纱线的英制支数（英支）；

　　　Tt——纱线的线密度，tex；

　　　D——纱线的纤度，旦。

在积极式给纱的圆纬机中，送纱条带为"齿形条带"，其打滑系数极小。因此理论产量也可用下式计算。

$$A_{\mathrm{w}}(N_{\mathrm{m}}) = 6 \times 10^{-2} \cdot \sum \frac{\bar{v} \cdot M}{N_{\mathrm{m}}}$$

$$A_{\mathrm{w}}(N_{\mathrm{e}}) = 3.54 \times 10^{-2} \cdot \sum \frac{\bar{v} \cdot M}{N_{\mathrm{e}}}$$

$$A_{\mathrm{w}}(\mathrm{Tt}) = 6 \times 10^{-5} \cdot \sum \bar{v} \cdot M \cdot \mathrm{Tt}$$

$$A_{\mathrm{w}}(D) = 6.67 \times 10^{-6} \cdot \sum \bar{v} \cdot M \cdot D$$

式中：A_{w}——理论产量，kg/（台·h）；

　　　$\bar{v}$——纱线平均线速度，m/min。

注　纱线平均线速度，可在机上直接连续测定几次所得。

2. 按长度计算理论产量

$$A_{\mathrm{L}} = \frac{3 \cdot n \cdot M}{k \cdot P_{\mathrm{B}}}$$

式中：A_{L}——理论长度产量，m/（台·h）；

　　　n——针筒转速，r/min；

　　　M——进纱路数；

　　　k——编织一横列的成圈系统数，路/横列；

　　　P_{B}——纵向密度，横列/50mm。

3. 匹重与机器转数关系

在针织圆纬机的生产中，要求每一匹布落布重量基本一致。设定织物的匹重应满足下面条件。

（1）最大织物的匹重不能超出设备最大的卷取量。

（2）织物的匹重不能太小，否则染色过程中会因接头过多而造成浪费。

（3）织物的匹重不能超出工人的劳动强度承受能力。

针织大圆机的匹重一般设定在 18～23kg 的范围。

在织物的重量、门幅、横纵向密度、机号等上机工艺参数确定后，织物的匹重则与转数有直接的关系。通过计数器的转数来控制织物的匹重：

$$R = \frac{2Q_P P_B n}{MWG} \times 10^6$$

式中：R——转数；

  Q_P——坯布匹重，kg；

  P_B——毛坯布纵向密度，横列/5cm；

  n——编织一横列成圈系统数；

  M——机器总路数；

  W——门幅（开幅后幅宽），cm；

  G——织物单位面积重量，g/m²。

（三）翻布机

翻布工序的劳动定额以"匹"作为计算单位，因此，翻布机也以班产匹数来表示其能力，计算公式如下：

$$A = \frac{v \times 60 \times t}{L_P \times 2} = 30 \frac{v \times t}{L_P}$$

式中：A——匹产量，匹/班；

  v——翻布机速度，m/min；

  L_P——匹长，m；

  t——每班工作时间，h。

$$L_P = \frac{50 \times Q_P}{Q \times P_{B1}}$$

$$Q = 1 \times 10^{-6} lNn\text{Tt}$$

式中：Q_P——坯布匹重，kg；

  Q——每一千横列重量，kg；

  P_{B1}——毛坯布纵向密度，横列/5cm；

  l——线圈长度，mm；

  N——编织针数；

  n——编织一横列的路数（棉毛布为2）；

  Tt——纱线的线密度，tex。

在实际生产中，匹长并非都相等，在以匹长为依据计算产量时，可取平均匹长计算，也可以选用适当幅宽的匹长作为估算依据。

（四）验布机

验布工序是以工人的劳动定额即 kg/班作为计算产量的依据，其计算公式为：

$$A = 60 \frac{vQ_P t}{L_P B}$$

式中：A——班产量，kg；

  Q_P——坯布匹重，kg；

  L_P——匹长，m；

B——验布面数,薄织物验一面,厚织物验两面;

v——验布机速度,m/min;

t——每班工作时间,h。

二、设备时间效率

设备时间效率是指在一定的生产时间内,设备实际运转时间与理论运转时间的比值。设备在运转过程中,有结头、换针、下布、加油、清洁等停车,造成实际运转时间小于理论运转时间。时间效率 η 的计算公式如下:

$$\eta = \frac{T_s}{T} \times 100\%$$

式中: T_s ——每班设备的实际运转时间,min;

T ——每班设备的理论运转时间,min。

设备时间效率与许多因素有关,如设备自动化程度的高低、工人操作水平、劳动组织是否完善、保全保养情况、是否采用大卷装以及纱线质量的好坏等。

现将针织车间主要的时间效率列于表 1 - 6 - 1 中,仅供参考。在实际生产中,由于原料、织物组织结构不同,其实际时间效率随之变化,还需实测。

表 1 - 6 - 1　针织车间的主要时间效率

机器类型	时间效率(%)	机器类型	时间效率(%)
台车(绒布)	85 ~ 95	络纱机	85 ~ 95
台车(汗布)	85 ~ 93	络丝机	85 ~ 92
棉毛机	84 ~ 95	验布机	85 ~ 90
罗纹机	85 ~ 92	翻布机	90 ~ 95
大圆机	75 ~ 95		

三、实际产量

$$A_S = A_L \times \eta$$

式中: A_S ——实际产量;

A_L ——理论产量;

η ——时间效率。

四、机器运转台数

机器的运转台数是指为保证完成生产计划产量所需要实际运转的台数,其计算公式为:

$$机器运转台数 = \frac{计划产量(kg/班)}{机器的实际产量[kg/(台·班)]}$$

五、机器配备台数

$$机器配备台数 = \frac{机器运转台数}{设备运转率}$$

六、设备运转率

$$设备运转率(\%) = 1 - 设备计划停台率$$

七、计划停台率

机器的计划停台是指定期对机器进行大修理、小修理、重点检修与保养等一系列预防性计划修理所造成的停台,其停台时间的长短可用计划停台率来表示。机器的计划停台率表示在大修理周期内各项修理与保全保养工作所造成的停台时间占大修理周期内理论运转时间的百分率,即:

$$计划停台率 = \frac{各项保全与保养所引起的停台时间}{大修理周期理论运转时间} \times 100\%$$

各种机器的计划停台率与机器的维修周期和维修的停台时间有关,各类纬编机器的修理周期与工时定额见表1-6-2。

表1-6-2　各类编织机的修理周期与工时定额

机器类别	大修理		小修理		重点检修		一般保养	
	维修周期（年）	工时定额（工）	维修周期（年）	工时定额（工）	维修周期	工时定额（工）	维修周期（月）	工时定额（工）
槽筒络纱机	3	90	0.5	20	企业自定	1		
菠萝锭络丝机	3	40	0.5	4	企业自定	2		
Z201 型台车	3~5	35	1.5~2.5	12	450~800h	1~2		
Z211 型棉毛机	8~10	26	2~4	8~10	1 年	2	1	1
Z214 型棉毛机	8~10	26	2~4	8~10	1 年	2	1.5	1
Z101 型罗纹机	6~8	25	2~4	8	企业自定	2		
Z131 型罗纹机	4~6	18	2~3	6	企业自定	1		
Z151 型罗纹机	4~6	17	2~3	4	企业自定	1		
SZ721 型提花机	4	55	2	24	企业自定	6		
Z113 型提花机	4	65	2	28	企业自定	8		
验布机	3	6	0.5	4				
翻布机	3	8	0.5	4				

第二节　产品质量

一、坯布风格特征

(一)坯布风格特征

常见纬编坯布的风格特征见表1-6-3。

表 1 - 6 - 3　常见纬编坯布的风格特征

坯布类别	风　格　特　征
汗布(平针组织)	质地细密,手感滑爽,布面光洁,纹路清晰,吸湿透气
绒布(衬垫组织)	布面平整,手感厚实而柔软,绒毛丰满,保暖性好
罗纹布	条纹清晰,富于弹性,紧身耐磨
棉毛布(双罗纹组织)	布面匀整,纹路清晰,手感柔软,具有弹性
提花坯布(提花组织)	图案新颖大方且立体感强,花纹明朗清晰.配色鲜艳协调

(二)改善坯布风格特征的措施

改善坯布风格特征的措施见表 1 - 6 - 4。

表 1 - 6 - 4　改善坯布风格特征的措施

坯布类别	增进坯布风格特征的措施
汗布	1. 选用符合针织用纱标准的纱线,如精梳纱线、细特纱线、合股纱线 2. 选用条干均匀的纱线,在汗布上表现出来的纱线粗细片段应符合标样要求 3. 机号与纱线线密度相适应。温湿度符合工艺要求,尽量选用较高的机号进行编织 4. 选用适当的坯布密度
绒布	1. 选用具有一定强度和捻度的纱线作面纱 2. 衬垫纱宜选用粗支短绒棉纱或腈纶纱 3. 厚绒坯布密度宜稠密,并适当增加衬垫纱的特数 4. 薄绒坯布密度宜适度,衬垫纱分布要均匀
罗纹布	1. 采用合股纱线、条干均匀的单纱或单纱与合股纱线合并喂入,也可用氨纶丝与棉纱交织,以增强罗纹弹性 2. 采用锦纶丝与棉交织,以增进耐磨性能;选择合适的成圈吃线位置 3. 机号与纱线线密度相适应,坯布密度适度,可增强弹性,并可防止罗纹日久松弛;筒口间隙适当,以增强织物弹性
棉毛布	1. 纱线条干均匀,捻度宜低 2. 机号与纱线线密度相适应 3. 密度适当,不可过密、过稀 4. 机器状态良好,以防稀密横路 5. 选择合适的成圈相对位置
提花坯布	提花机构及编织机构状态优良,有利于花型和纹路明显清晰

二、毛坯布线圈长度、密度的考核

对毛坯布线圈长度和密度进行考核,是控制坯布品质的一项重要方法,一般线圈长度和毛坯密度只考核其中的一项,考核方法如下。

1. 线圈长度的考核

线圈长度的考核标准按各种坯布工艺的规定进行,公差范围一般可控制在 ±1.5% 。

2. 密度的考核

毛坯密度的考核标准按各种坯布工艺的规定进行。公差范围一般可控制在 $^{+2}_{-1}$ 横列/50mm 。合格率一般控制在大于96% 。

三、毛坯布表面织疵与考核

(一)常见主要织疵的名称

常见坯布的主要织疵名称表 1 –6 –5 所示。

表 1 –6 –5　常见坯布的主要织疵名称

织疵名称	组织名称(坯布类别)					
	纬平针组织 (汗布类)	衬垫组织 (绒布类)	提花组织 (提花布类)	双罗纹组织 (棉毛布类)	罗纹组织 (袖裤口类)	罗纹组织 (罗纹布类)
漏针	√	√	√	√	√	√
长漏针	√	√	√	√	√	√
长坏针	√	√	√	√	√	√
花针	√	√	√	√	√	√
毛针	√	√	√	√	√	√
破洞	√	√	√	√	√	√
厚薄条	√	√	—	√	—	—
断纱	√	√	√	√	√	√
横路	√	√	√	√	√	√
直稀路	√	√	√	√	√	√
线密度搞错	√	√	√	√	√	√
油针	√	√	—	√	√	√
油棉	—	—	—	√	—	√
油土污						
滚姆毛	√	√				
错纹		√				
错花跳花	—	—	√	—	—	—
透里子	—	√	—	—	—	—

注　"√"表示该组织有此织疵名称;"—"表示该组织无此织疵名称。

(二)表面织疵的分等方法(参考标准)

(1)单面织物的分等方法见表 1 –6 –6、表 1 –6 –7 。

表1-6-6　单面织物的分等方法(按组织)

机器类别	组织名称(坯布类别)	允许疵点数(只/匹)					匹重(kg)
		一等	二等	三等	等外	大次	
台车	纬平针组织(棉汗布)	≤6	≤10	≤14	≤18	>18	10±0.5
	纬平针组织(混纺汗布)	≤7	≤11	≤15	≤19	>19	
单面圆纬机(筒径762mm以上)	纬平针组织(棉汗布)	≤6	≤9	≤12	≤15	>15	12±0.5
	纬平针组织(混纺汗布)	≤7	≤10	≤13	≤16	>16	
	集圈组织(全棉珠地网孔布)	≤6	≤9	≤12	≤15	>15	
	集圈组织(混纺珠地网孔布)	≤7	≤10	≤13	≤16	>16	
	纬平针组织(全棉、混纺色织彩横条汗布)	≤8	≤11	≤14	≤17	>17	

表1-6-7　单面织物的分等方法(按织疵)　　　　　　　　　　　单位:cm/匹

织疵名称		等级标准				
		一等	二等	三等	等外	大次
台车	长坏针	≤100	≤200	≤200	≤400	>400
	长漏针	≤100	≤200	≤200	≤400	>400
	长花针	≤500	≤1000	≤1500	≤1800	>1800
	线密度搞错	≤100	≤300	≤300	≤400	>400
	较明显直稀路	≤200	≤300	≤400	≤500	>500
	长毛针	≤200	≤300	≤400	≤500	>500
	长油针	≤250	≤350	≤450	≤550	>500
	断纱	≤100	≤140	≤180	≤220	>220
	较明显横路	≤200	≤300	≤400	≤500	>500
	较严重滚姆布	≤100	≤200	≤300	≤400	>400
	厚薄条	≤200	≤300	≤400	≤500	>500
单面圆纬机(筒径762mm以上)	长坏针	≤150	≤200	≤300	≤450	>450
	长漏针	≤150	≤250	≤350	≤450	>450
	长花针	≤500	≤1000	≤1500	≤1800	>1800
	线密度搞错	≤150	≤250	≤350	≤450	>450
	较明显直稀路	≤250	≤350	≤450	≤550	>550
	长毛针	≤250	≤350	≤450	≤550	>550
	长油针	≤300	≤400	≤500	≤600	>600
	断纱	≤150	≤190	≤230	≤270	>270
	较明显横路	≤300	≤400	≤500	≤600	>600

（2）双面织物的分等方法见表1-6-8、表1-6-9。

表1-6-8　双面织物的分等方法（按组织）

机器类别	组织名称（坯布类别）	允许疵点数（只/匹）					匹重(kg)
		一等	二等	三等	等外	大次	
国产圆纬机（筒径610mm以下）	双罗纹组织（全棉棉毛布）	≤8	≤11	≤14	≤17	>17	1.各类纯棉、混纺交织棉毛布筒径431.8mm（17英寸）以上：10±0.5；筒径431.8mm（17英寸）以下：9±0.5。 2.各类网孔布、华夫格布：8.5±0.5； 3.腈纶棉毛布：9±0.5； 4.各类罗纹布：9±0.5
	双罗纹组织（混纺、腈纶棉毛布）	≤9	≤12	≤15	≤18	>18	
	集圈组织（全棉波纹网孔布）	≤8	≤11	≤14	≤17	>17	
	集圈组织（混纺波纹网孔布）	≤9	≤12	≤15	≤18	>18	
	集圈组织（棉涤华夫格布）	≤10	≤13	≤16	≤19	>19	
	罗纹组织（全棉、混纺双纱罗纹）	≤8	≤11	≤14	≤17	>17	
	罗纹组织（全棉、混纺单纱罗纹及其2+2罗纹布）	≤11	≤14	≤17	≤19	>19	
国产小罗纹机	罗纹组织（腈棉、棉锦罗纹布）	≤6	≤9	≤12	≤15	>15	2.25±0.25
进口圆纬机（筒径762mm以上）	双罗纹组织（全棉棉毛布）	≤6	≤9	≤12	≤15	>15	12±0.5
	双罗纹组织（腈纶、混纺棉毛布）	≤7	≤10	≤13	≤16	>16	
	双罗纹组织（全棉、混纺色织彩条棉毛布）	≤8	≤11	≤14	≤17	>17	
	集圈组织（全棉波纹网孔布）	≤6	≤9	≤12	≤15	>15	
	集圈组织（混纺波纹网孔布）	≤7	≤10	≤13	≤16	>16	
	双罗纹组织（全棉棉毛布）	≤7	≤10	≤13	≤16	>16	
	双罗纹组织（腈纶、混纺棉毛布）	≤8	≤11	≤14	≤17	>17	
	集圈组织（全棉波纹网孔布）	≤7	≤10	≤13	≤16	>16	
	集圈组织（混纺波纹网孔布）	≤8	≤11	≤14	≤17	>17	

表1-6-9　双面织物的分等方法（按织疵）　　　　　　　　　　单位：cm/匹

机　种	织疵名称	等　级　标　准				
		一等	二等	三等	等外	大次
圆纬机（筒径610mm以下）	长坏针	≤150	≤250	≤350	≤450	>450
	长漏针	≤150	≤250	≤350	≤450	>450
	长花针	≤500	≤1000	≤1500	≤1800	>1800
	线密度搞错	≤150	≤250	≤350	≤450	>450
	较明显直稀路	≤250	≤350	≤450	≤550	>550
	长毛针	≤250	≤350	≤450	≤550	>550
	长油针	≤300	≤400	≤500	≤600	>600

机　种	织疵名称	等　级　标　准				
		一等	二等	三等	等外	大次
圆纬机（筒径 610mm 以下）	断纱	≤120	≤160	≤200	≤240	>240
	较明显横路	≤300	≤400	≤500	≤600	>600
	厚薄条（黑白条）	≤350	≤450	≤550	≤650	>650
圆纬机（筒径 762mm 以上）	长坏针	≤150	≤250	≤350	≤450	>450
	长漏针	≤150	≤250	≤350	≤450	>450
	长花针	≤500	≤1000	≤1500	≤1800	>1800
	线密度搞错	≤150	≤250	≤350	≤450	>450
	较明显直稀路	≤250	≤350	≤450	≤550	>550
	长毛针	≤250	≤350	≤450	≤550	>550
	长油针	≤300	≤400	≤500	≤600	>600
	断纱	≤120	≤160	≤200	≤240	>240
	较明显横路	≤300	≤400	≤500	≤600	>600
	厚薄条（黑白条）	≤350	≤450	≤550	≤650	>650

（3）花式织物的分等方法见表1－6－10、表1－6－11。

表1－6－10　花式织物分等方法（按组织）

机器类别	组织名称（坯布类别）	允许疵点数（只/匹）					匹重（kg）
		一等	二等	三等	等外	大次	
台　车	衬垫组织（全棉、混纺腈纶绒布）	≤4	≤6	≤8	≤10	>10	10±0.5
进口圆纬机（筒径762mm 以上）	涤盖棉布	≤6	≤9	≤12	≤15	>15	12±0.5
	衬垫组织（腈棉、腈纶色织衬垫布）	≤7	≤10	≤13	≤16	>16	
	提花组织（涤纶色织提花布）	≤6	≤9	≤12	≤15	>15	10±0.5
国产圆纬机（筒径762mm 以上）	涤盖棉布	≤7	≤11	≤14	≤17	>17	12±0.5
	提花组织（涤纶色织提花布）	≤7	≤11	≤14	≤17	>17	10±0.5

表1－6－11　花式织物分等方法（按织疵）　　　　　单位：cm/匹

机　种	织疵名称	等　级　标　准				
		一等	二等	三等	等外	大次
台　车	长坏针	≤100	≤200	≤300	≤400	>400
	长漏针	≤100	≤200	≤300	≤400	>400
	长花针	≤500	≤900	≤1000	≤1200	>1200

机　种	织疵名称	等　级　标　准				
		一等	二等	三等	等外	大次
台车	线密度搞错	≤100	≤200	≤300	≤400	>400
	较明显直稀路	≤200	≤300	≤400	≤500	>500
	长毛针	≤200	≤300	≤400	≤500	>500
	长油针	≤250	≤350	≤450	≤550	>550
	断纱	≤120	≤160	≤200	≤240	>240
	较明显横路	≤200	≤300	≤400	≤500	>500
	粗细纱	≤100	≤200	≤300	≤400	>400
	较严重滚姆毛	≤100	≤140	≤180	≤220	>220
	厚薄条、错纹	≤200	≤300	≤400	≤500	>500
	透里子	≤200	≤300	≤400	≤500	>500
圆纬机（筒径 762mm 以上）	长坏针	≤150	≤250	≤350	≤450	>450
	长漏针	≤150	≤250	≤350	≤450	>450
	长花针	≤500	≤800	≤1000	≤1200	>1200
	线密度搞错	≤150	≤250	≤350	≤450	>450
	较明显直稀路	≤150	≤250	≤350	≤450	>450
	长毛针	≤250	≤350	≤450	≤550	>550
	长油针	≤250	≤350	≤450	≤550	>550
	断纱	≤120	≤160	≤200	≤240	>240
	较明显横路	≤300	≤400	≤500	≤600	>600
	粗细纱	≤200	≤300	≤400	≤500	>500
	错花、跳花	≤500	≤400	≤500	≤600	>600

（三）表面织疵的考核方法

（1）分等考核离毛坯布布头 10cm 以内的织疵不予计算。

（2）长度 20cm 内同类小疵为一只小疵点，累计超过该坯布一等品考核的疵点数作一匹次布考核。

（3）在分等考核过程中，两种以上织疵同时存在时，作严重织疵考核；两种以上的织疵在织物的纵向先后存在并均进入次布考核范围，作累计降等考核。

（4）凡 100cm 以内只有 4 只花针者，不作疵点；凡 100cm 以内有 5～10 只花针者，作不明显花针；不明显花针每 200cm 内作 1 只疵点，200cm 以上每 100cm 算 1 只；连续超过 1000cm 者，作次布考核。

（5）长漏针、长坏针、长花针、长毛针、长油针等长疵。当这些织疵长度在该坯布的一等品考核长度范围内,可按下列计算式折算成小疵只数。

$$K = \frac{A}{B} \cdot H$$

式中:A——该毛坯布一等品的疵点极限只数,只;

　　B——该毛坯布一等品的长疵极限长度,cm;

　　H——该毛坯布实际长疵长度,cm;

　　K——该毛坯布实际长疵长度折算为疵点只数,只。

当 $K < 1$ 时,K 取 1。

长疵折算成疵点只数后,与其他织疵数累计进行分等考核。如果上述织疵长度超过毛坯布一等品的允许长度,作一匹次布考核。

(四)坯布一等品率

毛坯布一等品率一般应不低于90%。

(五)提高毛坯布一等品率的主要措施

(1)加强原料进厂检查,有效地控制和合理、科学使用原材料,应注意按原料的批次分别使用。

(2)加强设备维修,保持设备的良好运转状态。

(3)有效地控制温湿度,以符合工艺要求。

(4)推广挡车工先进操作方法,减少坯布织疵。

(5)科学选择上机参数。

四、检验方法

坯布检验方法,各地区、各厂有所不同,一般以下列方法进行检验。

检验工将毛坯布放于规定的灯光照射角和工艺线速度(一般 25 ~ 30m/min)的验布机上,在上、下灯光明亮照射下,或根据坯布品种选择上、下灯光亮度进行验布,边验布,边记录,分清可修布与非可修布疵点;同时用粉笔在毛坯布疵点旁做记号,并用木夹子夹于坯布的可修疵点旁,以便修布。长疵在其两端吊线,不可修也要吊线,便于在裁剪前验布时发现,以便借疵。

另外,在验易脱散的长漏针、豁子等坯布时,在其长漏针、豁子两端须用钩针吊线,并用木夹子将其两端夹住,以便修布工用平缝机在两端缝牢,以免在后道工序中因外力作用而脱散。

经修布和用过木夹子的毛坯布必须进行复验,以免木夹子进入染整车间而损坏整理设备与坯布。

在记录单上必须写明坯布织疵名称、数量、长度及其严重程度,并根据分等标准进行分等,分等完毕后,在该坯布布头 10cm 以内处,盖上等级品图章。

第三节 消耗定额

一、原料消耗定额

纬编针织车间原料消耗定额可分为两类,即毛坯布织成率和纱线回丝率。

1.毛坯布织成率

$$毛坯布织成率 = \frac{本期织成毛坯布总重量}{本期投入纱线总重量} \times 100\%$$

毛坯布织成率各厂不同,由于环境条件不同,其回潮率也不一样。统计计算结果差异较大。表 1-6-12 所示为坯布按标准回潮率 8% 进行折算后所得的毛坯布织成率的参考值。

表 1-6-12 毛坯布织成率的参考值

坯布名称	毛坯布织成率(%)	坯布名称	毛坯布织成率(%)
汗布(棉)	96.79	罗纹(棉)	96.85
绒布(棉)	96.76	棉毛(棉)	96.80

2.回丝率

$$综合纱线回丝率 = \frac{本期纱线回丝总量}{本期纱线投入量} \times 100\%$$

由于原料质量和管理方法、操作方法等不同,造成各厂的回丝率有差异。表 1-6-13 所示为各种坯布综合回丝率的参考值。

表 1-6-13 坯布综合回丝率的参考值

坯布名称	综合回丝率(%)	坯布名称	综合回丝率(%)
汗布(棉)	0.09~0.12	棉毛布(棉)	0.09~0.12
绒布(棉)	0.10~0.13	腈纶棉毛布	0.06~0.11
罗纹布(棉)	0.10~0.12		

3.原料消耗的节约措施

(1)对原料进厂抽查,制止劣质原料的投入,使投入的原料不致有过多的损坏,根据抽查原料的实际净重和实际回潮率,计算原料在公定回潮率状况下的重量,并与纺纱厂出厂标准重量进行核对。

$$纱线在公定回潮率下的重量 = 纱线实际净重 \times \frac{100+公定回潮率}{100+实际回潮率}$$

(2)提高挡车操作工的操作技术,推广贯彻操作法,减少回丝。

(3)使车间具备工艺规定的温湿度,以减少飞棉、回丝。

二、机针消耗定额

机针消耗同原料、织物品种结构、机针的质量、设备完好状况等有关,各地区耗针定额差异较大,上海地区机针消耗的定额标准见表1－6－14。

表1－6－14 上海地区机针消耗的定额标准

核算材料	定额项目	定额单耗(枚/100kg)		
		一类	二类	三类
棉毛针	棉毛坯布	35	50	60
	腈纶棉毛布	50	60	70
	弹力棉毛布	35	40	55
	大圆机产品	120	150	200
20～24G 弹簧针 28～36G 弹簧针 40～44G 弹簧针 28～36G 弹簧针	台车厚绒布(棉)	10	15	20
	台车薄绒布(棉)	40	45	55
	台车汗布(棉)	50	55	60
	台车双色花布(化纤)	40	45	50
罗纹针	各种罗纹布	50	60	70

注 G—台车机号,针/38.1mm。

三、机油消耗定额

机油消耗与机器型号、针筒尺寸、设备完好状况等有关。各地区耗油定额有差异。一般耗油定额规定小圆机每百千克毛坯布耗油约为0.25kg。

四、用电单耗定额

1. 折算标准品用电单耗

折算标准品用电单耗(以下简称用电单耗),是指将产品各工序分品种、规格的实际产量折合成标准品产量(以下简称折算产量)时,经计算得到的单位合格产品所消耗的电量。

2. 用电单耗分类

用电单耗可分为全厂生产用电单耗、全厂直接生产用电单耗和纬编车间直接生产用电单耗等。

3. 电量计算

(1)计算全厂生产用电单耗的用电量是指确定范围内全厂生产用电量,即全厂直接生产和间接生产所消耗的电量之和。

(2)计算直接生产用电单耗的用电量是指确定范围内直接用于产品生产过程的用电量,包括与此有关的供电线路和变压器损耗电量。

纬编车间直接生产用电量包括回框、络纱、织布、检验、翻布等用电量。

(3)间接生产用电量是指与直接生产过程有关的电量,包括如下项目。

①维修、工具、仓库、运输、试化验等辅助车间或部门的用电量。

②用于生产的供气、供热、供风和空调等用电量。

③生产设备的大修理、中修理、小修理、事故检修及修理后试运转的用电量。

④为保证安全生产需要的用电量。

⑤厂区、生产厂房、仓库及生产办公等的照明用电量。

⑥与上述各项用电有关的供电线路和变压器损耗电量。

（4）计算用电单耗的用电量中不包括如下一些项目。

①向外转供电量。

②基建工程用电量。

③宿舍、公共生活福利设施、学校、生活供水、生活供热、生活空调制冷、第三产业、综合利用等非生产性用电量。

④新产品开发、研制和投产前试生产用电量。

⑤与上述各项用电有关的供电线路和变压器损耗电量。

（5）供电线路和变压器损耗电量按直接生产、间接生产和其他（指计算用电单耗不包括的用电量）三部分用电量的比例分摊入相应部分。

第四节　劳动定额

劳动定额在企业各项定额中占有重要地位，它是定员设计的基础，是组织生产劳动和进行分配的依据。

一、劳动定额

影响劳动定额的因素很多，主要有产品品种，工艺流程，设备的性能及机械化、自动化程度，卷装尺寸规格，翻改品种多少以及劳动组织等。另外，劳动定额还与企业职工文化技术水平等有关。现将纬编车间各工种的劳动定额介绍如下。

1. Z201 型台车挡车工、保全工劳动定额（表1－6－15）

表1－6－15　Z201 型台车挡车工、保全工劳动定额

组织名称(坯布类别)	挡车[筒/(人·班)]	保全[筒/(人·班)]
纬平针组织(汗布)	12	12
衬垫组织(厚绒布)	6	12~14
衬垫组织(薄绒布)	9	12~14

2. Z211 型棉毛机挡车工、保全工劳动定额（表1－6－16）

表1－6－16　Z211 型棉毛机挡车工、保全工劳动定额

机型	组织名称(坯布类别)	挡车[台/(人·班)]	保全工[台/(人·班)]
Z211 型	双罗纹组织(棉毛布)	12	14
Z214 型		8	8

3. 国产大圆机及进口大圆机挡车工、保全工劳动定额（表1-6-17）

表1-6-17　大圆机挡车工、保全工劳动定额

坯布类别	路　数	挡车工[台/(人·班)]	保全工[台/(人·班)]
提花织物	48~60	白织物7,色织物6	8~10
	62~80	白织物6,色织物5	
	82以上	白织物5,色织物4	

4. GE051型、Z115型大圆机挡车工、保全工劳动定额（表1-6-18）

表1-6-18　GE051型、Z115型大圆机挡车工、保全工劳动定额

机　型	组织名称(坯布类别)	路　数	挡车工[台/(人·班)]	保全工[台/(人·班)]
GE051型	双罗纹组织腈纶棉毛布	72	4	4~5
Z115型	涤盖棉布	72	4	4~5

5. 罗纹机挡车工、保全工劳动定额（表1-6-19）

表1-6-19　罗纹机挡车工、保全工劳动定额

机　型	组织名称(坯布类别)	路数	挡车工[台/(人·班)]	保全工[台/(人·班)]
Z101型	罗纹组织(罗纹布)	8	12	12
Z131、Z151型	罗纹组织(各类罗纹布)	2~6	24	24

6. 进口大圆机挡车工、保全工劳动定额（表1-6-20）

表1-6-20　进口大圆机挡车工、保全工劳动定额

机　型	组织名称(坯布类别)	路数	挡车工[台/(人·班)]	保全工[台/(人·班)]
I1108型	双罗纹组织(涤棉色织彩横条棉毛布)	108	2	4
	双罗纹组织(涤棉棉毛布)	108	3	4
S1108型	纬平针组织(涤棉色织彩横条汗布)	112	2	5
	集圈组织(棉涤珠地网孔布)	112	3	5
I3P184型	衬纬组织(腈棉色织衬纬布)	84	2~3	4
	涤盖棉布	84	3~4	4
UP 372型	衬纬组织(腈棉色织衬纬布)	72	2~3	4~5

二、吨用工

(一)折车间标准品平均日产量

$$折本车间标准品平均日产量 = \frac{\sum 统计期某品种实际总产量 \times 某品种产量折本车间标准品换算系数}{统计期本车间实际开工天数}$$

（二）各品种产量折本车间标准品产量换算系数

$$各品种产量折本车间标准品换算系数 = \frac{某品种吨用工}{标准品用工} = \frac{某品种吨用工}{22}$$

表 1 - 6 - 21 所示为纬编车间折本车间标准品换算系数表，即表中"换算系数"。

表 1 - 6 - 21　纬编车间折本车间标准品换算系数

产品大类	品　种　名　称	吨用工标准	换算系数
棉毛布	18tex（32 英支）全棉、精梳针织棉纱及花棉毛布（本车间标准品）	22	1
	16.2 ~ 15.3tex（36 ~ 38 英支）全棉混纺及花棉毛布、17.2tex（34 英支）腈纶棉毛布	24.8	1.1272
	14.6tex（40 英支）以下全棉布，16.2 ~ 15.3tex（36 ~ 38 英支）腈纶棉毛布	27.5	1.2500
	28tex（21 英支）工业用棉毛布	13.5	0.6136
	28tex（21 英支）棉毛花布	18.8	0.8546
	28tex（21 英支）灯芯、罗纹弹力布	21.3	0.9681
	18 ~ 15.3tex（32 ~ 38 英支）全棉、精梳针织棉纱混纺弹力布	28.2	1.2818
	19.4 ~ 18tex（30 ~ 32 英支）腈纶混纺棉毛布	22.8	1.0363
	各种弹力锦纶丝、涤纶丝棉毛布	21.6	0.9818
	各种锦丝、涤丝棉毛布	42.3	1.9227
	28tex（21 英支）毛巾布	17.9	0.8136
	7.7tex×28tex（70 旦×21 英支）、7.7tex×18tex（70 旦×32 英支）锦纶交织及锦纶劳动布	39.4	1.7909
	721 型提花机 16.5tex（150 旦）涤纶本色织物	59.1	2.6864
	721 型提花机 7.7tex（70 旦）、16.5tex（150 旦）锦纶、涤纶色织布	83.2	3.7818
汗布	19.4 ~ 18tex（30 ~ 32 英支）腈纶汗布	23	1.0455
	18tex（32 英支）全棉、精梳针织棉纱、混纺汗布	22.1	1.0045
	16.2 ~ 15.3tex（36 ~ 38 英支）精梳针织棉纱、混纺汗布，17.2tex（34 英支）腈纶	25.9	1.1772
	14.6 ~ 13.9tex（40 ~ 42 英支）精梳针织棉纱、混纺汗布，16.2 ~ 1 5.3tex（36 ~ 38 英支）腈纶汗布	28.1	1.2772
	12.7 ~ 10.8tex（46 ~ 54 英支）	29.8	1.3545
	9.7tex×2 ~ 9.1tex×2（60/2 ~ 64/2 英支）全棉汗布	27.9	1.2082
	7.3tex×2 ~ 6.9tex×2（80/2 ~ 84/2 英支）全棉汗布	39.8	1.8091
	28tex（21 英支）单纱全棉汗布	18.2	0.8272
	2×28tex（21 英支×2）双纱全棉汗布	12.5	0.5681
	2×18tex（32 英支×2）双纱全棉花布	16.1	0.7318
	2×13.9tex（42 英支×2）涤粘、混纺汗布	31.3	1.4245
	各种锦纶布	33.2	1.5100

产品大类	品 种 名 称	吨用工标准	换算系数
吊机毛巾布	18tex(32 英支)全棉混纺毛巾布	35.3	1.6045
	18tex + 13.9tex(32 英支 + 42 英支)全棉毛巾布	38.6	1.7545
	18tex + 19.4tex(32 英支 + 30 英支)全棉毛巾布	39.4	1.7909
	4.9tex(120 英支)人造丝布	38.8	1.7636
绒布	各种厚绒布	8.1	0.3681
	18tex + 28tex + 97.2tex(32 英支 + 21 英支 + 6 英支)薄绒	9.7	0.4409
	18tex + 28tex + 58.3tex(32 英支 + 21 英支 + 10 英支)薄绒	12.7	0.5772
	2×18tex + 58.3tex(32 英支×2 + 10 英支)、2×18tex + 48.6tex(32 英支×2 + 12 英支)薄绒	13.8	0.6272
	2×18tex + 36.4tex(32 英支×2 + 16 英支)薄绒	15.7	0.7136
	2×28tex + 97.2tex(21 英支×2 + 6 英支)薄绒	9.1	0.4136
	2×28tex + 58.3tex(21 英支×2 + 10 英支)薄绒	11.9	0.5409
	28tex + 36.4tex(21 英支 + 16 英支)薄绒	13.3	0.6045
	2×14tex + 58.3tex(42 英支×2 + 10 英支)薄绒	17.4	0.7909
	2×25.3tex + 83.3tex(23 英支×2 + 7 英支)、2×28tex + 83.3tex(21 英支×2 + 7 英支)腈纶绒	10.6	0.4818
	锦纶绒布	18.6	0.8455
罗纹	副料罗纹	24	1.0909
	2×28tex(21 英支×2)大罗纹	13.4	0.6091
	三口罗纹(领口、袖口、裤口)	47	2.1363

(三)吨用工的计算方法

$$吨用工 = \frac{实际平均用人}{折本车间标准品平均日产量} × 1000(工/1000kg)$$

例:纬编车间某季度实际开工天数为 77.33 天,应计算生产工人平均人数为 181 人(已剔除有关人员),生产品种见表 1 - 6 - 22,求本车间吨用工。

表 1 - 6 - 22 纬编织物分品种吨用工标准的计算依据(参考值)

坯布品种	各品种实际产量(kg)	折本车间标准品换算系数	折本车间标准品产量(kg)
28tex(21 英支)弹力布	55002	0.9681	53247
14tex(42 英支)棉毛布	7001	1.2500	8751
化纤外衣布	5600(m)	0.5636	3156
另有 21 个品种			共折 571040
小计			636194

注 吨—1000kg

折本车间标准品平均日产量 $= 636194/77.33 \approx 8227$（kg/日）

本车间标准品吨用工 $= 181 \div 8227 \times 1000 \approx 22$（工/吨）

表 1 – 6 – 22 所示为纬编织物分品种吨用工标准的计算依据，仅供参考。

第五节 纬编车间成本核算

纬编车间的成本核算是对整个车间的毛坯布成本进行核算，通过成本核算，可反映出在一定时期内生产费用的发生和各种毛坯布成本的构成情况，考核生产费用预算的执行情况，毛坯布成本计划完成情况等。利用这些经济信息进行分析对比，总结经验教训，不断提高车间的管理水平。

纬编车间总成本由毛坯布耗用原料总成本和工费组成，核算则要分原料成本核算及工费核算两种。

一、原料成本核算

（一）原料计价

原料核算除了按实物量度反映其增减变动之外，还要用货币量度来综合反映原料资金的增减变化，计算原料的实际价格，从而正确计算毛坯布成本耗用的原料费用。

原料的计价方法：有按计划成本计价和实际成本计价两种。

1. 原料按计划成本计价

原料实际成本 = 原料计划成本 ± 原料计划成本差异额

原料计划成本 = 领用原料数量（生产投入原料数量）× 计划单价

原料计划成本差异额 = 月初结存原料成本差异额 + 本月投入原料成本差异额 =

原料计划成本差异率 × 原料计划成本

$$原料平均单价 = \frac{原料实际成本}{原料生产用量}$$

原料计划单价应由企业供应部门根据材料的调拨价格或市场价格，并考虑到供货单位地点和运输方式，以及运输途中规定损耗挑选整理的损失等条件，制订出原料的计划价格，它一般在上年度末为本年度进行制（修）订，在一个会计年度内执行，无特殊情况一般不作变动。

原料计划成本差异率是根据核算要求，凡领用或出售的原料都需按实际成本计算。因此对厂部入库的材料必须逐项计算差异额，然后按要求算出"原材料成本差异率"，车间领用原料的计划成本要根据"原料成本差异率"调整为实际成本，它是指原料成本差异额与原料计划成本的百分比。"差异率"一般由供应部门提供。

原料按计划成本计价核算时，其领用、结余都按照事先对每项原料制订的计划单价进行计价，月底可根据表 1 – 6 – 23 所示的"在制原料月报表"格式所列项目中的各原料投入量乘以计划单价，就可得出本月领用原料的计划成本。

原料领用，一般编制"领用原料汇总表"，格式如表 1 – 6 – 24 所示，据此在月末编制记账凭证。

表1-6-23 纬编车间在制原料月报表

年　　月份　　　　　　　　　　　　　　　　　　　　　　　　　单位:kg

原料		上月结存	本月投入	本月结存 (实盘数)	本月下机 坯布耗用	√
名称	规格(支别 号)					
甲	乙	1	2	3	4	5
合计						

表1-6-24 领用原材料汇总月报表

基本生产车间　　　　　　　　　　　纬编车间　　年　　月份

材料类别　　　　　　　　　　　　　　原料　　　　　　　　　　　　　　　编号:

原材料			计划 单价	上月 车间 结存	本月收入			本月 车间 库存	本月生产领用					
					仓库 领入	其他			数量	计划 成本	差异		实际成本	
名称	规格	单位				来源	数量				%	金额	总额	平均单价
甲	乙	丙	1	2	3	4	5	6	7 (2+3+5-6)	8 (7×1)	9	10 (8×9)	11 (8+10)	12$\left(\frac{11}{7}\right)$
合计														
复核:　材料员:　制表:					账务处理				112 贷:原材料			129 贷:材料成本差异	141 借:基本生产	

例:××年九月底,18tex棉纱车间库存为40000kg,十月份车间收入494000kg,十月底该原料的库存为48000kg,该原料的计划单价为6.2297元/kg,计划成本差异率为+0.2%,试计算十月份该原料的计划成本及实际成本。

本月投入数量 = 上月结存 + 本月收入 − 本月库存 = 40000 + 494000 − 48000 = 486000(kg)

计划成本 = 本月投入数量 × 计划单价 = 486000 × 6.2297 = 3027634(元)

计划成本差异额 = 计划成本 × 计划成本差异率 = 3027634 × (+0.2%) = +6055(元)

实际成本 = 计划成本 ± 计划成本差异 = 3027634 + 6055 = 3033689(元)

$$原料平均单价 = \frac{原料实际成本}{本月生产投入量} = \frac{3033689}{486000} = 6.2422(元/kg)$$

账务处理:借:基本生产　　　　　　　　　　　　　　　　　　　3033689

　　　　　　贷:原材料　　　　　　　　　　　　　　　　　　　3027634

　　　　　　　　材料成本差异　　　　　　　　　　　　　　　　6055

2. 原料按实际成本计价

原料按实际成本计价时,原料的领用都是按照实际成本计价,这样,记入毛坯布成本中的原料费用就较为正确,但很繁琐,且从账户中还不能反映材料采购业务的经营是节约,还是超支,一般企业不采用。

（二）原料成本计算

原料成本是指下机坯布耗用原料成本。

原料实际净成本＝下机坯布耗用原料实际成本－废料收入

＝（期初成本＋本期投入成本－期末成本）－废料收入

本期投入成本＝本期投入原料总量×原料平均单价（期末成本均按当月投入成本计算）

期末成本＝期末结存数×当月投入原料单位成本（本期下机坯布耗用原料

成本均按先入先出原则计算）

废料收入可按月编制"废料收入（交库）汇总月报表"，格式如表1－6－25所示。

表1－6－25　废料收入（交库）汇总月报表

年　　月

废料名称	单　价	数　量	单　价	金　额
合　计				

复核：　　　制表：

原料成本可通过编制"车间原料成本计算表"，在月末一次结算。原料成本计算表格式如表1－6－26所示。

表1－6－26的第1、3、6、8各数量栏均按照表1－6－23中有关栏的数据填入金额；第2栏按上月本表第7栏填入；第4栏根据表1－6－24中的第11栏有关数填入。

例：仍以18tex棉纱为例，××年九月底在制原料数量为8133kg，成本为50750，10月份投入数量为486000kg，成本为3033689。10月底原料结存为7782kg，本月原料单位成本为6.2422元/kg，该料废料收入为972元，试计算下机坯布耗用原料实际成本。

期末在制原料成本＝期末结存数×当月单位成本＝7782×6.2422＝48576（元）

本期下机坯布耗用原料数量＝期初结存数＋本期投入数－期末结存数

＝8133＋486000－7782＝486351（kg）

本期下机坯布耗用原料实际成本＝期初成本＋本期投入成本－期末成本

＝50750＋3033689－48576＝3035863（元）

实际成本净额＝实际成本－废料收入＝3035863－972＝3034891（元）

单位成本＝净额÷耗用量＝3034891÷486351＝6.2401（元/kg）

（三）原料成本分配

依据织成各毛坯布所耗用的原料重量和原料单价，计算确定了毛坯布原料成本后，根据原料的不同名称，进行归类、整理，几种毛坯布共同耗用的原料要在各毛坯布之间进行分配。

1.分类织成率

根据配纱比例（交织比例），将所有交织坯布分解。分类织成率可用下式计算：

$$分类织成率 = \frac{某原料织成的坯布总重量}{某原料总耗用量} \times 100\%$$

表1-6-26 车间原料成本计算表

年 月　　　　　　　　　　　　　　　　　　计量单位:kg

编号	名称	规格(tex)	上期结转		本期投入			期末结存		本期下机坯布耗用					额定成本		备注
			数量 1	成本 2	数量 3	成本 4	单位成本 5 (4/3)	数量 6	成本 7 (5×6)	数量 8 (1+3-6)	金额 9 (2+4-7)	废料收入 10	净额 11 (9-10)	单位成本 12 (11/8)	单位成本 13	总成本 14 (8×13)	15
甲	乙	丙															
	棉纱	18	8133	50750	486000	3033688	6.2433	7782	48576	486351	3035863	972	3034891	6.2401	6.2267	3028362	
	棉纱	28	9457	48515	65000	333445	5.1299	9712	49822	64745	332138	130	332008	5.1279	5.1167	331281	
	棉纱	97	32393	143176	214000	945778	4.4195	32100	141865	214293	947089	439	946650	4.4176	4.4077	944539	
	棉纱	14	930	6166	9000	59668	6.6298	1370	9083	8560	56751	17	56734	6.6278	6.6135	56612	
	棉纱	97×2	322	2303	10000	71510	7.1510	938	6708	9384	67105	19	67086	7.1490	7.1337	66943	
	涤纶丝	16.65	19095	305520	118000	1886344	15.9860	18910	302295	118185	1889569	236	1889333	15.9862	15.9670	1887060	
	涤纶加工丝	5.55	2880	50486	21000	368078	17.5275	3290	57665	20590	360899	41	360858	17.5259	17.5070	360469	

车间负责人:　　　　　　　　成本计算:

注　下机坯布耗用原料单价成本采用"先进先出法",即以先购进原料先发出为假定前提。

2. 耗纱量

根据分类织成率,求出该纱线生产各种坯布的耗纱量。

$$某原料生产坯布的耗纱量 = \frac{该原料织成坯布总重量}{该原料的织成率(\%)}$$

3. 各种坯布的织成率

$$各种坯布的织成率 = \frac{该坯布的生产总重量}{该坯布的耗纱总重量} \times 100\%$$

4. 原料成本分配

各种坯布的分类耗纱量和原料成本,分别相加,即为坯布的总耗纱量和原料总成本。

$$原料成本 = \sum \frac{毛坯布重量 \times 某种纱线配纱率(\%)}{某纱毛坯布织成率} \times 原料实际成本(原料成本单价)$$

月末根据"毛坯布生产月报表"(表 1 – 6 – 27)的产量,编制"毛坯布原料成本分配表",格式如表 1 – 6 – 28 所示。

表 1 – 6 – 28 中第一栏本期生产量根据表 1 – 6 – 27 的第 4 栏数据填入,配纱率或交织比例均按照工艺规定填制,各原料名称专栏应根据织布品种的多少确定,首先应当填列织布品种最多的纱线。

表 1 – 6 – 27　纬编车间毛坯布生产月报表

年　　月

单位:kg

毛坯布		上月结存		本月下机生产		本月结存实盘数		本月完工交库	
名称	纱线结构	匹数	重量	匹数	重量	匹数	重量	匹数	重量
甲	乙	1	2	3	4	5	6	7 (1+3-5)	8 (2+4-6)
合计									

耗纱总重量、总成本,根据表 1 – 6 – 26 的第 11 栏有关数据填入,原料的单位成本按照表 1 – 6 – 26 的第 12 栏数据填入。

表 1 – 6 – 28　纬编车间坯布、原料成本分配表

年　　月

单位:kg

毛坯布	主要原料线密度				
	原料单位成本				
			A		
名　称	本期生产量	配纱率	织成重	耗纱量	成　本
	1	2	3 (1×2)	4	5 (4×A)
合　计					
分类织成率 = $\frac{织成重}{耗纱量} \times 100\%$					

例：××年十月份，车间用18tex棉纱织1号厚绒、18tex棉毛布及18tex汗布三种毛坯布，三种布的产量分别为298705kg、207178kg、231540kg。配纱率分别为12.69%、100%、100%，三种坯布的总耗纱量为486351kg，该原料的实际总成本为3034891元，单位成本为6.2401元/kg，试分配三种坯布的原料成本。

$$分类织成率 = \frac{织成量}{耗纱量} = \frac{231540 \times 100\% + 298705 \times 12.69\% + 207178 \times 100\%}{486351} = 98\%$$

$$1\,号厚绒耗纱量 = \frac{织成重}{分类织成率} = \frac{298705 \times 12.69\%}{98\%} = 38680(kg)$$

$$18tex\,棉毛布耗纱量 = \frac{织成重}{分类织成率} = \frac{207178 \times 100\%}{98\%} = 211406(kg)$$

$$18tex\,汗布耗纱量 = \frac{织成重}{分类织成率} = \frac{231540 \times 100\%}{98\%} = 236265(kg)$$

$$1\,号厚绒耗用18tex棉纱成本 = 耗纱量 \times 单位成本 = 38680 \times 6.2401 = 241368(元)$$
$$18tex\,棉毛布耗用18tex棉纱成本 = 耗纱量 \times 单位成本 = 211406 \times 6.2401 = 1319200(元)$$
$$18tex\,汗布耗用18tex棉纱成本 = 耗纱量 \times 单位成本 = 236265 \times 6.2401 = 1474323(元)$$

二、生产费用（工费）核算

毛坯布生产费用指动力费用、生产工人工资费用、提取的职工福利基金、车间经费等，这些费用可根据"生产费用发生额汇总通知单"所列项目填列，格式如表1－6－29所示。

表1－6－29　生产费用发生额汇总通知单

（不包括领用的直接原材料）

基本生产车间_____　　　　　　　　年　　月

成本项目		摘　要	金　额
外购原料			
工费	动力费	本月应分配动力费	
	生产工人工资	本月应分配工人工资	
	提取职工福利基金	本月应提取职工福利基金	
	车间经费	本月支付的车间经费	
	小计		
直接发生额合计			

成本核算：　　　　制表：

动力费：指工艺用动力费用。

生产工人工资：指生产工人所发生的工资额。

提取的职工福利基金：按生产工人工资提存基数×14%计算。

车间经费：指车间人员工资、福利基金、折旧费、提取大修理费、修理费、办公费、水电费、取暖费、租赁费、机物料消耗、保险费、低值易耗品摊销、劳动保护费、在产品盘亏或毁损、劳动补助费及其他。

费用分配：

纬编车间的基本生产费用发生后，其发生总额必须按生产坯布数量进行总费用分配。

$$分配率 = \frac{工费支出总额}{各坯布折标准品后的总额}（元/kg）$$

$$坯布标准品总额 = \sum 坯布本期生产量 \times 该坯布“可比用工”换算系数$$

“可比用工”换算系数见第四节内容（表 1 - 6 - 21）。

三、毛坯布车间成本（毛坯布落机成本）

毛坯布车间成本 = 原料成本 + 动力成本 + 生产工人工资 + 提取的职工福利基金 +

车间费用 = 原料成本 + 生产经费

四、毛坯布车间成本在完工产品及在产品之间的分配

本期完工交库成本 = 月初在产品成本 + 本月毛坯布落机成本 - 月末在产品成本

本月毛坯布落机成本 = 投入原料成本 + 工费成本

月末在产品成本 = 月末在产品数量 × 本期投入单位成本

车间成本可在月末编制“毛坯布成本计算表”一次汇总算出。格式见表 1 - 6 - 30。

表 1 - 6 - 30　纬编车间毛坯布成本计算表

年　　　月

单位:kg

毛坯布名称	上期结转		本期生产								期末在产品		本期完工交库		
	数量	成本	数量	原料		工费				车间成本					
				总成本	单位成本	折标准品		分配金额				数量	成本	数量	总成本	单位成本
						系数	总额	总成本	单位成本	总成本	单位成本					
甲	1	2	3	4	5 $\left(\frac{4}{3}\right)$	6	7 (3×6)	8	9 $\left(\frac{8}{3}\right)$	10 $(4+8)$	11 $\left(\frac{10}{3}\right)$	12	13 (12×11)	14 $(1+3-12)$	15 $(2+10-13)$	16 $\left(\frac{15}{14}\right)$
合计																

五、纬编车间项目成本计算

纬编车间项目成本计算见表 1 - 6 - 31。

表1-6-31　纬编车间项目成本计算表

年　月　　　　　　　　　　　　　　　　　　　　　金额单位:元

在制品类别	项目	计算依据	原料	废料收入	动力费	工费 生产工人工资	工费 提取职工福利基金	车间经费	小计	车间成本
甲	乙	丙	1	2	3	4	5	6	7 (3+4+5+6)	8 (1+7-2)
原料	期初结存	表1-6-26第2栏	—	×	×	×	×	×	×	—
	本期发生额	表1-6-24第11栏 表1-6-25	—	—	×	×	×	×	×	—
	期末在制原料	表1-6-26第7栏	—	×	×	×	×	×	×	—
	本期下机坯布耗用额	表1-6-26第11栏	—	—	×	×	×	×	×	—
毛坯布	期初在制产品	表1-6-30第2栏	×	—						
本期发生额	下机坯布耗用原料	表1-6-26第11栏	×	×					×	
	生产费用支出	表1-6-29	直接分配 表1-6-28	—						
	本期生产总成本		—	—	—	—	—	—	—	—
	各项目占比重(%)	工资名称比重(%)	100%						100%	100%
	分配标准 名称								折标准量	
	分配标准 总额 / 分配率(%)		—	×	—	—	—	—	—	—
	期末在制产品	表1-6-30第13栏	—	—	—	—	—	—	—	—
	完工交库产品	项目总成本	—	—	—	—	—	—	—	100%
	项目所占比重(%)	项目所占比重(%)	—	—	—	—	—	—	—	

车间负责人：　　　　成本核算：

在产品合计　期初　—　　期末　—

注　"—"表示有数字，"×"表示无数字。

第七章　圆形纬编生产条件

第一节　厂房的基本要求

一、厂房形式的选择

厂房形式的选择是设计工作中的一个重要问题,应根据建厂地区的具体条件(气象条件、厂址地形、建筑材料的供应情况、施工能力等)、工艺特点、机器排列、采光照明、空气调节特点和生产管理的要求等因素确定。

目前,我国设计采用的针织厂厂房形式主要有下列四种。

(一)单层锯齿形厂房

针织生产要求有均匀、充足的采光。为了避免阳光直接射入车间,造成眩目,并影响车间内的温湿度,锯齿天窗多取北向,根据地理纬度不同,适当偏东。它与多层厂房比较,可避免垂直运输,节省管理费用,便于采用较大的柱网尺寸,以适应多种机器的排列。但是厂房的占地面积比多层厂房大,锯齿天窗和天沟的建筑结构比较复杂,保温也较困难,因此室外气象条件对室内温湿度的影响较大。在寒冷地区,还需要增加防止天窗凝水的措施。目前单层锯齿形厂房分为单层双梁锯齿形厂房、单层无梁锯齿形厂房及单层砖木结构锯齿形厂房三种。

(二)单层无窗厂房

无窗厂房的照明与通风全部采用人工控制,车间照明均匀,温湿度稳定,有利于设备的排列及劳动生产率和产品质量的提高。厂房的构件数量少,建筑结构较简单。尤其对于酷热、严寒、风沙大的地区,它是一种比较理想的厂房形式。但对职工生活习惯而言,也存在着一些问题,同时耗电量较大。单层无窗厂房分带有技术夹层和不带技术夹层两种形式。带有技术夹层的又有钢结构和钢筋混凝土结构之分。

(三)半封闭厂房

这种厂房基本采用人工采光,自然采光面积小,这样,有利于温湿度控制及减少风沙。

(四)多层厂房

多层厂房具有占地面积小,便于生产管理等优点,但不便于原料、半制品和产成品的运输以及大型设备的安装和使用。为节约用地,纬编车间的厂房形式,目前大多采用多层厂房。

二、厂房高度的选择

厂房高度是指车间内部地面至大梁底面的高度。厂房高度影响车间内的空间体积和土建造价,设计中应当慎重考虑。

影响厂房高度的因素有下列几项。

1. 设备的高度

设计纬编大圆机车间时,厂房高度要考虑所选用大圆机的高度。

2. 自然采光和人工照明

在装有锯齿天窗的厂房中,车间采光可通过天窗面积的妥善布置,以达到均匀的目的,大梁高度对车间光线影响不大。对于无窗厂房、半封闭厂房或多层楼房中,厂房高度对采光照明有显著影响。而且,对照明灯具的高度和灯点的布置也有很大影响。

3. 空调支风道送风

通风系统是与厂房结构统一考虑,互相结合在一起的。如果厂房过高,要加大送风量,又将增加空调设备和耗电量。反之,厂房高度过低,则将使送风直接到达机器工作面上,造成局部风速过大,影响一部分机器的断头率,而又使另一部分工作面上缺乏新鲜空气,难以达到空气调节的目的。

4. 土建结构的需要和人的感觉

从建筑结构方面要求,厂房构件宜统一化、定型化,厂房高度也应当统一,不因各车间层高不同而增加厂房主要构件的种类和数量。同时厂房高度统一时承重构件受力均匀,有利于抗震。

从相同规模的锯齿形厂房和无窗厂房来比较,锯齿形厂房因有三角架形成的空间,故显得比较宽敞,无窗厂房则显得比较矮小,故无窗厂房应适当增加高度。一般锯齿形厂房从地面至风道的距离为 4～5m,楼房每层高度为 5.5～7m。

三、柱网尺寸的选择

柱网由"跨度"(屋架方向)和"柱距"(大梁方向)构成。柱网尺寸的大小,不仅关系到设备排列的合理性,而且关系到厂房占地面积以及建筑投资等。从工艺的观点看,柱网尺寸越大,柱子数量越少,对设备排列更为灵活方便。但还应考虑到建筑结构是否经济合理,施工技术是否可能等因素。

1. 工艺设计与柱网尺寸的关系

选择柱网尺寸时,应以生产中数量最多、占地面积最大的主要设备的排列为依据,适当地照顾到其他设备的特点,综合研究后加以确定。在同一设计方案中,柱网尺寸应当考虑尽量统一,但是采用统一的柱网尺寸反而不经济时,也允许采用几种不同的柱网尺寸。

在多层厂房中,楼层上、下柱网尺寸要求统一大小。有时,为了节约厂房的建筑面积或满足设备排列的特殊要求,主厂房四周的柱网尺寸,可以根据建筑结构的技术条件,采用其他适宜的尺寸。边跨(指非整开间的柱网)尺寸可以和基本柱网尺寸有所不同。当然,在满足设备排列的要求下,最好不设边跨,以利于建筑施工。

2. 空调和采光与柱网尺寸的关系

空调风道的布置和采光的要求,在决定柱网尺寸时必须结合起来考虑。一般锯齿形三角架跨距越大,则支风道条数越少,越影响送风的均匀性。增大跨距,如不相应增大天窗面积,则会减少射入车间内的自然光线,对工人操作不利。所以目前单层锯齿形厂房的柱网尺寸,跨度一般为 6～12m。为了保证车间内自然采光的需要,锯齿天窗采光面积约为柱网面积的 1/4～1/3。

3.建筑结构设计、施工与柱网尺寸的关系

柱网尺寸的选择和厂房的结构形式有很大关系。钢筋混凝土结构的厂房,其柱网尺寸小于钢结构的厂房;多屋厂房的柱网尺寸小于单层厂房。若采用砖木结构厂房,其柱网尺寸受到一定限制,木衍条的长度不宜超过4m,故只能采用较小的柱网尺寸(4.0m×7.6m;4.0m×6.0m)。目前钢结构的无窗厂房,只要施工条件允许,柱网尺寸可以达到18m×24m。对于钢筋混凝土无窗厂房,最大柱网尺寸亦可达到24m×12m。多层楼房除顶层外,由于荷重大,大梁最大跨度目前采用9.5m左右,屋面板最大长度为7.5m左右。

通常单层厂房采用的柱网尺寸有6m×7m、7.6m×7.6m、12m×7.8m、12m×9m、12m×12m、12.4m×8.8m、13.8m×8.2m、8m×18m、18m×18m等。楼房柱网尺寸为7.8m×6.2m、9m×6m、7.5m×6m、9.6m×7.5m、6m×7.5m等。

第二节　车间布置与设备排列

一、车间布置的基本原则

车间布置的任务是确定各生产车间和有关附属房屋在厂房中的相关位置。这项工作应当结合生产区总平面布置、厂房形式、工厂规模、产品种类、建筑防火规范和设备排列方案等综合考虑。车间布置的基本原则如下。

(1)原料进车间和成品出车间的位置应布置得接近仓库。

(2)各车间的相对位置,应使运输路线缩短至最小限度,并要避免迂回交叉,保证安全生产,便于采用机械化、自动化的运输设备。

(3)车间外形应尽量布置成矩形,以使外观整齐,便于生产管理。

(4)锯齿形厂房中的长形机台如络筒机等,应垂直天窗排列,以保证在工作面上采光均匀。

(5)针织生产对空气调节要求较高,为了获得均匀和有效的送风,在确定车间的位置时,应确保空调支风道的长度不超过80m,一般应尽量取70m以内。

(6)车间布置应尽量满足天沟外排水的要求。为了使天沟排水通畅,其底部须有一定的坡度。为此,要求厂房的东西宽度一般在140~160m以内,否则,由于天沟坡度的要求,将影响东西两侧附属房屋及其顶部空调主风道的高度。

(7)车间的位置、结构和面积应当符合建筑防火规范。

(8)在多层厂房中,重量大或振动大的设备,应尽量布和置在底层。同时,卷装重量大的半制品,要尽可能避免上楼。

(9)生产附属房屋(如保全室、办公室、空调室、更衣室、厕所等)应尽量布置在厂房四周,并靠近其所服务的生产车间和相应的机台。附属厂房的面积占车间面积的15%~20%。

(10)为了满足劳动卫生要求,地面要满足防尘要求,可采用能承受设备负荷的水泥、水磨石或化学地面。为有利于保护视力,车间墙壁的四周和柱子可用绿色油漆刷墙围。

二、设备排列的要点

设备排列合理与否,对生产有很大影响,在设备排列时,必须注意以下几点。

（1）设备排列应与劳动组织互相配合,便于工人巡回操作。

（2）工艺流程中的各种半制品应直线输送,运输距离应尽可能短。

（3）车弄与通道的宽度应考虑工作人员的安全,且符合操作和运输方便的要求。

（4）设备排列应与柱网尺寸相配合,应将柱子放在不影响挡车和运输的通道上。

（5）保证良好的采光、采暖、通风和给湿,并尽可能使车间整齐、美观。

（6）同一种设备,尽可能排在一起,组成机群。

（7）机群周围应留有一定面积,放置原料和半制品等。

（8）在保证工作安全和运输方便的条件下,尽量节约车间面积,提高面积利用系数。

（9）在车间大门处,应留有足够的通道,以保证在地震、火灾等紧急情况下,人员、物资能安全疏散。

三、设备排列举例

(一)络纱机

络纱机有槽筒、菠萝锭等形式,并且外形长度与所使用的锭数有关。排列方式如图1-7-1所示。

图1-7-1中A为车道宽度,一般取1.5~2.5m。B为机头与边墙的距离,如此通道为主要通道取2.5~3m,如为非主要通道取1.5~2m。C为设备间侧间距,当设备是双面看台操作时,两边间距取值可相同,为1.2~1.3m;当设备是单面看台时,操作面间距为1.2~1.8m,机背面间距为0.8~1.2m。D为络纱机的总长度,一般机头长度一定,而操作长度随锭数的增加而增加。E为络纱机的宽度。F为络纱机的机头长度。

(二)大筒径圆形纬编机(顶置纱架式)

纱架位于设备上方的针织机,在排列时要考虑最外层纱架满纱时的外围尺寸,特别注意在相邻机台的纱架间留有足够的间隙。图1-7-2说明其排列情况。

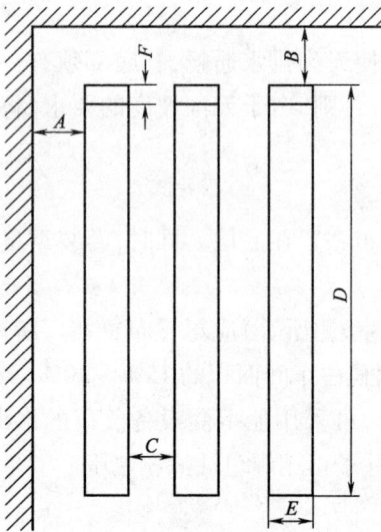

图1-7-1　络纱机的排列尺寸　　　　图1-7-2　顶置纱架式大圆机的排列尺寸

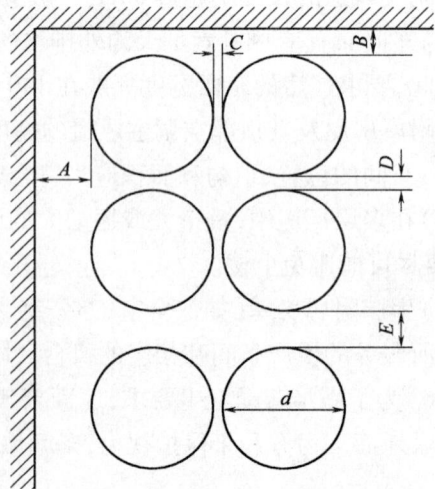

图 1 - 7 - 2 中,d 为大圆机的纱架外围尺寸。A 为车道宽度,一般取 1.5 ~ 2.5m。B 为设备与边墙的距离,如此通道为主要通道,B 取 2 ~ 3m;如为非主要通道,B 取 1 ~ 1.5m。C 为非操作通道的纱架间间距,一般取 0.2 ~ 0.5m。D 为操作通道的纱架间间距,一般取 0.5 ~ 1m。E 为设备间送纱通道宽度,一般取 1 ~ 2m。

(三)大筒径圆形纬编机(落地纱架式)

有些针织机的纱架是放置在地上的,如安放在设备外相对的两侧,在排列时要考虑编织区和纱架的占地尺寸,同时还要考虑换纱操作的便利。图 1 - 7 - 3 说明其排列情况。

图 1 - 7 - 3 中,d 为大圆机的机身直径。A 为车道宽度,一般取 1.5 ~ 2.5m。B 为横向纱架间隙,一般取 0.9 ~ 1.1m。C 为设备间送纱通道宽度,一般取 1 ~ 2m。D 为纱架宽,此数值与设备送纱路数有关。E 为纱架与墙的距离,如此通道为主要通道,E 取 2 ~ 3m;如为非主要通道,E 取 1 ~ 1.5m。F 为纵向纱架间隙,与纱架厚度、纱筒放置方式有关,一般取 0 ~ 0.5m。G 为设备两纱架间最大距离。H 为纱架厚度。

(四)小筒径纬编机

图 1 - 7 - 4 中,d 为小圆机的直径,它与设备针数有关。A 为车道宽度,一般取 1.5 ~ 2.5m。B 为横向机距,一般取 0.2 ~ 0.5m。C 为纱架与墙的距离,如此通道为主要通道,C 则取 2 ~ 3m;如为非主要通道则取 1 ~ 1.5m。D 为纵向机距,一般取 0.5 ~ 1m。E 为操作/送纱通道宽度,一般取 1.2 ~ 1.8m。

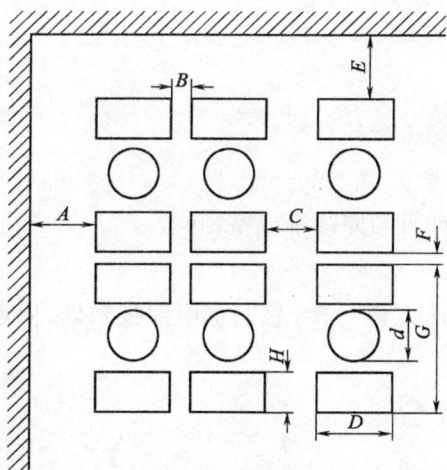

图 1 - 7 - 3　落地纱架式大圆机的排列尺寸　　　图 1 - 7 - 4　单台传动的小圆机的排列尺寸

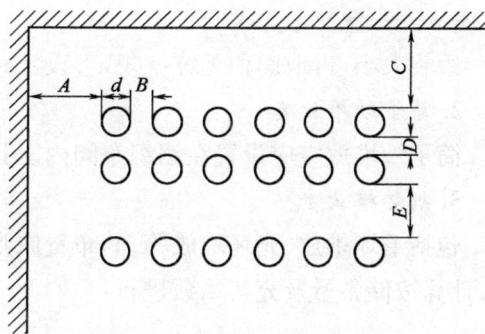

当车间需要存放半成品时,可根据产品的尺寸规格和存放的数量及形式,在机台间安排相应的堆放工作台。在安排工作台的位置时,要考虑与生产机台及运输通道的关系。

(五)纬编辅助机台

翻布机和验布机等是纬编生产中经常使用的辅助机台。根据企业的要求和实际情况,可以将它们安装在车间或仓库内。在设备排列时,要考虑操作的方向,如翻布机首尾两端应留出一定的操作空间。另外,还应尽可能留出两侧的空间供产品运输和人员走动。

四、生产辅助房屋面积的确定

生产辅助房屋的面积,应根据工厂的规模、不同车间的要求,以及建厂地区的具体条件来确定。

各种生产辅助房屋应尽可能设置在厂房四周,从而达到提高厂房面积利用系数和有利于将来发展的目的。

纬编厂生产辅助房屋主要有原纱(丝)堆放室、筒子堆放室、坯布检验室、毛坯堆放室、光坯堆放室、裁坯堆放调度室、保全室、试化验室、染料称重及调色室等。

辅助房屋面积,主要决定于各物品的储备量、物品的性质、生产任务及堆放方式等。

1. 原纱(丝)堆放室

原纱(丝)堆放室应配置在靠近络纱机,并距原料仓库较近之处,一般原纱以袋装形式入厂,长丝以箱装形式入厂,并以重叠方式堆放。

原纱堆放室占地面积 $S(\mathrm{m}^2)$ 可用下式计算:

$$S = \frac{S_1 \times G \times t}{W \times K \times h}$$

式中:S_1——每袋棉纱占地面积,m^2/袋;

　G——每小时用纱量,$\mathrm{kg/h}$;

　t——储备时间,h;

　W——每袋棉纱重量,kg/袋;

　K——面积利用系数;

　h——叠放高度,袋数。

纱袋大小、占地面积无统一规定,设计时按具体情况进行计算。

2. 筒子纱堆放室

筒子纱堆放室应设置在编织车间内。其占地面积计算与原纱堆放室相同。

3. 织坯堆放室

包括毛坯堆放、光坯堆放等,其布置原则与计算方法大体一样,它们都应前接来处,后连去路,计算按储备量及充实系数进行:

$$S = \frac{S_1 \times h \times m \times t \times r}{H}$$

式中:S——织物堆放室面积,m^2;

　S_1——单位物质占地面积,m^2;

　h——单位物质堆放高度,m;

　m——单位时间内产品数量;

　t——储备时间,h;

　r——堆放充实系数;

　H——堆放高度,m。

坯布检验修补室应根据每班坯布产量、品种及修补工占地面积等因素来确定。

第三节　生产工艺及设备配备

根据纬编产品的不同类别(平针织物、毛圈织物、双罗纹织物、花色织物等)来确定产品生产工序;根据具体的生产品种来选择必需的设备配置方案。

一、纬编设备(部分)的主要技术规格及生产能力

部分纬编设备的主要技术规格及生产能力见表1-7-1。

表1-7-1　部分纬编设备的主要技术规格及生产能力

设备名称	坯　布　名　称	针筒直径 (mm)	机号	进纱路数	转速 (r/min)	理论台时产量 [kg/(台·h)]
Z201型台车	18tex 纯棉平针织物	508	32N 34G	7	80	2.42
Z201型台车	2×28tex+96tex 腈纶衬垫织物	508	22N 22G	3	72	6.18
Z211型棉毛机	18tex 纯棉双罗纹织物	508	E22.5	30	24	3.05
Z151型罗纹机	14tex+8.25tex(75旦)棉锦小罗纹布	95.3	E20.4	4	112	0.61
GE051型棉毛机	18tex+11tex(100旦)双罗纹组织涤盖棉	762	E22	72	16	4.06
高效优质 单面圆纬机	18tex 棉珠地网孔	762	E24	108	24	13.46
高效优质双面 提花圆纬机	18tex(腈50/棉50)+14.9tex(135旦)腈棉楞条衬纬布	762	E22	72	14	5.16

注　G—台车机号,即滚姆号,针/38.1mm;N—台车针号,针/38.1mm;E—机号,针/25.4mm,用于舌针纬编机。

二、生产规模的确定及原料量的计算

纬编车间的生产规模和设备配置由生产产品的种类以及相互之间的生产比例所决定。生产规模确定后,再计算原料的需用量。

(一)生产量的计算

1.理论生产量

可参照第六章第一节。

2.时间效率

$$\eta = \frac{T_S}{T_L} \times 100\%$$

式中：η——时间效率；

T_S——机器实际运转时间；

T_L——机器理论运转时间。

3. 实际生产量

$$A_S = A_L \times \eta$$

式中：A_S——实际生产量；

A_L——理论生产量；

η——时间效率。

机器时间效率见表 1 - 6 - 1。

(二) 机器的运转台数与配置台数

1. 设备运转率

$$设备运转率 = \frac{运转设备总台时数}{使用设备总台时数} \times 100\% = \frac{使用设备总台时数 - 计划停台时数}{使用设备总台时数} \times 100\%$$

$$= 1 - 计划停台率(\%)$$

设备运转率一般为 90% ~ 95%。

2. 机器的运转台数

$$机器的运转台数 = \frac{计划产量(kg/班)}{机器的实际产量[kg/(班 \cdot 台)]}$$

3. 机器的配备台数

$$机器的配备台数 = \frac{运转机器总台数}{设备运转率}$$

(三) 计划总产量

$$计划总产量 = 单位计划产量 \times 运转机器的总台数 \times 生产时间$$

(四) 原料量的计算

品种不同，耗用原料也不同。

1. 损耗率

损耗分无形损耗、络纱损耗和织造损耗，其损耗率分别见表 1 - 7 - 2 ~ 表 1 - 7 - 4。

表 1 - 7 - 2　无形损耗率

纱线类别	无形损耗率(水分挥发、飞花杂质)(%)
粗中特棉纱	0.06 ~ 0.08
细中特棉纱	0.03 ~ 0.06
化 纤	—

表 1 - 7 - 3　络纱损耗率

纱线类别	络纱损耗率(%)
本色纱	0.1 ~ 0.5
色 纱	0.17 ~ 0.35
化 纤	0.5 ~ 0.8

表1-7-4 织造损耗率

坯布类别	织布损耗率(%)	坯布类别	织布损耗率(%)
汗布(平针组织)	0.09~0.12	罗纹布(罗纹组织)	0.10~0.12
绒布(衬垫组织)	0.1~0.13	腈纶棉毛布(双罗纹组织)	0.06~0.11
棉毛布(双罗纹组织)	0.09~0.12		

2. 原料量的计算

$$W_N = \frac{W_P}{(1-X)(1-B)(1-V)}$$

式中:W_N——需用原料量,kg;

$\quad\ W_P$——织成坯布总重量,kg;

$\quad\ X$——无形损耗率;

$\quad\ B$——络纱损耗率;

$\quad\ V$——织布损耗率。

第四节 生产条件

一、车间温湿度

(一)空气调节的重要性

纬编生产使用的原料是由天然纤维或化学纤维纺成的纱线(或丝)。空气的温湿度对纱线(丝)回潮率、强力、编织性能等有一定影响,温湿度失常时,就不能满足纬编生产工艺需要,纱疵、织疵增加,坯布质量下降。另外,通过不断地补充新鲜空气,排除生产中散发的多余热量、水蒸气、灰尘及有害气体,使纬编车间有良好的环境条件和卫生条件。

(二)温湿度变化对纬编生产的影响

温湿度变化对纬编生产的影响见表1-7-5。

表1-7-5 温湿度变化对纬编生产的影响

工 段	温 度		相 对 湿 度	
	偏 高	偏 低	偏 高	偏 低
纬编准备	1.操作工人不适应 2.机器运转不正常 3.断头率高	1.纱发硬 2.断头率高	1.断头率高 2.机器易生锈,机器负荷增大 3.纱线发霉	1.静电作用强 2.尘杂多 3.捻缩大
纬编编织	1.操作工人不适应 2.机器运转不正常 3.破洞多 4.针距变动,易坏针 5.出现稀路针	1.纱发硬,易坏针 2.漏针多 3.布面不清	1.密度不准 2.沉降片发毛(成圈机件发毛) 3.坏针头多 4.机器易生锈。机器负荷力增大 5.纱线发霉	1.静电作用 2.尘杂多 3.脱套多

（三）车间温湿度控制范围

车间温湿度控制范围见表 1 - 7 - 6。

表 1 - 7 - 6 车间温湿度控制范围

工 段		夏 季		冬 季	
		温度（℃）	相对湿度（%）	温度（℃）	相对湿度（%）
纬编准备		30 ~ 33	65 ~ 75	20 ~ 24（北方）	55 ~ 60（北方）
				18 ~ 20（南方）	65 ~ 70（南方）
纬编编织	棉	30 ~ 33	65 ~ 70	20 ~ 24（北方）	60 ~ 65（北方）
				18 ~ 20（南方）	65 ~ 70（南方）
	化纤	25 ~ 27	65 ~ 70	20 ~ 24	60 ~ 65

二、车间照明

（一）照明因素

纬编车间系三班生产,照明质量和设计的好坏,对提高劳动生产率和保护工人视力有很大的影响,纬编车间的照明,应考虑下列因素。

1. 厂房的形式和种类

楼房照明要求高于单层锯齿形厂房,无窗厂房的照明要求高于有窗厂房。

2. 各工序的不同要求

大部分工序要求一般照明,有部分工序要求局部照明。

3. 工作地点的环境

仓库等工作地点要求防潮、防湿。

（二）照度标准

1. 照明方式

可分成均匀一般照明、局部照明及混合照明。

2. 照明灯具

一般采用荧光灯和白炽灯。

3. 照度标准

按视觉工作分类的照度标准见表 1 - 7 - 7。

表 1 - 7 - 7 按视觉工作分类的照度标准

视觉工作分类		最低照度（lx）			
		白 炽 灯		荧 光 灯	
等 级		混合照明	一般照明	混合照明	一般照明
一	甲	200	100	500	200
	乙	150	75	300	150
	丙	100	50	200	125

视觉工作分类		最低照度(lx)			
		白　炽　灯		荧　光　灯	
二	甲	150	75	300	150
	乙	100	50	200	125
	丙	75	30	150	75
三	甲	75	30	150	75
	乙		20		75
	丙		15		75
四	甲		15		75
	乙		10		75
	丙				
五	甲		30		100
	乙		10		50
	丙		5		

纬编车间的照度标准见表 1 − 7 − 8。

表 1 − 7 − 8　纬编车间的照度标准

房间名称	规定照度的平面	照明方式	照明灯具	最低照度(lx)
办公室、会议室	距地 0.8m 的水平面	一般	荧光灯	50 ~ 75
空调室	距地 0.8m 的水平面	混合	白炽灯	30
空压机房	距地 0.5m 的水平面	一般	荧光灯	30
保全间	距地 0.8m 的水平面	混合	荧光灯	50
机物料间	距地 0.8m 的水平面	一般	白炽灯	20 ~ 30
广播室	距地 0.8m 的水平面	一般	白炽灯	50
原料仓库	距地 0.5m 的水平面	一般	白炽灯	20
坯布仓库	距地 0.5m 的水平面	一般	白炽灯	20
更衣室、吸烟室	地面	一般	白炽灯	10
厕所	地面	一般	白炽灯	10
通道、楼梯间	地面	一般	白炽灯	5

纬编设备的照距标准见表 1 − 7 − 9。

表1-7-9　纬编设备的照距标准

工作种类及设备名称	工　作　面		视觉等级	照明方式
	名　称	位　置		
槽筒式络纱机	筒子	水平	二乙	混合
菠萝锭络丝机	筒子	水平	二甲	混合
台车	针钩上纱线与布面	倾斜	二乙	混合
棉毛机	针筒口	水平	五乙	局部
罗纹机	机上布面	倾斜	三乙	局部
大圆机	针筒口	水平	三乙	局部
	机器四周	倾斜	四甲	一般
翻布机	机上布面	水平	四甲	一般
验布机	机上布面	倾斜	五乙	局部

第二篇

针织横机及产品

第一章 横机产品与工艺

第一节 羊毛衫

一、羊毛衫分类

羊毛衫是指以毛型纤维为原料经针织工艺织制而成的针织服装;因传统产品多以羊毛为主,因此人们习惯于将这类产品统称为羊毛衫。实际上,现在已用来泛指"针织毛衫"。羊毛衫的分类见表2-1-1。

表2-1-1 羊毛衫分类

项 目		分 类
原料	纯毛类	羊毛、羊绒、驼绒、羊仔毛、牦牛绒、兔毛等
	毛混纺或交织类	羊绒/羊毛、羊绒/羊仔毛、羊毛/兔毛、羊毛/驼绒、羊毛/牦牛绒、羊仔毛/兔毛等
	毛、化纤混纺或交织类	羊毛/化纤、羊绒/化纤、驼绒/化纤、牦牛绒/化纤、羊仔毛/化纤、兔毛/化纤等
	纯化纤类（包括化纤混纺类）	腈纶膨体纱、涤纶、锦纶、弹力锦纶、氨纶、粘纤、腈纶/涤纶、腈纶/锦纶、腈纶/粘纤、粘纤/锦纶等
	毛与天然纤维混纺或交织类	羊毛/棉、羊绒/棉、羊毛/丝、羊绒/丝等
纺纱工艺	精纺类	由各种纯毛、混纺、化纤等精纺毛纱制成的产品
	粗纺类	由各种纯毛、混纺、化纤等粗纺毛纱制成的产品
	半精纺类	由各种纯毛、混纺、化纤等半精纺毛纱制成的产品
	花式线类	由花式纱线(圈圈线、结子线、雪尼儿线等)制成的产品
编织机械	横机	手动横机、半自动横机、全自动横机、电脑横机
	圆机	普通圆机、提花圆机
染整工艺		染色、拉绒、轻缩绒、重缩绒、砂洗、特种整理(防起毛起球、防蛀、防缩、防霉、防污、防静电、防水、防皱、阻燃等)
织物组织		纬平针(平针)、罗纹、满针罗纹(四平)、罗纹空气层(四平空转)、罗纹半空气层(三平)、集圈(胖花、畦编、半畦编)、波纹(扳花)、提花、嵌花、抽条、夹条、挑花、绞花等
产品款式		开衫、套衫、背心、裤子、裙子、童装、小作品(围巾、披肩、帽子、手套、袜子等)、套装等
产品用途		内衣、中衣、外衣
修饰花型		印花、绣花、贴花、扎花、珠花、烫贴、浮雕、花边等

二、羊毛衫生产工艺流程

横机羊毛衫生产工艺流程为:

毛纱进厂→毛纱检验→准备工序(络纱)→横机织造→半成品检验→缝合成衣→ 整理工序(洗水、缩绒、成衣染色、特种整理等)→修饰工序(钉扣、绣花等)→检验→熨烫定形→成品检验、分等→挂吊牌、包装→ 装箱入库

三、羊毛衫成品规格和测量方法

(一)羊毛衫成品规格

以下是国内常用款式及成品规格,在进行羊毛衫设计时,可参考常用款式和规格,并根据具体款式、组织等特点和产品销售地区的人体特征等因素确定实际产品的规格。

1. 男上衣

(1)V领男套衫:V领男套衫款式及其测量如图2-1-1所示,其成品规格见表2-1-2。

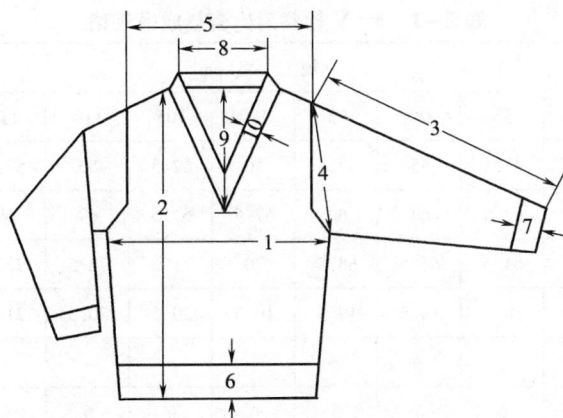

图2-1-1　V领男套衫款式及其测量图

表2-1-2　V领男套衫成品规格

编号	部位名称	规　格(cm)									备　注
		80	85	90	95	100	105	110	115	120	
1	胸宽	40	42.5	45	47.5	50	52.5	55	57.5	60	
2	衣长	61	62.5	64	66	67.5	67.5	69	69	69	
3	袖长	53	53	54	55	56	56	57	57	57	
4	挂肩	20	21	21	22	22	23	23	23.5	23.5	
5	肩宽	37	38	39	40	41	42	43	43	43	
6	下摆罗纹	6	6	6	6	6	6	6	6	6	
7	袖口罗纹	6	6	6	6	6	6	6	6	6	
8	领宽	9	9	9	9.5	9.5	9.5	10	10	10	
9	领深	20	20	22	22	23	23	24	24	24	
10	领口罗纹	2.5	2.5	2.5	2.5	2.5	2.5	2.5	2.5	2.5	

(2)V领斜肩男套衫:V领斜肩男套衫款式及其测量如图2-1-2所示,其成品规格见表2-1-3。

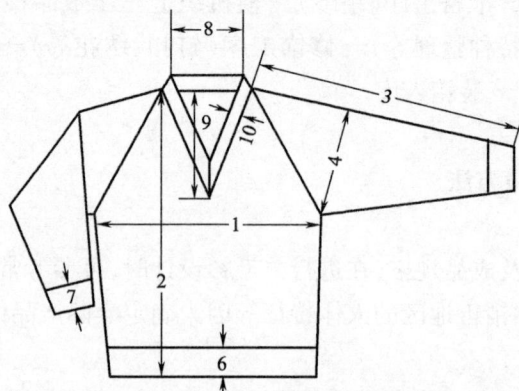

图 2 - 1 - 2 V 领斜肩男套衫款式及其测量图

表 2 - 1 - 3 V 领斜肩男套衫成品规格

编号	部位名称	规 格(cm)									备 注
		80	85	90	95	100	105	110	115	120	
1	胸宽	40	42.5	45	47.5	50	52.5	55	57.5	60	
2	衣长	61	62.5	64	66	67.5	67.5	69	69	69	
3	袖长	63	64.5	65.5	68.5	70	71.5	72.5	72.5	72.5	
4	袖宽	17.5	18.5	18.5	19.5	19.5	20.5	20.5	21.0	21.0	
5	肩宽	—	—	—	—	—	—	—	—	—	
6	下摆罗纹	6	6	6	6	6	6	6	6	6	
7	袖口罗纹	6	6	6	6	6	6	6	6	6	
8	领宽	9	9	9	9.5	9.5	9.5	10	10	10	
9	领深	20	20	22	22	23	23	24	24	24	
10	领口罗纹	2.5	2.5	2.5	2.5	2.5	2.5	2.5	2.5	2.5	

（3）V 领男开衫：V 领男开衫款式及其测量如图 2 - 1 - 3 所示,其成品规格见表 2 - 1 - 4。

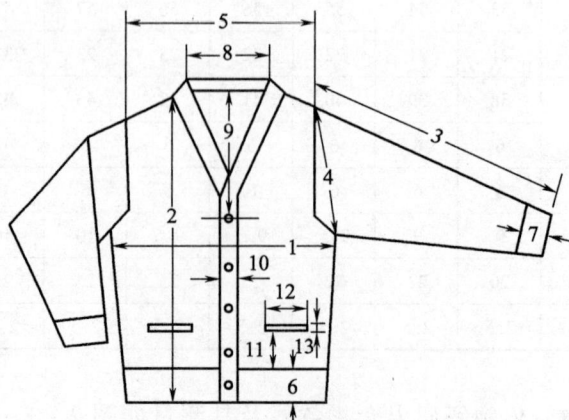

图 2 - 1 - 3 V 领男开衫款式及其测量图

表2-1-4 V领男开衫成品规格

编号	部位名称	规 格(cm)									备 注
		80	85	90	95	100	105	110	115	120	
1	胸宽	40	42.5	45	47.5	50	52.5	55	57.5	60	
2	衣长	62.5	64	65.5	67.5	69	69	70.5	70.5	70.5	
3	袖长	53	53	54	55	56	56	57	57	57	
4	挂肩	20.5	21.5	21.5	22.5	22.5	23.5	23.5	24	24	
5	肩宽	37	38	39	40	41	42	43	43	43	
6	下摆罗纹	5	5	5	5	5	5	5	5	5	
7	袖口罗纹	5	5	5	5	5	5	5	5	5	
8	领宽	9.5	9.5	9.5	10	10	10	10.5	10.5	10.5	
9	领深	23	23	25	25	26	26	27	27	27	
10	门襟宽	3.2	3.2	3.2	3.2	3.2	3.2	3.2	3.2	3.2	
11	袋深	13	13	13	13	13	13	13	13	13	
12	袋宽	11.5	11.5	11.5	11.5	11.5	11.5	11.5	11.5	11.5	
13	袋边宽	2	2	2	2	2	2	2	2	2	

(4)V领马鞍肩男开衫:V领马鞍肩男开衫款式及其测量如图2-1-4所示,成品规格见表2-1-5。

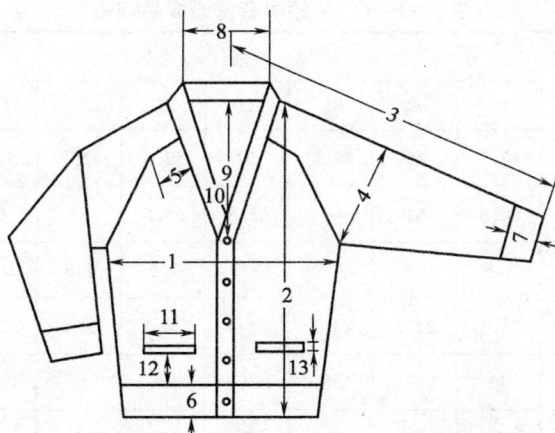

图2-1-4 V领马鞍肩男开衫款式及其测量图

表2-1-5 V领马鞍肩男开衫成品规格

编号	部位名称	规 格(cm)									备 注
		80	85	90	95	100	105	110	115	120	
1	胸宽	40	42.5	45	47.5	50	52.5	55	57.5	60	
2	衣长	62.5	64	65.5	67.5	69	69	70.5	70.5	70.5	

编号	部位名称	规　　格（cm）									备　注
		80	85	90	95	100	105	110	115	120	
3	袖长	71	72	73	74.5	76	77	78	78	79	
4	袖宽	19	20	21	22	22	22.5	22.5	23	23	
5	单肩宽	8	8.5	8.5	9	9	9.5	9.5	10	10	
6	下摆罗纹	7	7	7	7	7	7	7	7	7	
7	袖口罗纹	5	5	5	5	5	5	5	5	5	
8	领宽	10	10	10	10.5	10.5	10.5	11	11	11	
9	领深	23	23	25	25	26	26	27	27	27	
10	门襟宽	3.2	3.2	3.2	3.2	3.2	3.2	3.2	3.2	3.2	
11	袋宽	11.5	11.5	11.5	11.5	11.5	11.5	11.5	11.5	11.5	
12	袋深	13	13	13	13	13	13	13	13	13	
13	袋边宽	2	2	2	2	2	2	2	2	2	

（5）V领男套背心：V领男套背心款式及其测量如图2－1－5所示，其成品规格见表2－1－6。

表2－1－6　V领男套背心成品规格

编号	部位名称	规　　格（cm）									备　注
		80	85	90	95	100	105	110	115	120	
1	胸宽	40	42.5	45	47.5	50	52.5	55	57.5	60	
2	衣长	59	60.5	62	64	65.5	65.5	67	67	67	
3	挂肩罗纹	2.5	2.5	2.5	2.5	2.5	2.5	2.5	2.5	2.5	
4	挂肩	21.5	22.5	22.5	23.5	23.5	24.5	24.5	25	25	
5	肩宽	35	36	37	38	39	40	41	41	41	含挂肩罗纹
6	下摆罗纹	5	5	5	5	5	5	5	5	5	
7	领宽	9	9	9	9.5	9.5	9.5	10	10	10	
8	领深	20	20	22	22	23	23	24	24	24	
9	领口罗纹	2.5	2.5	2.5	2.5	2.5	2.5	2.5	2.5	2.5	

（6）V领男开背心：V领男开背心款式及其测量如图2－1－6所示，其成品规格见表2－1－7。

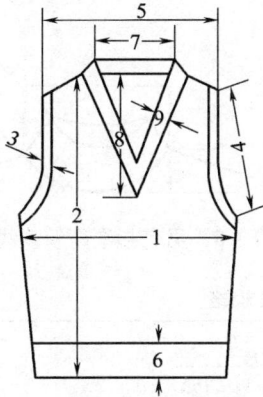

图 2 - 1 - 5 V 领男套背心款式及其测量图

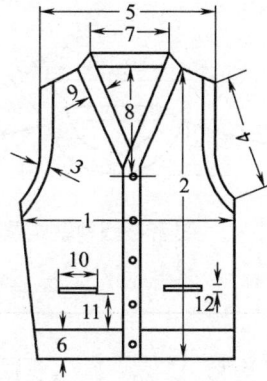

图 2 - 1 - 6 V 领男开背心款式及其测量图

表 2 - 1 - 7 V 领男开背心成品规格

编号	部位名称	规 格 (cm)									备 注
		80	85	90	95	100	105	110	115	120	
1	胸宽	40	42.5	45	47.5	50	52.5	55	57.5	60	
2	衣长	60	61.5	63	65	66.5	66.5	68	68	68	
3	挂肩罗纹	2.5	2.5	2.5	2.5	2.5	2.5	2.5	2.5	2.5	
4	挂肩	22	23	23	24	24	25	25	25.5	25.5	
5	肩宽	35	36	37	38	39	40	41	41	41	含挂肩罗纹
6	下摆罗纹	5	5	5	5	5	5	5	5	5	
7	领宽	9.5	9.5	9.5	10	10	10	10.5	10.5	10.5	
8	领深	23	23	25	25	26	26	27	27	27	
9	门襟宽	3.2	3.2	3.2	3.2	3.2	3.2	3.2	3.2	3.2	
10	袋宽	11.5	11.5	11.5	11.5	11.5	11.5	11.5	11.5	11.5	
11	袋深	13	13	13	13	13	13	13	13	13	
12	袋边宽	2	2	2	2	2	2	2	2	2	

(7)各种领型。

①男套衫圆领:男套衫圆领款式及其测量如图 2 - 1 - 7 所示,其成品规格见表 2 - 1 - 8。

表 2 - 1 - 8 男套衫圆领成品规格

编号	部位名称	规 格 (cm)							备 注
		90	95	100	105	110	115	120	
1	领宽	16.5	17	17	17	17.5	17.5	18	外量
2	领口罗纹	2.5	2.5	2.5	2.5	2.5	2.5	2.5	
3	领深	8.5	8.5	9	9	9	9.5	10	肩折缝到领子与前片缝合线的垂直距离

②男套衫半高领:男套衫半高领款式及其测量如图 2－1－8 所示,其成品规格见表 2－1－9。

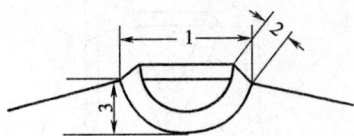

图 2－1－7 男套衫圆领款式及其测量图　　　图 2－1－8 男套衫半高领款式及其测量图

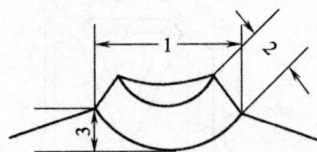

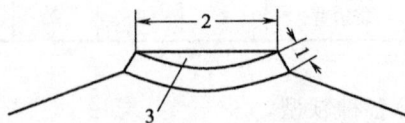

表 2－1－9 男套衫半高领成品规格

编号	部位名称	规　格(cm)							备　注
		90	95	100	105	110	115	120	
1	领宽	17	17.5	17.5	17.5	18	18	18.5	外量
2	领口罗纹	4.5	4.5	4.5	4.5	4.5	4.5	4	
3	领深	7	7	7.5	7.5	8	8	8.5	肩折缝到领子与前片缝合线的垂直距离

③男套衫叠领:男套衫叠领款式及其测量如图 2－1－9 所示,其成品规格见表 2－1－10。

表 2－1－10 男套衫叠领成品规格

编号	部位名称	规　格(cm)									备　注
		80	85	90	95	100	105	110	115	120	
1	领口罗纹	4	4	4	4	4	4	4	4	4	
2	领宽	9	9	9	9.5	9.5	9.5	10	10	10	
3	领深	18	18	18	19.5	19.5	19.5	21	21	21	

④男套衫一字领:男套衫一字领款式及其测量如图 2－1－10 所示,其成品规格见表 2－1－11。

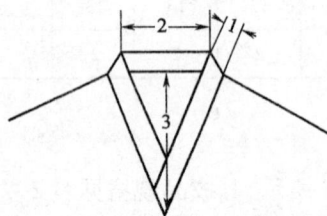

图 2－1－9 男套衫叠领款式及其测量图　　　图 2－1－10 男套衫一字领款式及其测量图

表 2－1－11 男套衫一字领成品规格

编号	部位名称	规　格(cm)							备　注
		80	85	90	95	100	105	110	
1	领口罗纹	3	3	3	3	3	3	3	
2	领宽	17	17	18	18	19	19	19	
3	领深	2	2	2	2	2	2	2	

⑤男套衫樽领:男套衫樽领款式及其测量如图2-1-11所示,其成品规格见表2-1-12。

表2-1-12 男套衫樽领成品规格

编号	部位名称	规 格(cm)									备 注
		80	85	90	95	100	105	110	115	120	
1	领口罗纹	根据二翻、三翻层次15~18									领口标准不低于规格需求
2	领拉足	29	29	29	30	30	30	30	30	30	

⑥男套衫翻樽领(带拉链)

男套衫翻樽领款式及其测量如图2-1-12所示,其成品规格见表2-1-13。

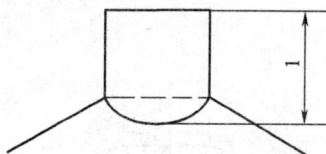

图2-1-11 男套衫樽领款式及其测量图

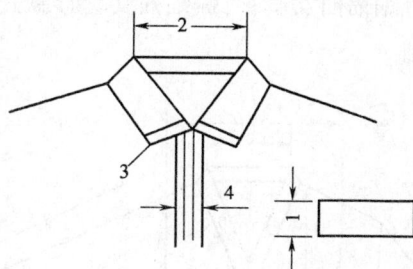

图2-1-12 男套衫翻樽领款式及其测量图

表2-1-13 男套衫翻樽领成品规格

编号	部位名称	规 格(cm)							备 注
		80	85	90	95	100	105	110	
1	领高	10	10	10	10	10	10	10	
2	领宽	10	10	10	10.5	10.5	10.5	10.5	
3	门襟长	18	18	18	18	18	18	18	
4	拉链止口	2.3	2.3	2.3	2.3	2.3	2.3	2.3	
5	拉链长	28	28	28	28	28	28	28	图中未标注

2. 女上衣

(1)V领女套衫:V领女套衫款式及其测量如图2-1-13所示,其成品规格见表2-1-14。

表2-1-14 V领女套衫成品规格

编号	部位名称	规 格(cm)					备 注
		80	85	90	95	100	
1	胸宽	40	42.5	45	47.5	50	
2	衣长	57	58	60	61	61	
3	袖长	49	50	51	52	53	
4	挂肩	19	20	20	21	21	

续表

编号	部位名称	规　格（cm）					备　注
		80	85	90	95	100	
5	肩宽	35	36	36	37	38	
6	下摆罗纹	6	6	6	6	6	
7	袖口罗纹	6	6	6	6	6	
8	领宽	9.5	9.5	10	10	10.5	
9	领口罗纹	2.5	2.5	2.5	2.5	2.5	
10	领深	20	20	22	22	23	按品种要求调整

（2）蝙蝠袖女套衫：蝙蝠袖女套衫款式及其测量如图 2 – 1 – 14 所示，其成品规格见表 2 – 1 – 15。

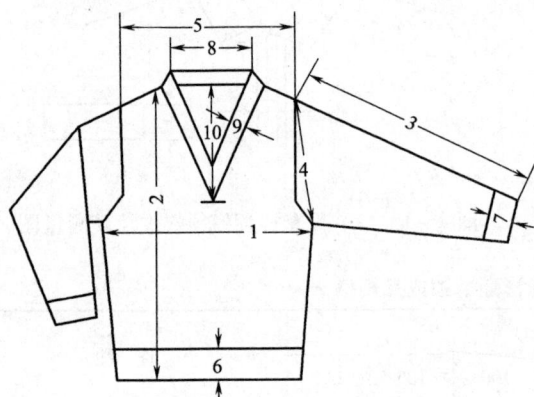

图 2 – 1 – 13　V 领女套衫款式及其测量图　　　图 2 – 1 – 14　蝙蝠袖女套衫款式及其测量图

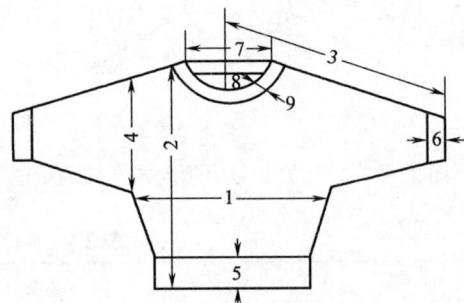

表 2 – 1 – 15　蝙蝠袖女套衫成品规格

编号	部位名称	规　格（cm）					备　注
		90	95	100	105	110	
1	胸宽	45	47.5	50	52.5	55	
2	衣长	57	58	58	59	59	
3	袖长	70	71	72	73	73.5	
4	挂肩	26.5	27	27.5	28	28.5	
5	下摆罗纹	6	6	6	6	6	
6	袖口罗纹	6	6	6	6	6	
7	领宽	11	12	12	12	12	可根据需要变动
8	领深	6	6	6	6	6	可根据需要变动
9	领罗纹	2.5	2.5	2.5	2.5	2.5	

注　1. 袖挂肩线在除去袖罗纹长度后袖长一半处。

　　2. 胸宽线在袖挂肩以下 5.5cm 处横量。

　　3. 大身下摆宽一般取胸宽的 80% ~ 90%。

　　4. 采用宽袖口时，袖口宽一般为 16 ~ 20cm。

（3）圆领短袖女套衫:圆领短袖女套衫款式及其测量如图 2-1-15 所示,其成品规格见表 2-1-16。

表 2-1-16　圆领短袖女套衫成品规格

编号	部位名称	规　格（cm）						备　注
		80	85	90	95	100	105	
1	胸宽	40	42.5	45	47.5	50	52.5	
2	衣长	57	58	60	61	61	62	
3	袖长	20	20.5	21	21.5	22	22.5	
4	挂肩	18.5	19.5	19.5	20.5	20.5	21	
5	肩宽	35	36	36	37	38	39	
6	下摆罗纹	4	4	4	4	4	4	
7	袖口罗纹	3	3	3	3	3	3	
8	领宽	8.5	8.5	8.5	9	9	9	
9	领深	6	6	6	6.5	6.5	6.5	
10	领口罗纹	2.5	2.5	2.5	2.5	2.5	2.5	

（4）圆领女开衫:圆领女开衫款式及其测量如图 2-1-16 所示,其成品规格见表 2-1-17。

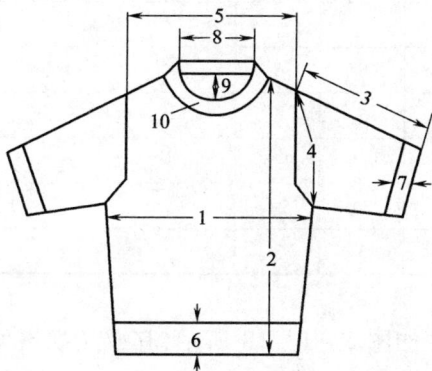

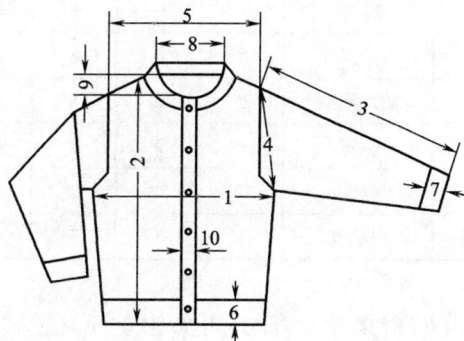

图 2-1-15　圆领短袖女套衫款式及其测量图　　　　图 2-1-16　圆领女开衫款式及其测量图

表 2-1-17　圆领女开衫成品规格

编号	部位名称	规　格（cm）							备　注
		80	85	90	95	100	105	110	
1	胸宽	40	42.5	45	47.5	50	52.5	55	
2	衣长	58.5	59.5	61.5	62.5	62.5	63.5	63.5	
3	袖长	48	49	50	51	52	53	53	
4	挂肩	19.5	20.5	20.5	21.5	21.5	22.5	22.5	
5	肩宽	35	36	36	37	38	39	40	

续表

编号	部位名称	规　格(cm)							备　注
		80	85	90	95	100	105	110	
6	下摆罗纹	6	6	6	6	6	6	6	
7	袖口罗纹	6	6	6	6	6	6	6	
8	领宽	8.5	8.5	8.5	9	9	9	9	领罗纹宽2.5cm
9	领深	6	6	6	6.5	6.5	6.5	6.5	
10	门襟宽	3	3	3	3	3	3	3	

（5）V领斜肩女开衫：V领斜肩女开衫款式及其测量如图2－1－17所示,其成品规格见表2－1－18。

表2－1－18　V领斜肩女开衫成品规格

编号	部位名称	规　格(cm)							备　注
		80	85	90	95	100	105	110	
1	胸宽	40	42.5	45	47.5	50	52.5	55	
2	衣长	58.5	59.5	61.5	62.5	62.5	63.5	63.5	
3	袖长	65	66.5	68	69.5	71	72.5	73	全袖长
4	袖宽	17	18	18	19	19	20	20	袖宽垂直
5	肩宽	—	—	—	—	—	—	—	
6	下摆罗纹	6	6	6	6	6	6	6	
7	袖口罗纹	6	6	6	6	6	6	6	
8	领宽	9	9	9	9.5	9.5	9.5	9.5	
9	领深	22	22	23	23	24	24	24	
10	门襟宽	3	3	3	3	3	3	3	

（6）青果领女开衫：青果领女开衫款式及其测量如图2－1－18所示,其成品规格见表2－1－19。

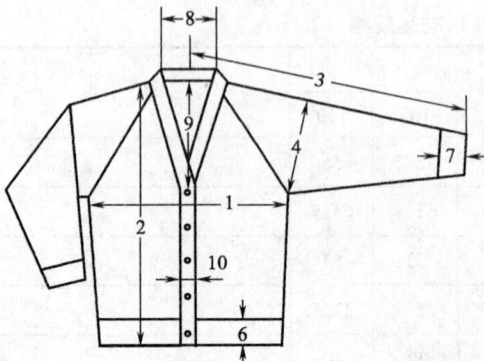

图2－1－17　V领斜肩女开衫款式及其测量图

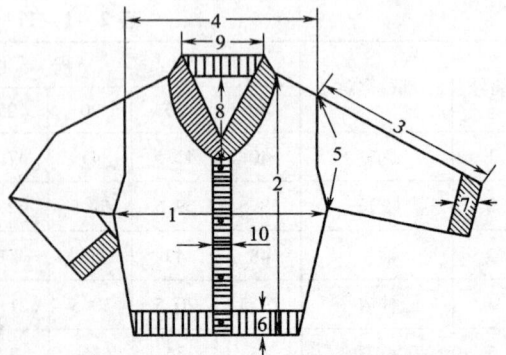

图2－1－18　青果领女开衫款式及其测量图

表2－1－19　青果领女开衫成品规格

编号	部位名称	规　格（cm）						备　注
		85	90	95	100	105	110	
1	胸宽	42.5	45	47.5	50	52.5	55	
2	衣长	60	62.5	63.5	63.5	64.5	64.5	
3	袖长	50	51	52	53	53	53	
4	肩宽	36	36	37	38	39	40	
5	挂肩	21	21	22	22	23	23	
6	下摆罗纹	6	6	6	6	6	6	
7	袖口罗纹	4	4	4	4	4	4	
8	领深	25	26	26	27	27	27	
9	领宽							按需要自定
10	门襟宽	4	4	4	4	4	4	

（7）翻领夹克女开衫：翻领夹克女开衫款式及其测量如图2－1－19所示，其成品规格见表2－1－20。

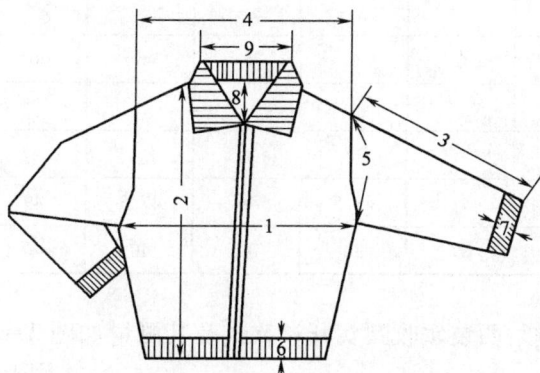

图2－1－19　翻领夹克女开衫款式及其测量图

表2－1－20　翻领夹克女开衫成品规格

编号	部位名称	规　格（cm）						备　注
		85	90	95	100	105	110	
1	胸宽	42.5	45	47.5	50	52.5	55	拉链基本盖没
2	衣长	59	60	61	62	63	63	
3	袖长	50	51	52	53	54	54	
4	肩宽	36	36	37	38	39	40	
5	挂肩	20.5	20.5	21.5	21.5	22.5	22.5	
6	下摆罗纹	5	5	5	5	5	5	
7	袖口罗纹	5	5	5	5	5	5	

续表

编号	部位名称	规 格(cm)						备 注
		85	90	95	100	105	110	
8	领深							根据产品要求自定
9	领宽							根据产品要求自定

（8）中式对襟女开衫：中式对襟女开衫款式及其测量如图2-1-20所示,其成品规格见表2-1-21。

表2-1-21 中式对襟女开衫成品规格

编号	部位名称	规 格(cm)						备 注
		85	90	95	100	105	110	
1	胸宽	42.5	45	47.5	50	52.5	55	
2	衣长	60	62	63	63	64	64	
3	袖长	49	50	51	52	53	53	
4	肩宽	36	36	37	38	39	40	
5	挂肩	21	21	22	22	23	23	
9	领宽							根据需要自定
10	领高	6	6	6	6	6	6	
11	下摆宽							根据需要自定
12	袖口宽							根据需要自定
13	中腰宽	39.5	41	43.5	46	47.5	49	
14	中腰高	36	37	38	39	40	40	

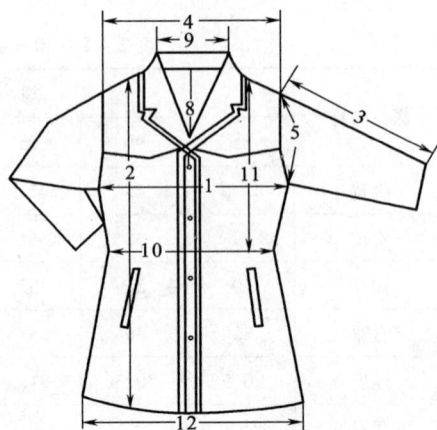

（9）西装领收腰女开衫：西装领收腰女开衫款式及其测量如图2-1-21所示,其成品规格见表2-1-22。

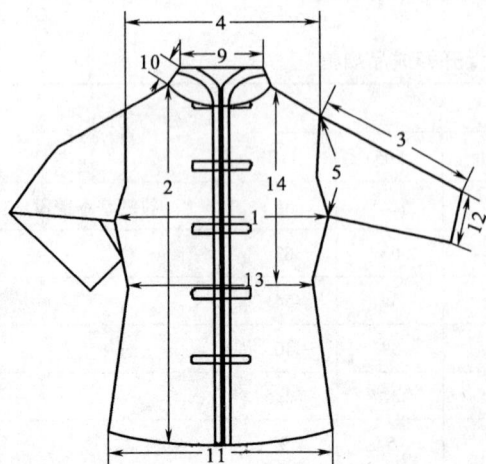

图2-1-20 中式对襟女开衫款式及其测量图　　图2-1-21 西装领收腰女开衫款式及其测量图

表 2 - 1 - 22 西装领收腰女开衫成品规格

编号	部位名称	规 格(cm)					备 注
		85	90	95	100	105	
1	胸宽	42.5	45	47.5	50	52.5	
2	衣长	60.5	62.5	63.5	63.5	64.5	
3	袖长	51	51	52	52	53	
4	肩宽	36	37	38	39	40	
5	挂肩	20.5	21	21	22	23	
8	领深	26	26	27	27	28	
9	领宽						根据需要自定
10	中腰宽	39.5	42	44.5	47	49.5	
11	中腰高	37	38	39	39	40	
12	下摆宽	49.5	52	54.5	57	59.5	

(10)直襟女大衣:直襟女大衣款式及其测量如图 2 - 1 - 22 所示,其成品规格见表 2 - 1 - 23。

表 2 - 1 - 23 直襟女大衣成品规格

编号	部位名称	规 格(cm)					备 注
		95	100	105	110	115	
1	胸宽	47.5	50	52.5	55	57.5	
2	衣长	85	90	95	100	100	
3	袖长	53	54	55	55	55	
4	挂肩	24	24.5	25	25.5	25.5	
5	肩宽	43	44	45	46	47	
6	下摆高	4	4	4	4	4	
7	袖口罗纹	5	5	5	5	5	折成双边
8	领宽	9.5	9.5	10	10	10.5	
9	领深	17	18	18	19	19.5	
10	门襟宽	6	6	6	6	6	

(11)V 领收腰女开背心:V 领收腰女开背心款式及其测量如图 2 - 1 - 23 所示,其成品规格见表 2 - 1 - 24。

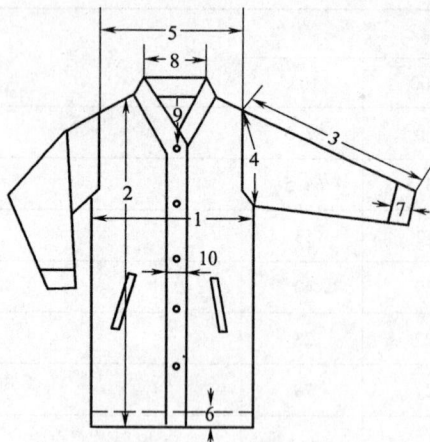

图 2-1-22 直襟女大衣款式及其测量图　　　图 2-1-23 V 领收腰女开背心款式及其测量图

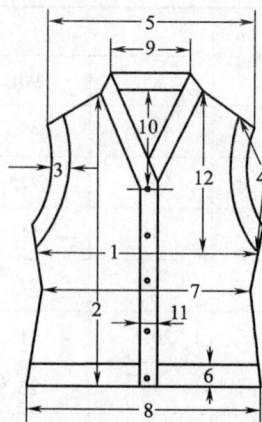

表 2-1-24 V 领收腰女开背心成品规格

编号	部位名称	规 格(cm)						备 注
		85	90	95	100	105	110	
1	胸宽	42.5	45	47.5	50	52.5	55	
2	衣长	61	62	63	63	64	64	
3	挂肩罗纹	2.5	2.5	2.5	2.5	2.5	2.5	
4	挂肩	20.5	20.5	21.5	21.5	22.5	22.5	
5	肩宽	34	34	35	36	37	38	含挂肩罗纹
6	下摆罗纹	5	5	5	5	5	5	
7	中腰宽	40	42.5	45	47.5	50	52.5	
8	下摆宽	45	47.5	50	52.5	55	57.5	
9	领宽	10	10	10	11	11	11	
10	领深	23	23	23	24	24	24	
11	门襟宽	3	3	3	3	3	3	
12	中腰高	38	39	40	40	41	41	

(12)各种领型。

①女套衫圆领:女套衫圆领款式及其测量如图 2-1-24 所示,其成品规格见表 2-1-25。

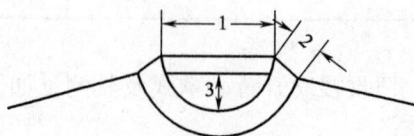

图 2-1-24 女套衫圆领款式及其测量图

表 2 - 1 - 25　女套衫圆领成品规格

编号	部位名称	规　格（cm）							备　注
		80	85	90	95	100	105	110	
1	领宽	9.5	10	10	11	11	11.5	11.5	横向拉足不小于28cm
2	领高	2.5	2.5	2.5	2.5	2.5	2.5	2.5	高圆领2.5cm,低圆领2cm
3	领深	6	6	6	6.5	6.5	6.5	6.5	

②女套衫半高领:女套衫半高领款式及其测量如图 2 - 1 - 8 所示,其成品规格见表 2 - 1 - 26。

表 2 - 1 - 26　女套衫半高领成品规格

编号	部位名称	规　格（cm）							备　注
		80	85	90	95	100	105	110	
1	领宽	15.5	15.5	16	16	16	16.5	16.5	外量
2	领口罗纹	4	4	4	4	4	4	4	领口罗纹根据高低要求不同,还可以为4.5cm,5cm
3	领深	6	6	6.5	6.5	6.5	7	7	肩折缝到领子与前片缝合线的垂直距离

③女套衫樽领:女套衫樽领款式及其测量如图 2 - 1 - 25 所示,其成品规格见表 2 - 1 - 27。

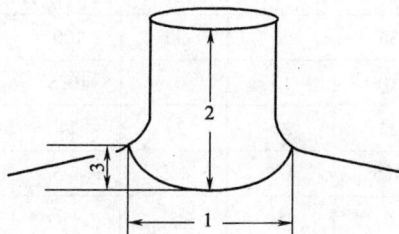

图 2 - 1 - 25　女套衫樽领款式及其测量图

表 2 - 1 - 27　女套衫樽领成品规格

编号	部位名称	规　格（cm）							备　注
		80	85	90	95	100	105	110	
1	领宽	16.5	16.5	16.5	17	17	17.5	17.5	外量,根据要求可改变
2	领口罗纹	15	15	15	15	15	15	15	根据要求可改变
3	领深	6	6	6	6.5	6.5	7	7	肩折缝到领子与前片缝合线的垂直距离
4	领拉足	28	28	28	29	29	29	29	领口标准不低于规格需求

④女开衫翻领:女开衫翻领款式及其测量如图 2－1－26 所示,其成品规格见表 2－1－28。

表 2－1－28　女开衫翻领成品规格

编号	部位名称	规　格（cm）						备　注
		80	85	90	95	100	105	
1	领高	9	9	9	9	9	9	
2	领宽	9.5	9.5	9.5	10	10	10	
3	领深	6.5	6.5	6.5	7	7	7	

⑤女开衫西装领:女开衫西装领款式及其测量如图 2－1－27 所示,其成品规格见表 2－1－29。

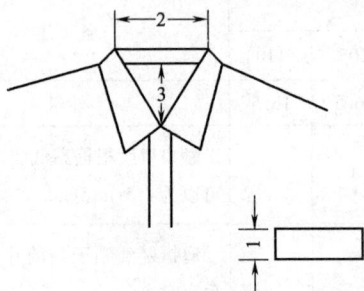

图 2－1－26　女开衫翻领款式及其测量图　　　图 2－1－27　女开衫西装领款式及其测量图

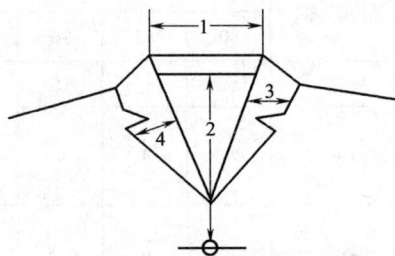

表 2－1－29　女开衫西装领成品规格

编号	部位名称	规　格（cm）						备　注
		80	85	90	95	100	105	
1	领宽	10	10	10	10.5	10.5	10.5	
2	领深	23	23	23	24	24	24	
3	上翻领长	4.5	4.5	4.5	4.5	4.5	4.5	领样要定型
4	下翻领长	5	5	5	5	5	5	

3. 童衫

选用童装规格时,需注意男、女童装的同种款式,其规格尺寸基本相同。主要靠颜色、花型的变化来区分男、女童装。

（1）V 领男童开衫:V 领男童开衫款式及其测量如图 2－1－3 所示,其成品规格见表 2－1－30。

表 2－1－30　V 领男童开衫成品规格

编号	部位名称	规　格（cm）						备　注
		50	55	60	65	70	75	
1	胸宽	25	27.5	30	32.5	35	37.5	
2	衣长	36	39	42	46.5	50.5	54.5	

续表

编号	部位名称	规格(cm)						备注
		50	55	60	65	70	75	
3	袖长	27	31	34	38	42	46	
4	挂肩	14	15	16	17	18	19	
5	肩宽	24	26	28	29.5	31.5	33.5	
6	下摆罗纹	3	3	3	3	3	3	
7	袖口罗纹	3	3	3	3	3	3	
8	领宽	6.5	6.5	7	7	7.5	7.5	
9	领深	15	16	17	18	19	20	
10	门襟宽	2.5	2.5	2.5	2.5	2.5	2.5	

（2）翻领女童开衫：翻领女童开衫款式及其测量如图2-1-28所示，其成品规格见表2-1-31。

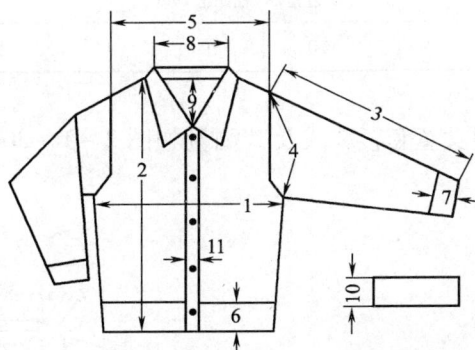

图2-1-28　翻领女童开衫款式及其测量图

表2-1-31　翻领女童开衫成品规格

编号	部位名称	规格(cm)						备注
		50	55	60	65	70	75	
1	胸宽	25	27.5	30	32.5	35	37.5	
2	衣长	36	39	42	46.5	50.5	54.5	
3	袖长	27	31	34	38	42	46	
4	挂肩	14	15	16	17	18	19	
5	肩宽	24	26	28	29.5	31.5	33.5	
6	下摆罗纹	3	3	3	3	3	3	
7	袖口罗纹	3	3	3	3	3	3	
8	领宽	7.5	7.5	8	8	8.5	8.5	
9	领深	3.5	3.5	4	4	4.5	4.5	
10	领高	7	7	7	8	8	8	
11	门襟宽	2.5	2.5	2.5	2.5	2.5	2.5	

（3）樽领男童套衫:樽领男童套衫款式及其测量如图 2 - 1 - 29 所示,其成品规格见表 2 -
1 - 32。

表 2 - 1 - 32　樽领男童套衫成品规格

编号	部位名称	规　格（cm）						备　注
		50	55	60	65	70	75	
1	胸宽	25	27.5	30	32.5	35	37.5	
2	衣长	35	38	41	45.5	49.5	53.5	
3	袖长	27	31	34	38	42	46	
4	挂肩	14	15	16	17	18	19	
5	肩宽	24	26	28	29.5	31.5	33.5	
6	下摆罗纹	3	3	3	3	3	3	
7	袖口罗纹	3	3	3	3	3	3	
8	领宽	7.5	7.5	8	8	8.5	8.5	翻领口平摊量
9	领深	前领边盖后领接缝1cm						
10	领高	9	9	10	10	11	11	

（4）圆领女童套衫:圆领女童套衫款式及其测量如图 2 - 1 - 30 所示,其成品规格见表 2 -
1 - 33。

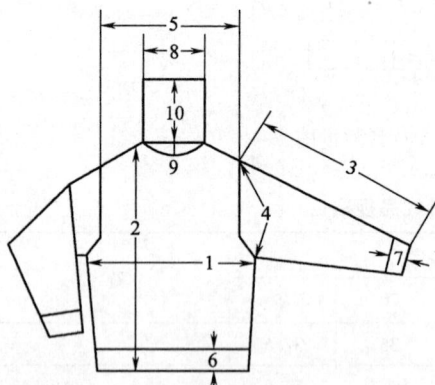

图 2 - 1 - 29　樽领男童套衫款式及其测量图

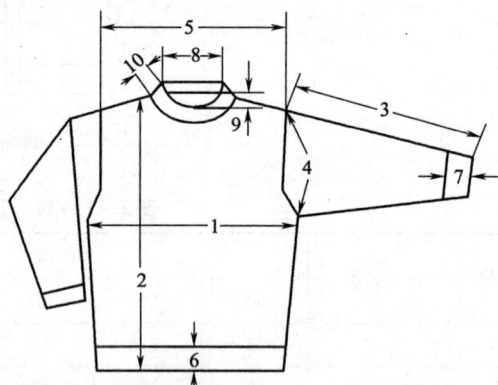

图 2 - 1 - 30　圆领女童套衫款式及其测量图

表 2 - 1 - 33　圆领女童套衫成品规格

编号	部位名称	规　格（cm）						备　注
		50	55	60	65	70	75	
1	胸宽	25	27.5	30	32.5	35	37.5	
2	衣长	35	38	41	45.5	49.5	53.5	
3	袖长	27	31	34	38	42	46	
4	挂肩	14	15	16	17	18	19	

续表

编号	部位名称	规 格（cm）						备 注
		50	55	60	65	70	75	
5	肩宽	24	26	28	29.5	31.5	33.5	
6	下摆罗纹	3	3	3	3	3	3	
7	袖口罗纹	3	3	3	3	3	3	
8	领宽	6	6	6.5	6.5	7	7	
9	领深	3.5	3.5	4	4	4.5	4.5	
10	领罗纹	2.4	2.4	2.4	2.4	2.4	2.4	

（5）V领童套背心：V领童套背心款式及其测量如图2－1－5所示，其成品规格见表2－1－34。

表2－1－34 V领童套背心成品规格

编号	部位名称	规 格（cm）						备 注
		50	55	60	65	70	75	
1	胸宽	25	27.5	30	32.5	35	37.5	
2	衣长	34	37	40	44.5	48.5	52.5	
3	挂肩罗纹	2	2	2	2	2	2	
4	挂肩	15	16	17	18	19	20	
5	肩宽	23	24	26	28	30	32	含挂肩罗纹
6	下摆罗纹	3	3	3	3	3	3	
7	领宽	6.5	6.5	7	7	7.5	7.5	
8	领深	13	14	15	17	18.5	20	
9	领罗纹	2.5	2.5	2.5	2.5	2.5	2.5	

4. 裤子

（1）男长裤：男长裤款式及其测量如图2－1－31所示，其成品规格见表2－1－35。

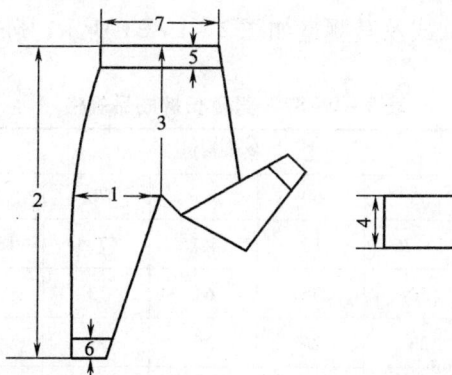

图2－1－31 男长裤款式及其测量图

表 2-1-35　男长裤成品规格

编号	部位名称	规　格（cm）							备　注
		80	85	90	95	100	105	110	
1	横裆	20	21.25	22.5	23.75	25	26.25	27.5	
2	裤长	94	96	98	100	102	104	106	
3	直裆	35	36	37	38	39	40	41	
4	方块	13	13	13	13	13	13	13	
5	腰罗纹	3	3	3	3	3	3	3	裤腰用抽带
6	裤口罗纹	10	10	10	10	10	10	10	
7	腰宽	30	32.5	35	37.5	40	42.5	45	
8	裤门襟长	10	10	10	10	10	10	10	图中未标注
9	裤门襟宽	3	3	3	3	3	3	3	图中未标注

（2）女长裤:女长裤款式及其测量如图 2-1-31 所示,其成品规格见表 2-1-36。

表 2-1-36　女长裤成品规格

编号	部位名称	规　格（cm）						备　注
		80	85	90	95	100	105	
1	横裆	20	21.25	22.5	23.75	25	26.25	
2	裤长	91	93	95	97	99	101	
3	直裆	34	35	36	37	38	49	
4	方块	13	13	13	13	13	13	
5	腰罗纹	3	3	3	3	3	3	裤腰用抽带
6	裤口罗纹	10	10	10	10	10	10	
7	腰宽	30	32.5	35	37.5	40	42.5	

注　健美裤只需在此规格上适当减少横裆、腰宽和直裆,并去掉裤口部的罗纹(裤长不变)和方块,加上脚扣即可。

（3）男童长裤:男童长裤款式及其测量如图 2-1-31 所示,其成品规格见表 2-1-37。

表 2-1-37　男童长裤成品规格

编号	部位名称	规　格（cm）						备　注
		50	55	60	65	70	75	
1	横裆	12.5	13.75	15	16.25	17.5	18.75	
2	裤长	46	50	56	64	73	83	
3	直裆	22	23	24	26	29	32	
4	方块	—	—	7	7	10	10	

续表

编号	部位名称	规 格（cm）						备 注
		50	55	60	65	70	75	
5	腰罗纹	2	2	2.5	2.5	3	3	
6	裤口罗纹	2	2	2.5	2.5	3	3	
7	腰宽	25	26	27	28	28	29	
8	裤门襟	—	—	6	6	8	8	
9	门襟宽	—	—	2.5	2.5	2.5	2.5	

注 50cm、55cm 的男童裤常采用开裆裤,从腰罗纹以下 10cm 左右处开始开裆,不需要方块和裤门襟。

5．裙装

（1）连衣裙:连衣裙款式及其测量如图 2 - 1 - 32 所示,其成品规格见表 2 - 1 - 38。

表 2 - 1 - 38　连衣裙成品规格

编号	部位名称	规 格（cm）							备 注
		80	85	90	95	100	105	110	
1	胸宽	40	42.5	45	47.5	50	52.5	55	
2	裙长	102	104	106	108	110	112	112	
3	袖长	14	14.5	15	15.5	16	16.5	17	
4	挂肩	19	19.5	19.5	20.5	20.5	21	21	
5	腰宽	32	34	36	38	40	42	44	
6	臀宽	42.5	45	47.5	50	52.5	55	57.5	
7	臀长	16	16.5	17	17.5	18	18.5	19	
8	裙摆宽	45	47.5	50	52.5	55	57.5	60	
9	肩宽	35	36	36	37	38	39	40	
10	裙底边	3	3	3	3	3	3	3	
11	袖边	2.5	2.5	2.5	2.5	2.5	2.5	2.5	可为罗纹边
12	领宽	10	10	10	10.5	10.5	10.5	10.5	
13	领深	6	6	6	6.5	6.5	6.5	6.5	
14	领边	2.5	2.5	2.5	2.5	2.5	2.5	2.5	可为罗纹边
15	袖口宽	13	14	14	15	15	16	16	
16	腰下裙长	62	63	65	66	68	69	71	

注 此连衣裙为短袖,如果加长袖子长度,可变为中袖和长袖连衣裙;如果加大袖窿尺寸,可变成灯笼袖连衣裙。此连衣裙也可采用一字领、方领等。如果需要可在其左边腰围的下部加一个方形口袋。

（2）U 领背心裙:U 领背心裙款式及其测量如图 2 - 1 - 33 所示,其成品规格见表 2 - 1 - 39。

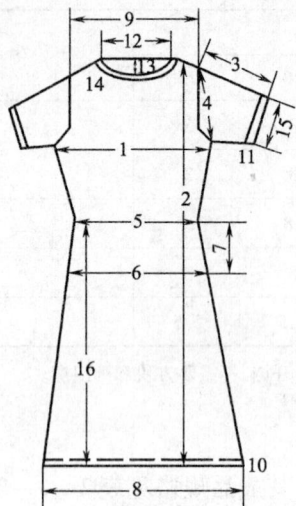

图 2-1-32 连衣裙款式及其测量图

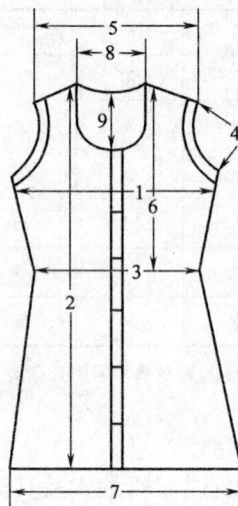

图 2-1-33 U 领背心裙款式及其测量图

表 2-1-39 U 领背心裙成品规格

编号	部位名称	规 格(cm)							备 注
		80	85	90	95	100	105	110	
1	胸宽	40	42.5	45	47.5	50	52.5	55	
2	裙长	96	96	98	98	100	100	102	
3	腰宽	35	37	39	41	43	45	47	
4	挂肩	19.5	20	20	21	21	22	23	
5	肩宽	36	37	38	39	40	41	42	
6	腰节高	34	35	36	37	38	39	40	
7	下摆宽	根据设计定							
8	领宽	10	10	10	10	10	10	10	
9	领深	20	20	20	20	20	20	20	

(3)旗袍裙:旗袍裙款式及其测量如图 2-1-34 所示,其成品规格见表 2-1-40。

表 2-1-40 旗袍裙成品规格

编号	部位名称	规 格(cm)					备 注
		90	95	100	105	110	
1	胸宽	45	47.5	50	52.5	55	
2	裙长	123	125	127	129	130	
3	袖长	49	50	51	52	53	
4	臀宽	48	50	52	54	56	
5	肩宽	37	38	38	39	39	

编号	部位名称	规　格（cm）					备　注
		90	95	100	105	110	
6	腰宽	38	40	42	43	44	
7	袖口宽	10	10.5	11	11	11.5	
8	领宽	12.5	13	13.5	14	14.5	
9	领深	6	6.2	6.5	6.8	7	
10	下摆宽	38	40	42	44	46	
11	开叉长	46	46	46	47	47	
12	领高	5.5	5.5	5.5	5.5	5.5	
13	领面宽	36	37	38	39	40	
14	袖山头高	12	12	12	12	12	

（4）喇叭裙：喇叭裙款式及其测量如图 2-1-35 所示，其成品规格见表 2-1-41。

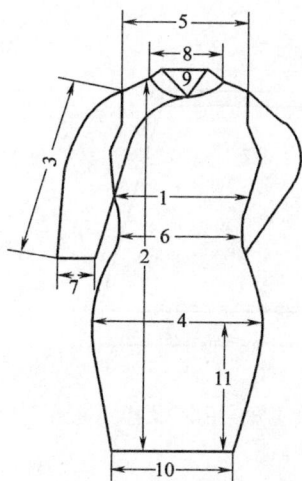

图 2-1-34　旗袍裙款式及其测量图　　　　　图 2-1-35　喇叭裙款式及其测量图

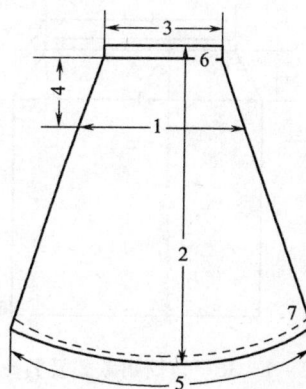

表 2-1-41　喇叭裙成品规格

编号	部位名称	规　格（cm）					备　注
		90	95	100	105	110	
1	臀宽	45	47.5	50	52.5	55	
2	裙长	83	86	89	92	95	可根据需要变化
3	腰宽	34	36	38	40	42	
4	臀长	11.5	12	12.5	13	13.5	
5	下摆半周长	102	108	114	120	126	可根据需要变化
6	腰罗高	3	3	3	3	3	
7	裙底边	2.5	2.5	2.5	2.5	2.5	

注　此裙子以臀围固定规格。

（5）直筒裙：直筒裙款式及其测量如图 2－1－36 所示，其成品规格见表 2－1－42。

表 2－1－42　直筒裙成品规格

编号	部位名称	规　格（cm）					备　注
		90	95	100	105	110	
1	臀宽	45	47.5	50	52.5	55	
2	裙长	48	49	50	51	52	
3	腰宽	36	38	40	42	44	
4	臀长	11	11.5	12	12.5	13	
5	腰罗高	3	3	3	3	3	穿松紧带
6	裙底边	2	2	2	2	2	

注　此裙子以臀围固定规格。

（6）女童短裙：女童短裙款式及其测量如图 2－1－37 所示，其成品规格见表 2－1－43。

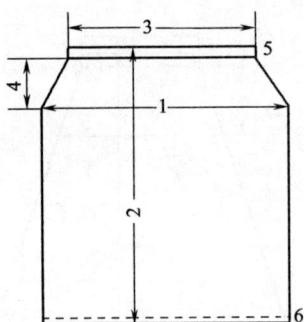

图 2－1－36　直筒裙款式及其测量图　　　图 2－1－37　女童短裙款式及其测量图

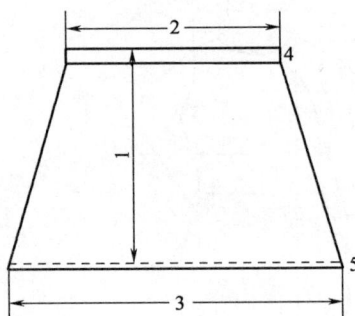

表 2－1－43　女童短裙成品规格

编号	部位名称	规　格（cm）				备　注
		小	中	大	特大	
1	裙长	30	34	38	40	
2	腰宽	26	30	35	38	
3	下摆宽	45	51	57	60	
4	腰带宽	2	2.5	3	3	
5	裙底边	2	2	2.5	2.5	

6. 围巾和披肩

（1）围巾：围巾款式及其测量如图 2－1－38 所示，其成品规格见表 2－1－44。

表 2 – 1 – 44 围巾成品规格

名称类别		长度	宽度	穗长	备 注
长围巾	特加长	90	40	7	穗档:8×2 根/1 档,每端 37 档
	加长	83	35	6	穗档:6×2 根/1 档,每端 30 档
	中长	75	32	5	
	标准(普长)	70	30	5	
	普长	65	29 ~ 30	4.5	
	童式	55	20	3.5	斟减穗档数
方围巾		36 ~ 40	72 ~ 80	4.5	
		52	104		
儿童方巾		34	68	3.5	
三角围巾		(底边)52.5	(高)52.5	钩边	
斜角围巾		55	17	钩边	

注 长巾、方巾总长含穗长。三角巾、斜角巾长含钩边。

(2)披肩:披肩款式及其测量如图 2 – 1 – 39 所示,其成品规格见表 2 – 1 – 45。

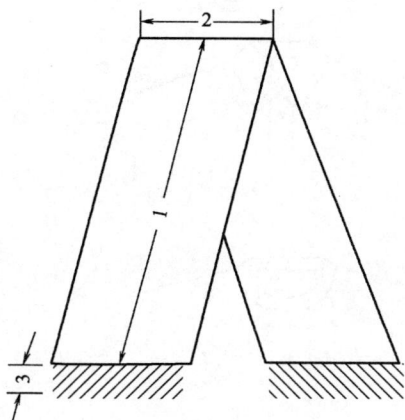

图 2 – 1 – 38 围巾款式及其测量图   图 2 – 1 – 39 披肩款式及其测量图

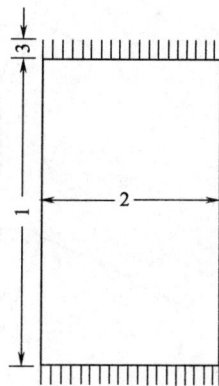

表 2 – 1 – 45 披肩成品规格

编号	部位名称	规 格(cm)			备 注
		小	中	大	
1	长	140	160	180	全长
2	宽	50	60	70	可根据需要变化
3	穗长	20	20	20	

注 披肩除长方形外,还有三角形的,其规格尺寸可参考长方形披肩的尺寸,并根据具体需要而定。

(二)成品规格测量方法

由于羊毛衫产品款式多,变化大,所以很难以统一的方法加以说明,这里介绍的仅仅是一般羊毛衫、裤各主要部位规格尺寸的测量方法。

1.上衣类

上衣类测量如图2-1-40,测量方法见表2-1-46。

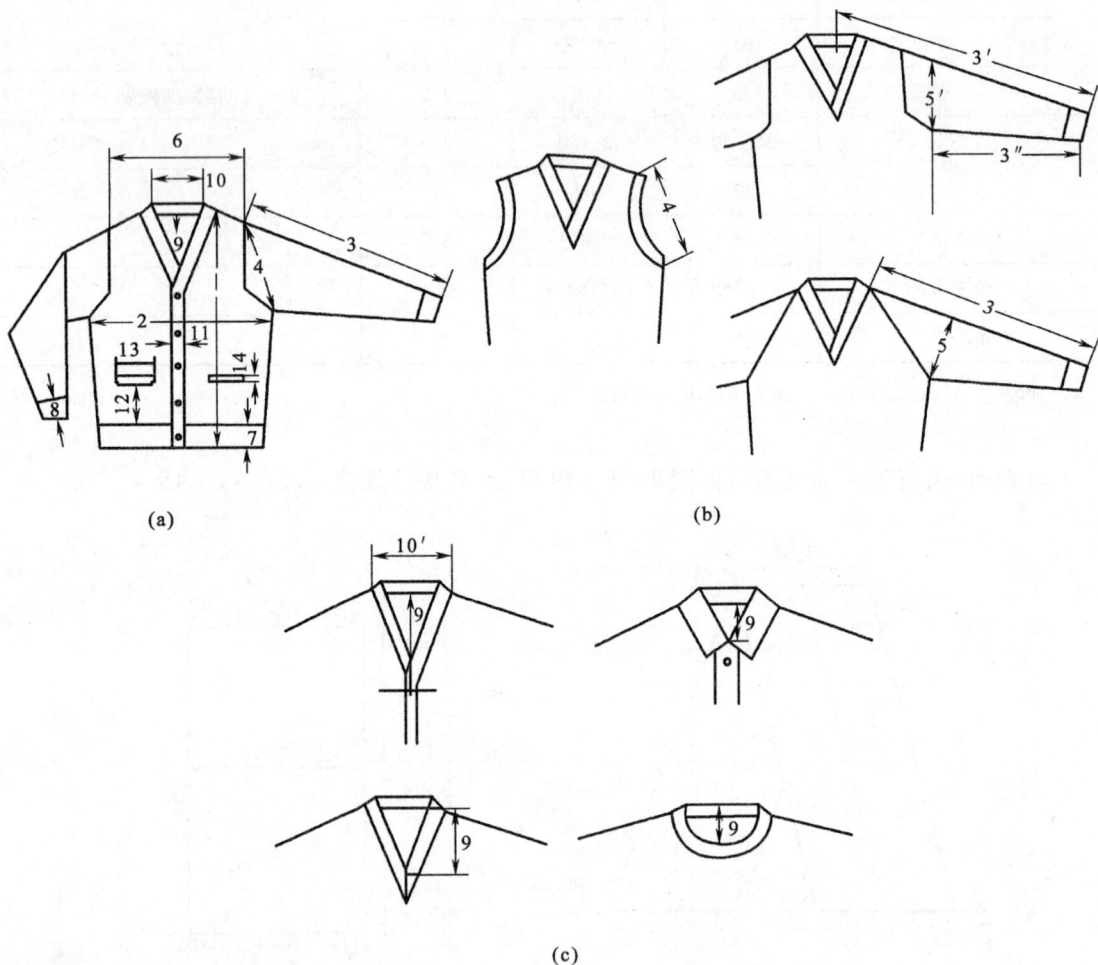

图2-1-40 上衣类测量示意图

表2-1-46 上衣类成品规格测量方法

编号	部位名称	测 量 方 法
1	衣(身)长	肩折缝距领肩接缝1.5cm处量至下摆底边,或者从肩高点量至下摆底边
2	胸宽	也称胸阔,挂肩下1.5cm处横量
3	袖长	一般有全袖长和净袖长两种 全袖长:从后领接缝中点量至袖口边,如图2-1-40(b)所示 净袖长:从肩袖接缝处量至袖口边

续表

编号	部位名称	测　量　方　法
4	挂肩	从肩袖接缝处顶端至腋下斜量
5	袖宽	也可称袖阔、袖肥,自腋下沿坯布横列方向量至袖上边,如图2-1-40(b)所示
6	肩宽	也称肩阔,一般从左肩袖接缝处量至右肩袖接缝处,也可简称为"缝对缝";有时背心量肩宽时包括挂肩罗纹边,可简称为"边对边"
7	下摆罗纹	从大身罗纹交接处量至罗纹底边,一般沿宽度方向在中间测量
8	袖口罗纹	从袖子罗纹交接处量至罗纹底边,一般沿宽度方向在中间测量
9	领深	V字领领深(开衫):后领接缝中点量至第一粒纽扣中心 V字领领深(套衫):后领接缝中点量至前领内口 翻领领深:后领接缝中点量至前领内口 圆领领深:后领边中点量至前领内口,如图2-1-40(c)所示
10	领宽	也称后领宽(阔),一般有两种量法:内量和外量 内量:领内口的宽度(樽领领宽在领中横量) 外量:从左领和大身接缝处量至右领和大身接缝处,如图2-1-40(c)所示
11	门襟宽	门襟边至门襟与大身接缝处
12	口袋深	口袋的纵向长度
13	口袋宽(阔)	口袋的横向宽度
14	袋边宽(阔)	口袋袋边的宽度

2. 裤类

裤类测量如图2-1-41所示,测量方法见表2-1-47。

表2-1-47　裤类成品规格测量方法

编号	部位名称	测　量　方　法
1	腰宽	裤腰口或罗纹下3cm处横量
2	裤长	裤腰边量至裤脚边的长度(平铺)
3	前(后)直裆	由前(后)裤腰边至裤裆底直量
4	横裆	裆底单腿横量
5	裤口大	裤口处横量
6	裤口罗纹	由裤口罗纹交接处量至裤口罗纹底边
7	裤腰罗纹	由裤腰罗纹交接处量至裤腰罗纹底边

3. 围巾类

围巾类测量如图2-1-42所示,测量方法见表2-1-48。

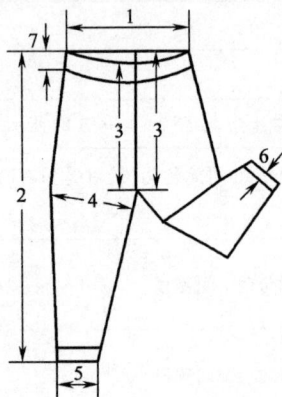

图 2 – 1 – 41　裤类测量示意图　　　　　图 2 – 1 – 42　围巾测量示意图

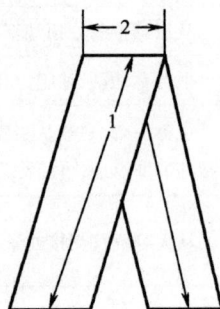

表 2 – 1 – 48　围巾成品规格测量方法

编号	部位名称	测　量　方　法
1	围巾长	围巾对折取中直量(不包括穗长)
2	围巾宽(阔)	围巾取中横量

四、羊毛衫工艺设计与计算

(一)机号与纱线线密度

机号是用来表明针织机针的粗细和针距大小的指标,横机机号是用针床上规定长度内所具有的织针数表示的,其计算公式为:

$$E = \frac{L}{T} \tag{2-1-1}$$

式中:E——机号,针/25.4mm;

L——规定长度,如无特殊规定,一般为 25.4 mm(1 英寸);

T——针距,mm。

在羊毛衫生产过程中,如采用钩针平型纬编机(柯登机)机号用 G(针/38.1mm)表示,则规定长度为 38.1mm(1.5 英寸)。横机采用舌针、复合针,机号用符号 E 加相应的数字表示,如 $E20$ 表示机号为 20,即在 25.4mm 针床上中有 20 针。横机机号常用系列见表 2 – 1 – 49。横机机号一般较低,细机号的还有 $E18$、$E20$。

表 2 – 1 – 49　横机机号 E 与针距 T 常用系列对应关系

划　分	粗针机		中粗针机				细针机				特细针机	
机号 E	3	4	5	6	7	8	9	10	11	12	14	16
针距 T(mm)	8.5	6.4	5.1	4.2	3.6	3.2	2.8	2.5	2.3	2.1	1.8	1.6

对于某一种机号的横机,其可选用的编织纱线的线密度有一定范围。在横机上编织纬平针

织物和罗纹织物时,机号与纱线线密度的关系,可由下列经验公式确定:

$$N_m = \frac{E^2}{K'} \ \text{或} \ Tt = \frac{K}{E^2} \qquad (2-1-2)$$

式中:E——机号,针/25.4mm;

　K、K'——适宜加工纱线线密度或公支的常数;

　　Tt——纱线的线密度,tex;

　　N_m——纱线的公制支数(公支)。

实验得出,$K = 7000 \sim 11000$ 或 $K' = 7 \sim 11$ 为宜。一般情况下,编织纯毛类纱线时,K 值取 9000(即 K' 取9)较合适;当编织腈纶膨体纱时,K 值取 8000(即 K' 取8)最合适。

下面举例说明式(2-1-2)的应用。

例1. 18/2 公支羊绒纱编织纬平针织物,选用何种机号。

解:18/2 公支折单股为 18/2 =9(公支)

取 $K' = 9$

由式(2-1-2)得,$E = \sqrt{N_m \times K'} = \sqrt{9 \times 9} = 9$(针)

因此选用机号为 $E9$(即 9 针/25.4mm)。

例2. 在 $E9$ 的横机上,编织平针织物时,适合编织的纱线(纯毛纱)公支数范围。

解:当 K' 取 7 时,$N_m = \dfrac{E^2}{K'} = \dfrac{9^2}{7} \approx 11.6$(公支)

当 K' 取 11 时,$N_m = \dfrac{E^2}{K'} = \dfrac{9^2}{11} \approx 7.4$(公支)

因此,适合编织的纱线为 7.4 ~ 11.6 公支。

影响 K、K' 值的因素较多,如纱线的物理机械性能,编织时的张力、压扁程度和结头等。一般 K' 值大于 11(即 K 大于11000),则难于编织。实际生产中,由于纱线线密度的偏差、条干不匀、机器生产状态、商品要求等条件因素的影响,以式(2-1-2)为参照,加工的纱线略细一点为宜。

国际羊毛局提供的纱线线密度与横机机号匹配的参考资料(单面平针适用)见表 2-1-50。

表 2-1-50 纱线线密度与横机机号匹配的参考值(单面平针)

机号 E		3	4	5	6	7	8	9	10	11	12	14	16
纱线线密度	tex	500 ~ 444	333	270 ~ 250	200	200 ~ 167	125	118	100	87	77	62.5	41
	公支	2 ~ 2.3	3	3.7 ~ 4	5	5 ~ 6	8	8.5	10	11.5	13	16	24

(二)工艺设计

羊毛衫编织工艺设计是羊毛衫产品设计与生产过程中的重要环节,编织工艺设计方案的优劣不仅对最终产品有直接的影响,而且对生产效率和成本也有着很大的影响。因此,设计时应根据产品的款式、规格尺寸、测量方法、编织机械、织物组织、密度及回缩率、缝纫要求、后整理要求等方面的因素综合考虑,确定合理的设计方案。

1. 工艺设计内容

(1)产品分析。

①根据产品款式、配色,确定纱线原料、纱线细度及织物组织结构等。

②确定选用编织机器类型和机号等。

③确定产品的规格并初步确定用料量。

④确定生产工艺流程。

⑤考虑缝制条件、选用缝纫机的机种及确定缝合质量要求。

⑥考虑染色及后整理工艺,并考虑其质量要求。

⑦考虑产品所采用的修饰工艺及所需的辅助材料。

⑧考虑产品所采用的商标形式及包装方式等。

(2)计算生产操作工艺。

①通过试验小样,确定织物的密度(毛密度、成品密度)及回缩率。

②理论计算横机产品的编织操作工艺。

③经试织、修订,确定横机产品的生产操作工艺。

(3)产品用料计算及半成品质量要求的制订。

①通过试验小样测定织物单位线圈重量或单位面积重量。

②按编织操作工艺单求出各衣片线圈数或单位产品耗用面积。

③求出各衣片理论重量或单件产品理论重量。

④计算单件产品的原料耗用量。

⑤制订半成品的质量要求。

(4)制订缝纫工艺流程和质量要求。

①确定选用缝纫机的型号、规格。

②经济、合理地安排缝纫(包括修饰)工艺流程。

③制订缝纫各工序的质量要求。

(5)制订染色和后整理工艺及质量要求。

①对需染色产品,制订合理、经济的染色工艺。

②制订产品最佳的缩绒工艺及其他整理工艺。

③正确选用染色及后整理设备的型号、规格。

④制订对染色及后整理工艺的质量要求。

(6)确定产品出厂重量、商标及包装形式。

(7)技术资料汇总。将产品的技术资料汇总、装订、登记,并存档保管。

2. 密度与回缩率

(1)密度。

①密度是用来表示针织物稀密程度的一种指标,在羊毛衫生产中,常见的有横密、纵密、成品密度、下机密度等。

a. 横密:沿织物横列方向单位长度(通常为 10cm)内的线圈纵行数。

b. 纵密:沿织物纵行方向单位长度(通常为 10cm)内的线圈横列数。

c. 成品密度:羊毛衫产品经过后整理后,线圈达到稳定状态时的密度,又称净密度,是羊毛衫编织工艺计算的主要参数,应根据毛纱线密度、机号、产品重量要求、织物手感等因素来确定。

d.下机密度:织物在编织完成后未经过后整理的密度,又称毛密度。

②织物在编织过程中由于受到外力的作用,刚下机的织物密度并不稳定,需要对其进行简单处理,使之达到较为稳定的状态,在实际生产中,以揉缩、掼缩、卷缩较为普遍,此外,还有蒸缩(干蒸、湿蒸)等回缩方式。

a.揉缩:揉缩是将下机衣片无规则地团在一起,加以揉捏,然后将衣片拍平、自然铺展,测量其密度和尺寸的方法,此法在粗针距毛衫中使用较多。

b.掼缩:掼缩是将衣片横向对折,再纵向对折成方块形状,在平台上进行掼击,自然铺展,测量其密度和尺寸的方法,两次重复测量无差异为准,否则再掼,缩足为止。此法适宜于横机各种罗纹或畦编类等双面织物。

c.卷缩:卷缩是将下机衣片横向卷起,轻轻自两端稍微拉伸后然后摊平,测量其密度和尺寸的方法,此法适宜于各类原料的单面织物。

③控制毛衫织物成品密度和尺寸的关键是控制下机密度,即下机衣片的毛密度和尺寸,通常采用的方法是编套法和拉密法。

a.编套法:编套法又称线圈长度法,它是在一定长度的纱线(通常为40cm)上做上记号,让此段纱线参加编织,记下其编织成的线圈个数。

b.拉密法:拉密法是将下机衣片沿着线圈横列(或纵行)方向拉足,然后测量规定线圈数(通常横列方向10只,纵行方向20只)在拉足时的横向(或纵向)尺寸;也可测量单位长度[通常为25.4mm(1英寸)]内针织物在拉足时沿横列(或纵行)方向的线圈数目。

(2)回缩率。回缩率可用下列公式求得:

$$h = \frac{p_c - p_m}{p_c} \times 100\% \qquad (2-1-3)$$

式中:P_m——F机密度,线圈数/10cm;

P_c——成品密度,线圈数/10cm;

h——回缩率,%。

影响回缩率的因素主要有以下几点。

①原料性质:一般毛类织物的回缩率大于化纤织物。

②织物组织:同一种原料所编织的纬平针、罗纹或集圈等织物,因织物组织不同,其回缩率也不同。

③织物密度:一般情况下,织物的密度越大,其回缩率越小。

④毛纱张力、牵拉力:在加工过程中所受张力、牵拉力越大,织物的回缩率越大。

⑤毛纱的色泽:同种原料,色泽不同,回缩率也不同。例如黑色和夹花色织物,其回缩率比一般颜色的小。

⑥染料的选用:用弱酸性染料染色的毛纱与采用强酸性染料染色的毛纱相比,前者织物的回缩率大。

⑦后处理方法:轻缩绒织物的回缩率小于重缩绒织物的回缩率。

(3)各种原料常用密度与回缩率。常用品种密度与回缩率可参照表2-1-51。

表 2 - 1 - 51　常用品种密度与回缩率

原　料			织物组织	机号 E	密度（线圈数/10cm）				回缩率（%）		缩片方法
					成品		下机				
种类	tex	公支			横	纵	横	纵	横	纵	
山羊绒纱	20.8 ×2 精纺	48/2	纬平针	16	80	118	81	115	-1.25	2.54	揉、掼
	23.8 ×2 精纺	42/2		14	70	100	71	97	-1.43	3.00	
	31.3 ×2 精纺	32/2		12	62	92	63	89	-1.61	3.26	
	35.7 ×2	28/2		12	56	84	57	81	-1.79	3.57	
	38.5 ×2	26/2		12	55	83	56	80	-1.82	3.61	
	41.7 ×2	24/2		11	53	80	54	76	-1.89	5.00	
	55.6 ×2	18/2		9	48	74	50.5	69.5	-5.21	6.08	
	83.3 ×2	12/2		7	40	62	41	57.5	-2.50	7.26	
	35.7 ×2	28/2	四平空转	12	54	70	55	68	-1.85	2.86	
	38.5 ×2	26/2	畦编	12	26.5	75	27	73.5	-1.89	2.00	
羊毛纱	20.8 ×2	48/2	纬平针	16	80	129	81	126.5	-1.25	1.94	揉、掼
	21.7 ×2	46/2		14	72	112.5	73.5	110	-2.08	2.22	
	27.8 ×2	36/2		12	64	95.5	65.5	92.5	-2.34	3.14	
	30.8 ×2	32.5/2		12	63	92.5	64.5	89.5	-2.38	3.24	
	48.8 ×2	20.5/2		11	56	77	57.5	74.5	-2.68	3.24	
	55.6 ×2	18/2		11	54	82	55	73	-1.85	10.98	蒸
	2 ×48.8 ×2	2 ×20.5/2		9	42	62	41	57	2.38	8.06	揉、掼
	48.8 ×2	20.5/2	三平	9	44	49	46	49	-4.54	—	蒸
	30.8 ×2	32.5/2	罗纹空气层	11	61	110	63	107	-3.28	2.73	蒸
	3 ×48.8 ×2	3 ×20.5/2	纬平针	6	27	42	27	39	—	7.14	掼
羊仔毛纱	83.3 ×1	12/1	纬平针	11	55	86	56	79	-1.82	8.14	揉
	62.5 ×2	16/2		9	45	70	45	66	—	5.71	揉、掼
	2 ×83.3 ×1	2 ×12/1		7	34	51	35.5	46.5	-4.41	8.82	卷
	83.3 ×1	12/1	半畦编	11	55	86	55	82	—	4.65	揉、掼
驼绒纱	38.5 ×2	26/2	纬平针	12	56	83	57	79	-1.79	4.82	揉、掼
	71.4 ×2	14/2		9	42	66	42.5	59.5	-1.19	9.85	
	83.3 ×2	12/2		7	33	50	33.5	46	-1.52	8.00	
	71.4 ×1	14/1	四平空转	11	55	100	56	100	-1.82	—	揉、掼、蒸
	50 ×2	20/2	三平	9	41	49	41.5	48	-1.22	2.04	掼
兔毛纱	71.4 ×1	14/1	纬平针	11	53	81	54	72	-1.89	11.11	揉、掼
	2 ×83.3 ×1	2 ×12/1		6	33	52	34	47	-3.03	9.62	
	2 ×83.3 ×1	2 ×12/1	畦编	6	21	33.5	23	30	-9.52	10.45	掼

原　料			织物组织	机号 E	密度（线圈数/10cm）				回缩率（%）		缩片方法
种类	tex	公支			成品		下机		横	纵	
					横	纵	横	纵			
牦牛绒纱	38.5×2	26/2	纬平针	12	56	83	56.5	80	−0.89	3.61	揉、掼
	71.4×2	14/2		9	45	62	46	58	−2.22	6.45	
毛型腈纶纱	38.5×2	26/2	纬平针	11	53	78	54.5	79.5	−2.83	−1.92	揉、掼
	2×38.5×2	26/2×2		6	32	49	32	47	—	4.08	卷
	4×38.5×2	26/2×4		4	20.5	32	20.5	30	—	6.25	掼
	3×38.5×2	26/2×3	三平	6	29	42	29	41	—	2.38	掼
	2×38.5×2	26/2×2	四平	6	42	65	42	65	—	—	掼

（4）各种常用原料 1+1 罗纹的计算密度：羊毛衫生产中，常用原料 1+1 罗纹的计算密度（纵密）可参照表 2−1−52。

表 2−1−52　常用原料 1+1 罗纹计算密度

原　料			机号 E	计算密度（横列数/10cm）	原　料			机号 E	计算密度（横列数/10cm）
种类	tex	公支			种类	tex	公支		
山羊绒纱	20.8×2	48/2	16	154~158	兔毛纱	71.4×1	14/1	11	112~118
	23.8×2	42/2	14	136~140		2×83.3×1	12/1×2	6	54~60
	31.3×2	32/2	12	122~126	羊仔毛纱	83.3×1	12/1	11	100~106
	35.7×2	28/2	12	118~122		62.5×2	16/2	9	84~92
	38.5×2	26/2	12	116~120		2×83.3×1	12/1×2	6	58~66
	41.7×2	24/2	11	106~110	驼绒纱	38.5×2	26/2	12	118~123
	55.6×2	18/2	9	88~94		71.4×2	14/2	9	86~93
	83.3×2	12/2	7	56~62		83.3×2	12/2	7	68~75
羊毛纱	20.8×2	48/2	16	151~159	牦牛绒纱	38.5×2	26/2	12	114~119
	21.7×2	46/2	14	137~145		71.4×2	14/2	9	82~89
	27.8×2	36/2	12	121~129	毛型腈纶纱	38.5×2	26/2	11	90~100
	30.8×2	32.5/2	12	117~126					
	48.8×2	20.5/2	11	97~105		2×38.5×2	26/2×2	6	62~74
	2×31.3×2	32/2×2	9	83~93					

3. 起口排针方式

羊毛衫下摆、袖口等边口部位所用组织主要有 1+1 罗纹组织、2+2 罗纹组织、双层平针组织，其起口排针方式可参照表 2−1−53。

表 2 - 1 - 53　常用起口排针方式

名　　称			表示方式
1 + 1 罗纹	粗厚织物	不翻口	反面 · | · | · | · 正面 | · | · | · |
		翻口	反面 | · | · | · | 正面 · | · | · | ·
	细薄织物	不翻口	反面 · · | · | · · 正面 | | · | · | |
		翻口	反面 | | · | · | | 正面 · | · | · | ·
2 + 2 罗纹	粗细织物	不翻口	反面 | | · | | · | | 正面 | · | | · | | · |
		翻口	反面 | · | | · | | · | 正面 | | · | | · | |
空气层	粗细织物	—	反面 | | | | | | | 正面 | | | | | | |

注　1. 由于操作习惯不同,有些企业以后针床为正面,本例以前针床为正面。
　　2. 2 + 2 罗纹组织有两种编织方法,本例中采用针槽相错,每个针床上的织针 2 隔 1 出针编织,此种方法编织的织物结构紧密,弹性好。

4. 起口空转

一般在起始横列与边口主体部段之间需要编织起头空转,以便更有效地改善边口品质和风格。起口空转编织法参照表 2 - 1 - 54。

表 2 - 1 - 54　起口空转编织方法

名　称	编　织　方　式	备　　注
1 + 1 罗纹		a. 正面线圈横列和反面线圈横列分别为: ①大身和袖子:粗厚织物 1—1 或 2—1;细薄织物 3—2 ②翻领或横门襟:粗厚织物 1—1 或 2—1;细薄织物 3—2 或 2—1 ③双层罗纹:粗厚织物 1—0,细薄织物 1—0 ④罗纹或满针罗纹附件:粗厚织物 1—1,细薄织物 1—1 b. 正、反面密度: ①不翻口:反面比正面略紧;翻口:正面比反面略紧 ②双层折边边口需缝合时,起始横列密度放松,以便于折边缝合 ③对于罗纹或满针罗纹附件,正反面松紧基本相同,不宜过紧,拉长率不低于 2.5 倍
2 + 2 罗纹		

名　称	编 织 方 式	备　注
空气层	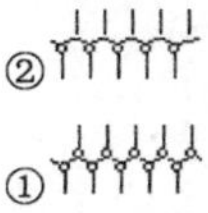 ② ⌇⌇⌇⌇⌇ ① ⌇⌇⌇⌇⌇（起始横列）	反面比正面略紧

5. 连放针

下摆罗纹、袖口罗纹、裤口罗纹边口与衣片正身交接处,工艺要求一转加一针(两边),前、后身一般连加 2~3 次,袖子一般连加 1~2 次,这种工艺称连放针、跑马针、或快放针。主要供成衣缝耗用,使成衫后边口罗纹与正身坯布交接处能有一条平直的缝线,而不致造成凹凸缺陷。

6. 加针与减针

工艺设计中最主要的过程是实现羊毛衫产品各部位上的尺寸变化,这一过程称作成形。成形方式有三种:增加或减少参加工作的针数,改变线圈大小,改变组织结构,从而实现产品宽度和形状的改变。常用的成形方法是采用增加或减少参加工作的针数(即加针和减针),从而形成所需要的形状。加针和减针的常用方法见表 2-1-55。

表 2-1-55 常用的加针和减针方法

项　目		线圈结构图	编织方式	备　注
加针(或放针)	暗加针	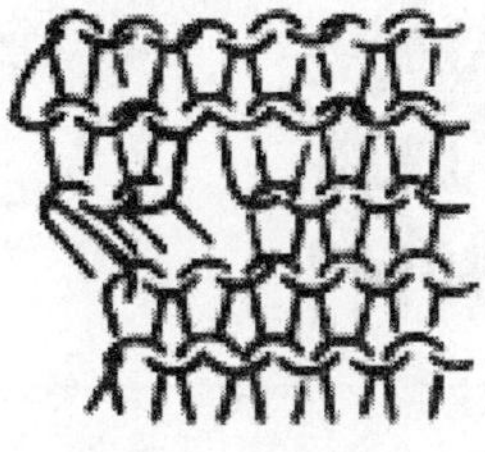	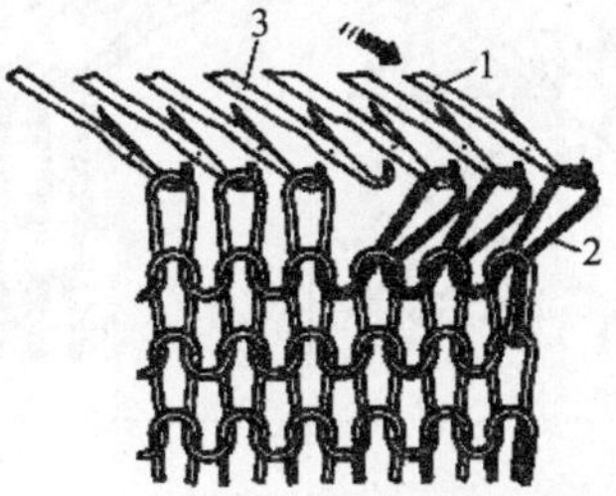	有孔洞
		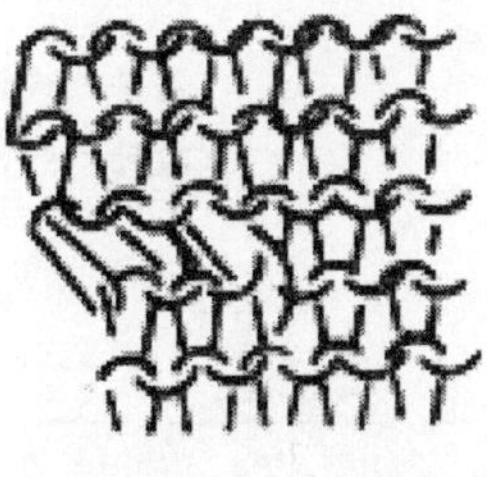		将针编弧挂在空针上继续编织,无孔洞
	明加针	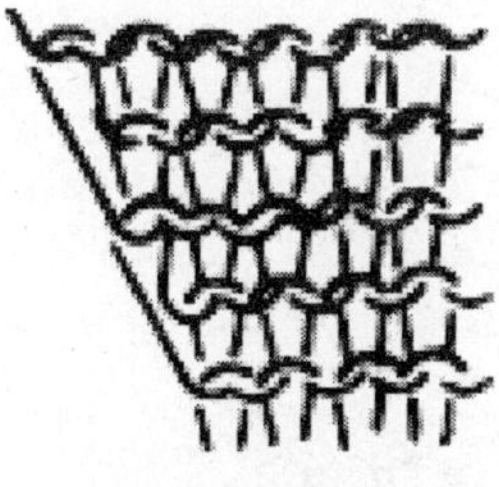	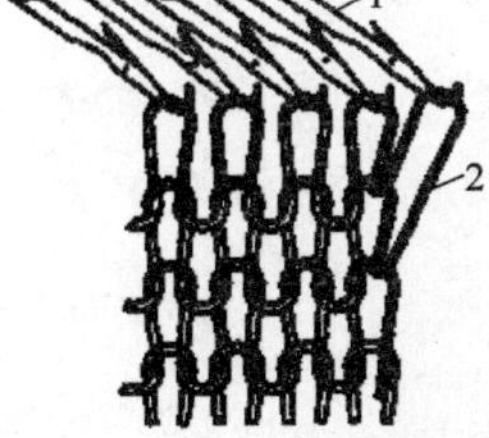	

项　目		线圈结构图	编织方式	备　注
加针（或放针）	握持式加针			
减针（或收针）	明收针			边缘不整齐
	暗收针			边缘纵行称收针辫子,边缘整齐,美观
	拷针			这种方式容易脱圈,此外,锁边式收针也称为拷针
	握持式收针			

(三)编织计算

横机羊毛衫产品编织工艺的计算,实际上就是以成品密度和组织结构为基础,将产品的规格尺寸转化为编织操作时表达的针数(宽度)和转数(长度)。计算的方法也多种多样,但计算的原理基本相同。以下计算方法中各部位尺寸单位为 cm。

1. 前身胸宽(针)

(1)套衫。

$$前身胸宽(针)=(胸宽尺寸+两边摆缝折向后身的宽度)\times\frac{大身横密}{10}+摆缝缝耗针数$$

(2)装门襟开衫。

$$前身胸宽(针)=(胸宽尺寸+两边摆缝折向后身的宽度-门襟宽)\times\frac{大身横密}{10}+$$
$$摆缝和装门襟的缝耗针数$$

(3)连门襟开衫。

$$前身胸宽(针)=(胸宽尺寸+两边摆缝折向后身的宽度+门襟宽)\times\frac{大身横密}{10}+$$
$$摆缝和装丝带的缝耗针数$$

两边摆缝折向后身的宽度一般取 1~1.5cm。

缝耗指两边缝合耗费的针数,缝耗针数的多少与产品的种类和缝合设备有关。摆缝缝耗:一般每边为 0.5cm,即细机号 2~4 针,粗机号 1~2 针,一般品种取 2~3 针。

2. 后身胸宽(针)

$$后身胸宽(针)=(胸宽尺寸-两边摆缝折向后身的宽度)\times\frac{大身横密}{10}+摆缝缝耗针数$$

3. 后身肩宽(针)

$$后身肩宽(针)=肩宽尺寸\times\frac{大身横密}{10}\times肩斜修正值+上袖缝耗针数$$

肩斜修正值一般为 95%~97%。

4. 前身肩宽(针)

(1)套衫。

$$前身肩宽(针)=后身肩宽(针)$$

(2)装门襟开衫。

$$前身肩宽(针)=(肩宽尺寸-门襟宽)\times肩斜修正值\times\frac{大身横密}{10}+上袖和装门襟缝耗针数$$

(3)连门襟开衫。

$$前身肩宽(针)=(肩宽尺寸+门襟宽)\times肩斜修正值\times\frac{大身横密}{10}+上袖和装丝带缝耗针数$$

5. 后身挂肩收针

$$后身挂肩收针次数=\frac{后身胸宽针数-后身肩宽针数}{每次两边收去针数}$$

$$后身挂肩收针转数=后身挂肩收针长度\times\frac{大身直密}{10}\times组织因素$$

挂肩处每次每边收针数:一般粗厚产品每次每边收 2 针,细薄产品每次每边收 2~3 针。

挂肩收针长度:一般男衫 8~10cm,女衫 7~9cm,童衫 5~7cm。

大身直密指的是成品的纵密(线圈横列数/10cm),计算时需转换成编织转数,式中的组织因素即为转换系数,转换方法见表 2-1-56。

表 2-1-56　纵向密度与机头编织转数的转换关系

产品组织结构	线圈横列数与转数	组织因素值
畦编、半畦编、双罗纹(棉毛)、罗纹半空气层反面等	一转一横列	1
纬平针、罗纹、四平、罗纹半空气层正面等	一转二横列	1/2
罗纹空气层(四平空转)等	三转四横列	3/4

6. 前身挂肩收针

$$前身挂肩收针次数 = \frac{前身胸宽针数 - 前身肩宽针数}{每次两边收去针数}$$

一般情况下,前身挂肩比后身挂肩收针次数多 1~2 次,前身挂肩收针转数可比后身挂肩收针转数多 2~6 转,有的前身、后身挂肩收针转数可相等,具体依款式而定。

$$前身挂肩收针转数 = 前身挂肩收针长度 \times \frac{大身直密}{10} \times 组织因素$$

收针长度:男衫为 8~10cm,女衫 8~12cm,童衫 5~7cm。

7. 后领宽(针)

$$后领宽(针) = (领宽尺寸 + 领边宽 \times 2 - 两领边缝耗宽 \pm 领宽修正值) \times \frac{大身横密}{10}$$

此式适用于领宽量法为内量。领宽修正值与实际领型有关。

$$后领宽(针) = (领宽尺寸 - 两领边缝耗宽 \pm 领宽修正值) \times \frac{大身横密}{10}$$

此式适用于领宽量法为外量。

8. 前领宽(针)

(1)套衫:套衫前领宽针数与后领宽近似相同。

(2)开衫:开衫前领宽针数计算与开衫前胸宽针数计算方法近似。

9. 身长转数

$$身长转数 = (身长尺寸 \pm 下摆边口长度 + 测量差异) \times \frac{大身直密}{10} \times 组织因素 + 肩缝缝耗$$

(1)下摆口为加边时,减去下摆边口长度;下摆口为折边时,加上下摆边口长度。

(2)测量差异一般为 0.5~1cm。

(3)肩缝缝耗一般为 2~3 个线圈横列,其他纵向缝耗与之相同。

(4)前后身转数分配:平袖背肩、平肩和裁剪拷针品种前身比后身长 1~1.5cm;斜袖品种后身比前身长 1.5~6cm。

10. 后肩收针

$$后肩收针次数 = \frac{后身肩宽针数 - 后领口针数}{每次两边收去的针数}$$

$$后肩收针转数 = 后肩收针长度 \times \frac{大身直密}{10} \times 组织因素 + 肩缝缝耗$$

后肩收针长度:背肩产品(即只有后肩需要收针),一般男衫 8 ~ 10cm,女衫 7 ~ 9cm,童衫 5 ~ 7cm;前、后身均收肩的产品,后肩收针长度为上述值的一半。

11. 前肩收针

计算方法参见后肩收针。背肩产品(即只有后肩需要收针),前肩不需要收针;前、后身均收肩的产品,前肩收针长度为上述背肩产品后肩收针长度值的一半。

12. 挂肩转数

$$挂肩转数 = (挂肩尺寸 \pm 修正因素) \times \frac{大身直密}{10} \times 组织因素$$

修正因素视产品款式和每档挂肩规格的差异而定,一般为 0.5 ~ 1.5cm。另外,挂肩转数还可以用下式计算:

$$挂肩转数 = \sqrt{挂肩^2 - \left(\frac{胸宽 - 肩宽}{2}\right)^2} \times \frac{大身直密}{10} \times 组织因素$$

13. 前身、后身各部位转数分配

(1)前身不收肩坡、后身收肩坡。

$$后身挂肩平摇转数 = 挂肩转数 - 后身挂肩收针转数 - \frac{1}{2}后肩收针转数$$

$$后(前)身挂肩下转数 = 后身衣长转数 - 后肩收针转数 - 后身挂肩平摇转数 - 后身挂肩收针转数$$

$$前身挂肩转数 = 前身衣长转数 - 前身挂肩下转数$$

$$前身挂肩平摇转数 = 前身挂肩转数 - 前身挂肩收针转数$$

(2)前身、后身均收肩坡。

$$后身挂肩平摇转数 = 挂肩转数 - 后身挂肩收针转数$$

$$后(前)身挂肩下转数 = 后身衣长转数 - 后肩收针转数 - 挂肩转数$$

$$前身挂肩转数 = 前身衣长转数 - 前身挂肩下转数 - 前肩收针转数$$

$$前身挂肩平摇转数 = 前身挂肩转数 - 前身挂肩收针转数$$

计算前、后身挂肩转数时,如前、后片身长有差异还需考虑折后(或折前)因素。

(3)斜袖产品。根据袖宽尺寸直接计算挂肩以上转数。

$$后身挂肩以上转数 = (袖宽尺寸 + 修正因素) \times \frac{大身直密}{10} \times 组织因素$$

修正因素根据斜袖的倾斜而定,一般取 6 ~ 7cm。

$$后(前)身挂肩下转数 = 后身衣长转数 - 后身挂肩以上转数$$

$$前身挂肩以上转数 = 前身衣长转数 - 前身挂肩下转数$$

14. 下摆罗纹排针

(1)1 + 1 罗纹。

$$1+1\text{罗纹下摆排针条数} = \frac{\text{胸宽针数} - \text{快放针数} \times 2}{2}$$

（2）2+2罗纹。

$$2+2\text{罗纹下摆排针条数} = \frac{\text{胸宽针数} - \text{快放针数} \times 2}{3}$$

1+1罗纹、2+2罗纹排针方式见表2-1-53。

15. 下摆罗纹转数

$$\text{下摆罗纹转数} = (\text{下摆罗纹尺寸} - \text{起口空转长度}) \times \frac{\text{下摆罗纹直密}}{10} \times \text{组织因素}$$

起口空转的长度一般取0.2~0.5cm。

16. 领深转数

$$\text{领深转数} = (\text{领深尺寸} \pm \text{测量因素} - \text{领缝缝耗}) \times \frac{\text{大身直密}}{10} \times \text{组织因素}$$

（1）圆领。

$$\text{圆领领深转数} = (\text{领深尺寸} + \text{领罗宽} + \text{后领深} + \text{前后身长之差} -$$
$$\text{领缝缝耗}) \times \frac{\text{大身直密}}{10} \times \text{组织因素}$$

（2）V领。

$$\text{V领深转数} = (\text{领深尺寸} - \text{测量因素} + \text{后领深} + \text{前后身长之差} -$$
$$\text{领缝缝耗}) \times \frac{\text{大身直密}}{10} \times \text{组织因素}$$

测量因素：V领开衫一般取所钉扣子直径的一半，V领套衫取0，后领深根据实际要求定，一般为0~3cm。

17. 袖长转数

（1）平袖。

①当袖长尺寸为净袖长尺寸时：

$$\text{平袖袖长转数} = (\text{袖长尺寸} \pm \text{袖口尺寸}) \times \frac{\text{袖子直密}}{10} \times \text{组织因素} + \text{上袖缝缝耗转数}$$

②当袖长尺寸为全袖长尺寸时：

$$\text{平袖袖长转数} = (\text{袖长尺寸} - \frac{1}{2}\text{肩宽尺寸} \pm \text{袖口尺寸}) \times \frac{\text{袖子直密}}{10} \times$$
$$\text{组织因素} + \text{上袖缝缝耗转数}$$

（2）斜袖。

$$\text{斜袖袖长转数} = (\text{袖长尺寸} - \frac{1}{2}\text{领宽尺寸}) \times \frac{\text{袖子直密}}{10} \times \text{组织因素} + \text{上袖缝缝耗转数}$$

领宽尺寸如果是内量尺寸，还需减去一个领边宽。

18. 袖宽针数

$$\text{袖宽针数} = \text{袖宽尺寸} \times 2 \times \frac{\text{袖子横密}}{10} + \text{袖边缝缝耗针数}$$

若规格中未确定袖宽（袖肥）尺寸，可用挂肩尺寸修正计算，由于一般挂肩尺寸是由肩袖缝至腋下斜量，袖隆比挂肩小，故：

$$袖宽（袖肥）尺寸 = 挂肩尺寸 - 袖斜差$$

袖斜差一般成人衫取 $2 \sim 3cm$，童衫取 $1 \sim 1.5cm$。

19. 袖山头针数

（1）平袖。

$$袖山头针数 = （前身挂肩平摇转数 + 后身挂肩平摇转数 - 肩缝缝耗） \div$$

$$\frac{大身直密 \times 组织因素}{10} \times \frac{袖子横密}{10} + 袖缝缝耗针数$$

（2）斜袖。

$$袖山头针数 = 袖山头尺寸 \times \frac{袖子横密}{10} + 袖缝缝耗针数$$

斜袖产品袖山头尺寸：成人衫为 $4 \sim 10cm$，童衫为 $3 \sim 6cm$。

20. 袖膊收针

$$袖膊收针次数 = \frac{袖宽针数 - 袖山头针数}{每次两边收去针数}$$

袖膊收针转数：平袖产品，一般与前、后身挂肩收针转数接近或相同；斜袖产品，一般与后身挂肩以上转数相同或接近。

21. 袖口针数

$$袖口针数（罗纹交接处） = 袖口尺寸 \times 2 \times \frac{袖子横密}{10} + 袖边缝缝耗$$

一般袖口尺寸：男衫 $10 \sim 13cm$，女衫 $9 \sim 12cm$，童衫 $8 \sim 10cm$。袖口尺寸如有专门要求，则需按专门要求来确定。袖口罗纹排针可参照下摆罗纹排针。由于袖罗纹具有良好的弹性，因此不能以袖罗纹边口实际尺寸为准，要根据罗纹组织及其弹性大小而定。

保暖毛裤的裤口尺寸一般为：男裤 $12 \sim 15cm$，女裤 $11 \sim 14cm$，童裤 $9 \sim 12cm$。

22. 袖口罗纹转数

$$袖口罗纹转数 = （袖口罗纹长度 - 起口空转长度） \times \frac{袖口罗纹直密}{10} \times 组织因素$$

23. 袖子放针

$$袖子放针次数 = \frac{袖宽针数 - 袖口针数 - 快放针数}{每次两边放针数}$$

一般情况每次每边放 1 针。

$$袖子放针转数 = 袖长转数 - 袖膊收针转数 - 袖宽平摇处转数$$

袖宽平摇长度一般为 $2 \sim 5cm$。

24. 下机毛坯计算

$$下机毛坯长度（cm） = \frac{坯布总转数}{\frac{下机直密}{10} \times 组织因素} + 罗纹下机长度$$

$$下机毛坯宽度（cm） = 坯布排针数 \div \frac{下机横密}{10}$$

25. 附件工艺计算

毛衫产品的附件工艺，通常采用计算和实测相结合的方法来进行，常用品种附件工艺的计

算方法如下:

(1)衣领。

$$领圈针数 = 领圈周长 \times \frac{领子横密}{10} + 缝耗$$

领圈周长可按领型的几何形状,将前、后领进行叠加计算整个领周,在有弧线或折线处,可采用勾股定理近似计算。例如:

$$圆领前领半圆弧长 = \sqrt{\left(\frac{领宽尺寸}{2}\right)^2 + 领深^2} + 修正因素$$

其中,领宽尺寸为外量。另外,领圈周长也可在领型样板上实测。根据不同的领型还需考虑一些修正因素。

(2)挂肩。

$$挂肩带针数 = (挂肩尺寸 \times 2 + 凹势修正因素) \times \frac{挂肩带横密}{10}$$

凹势修正因素一般为 $1 \sim 2cm$。

(3)门襟。

V 领开衫门襟长 = (领圈周长 + 领深处下衣长 $\times 2$ + 缝耗) $\times$ (1 + 门襟带回缩率)

门襟带(满针罗纹)回缩率为 8% 左右。

(4)附件的转数。

$$附件的转数 = 附件长度 \times \frac{附件直密}{10} \times 组织因素 + 缝耗$$

以上是常用附件的计算方法,羊毛衫附件的种类较多,计算时具体视款式而定。常用领型样板见表 2-1-57。大类品种附件工艺表示方法见表 2-1-58。

表 2-1-57　常用领口样板

名　称	样　板	说　明	备　注
圆领		① = 领深 + 领边宽 - 缝耗 + 前身折向后身的长度 一般尺寸为: 男式 7.5~8cm,女式 7~7.5cm,童式 6~6.5cm ② = 后领宽 + 两个领边宽 - 缝耗 一般尺寸为: 男式 14~15cm,女式 13~14cm,童式 11~12cm ③为圆口凹势,在对角线 1/4 处,画顺领弧线	1. 毛坯样板须另加坯布回缩率 2. 后领宽量里档
翻领		① = 领深 - 缝耗 + 前身折向后身宽度,一般尺寸同圆领 ② = 后领宽 一般尺寸为: 男式 15~16cm,女式 14~15cm,童式 12~13cm ③为领的圆口凹势,在对角线 1/3 处,画顺领弧线	1. 毛坯样板须另加坯布回缩率 2. 后领宽量后领接缝处

续表

名 称	样 板	说 明	备 注
V领		① = 领深 - 缝耗 + 前身折向后身的宽度 ② = 后领宽 + 两个领边宽 - 缝耗 一般成人为 12 ~ 14cm,童衫为 10 ~ 11cm ③是在离对角线 1/3 处 1.7 ~ 2cm,画 V 领弧线	1. 领深包括领尖长,毛坯样板须另加坯布回缩率 2. 后领宽量里档
V 领男开衫门襟		① = 1/2 后领宽 + 1/2 门襟宽 ② = V 领深 + (0.5 ~ 1)cm ③ = 袋深 ④ = 下摆罗纹长 ⑤是缝耗,一般为 1cm	1. 毛坯样板须另加坯布回缩率 2. 后领宽量里档

表 2 – 1 – 58 大类品种附件工艺表示方法

附件名称	工 艺 表 示 法	备 注
女开衫圆领		1. 双层领 2. 编织时第一横列密度放松,最后一横列密度放松 3. 织完后挑记号眼
女套衫圆领		1. 接缝在右肩,双层拉开量:成人 28 ~ 30cm,儿童 26 ~ 28cm 2. 编织方式参照女开衫圆领
背后装拉链圆领		编织方式参照女开衫圆领
男套衫圆领		接缝在左肩,编织方式参照女开衫圆领

附件名称	工 艺 表 示 法	备 注
男式樽领	长度　后领　前领中心　空转＿转　摇＿转　正反面＿＿针(条)	1. 接缝在左肩 2. 编织时起口密度要紧,最后第二横列密度放松,夹纱空转后满针罗纹封口
V字领	长度　前领一半　后领　前领一半　＿转加＿针＿次　摇＿转　＿转收＿针＿次　正反面＿针(条)　空转1-1	
翻领	长度　前领一半　后领　前领一半　空转＿转　＿转收＿针＿次　空转＿转　阔　正反面＿针(条)	1. 男式领宽 36～38cm,女式领宽 34～36cm,童式领宽 30～32cm 2. 编织方式参照男式樽领
横门襟	长度　后领　领深　罗纹　空转＿转　摇＿转　空转＿转　正反面＿针(条)	1. 左右门襟记号眼要对称 2. 编织方式参照男式樽领
满针罗纹门襟带、袋带	门或襟带　或袋带　正反面　或　长＿cm　阔＿cm	左边口或右边口抽针,使外观圆顺光洁

注　1. 以上是斜肩平袖产品,若为斜袖或马鞍肩产品,则需要增加记号眼;

　　2. 编织时起口横列和最后横列密度放松,是为了用套口车缝合时便于对针套眼,其他缝纫方式则不需放松。

<h1 style="text-align:center">第二节　手　套</h1>

一、手套种类与规格

（一）手套种类

针织手套种类很多，但基本款式主要有三大类：独指手套、分指手套、插指手套，如图 2－1－43 所示。

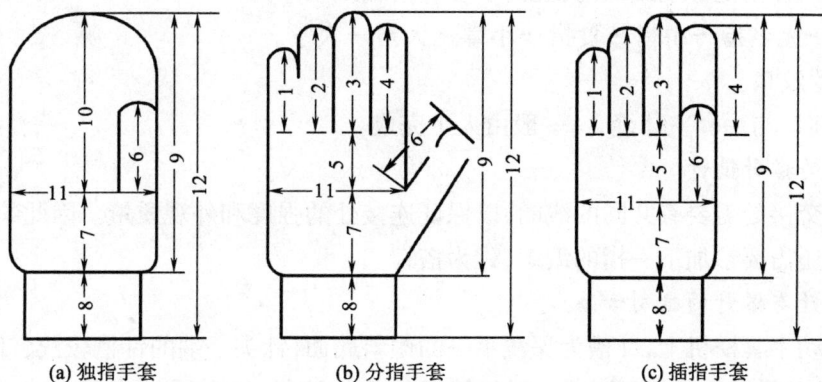

(a) 独指手套　　　　(b) 分指手套　　　　(c) 插指手套

图 2－1－43　手套款式及测量示意图

1—小指　2—无名指　3—中指　4—食指　5—小掌　6—大(拇)指　7—大掌

8—筒口　9—手(背)　10—指顶到大指跟　11—掌宽　12—全长

（二）手套的测量及规格

图 2－1－43 标明了各种款式手套的测量方式。

手套的规格往往根据使用对象来区分，规格大小用中指尖至筒口边缘即手套全长的厘米数表示。常用手套有 5 种：男、女、中、童、婴。各类手套规格尺寸见表 2－1－59。

表 2－1－59　常用手套全长规格

品　名	独指型	五指型	品　名	独指型	五指型
婴孩式	12.1	—	女式	23.2	23.8
	13.6	14.2		24.5	25.1
	15.0	15.6		25.7	26.4
童式	16.2	16.5	男式	—	25.4
	17.5	17.8		—	26.7
	18.7	19.1		—	27.9
中人式(少年)	19.7	20.0	劳保罗口式	—	26.9
	20.9	21.2			
	22.3	22.6	劳保平口式	—	25.0

二、手套生产工艺流程

原料进厂→原料检验→准备(络纱)→编织→半成品检验→配套→缝制→整理(拉绒、缩绒、定形)→成品检验→包装

三、手套编织工艺与工艺设计

(一)手套横机编织工艺与工艺设计

现以自动手套机编织分指手套(五指式)为例,说明编织工艺的设计方法。

1.编织工艺流程

分指手套的各指是分别编织的,五指手套各指编织顺序为:

(1)小指→无名指→中指→食指→小掌→大指→大掌。

(2)编织罗纹口。

(3)罗纹筒口与手套主体缝合,一般由人工完成。

2.各指间的搭针设计

相邻两指交接处需要有共同的线圈,以保证连接处的强度和外观质量。因此编织时编织上一指的某些针还需要参加下一指的编织,称为搭针。

3.手指选针与搭针的控制方法

机械式自动手套横机上,针槽为深浅不一的倾斜底面,针头一端的针槽较浅,针尾一端的针槽较深,并使针踵没于针床表面之下,不与编织三角相接触,这种舌针为不工作状态。图2－1－44为选针机构及选针顺序与搭针编织方法示意图。

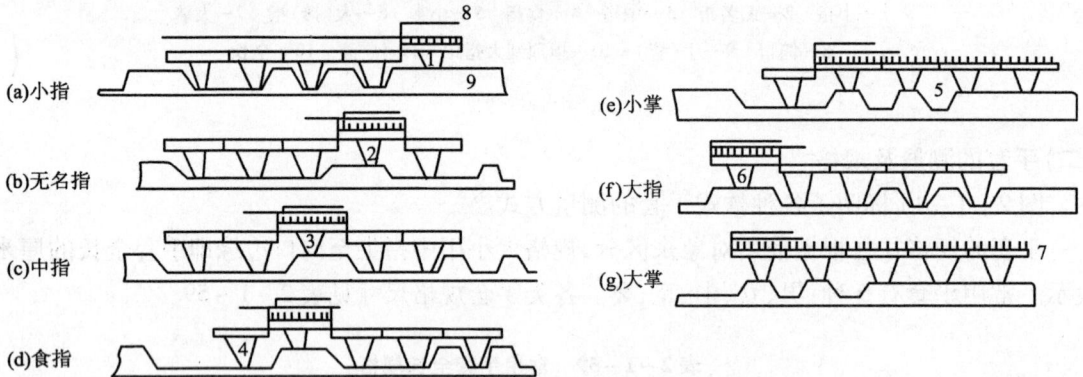

图2－1－44　选针机构及选针与搭针方法示意图
1~4、6—顶针摇臂　5—1~4顶针摇臂工作　7—1~4、6五个顶针摇臂工作
8—握持槽板　9—推拉齿条

图2－1－44中1~4、6为顶针摇臂,它们处于针床下方,摇臂的一端具有上下两个凸块,下凸块受带有凹凸齿形的推拉齿条9的作用,当下凸块处于齿条9的凸面时,则该顶针凸块上抬,例如图2－1－44(a)中凸块1遇齿条凸面,则顶针凸块1将其所对应的舌针针尾托起,使舌针与编织三角作用编织成圈,对应编织小指;起口编织,形成封底的小口袋,完成小指所需长度,则拉动齿条9,当顶针凸块处于齿条9的凹处时,顶针摇臂便不能托起针尾,因而其对应舌针不参加编织。

搭针处要使用握持槽板8,将刚退出工作的织针上的线圈握持住,以便使这些针中参加搭

针工作的舌针能顺利退圈,参加下一指的编织。横机上编织五指(分指)手套,实质是依次编织多个封底的小口袋。

顶针摇臂的宽度由各手指需要的排针数而定。

4. 长度控制工艺设计

手套各部位的编织长度(转数),可以由计数链条控制,编织时流程程序的变换由分配滚筒控制。

(1)计数链条:计数链条有高节链与低节链两种。

①高节计数链:控制分配滚筒的撑动,作用时机器为慢速,一节链条对应横机机头1转。

②低节计数链:控制工艺转数,作用时机器为快速,一节链条对应横机机头2转。

(2)分配滚筒:受高节计数链控制,高节链每走过一个链节,分配滚筒撑过一齿。

(3)机器速度:快速用于编织,慢速用于变换程序动作。

5. 工艺设计

现以罗口劳保手套为例,说明手套编织工艺设计内容。

(1)产品名称:罗口劳保手套。

(2)款式与测量方法:如图2-1-43(b)所示。

(3)织物组织与产品规格:如表2-1-60所示。

表2-1-60 罗口劳保手套规格

横 机			原 料			成品尺寸(cm)					下机重量
机种	机号 E (针/25.4mm)	织物 组织	种类	tex	英支	中指	小掌	大掌	筒口	全长	(g/10 副)
手套机	7	筒状平针	棉纱	9×28tex	21英支×9	8.4	4.4	6.6	—	26.9	573
罗纹横机	8	2+2罗纹		6×28tex	21英支×6	—	—	—	7.5		

(4)上机操作工艺:上机操作工艺包括排针方式、五指编织宽度(针数前/后)与长度(转数)、搭针(前/后)、罗口编织工艺与牵拉方式等内容,见表2-1-61。

表2-1-61 手套上机工艺

排针方式 (四平针)	五指编织针数(前/后)、转数										搭针(前/后)				手掌		罗口		牵拉 方式
	小指		无名指		中指		食指		大指		小指 与无 名指	无名 指与 中指	中指 与食 指	食指 与大 指	转		单床针数 /条	转数 (转)	
	针 数	转 数	针 数	转 数	针 数	转 数	针 数	转 数	针 数	转 数					小掌	大掌			
‖‖‖‖‖后 ‖‖‖‖前	10/10	28	11/11	38	11/11	42	11/11	36	12/12	30	2/2	2/2	3/3	3/3	22	34	—	—	—
‖·‖‖·‖后 ‖‖·‖‖·‖前	计件连续编织														18.5	28			罗拉式

注 双罗纹习惯上按"条"计针数,如2+2罗纹,前2针后2针为1条;单床数则2针为1条,也称组。

（5）计数链条排列与分配滚筒（展开）设计（图2-1-45）：机头停止运行时,快、慢传动离合器都脱开,但其他机构的变换动作仍可进行。

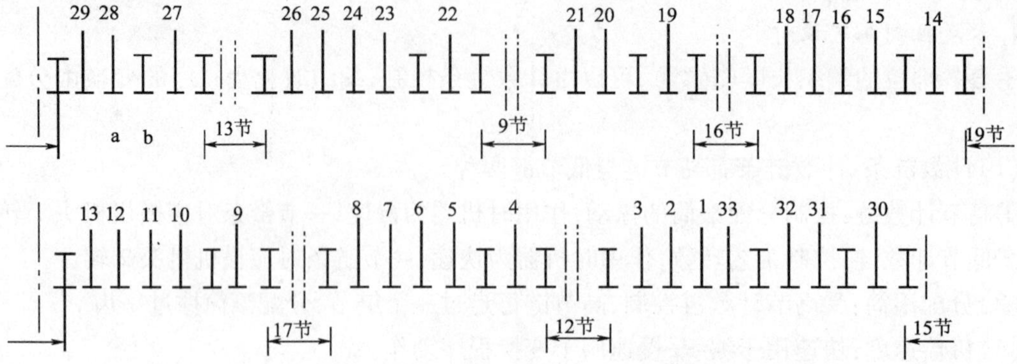

(a)计数链条排列

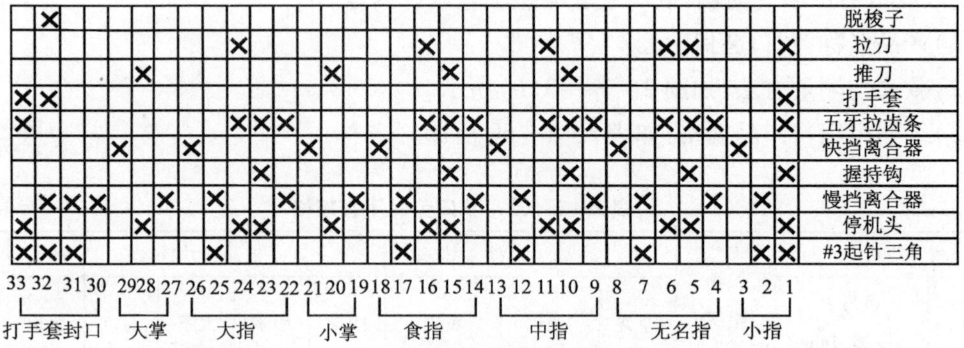

	✕						✕		✕		✕		✕✕	✕	脱梭子

(b)分配滚筒展开示意图

图2-1-45 计数链条排列与分配滚筒（展开）设计图

a—高节链 ✕—对应机构动作变换 b—平节链 □—机构无动作变换

（6）选针过程设计：手套横机上由拉刀和推刀分别控制五齿拉齿条和四齿推齿条,使推拉齿条上凹凸部分对各指选针,参见图2-1-44。

（二）手套圆机编织工艺与工艺设计

现以双系统手套圆机编织提花手套产品为例,说明编织工艺的设计方法。

1.编织工艺流程

（1）筒口→2～4转平针横列→手心、手背提花编织→2～4转平针横列→手套分离线横列。

（2）手指部段在横机上编织。

（3）手指部段与手掌缝合。

2.提花组织的设计

（1）提花组织横向范围：一个花型完全组织横向针数不能超过提花刀数；织物反面同一横列线圈中,虚线不宜过长,一般不宜超过4～6针；参加编织提花组织的针数应是一个花型完全组织宽度的整倍数。

（2）提花组织纵向范围：根据花型要求确定选针滚筒撑动次数与针筒转数间的关系，比值可以是1:1、1:2、1:4等，这时编织出的花型有很大区别，如图2-1-46所示。

一个花型完全组织高度（即纵向横列数，以单转提花为基数）应是选针滚筒棘轮齿数的约数，这就可使手背纵向有连续的完整花型。同时，手背提花横列数应是完全组织高度的整数倍，以保证花型完整。

（3）纹钉的排列：在双系统手套圆机上编织的双色提花手套产品，选针滚筒纹钉排列与其编织关系是：有钉时织针喂纱成圈，无钉时织针不喂纱也不脱圈。根据意匠图上花型图案用纹钉排列在两只选针滚筒上，一只选针滚筒排地组织花型，另一只选针滚筒排提花花型。

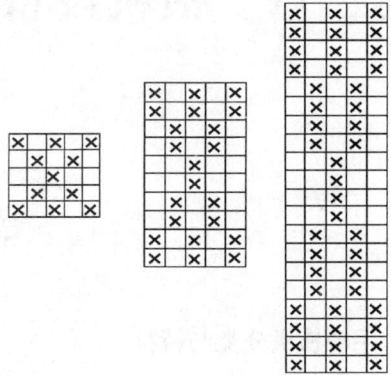

图2-1-46　1:1、1:2、1:4花型对比

（4）针筒上提花片齿的基本排列方式：许多手套产品往往在手背提花上采用一个完整的对称花型。因而，在手套圆机上，提花片轧齿排列以"V"形较多。如采用不对称花型，提花片轧齿分别排列成"／"形或"人"形排列等方式。

3.提花花型纹钉排列及提花片轧齿排列举例

以双系统提花并指手套圆机为例，花型纹钉排列及提花片轧齿排列如图2-1-47所示。

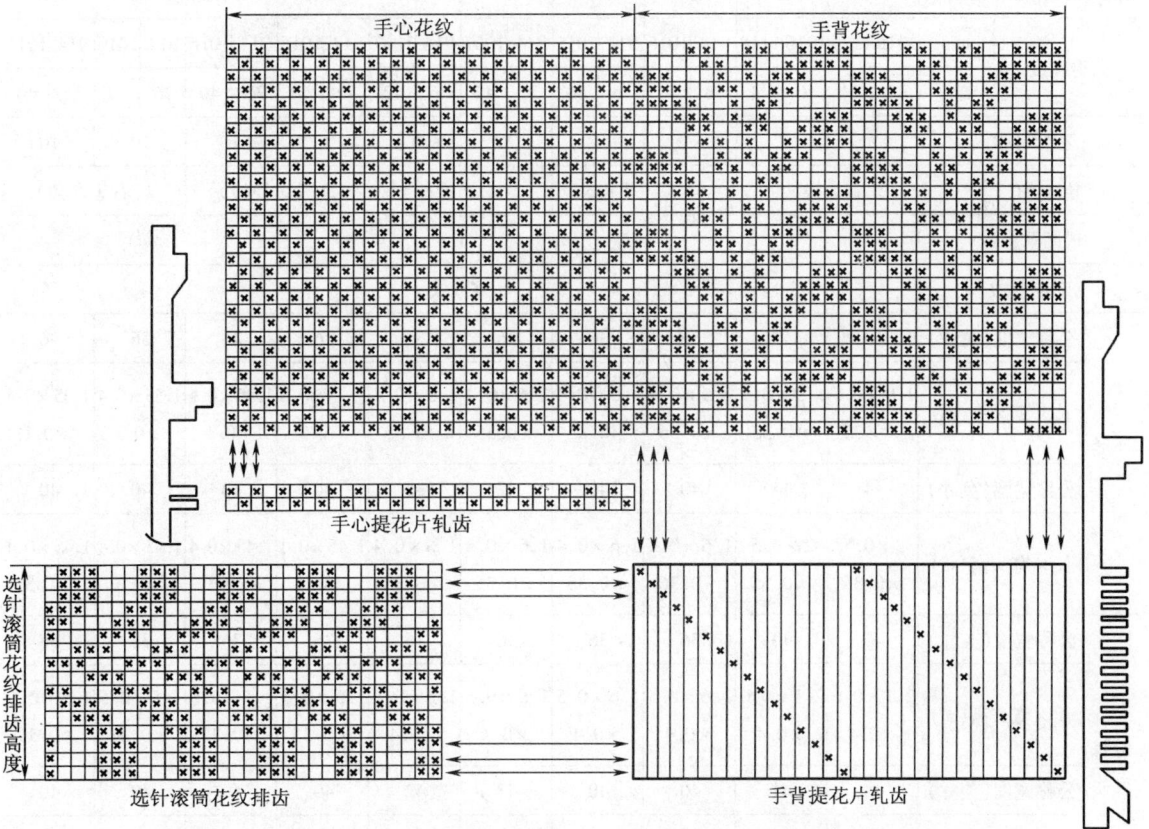

图2-1-47　双系统提花并指手套圆机花型纹钉排列及提花片轧齿排列

第二章　横机设备

第一节　手动横机

一、手动横机分类与特征

(一)手动横机的分类

手动横机主要分为平式横机、胖花横机、休止编织横机和嵌花(无虚线提花)横机。平式横机通常称为普通横机。

(二)手动横机的主要技术参数和特征

手动横机的主要技术参数和特征见表2-2-1。

表2-2-1　手动横机主要技术参数和特征

机号 E(针/25.4mm)		1.5		2		3		4.5		7		9		12		14		16		18	
公称宽度	mm	1016	1118	1016	1118	914	1016	914	1016	914	1067	914	1067	914	1016	914	1016	914	1016	914	1016
	英寸	40	44	40	44	36	40	36	40	36	42	36	42	36	40	36	40	36	40	36	40
移床针数		2		2		2		4		5		5		6		6		10		10	
导纱器(个)		2(右边换梭)				6(右边换梭)				2(右边换梭)				2(右边换梭)				2(右边换梭)			
成圈系统数		1																			
牵拉形式		重锤式																			
外形尺寸	公称宽度(英寸)	40		40		36		36		36		36		36		36		36		36	
	长×宽×高(m)	1.9×0.5×0.35		1.9×0.5×0.35		1.5×0.4×0.36		1.5×0.4×0.35		1.5×0.4×0.35		1.5×0.4×0.35		1.35×0.4×0.3		1.35×0.4×0.3		1.35×0.4×0.3		1.35×0.4×0.3	
	公称宽度(英寸)	44		44		40		40		42		42		40		40		40		40	
	长×宽×高(m)	2×0.5×0.35		2×0.5×0.35		1.6×0.4×0.36		1.6×0.4×0.35		1.6×0.4×0.35		1.6×0.4×0.35		1.45×0.4×0.3		1.45×0.4×0.3		1.45×0.4×0.3		1.45×0.4×0.3	
包装尺寸	公称宽度(英寸)	40		40		36		36		36		36		36		36		36		36	
	长×宽×高(m)	2.1×0.6×0.4		2.1×0.6×0.4		1.6×0.5×0.4		1.6×0.5×0.4		1.6×0.5×0.4		1.6×0.5×0.4		1.5×0.5×0.35		1.5×0.5×0.35		1.5×0.5×0.35		1.5×0.5×0.35	
	公称宽度(英寸)	44		44		40		40		42		42		40		40		40		40	
	长×宽×高(m)	2.2×0.6×0.4		2.2×0.6×0.4		1.7×0.5×0.4		1.7×0.5×0.4		1.7×0.5×0.4		1.7×0.5×0.4		1.6×0.5×0.35		1.6×0.5×0.35		1.6×0.5×0.35		1.6×0.5×0.35	

机号 E(针/25.4mm)		1.5	2	3	4.5	7	9	12	14	16	18
净重	公称宽度(英寸)	40	40	36	36	36	36	36	36	36	36
	kg	165	165	80	75	75	75	65	65	65	65
	公称宽度(英寸)	44	44	40	40	42	42	40	40	40	40
	kg	185	185	85	80	80	80	70	70	70	70
毛重	公称宽度(英寸)	40	40	36	36	36	36	36	36	36	36
	kg	200	200	105	100	100	100	90	90	90	90
	公称宽度(英寸)	44	44	40	40	40	40	40	40	40	40
	kg	220	220	110	105	105	105	95	95	95	95

二、编织机构

(一)三角结构及走针轨迹

1. 平式横机

平式横机的三角结构如图 2 - 2 - 1 所示。

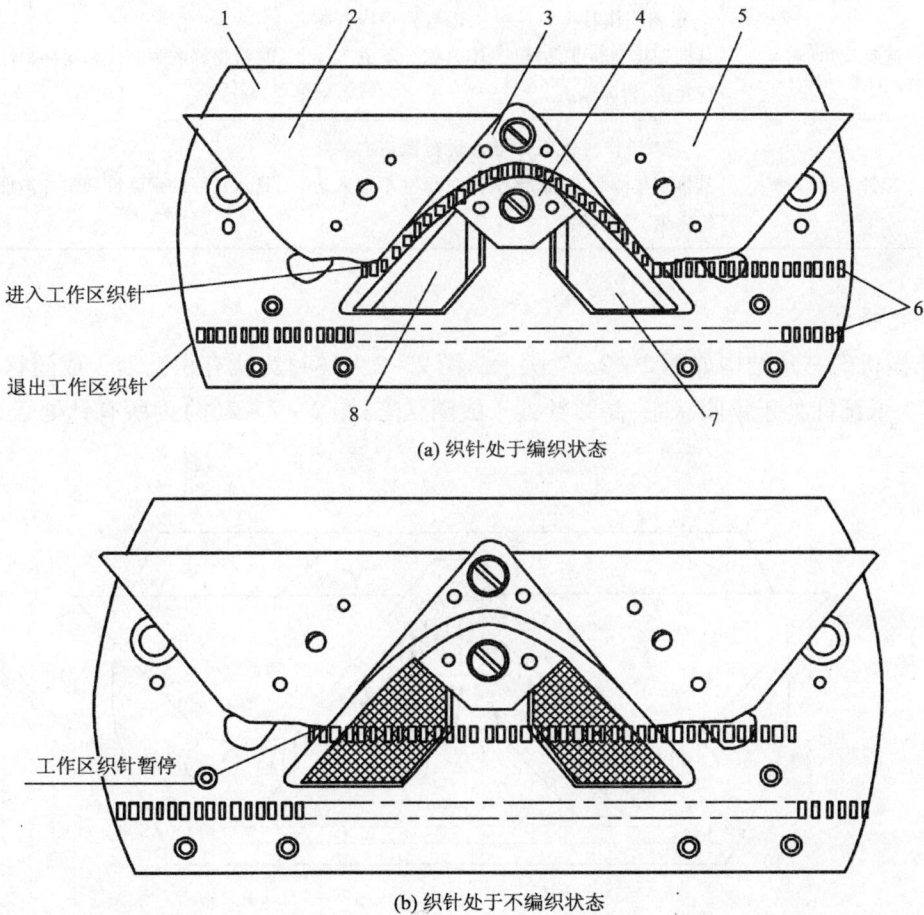

(a) 织针处于编织状态

(b) 织针处于不编织状态

图 2 - 2 - 1 平式横机的三角结构

图2-2-1所示为平式横机三角各机件的名称、作用及其基本要求见表2-2-2。

表2-2-2 平式横机各主要成圈机件的名称、作用及其基本要求

序号	名 称	作 用	基本要求
1	三角底板	固定三角的位置和三角导向的基板	各三角的固定位置和导向位置及其相互关系符合三角的安装要求
2	弯纱(成圈)三角(左)	沿导向三角滑动,确定弯纱的深度即线圈成圈的大小	具备良好的耐磨性和耐冲击性
3	导向(人字)三角	确定垫纱位置和左右弯纱三角导向角度,限制织针运行高度	具备良好的耐磨性和耐冲击性。保证垫纱位置准确,左右弯纱三角位置对称
4	挺针(顶针)三角	推动织针运行到最高位,与导向三角组成织针运行轨道	具备良好的耐磨性和耐冲击性。织针在轨道内滑行顺畅
5	弯纱(成圈)三角(右)	沿导向三角滑动,确定弯纱的深度即线圈成圈的大小	具备良好的耐磨性和耐冲击性
6	织针	在三角的作用下形成线圈并将其相互串套起来	针舌灵活,针钩针杆光滑、尺寸一致
7	起针三角(右)	进入工作时将织针导入运行轨道内并将其推到集圈高度;退出工作时织针不进入运行轨道,暂停编织	具备良好的耐磨性和耐冲击性
8	起针三角(左)	进入工作时将织针导入运行轨道内并将其推到集圈高度;退出工作时织针不进入运行轨道,暂停编织	具备良好的耐磨性和耐冲击性

2. 胖花横机

胖花横机的三角结构如图2-2-2所示。图2-2-2(a)为所有织针处于成圈状态,图2-2-2(b)为低踵针处于集圈状态,高踵针处于成圈状态;图2-2-2(c)为所有针处于集圈状态。

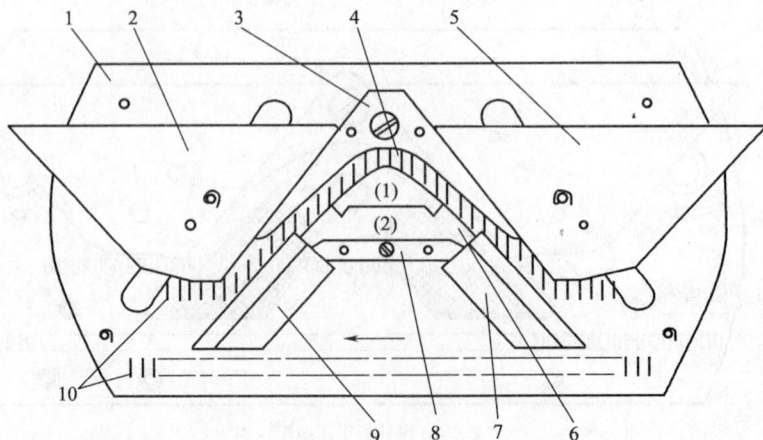

(a)上下挺针三角全部进入工作,高、低踵针都处于成圈状态

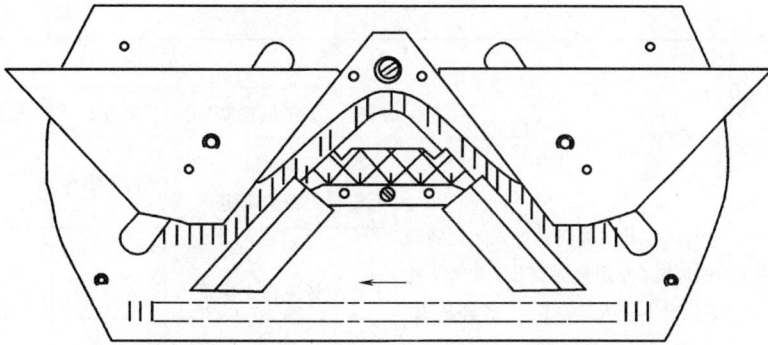

(b)下挺针三角退出一半，高踵针成圈，低踵针集圈

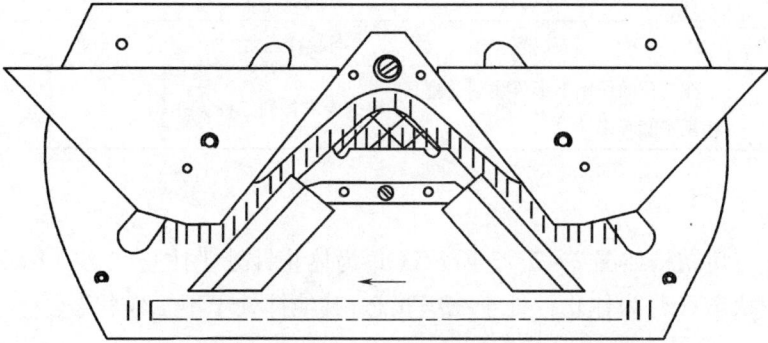

(c)上挺针三角全部退出，高踵长舌针集圈，其他针成圈

图2-2-2　胖花横机的三角结构

表2-2-3为胖花横机三角各主要成圈机件的名称、作用及相应的工作情况。

表2-2-3　胖花横机三角各机件的名称、作用及工作情况

序号	三角名称	作　用	工　作　情　况			
			工作位置	高踵针	低踵针	高踵长舌针
1	三角底板	固定三角的位置和三角导向的基板	固定于机头上	—	—	—
2	弯纱(成圈)三角(左)	沿导向三角滑动，确定弯纱的深度即线圈成圈的大小	沿底板滑槽滑动	位置决定线圈大小		
3	导向(人字)三角	确定垫纱位置和左右弯纱三角导向角度，限制织针运行高度	固定在底板上	—	—	—
4	上挺针三角	推动织针运行到最高位，与导向三角组成织针运行轨道	上下挺针三角全部进入	成圈	成圈	成圈
			上挺针三角全部退出	成圈	成圈	集圈
5	弯纱(成圈)三角(右)		同弯纱(成圈)三角(左)			
6	下挺针三角	将织针运行至二级顶部	上下挺针三角全部退出	集圈	集圈	集圈
			下挺针三角退出一半	成圈	集圈	成圈

序号	三角名称	作　用	工　作　情　况			
			工作位置	高踵针	低踵针	高踵长舌针
7	起针三角(右)	进入工作时将织针导入运行轨道内并将其推到集圈高度;退出工作时织针不进入运行轨道,暂停编织	起针三角退出一半,上挺针三角全部退出	成圈	不工作	集圈
			起针三角退出一半,上下挺针三角全部进入	成圈	不工作	成圈
			起针三角退出一半,下挺针三角全部退出	集圈	不工作	集圈
8	横挡三角	将织针保持在一级顶部	固定在底板上	—	—	—
9	起针三角(左)	同起针三角(右)				
10	织针	在三角的作用下形成线圈并将其相互串套起来	根据要求排列三种织针	√	√	√

3. 休止横机

休止横机的三角结构如图 2-2-3 所示,(a)为休止针处于休止状态;(b)为休止针和其他针一起处于编织状态;(c)为休止针处于编织状态,其他针处于不工作状态。

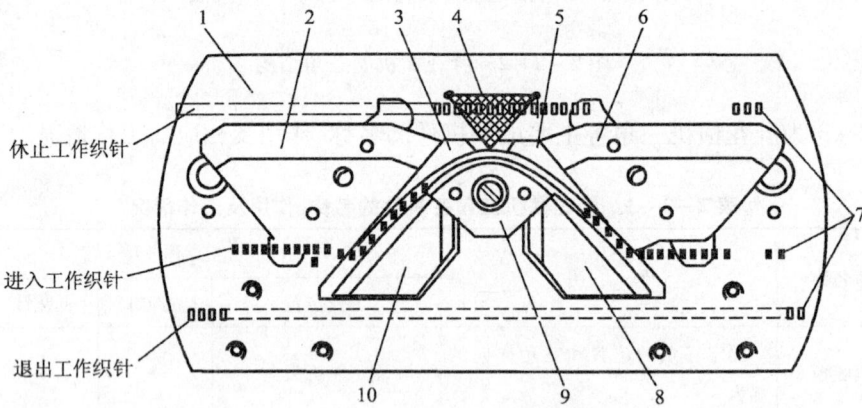

(a) 休止针处于休止状态

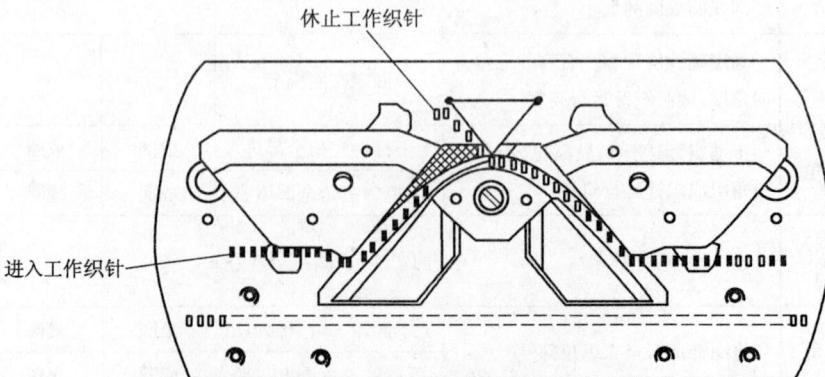

(b) 休止针进入编织状态

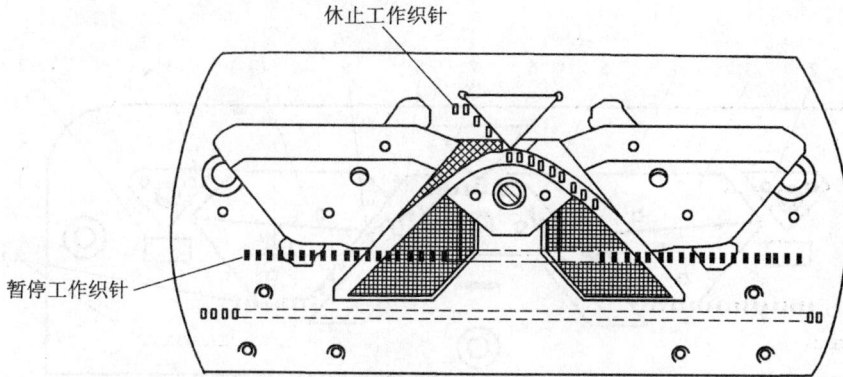

休止工作织针

暂停工作织针

(c) 休止针进入编织，普通针暂停编织

图 2 - 2 - 3　休止横机的三角结构（图中阴影部分三角为退出工作状态）

表 2 - 2 - 4 为休止横机三角各机件的名称、作用及相应的工作情况。

表 2 - 2 - 4　休止横机三角各机件的名称、作用及工作情况

序号	三角名称	作　用	工作位置	舌针成圈情况
1	三角底板	固定三角的位置和三角导向的基板	固定于机头上	—
2	弯纱(成圈)三角(左)	沿导向三角滑动,确定弯纱的深度即线圈成圈的大小	沿底板滑槽滑动	位置决定线圈大小
3	导向三角(左)	确定垫纱位置和左右弯纱三角导向角度,限制织针运行高度	退出	使休止位织针进入编织
			进入	同平式横机
4	休止复位三角	导引休止位织针进入编织	退出	休止位织针不编织
			进入	导引休止位织针进入编织
5	导向三角(右)	同导向三角(左)		
6	弯纱(成圈)三角(右)	同弯纱(成圈)三角(左)		
7	织针	在三角的作用下形成线圈并将其相互串套起来	—	—
8	起针三角(右)	进入工作时将织针导入运行轨道内并将其推到集圈高度;退出工作时织针不进入运行轨道,暂停编织	退出	织针暂停编织
			进入	织针沿其上升至集圈高度
9	挺针(顶针)三角	推动织针运行到最高位,与导向三角组成织针运行轨道	固定在底板上	退圈
10	起针三角(左)	同起针三角(右)		

4. 嵌花(无虚线提花)横机

嵌花横机的三角结构如图 2 - 2 - 4 所示,(a)为编织平针时的走针轨迹,与平式横机相同;

（b）为编织嵌花时的走针轨迹。

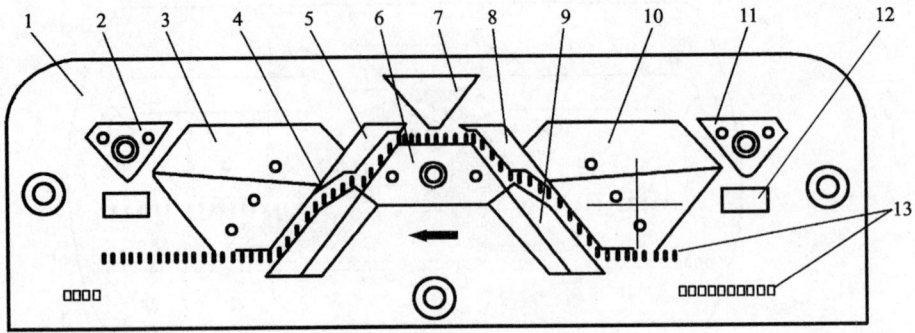

(a) 编织平针时的走针轨迹

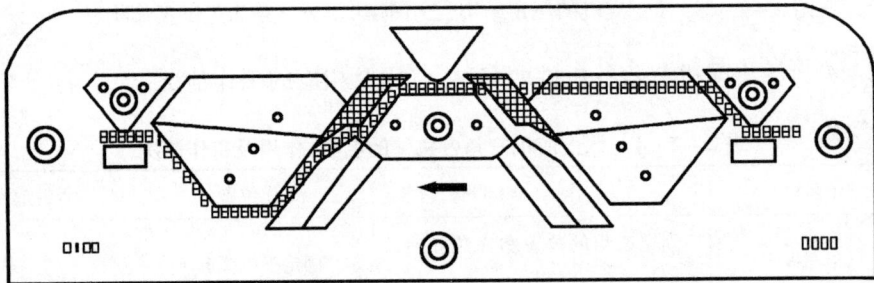

(b) 编织嵌花时的走针轨迹

图 2-2-4　嵌花横机的三角结构（图中阴影部分为退出工作三角）

表 2-2-5 为嵌花横机三角各机件的名称、作用及相应的工作情况。

表 2-2-5　嵌花横机三角各机件的名称、作用及工作情况

序号	三角名称	作　用	工作位置	舌针成圈情况
1	三角底板	固定三角的位置和三角导向的基板	固定于机头上	—
2	固定三角（左）	引导织针于挂线位置	固定在底板上	—
3	弯纱（成圈）三角（左）	沿导向三角滑动，确定弯纱的深浅即线圈成圈的大小	沿底板滑槽滑动	位置决定线圈大小
4	起针三角（左）	进入工作时将织针导入运行轨道内并将其推到集圈高度；退出工作时织针不进入运行轨道，暂停编织	退出	织针暂停编织
			进入	织针上升到集圈高度
5	导向三角（左）	确定垫纱位置和左右弯纱三角导向角度，限制织针运行高度	退出	导引织针进入上运针位
			进入	同平式横机
6	挺针（顶针）三角	推动织针运行到最高位，与导向三角组成织针运行轨道	固定在底板上	退圈

序号	三角名称	作　　用	工作位置	舌针成圈情况
7	倒三角	导引最高位织针进入编织	退出	不引导织针编织
			进入	导引织针进入编织
8	导向三角(右)	同导向三角(左)		
9	起针三角(右)	同起针三角(左)		
10	弯纱(成圈)三角(右)	同弯纱(成圈)三角(左)		
11	固定三角(右)	引导织针于挂线位置	固定在底板上	—
12	U形三角	定位下滑织针	弹性浮动	—
13	织针	在三角的作用下形成线圈并将其相互串套起来	—	—

(二)主要三角结构与尺寸

1.成圈三角

成圈三角结构与尺寸如图2-2-5所示。

2.人字三角

人字三角结构与尺寸如图2-2-6所示。

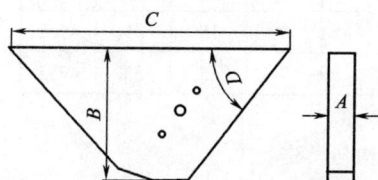

机号E(针/25.4mm)	A(mm)	B(mm)	C(mm)	D(°)
3.5	9	47	100	52.5
5	7.5	45.2	98	52
7	7.5	39	77	52
12	4.5	35	74	51
14	4.5	35	74	51
16	4.5	35	74	51

图2-2-5 成圈三角结构与尺寸

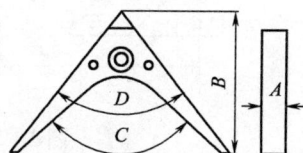

机号E(针/25.4mm)	A(mm)	B(mm)	C(°)	D(°)
3.5	9	57.99	96	75
5	7.5	41	96	75
7	7.5	35.58	98	76
12	4.5	33.34	96	78
14	4.5	33.34	96	78
16	4.5	33.34	96	78

图2-2-6 人字三角结构与尺寸

3.起针三角

起针三角结构与尺寸如图2-2-7所示。

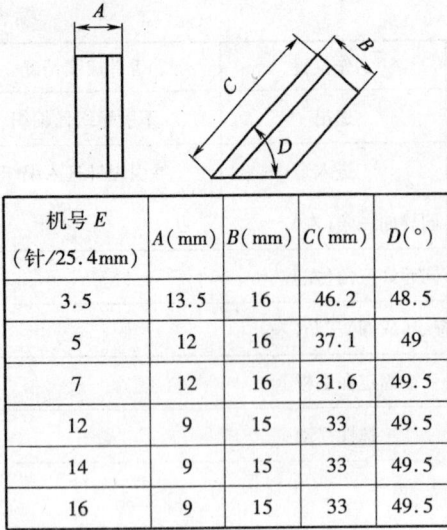

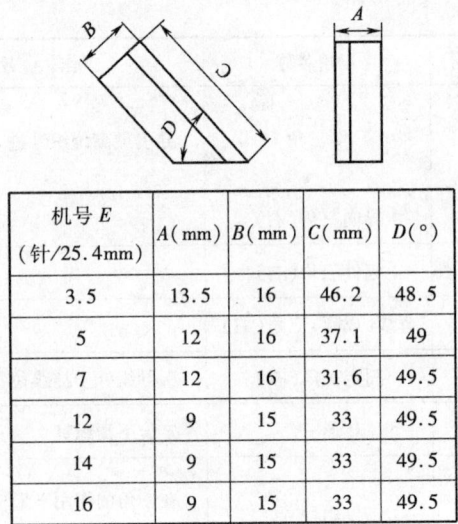

机号 E （针/25.4mm）	A(mm)	B(mm)	C(mm)	D(°)
3.5	13.5	16	46.2	48.5
5	12	16	37.1	49
7	12	16	31.6	49.5
12	9	15	33	49.5
14	9	15	33	49.5
16	9	15	33	49.5

机号 E （针/25.4mm）	A(mm)	B(mm)	C(mm)	D(°)
3.5	13.5	16	46.2	48.5
5	12	16	37.1	49
7	12	16	31.6	49.5
12	9	15	33	49.5
14	9	15	33	49.5
16	9	15	33	49.5

（a）左起针三角　　　　　　　　　　（b）右起针三角

图2-2-7　起针三角结构与尺寸

4. 固定挺针三角

固定挺针三角结构与尺寸如图2-2-8所示。

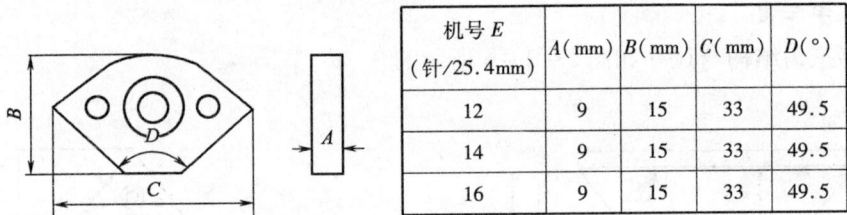

机号 E （针/25.4mm）	A(mm)	B(mm)	C(mm)	D(°)
12	9	15	33	49.5
14	9	15	33	49.5
16	9	15	33	49.5

图2-2-8　固定挺针三角结构与尺寸

5. 活络挺针三角

活络挺针三角结构与尺寸如图2-2-9所示。

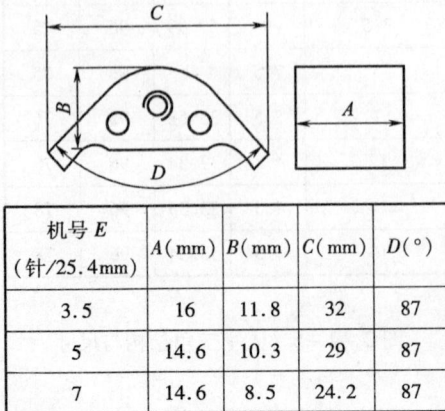

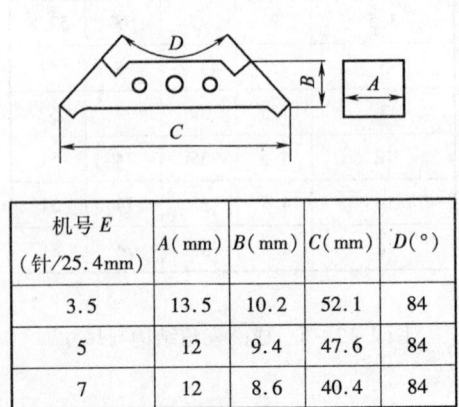

机号 E （针/25.4mm）	A(mm)	B(mm)	C(mm)	D(°)
3.5	16	11.8	32	87
5	14.6	10.3	29	87
7	14.6	8.5	24.2	87

机号 E （针/25.4mm）	A(mm)	B(mm)	C(mm)	D(°)
3.5	13.5	10.2	52.1	84
5	12	9.4	47.6	84
7	12	8.6	40.4	84

（a）上挺针三角　　　　　　　　　　（b）下挺针三角

图2-2-9　活络挺针三角结构与尺寸

6. 横档三角

横档三角结构与尺寸如图 2 - 2 - 10 所示。

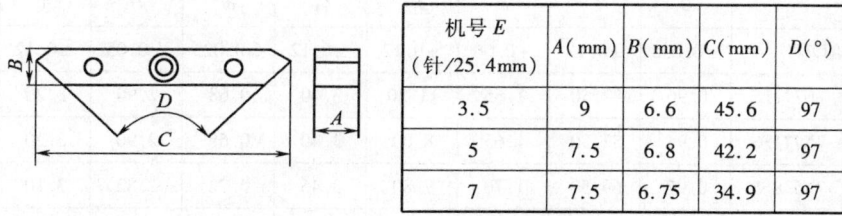

机号 E （针/25.4mm）	A（mm）	B（mm）	C（mm）	D（°）
3.5	9	6.6	45.6	97
5	7.5	6.8	42.2	97
7	7.5	6.75	34.9	97

图 2 - 2 - 10　横档三角结构与尺寸

（三）织针与针脚

1. 织针

织针结构如图 2 - 2 - 11 所示,相应各部分尺寸见表 2 - 2 - 6。

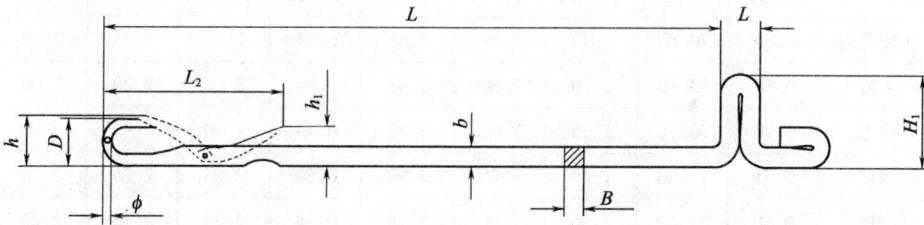

图 2 - 2 - 11　织针结构

表 2 - 2 - 6　织针各部位尺寸表

织针 型号	产品型号	针身厚度	针身长度	针身宽度	针踵高度	针踵宽度	针头直径	针勾外径	舌复上高	舌复下高	针舌动程
		B	L	b	H_1	L_1	ϕ	D	h	h_1	L_2
MN1.5G	1.5 枚小勾	1.80	120.0	2.90	13.00	5.70	1.30	7.60	8.05	4.50	36.00
普机	3 枚	1.44	87.80	2.44	10.16	4.88	1.06	4.62	5.14	3.80	20.00
	3.5 枚	1.25	78.85	2.22	9.80	4.54	0.88	4.20	4.65	3.50	16.70
HK3.5G	3N252SS	1.60	91.70	2.58	9.10	5.10	1.18	5.30	5.80	4.00	22.80
MN3.5G	3N253SS	1.40	95.00	2.44	10.00	4.90	1.04	5.10	5.60	3.80	24.20
HK5G	5N494LL	1.18	82.10	2.08	11.50	4.14	0.85	3.90	4.25	3.20	24.40
	5N494LS	1.18	82.10	2.08	11.50	4.14	0.85	3.90	4.25	3.20	17.40
	5N494SS	1.18	82.10	2.08	8.60	4.14	0.85	3.90	4.25	3.20	17.40
	5N490LL	1.16	78.50	2.10	11.50	4.20	0.85	3.84	4.20	3.20	24.00
	5N490LS	1.16	78.50	2.10	11.50	4.20	0.85	3.84	4.20	3.20	17.70
	5N490SS	1.16	78.50	2.10	8.80	4.20	0.85	3.84	4.20	3.20	17.70
MN5G	5N396	1.04	70.80	1.80	8.40	3.60	0.80	3.65	3.95	2.80	15.70

续表

织针型号	产品型号	针身厚度	针身长度	针身宽度	针踵高度	针踵宽度	针头直径	针勾外径	舌复上高	舌复下高	针舌动程
		B	L	b	H_1	L_1	ϕ	D	h	h_1	L_2
极限偏差		±0.035	±0.12	±0.06	±0.12	±0.12	±0.025	±0.05	±0.12	±0.12	±0.15
HK7G 加长	7N771LS	0.96	82.50	1.65	11.20	3.40	0.68	2.90	3.20	2.60	16.30
	7N771SS	0.96	82.50	1.65	8.00	3.40	0.68	2.90	3.20	2.60	16.30
HK7G	7N538SS	0.97	69.50	1.70	7.80	3.45	0.72	2.82	3.10	2.60	14.70
	7N532LL	0.97	71.10	1.70	10.0	3.45	0.72	2.83	3.10	2.60	20.70
	7N532LS	0.97	71.10	1.70	10.0	3.45	0.72	2.83	3.10	2.60	13.65
	7N532SS	0.97	71.10	1.70	7.50	3.45	0.72	2.83	3.10	2.60	13.65
普机6G	6 枚大勾	0.98	70.65	1.82	7.80	3.66	0.70	3.30	3.62	2.70	14.55
	6 枚	0.98	70.65	1.82	7.80	3.66	0.70	3.00	3.32	2.70	14.55
	7 枚	0.82	70.85	1.64	7.25	3.26	0.60	2.50	2.88	2.46	13.55
极限偏差		±0.025	±0.10	±0.055	±0.10	±0.10	±0.02	±0.04	±0.10	±0.10	±0.12
普机9G	9 枚大勾	0.80	70.80	1.30	7.00	2.65	0.54	2.20	2.45	2.00	13.00
	9 枚	0.80	70.80	1.30	7.00	2.65	0.54	1.98	2.20	2.00	13.00
	12 枚	0.70	70.50	1.38	7.00	2.80	0.44	1.70	1.95	2.00	10.60
MN9	9A	0.75	70.60	1.40	7.00	2.90	0.50	2.04	2.25	2.10	11.90
HK9	9B	0.80	71.60	1.56	7.00	3.15	0.54	2.25	2.45	2.25	13.10
MN12G	12NLL	0.65	70.70	1.32	9.50	2.66	0.44	1.70	1.90	1.30	16.30
	12NLS	0.65	70.70	1.32	9.50	2.66	0.44	1.70	1.90	1.30	11.30
	12NSS	0.65	70.70	1.32	6.60	2.66	0.44	1.70	1.90	1.30	11.30
MN14	14NSS	0.58	70.80	1.32	6.40	2.66	0.40	1.40	1.65	1.30	10.40
MN16	16NSS	0.50	70.52	1.48	6.75	2.90	0.37	1.32	1.50	1.30	9.90
MN18	18NSS	0.40	71.10	1.50	6.80	2.70	0.30	1.00	1.20	1.05	8.00
极限偏差		±0.025	±0.08	±0.05	±0.10	±0.10	±0.015	±0.03	±0.08	±0.08	±0.12

注　此表由常熟金龙公司提供。织针型号中字母G代表机号,即针/25.4mm。

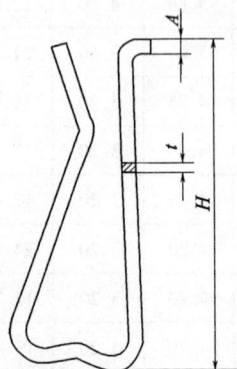

图 2 - 2 - 12　针脚结构

2. 针脚

针脚的结构如图 2 - 2 - 12 所示,相应的尺寸见表 2 - 2 - 7。

表 2 - 2 - 7　针脚尺寸表

机号 E(针/25.4mm)	1.5	3.5	5	7	9	12
t(mm)	1.85	1.4	1.05	0.86	0.7	0.6
A(mm)	2.75	2	1.5	1.4	1.22	1.1
H(mm)	45	43.3	40.5	32.8	31	27.8

三、针床横移机构

针床横移机构的结构如图2-2-13所示,相应的零件名称和作用见表2-2-8。

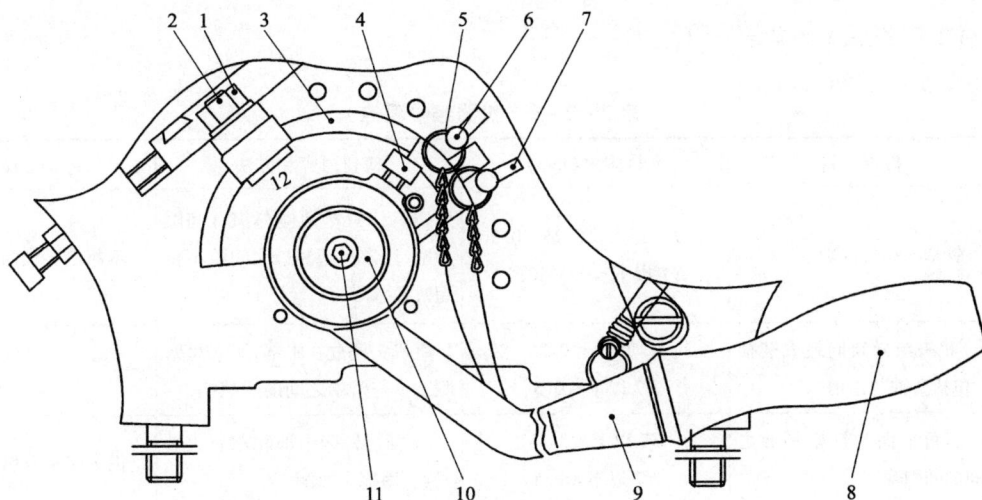

图2-2-13 针床横移机构的结构

表2-2-8 针床横移机构零件名称和作用

序 号	零件名称	作 用
1	螺母	连接紧固
2	针床螺丝	连接紧固
3	移床凸轮	确定移针位置
4	螺钉	连接紧固
5	钢链	连接定位插销
6	定位插销	确定移床凸轮带动针床移动距离
7	定位插销挡销	确定移床凸轮带动针床移动距离(1/2针距)
8	手柄	旋压手柄旋动移床凸轮带动针床移动
9	手柄杆	同上
10	限位挡圈	保障移床凸轮与芯轴左右之间隙
11	芯轴	固定移床凸轮并保障移动精度

四、机器的维护保养

(一)维护保养的目的和要求

维护保养的目的是要保持横机能在完好状态下运转,以保证坯布产量和质量。其基本要求是:

(1)机台性能良好、生产效率高。

(2)下机织物应符合工艺要求,无疵点。

（3）机台完整、零件无缺损。

（二）维护要点

机器维护要点见表2-2-9。

表2-2-9 机器维护要点

编号	检查项目	允许限度（mm）	检查内容和方法	备 注
1	针槽与织针间隙	E7 以上 ≤0.25~0.3 E7 以下 ≤0.3~0.4	以针床针槽两侧与织针间隙为准，用塞尺塞测最大间隙不得超过要求	不超出要求的为完好
2	机头与导轨间最大磨损（包括塞铁与滑槽）	E7 以上 ≤0.35 E7 以下 ≤0.5	将机头停放在中部，用塞尺塞测塞铁与滑槽之间的间隙	
3	三角平面与针床平面之间的间隙	E7 以上 ≤0.35 E7 以下 ≤0.5	测前后针床中部和左右边沿三点，用塞尺塞测	机头应呈自然状态
4	导轨、针床与针床基座等连接塞垫	不允许	机头：三角底板，针床压铁螺钉等	
5	针床口齿梳栉缺损和有明显损伤	不允许	目测	明显影响坯布质量
6	前后针床口齿线宽度	口齿线宽度：≥针距，允许误差0.1	用与针距相等圆柱塞测前后针床口齿线距离	口齿线中部许宽出两边0.05~0.1mm
7	前后针床口齿线平行	前后针床口齿线相互间平行	可采用将织针平放在两口齿线上（三点以上）目测	
8	零部件缺损	不允许	如换梭部件、手柄等	不包括导线梭嘴

（三）保养要点

机器保养要点见表2-2-10。

表2-2-10 机器保养要点

编号	保养项目	保 养 方 法
1	针板、针槽、织针	每天上下班清刷针板、针槽及织针上花绒油污，防止油针污染坯布
2	润滑	导轨槽、轴承、梭箱导杆每天注油2~3次，三角导向槽刷油1次
3	防锈	停机1天以上：须用油布揩洁针床，取下织针上油封存，特别注意针板上的槽口 停机5天以上：针板需涂上防锈油，防止生锈 暂时不用的机器各部件需涂防锈油并盖上油布或油纸，防止灰尘落进

五、疵点产生的原因及其消除方法

横机编织毛衫时的主要疵点产生原因和消除方法见表2-2-11。

表 2 – 2 – 11 主要疵点产生的原因及其消除方法

疵点	产 生 原 因	消 除 方 法
漏 针	编织张力不匀	检查调整送纱张力
	针舌太紧、开合不灵活	加油或换针
	纱管成形不好退绕时纤维缠绕弹性不匀	重新倒纱
	毛刷位置不当	调整毛刷位置
	牵拉力太小	增加重锤
	纱嘴位置不对	依据前后针交叉点调整高度
	纱嘴口太大或有磨损	调换合格的喂纱嘴
	毛刷脱毛圆角、毛刷太薄	应调换新毛刷
	纱嘴座滑块活动、两端高低不平、滑块歪斜	重新调整和校对喂纱嘴位置或更换
	前后针床口齿位不正,干涉垫纱	校正针床,前床织针正对后床相邻两枚织针的正中
	针槽有积垢,针舌呆滞	清洁针床及织针部件,消除积垢
	弯纱三角起痕深	磨砂抛光
	弯纱三角吃线快慢不一致	修磨快的一只
	弯纱三角滑块松动,两端面过狭、过尖	校正或更换
	弯纱三角螺钉松动	旋紧螺钉
	起针三角松动	拧紧螺钉
	挑纱弹簧发抖严重	调整或更换
	机架抖动	加固或更换
破 洞	纱线强力低、质量差,强力低	降低送纱张力或换纱,或重过蜡降低摩擦力
	纱线在倒纱时受到损伤	换个纱管重新络纱
	纱线间有交叉、纠缠现象	将纱线理顺重穿
	纱线被其他机件夹住	将机件调整好
	纱线结头过大	调节结头探片增加灵敏度,防止大结头织入织物
	纱线过粗	调整纱线线密度,使之与机号相符
	密度太紧	调整密度,使纱线线密度符合机号最紧密度
	纱嘴内受异物堵塞	清除异物
	针舌面破损,销子露面	更换新针
	纱线摩擦力过大	重新打蜡
	纱嘴过高	调节纱嘴
	编织速度太快	降低编织速度
	弯纱三角活动不畅	检查是否卡滞并调整
	弯纱三角吃线快慢不一致	修磨校正
	弯纱三角压针面太宽	适当修磨
	针床口齿面锋利不光滑	磨砂抛光
	纱嘴过低、纱嘴口破裂	调整更换
	挑纱弹簧张力偏大	调整挑纱弹簧张力

续表

疵点	产 生 原 因	消 除 方 法
豁边（掉边）	毛刷位置不当或过度磨损	调节毛刷位置或更换毛刷
	纱嘴距编织布边太远或太近	调整纱嘴的位置
	挑纱弹簧弹力太小	加大挑纱弹簧张力
	纱嘴有倒刺	将纱嘴磨光,或更换一个
	挑纱弹簧太软无力	调整张力弹簧螺丝
	挑纱弹簧有磨损痕迹	调换新弹簧
	挑纱架张力弹簧压簧或夹板失灵	调整更换
	挑纱架张力弹簧穿线孔发毛	磨光穿线孔
	毛刷装置太低	调整位置
	毛刷脱毛或两角牵住张力余纱	整修毛刷
	毛刷毛尖堵住纱嘴上口	毛刷装高或剪短刷毛
	梭箱导杆松动	紧固梭箱导杆固定螺栓
	纱嘴座太松	调整纱嘴座
	更换编织时纱嘴距离布边太远	缩短摇机距离
	织针针尺太松	更换或增加压针底毛
	机头松动、三角组平面与针床间隙过大或过小	检查调整机头导轨轴承间隙
撞针	针槽太脏、太紧	做全面的清洁工作
	密度太紧	调整密度使纱线线密度符合机号最紧密度
	纱线线密度使用不当	使用适当线密度的纱线
	长时间缺油	增加加油次数
	针床上掉有异物	清除异物
	针在针槽中的位置不当	推针托将针定于正确的位置
	纱嘴位置放置不当	将纱嘴定于适当的位置
	针床左右位置偏移,使得针对针	调节针床位置
	弯纱三角起痕重或破裂	磨光砂滑或配换
	弯纱三角间隙太大	调整各弯纱三角位置或配换
	弯纱三角针道太宽	配换
	弯纱三角下边压针太尖	适当磨大
	起针三角走针面大于直角	修磨
	起针三角上角太低(与挺针三角不平)	配换
	起针三角磨损痕迹深断裂	修磨或配换
	起针三角固定螺钉松动	旋紧螺钉
	三角面距针床的间隙过大	垫三角板
	各三角热处理硬度不够	配换
	起针三角太阔	修磨起针三角,配换挺针三角

疵点	产 生 原 因	消 除 方 法
撞针	导向三角短于挺针三角	配换导向三角
	针槽太宽或针槽有凹凸	检修针床的针槽
	织针硬度不够	更换织针
	针踵发毛弯曲	更换
	针钩断裂	更换
	三角磨损角度改变过大	更换
码子花	挑纱涨力不匀、压线片有毛屑	清洁压线片,调整涨力
	纱嘴单向磨损过深	磨光砂滑或更换
	纱嘴孔起痕不光滑	磨光砂滑
	弯纱三角擦着针床引起不灵活	修整两平面
	弯纱三角螺钉松动	旋紧螺钉
	导向三角螺钉松动影响密度三角上下移动	旋紧螺钉
	弯纱深度有差异	统一弯纱三角深度
	三角座松动	旋紧螺钉
	导轨螺钉松动	旋紧螺钉
	机头导轨弯曲	校正
	弯纱三角下端面角度不一	磨成相等
	弯纱三角压针快慢	磨去压针快的部分
	弯纱三角走针痕迹过深	磨光砂滑
	压针针尺有松紧	修整一致
	针槽不洁净	清除污物
斜角松紧	针床左右有高低	调节一致
	针床有凹凸不平整	调节顶针床螺栓或平整针床
	针床栅状齿口不呈平行直线	修正、校对
	导轨螺钉有松动	紧固导轨螺钉
	两针床间口门大小高低,即左右不平均	按机号要求调整顶针螺钉或调整针床
	机头导轨弯曲或高低	校正、校直
	针床滑块螺钉松动引起针床下坠	旋紧针床压铁螺钉恢复针床口门要求
	牵拉力不匀	调整主辅牵拉使牵拉力左右一致
	纱线引入左右方向张力不一样	调整纱线引入方向,使张力一致
	针槽不洁净	清除污物
	压针针尺有松紧	修整一致
吃单纱	添纱(交织)(叾毛)吃单纱	调整添纱纱嘴的高低
	单股纱漏编	调整纱嘴的高低,左右垫纱位置,调整单股纱线张力,重新倒纱过蜡

续表

疵点	产　生　原　因	消　除　方　法
浮布	针舌损坏	换针
	牵拉张力太小	加大牵拉张力
	密度太紧或太松	增加或减小密度值

横机产品以内在质量和外观质量为定等依据。编织过程中出现的部分毛针织品表面疵点说明如下：

(1)条干不匀：因纱线条干短片段粗细不匀，致使成品呈现深浅不一的云斑。

(2)粗细节：纱线粗细不匀，在成品上形成针圈大而凸出的横条为粗节，小而凹进的横条为细节。

(3)厚薄档：纱线长片段不匀，粗细差异过大，使成品出现明显的厚薄片段。

(4)色花：因原料染色时吸色不匀，使成品上呈现颜色深浅不一的差异。

(5)色档：在衣片上，由于颜色深浅不一，形成界限者。

(6)草屑、毛粒、毛片：纱线上附有草屑、毛粒、毛片等杂质，影响产品外观者。

(7)毛针：因针舌或针舌轴等损坏或有毛刺，编织时使部分线圈起毛。

(8)吃单纱：又称单毛。指编织中一个线圈内部分纱线(少于1/2)脱钩。

(9)码子花：又称花针。因设备原因，成品上出现较大而稍凸出的线圈等线圈长度大小不匀的疵点。

(10)三角针(蝴蝶针)：在一个针眼内，两个针圈重叠，在成品上形成三角形的小孔。

(11)瘪针：成品上花纹不突出，如胖花不胖，鱼鳞不起等。

(12)线圈不匀：因编织不良使成品的线圈大小和松紧不一的线圈横档、紧针、稀路或密路状等。

(13)里纱露面(露底)：交织产品、里纱露出反映在面上。

(14)花纹错乱：扳花(波纹)、拨花、提花、嵌花等花型错误或花位不正。

(15)漏针(掉套)、脱散：编织过程中针圈没有套上，形成小洞，或多针脱散成较大的洞。

(16)破洞：编织过程中由于接头松或纱线断开而形成的小洞。

(17)豁边(掉边)：编织时织物边缘漏针(掉套)为掉边；边缘线圈编织时纱线断裂则形成豁边。

(18)斜角松紧(扭斜角)：由于纱线原因或单纱编织，造成纹路扭斜，与底边垂直方向成一定角度，称为扭斜角；衣片左右两边的长度不等，称斜角松紧。

(19)浮布：编织过程中织物应从床口向下牵拉，织物堆在床口不能正常向下牵拉称为浮布。

第二节　电脑横机

一、电脑横机的主要参数和结构特征

电脑横机的主要结构参数包括针床数、机头数、系统数、机号、机宽，主要机构包括编织系统、给纱系统、选针系统、牵拉系统、横移机构、传动系统、控制系统和辅助系统。表 2 – 2 – 12 是国内外一些生产厂家的主要机型结构参数和性能特点。表 2 – 2 – 13 和表 2 – 2 – 14 分别为龙星电脑横机和天元电脑横机的技术参数表。

表 2 – 2 – 12　主要电脑横机生产厂家及其主要机型特点一览表

国别	厂商	型号	机头、系统数	机号 （针/25.4 mm）	机宽 [cm(英寸)]	性 能 特 点
德国	斯托尔 （STOLL）	CMS 502	单机头 2 系统	5 ~ 18	114(45)	单机头，双系统，带有起底板，带沉降片，主牵拉辊（副牵拉辊选配），单级无接触式选针，4 条走梭轨道，标配 8 把普通导纱器，左右两侧切夹线装置，可选添纱导纱器
		CMS 520 HP	单机头 2 系统	5 ~ 18	127(50)	单机头，双系统，三位选针编织和翻针，带有起底板，主副牵拉辊，带沉降片，单级无接触式选针，标配 10 把导纱器，可选嵌花导纱器和添纱导纱器，可选 ASCON® 自动线圈控制系统
		CMS 520 C	单机头 2 系统	3 ~ 4	127(50)	单机头，双系统，三位选针编织和翻针，带有起底板，主副牵拉辊，带沉降片，单级无接触式选针，标配 10 把导纱器，可选嵌花导纱器和添纱导纱器，可选 ASCON® 自动线圈控制系统
		CMS 530 HP	单机头 3 系统	5 ~ 18	127(50)	三位选针编织和翻针，带有起底板，主副牵拉辊，带沉降片，单级无接触式选针，标配 12 把导纱器，可选嵌花导纱器和添纱导纱器，可选 ASCON® 自动线圈控制系统，快速机头转向
		CMS 530 T	单机头 3 系统	12 ∣ 14	127(50)	三位选针编织和翻针，带有起底板，主副牵拉辊，带沉降片，单级无接触式选针，标配 12 把导纱器，可选嵌花导纱器和添纱导纱器，可选 ASCON® 自动线圈控制系统，快速机头转向
		CMS 740	单机头 4 系统	5 ~ 18	183 (72)	三位选针编织和翻针，带有起底板，主副牵拉辊，带沉降片，单级无接触式选针，标配 14 把导纱器，可选嵌花导纱器和添纱导纱器，可选 ASCON® 自动线圈控制系统，快速机头转向

国别	厂商	型号	机头、系统数	机号 （针/25.4 mm）	机宽 [cm（英寸）]	性　能　特　点
德国	斯托尔 （STOLL）	CMS 822 HP	双机头 2×2 系统	5～18	213（84）， 107（2×42）	三位选针,主副牵拉辊,带有起底板。标配16把导纱器,带沉降片,单级无接触式选针,可选嵌花导纱器和添纱导纱器,可选 ASCON® 自动线圈控制系统,快速机头转向
		CMS 933 HP	双机头 2×3 系统	5～16	244（96）， 117（2×46）	三位选针,主副牵拉辊。标配16把导纱器,带沉降片,单级无接触式选针,可选嵌花导纱器和添纱导纱器,可选 ASCON® 自动线圈控制系统,快速机头转向
		CMS 502 多针距	单机头 2 系统	5～18	114（45）	单机头,双系统,带有起底板,带沉降片,主牵拉辊(副牵拉辊选配),单级无接触式选针,4 条走梭轨道,标配8把普通导纱器,左右两侧切夹线装置,可选添纱导纱器
		CMS 520 HP 多针距	单机头 2 系统	3,5.2 ｜ 5.2 ｜ 6.2 ｜ 7.2 ｜ 8.2	127（50）	单机头,双系统,带有起底板,带沉降片,主牵拉辊(副牵拉辊选配),单级无接触式选针,4 条走梭轨道,标配10把普通导纱器,左右两侧切夹线装置,可选添纱导纱器
		CMS 530 HP 多针距	单机头 3 系统	2,5.2～8.2	127（50）	三位选针编织和翻针,带有起底板,主副牵拉辊,带沉降片,单级无接触式选针,标配12把导纱器,可选嵌花导纱器和添纱导纱器,可选 ASCON® 自动线圈控制系统,快速机头转向
		CMS 822 HP 多针距	双机头 2×2 系统	5～18	213（84）， 107（2×42）	三位选针,主副牵拉辊,带有起底板。标配16把导纱器,带沉降片,单级无接触式选针,可选嵌花导纱器和添纱导纱器,可选 ASCON® 自动线圈控制系统,快速机头转向
		CMS 933 HP 多针距	双机头, 2×3 系统	3,5.2～8.2	244（96）， 117（2×46）	三位选针,主副牵拉辊。标配16把导纱器,带沉降片,单级无接触式选针,可选嵌花导纱器和添纱导纱器,可选 ASCON® 自动线圈控制系统,快速机头转向

国别	厂商	型号	机头、系统数	机号 （针/25.4 mm）	机宽 [cm(英寸)]	性　能　特　点
德 国	斯托尔 (STOLL)	CMS 730 S 织可穿	双针床， 单机头， 3 系统	3,5.2～9.2	183 (72)	三功位选针，2 段度目，带有起底板，主副牵拉辊，带有可控闭合式弹簧沉降片，配备压脚，单级无接触式选针，标配 14 把导纱器，可选嵌花和添纱导纱器，可选 ASCON® 自动线圈控制系统
		CMS 740 织可穿	双针床， 单机头， 4 系统	2,5.2～9.2	183 (72)	三功位选针，2 段度目，带有起底板，主副牵拉辊，沉降片，单级无接触式选针，标配 14 把导纱器，可选嵌花和添纱导纱器，可选 ASCON® 自动线圈控制系统
		CMS 730 T 织可穿	4 针床 （其中 2 个为辅助 针床），单 机头， 3 系统	6.2 ｜ 7.2	183 (72)	三功位选针，2 段度目，带有起底板，主副牵拉辊，单级无接触式选针，标配 16 把导纱器，可选嵌花和添纱导纱器，可选 ASCON® 自动线圈控制系统
		CMS 830 C 织可穿	双针床， 单机头， 3 系统	2,5.2	213 (84)	三功位选针，2 段度目，带有起底板，主副牵拉辊，带有弹簧控制可调沉降片，单级无接触式选针，标配 16 把导纱器，可选嵌花和添纱导纱器，可选 ASCON® 自动线圈控制系统
		CMS 822 HP 织可穿	双针床， 双机头， 2×2 系统	2,5.2～7.2	213(84) 2×107 (2×42)	三功位选针，2 段度目，带有起底板，主副牵拉辊，沉降片，单级无接触式选针，标配 16 把导纱器，可选嵌花和添纱导纱器，可选 STIXX 线圈校准装置
		CMS 830 S 织可穿	双针床， 单机头， 3 系统	7.2～9.2	213 (84)	三功位选针，2 段度目，带有起底板，主副牵拉辊，带有可控闭合式弹簧沉降片，配备压脚，单级无接触式选针，标配 14 把导纱器，可选嵌花和添纱导纱器，可选 ASCON® 自动线圈控制系统

国别	厂商	型号	机头、系统数	机号 （针/25.4 mm）	机宽 ［cm（英寸）］	性 能 特 点
日 本	岛精 （SHIMA SEIKI）	MACH2X 全成型 电脑横机	单机头， 双系统	15L,18L （大号针钩）	170(68)， 150(60)	4 个编织针床，电磁铁直接选针，采用滑针式（SlideNeedle）全成型针，3 功位选针，下机头两段度目，带有可控压脚，固定式沉降片，起底板，i–DSCS 智能型数控纱环系统和 DSCS 数控纱环系统，标配 12 把导纱器，具有整体衣服编织功能，最大机速 1.6 m/s
		MACH2S 全成型 电脑横机	单机头， 3 系统	8~16	183(72)	双针床，3 功位选针，变针种编织，两段度目，带有可控压脚、弹簧式可动沉降片、主副牵拉辊、起底板、i–DSCS 智能型数控纱环系统和 DSCS 数控纱环系统，标配 12 把导纱器，具有整体衣服编织功能，最大机速 1.6m/s
		MACH2SIG	单机头， 2 系统	12~18	122(48)	双针床，3 功位选针，带有可控压脚、弹簧式可动沉降片、主副牵拉辊、起底板、i–DSCS 智能型数控纱环系统和 DSCS 数控纱环系统，40 把引塔夏（嵌花）导纱器，最大机速 1.4m/s
		SSR112	单机头， 2 系统	7~16	114(45)	急速回转机头系统，3 功位选针，带有可控压脚、主副牵拉辊、弹簧式可动沉降片、起底板，带有 DSCS 数控纱环系统，带有 9 个普通导纱器。多针种编织技术
		SWG041/0 61/091N 全成型 电脑横机	单机头， 单系统	7~18	40(16) 60(24) 90(36)	双针床，采用滑针式（SlideNeedle）全成型针，3 功位选针，两段度目，可选 i–DSCS 智能型数控纱环系统，具有整体衣服编织功能，敞开式机头结构，6 把导纱器独立传动，橡筋纱由电动机驱动喂入，采用步进电动机调节密度，编织速度可达 1.5 m/s
		SIG123	单机头， 3 系统	7~18	122(48)	3 功位选针，可选两段度目装置，带有可控压脚、主副牵拉辊、弹簧式可动沉降片、起底板，带有 DSCS 数控纱环系统，标配 2 个普通导纱器和 21 个嵌花导纱器

国别	厂商	型号	机头、系统数	机号 （针/25.4 mm）	机宽 [cm（英寸）]	性 能 特 点
日本	岛精 （SHIMA SEIKI）	NSES122 CS	单机头， 双系统	3、4、5	122（48）	采用复合针，3 功位选针，带有可控压脚、主副牵拉辊、弹簧式可动沉降片，标配 9 把导纱器，可配 DSCS 数控纱环系统
		NSSG122	单机头， 2 系统	7～18	122（48）	3 功位选针，带有可控压脚、主副牵拉辊、弹簧式可动沉降片系统、起底板，带有 DSCS 数控纱环系统，带有 9 个普通导纱器
		NSIG122	单机头， 2 系统	7～18	122（48）	3 功位选针，带有可控压脚、主副牵拉辊、弹簧式可动沉降片、起底板，带有 DSCS 数控纱环系统，标配 2 个普通导纱器和 14 个嵌花导纱器
		SCG122SN	单机头， 双系统	3,4	122（48）	急速回转机头系统，3 功位选针，采用滑针式（SlideNeedle）全成型针，带有可控压脚、主副牵拉辊、弹簧式可动沉降片、起底板，带有 DSCS 数控纱环系统
		SSG202 SV/SC	双机头， 2×1 系统	7～16	203（80）， 94×2 （37×2）	急速回转机头系统，3 功位选针，带有可控压脚、主副牵拉辊、弹簧式可动沉降片，带有 DSCS 数控纱环系统
		SSG234 SV/SC	双机头， 2×2 系统	7～16	229（90）， 172×2 （42×2）	急速回转机头系统，3 功位选针，带有可控压脚、主副牵拉辊、弹簧式可动沉降片，带有 DSCS 数控纱环系统
		SSG234 SV/SC/FC	双机头， 2×3 系统	7～16	229（90）， 172×2 （42×2）	急速回转机头系统，3 功位选针，带有可控压脚、主副牵拉辊、弹簧式可动沉降片，带有 DSCS 数控纱环系统

续表

国别	厂商	型号	机头、系统数	机号 （针/25.4 mm）	机宽 [cm(英寸)]	性　能　特　点
中国 台湾	高亨	KH300	可分合双机 头,2×1 系统	3,3.5,4,5,7, 10,12,14	203(80)	3 功位选针编织和翻针,带有沉降 片、主副牵拉辊,12 把导纱器
				5,7,10,12,14	254(100)	
			单机头,双 系统	5,7,10,12,14	127(50)	
				3,3.5,4	117(46)	
中 国 大 陆	常熟金龙 （龙星）	LXC－252SCV	单机头, 双系统	7,12,14 变针距	132(52)	3 功位选针编织和翻针,带有可控 沉降片、主副牵拉辊,带有起底板 2× 8 把导纱器,可装嵌花和添纱导纱器
		LXC－252SC	单机头, 双系统	3.5,5,7,10,12, 14,14.8,16	132(52)	
		LXC－252S	单机头, 双系统	3.5,5,7,10,12, 14,14.8,16	132(52)	3 功位选针编织和翻针,带有可控 沉降片、主副牵拉辊,2×8 把导纱器, 可装嵌花和添纱导纱器
		LXC－121SC	单机头, 单系统	5,7,10,12, 14,15,16	122(48)	3 功位选针编织和翻针,带有轨道 常开式沉降片、高位罗拉牵拉,带有起 底板,2×8 把导纱器
		LXC－121SCV	单机头, 单系统	7,12,14 变针距	122(48)	
		LXC－121S	单机头, 单系统	5,7,10,12, 14,14.8,16	122(48)	3 功位选针编织和翻针,带有轨道 常开式沉降片、高位罗拉牵拉,2×8 把导纱器
		LXC－131S	单机头, 单系统	3.5,5,7,10, 12,14,14.8,16	132(52)	3 功位选针编织和翻针,带有轨道 常开式沉降片、高位罗拉牵拉,2×8 把导纱器
	南通天元	TY－452C	单机头, 四系统	3－5－7,5,6,7, 9,10,12,14, 15,16	132(52)	双针床,单机头,四系统,标配 8 把 导纱器,带有沉降片,主副牵拉辊,电 磁单级选针
		TY－352C	单机头, 三系统	3－5－7,5,6, 7,9,10,12, 14,15,16	132(52)	双针床,单机头,三系统,标配 8 把 导纱器,带有沉降片、主副牵拉辊,电 磁单级选针
		TY－252C	单机头, 双系统	3,3－5－7,5, 6,7,9,10,12, 14,15,16	132(52)	双针床,单机头,双系统,标配 8 把 导纱器,带有沉降片,主副牵拉辊,电 磁单级选针
		TY－452C/Q	单机头, 四系统	3－5－7,5,6, 7,9,10,12, 14,15,16	132(52)	双针床,单机头,四系统,标配 8 把 导纱器,带有沉降片、起底板,电磁单 级选针

续表

国别	厂商	型号	机头、系统数	机号 （针/25.4 mm）	机宽 [cm(英寸)]	性 能 特 点
中国大陆	南通天元	TY－352C/Q	单机头，三系统	3－5－7,5,6,7,9,10,12,14,15,16	132(52)	双针床,单机头,三系统,标配8把导纱器,带有沉降片、起底板,电磁单级选针
		TY－252C/Q	单机头，双系统	3－5－7,5,6,7,9,10,12,14,15,16	132(52)	双针床,单机头,双系统,标配8把导纱器,带有沉降片、起底板,电磁单级选针
		TY－144Y	单机头，单系统	3－5－7,5,6,7,9,10,12,14,15,16	111(44)	双针床,单机头,单系统,标配72把导纱器,带有沉降片,主副牵拉辊,电磁单级选针,本机采用前后分离式机头(无连接架),自主研发的最新型引塔夏机构,可进行引塔夏编织,按花型需要最多可配100把纱嘴
		TY－352B	单机头，三系统	3－5－7,5,6,7,9,10,12,14,15,16	132(52)	双针床,单机头,三系统,3功位选针编织和翻针,标配8把导纱器,带有沉降片、主副牵拉辊,十段、六段选针
		TY－252B	单机头，二系统	3－5－7,5,6,7,9,10,12,14,15,16	132(52)	双针床,单机头,二系统,3功位选针编织和翻针,标配8把导纱器,带有沉降片、主副牵拉辊,十段、六段选针
		TY－352B/Q	单机头，三系统	3－5－7,5,6,7,9,10,12,14,15,16	132(52)	双针床,单机头,三系统,3功位选针编织和翻针,标配8把导纱器,带有沉降片、起底板,十段、六段选针
		TY－252B/Q	单机头，二系统	3－5－7,5,6,7,9,10,12,14,15,16	132(52)	双针床,单机头,二系统,3功位选针编织和翻针,标配8把导纱器,带有沉降片、起底板,十段、六段选针
		TY－256B	单机头，二系统	3－5－7,5,6,7,9,10,12,14,15,16	142(56)	双针床,单机头,二系统,3功位选针编织和翻针,标配8把导纱器,带有沉降片、主副牵拉辊,十段、六段选针
		TY－256B/Q	单机头，二系统	3－5－7,5,6,7,9,10,12,14,15,16	142(56)	双针床,单机头,二系统,3功位选针编织和翻针,标配8把导纱器,带有沉降片、起底板,十段、六段选针

国别	厂商	型号	机头、系统数	机号（针/25.4 mm）	机宽[cm(英寸)]	性能特点
中国大陆	宁波裕人（慈星）	CX145S CX152S	单机头，单系统	7,12,14,16,5/7 变针距	114(45)，132(52)	3 功位选针，带有可控沉降片、2×8 把导纱器，经济型
		CX245S CX252S	单机头，双系统			
		CX145C CX152C	单机头，单系统	5,6,7,8,9,10,12,14,15,16,3.5.2 变针距	114(45)，132(52)	3 功位选针，带有可控沉降片、2×8 把导纱器，经济型，带起底板
		CX245C CX252C	单机头，2 系统			
		GE2－52C	单机头，双系统	5,6,7,8,9,10,12,14,15,16,3.5.2 变针距	132(52)	3 功位选针编织和翻针，带有可控沉降片、2×8 把导纱器，可选嵌花导纱器，单罗拉，带有起底板
		GE3－52C	单机头，3 系统			
		GE2－52S	单机头，双系统	5,6,7,8,9,10,12,14,15,16,3.5.2 变针距	132(52)	3 功位选针编织和翻针，带有可控沉降片、2×8 把导纱器，可选嵌花导纱器，双罗拉
		GE3－52S	单机头，3 系统			
		GE1－60S	单机头，单系统	3	152(60)	3 功位选针编织和翻针，带有沉降片、2×8 把导纱器，双罗拉
		HP2－45C HP2－52C HP2－56C	单机头，双系统	7,12,14,16	115(45) 132(52) 142(56)	双针床，单机头，3 功位选针编织和翻针，单罗拉牵拉，带有可控沉降片、2×8 把导纱器，可选嵌花导纱器，带有起底板
	上海事坦格	Gemini 2.130 GMF	2	7,12,14,16	130(51)	双针床，单机头，开放式机头，顶部直接喂纱，3 功位选针及一体化分针功能，标配 8 把导纱器，独特的上牵拉装置，起底板
		Libra3.1 30	3	14	130(51)	双针床，单机头，开放式机头，顶部直接喂纱，3 功位选针及一体化分针功能，16 把导纱器独立驱动，独特的上牵拉装置，起底板，可选自由针距
		Gemin2.1 30	2	7	130(51)	双针床，单机头，开放式机头，顶部直接喂纱，3 功位选针及一体化分针功能，标配 8 把导纱器，独特的上牵拉装置，起底板

续表

国别	厂商	型号	机头、系统数	机号 (针/25.4 mm)	机宽 [cm(英寸)]	性 能 特 点
中国大陆	上海事坦格	New Aries3.1 30	3	12	130(51)	双针床,单机头,开放式机头,顶部直接喂纱,3功位选针及一体化分针功能,32把导纱器独立驱动,独特的上牵拉装置,可选起底板
	江苏雪亮（盛星）	SXC－115S	单机头,双系统	5,6,7,10,12,14	115(45)	3功位选针编织和翻针,带有可控沉降片、2×8把导纱器,可选嵌花导纱器,主副牵拉辊
		SXC－132S			132(52)	
		SXC－139S			139(55)	
		SXC－115Z	单机头,双系统	5,6,7,10,12,14	115(45)	3功位选针编织和翻针,下压式沉降片,2×8把导纱器,可选嵌花导纱器,皮罗拉牵拉
		SXC－139Z			139(55)	
		SXC－122E－1L	单机头,双系统	7,12	122(48)	单段选针,3功位选针编织和翻针,皮罗拉牵拉,可选起底板
		SXC－132E－1L		7,12,14,16	132(52)	
		SXC122SE－1	单机头,单系统	7,9,10,12,14	122(48)	3功位选针编织和翻针,带有可控沉降片、2×8把导纱器,带有起底板
		SXC122SE－2	单机头,双系统	3.5.2(变针距)5,7,8,10,12,14,16	122(48)	3功位选针编织和翻针,带有可控沉降片、2×8把导纱器,皮罗拉牵拉
		SXC142SE－2	单机头,双系统	3.5.2(变针距)5,7,8,10,12,14,16	142(56)	3功位选针编织和翻针,带有可控沉降片、2×8把导纱器,带有起底板
	浙江飞虎（华伦飞虎）	F20－132S	单机头,双系统	5,6,7,9,10,12,14,15,16,5.7变针距	132(52)114(45)135(53)142(56)	3功位选针编织和翻针,带有可控沉降片、2×8把导纱器,可选嵌花导纱器,带有起底板
		F20－133S	单机头,三系统	5,6,7,9,10,12,14,15,16,5.7变针距	132(52)114(45)135(53)142(56)	3功位选针编织和翻针,带有可控沉降片、2×8把导纱器,可选嵌花导纱器,带有起底板
		F20－151F	单机头,单系统	3,3.5	152(60)	3功位选针编织和翻针,带有可控沉降片、2×8把导纱器
		F20－131S	单机头,单系统	7,9,10,12,14,16,5.7变针距	132(52)	3功位选针编织和翻针,带有可控沉降片、2×8把导纱器,带有起底板

国别	厂商	型号	机头、系统数	机号 (针/25.4 mm)	机宽 [cm(英寸)]	性　能　特　点
中国大陆	绍兴越发	YF132B-Ⅲ	单机头， 3系统	5,6,7,9,10, 12,13,14,15	132(52)	3功位选针编织和翻针，带有可控沉降片及卷布罗拉，2×8把导纱器，带起底板
		YF132A-Ⅲ	单机头， 3系统	5,6,7,9,10, 12,13,14,15	132(52)	3功位选针编织和翻针，带有可控沉降片及卷布罗拉，2×8把导纱器
		YF132B-Ⅱ	单机头， 双系统	5,6,7,9,10, 12,13,14,15	132(52)	3功位选针编织和翻针，带有可控沉降片及卷布罗拉，2×8把导纱器，带起底板
		YF132A-Ⅱ	单机头， 双系统	5,6,7,9,10, 12,13,14,15	132(52)	3功位选针编织和翻针，带有可控沉降片及卷布罗拉，2×8把导纱器
		YF132A-Ⅰ	单机头， 单系统	5,6,7,9,10, 12,13,14,15,16	132(52)	3功位选针编织和翻针，带有可控沉降片及卷布罗拉，2×8把导纱器
	福建南星（野马）	NSF-248B	单机头， 双系统	5,7,10, 12,14,16	122(48)	3功位选针，主副牵拉辊，多级电磁铁选针，可选数控测纱装置
		NSF-248B	单机头， 双系统	3-5-7 变针距	122(48)	3功位选针，主副牵拉辊，多级电磁铁选针，可选数控测纱装置
		NSF-148C	单机头， 单系统	5,7,10, 12,14,16	122(48)	3功位选针，可选数控测纱装置，多级电磁铁选针，带起底板
		NSF-248CS	单机头， 双系统	5,7,10, 12,14,16	122(48)	3功位选针，主副牵拉辊，多级电磁铁选针，可选数控测纱装置，带起底板，小机头
	浙江海森	SHS-122S	单机头， 双系统	6,7,10, 12,14	122(48)	3功位选针，8段选针器选针，带有沉降片，16支导纱器，可选嵌花导纱器，带起底板
	江苏盛天	SGE618A	单机头， 单系统	5,7,10, 12,14	132(52)	8段电磁选针，带沉降片，6把导纱器，镶片式针床结构
		SGE628	单机头， 双系统	5,7,10, 12,14	132(52)	8段电磁选针，带沉降片，8把导纱器，镶片式针床结构
		SGE618C	单机头， 单系统	12,14	132(52)	8段电磁选针8把导纱器，步进电机调节密度
		SGE628S	单机头， 双系统	5,7,10, 12,14	132(52)	8段电磁选针，带沉降片，8把导纱器，镶片式针床结构，带起底板

国别	厂商	型号	机头、系统数	机号 （针/25.4 mm）	机宽 [cm（英寸）]	性 能 特 点
中国大陆	常熟九龙马	JLH－252C	单机头，双系统	3,5,7,8, 9,12,14,16 3－5－7变针距	132(52)	单机头,3 功位选针编织和翻针,2×8把导纱器,可配嵌花纱纱器,带有可控沉降片,主副牵拉辊,带起底板
		JLH－152C	单机头，单系统	3,5,7,8, 9,12,14,16 3－5－7变针距	132(52)	3 功位选针编织和翻针,2×8 把导纱器,可配嵌花导纱器,带有可控沉降片,主副牵拉辊,带起底板
	绍兴金昊	GD－H122S	单机头，双系统	6,7,8,10, 12,14,16	122(48) 142(56)	3 功位选针,弹簧式活动沉降片,主副牵拉辊,多级电磁铁选针,16 把导纱器
	神州天岛	LB－152A LB－148A	单机头，单系统	5,7,12, 14,16	132(52) 122(48)	3 功位选针,常开弹性沉降片,标配10 把导纱器,电磁铁选针,高位罗拉牵拉,带起底板
		LC－252A LC－256A	单机头，双系统	5,7,12, 14,16	132(52) 142(56)	3 功位选针,旋转式活动沉降片,标配16 把导纱器,电磁铁选针,高位罗拉牵拉,带起底板
		LB－152B LB－148B	单机头，单系统	5,7,12, 14,16	132(52) 122(48)	3 功位选针,常开弹性沉降片,标配10 把导纱器,电磁铁选针,高位罗拉牵拉
		LC－252B LC－256B	单机头，双系统	5,7,12, 14,16	132(52) 142(56)	3 功位选针,旋转式活动沉降片,标配16 把导纱器,电磁铁选针,高位罗拉牵拉
		LB－152C LB－148C	单机头，单系统	5,7,12, 14,16	132(52) 122(48)	3 功位选针,常开弹性沉降片,标配10 把导纱器,电磁铁选针,高位罗拉牵拉,经济机型
		LC－252C LC－256C	单机头，双系统	5,7,12, 14,16	132(52) 142(56)	3 功位选针,旋转式活动沉降片,标配16 把导纱器,电磁铁选针,高位罗拉牵拉,经济机型
	惠州松谷机械	Super－j212	单机头，双系统	7,12,14	122(48)	全提花选针,每行可有 2 段密度,带有可控沉降片、8 把纱嘴,带有起底板
		Super－j312	单机头，双系统	12 （双针距）	122(48)	全提花选针,每行可有 2 段密度,带有可控沉降片、8 把纱嘴,带有起底板

表 2 - 2 - 13　龙星公司电脑横机技术参数

项　目	机型											
	LXC252S	LXC252SC	LXC252SV	LXC252SCV	LXC352SC	LXC131S	LXC131SC	LXC121S	LXC121SC	LXC121SV	LXC121SCV	SCE131
针板数	2	2	2	2	2	2	2	2	2	2	2	2
针板宽度（mm）	212	212	212	212	212	212	212	212	212	212	212	175
机头数	1	1	1	1	1	1	1	1	1	1	1	1
系统数	双	双	双	双	三	单	单	单	单	单	单	单
机号	3.5,5,7,12,14,14.8,16	3.5,5,7,12,14,14.8,16	7,12,14	7,12,14	7,12,14,14.8	3.5,5,7,12,14,14.8,16	3.5,5,7,12,14,14.8,16	5,7,12,14,14.8,16	5,7,12,14,14.8,16	7,12,14	7,12,14	7,12,14
机速（m/s）	1.2	1.2	1.2	1.2	1.2	1.2	1.2	1.2	1.2	1.2	1.2	1.2
选针系统/段	8(3.5 G 3)	8(3.5 G 3)	8	8	8	8(3.5 G 3)	8(3.5 G 3)	8	8	8	8	8
密度调节/段	36	36	36	36	36	36	36	36	36	36	36	36
导纱器	8+8	8+8	8+8	8+8	8+8	8+8	8+8	8+8	8+8	8+8	8+8	8+8
起底板		可选配	√	可选配	可选配		√		√	√	√	
主牵拉	√	√	√	√	√	√	√	√	√	√	√	
辅助牵拉机构		可选配	√	可选配	可选配							
皮罗拉	√	√	√	√	√	√	√	√	√	√	√	√
沉降片	可搭式	可搭式	可搭式	可搭式	可搭式	常开式	常开式	常开式	常开式	常开式	常开式	
传动机构	伺服电动机+齿形带	伺服电动机+齿形带	伺服电动机+齿形带	伺服电动机+齿形带	伺服电动机+齿形带	伺服电动机+齿形带	伺服电动机+齿形带	伺服电动机+齿形带	伺服电动机+齿形带	伺服电动机+齿形带	伺服电动机+齿形带	伺服电动机+齿形带
机械尺寸（m）	2.7×0.92×1.9	2.7×0.92×1.9	2.7×0.92×1.9	2.7×0.92×1.9	3.3×1.1×1.9	2.7×0.86×1.9	2.7×0.86×1.9	2.3×0.8×1.9	2.3×0.8×1.9	2.3×0.8×1.9	2.3×0.8×1.9	2.55×0.8×1.9
机器重量（kg）	1025	1025	1025	1025	1070	800	800	800	800	800	800	560
功率（kW）	1	1	1	1	1.5	0.7	0.7	0.7	0.7	0.7	0.7	0.7

表2-2-14(1) 天元公司电脑横机技术参数

项目		TY-252B	TY-256B	TY-352B	机器型号 TY-252B/Q	TY-352B/Q	TY-252H
编织宽度	cm	132.08	142.26	132.08	132.08	132.08	132.08
	英寸	52	56	52	52	52	52
针距		3-5-7,5,6,7,10,12,14,15,16	3-5-7,5,6,7,10,12,14,15,16	3-5-7,5,6,7,10,12,14,15,16	3-5-7,5,6,7,10,12,14,15,16	3-5-7,5,6,7,10,12,14,15,16	3-5-7,5,6,7,10,12,14,15,16
编制系统		二系统	二系统	三系统	二系统	三系统	二系统
选针		十段、六段	十段、六段	十段、六段	十段、六段	十段、六段	十段、六段
纱嘴		8+8	8+8	8+8	8+8	8+8	44
沉降片		常开式	常开式	常开式	常开式	常开式	常开式
编织速度(m/s)		1.2	1.2	1.2	1.2	1.2	1.2
驱动方式		交流伺服驱动	交流伺服驱动	交流伺服驱动	交流伺服同驱动	交流伺服同驱动	交流伺服同驱动
密度控制		64段电子控制	64段电子控制	64段电子控制	64段电子控制	64段电子控制	64段电子整制
摇床控制		左右共5.08~10.16cm (2~4英寸)	左右共5.08~10.16cm (2~4英寸)	左右共5.08~10.16cm (2~4英寸)	左右共5.08~10.16cm (2~4英寸)	左右共5.08~10.16cm (2~4英寸)	左右共5.08~10.16cm (2~4英寸)
卷取装置		双卷取结构	双卷取结构	双卷取结构	单卷取结构	单卷取结构	单卷取结构
起底板结构		不带起底板	不带起底板	不带起底板	带起底板	带起底板	带起底板
电源		220V 1kW	220V 1kW	220V 1kW	220V 1kW	220V 1kW	220V 1kW
外型尺寸		2.8m×0.98m×1.92m	3.1m×0.98m×1.92m	3.1m×0.98m×1.92m	2.8m×0.98m×1.92m	3.1m×0.98m×1.92m	2.86m×0.96m×1.95m
重量		1100kg	1100kg	1200kg	1150kg	1250kg	1200kg

表2-2-14(2) 天元公司电脑横机技术参数

项目		TY-144Y	TY-252C	TY-352C	TY-452C	TY-252C/Q	TY-352C/Q	TY-452C/Q
编织宽度	cm	111.76	132.08	132.08	132.08	132.08	132.08	132.08
	英寸	44	52	52	52	52	52	52
针距		3.5.7,5,6,7, 10,12,14,15,16	3,3.5.7,5,6,7, 10,12,14,15,16	3.5.7,5,6,7, 10,12,14,15,16	3.5.7,5,6,7, 10,12,14,15,16	3.5.7,5,6,7, 10,12,14,15,16	3.5.7,5,6,7, 10,12,14,15,16	3.5.7,5,6,7, 10,12,14,15,16
编制系统		单系统	二系统	三系统	四系统	二系统	三系统	四系统
选针		单级电磁选针	单级电磁选针	单级电磁选针	单级电磁选针	单级电磁选针	单级电磁选针	单级电磁选针
纱嘴		72	8+8	8+8	8+8	8+8	8+8	8+8
沉降片		常开式	常开式	常开式	常开式	常开式	常开式	常开式
编织速度(m/s)		1.0	1.2	1.2	1.2	1.2	1.2	1.2
驱动方式		交流伺服驱动	交流伺服驱动	交流伺服驱动	交流伺服驱动	交流伺服驱动	交流伺服驱动	交流伺服驱动
密度控制		24,32段 电子控制	24,32段 电子控制	24,32段 电子控制	24,32段 电子控制	24,32段 电子控制	24,32段 电子控制	24,32段 电子控制
摇床控制		左右共5.08~10.16cm (2~4英寸)	左右共5.08~10.16cm (2~4英寸)	左右共5.08~10.16cm (2~4英寸)	左右共5.08~10.16cm (2~4英寸)	左右共5.08~10.16cm (2~4英寸)	左右共5.08~10.16cm (2~4英寸)	左右共5.08~10.16cm (2~4英寸)
卷取装置		双卷取结构	双卷取结构	双卷取结构	双卷取结构	单卷取结构	单卷取结构	单卷取结构
起底板结构		不带起底板	不带起底板	不带起底板	不带起底板	带起底板	带起底板	带起底板
电源		220V 0.6kW	220V 0.75kW	220V 0.75kW	220V 0.75kW	220V 0.75kW	220V 0.75kW	220V 0.75kW
外型尺寸		2.36m×0.68m×1.28m	2.5m×0.64m×1.8m	3.0m×0.64m×1.8m	3.0m×0.64m×1.8m	2.5m×0.64m×1.8m	3.0m×0.64m×1.8m	3.0m×0.64m×1.8m
重量		450kg	650kg	680kg	700kg	650kg	680kg	700kg

二、LXC-252SC 型电脑横机

(一) 基本结构

LXC-252SC 型电脑横机的基本结构如图 2-2-14 所示。

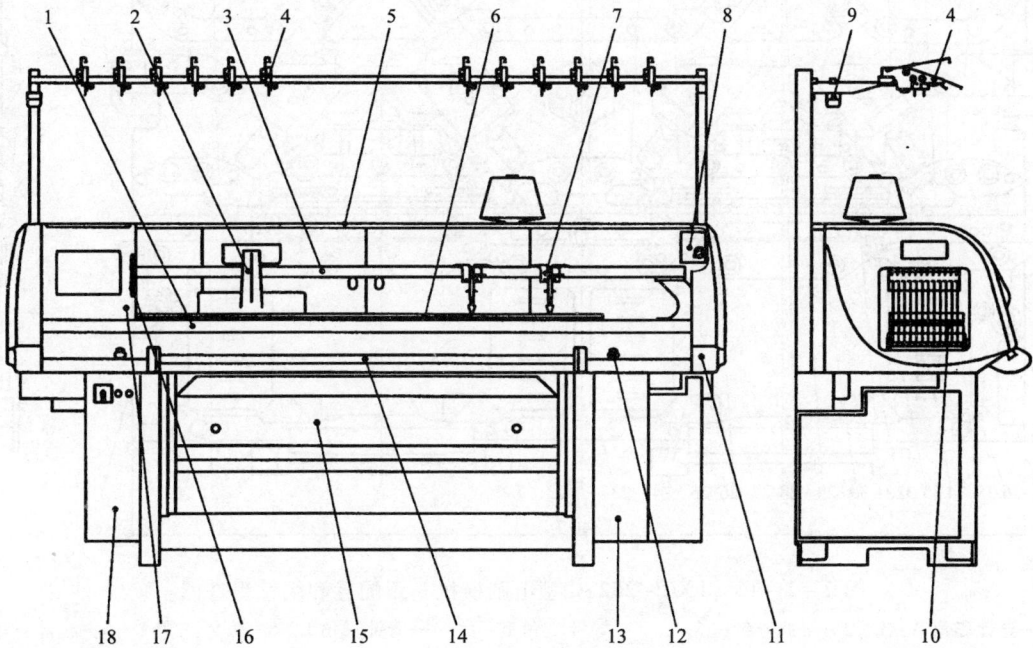

图 2-2-14 LXC-252SC 型电脑横机的基本结构

1—台面(车台) 2—机头 3—导纱器轨道(天杠) 4—上送纱架(天线台) 5—置纱板 6—针床(针板)

7—导纱器(纱嘴) 8—送纱器 9—警示灯 10—侧送纱张力器 11—侧盖 12—急停开关

13—工具箱 14—操作杆 15—起针梳底板 16—触摸笔 17—操作面板 18—电器箱

(二) 成圈机件

1. 三角配置

三角配置和织针组件如图 2-2-15 所示。

各三角零件结构和尺寸如图 2-2-16~图 2-2-53 所示(以 12 针/25.4mm 为例)。

2. 编织原理

下面以 LXC-252SC 型电脑横机的一个编织和移圈系统为例,说明各编织状态的原理。

(1)织针不编织。图 2-2-55 是不编织走针轨迹图,其中斜线阴影的三角缩入三角底板。

假定机头左行,这时选针器不工作,选针片不被选上,推片处于 B 位置,推针的片踵被不织压片压入针槽,相应针槽里的挺针片下片踵也被压入针槽,挺针片踵不被三角作用,其上的织针处于初始位置不进行编织。

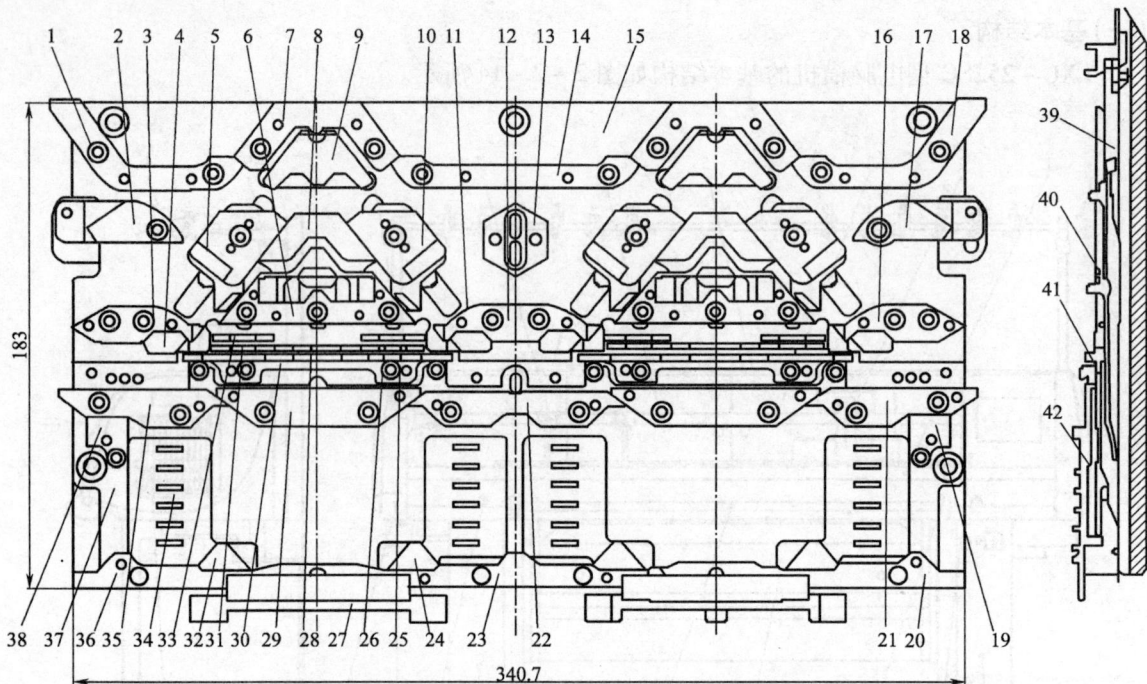

图 2 - 2 - 15　LXC - 252SC 型电脑横机三角配置和织针组件图

1—导针三角 A - L　2—可调导针三角 L　3—导针三角 B - L　4—清针三角 L　5—弯纱三角 L　6—起针三角

7—翻针导针三角　8—挺针三角　9—翻针三角　10—弯纱三角 R　11—清针三角 R　12—导针三角 B - C

13—可调导针三角 C　14—导针三角 A - C　15—上三角底板　16—导针三角 B - R　17—可调导针三角 R

18—导针三角 A - R　19—选针压针三角 R　20—选针导针三角 E - R　21—选针导针三角 C - R

22—选针导针三角 A　23—选针导针三角 D　24—推针三角 R　25—二段密度压片 R　26—接圈压片 R

27—选针片复位三角　28—集圈压片　29—选针导针三角 B　30—不织压片　31—接圈压片 L　32—推针三角 L

33—二段密度压片 L　34—选针器　35—选针导针三角 C - L　36—选针导针三角 E - L　37—下三角底板

38—选针压针三角 L　39—织针　40—挺针片　41—推片　42—选针片

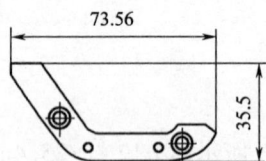

图 2 - 2 - 16　导针三角 A - L

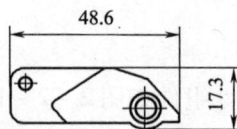

图 2 - 2 - 17　可调导针三角 L

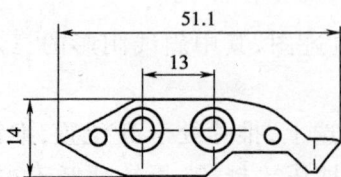

图 2 - 2 - 18　导针三角 B - L

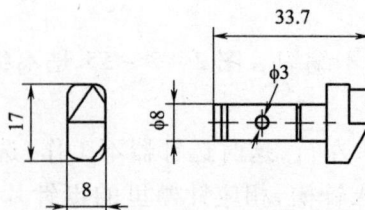

图 2 - 2 - 19　清针三角 L

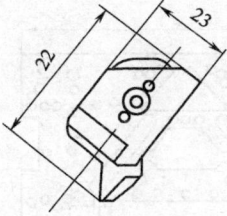

图 2 - 2 - 20　弯纱三角 L

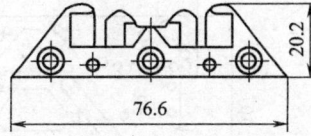

图 2 - 2 - 21　起针三角

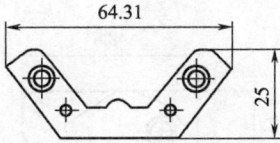

图 2 - 2 - 22　翻针导针三角

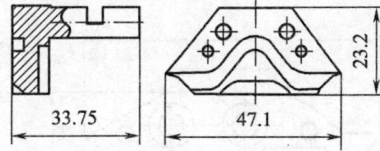

图 2 - 2 - 23　挺针三角

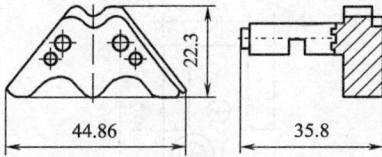

图 2 - 2 - 24　翻针三角

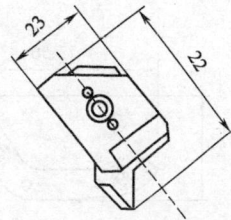

图 2 - 2 - 25　弯纱三角 R

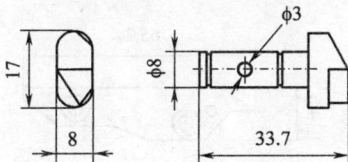

图 2 - 2 - 26　清针三角 R

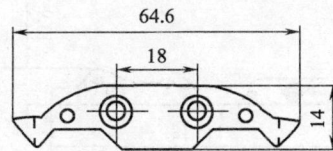

图 2 - 2 - 27　导针三角 B - C

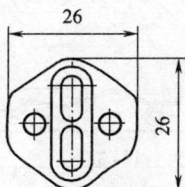

图 2 - 2 - 28　可调导针三角 C

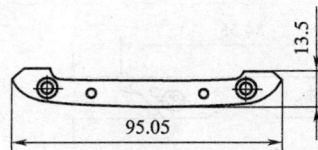

图 2 - 2 - 29　导针三角 A - C

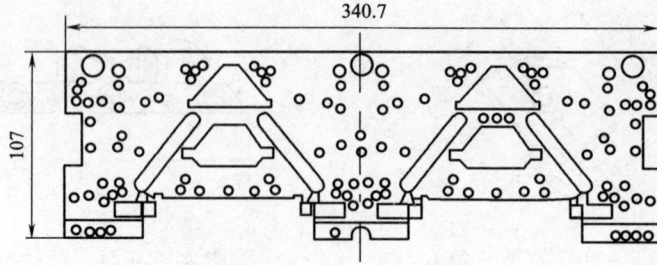

图 2 – 2 – 30　上三角底板

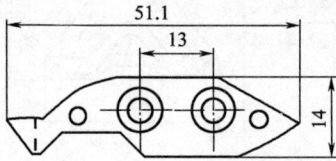

图 2 – 2 – 31　导针三角 B – R

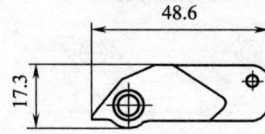

图 2 – 2 – 32　可调导针三角 R

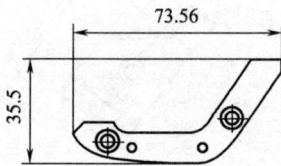

图 2 – 2 – 33　导针三角 A – R

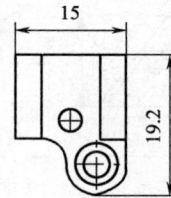

图 2 – 2 – 34　选针压针三角 R

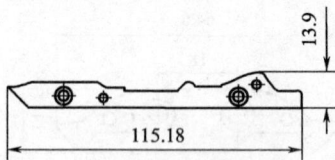

图 2 – 2 – 35　选针导针三角 E – R

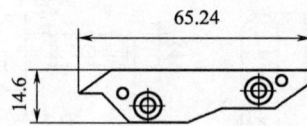

图 2 – 2 – 36　选针导针三角 C – R

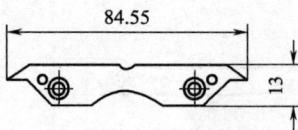

图 2 – 2 – 37　选针导针三角 A

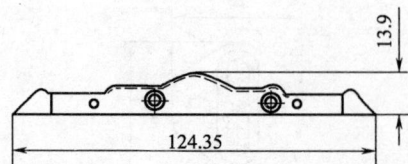

图 2 – 2 – 38　选针导针三角 D

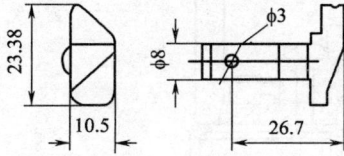

图 2 – 2 – 39 推针三角 R

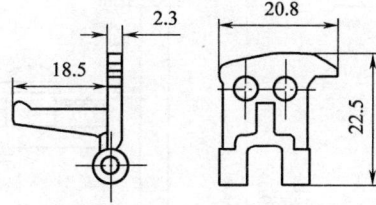

图 2 – 2 – 40 二段密度压片 R

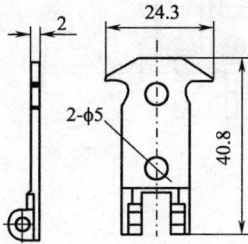

图 2 – 2 – 41 接针压片 R

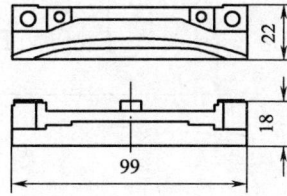

图 2 – 2 – 42 选针片复位三角

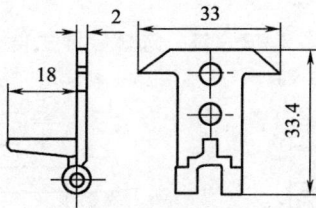

图 2 – 2 – 43 集圈压片

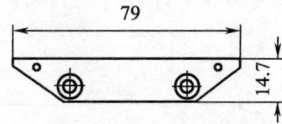

图 2 – 2 – 44 选针导针三角 B

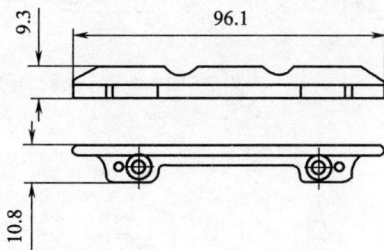

图 2 – 2 – 45 不织压片

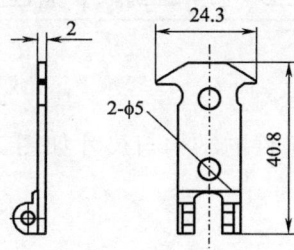

图 2 – 2 – 46 接针压片 L

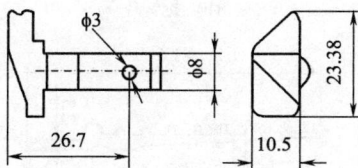

图 2 – 2 – 47 推针三角 L

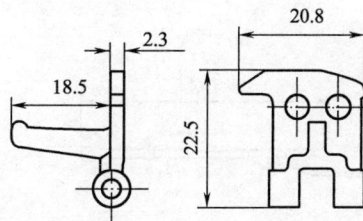

图 2 – 2 – 48 二段度目压片 L

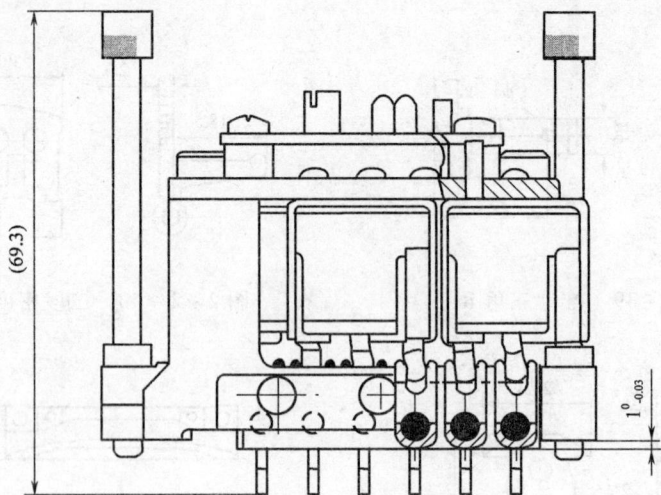

图 2 - 2 - 49　选针器

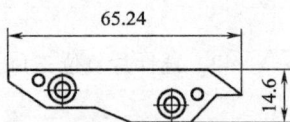

图 2 - 2 - 50　选针导针三角 C - L

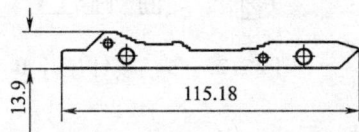

图 2 - 2 - 51　选针导针三角 E - L

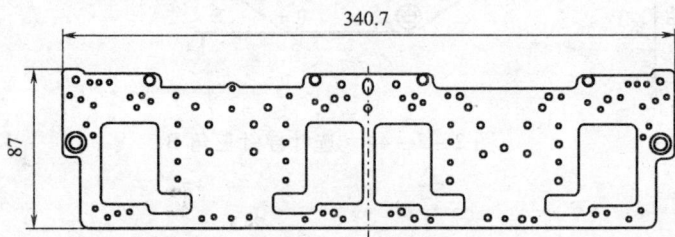

图 2 - 2 - 52　下三角底板

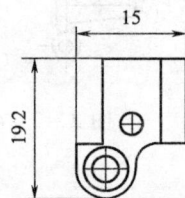

图 2 - 2 - 53　选针压针三角 L

各织针组件的结构与尺寸如图 2 - 2 - 54 所示。

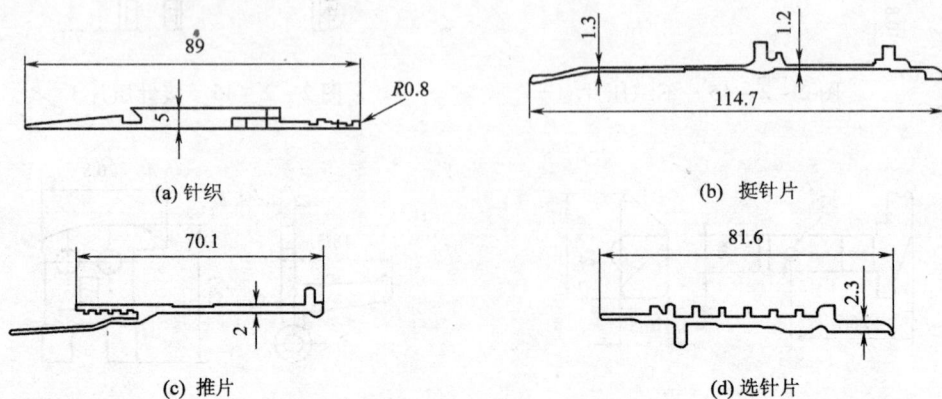

(a) 针织

(b) 挺针片

(c) 推片

(d) 选针片

图 2 - 2 - 54　织针组件的结构与尺寸

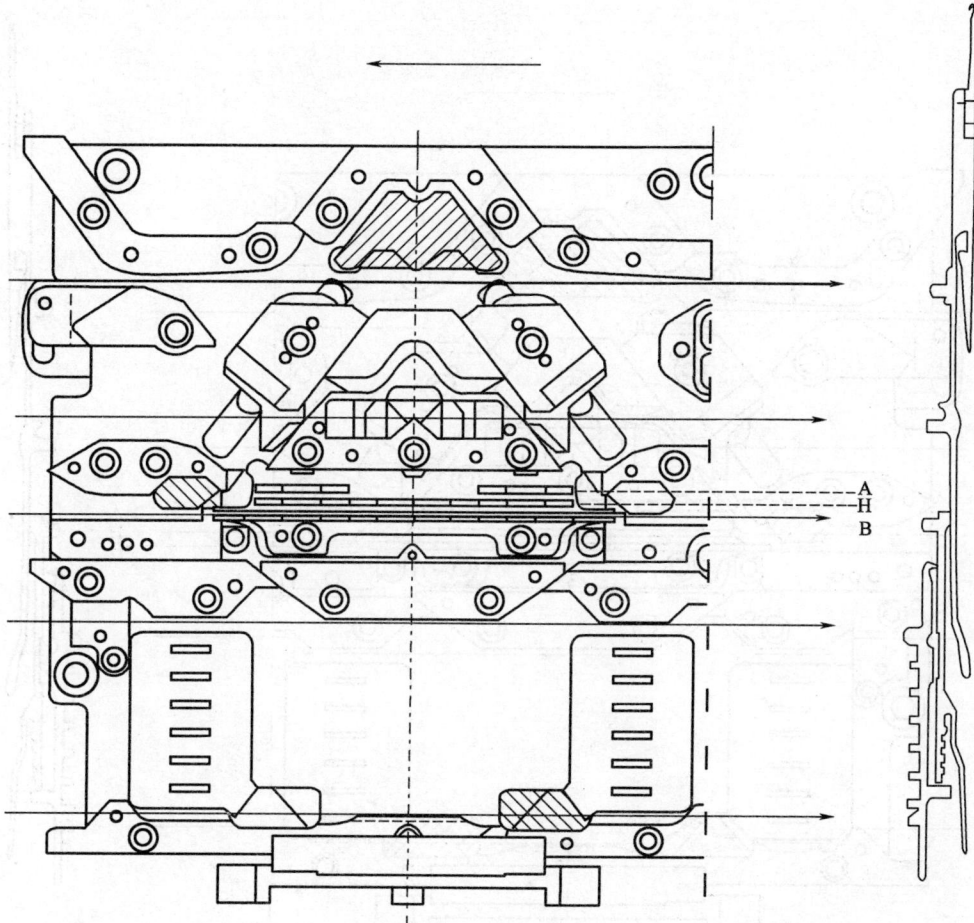

图 2-2-55 LXC-252SC 型电脑横机不编织走针轨迹

（2）织针编织。图 2-2-56 是编织走针轨迹图，其中斜线阴影的三角缩入三角底板。

假定机头左行，这时推针三角 R、清针三角 L、翻针三角都缩入三角底板，二段密度压片 L、R 摆开 A 位置，左边的选针器将参加编织的织针所对应的选针片选上，推针三角 L 将选针片推到最高点，推动相应的推片到 A 位置，此时挺针片不被压，带动织针沿挺针三角上升到集圈高度后，再沿挺针三角上升完成退圈，之后沿弯纱三角 R、下降完成编织。相应的选针片和推片沿导针三角和复位三角回复到初始位置。

（3）织针集圈。图 2-2-57 是集圈走针轨迹图，其中斜线阴影的三角缩入三角底板。

假定机头左行，这时推针三角 R、清针三角 L、翻针三角都缩入三角底板，二段密度压片 L、R 摆开 A 位置，接圈压片 L、R 缩入三角底板，在前一系统右边的选针器被选上的选针片沿选针导针三角 D 上升，推动相应的推片到 H 位置，此时左边的选针器不选针。处于 H 位置的推片在经过集圈压片时，推片上的片踵被压入针槽，所以，相应针槽里的挺针片带动织针沿起针三角上升到集圈高度后，挺针片的下片踵也被压入针槽，挺针片不再沿挺针三角上升，而是停留在集圈位置沿弯纱三角 R 下降，完成集圈编织。

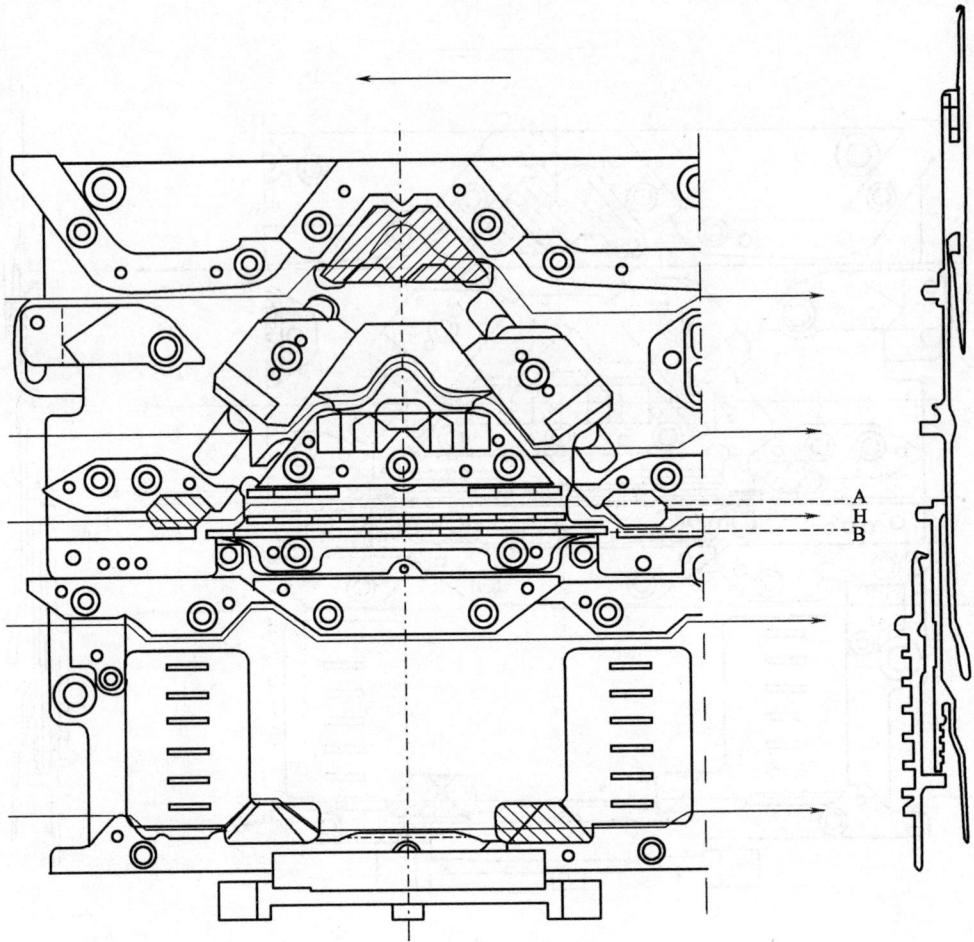

图 2 - 2 - 56　LXC - 252SC 型电脑横机编织走针轨迹

（4）织针三位编织。织针三位编织是指同一行同一个编织系统中有些织针参加编织,有些织针参加集圈,还有一些织针不参加编织,这时候同一行同一编织系统中的织针有三种不同的编织状态:编织、集圈、不织。图 2 - 2 - 58 是三位编织走针轨迹图,其中斜线阴影的三角缩入三角底板。图中粗实线为编织轨迹,虚线为集圈轨迹。

假定机头左行,这时各三角的状态与前面所述的集圈时一样,参加集圈和参加成圈的织针分别在在前一系统右边的选针器和该系统的左边选针器被选上,仅在前一系统右边的选针器被选上的选针片沿选针导针三角 D 上升,并推动相应的推片上升到 H 位置,其上的挺针片推动织针到集圈高度,形成集圈;在该系统左边的选针器也被选上的选针片沿推针三角上升,推动相应的推片到 A 位置,其上的挺针片推动织针到退圈高度,形成线圈;那些没有被选上的选针片不上升,所对应的推片处于初始位 B 位置,其上挺针片不上升,织针不编织。

（5）织针移圈（翻针）。图 2 - 2 - 59 是移圈（翻针）走针轨迹图,其中斜线阴影的三角缩入三角底板。

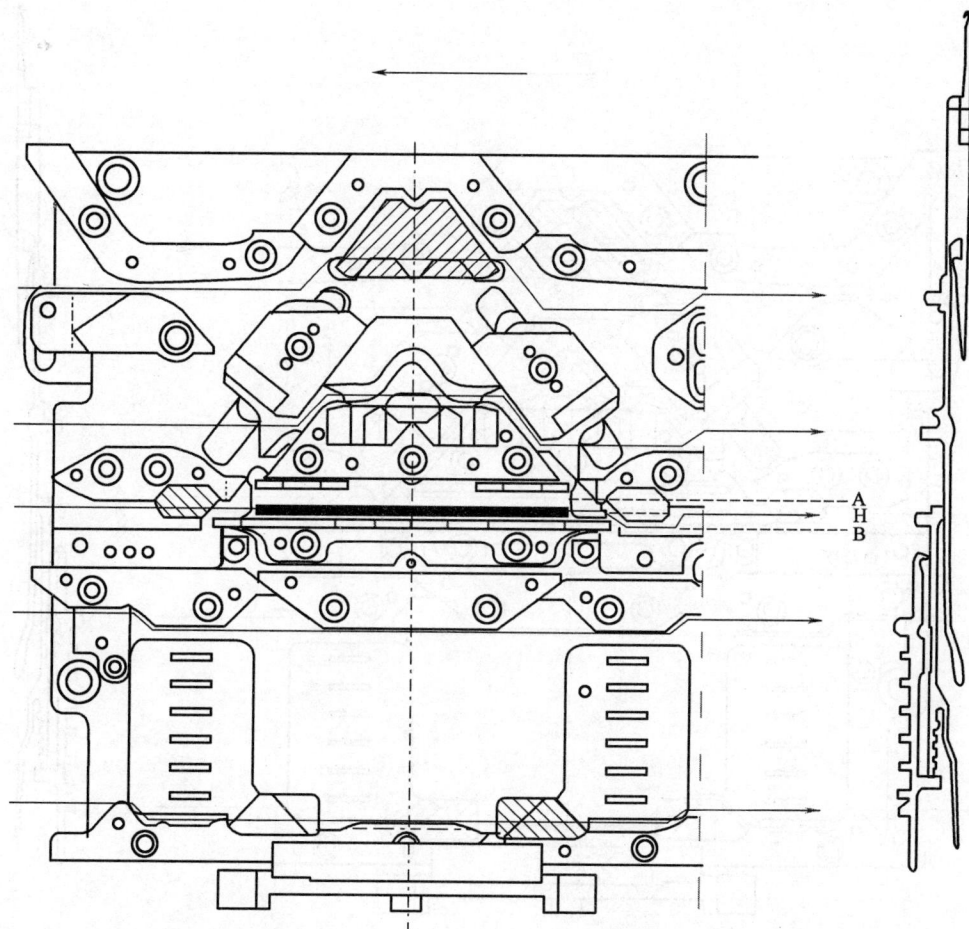

图 2 – 2 – 57　LXC – 252SC 型电脑横机集圈走针轨迹

　　假定机头左行,这时推针三角 R、清针三角 L、挺针三角都缩入三角底板,二段密度压片 L、R 摆开 A 位置,左边的选针器将参加移圈的织针所对应的选针片选上,推针三角 L 将选针片推到最高点,推动相应的推片到 A 位置,此时挺针片不被压,带动织针沿起针三角上升到集圈高度后,挺针片的上片踵再沿翻针三角上升,在翻针三角与翻针导针三角组成的轨道中运行完成移圈,再沿弯纱三角 R、可调导针三角 C 运行到初始位置。

　　(6)织针接圈(接针)。图 2 – 2 – 60 是接圈(接针)走针轨迹图,其中斜线阴影的三角缩入三角底板。

　　假定机头左行,这时推针三角 R、清针三角 L、挺针三角都缩入三角底板,二段密度压片 L、R摆开 A 位置,集圈压片摆开 H 位置,在前一系统右边的选针器被选上的选针片沿选针导针三角D 上升,推动相应的推片到 H 位置,此时左边的选针器不选针,处于 H 位置的推片走到接圈压片时被压入针槽,其上的挺针片下片踵也被压入针槽,不能沿起针三角上升,当推片经过集圈压片位置时被释放,挺针片的下片踵也被释放,可沿起针三角上加工出来的斜面(即接圈三角)运

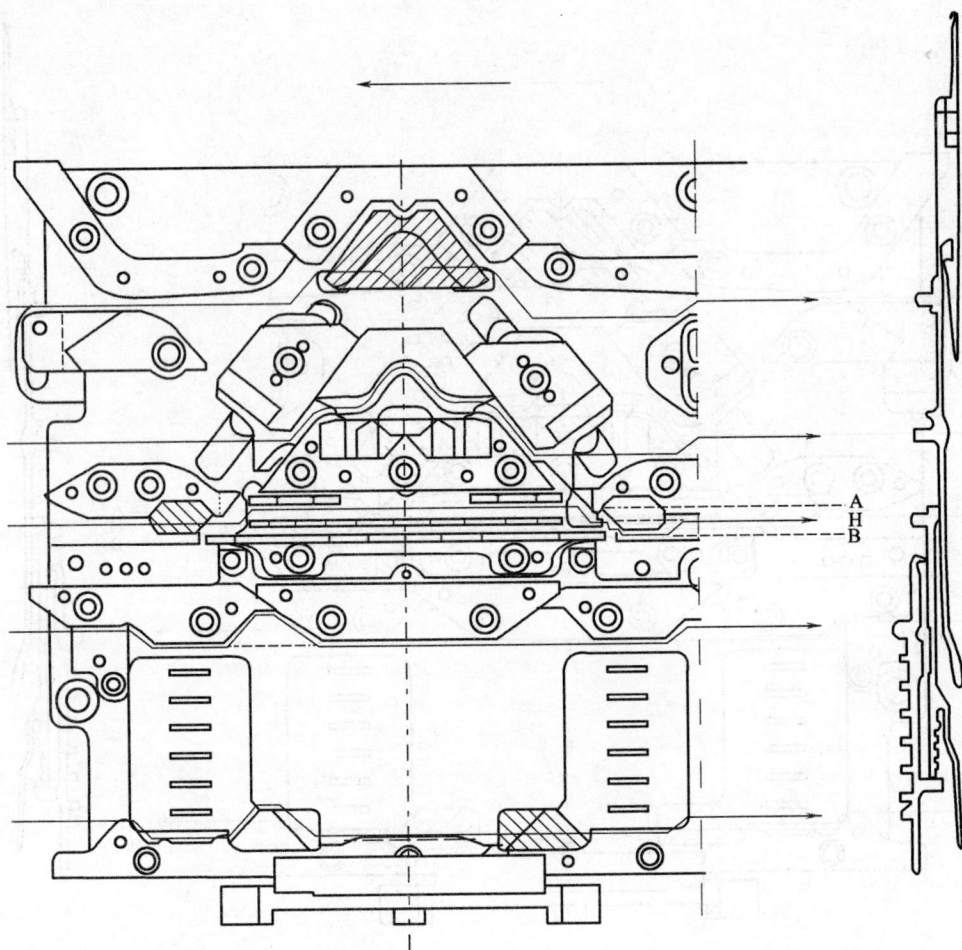

图 2 - 2 - 58　LXC - 252SC 型电脑横机三位编织走针轨迹

行到接圈高度,之后挺针片的上片踵沿移圈三角的右下斜面下降完成接圈,沿导针三角运行到初始位置。

(7)织针同时移圈、接圈(前、后对翻)。图 2 - 2 - 61 是 LXC - 252SC 同时移圈、接圈(前、后对翻)走针轨迹图。这时各三角的状态与前面所述的织针接圈时的状态一样,仅在前一系统右边的选针器被选上的选针片沿选针导针三角 D 上升,并推动相应的推片上升到 H 位置,其上的挺针片推动织针上升到接圈高度进行接圈;在该系统左边的选针器也被选上的选针片沿推针三角上升,推动相应的推片到 A 位置,其上的挺针片带动织针沿移圈三角上升完成移圈。没有被选上的选针片不上升,相应的推片处于 B 位置,始终压制挺针片,挺针片不推动织针上升,织针不移圈也不接圈。

(三)三角变换机构

三角变换机构包含推针三角、清针三角换向机构以及翻针三角、挺针三角和各种压片的变

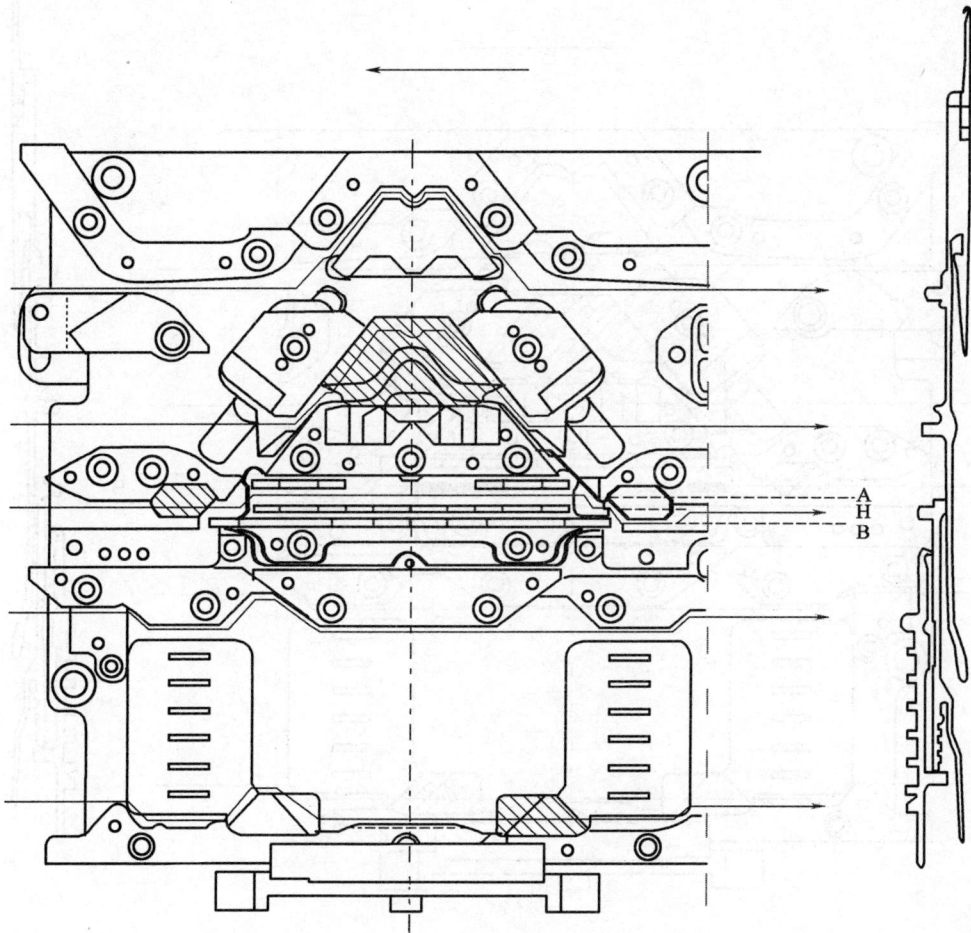

图 2 - 2 - 59　LXC - 252SC 型电脑横机移圈(翻针)走针轨迹

换机构。

1. 推针三角、清针三角换向机构

推针三角、清针三角换向机构的作用是确保机头运行时,推针三角和清针三角伸出或缩入三角底板的状态正确。图 2 - 2 - 62 是推针三角、清针三角换向机构图。

图 2 - 2 - 63 是推针三角、清针三角换向示意图,图注名称与图 2 - 2 - 62 相同。其换向原理是:磁铁座吸附在机头导轨上,当机头向右行驶时,磁铁座相对于机头向左行驶(实际上磁铁座吸附在机头导轨上不动),磁铁座带动推针三角运动杆向左滑动,推针三角运动杆上的斜槽推动右边的推针三角 L 向下运行伸出三角底板,左边的推针三角 R 向上运行缩入三角底板,磁铁座运行的同时带动摆杆摆动,摆杆驱动清针三角运动杆向右滑动,清针三角运动杆上的斜槽推动左边的清针三角 R 伸出三角底板,右边的清针三角 L 缩入三角底板,当摆杆碰触到摆杆限位柱时,各运动构件运动到稳定状态随机头一起运行。当机头向左行驶时,运行状况与机头向右行驶时相反。

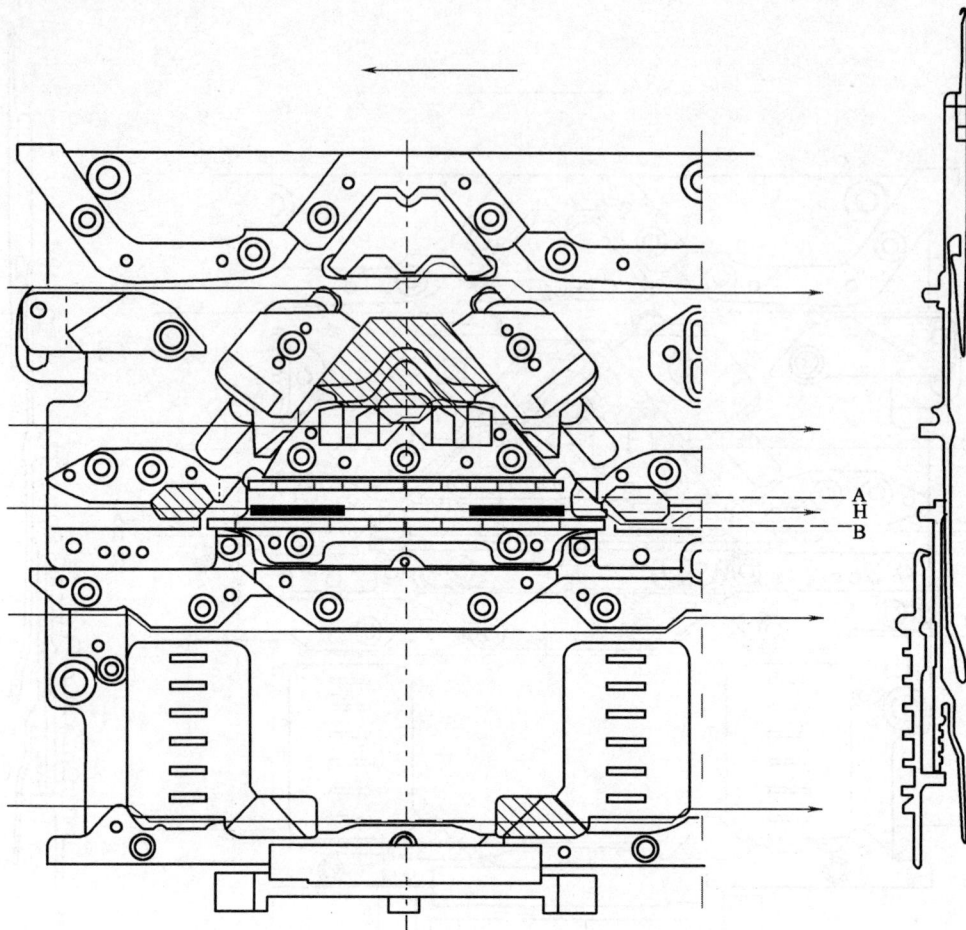

图 2 – 2 – 60　LXC – 252SC 型电脑横机接圈(接针)走针轨迹

2. 翻针三角、挺针三角和各种压片的变换机构

为保证编织、集圈、移圈、接圈的正确进行,翻针三角、挺针三角和各种压片必须根据编织状态的要求进行变换。

图 2 – 2 – 64 是翻针三角、挺针三角和各种压片的变换机构图。

各零件的变换控制动作如下:集圈压片由集圈压片电磁铁控制,当电磁铁的铁芯伸出时,集圈压片处于 H 位置,当电磁铁的铁芯缩回时,集圈压片摆开 H 位置;接针压片 L 和接针压片 R 分别由接针压片 L 电磁铁和接针压片 R 电磁铁控制,当电磁铁的铁芯伸出时,接针压片缩入三角底板,当电磁铁的铁芯缩回时,接针压片伸出三角底板;二段密度压片 L 和二段密度压片 R 分别由二段密度压片 L 电磁铁和二段密度压片 R 电磁铁控制,当电磁铁的铁芯伸出时,二段密度压片处于 A 位置,电磁铁的铁芯缩回时,二段密度压片摆开 A 位置;挺针三角和翻针三角由挺针三角电磁铁控制,挺针三角和翻针三角是联动的,当挺针三角电磁铁的铁芯伸出时,挺针三角伸出三角底板,翻针三角缩入三角底板,当电磁铁的铁芯缩回时,挺针三角缩入三角底板,翻针三角伸出三角底板。

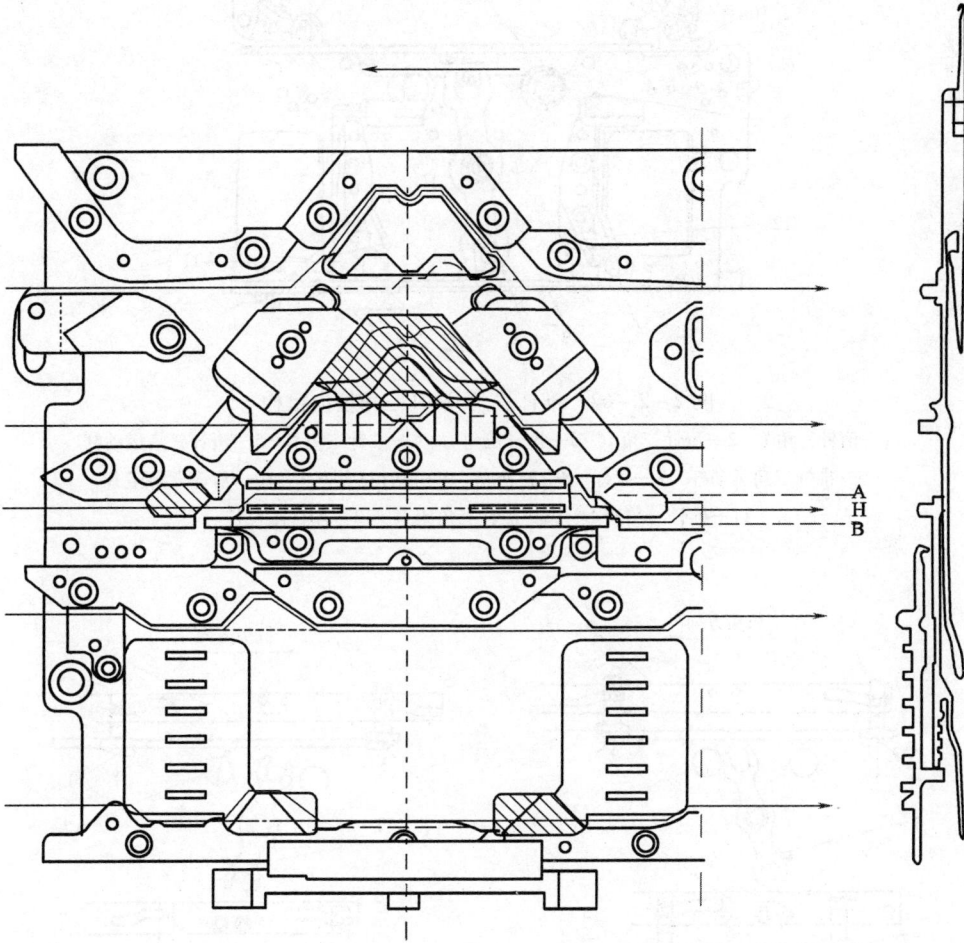

图 2 – 2 – 61　LXC – 252SC 型电脑横机同时移圈、接圈（前后对翻）走针轨迹

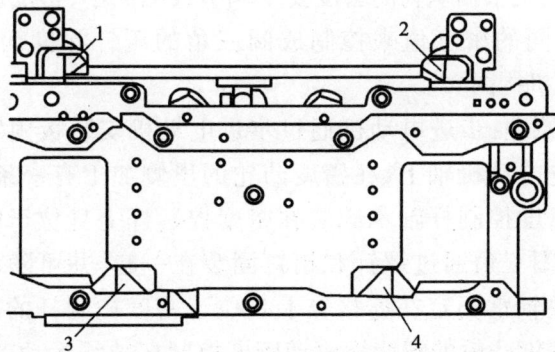

图 2 – 2 – 62

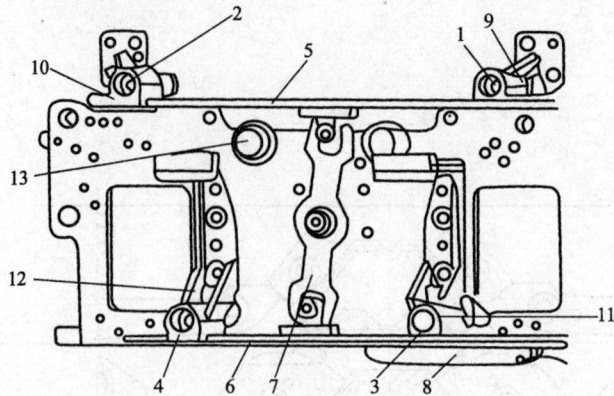

图 2 - 2 - 62 推针三角、清针三角换向机构
1—清针三角 L 2—清针三角 R 3—推针三角 L 4—推针三角 R 5—清针三角运动杆
6—推针三角运动杆 7—摆杆 8—磁铁座 9—清针三角座 L 10—清针三角座 R
11—推针三角座 L 12—推针三角座 R 13—摆杆限位柱

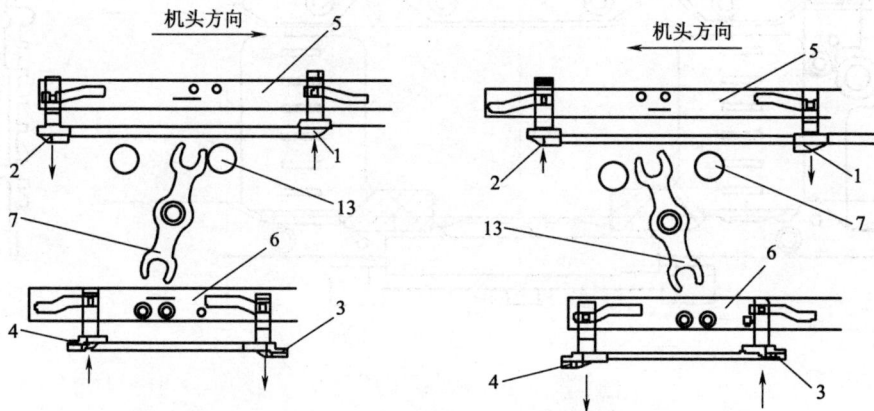

图 2 - 2 - 63 推针三角、清针三角换向示意图

(四)密度调节机构

密度调节机构的作用是根据织物的密度要求调节线圈大小,密度调节机构工作时应快速、准确、可靠,通过给定不同的密度值来控制成圈三角的压针深度而得到相应密度的线圈。图 2 - 2 - 65 是密度调节机构图。

密度调节机构工作原理:步进电动机通过步进电动机安装板固定在步进电动机固定座上,密度凸轮固定于步进电动机轴上,在密度凸轮的里侧加工有一条阿基米德螺旋槽,密度控制杆可绕铰轴转动,密度控制杆轴承固装在密度控制杆上且位于密度凸轮阿基米德螺旋槽内,连接块、滑块和成圈三角通过螺针和销钉固装在一起,并可随滑块一起在三角底板上的滑块槽中滑动,连接块轴承固定在连接块上且位于密度控制杆的滑槽内。当步进电动机带动密度凸轮转动时,密度凸轮的螺旋槽驱动密度控制杆轴承运动,密度控制杆轴承带动密度控制杆绕铰轴转动,密度控制杆转动时通过滑槽带动连接块轴承与连接块、滑块、成圈三角一起滑动,步进电动机转动的角度不同,驱动成圈三角滑动的位置也就不同。为了保证密

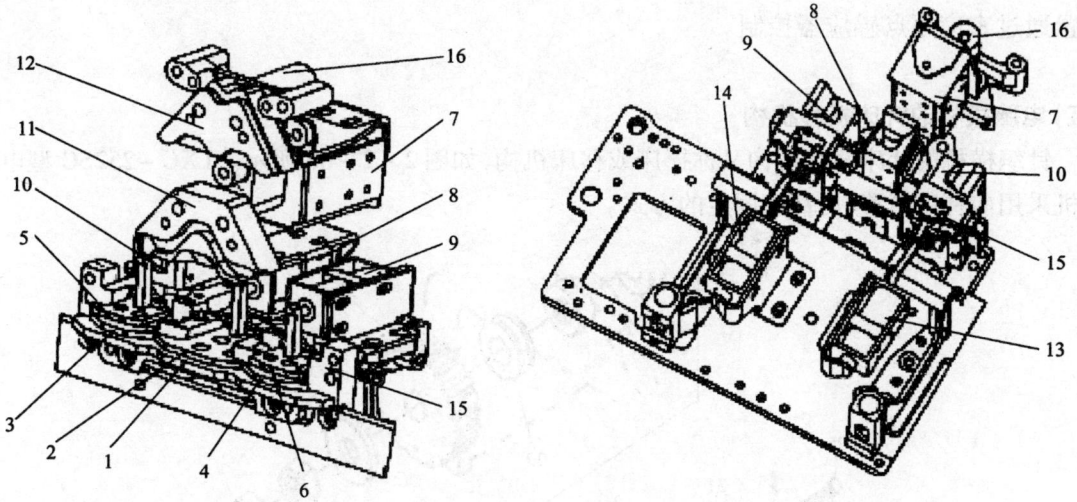

图 2 - 2 - 64　LXC - 252SC 型电脑横机翻针三角、挺针三角和各种压片的变换机构

1—不织压片　2—集圈压片　3—接针压片 L　4—接针压片 R　5—二段密度压片 L

6—二段密度压片 R　7—挺针三角电磁铁　8—集圈压片电磁铁　9—二段密度压片 R 电磁铁

10—二段密度压片 L 电磁铁　11—挺针三角　12—翻针三角　13—接针压片 L 电磁铁

14—接针压片 R 电磁铁　15—压片支座　16—翻针三角支座

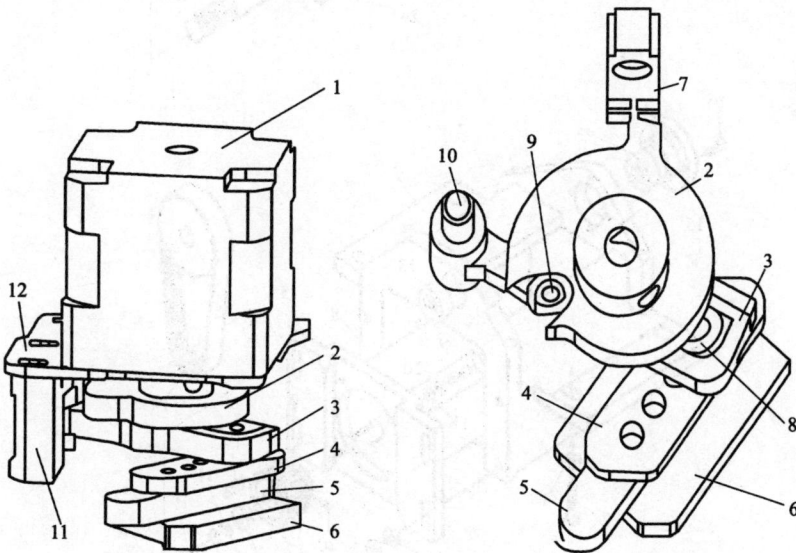

图 2 - 2 - 65　LXC - 252SC 型电脑横机密度调节机构

1—步进电动机　2—密度凸轮　3—密度控制杆　4—连接块　5—滑块　6—成圈三角

7—密度原点感应器　8—连接块轴承　9—密度控制杆轴承　10—铰轴

11—步进电动机固定座　12—步进电动机安装板

度值的稳定,步进电动机在驱动成圈三角之前,密度凸轮必须位于一个初始位置,这个初始位置通过密度原点感应器控制。

(五)电脑横机的针床横移机构

针织横机的针床横移机构又称摇床或移床机构,如图2-2-66所示。LXC-252SC型电脑横机采用前针床横移,后针床固定的方式。

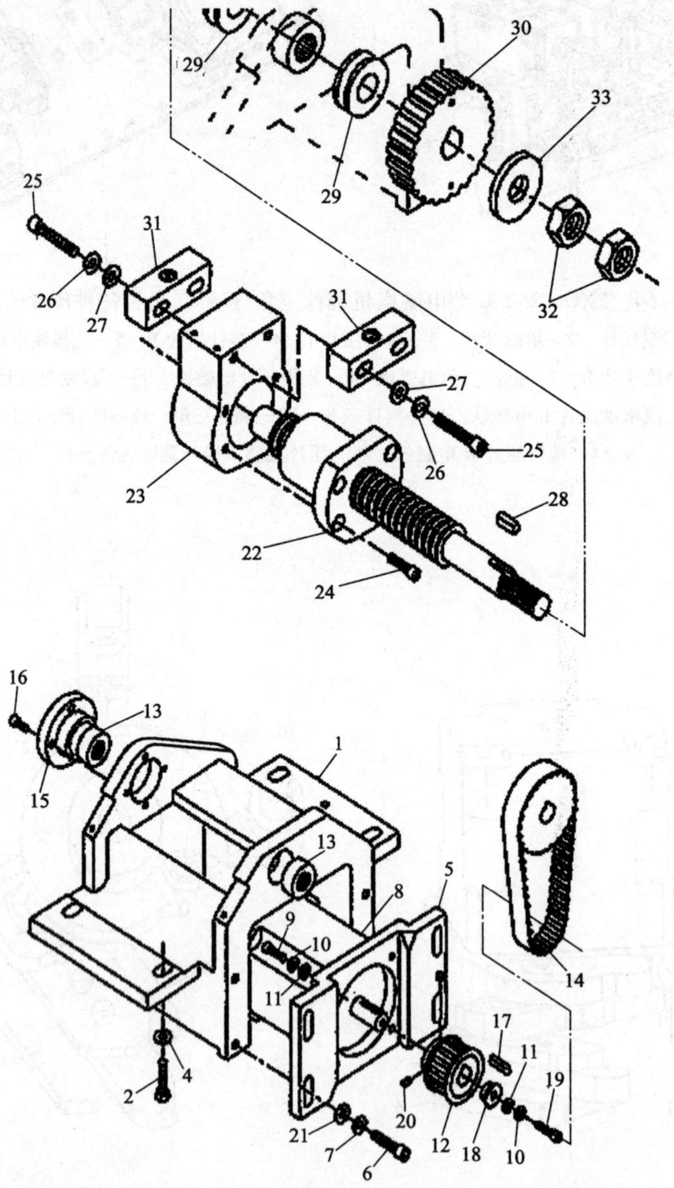

图2-2-66 LXC-252SC型电脑横机的针床横移机构

1—滚珠丝杠托架 2—螺栓 4、11、21、27—垫圈 5—伺服电动机固定座 6、9、16、19、24、25—内六角螺钉
7、10、26—弹簧垫圈 8—伺服电动机 12—伺服电动机皮带轮 13—滚针轴承 14—时规皮带
15—轴承盖 17、28—平键 18—皮带轮挡套 20—紧定螺钉 22—滚珠丝杠 23—螺母衬套
29—推力球轴承 30—滚珠丝杠皮带轮 31—调整块 32—螺母 33—垫片

LXC-252SC 型电脑横机的针床横移机构移动范围左右各 25.4mm(1 英寸)。根据编织工艺要求,在编制编织程序(打板)时,给定相应的针床位置,在编织时能够自动执行。针床横移机构采用伺服电动机和滚珠丝杠传动,传动精度高,定位准确。在进行移圈(翻针)时,针床横移机构可以使用"反振"功能。所谓"反振",就是针床移动超过所需位置的一定距离(例如 1/2针距,超过的距离值可在编程中设定),再返回到所需位置。使用"反振"功能,可以适当地扩大线圈,使移圈更容易。

(六)给纱装置

LXC-252SC 型电脑横机的给纱装置由天线台、积极送纱器、侧纱张力器、导纱器组成,如图 2-2-67 所示。

图 2-2-67 LXC-252SC 型电脑横机的给纱装置图
1—导纱眼 2—纱筒 3—天线台 4—纱嘴 5—纱嘴座
6—侧纱张力器 7—积极送纱器 8—侧张力簧

1. 天线台

天线台又称纱线控制器(图 2-2-68),可分为单探测杆天线台和双探测杆天线台。单探测杆天线台可探测断纱和纱结时停机;双探测杆天线台可探测到断纱、粗纱结时停机,探测到细纱结时机器慢速运行程序中设定的行数,避免在编织时断纱。通常,LXC-252SC 型电脑横编织机用双探测杆天线台。

2. 积极送纱器

如图 2-2-69 所示,积极送纱器的送纱辊以固定的圆周速度 6350r/min 转动,依靠纱线与

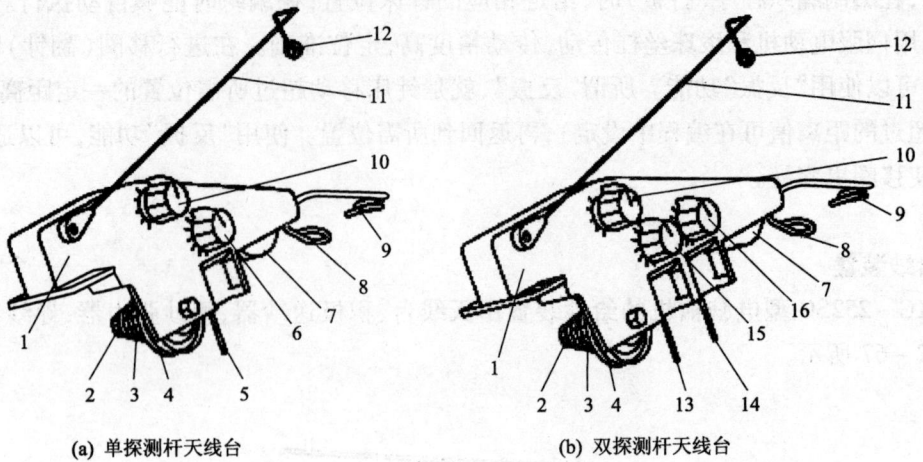

(a) 单探测杆天线台   (b) 双探测杆天线台

图 2－2－68　天线台

1—天线台本体　2—张力盘旋钮　3—张力盘弹簧　4—张力盘　5—纱结探测杆　6—纱结探测杆调整钮
7—指示灯　8—短穿线簧　9—长穿线簧　10—张力簧调整钮　11—张力弹簧　12—瓷眼
13—大结探测杆　14—小结探测杆　15—大纱结探测杆调整钮　16—小纱结探测杆调整钮

送纱辊之间摩擦来输送编织机所需的纱线。积极送纱器可以使纱线以恒定的张力喂入导纱器和织针,积极送纱器所提供的纱线应该比导纱器所需要的量略多。

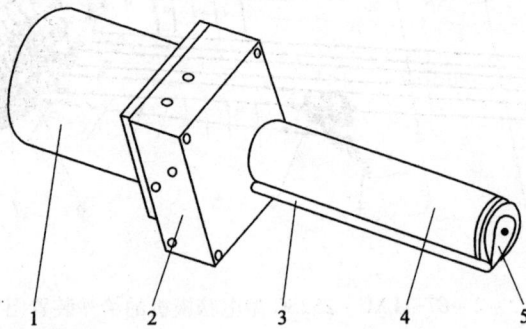

图 2－2－69　积极送纱器

1—电动机　2—送纱箱体　3—防结轴　4—送纱辊　5—连接板

3. 侧纱线张力器

侧纱线张力器监测纱线并给纱线一定的张力,如图 2－2－70 所示。

4. 导纱器

导纱器可分普通导纱器和嵌花导纱器,如图 2－2－71 所示。导纱器的安装应距闭合针舌 0.5~1mm,并在两面织针交叉中间,左右两边离起始织针的距离各为 4~5 针,如图 2－2－72 所示。

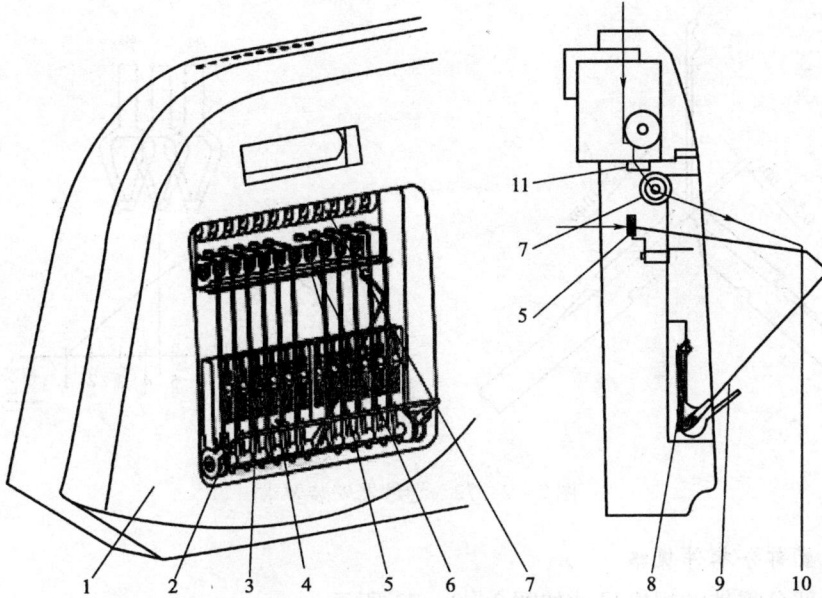

图 2-2-70 侧纱线张力器
1—安全护罩 2—导电棒 3—张力钮 4—调节座 5、11—瓷钩
6—限位板 7—制动盘 8—弹簧 9—侧张力簧 10—瓷管

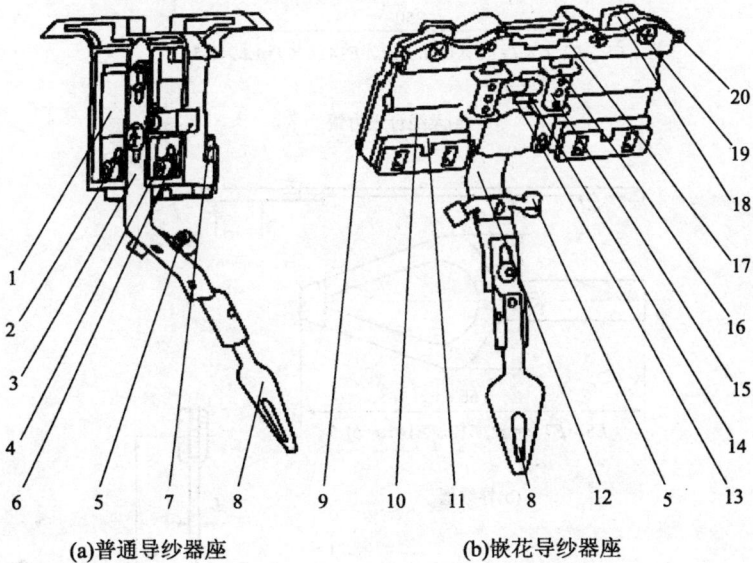

(a)普通导纱器座　　　　　(b)嵌花导纱器座

图 2-2-71 导纱器
1—普通纱嘴本体 2—纱嘴上下调整螺钉 3—纱嘴柄 4—滑动间隔调整螺钉 5—弹簧片
6—瓷眼 7、11—斜导块 8—纱嘴 9—嵌花纱嘴座盖板 10—嵌花纱嘴座本体
12—嵌花纱嘴柄 13—左带动杆 14—右带动杆 15—制动凸轮 16—制动片
17—斜导板 18—嵌花纱嘴对中拨块 19—嵌花纱嘴偏斜拨块 20—限位撞杆

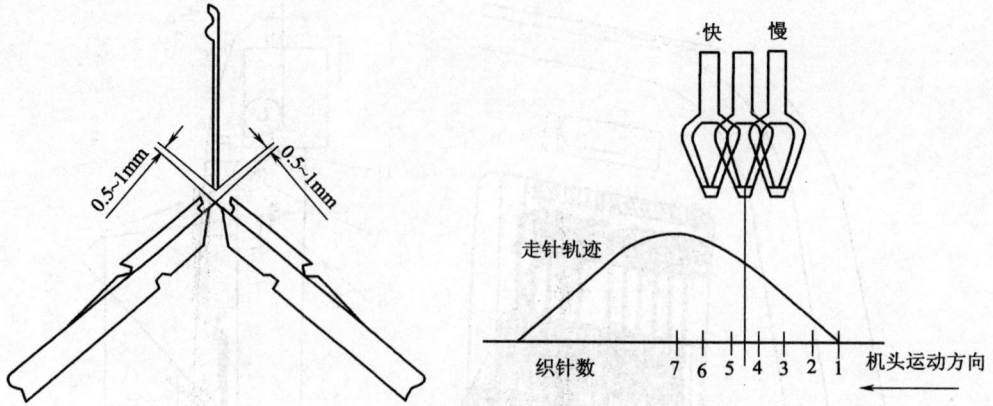

图 2 - 2 - 72 导纱器安装要求

5.给纱装置部分零件规格

给纱装置部分零件的规格尺寸如图 2 - 2 - 73 所示。

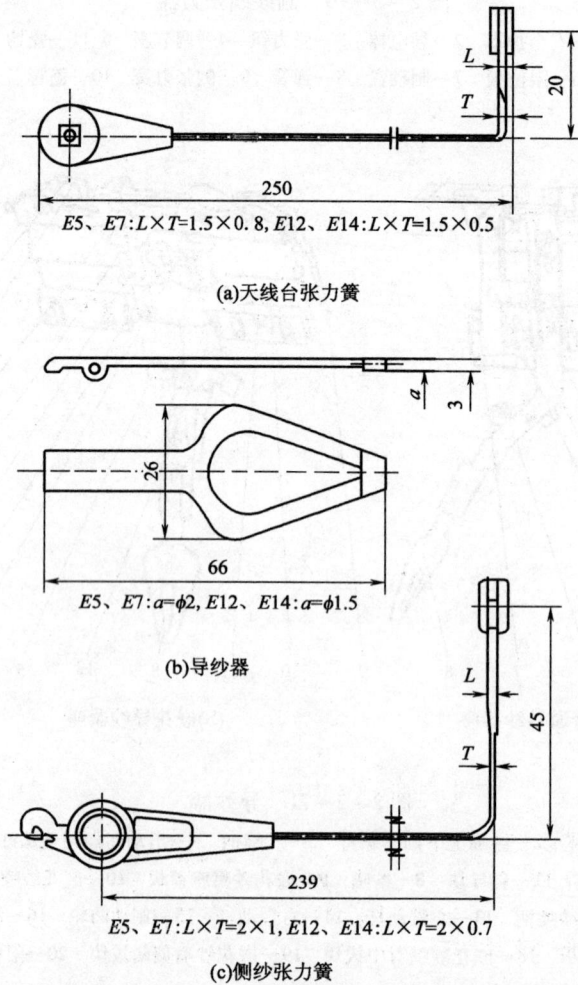

$E5$、$E7$：$L×T=1.5×0.8$, $E12$、$E14$：$L×T=1.5×0.5$

(a)天线台张力簧

$E5$、$E7$：$a=\phi2$, $E12$、$E14$：$a=\phi1.5$

(b)导纱器

$E5$、$E7$：$L×T=2×1$, $E12$、$E14$：$L×T=2×0.7$

(c)侧纱张力簧

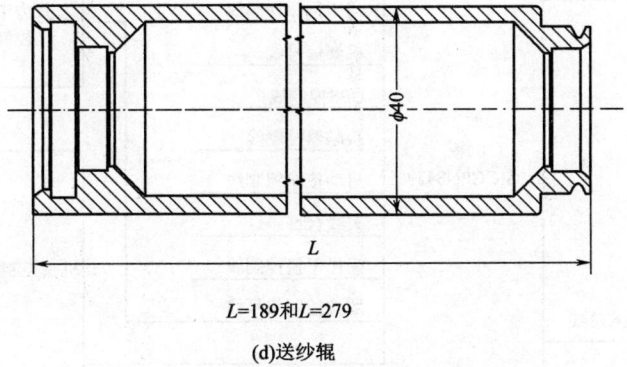

L=189和L=279

(d)送纱辊

图2-2-73 给纱装置部分零件规格尺寸(mm)

(七)电器部分

1.电源部分

电源部分用于提供电脑及控制部分的各种交直流电压,要求电压稳定,无杂波干扰。电源部分方框图如图2-2-74所示。

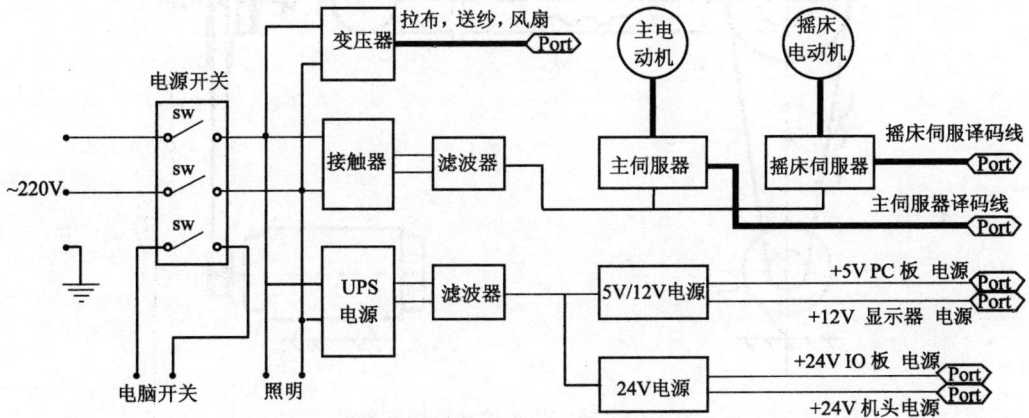

图2-2-74 电源部分方框图

2.电脑及控制部分

电脑及控制部分是整个系统的核心部分,用于控制和协调各个部分的动作、编织指令的输入、花板的加载、错误的报警等,都依赖此部分的可靠而稳定的工作,电脑及控制部分如图2-2-75所示。

(八)LXC-252S型电脑横机传动机构

1.机头传动机构

机头传动机构如图2-2-76所示。

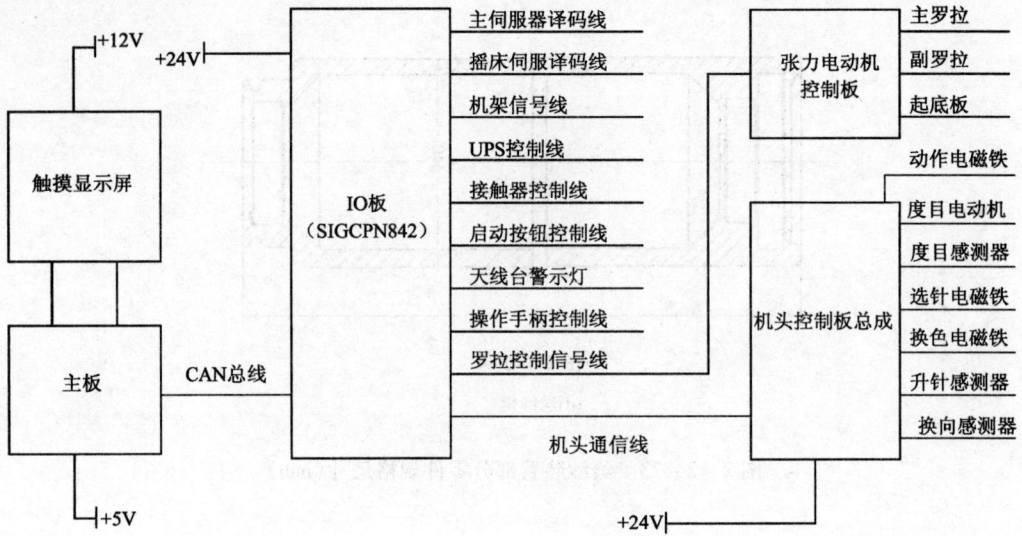

图 2-2-75　电脑及控制部分框图

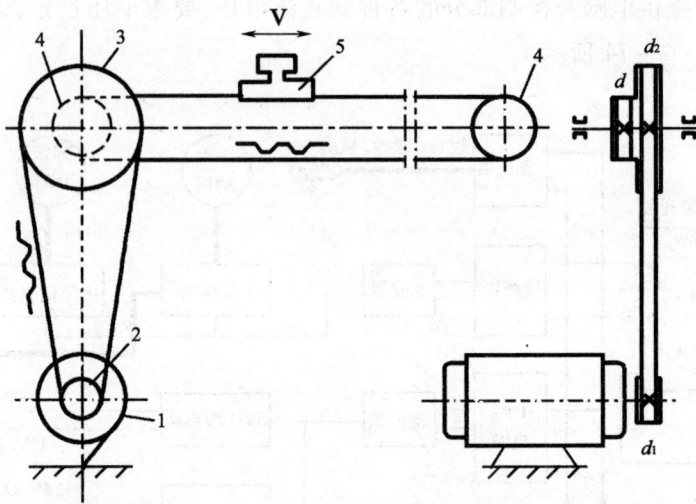

图 2-2-76　机头传动机构示意图

1—伺服电动机　2—电动机带轮　3—减速带轮　4—驱动带轮　5—机头

机头运行速度公式：

$$V = n \times \frac{d_1}{d_2} \times \frac{\pi d}{60 \times 1000}$$

式中：V——机头运行速度，m/s；

n——伺服电动机转速，r/min；

d_1——电动机带轮节圆直径，mm；

d_2——减速带轮节圆直径，mm；

d——驱动带轮节圆直径，mm。

2. 皮罗拉传动机构

皮罗拉传动机构如图 2-2-77 所示。

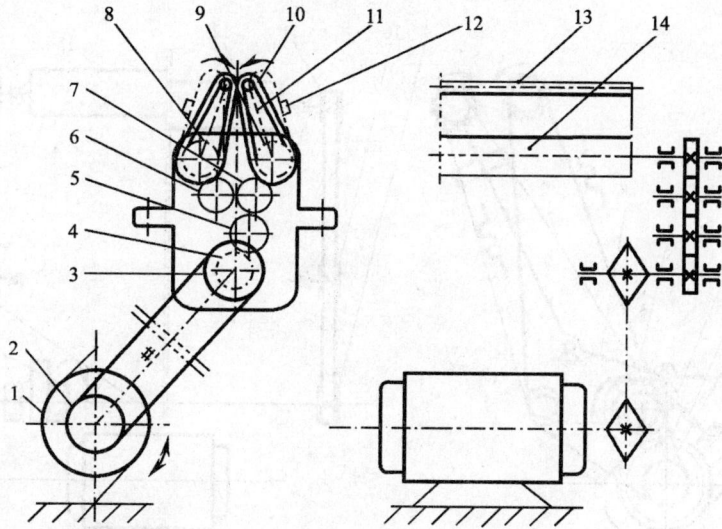

图 2 - 2 - 77 皮罗拉传动机构示意图

1—电动机 2—主动链轮 3—从动链轮 4—主动齿轮 5、7—过桥齿轮 6—换向齿轮
8、9—卷布齿轮 10—传动皮带 11—支架 12—限位块 13—压布轴 14—卷布辊

3. 主牵拉罗拉传动机构

主牵拉罗拉传动机构如图 2 - 2 - 78 所示。

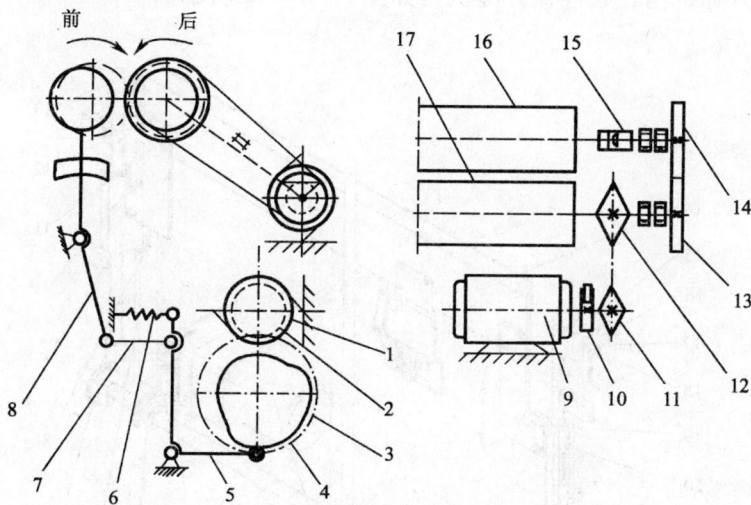

图 2 - 2 - 78 主牵拉罗拉牵拉及开合机构示意图

1—开合电动机 2—主动齿轮 3—从动齿轮 4—开合凸轮 5—凸轮摆杆 6—拉簧
7—连杆 8—开合摆杆 9—卷布电动机 10—棘轮 11—主动链轮 12—从动链轮
13—后齿轮 14—前齿轮 15—可移式连轴器 16—前卷布辊 17—后卷布辊

4. 副牵拉罗拉传动机构

副牵拉罗拉传动机构示意图如图 2 - 2 - 79 所示。

单向轴承 17 的作用是:当电动机 1 逆时针转动,凸轮轴 16 带动单向轴承 17 一起反向转动,驱动凸轮 7 作顺时针转动,凸轮 7 作用于摆杆 8,从而打开卷布辊 12。

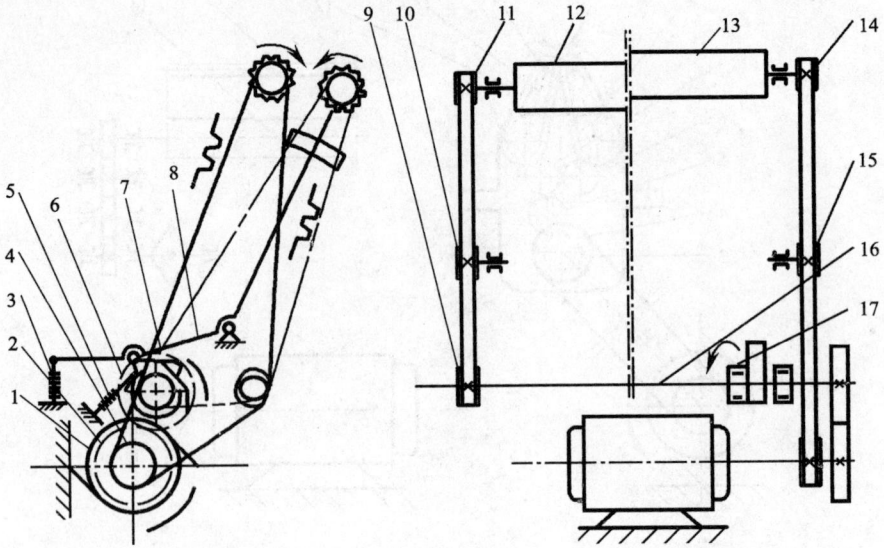

图 2-2-79 副牵拉罗拉牵拉及其开合机构传动示意图

1—电动机 2—主动齿轮 3—拉伸弹簧 4—主动带轮 5—拉伸弹簧 6—从动齿轮 7—凸轮 8—摆杆
9—驱动带轮 10、15—张紧带轮 11、14—卷布带轮 12、13—卷布辊 16—凸轮轴 17—单向轴承

5. 起针梳(起底板)传动机构

(1)起针梳升降机构。起针梳升降机构如图 2-2-80 所示。

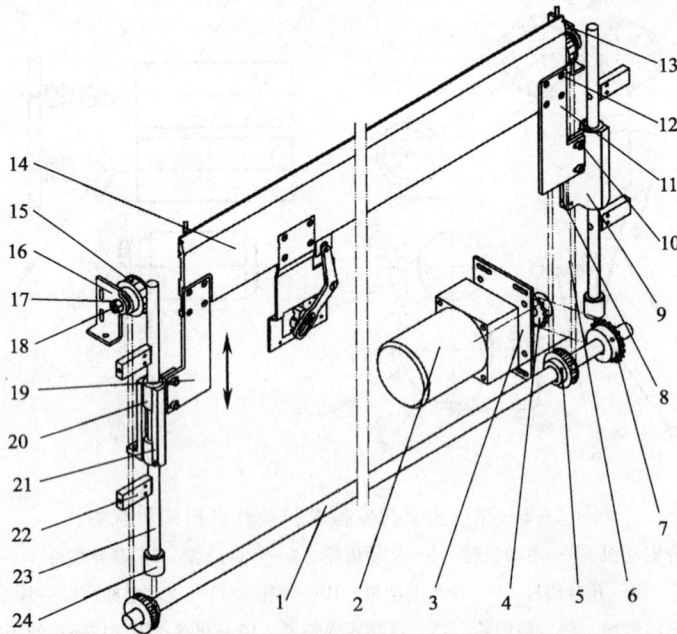

图 2-2-80 LXC-252SC 型电脑横机起底板升降机构

1—推进轴 2—电动机 3—电动机连接板 4—主动链轮 5—驱动带轮 6—同步带
7—从动链轮 8—同步带夹 9—右升降滑座 10、12—螺钉 11—右升降板 13—右带轮板
14—起针梳底板 15—从动带轮 16—左带轮板 17—螺母 18—皮带轮轴 19—左升降板
20—直线轴承 21—左升降滑座 22—支承块 23—升降滑杆 24—缓冲橡胶

(2)起针梳出针机构。起针梳出针机构如图 2 - 2 - 81 所示,起底板出针动作原理如图 2 - 2 - 82 所示。

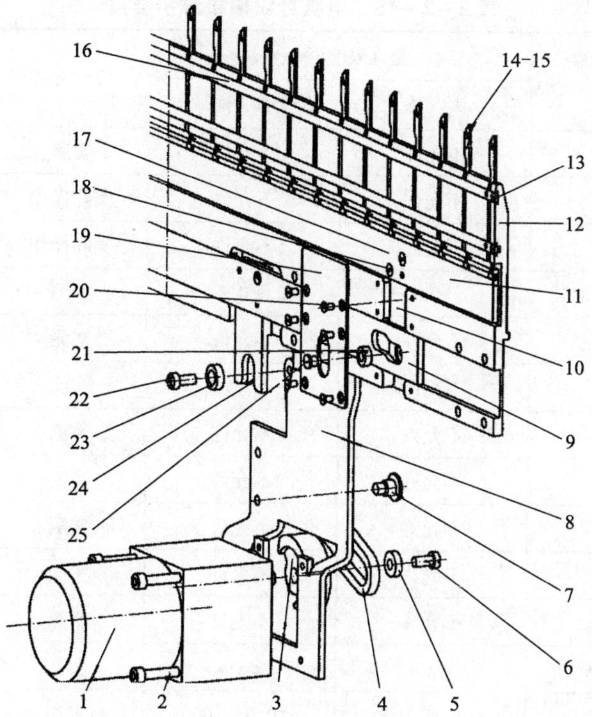

图 2 - 2 - 81 LXC - 252SC 型电脑横机起针梳出针机构

1—电动机 2、6、13、18、20、22—螺钉 3—推进凸轮 4—推进摇杆 5、21、23—轴承 7—轴位螺钉
8—电动机连接板 9—推进滑杆 10—上下滑块 11—起针梳托板 12—起针梳底板 14—起口针
15—起口针套 16—压条 17—销 19—压板 24—推进片 25—轴承小轴

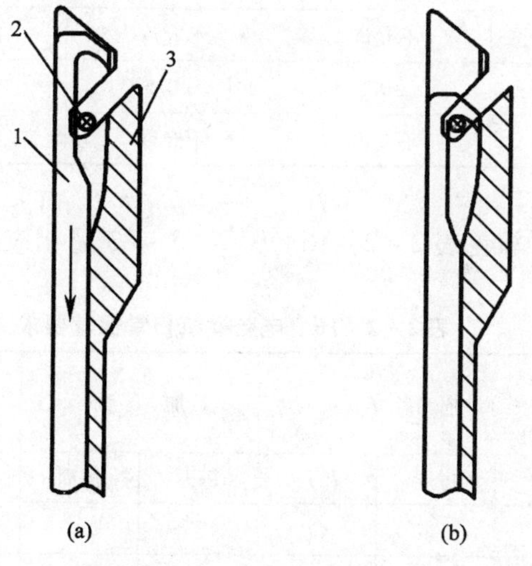

(a)　　　　　　　(b)

图 2 - 2 - 82 起针梳出针动作原理图

1—起口针 2—纱线 3—起口针套

（九）设备维护和保养

电脑针织横机维护要点见表2-2-15。

表2-2-15　电脑针织横机维护要点

编号	检查项目	允许限度（mm）		检查方法	备注
		大　修	小　修		
1	机器运转不正常	不允许	不允许	实测	包括电动机运转不跳动
2	开关不灵	不允许	不允许	实际操作	包括电器总开关
3	安全开关失灵	不允许	不允许	实际操作	
4	天杠与滑轨平直度	±0.1	±0.1	实测	以机头为准测全长
5	针床移位不准	不允许	不允许	实测	
6	密度控制失准	不允许	不允许	实测	以样片为准
7	卷布失控	不允许	不允许	实测	
8	断纱不停车	不允许	不允许	实测	
9	撞针不停车	不允许	不允许	实测	
10	超负荷不停车	不允许	不允许	实测	
11	程序错误不停车	不允许	不允许	实测	
12	织物斜角	≤1%	≤1%	实测	
13	针床头口直线度	≤0.05:1000	≤0.05:1000	实测	
14	滑轨与头口平行度	≤0.05:1000	≤0.05:1000	实测	
15	三角与针床间隙	0.10~0.4	0.10~0.4	实测	
16	针床与机座间隙	≤0.1	≤0.1	实测	
17	选针失误	不允许	不允许	实测	
18	前后针床头口平行度	±0.05	±0.05	实测	
19	吃纱有快慢	不允许	不允许	目测	
20	三角挺针高	±0.5	±0.5	实测	挺针高由企业自定
21	安装水平	不允许	不允许	实测	

电脑横机日常保养要求见表2-2-16。图2-2-83是相应的位置图。

表2-2-16　电脑横机日常保养要求

机件名称		纱屑清除			加　油		油品特性	比重	0.87
		每天	每周	每月	每天	每周		最低闪火点	190℃
								黏度	46
1	电脑箱			○					
2	卷布系统		○			○	克鲁勃（KLUBER）		
3	天杠	○			○		克鲁勃		

续表

机件名称		纱屑清除			加　油		油品特性	比重	0.87
								最低闪火点	190℃
		每天	每周	每月	每天	每周		黏度	46
4	换色系统				○		克鲁勃		
5	机头系统	○			○				
6	驱动系统		○						
7	油　泵	○				○	克鲁勃		
8	天线纱架	○							
9	机头导轨	○			○		克鲁勃		

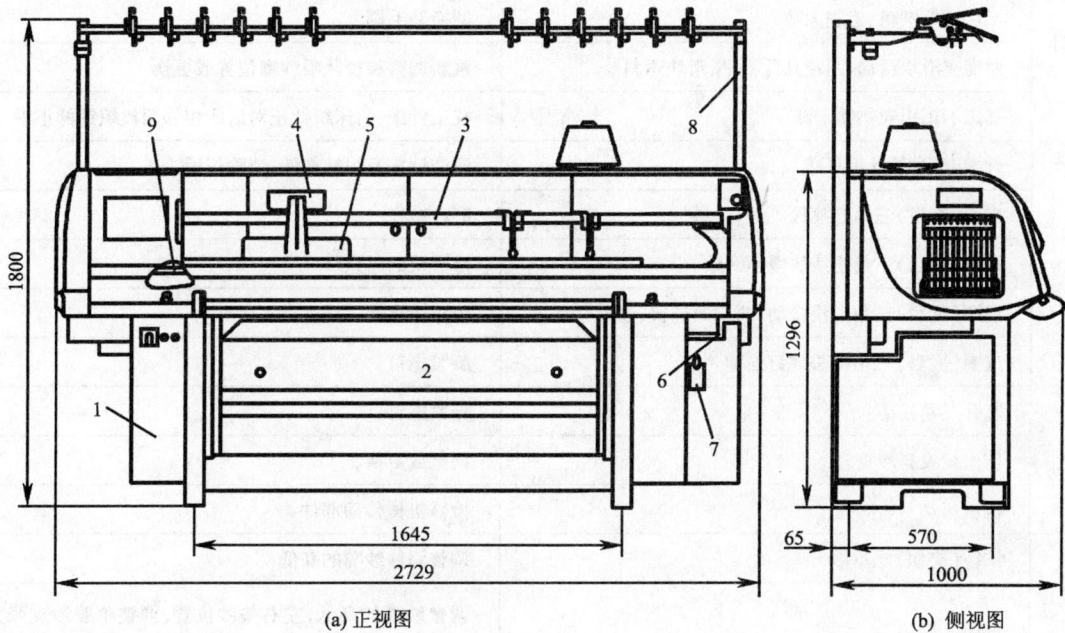

图 2 - 2 - 83　电脑横机日常保养位置图

请注意以下几点：

（1）清除纱屑时要关闭电源，电线严禁拉扯，最好以毛刷和吸尘器配合吸尘。

（2）机头后面，排线功能处不可放置物品，慎防勾断排线。

（3）机头轨道请随时保持干净，并擦拭机油。

（4）纱嘴导轨请随时保持干净，并擦拭机油。

（5）针床每天加专用油两次，清除纱屑请以吸尘器吸除，严禁用织片擦拭。

（十）疵点原因及消除方法

电脑横机疵点产生的原因及消除方法见表 2 - 2 - 17。

表 2 – 2 – 17　电脑横机疵点产生的原因及消除方法

疵点	产　生　原　因	消　除　方　法
漏针	编织张力不匀	检查调整送纱张力
	针舌太紧、开合不灵活	加油或换针
	纱管成形不好退绕时纤维缠绕弹性不均	重新倒纱
	毛刷位置不当	调整毛刷位置
	选针器漏选	清洁或修理选针器
	牵拉力太小	加大牵拉力、开辅助牵拉
	选针片踵断裂	更换选针片
	纱嘴位置不对	依据前后针交叉点调整
	纱嘴口太大或喂纱嘴口有磨损	调换合格的喂纱嘴
	毛刷脱毛圆角、毛刷太薄	调换新毛刷
	纱嘴座滑块活动、两端高低不平、滑块歪斜	重新调整和校队喂纱嘴位置或更换
	摇床不正引起垫纱干涉	校正针床、前床织针正对后床相邻两枚织针的正中
	针槽有积垢,针舌呆滞	清洁针床及织针部件,消除积垢
	成圈(度目)三角起痕深	磨砂抛光
	成圈(度目)三角吃线快慢不一致	修磨快的一只
	成圈(度目)三角滑块松动,两端面过狭、过尖	校正或更换
	成圈(度目)三角两头螺钉松动	旋紧螺钉
	起针三角松动	拧紧螺钉
	侧天线发抖严重	调整或更换
	机械抖动	检修机械传动部件
吃单纱	添纱(交织)吃单纱	调整添纱纱嘴的高低
	单股纱漏编	调整纱嘴的高低,左右垫纱位置,调整单股纱支张力,重新倒纱过蜡
浮布	针舌损坏	换针
	牵拉张力太小	加大牵拉力
	密度(度目)太紧或太松	增加或减小密度(度目)值
破洞	纱线强力低、质量差	降低送纱张力或换纱,过送纱器或重上一次蜡降低摩擦力
	纱线在倒纱时受到损伤	换纱管重新回毛
	纱线间有交叉、纠缠现象	将纱线理顺重穿
	纱线被其他机件夹住	将机件调整好
	纱线结头过大	调节结头探测片,增加探测器的灵敏度,防止大结头织入织物

疵点	产 生 原 因	消 除 方 法
破洞	纱线过粗	调整纱线线密度,使之与机号相符
	密度(度目)太紧或太松	调整最紧、最松密度,使纱线线密度符合机号最紧、最松密度
	纱嘴内受异物堵塞	清除异物
	针舌面破损,销子露面	更换新针
	纱线摩擦力过大	重新打蜡
	纱嘴过高	调节纱嘴
	机器速度太快	降低机器速度
	成圈(度目)三角活动不畅	检查是否卡滞并调整
	成圈(度目)三角吃线快慢不一致	修磨校正
	成圈(度目)三角压针面太宽	适当修磨
	针床齿片锋利不光滑	磨砂抛光
	纱嘴过低、纱嘴口破裂	调整更换
	侧天线张力偏大	调整侧天线
豁边	毛刷位置不当或过度磨损	调节毛刷位置或更换毛刷
	纱嘴距编织布边太远或太近	调整纱嘴的位置
	侧天线弹力太小	加大侧天线张力
	纱嘴有倒刺	将纱嘴磨光或更换一个
	天线架张力弹簧太软无力	调整张力弹簧螺丝
	天线架张力弹簧有磨损痕迹	调换新弹簧
	天线架张力弹簧压簧或夹板失灵	调整更换
	天线架张力弹簧穿线孔发毛	磨光穿线孔
	毛刷装置太低	调整毛刷位置
	毛刷脱毛或两角牵住张力余纱	整修毛刷
	毛刷毛尖堵住纱嘴上口	毛刷装高或剪短刷毛
	纱杠(天杠)松动	紧固导纱轨道固定螺栓
	纱嘴座太松	调整纱嘴座
	更换编织时纱嘴距离布边太远	调整纱嘴停放点
	织针针尺太松	检查织针针尺并调整
	机头松动、三角组平面与针床间隙过大或过小	检查调整机头导轨轴承间隙
撞针	针槽太脏、太紧	做全面的清洁工作
	密度(度目)太紧	调整密度(度目)使纱线线密度符合机号最紧密度

续表

疵点	产　生　原　因	消　除　方　法
	纱线线密度使用不当	使用适当的纱线线密度
	长时间缺油	增加加油次数
	针床上掉有异物	消除异物
	针在针槽中的位置不当	将针定于正确的位置
	纱嘴位置放置不当	将纱嘴定于适当的位置
	针床左右位置偏移,使得针对针	调节针床位置
	弯纱三角起痕重或破裂	磨光砂滑或配换
	弯纱三角间隙太大	调整各成圈三角位置或配换
	弯纱三角针道太宽	配换
	弯纱三角下边压针太尖	适当磨大
	起针三角走针面大于直角	修磨
	起针三角上角太低(与挺针三角不平)	配换
撞针	起针三角磨损痕迹深断裂	修磨或配换
	起针三角固定螺钉松动	旋紧螺钉
	三角距针床的间隙过大	垫三角板
	各三角热处理硬度不够	配换
	挺针三角与起针三角间隙过大或起毛边	调整、磨光
	挺针三角狭窄,起针三角太阔	修磨起针三角,配换挺针三角
	导向三角短于顶挺三角	配换导向三角
	针槽太宽或针槽有凹凸	检修针床的针槽
	织针硬度不够	更换织针
	针踵发毛弯曲	更换
	针钩断裂	更换
	三角磨损,角度改变过大	配换
	选针呆滞	清洁或更换选针器
	挑纱张力不匀、压线片有毛屑	清洁压线片,调整张力
	纱嘴单向磨损过深	磨光砂滑或更换
	纱嘴孔起痕不光滑	磨光砂滑
码子花	程序有错	修改程序
	弯纱三角擦着针床引起不灵活	修整两平面
	弯纱三角螺钉松动	旋紧螺钉
	密度驱动机构卡死	检查或调整

疵点	产 生 原 因	消 除 方 法
码子花	导向三角螺钉松动影响密度三角上下移动	旋紧螺钉
	弯纱三角调节深度有差异	统一密度三角深度
	三角座松动	旋紧螺钉
	导轨螺钉松动	旋紧螺钉
	机头导轨弯曲	校正
	弯纱三角下尖点高低不一	磨准或更换
	弯纱三角下端面角度不一	磨成相等
	弯纱三角压针快慢	磨去压针快的部分
	弯纱三角走针痕迹过深	磨光砂滑
	压针针尺有松紧	修整一致
	针槽不洁净	清除污物
斜角松紧	针床左右有高低	调节一致
	针床有凹凸不平整	调节顶针床螺栓或平整针床
	针床栅状齿口不呈平行直线	修正、校对
	导轨螺钉有松动	紧固导轨螺钉
	两针床间口门大小高低,即左右不平均	按机号要求调整顶针螺钉或调整针床
	机头导轨弯曲或高低	校正、校直
	针床滑块螺钉松动引起针床下坠	旋紧针床压铁螺钉恢复针床口门要求
	牵拉力不均	调整主辅牵拉使牵拉力左右一致
	纱线引入左右方向张力不一样	调整纱线引入方向,使张力一致
	针槽不洁净	清除污物
	压针针尺有松紧	修整一致

三、TY-252C 型电脑横机

(一)针板结构

TY-252C 型电脑横机的针床截面如图 2-2-84 所示。挺针片的头部与织针相连,尾部有部分露出针槽,不受外力时挺针片的两个片踵高出针槽。该机的选针器以一个永磁铁为主体,在每个选针器上有四个选针点,每个选针点后面有一个由计算机控制的线圈。当挺针片尾部受到复位三角的作用陷入针槽时,正好被选针器的永磁铁握持,挺针片的上下片踵就保持在针槽内不受机头中的三角作用,不出针。若挺针片经过选针器的选针点时计算机发出一个脉冲,使选针器选针点线圈产生一个与永磁铁相反的磁场,这样由于挺针片自身弹力,其片锤就重新高出针槽,从而在各三角作用下带动织针完成各种编织状态。

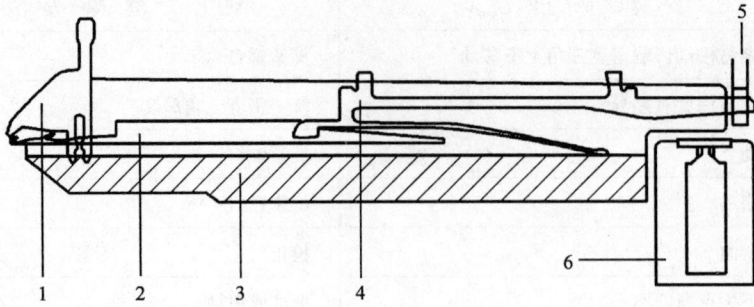

图 2 - 2 - 84　TY - 252C 型电脑横机的针床截面示意图

1—沉降片　2—织针　3—针床　4—挺针片　5—复位三角　6—选针器

(二) 三角配置和编织原理

1. 三角配置

TY - 252C 型电脑横机的三角配置如图 2 - 2 - 85 所示。

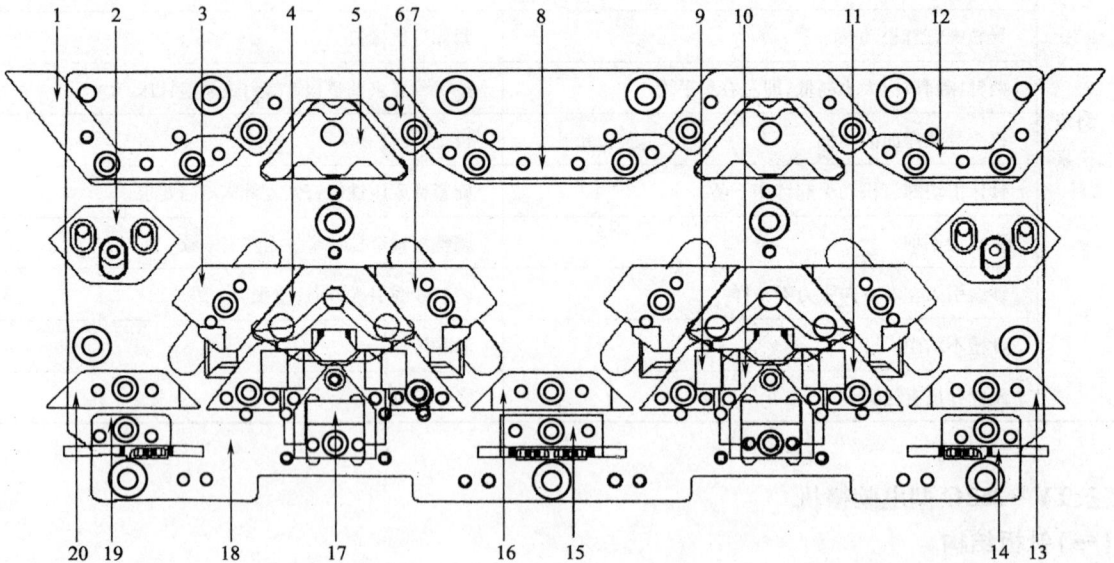

图 2 - 2 - 85　TY - 252C 型电脑横机三角配置图

1—左上拦针三角　2—筒口调节三角　3—左弯纱三角　4—挺针三角　5—移圈三角　6—移圈拦针三角

7—右弯纱三角　8—中上拦针三角　9—左起针三角　10—固定接圈三角　11—右起针三角

12—右上拦针三角　13—右选针三角　14—右复位三角　15—中复位三角　16—中选针三角

17—活动接圈三角　18—三角底板　19—左复位三角　20—左选针三角

各三角结构及其尺寸如图 2 - 2 - 86 ~ 图 2 - 2 - 103 所示。

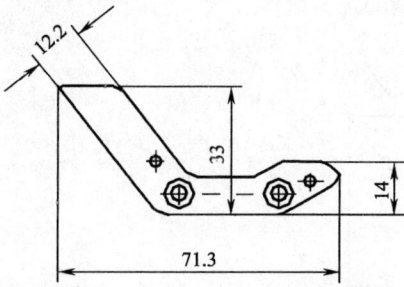

图 2 - 2 - 86　左上拦针三角

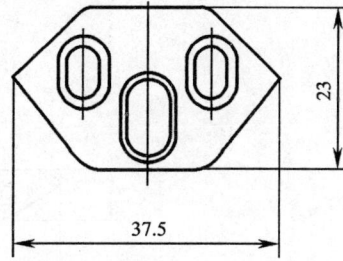

图 2 - 2 - 87　筒口调节三角

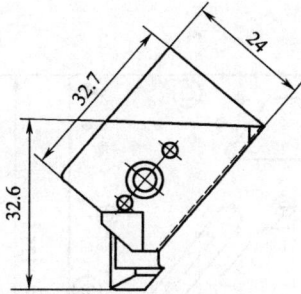

图 2 - 2 - 88　左弯纱三角

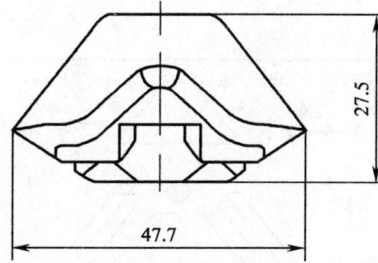

图 2 - 2 - 89　挺针三角

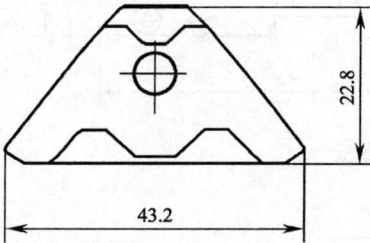

图 2 - 2 - 90　移圈三角

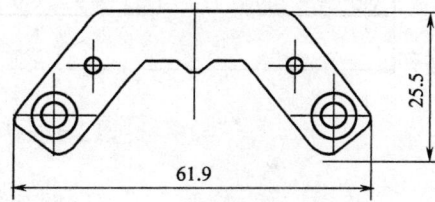

图 2 - 2 - 91　移圈拦针三角

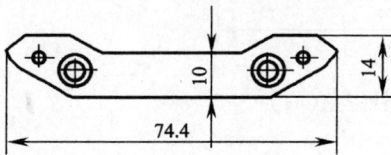

图 2 - 2 - 92　上拦针三角(中)

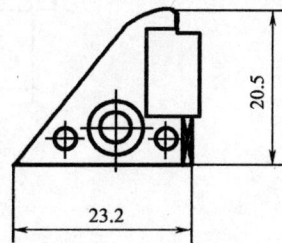

图 2 - 2 - 93　起针三角(左)

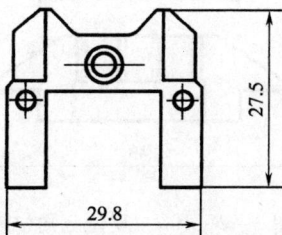

图 2 - 2 - 94　固定接圈三角

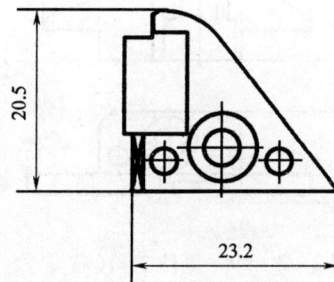

图 2 - 2 - 95　起针三角(右)

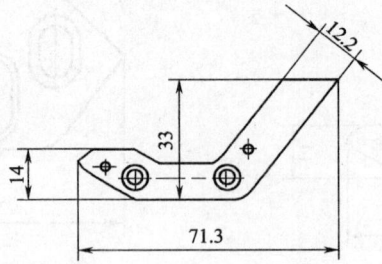

图 2 - 2 - 96 右上拦针三角

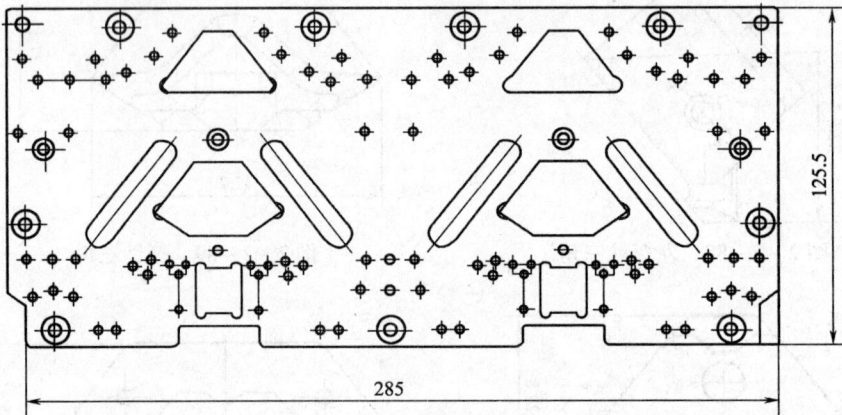

图 2 - 2 - 97 三角底板

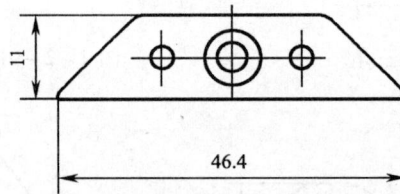

图 2 - 2 - 98 选针三角(右)

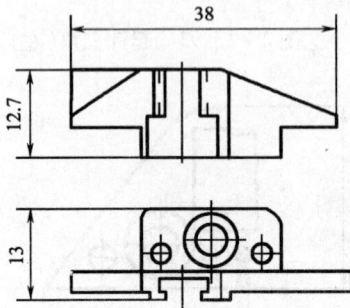

图 2 - 2 - 99 复位三角(右)　　　　　　图 2 - 2 - 100 复位三角(中)

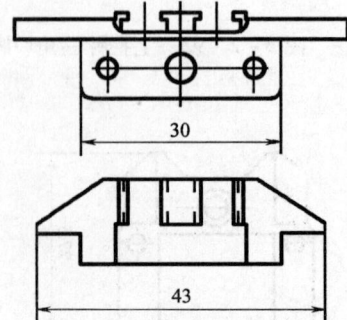

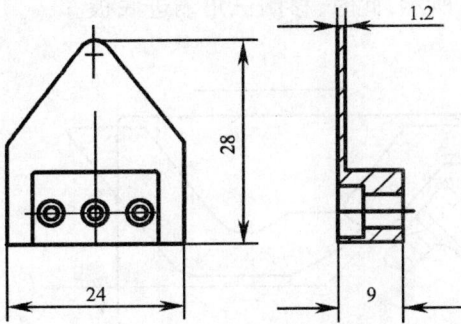

图 2-2-101　活动接圈三角

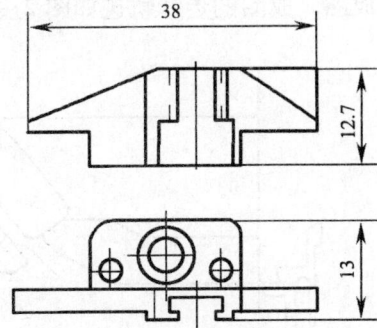

图 2-2-102　复位三角（左）

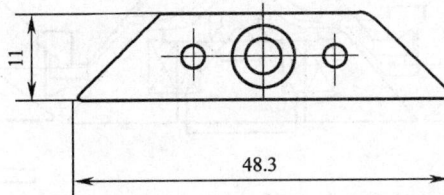

图 2-2-103　选针三角（中）

2. 编织原理

TY-252C 型电脑横机可以产生浮线、成圈、集圈、移圈和接圈等 5 种基本编织形式。

（1）浮线。挺针片的尾部被复位三角下压,然后被选针器的永磁磁铁握持。在 *A*、*B* 两个选针点经过时,计算机不给信号,所以挺针片在这个编织系统经过时一直被永磁磁铁握持,三角对片踵不起作用,即浮线,如图 2-2-104 所示。

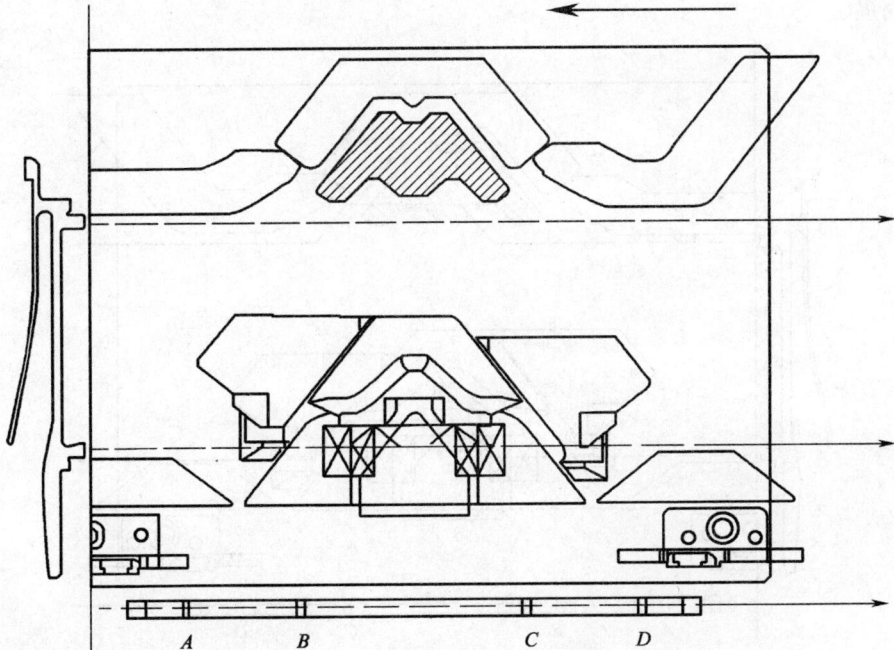

图 2-2-104　浮线走针轨迹

465

（2）成圈。成圈的走针轨迹如图2－2－105所示，此时，移圈三角缩进底板。

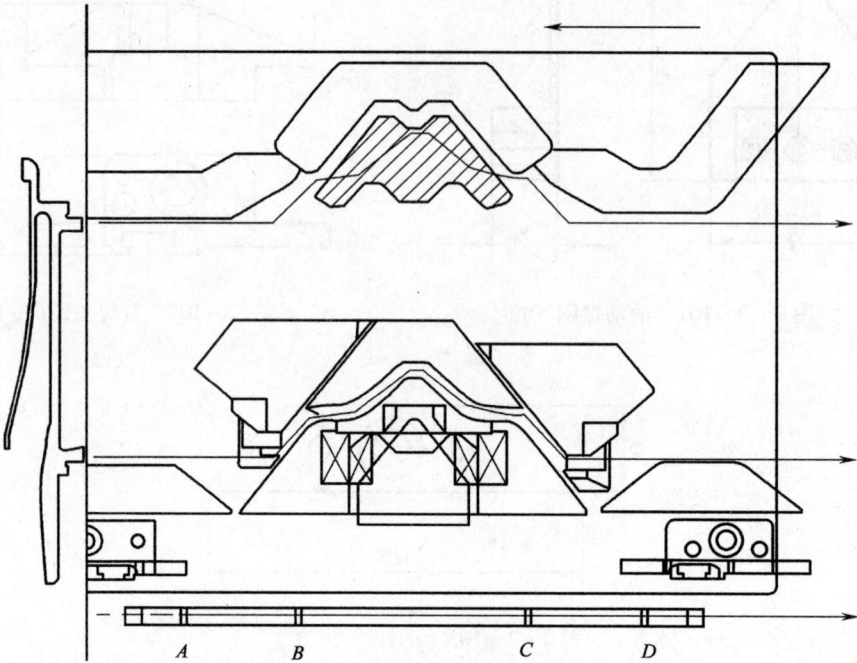

图2－2－105　成圈走针轨迹

挺针片经复位三角下压后被永磁磁铁握持，选针点A经过时，计算机发出一个脉冲，挺针片被释放，片踵露出针槽。挺针片的下片踵受起针三角作用上升到达退圈最高点，然后在弯纱三角的作用下形成成圈线圈。

（3）集圈。集圈的走针轨迹如图2－2－106所示。移圈三角缩进三角底板，活动接圈三角处在集圈高度。

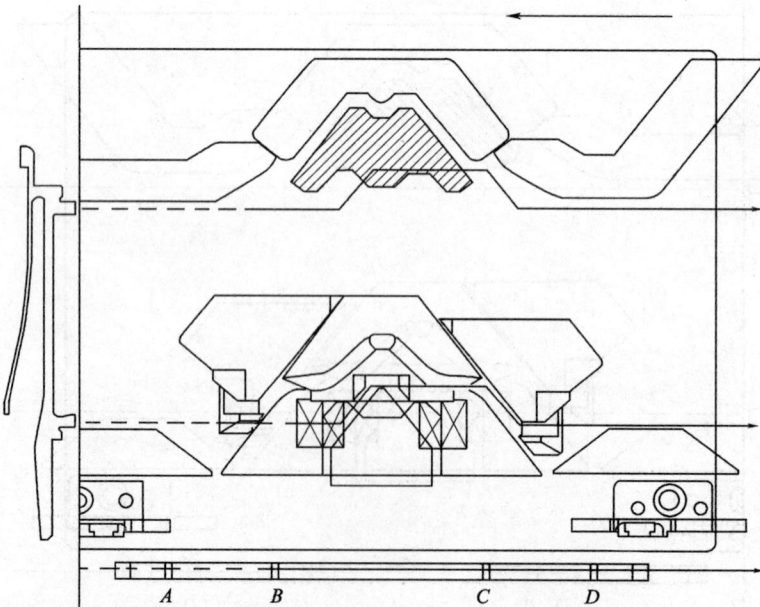

图2－2－106　集圈走针轨迹

挺针片经复位三角下压后被永磁磁铁握持,选针点 A 经过时,计算机不发出脉冲,挺针片继续被永磁磁铁握持,无法与起针三角起作用而保留在原位。当选针点 B 经过时,计算机发出脉冲,挺针片被释放,片踵从针槽中挺出。此时挺针片的下片踵经活动接圈三角作用上挺,当挺针片上升到活动接圈三角斜面顶端时,织针上升高度低于退圈位置,织针握持的线圈没有退圈。由于没有三角继续上挺这枚挺针片,它就保持在这个高度进入挺针三角和弯纱三角组成的轨道继续运行,织针集圈。

(4)移圈。移圈的走针轨迹如图 2-2-107 所示。此时挺针三角凹进底板,联动的移圈三角凸出底板,同时活动接圈三角也下降到接圈高度。

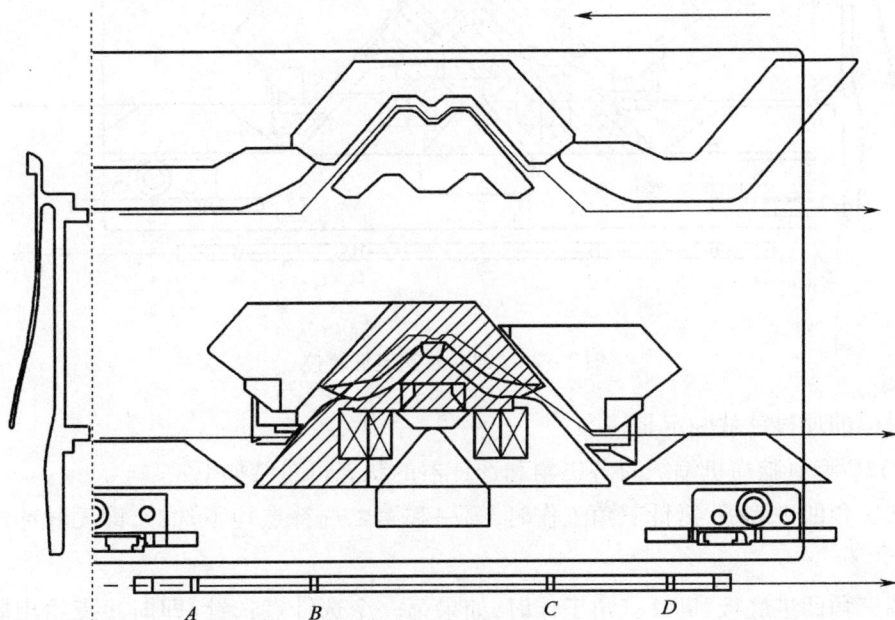

图 2-2-107 移圈走针轨迹

挺针片经复位三角下压后被永磁磁铁握持,选针点 A 经过时,计算机发出一个脉冲,挺针片被释放,片踵从针床中挺出。挺针片的下片踵经起针三角作用上挺,当挺针片的上片踵被移圈三角接到后,挺针片的上片踵就在移圈三角和移圈拦针三角形成的轨道中运动,织针被带到高于退圈高度的位置,被这枚针握持的线圈此时也被拉过织针的弹簧片。挺针片在针道中继续运动,直到下片踵被弯纱三角接到,挺针片又继续在压针三角的作用下完成整个移圈过程。

(5)接圈。接圈的走针轨迹如图 2-2-108 所示。各三角的状态与移圈编织时相同。

此时,挺针片经复位三角下压后被永磁磁铁握持,选针点 A 经过时,计算机不发出脉冲,挺针片继续保留在原位。当选针点 B 经过时计算机发出脉冲,挺针片被释放,片踵从针床中挺出。此时挺针片的下片踵在固定接圈三角作用下上升到一定高度,其高度正好使针头进入对面移圈织针的扩圈片中,在这个高度时接圈针上的线圈不会下降到针舌以下。接到对面针床的线圈后,挺针片又在移圈三角和弯纱三角的作用下继续运动,完成整个接圈动作。

移圈和接圈是同时进行的,也就是说,同一个编织系统中如果前针床这枚针移圈那么后针

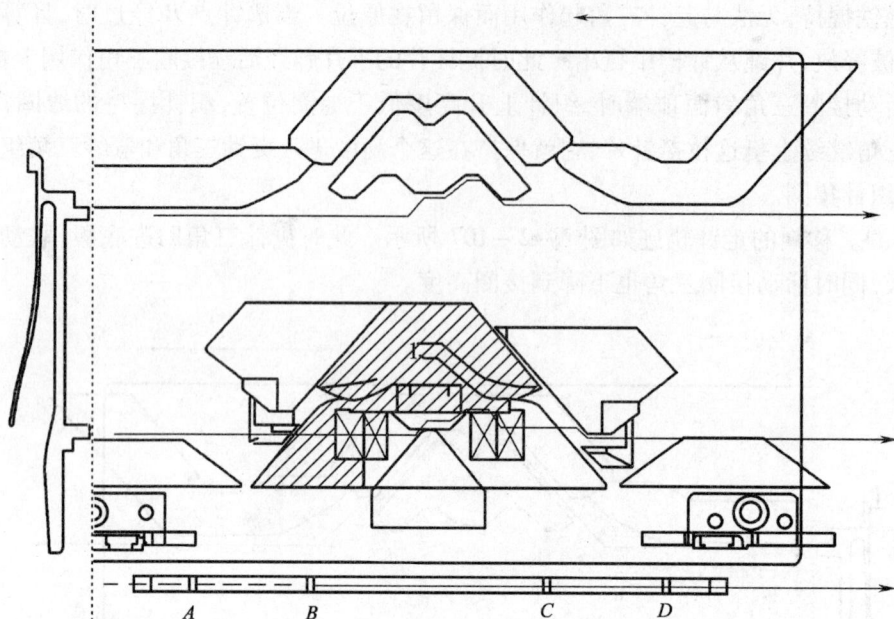

图 2 - 2 - 108　接圈走针轨迹

床上和它对应的那枚针就一定是接圈。

TY - 252C 型电脑横机编织时各三角和选针器的状态可总结如下：

①移圈三角凹进底板、挺针三角工作时，第一和第二选针点均不选针，即无脉冲时，织针编织浮线。

②移圈三角凹进底板、挺针三角工作时，如果第一个选针点选针，即向 A 点给出脉冲，织针编织成圈。

③移圈三角凹进底板、挺针三角工作时，如果第二个选针点选针，即向 B 点给出脉冲，织针编织集圈。

④挺针三角凹进底板、移圈三角工作时，如果第一个选针点选针，即向 A 点给出脉冲，织针移圈。

⑤挺针三角凹进底板、移圈三角工作时，如果第二个选针点选针，即向 B 点给出脉冲，织针接圈。

3. 三角变换机构

TY - 252C 型电脑横机的三角变换机构主要包括步进电动机、凸轮、接圈凸轮销、移圈凸轮销、移圈三角摆片、移圈三角座等，如图 2 - 2 - 109 所示。

TY - 252C 型电脑横机的三角变换的原理如下：凸轮固定在步进电动机的电动机轴上，凸轮的侧面和底面均加工一条凹槽；步进电动机带动凸轮转动时，接圈凸轮销顺着底面的凹槽运动，移圈凸轮销顺着凸轮侧面的凹槽运动。接圈凸轮销顺着凹槽运动时可以带动活动接圈三角上下运动。移圈凸轮销顺着侧面凹槽运动时，带动挺针三角和移圈三角凸出底板或凹进底板。凸轮上有两个信号点，控制凸轮转动到设计位置。

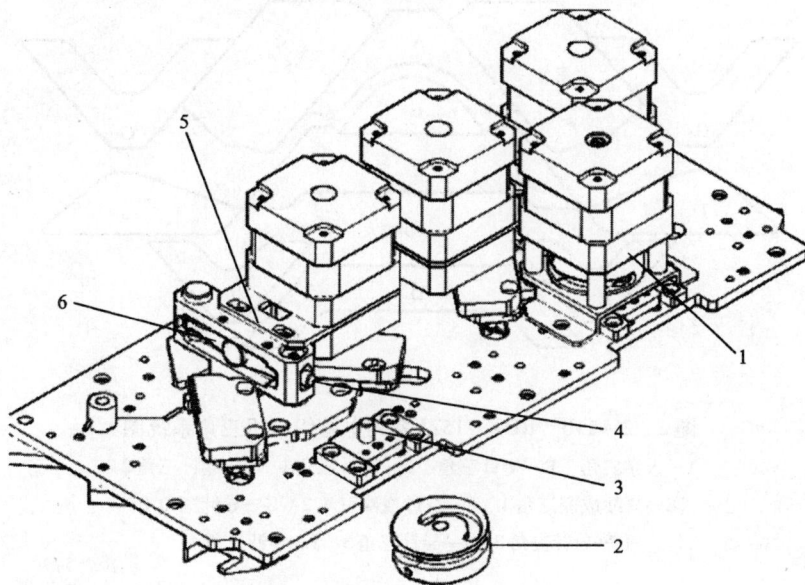

图 2 - 2 - 109　三角变换机构图

1—步进电动机　2—凸轮　3—接圈凸轮销　4—移圈凸轮销　5—移圈三角座　6—移圈三角摆片

第三节　电脑织领机

一、机器的技术特征

常熟市金龙机械有限公司生产的电脑织领机有两大类别,即普通型电脑织领机 RDA - 152J 系列和翻针型电脑织领机 RDA - 150TJ 系列,具体技术特征见表 2 - 2 - 18。

表 2 - 2 - 18　电脑织领机技术特征

技术特征 机型	机号 E (针/25.4mm)	编幅 [cm(英寸)]	换色	编织速度 (m/s)	织　针	主电动机 功率(W)	针床宽度 (mm)	外形尺寸 长×宽×高 (mm)
RDA - 152J	7、12、14、16	132(52)	左右 各6色	最大 1.2	高、低踵织 针及辅助针脚	180	140	2200×700×1900
RDA - 150TJ	7、12、14、16	127(50)	左右 各6色	最大 1.2	高、低踵织 针及辅助针脚	180	140	2200×700×1900

二、机器的主要机构

(一)编织机构

1. RDA - 152J 系列电脑织领机

(1)三角系统。前、后三角系统是相同的,如图 2 - 2 - 110 所示。

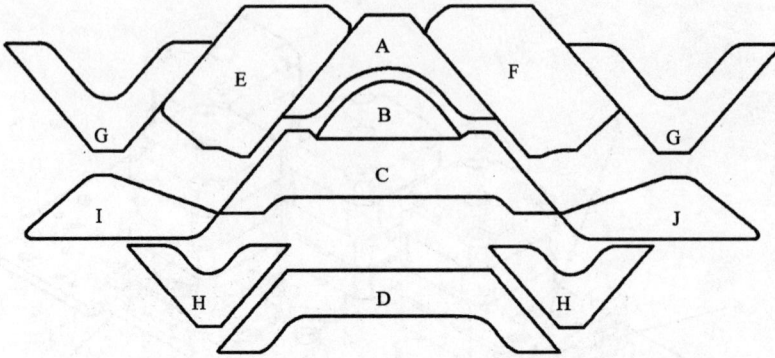

图 2 – 2 – 110　RDA – 152J 系列电脑织领机三角系统图

A—人字三角　B—挺针三角　C—起针三角 1　D—起针三角 2

E—弯纱成圈三角 1　F—弯纱成圈三角 2　G—导针三角 1

H—导针三角 2　I—导针三角 3　J—导针三角 4

各三角结构和尺寸如图 2 – 2 – 111～图 2 – 2 – 121 所示。

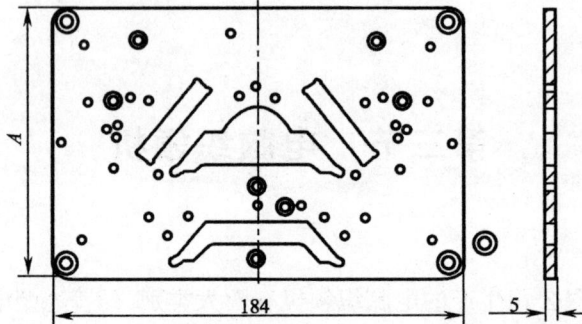

机号 E(针/25.4mm)	7	12	14	16
A(mm)	123	120	120	120

图 2 – 2 – 111　三角底板

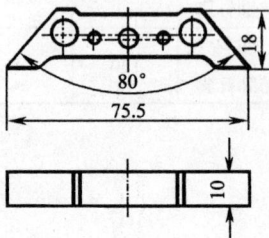

图 2 – 2 – 112　起针三角 1

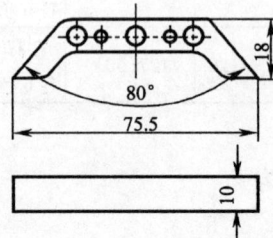

图 2 – 2 – 113　起针三角 2

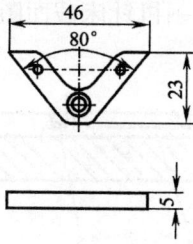

图 2 - 2 - 114　导针三角 1

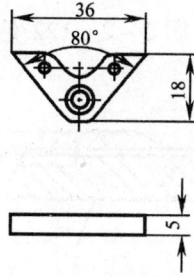

图 2 - 2 - 115　导针三角 2

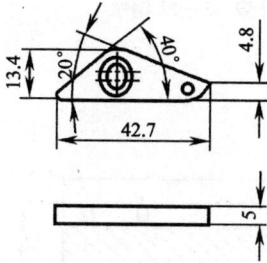

图 2 - 2 - 116　导针三角 3

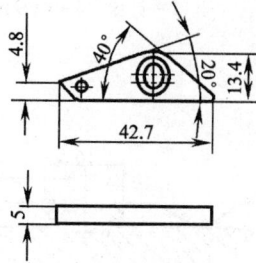

图 2 - 2 - 117　导针三角 4

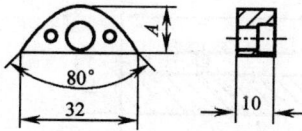

机号 E(针/25.4mm)	7	12	14	16
A(mm)	15.5	12.5	12.5	12.5

图 2 - 2 - 118　挺针三角

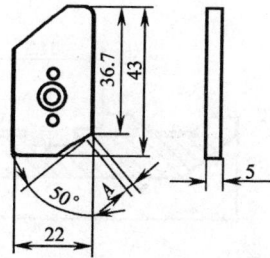

机号 E(针/25.4mm)	7	12	14	16
A(mm)	4.2	2.6	2.2	2.2

图 2 - 2 - 119　弯纱成圈三角 1

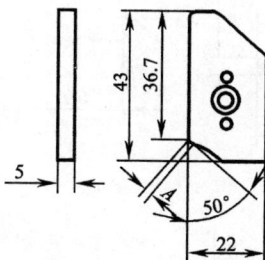

机号 E(针/25.4mm)	7	12	14	16
A(mm)	4.2	2.6	2.2	2.2

图 2 - 2 - 120　弯纱成圈三角 2

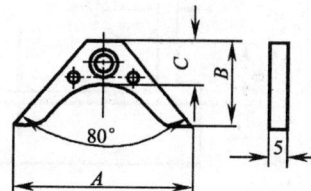

机号 E(针/25.4mm)	7	12	14	16
A(mm)	48.5	49	49	49
B(mm)	26	23.5	23.5	23.5
C(mm)	11.5	12	12	12

图 2 - 2 - 121　人字三角

471

（2）针床结构。图 2 - 2 - 122 是 RDA - 152J 系列电脑织领机针床截面图。

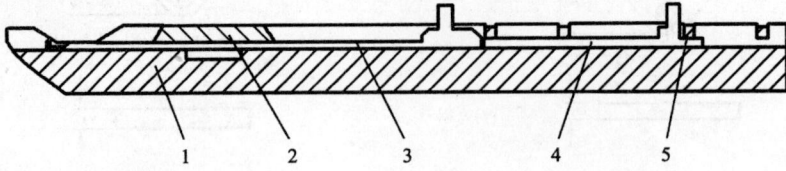

图 2 - 2 - 122　RDA - 152J 系列电脑织领机针床截面图
1—针床　2—织针压尺　3—织针　4—辅助针脚　5—φ2 钢丝

①针床（图 2 - 2 - 123）。

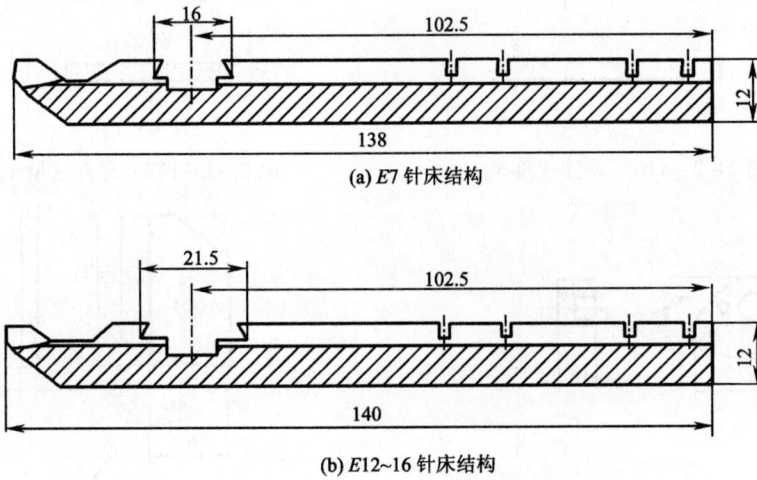

(a) E7 针床结构

(b) E12~16 针床结构

图 2 - 2 - 123　RDA - 152J 系列电脑织领机针床结构与尺寸图

②织针（图 2 - 2 - 124）。

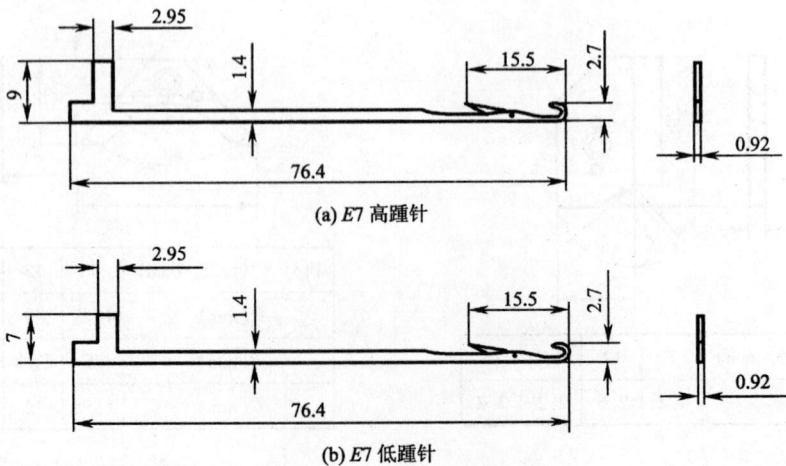

(a) E7 高踵针

(b) E7 低踵针

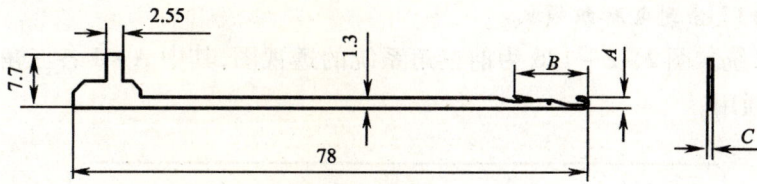

(c) E12~16 高踵针

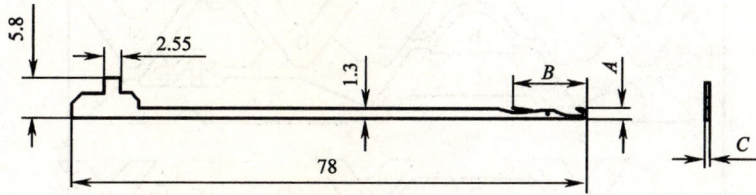

(d) E12~16 低踵针

机号 E(针/25.4mm)	A(mm)	B(mm)	C(mm)
12	1.56	11.1	0.66
14	1.4	10.2	0.66
16	1.3	10.2	0.5

图 2-2-124 织针结构与尺寸

③辅助针脚(图 2-2-125)。

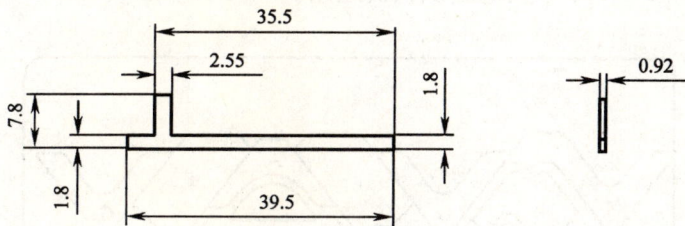

(a) E7 辅助针脚

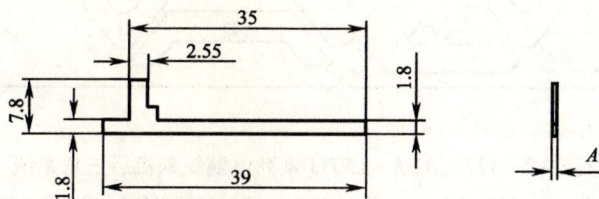

机号 E(针/25.4mm)	12	14	16
A(mm)	0.66	0.66	0.5

(b) E12~16 辅助针脚

图 2-2-125 辅助针脚结构与尺寸

2. RDA –150TJ 系列电脑织领机

（1）前三角系统。图 2 – 2 – 126 为前三角系统的透视图,其中 A ~ I 各三角与 RDA – 152J 系列电脑织领机通用。

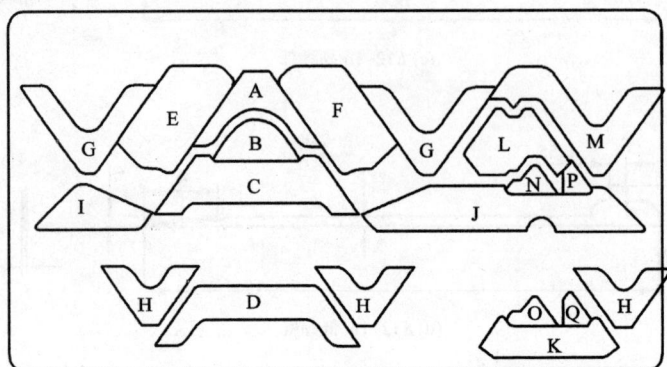

图 2 – 2 – 126　RDA – 150TJ 系列电脑织领机前三角系统

A—人字三角　B—挺针三角　C—起针三角 1　D—起针三角 2　E—弯纱成圈三角 1

F—弯纱成圈三角 2　G—导针三角 1　H—导针三角 2　I—导针三角 3　J—导针三角 4（前）

K—导针三角 5　L—翻针三角　M—翻针导针三角（前）　N—接针三角（上）

O—接针三角（下）　P—翻针起针三角（上）　Q—翻针起针三角（下）

（2）后三角系统。图 2 – 2 – 127 为 RDA – 150TJ 系列电脑织领机后三角系统的透视图,其中 A ~ I 各三角与 RDA – 152J 系列电脑织领机通用。

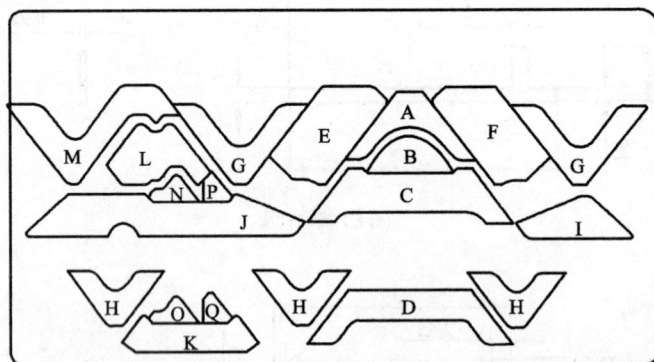

图 2 – 2 – 127　RDA – 150TJ 系列电脑织领机后三角系统

A—人字三角　B—挺针三角　C—起针三角 1　D—起针三角 2　E—弯纱成圈三角 1

F—弯纱成圈三角 2　G—导针三角 1　H—导针三角 2　I—导针三角 3　J—导针三角 4（后）

K—导针三角 5　L—翻针三角 M—翻针导针三角（后）　N—接针三角（上）

O—接针三角（下）　P—翻针起针三角（上）　Q—翻针起针三角（下）

各三角结构与尺寸如图 2 – 2 – 128 ~ 图 2 – 2 – 139 所示。

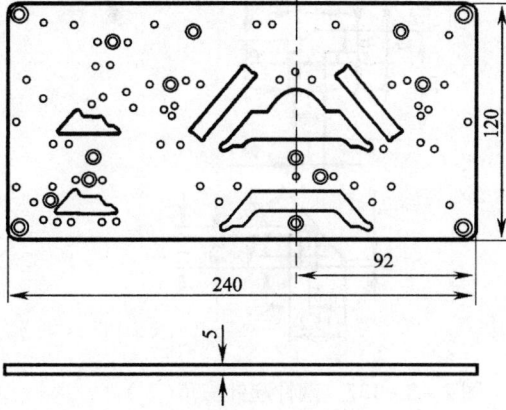

图 2 - 2 - 128　前三角底板

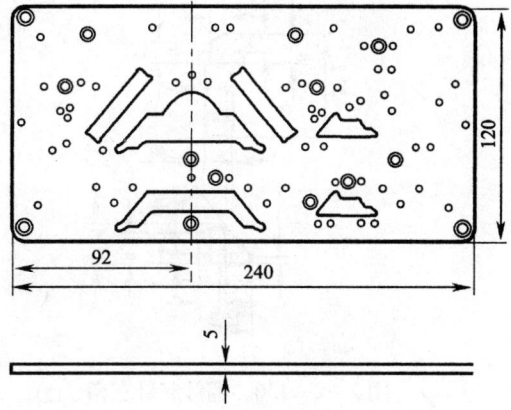

图 2 - 2 - 129　后三角底板

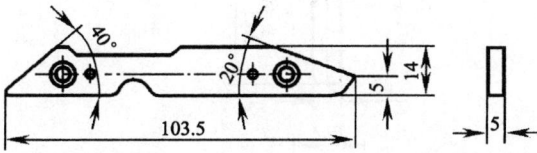

图 2 - 2 - 130　导针三角 4（前）

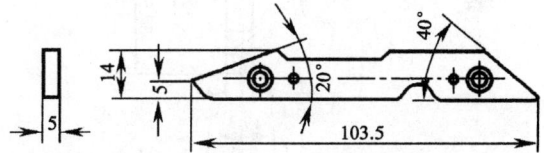

图 2 - 2 - 131　导针三角 4（后）

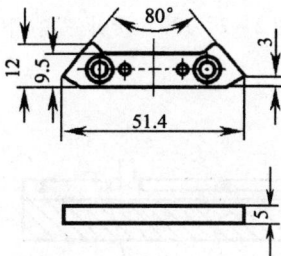

图 2 - 2 - 132　导针三角 5

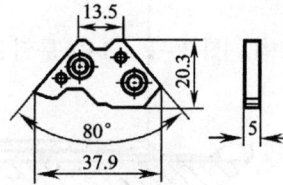

图 2 - 2 - 133　翻针三角

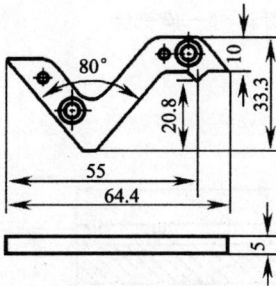

图 2 - 2 - 134　翻针导针三角（前）

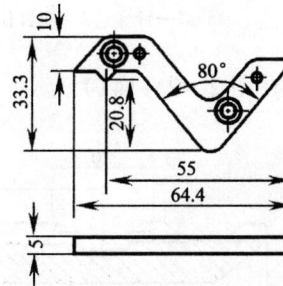

图 2 - 2 - 135　翻针导针三角（后）

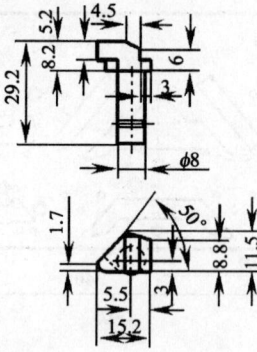

图 2 - 2 - 136　翻针起针三角（上）　　　图 2 - 2 - 137　翻针起针三角（下）

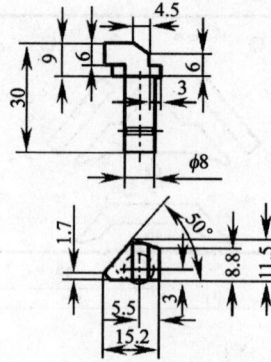

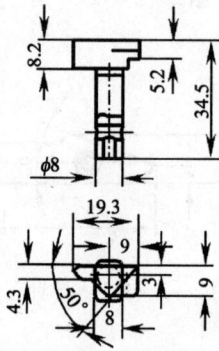

图 2 - 2 - 138　接针三角（上）　　　图 2 - 2 - 139　接针三角（下）

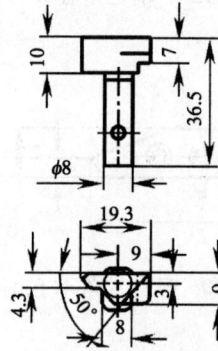

（3）针床结构。图 2 - 2 - 140 是针床截面图。

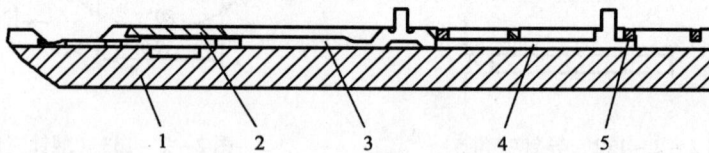

图 2 - 2 - 140　针床截面图

1—针床　2—织针压尺　3—织针　4—辅助针脚　5—φ2 钢丝

①针床结构（图 2 - 2 - 141）。

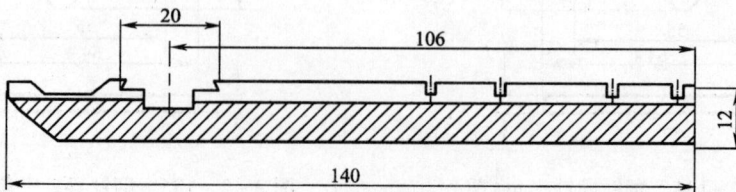

图 2 - 2 - 141　针床结构

②织针结构(图2-2-142)。RDA-150TJ系列电脑织领机采用79系列移圈织针,各机号织针主要尺寸见表2-2-19。

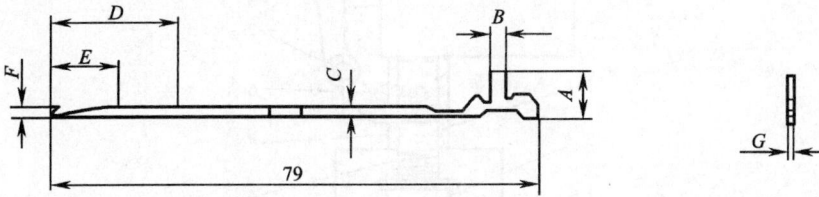

图2-2-142 织针结构

表2-2-19 各机号织针主要尺寸

机号 E (针/25.4mm)	A		B	C	D	E	F	G
	高踵	低踵						
7	8.3	6.2	3.3	2.68	21.5	14.8	2.7	1.15
12	7.7	5.6	2.55	2.25	20.6	11.1	1.7	0.85
14	7.7	5.6	2.55	2.25	20.6	10.2	1.55	0.75
16	7.7	5.6	2.55	2.25	20.6	10.2	1.3	0.60

③辅助针脚(图2-2-143)。

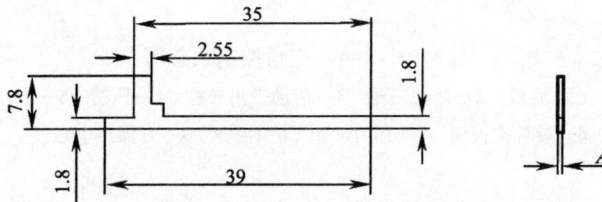

机号 E(针/25.4mm)	7	12	14	16
A(mm)	1.15	0.85	0.75	0.60

图2-2-143 辅助针脚

(二)三角控制机构

RDA-152J系列电脑织领机及RDA-150TJ系列电脑织领机有些三角是活动的,其中挺针三角和起针三角1有三种状态:缩入三角底板、伸出三角底板、伸出三角底板一半;起针三角2、接针三角(上)、接针三角(下)有两种状态:缩入三角底板和伸出三角底板。这些活动三角的工作状态由编织工艺确定,通过控制系统控制各三角的自保持电磁铁的动作自动实现。有三种状态的活动三角由两个自保持电磁铁和一根压簧控制,有两种状态的活动三角由一个自保持电磁铁和一根压簧控制。

图2-2-144是RDA-152J系列电脑织领机及RDA-150TJ系列电脑织领机活动三角的控制状态图。

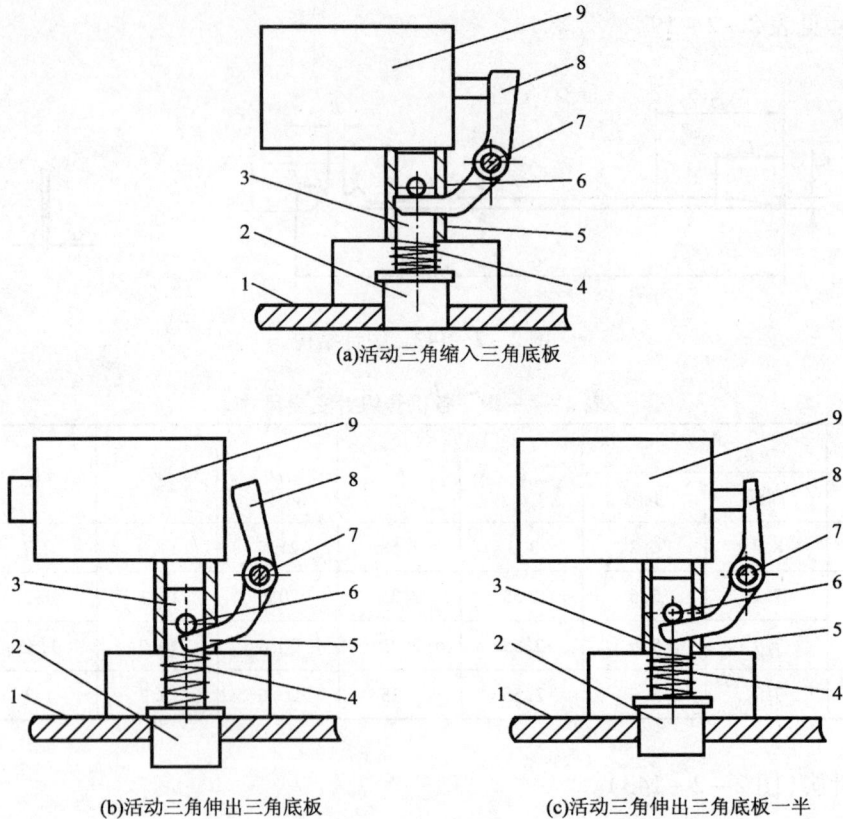

(a)活动三角缩入三角底板

(b)活动三角伸出三角底板　　　　　　(c)活动三角伸出三角底板一半

图 2 - 2 - 144　三角控制状态图

1—三角底板　2—活动三角　3—活动三角导柱　4—压簧　5—支座

6—导柱提拉销　7—摇臂转销　8—摇臂　9—自保持电磁铁

(三)密度控制机构

RDA - 152J 系列电脑织领机及 RDA - 150TJ 系列电脑织领机的弯纱成圈三角控制机构是相同的,每个机头由一个步进电动机控制两个弯纱成圈三角的弯纱深度即密度值。图 2 - 2 - 145 是 RDA - 152J 系列电脑织领机及 RDA - 150TJ 系列电脑织领机的密度机构控制图。

1.密度原点(零值)

步进电动机带动齿轮转动,齿轮驱动齿条往复运动,通过齿条上的感应片感应到感应器,步进电动机接受到感应信号后将这个位置作为密度原点位置。这时齿条处于正中位置,弯纱成圈三角(1)和弯纱成圈三角(2)在弯纱成圈三角压簧的作用下都处在最高位置,即初始位置。

2.密度控制

假设机头右行,这时步进电动机转动驱动齿条左行,齿条上的轴承推动弯纱成圈三角推块(1)连同弯纱成圈三角(1)一起向下运动,步进电动机转动的步长由程序中给定的密度值决定,右边的弯纱成圈三角(2)在弯纱成圈三角压簧的作用下处于初始位置。同理,机头左行时步进电动机控制右边的弯纱成圈三角。

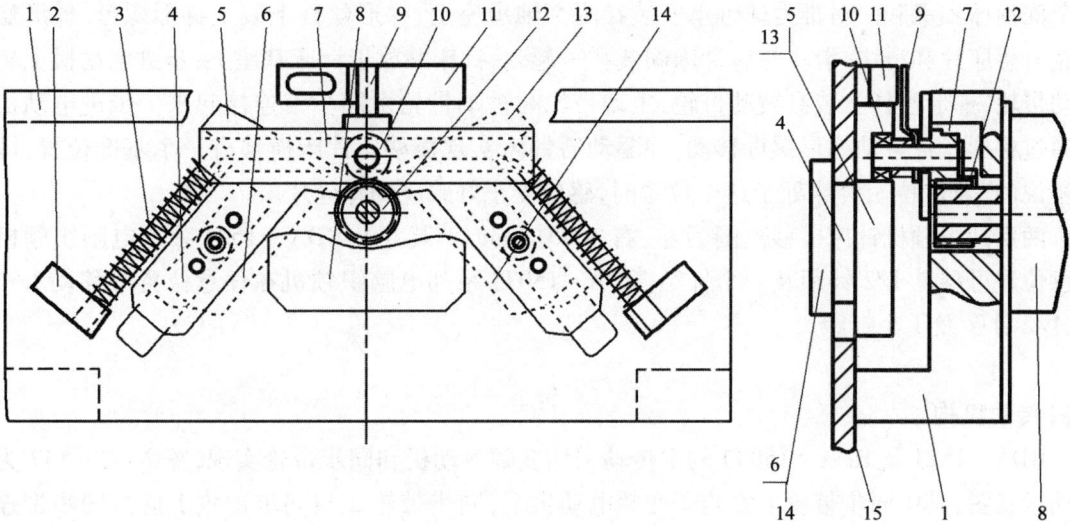

图 2 - 2 - 145　密度控制机构

1—支座　2—弯纱成圈三角压簧座　3—弯纱成圈三角压簧　4—弯纱成圈三角滑块

5—弯纱成圈三角推块(1)　6—弯纱成圈三角(1)　7—齿条　8—步进电动机

9—感应片　10—轴承　11—感应器　12—齿轮　13—弯纱成圈三角推块(2)

14—弯纱成圈三角(2)　15—三角底板

(四)针床横移机构

RDA - 152J 系列电脑织领机及 RDA - 150TJ 系列电脑织领机的针床横移机构是相同的。图 2 - 2 - 146 是针床横移机构图。

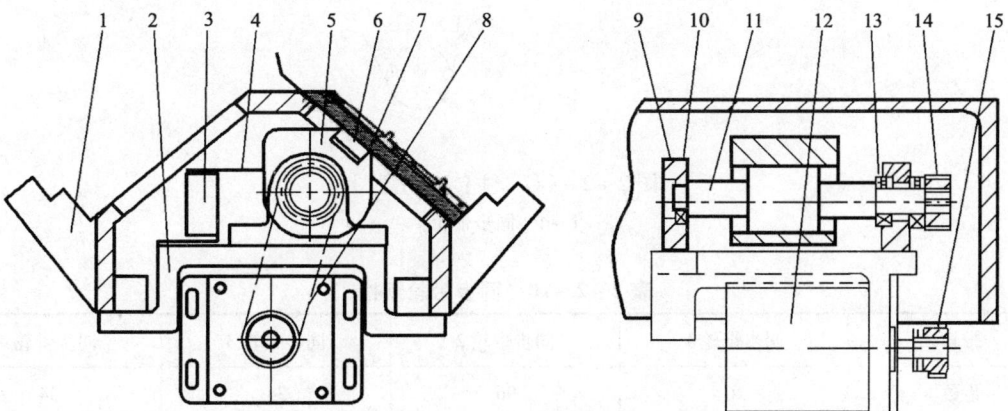

图 2 - 2 - 146　针床横移机构

1—针床基座　2—移床座　3—感应器　4—感应片　5—梯形螺母　6—滑块　7—后针床

8—同步带　9—轴承座　10—深沟球轴承　11—梯形丝杆　12—步进电动机

13—推力球轴承 14—被动同步带轮 15—主动同步带轮

　　移床座固定在针床基座上,移床座上装有一对轴承座,感应器和步进电动机、梯形丝杆通过一个深沟球轴承和一对推力球轴承安装在两个轴承座上,梯形丝杆上装上梯形螺母,梯形螺母上装有感应片和滑块,滑块与后针床固装在一起,后针床贴放于针床基座上,步进电动机上装有主动带轮,梯形丝杆上装有被动带轮,主动带轮与被动带轮由同步带连接起来。步进电动机转动通过梯形丝杆带动梯形螺母移动,并驱动后针床实现横移。针床横移有一个基准位置,即通常所说的"总针位",针床处于这个位置时,感应器正好感应到感应片。

　　两系列织领机针床横移范围为左、右各25.4mm(1英寸),RDA-152J系列电脑织领机在任意位置可移动1/2针距及一个针距,RDA-150TJ系列电脑织领机在任意位置可移动1/4针距、1/2针距及1个针距。

(五)传动机构

　　RDA-152J及RDA-150TJ的主传动采用变频电动机和同步带轮实现,图2-2-147为主传动示意图,其中同步带轮1安装于变频电动机上,同步带轮2与同步带轮1通过同步带连接起来,同步带轮3与同步带轮2固定在一起一同转动,同步带轮3与同步带轮4的同步带就是机头往复运动的驱动皮带。这四种同步带轮的规格见表2-2-20。

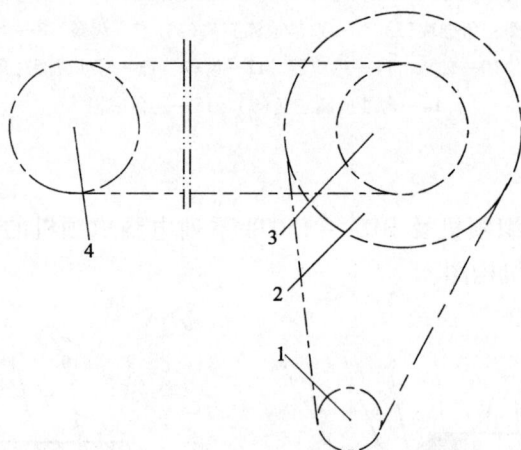

图2-2-147　主传动示意图

1~4—同步带轮

表2-2-20　同步带轮规格

带轮	同步带轮1	同步带轮2	同步带轮3	同步带轮4
齿数	26	96	34	34
节距(mm)	5	5	8	8

三、机器的控制机构

(一)系统控制框图

　　机器的控制系统如图2-2-148所示。

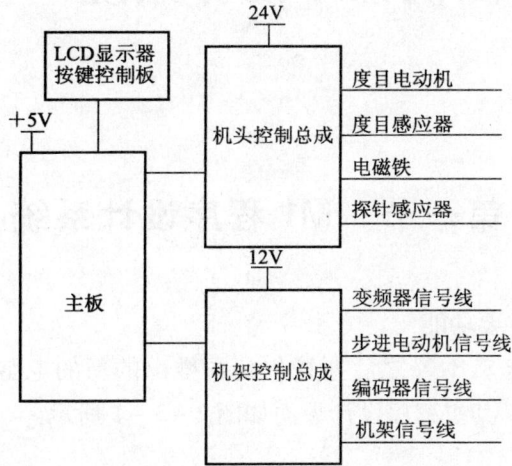

图 2 - 2 - 148　控制系统框图

(二) 电源部分框图

机器的电源部分框图如图 2 - 2 - 149 所示。

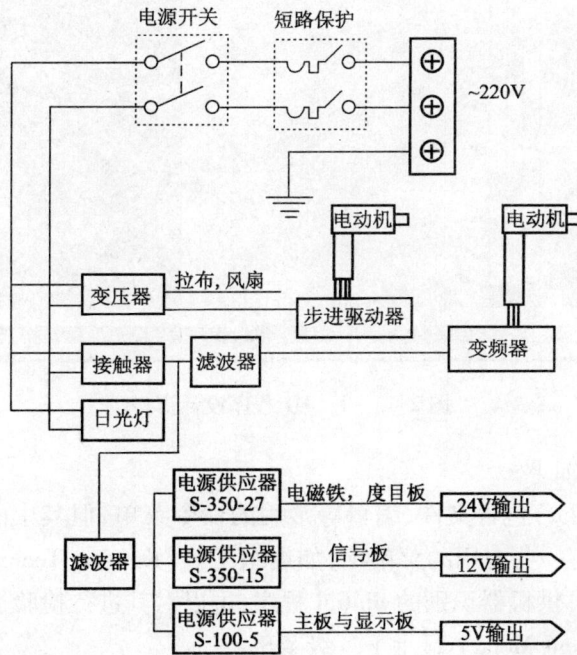

图 2 - 2 - 149　电源部分框图

第三章 电脑横机程序设计系统

第一节 M1 程序设计系统

一、M1 程序设计系统的主要功能

M1 程序设计系统是继 S1R1X 之后斯托尔公司推出的新的电脑横机程序设计系统,它在 Windows 操作系统下运行。其主程序设计界面如图 2 - 3 - 1 所示。

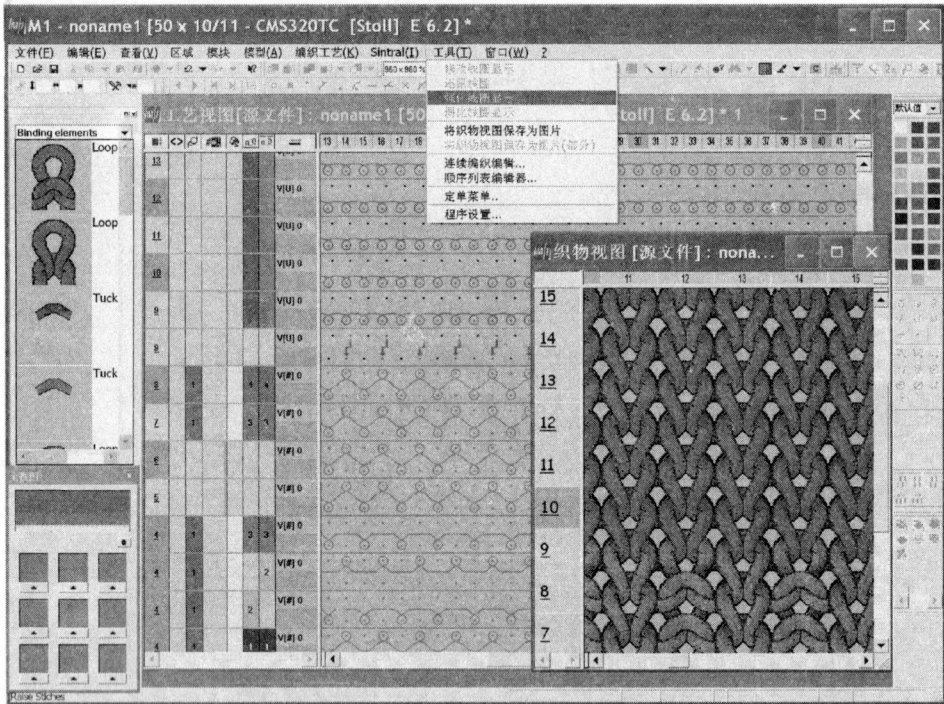

图 2 - 3 - 1 M1 程序设计窗口

各部分的主要功能如下:

(1)菜单栏(Menu Bar)包含文件、编辑等常用的命令菜单,但其中的很多内容有该系统自己的特点。此外,它还有一些专用的菜单项,如编织工艺(Knitting Technique)、Sintral 程序处理(通过工艺处理后产生可供机器识别的 Sintral 程序,可以对其进行检验、修改等)等。

(2)级联菜单(Content Menu)显示下一级菜单。

(3)工具按钮(Tool Bar)用于点击一些常用命令的按钮。

(4)色彩选择按钮(Color Bar)用于选择绘图所用颜色。

(5)模块栏(Module Bar)用于选择系统的或自制的模块。

(6)织物视图(Fabric View)用于以线圈结构图的形式绘制和显示所编织花型的三维图形。

（7）工艺视图（Technical View）用于以编织图的形式绘制和显示所编织花型图案。

（8）全视窗口（Overview Window）用于显示整个花型缩略图。

二、系统的基本结构与操作

（一）新建花型窗口

在图2-3-2所示新建花型窗口中可以进行下述操作。

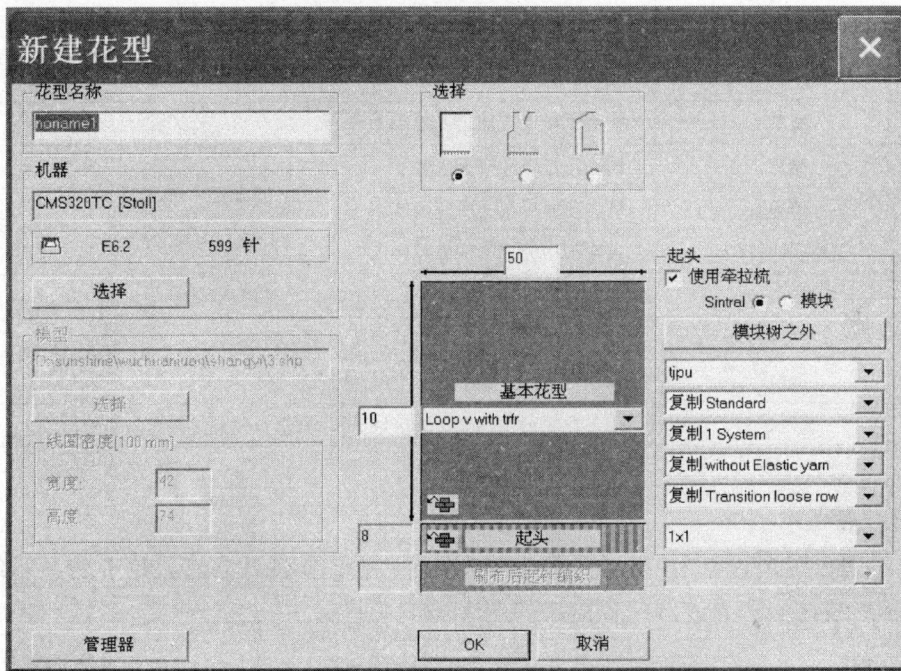

图2-3-2　新建花型对话框

（1）输入文件名。

（2）选择机型。

（3）选择起头。它包括牵拉梳的选择、起头程序文件夹的选择、采用何种固定起头程序、是否用弹力纱和采用何种起头组织（如1+1罗纹、2+2罗纹等）。

（二）图形绘制

区域操作和绘图工具如图2-3-3所示。各图标功能见表2-3-1。

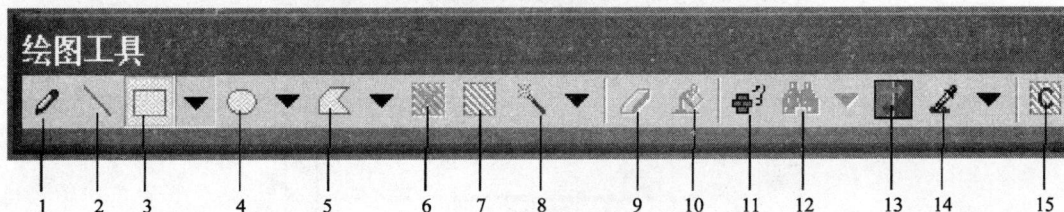

图2-3-3　区域操作和绘图工具

表 2 - 3 - 1　区域操作和绘图工具菜单的功能与作用

序号	项　　目	功　　能
1	画笔	用于徒手画图
2	画线	用于画直线
3	画矩形	用于画矩形,可选择实心矩形或空心矩形
4	画圆	用于画实心圆或空心圆
5	画多边形	用于画实心多边形或空心多边形
6	取消区域	取消所选择的区域
7	全选	选择全部图形
8	魔笔	在魔笔所选区域填充模块
9	删除	删除花型中的一个区域
10	填充	用当前光标填充所选区域
11	识别和选择	在花型中识别和选择模块
12	寻找并选定	在花型中寻找并选定光标所带的功能或模型属性
13	寻找并替换	寻找一个花型单元并用其他花型单元替换它
14	取色	用于在图形中选取某一种颜色或某一种结构模块
15	选区域	用于在图形中选择一块区域,可对其进行复制等操作

(三) 导纱器配置

　　排列导纱器可以通过点击"显示纱线区域"图标(或点击编织工艺菜单中的显示纱线区域项)打开显示纱线区域和导纱器配置窗口如图 2 - 3 - 4 所示。

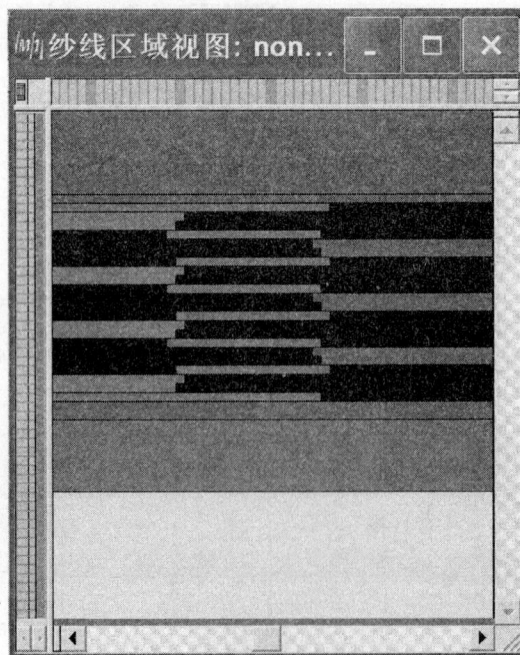

(a) 显示纱线区域

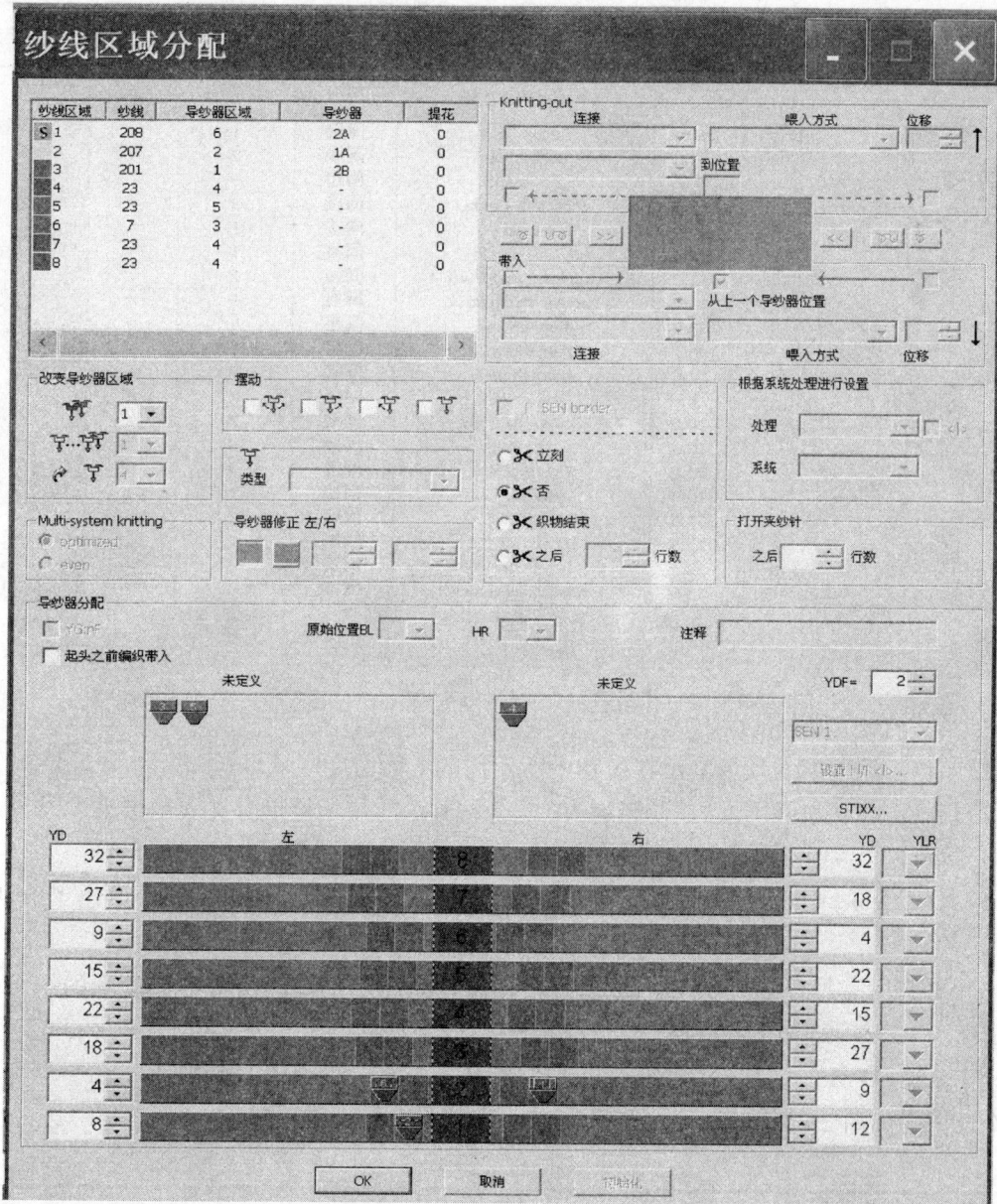

(b) 导纱器配置窗口

图 2 - 3 - 4　纱线区域和导纱器配置窗口

(四)工艺参数设定和修改

在工艺视图窗口的左边是工艺参数控制列。在工艺参数控制列中包括线圈大小、牵拉值、机速、机头运行方向、循环变量、STIXXX 线圈校准等内容。

1. 线圈长度

编织的线圈长度是通过 NP 值确定的,它是工艺中的一个重要指标。"线圈长度表"窗口如图 2 - 3 - 5 所示。

线圈长度表

应用在花型中　设定未定义

	颜色	状态				[NP]	名 [中文]	类型	NP 索引	NPJ	组
		修改	总体	使用	Sin f	E 6.2 (8)					
1			×	×		9.0	Setup Row	间接	1	=	-
2			×	×		10.0	Setup Tub	间接	2	=	-
3			×	×		9.0	1x1-Cycle	间接	3	=	-
4			×			10.0	2x1/2x2-Cycle	间接	3	=	-
5			×			10.0	1x1-Cycle-2	间接	?	=	-
6			×			10.0	2x172x2-Cycle-2	间接	?	=	-
7			×			11.0	Tubular Cycle front	间接	2	=	-
8			×			11.0	Tubular Cycle back	间接	3	=	-
9			×	×		11.0	Loose Row	间接	4	=	-
10			×			9.5	Transition-RR	间接	4	=	-
11			×			11.0	Transition-2	间接	?	=	-
12			×			9.5	Setup-MG	间接	1	=	-
13			×			10.5	Setup-Tub-MG	间接	2	=	-
14			×			10.0	1x1-MG	间接	3	=	-
15			×			11.5	2x1/2x2-MG	间接	3	=	-
16			×			10.0	1x1-MG-2	间接	?	=	-
17			×			11.5	2x1/2x2-MG-2	间接	?	=	-
18			×			12.5	Tub-front-MG	间接	2	=	-
19			×			12.5	Tub-rear-MG	间接	3	=	-
20			×			13.0	Transition-loose-MG	间接	4	=	-

图 2－3－5　线圈长度表

在此窗口中，主要包括以下内容。

(1)颜色。用不同的颜色表示在织物中所使用的不同密度区域。

(2)状态。在状态栏中，已经使用的 NP 值会在其中的使用栏里打叉表示出来。

(3)[NP] 这一栏所显示的是直接密度值，取值范围从 5.6～23.3。

(4)名(中文)。该栏所显示的是所编织织物的部位。对应某一部位，系统给出了默认的密度值。

(5)NP 索引。与直接弯纱深度值相对应，这一栏所显示的是间接弯纱深度值的组号，它的取值范围为 1～25，即 NP1～NP25。

2. 牵拉值(WM)

牵拉值表如图 2－3－6 所示。

牵拉表

应用在花型中　设定未定义

	颜色	状态				主牵拉牵拉											辅助牵拉牵拉			名 [中文]	类型	WMF 索引	组
		修改	总体	使用	Sin f	WM/W	WM最	WM最	N 最小	N 最大	WM	WMI	WM^	WMC	WM+C	WMK+	W+	W+P	W+C				
1			×	×		WMN	0.0	0.0	0	0	0.0	3	0	10	20	50	10	0	10	Forward	间接	1	-
2			×			WM	0.0	0.0	0	0	0.0	0	0	10	10	10	10	0	10	Relieve	间接	2	-
3			×			WM	0.0	0.0	0	0	2.0	0	20	10	10	10	10	0	10	Turn-back	间接	3	-
4			×			WM	0.0	0.0	0	0	2.0	7	0	0	0	0	10	4	0	Picking-up	直接	-	-
5			×			WMN	0.0	0.0	0	0	0.0	3	0	10	20	20	10	0	10	Default Knit	间接	?	-
6			×			WM	0.0	0.0	0	0	2.0	3	0	10	10	10	10	0	10	Default S0	间接	?	-
7			×			WM	0.0	0.0	0	0	2.0	3	0	10	10	10	10	0	10	Default Transfer	间接	?	-
8			×			WM	0.0	0.0	0	0	30.0	3	0	0	10	10	1	0	10	Cast-off 30	直接	-	-
9			×			WM	0.0	0.0	0	0	2.0	0	20	0	10	10	1	0	10	Cast-off 2	直接	-	-
10			×			WM	0.0	0.0	0	0	0.0	0	0	0	0	0	1	0	10	Link-off	间接	?	-
11			×			WMN	2.0	4.0	0	0	0.0	3	0	10	20	20	15	0	20	Relieve k&w	间接	?	-
12			×			WM	2.0	4.0	0	0	0.0	3	10	10	20	20	15	0	20	Turn-back k&w	间接	?	-
13			×			WM	0.0	0.0	0	0	0.0	0	0	0	0	0	6	0	10	Link-off k&w	间接	?	-
14			×			WM	0.0	0.0	0	0	0.0	0	0	0	0	0	1	0	10	Ending Link-off k&w	间接	?	-
15			×			WM	0.0	0.0	0	0	2.0	3	0	10	10	10	10	0	10	Remaining Narrowing k&w	间接	5	-
16			×			WM	0.0	0.0	0	0	0.0	0	30	10	10	10	1	0	10	Combine Sleeves k&w	间接	4	-
17			×			WM	0.0	0.0	0	0	4.0	3	0	10	10	50	10	0	10	Setup Row 2x2 k&w	间接	6	-

图 2－3－6　牵拉值表

表中各符号的具体含义如下。

（1）WM/WMN：牵拉值是否随针数变化。选择 WM，牵拉值不随参加编织的针数变化，选择 WMN，牵拉值将会随针数的增减变化。

（2）Wmmin：织物宽度为最小时的牵拉值，启动时必须同时使用 WMN。

（3）Wmmax：织物宽度最大时的牵拉值，启动时必须同时使用 WMN。

（4）Nmin：最小织物宽度的针数。

（5）Nmax：最大织物宽度的针数。

（6）WM：主牵拉值。范围从 0～31.5，书写时带一位小数点。

（7）WMI：牵拉脉冲值（0～15），用于对织物进行瞬时牵拉。

（8）WM^：织物牵拉反转角度（0～120°），用于暂时放松织物。

（9）WMC：主牵拉停机控制。这里：0—没有灵敏度；1—灵敏度很小，32—最灵敏。

（10）WM+C：定义在多少编织系统工作之后，主牵拉仍未达到预定值时就停机，可取 0～100。

（11）WMK+C：定义在多少编织系统工作之后，牵拉梳仍未达到预定值时就停机（0～100）。

（12）W+：辅助牵拉的速度（1～15）。

（13）W+P：辅助牵拉的压力（0～10）。

（14）W+C：定义在多少编织系统工作之后，辅助牵拉仍未达到预定值时，就停机（0～100）。

（15）FTD 牵拉索引：间接牵拉组号，用 WMF 表示，取值 1～8。

3. 机速

机速用符号 MSEC 表示，其可取范围为 MSEC=0.1～1.4m/s。不同速度可以用不同的速度组数来表示，共有 10 组，即 MSEC0～MSEC9。

4. 循环变量

循环变量用 RSn 表示。n 为表示不同循环部段的数字，可在编程时自行选择。

三、Sintral 指令简介

Sintral 指令是斯托尔电脑横机程序设计系统的专用程序处理指令。Sintral 指令是由一条一条语句组成，每一条语句同样有行号、"语句体"和"语句定义符"。

（一）行号

从 1～9999，可连续或不连续。

（二）注释

程序注释语句放在大写字母 C 的后面，也可用它加在已经存在但不需要执行的指令之前。

（三）START 和 END

START 为程序开始执行语句，它以前的语句一般只起说明作用；END 为程序结束语句。

(四)导纱器初始位置的定义

用于定义导纱器初始位置。其语句是：

50 YGC:3 = G/1 = E 2 = K 4 = A

这里"/"将导纱器分为两部分,前面的 3 为机器左边的导纱器号,后面的 1、2、4 表示机器右边的导纱器号,G、E、K、A 分别是这几把导纱器所对应的图形中的色号或相应的纱线。

(五)弯纱值

间接弯纱值用 NPl ~ NP25 表示;直接弯纱值用 5.6 ~ 23.3 之间的数值给出,它包括一位小数。

(六)牵拉值

分别用 WM 表示牵拉值(0.1 ~ 31.5);用 WMI 表示换向时的牵拉脉冲值(1 ~ 15);用 W + 1 表示辅助牵拉工作,W + O 表示辅助牵拉不工作;用 WMF 表示牵拉组(WMFl、WMF2 等);用 WMC 表示主牵拉停机灵敏度控制;用 WM + C 定义在多少编织系统工作之后,主牵拉仍未达到预定值时就停机等参考前文。

(七)机器速度

机器速度值用 MSEC = 0.1 ~ 1.4m/s 表示;速度组数用 MSEC0 ~ MSEC9 表示。

(八)编织语句

下面是一行编织语句:

60《S:R(1) − R(2)/R(9.5) − 0;Y:1/2;VR1 S2S3 WMF1 MSEC4

它包括下面一些内容:

1. 机头运行方向

符号"《"表示机头从右向左运行,符号"》"表示机头从左向右运行;也可以用符号"《》"让程序自动选择机头方向。

2. S

表示运行指令开始的符号。

3. 编织组织结构

编织组织结构反映了各系统前后针床的选针与编织情况,如上述语句中的 R(1) − R(2)/R(9.5) − 0 就表示了所编织的结构。这里的横杠"−"连接的是前后针床,它前面的符号代表前针床的编织情况,后面的符号代表后针床的编织情况。斜杠"/"分开的是各系统,它前面的符号是一个系统的编织情况,后面的符号是另一个系统的编织情况。这里的 R、0 就是相应的编织情况。而跟在这些符号后面用括号括起来的的数字则是它们相应的 NP 值,当它为整数时所指的是相应的 NP 值组号,带有一位小数时则是实际的 NP 值大小,如此例中的 1、2 为 NP1 和 NP2,而 9.5 则表示 NP = 9.5。各编织符号的含义如下。

(1)不选针和固定选针编织符号。不选针和固定选针编织符号与所画的意匠图无关,有以下几种。

R—所有织针成圈。

F—所有织针集圈。

0—所有织针浮线。

UVSR—所有织针由后向前翻针。

U^SR—所有织针由前向后翻针。

DI. —1 隔 1 选针编织,这里 I 表示编织针,. 表示不编织针,如 2 隔 2 选针编织,相应的符号就是:DII.. 。

(2)根据意匠图选针编织符号。根据意匠图编织时,意匠图中的某一种颜色在这里用相应的符号表示,程序中用 19 种符号表示意匠图中的 19 种颜色,分别是". 、A、Y、＊、T、I、＋、B、G、H、O、W、Z、E、K、L、M、P、Q"。如分别用. 、A、Y 三种颜色绘制的三色提花意匠图,如果编织的是横条反面双面提花,其编织程序是:

. – R/A – R/Y – R

如果在意匠图中,不同颜色表示的是不同的编织方法,如 A 表示集圈编织,Y 表示从前向后移圈,则程序将写成:

A% – 0/Y^N – 0

4. 所用导纱器

Y:1/2 表示所用导纱器号,斜杠前为第一系统所用的导纱器号,斜杠后为第二系统所用的导纱器号。

5. 针床位置

VR1 为针床位置。针床位置用 VRn 或 VLn 表示。分别表示针床位于右侧(VR)或左侧(VL)的第 n 针位置。当位于零位时,用 V0 表示。如果前后针槽相对时还要加上 V#,移圈时则要加上 VU。

6. 所用系统号

S1S2 分别表示此时用第 1 和第 2 系统来进行编织。

7. 所用牵拉组号

WMF1 为使用牵拉值表中的第一组牵拉值,它包括该组中的所有参数,如主牵拉、辅助牵拉和牵拉脉冲等。当牵拉值为 0 时,用 W0 表示。

8. 所用机器速度

MSEC4 表示为第四组机速,MS 表示停机。

9. 空程语句

一般将第 999 句设置为空程语句,此时机头空走,语句的结构为:999 ＜ ＞ V0 S0 W0。此时机头方向为任意方向,前后针床对位为 0 位置(原点),没有系统工作,牵拉值为 0。

(九)导纱器指令

导纱器初始位置:左边的穿纱器号/右边的导纱器号,如 8/124(左边的穿纱为 8 号导纱器,右边的穿纱为 1 号、2 号和 4 号导纱器);

(1)2A:F1 ＊ 表示 2 号纱器编织"＊"区域;

(2)Y:0 表示不带导纱器;

（3）YD：导纱器与布边距离。如 YD1 = 1 – 32 表示导纱器 1 距布边左边 1 个单位,距布边右边 32 个单位,每个单位大约为 1.58mm（1/16 英寸）。

（十）编织宽度参数

花型数据：例如 JAl = 1326（1100 – 1100）,其中 JA1 表示花型名称,可为 JAl ~ JA8;1326 表示编织时花型的起始行号,括号内为循环行号,即在花型的第 1100 行到第 1326 行之间循环。

1. F1

衣片宽度（针数）;如 F1 = 5 ~ 142,就表示从意匠图中的第 5 纵行编织到第 142 纵行。

2. PM

花型在机器上的排列;如 PM：101：F1,就表示从机器上的第 101 针开始编织 F1 所定义的花型宽度。

3. SEN

选针区域,指参与编织的针数。如 SEN = 101 ~ 200,就表示从机器上的第 101 针开始编织到第 200 针。

（十一）子程序（函数）

子程序以 FBEG：后跟该子程序的名称开始,以 FEND 结束。如某 1 + 1 罗纹子程序可以写成：

FBEG：1 × 1RIB

.

.

.

FEND

在主程序中调用子程序,则以 F：子程序名表示,如要调用上述子程序,可写成：

F：1 × 1RIB

（十二）循环指令

对于需要重复执行的某一部分指令,可以用以下两种指令形式：

1. RBEG ∗ n（ 或 ∗ RSn）

.

.

.

REND

2. REP ∗ n（ 或 ∗ RSn）

.

.

.

REPEND

(十三)转置语句

1. GOTO 语句

程序转到指定行,而不会再回到原来位置。如:100 GOTO 300,程序就会从 300 语句开始执行以后的内容,而不会再回来执行 100 语句以后的内容。

2. G + n 语句

程序向前跳过 n 句执行。如:100G + n,程序就会跳过 100 语句后面的 n 行语句,执行第 $n + 1$ 行的语句。

3. GOSUB *n* 或 GOSUB *n* − *m*

程序转到 n 行或 n − m 行执行,执行完毕后再回到原行号的下一行执行。如 100 GOSUB 300,则程序在此时去执行 300 语句的内容,执行完之后再回来执行 100 语句下面的内容。如果写成 100 GOSUB 300 − 310,则表示程序要执行从 300 到 310 语句之间的内容,执行完之后再回到 100 语句下面一行程序运行。

(十四)判断语句

判断语句有两种形式:IF 和 IFN。IF 语句表示条件存在时,转向相应的操作;如:

IF RS19 = 1 F:Rib − 2 × 1

即如果 RS19 为 1 时,执行函数 Rib − 2 × 1。而 IFN 语句则表示如果条件不满足时,转向相应的操作,如:

IFN RS19 = 1 F:Rib − 1 × 1

即如果 RS19 不为 1 时,执行函数 Rib − 1 × 1。

还有一些 Sintral 指令和一些特殊用法,这里就不一一赘述。

四、成形程序

(一)模型编辑(Edit Shape)界面及其主要功能

首先打开"模型"(Shape)菜单,选择"创建/编辑模型…(Generate/Edit Shape)",弹出相应的编辑窗口,如图 2 − 3 − 7 所示。

1. 模型参数

模型参数主要包括类别、创建日期、输入格式、显示格式和密度等。输入格式栏中包括三种选择。

(1)功能行:以长度为单位的输入方式,可以转换成线圈模型。

(2)线圈:以线圈为单位的输入方式。

(3)幅度:以一格为一线圈的输入方式。

密度(Stitchdensity)栏中以 100mm 为单位,在相应的输入框中可以输入横向密度和纵向密度。

2. 所选单元(Elements)

它包括预览窗口和调整栏两部分内容。预览窗口用图形的形式显示每个单元的内容,如果使用"选择所有单元",这里将显示复合图形(如收 V 领时,要用基本单元和开领单元复合)。调整栏显示单元最后一行用蓝线标注的内容。

3. 单元

单元是一个基本的成形结构。一个模型可以包括几个单元,例如有开领的前片需要由两个单元组成,包括一个"基本"单元和一个"开领"单元。每点击一次"新单元"按钮就会产生一个新单元的图形,可以在"名称"输入框中输入相应单元的名称,而在"类别"栏中选择相应的单元类别,它包括基本模型、开领、洞(自动拷针再起针)和楔形(分两把纱嘴,边缘用集圈)。也可以通过选中某单元后点击相应的按钮将其删除,但"基本模型"不能被删除。

4. 对称(Mirrored)按钮

它用于左右对称的模型的制作,选择后自动将左功能行拷贝到右功能行,此时右行和右标记变灰。

5. 起始宽度(Starting width)框

它用于输入第一行的起始宽度尺寸,在选择对称时,在宽度上显示实际宽度的一半。

6. 到中轴线距离(Distance from center axis)框

输入距中心轴的水平距离,正值表示远离中心轴,负值表示向中心轴方向移动。例如输入4,则左右两片将各离开中心轴4针。(注意这8针不参加工作,并且不要加开领模块)。

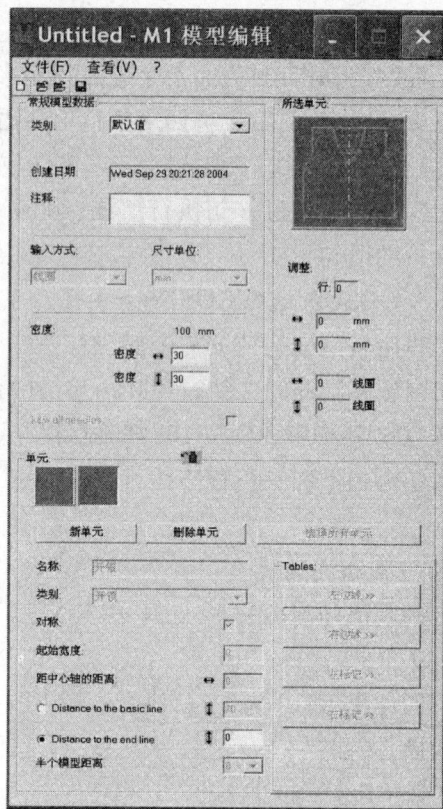

图 2 - 3 - 7　模型编辑窗口

7. 到底线距离(Distance form base line)框

所输入的是一个单元(如开领单元)的起始点相对于基本模型底边的纵向距离。

8. 半个模型的距离(Distance of shape halves)

在模型中间插入编织行,此时花型将增加宽度。例如在做 V 领时,如果想做 1 针领尖,选择开领单元后,可以在这设置 1。对于对称的模型,当衣片的针数为奇数针时,这里也应该输 1。

9. 表格(Tables)框

它包括行和标记按钮。其中行按钮分左行和右行,标记也分左标记按钮和右标记按钮。这里的左行就是所要做的成形模型的左半部分,而右行就是所要做的成形模型的右半部分。当所做模型为对称时(选择对称按钮),就只有左行按钮起作用。而左右标记则是在衣片模型左右两边可能需要的就是根据选择,最多可显示两个。当点击这些按钮时,就会弹出相应的行或标记编辑窗口,如图 2 - 3 - 8 所示。

10. 行编辑窗口

如图 2 - 3 - 8 所示,它包括相应的工具按钮、设定和默认属性选择框以及输入表。在工具按钮中,共有 6 个按钮,其图标和相应功能见表 2 - 3 - 2。其中合并组只有在"功能"处的内容相同时才能合并(例如不同部分收针包括边缘组织、收针针数等相同)。

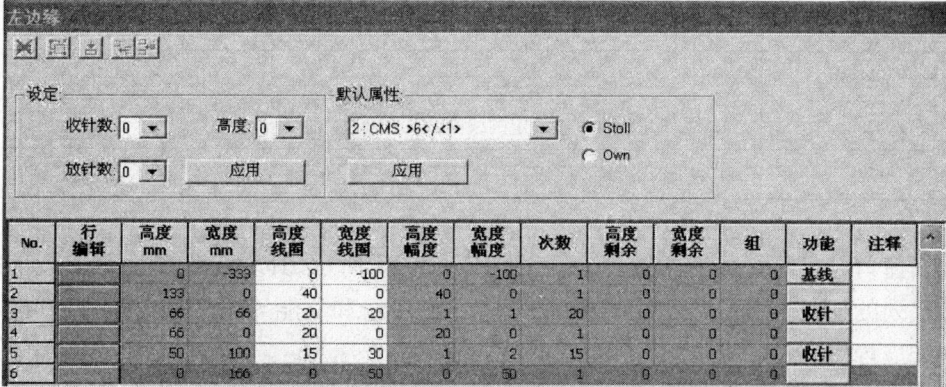

图 2 - 3 - 8　行编辑窗口

表 2 - 3 - 2　行编辑窗口图标功能

图标	名称	功能
	Delete all line	取消所有功能行和标记。假如没有功能行存在就不被激活
	Cut	删除所选行。也可用右键菜单执行同样的功能
	Group or un group selected line	合并组,至少选择两行
	Generate end line	模型结束行,且用绿色标注,如果已经存在就不能被激活
	Add new line at ent	在表格的末行加入新行。如果是新模型,第一次点击后为基础行。光标在末行时按 Teb 键即添加了新行。注意在没有结束行时才能加入新行
	Insert new line before slelcted line	在所选行之前插人行,注意符号在如下情况时不能使用: 1. 没有功能行 2. 选中基础行时

设定和默认属性选择框主要包含了收放针的宽度、编织技术等设置。选择之后,新行自动按设置执行,也可在后期统一选择重新执行[点应用(apply)]。输入格式须使用"线圈"、"幅度"的方式。各选项的作用见表 2 - 3 - 3。

表 2 - 3 - 3　设定和默认属性选择框的功能

名称	功能
默认属性 (Specifications)	预先将收、放针的宽度、编织技术等进行设置,特别是可将常用边缘组织、收针针数、收针模块设置为一种默认属性,以备调用。区域中的数字代表属性的编号
默认值 (Default attributes)	有 5 种默认选择: 1. Basis:无任何编织技术。自动用在第一行"基础"行中 2. CMS >6 </ <0 >:用于收针为 6 针的模块,无放针模块 3. CMS >6 </ <6 >:用于收针为 6 针的模块,放针宽度为 6 4. CMS TC4 >6 >/ <0 >:用于 4 针床机器的收针方式,收针宽度为 6 针,无放针模块 5. CMS1x1 >4 >/ <0 >:用于 1 隔 1 技术的收针模块,收针宽度为 4 针,无放针模块
应用(Apply)	确认

续表

设定	收针（Narrowing）	每次收针数 0 ~ 100
	放针（Widening）	每次放针数 0 ~ 100
	高度（Height）	行数，即几行收或放设定的线圈数 0 ~ 100
	应用（Apply）	采纳上面的设置

　　行编辑窗口是模型制作的主要内容。如图 2 - 3 - 8 所示，其表头包括序号 No、行编辑器、高度、宽度、列的变化、循环次数、剩余高度和剩余宽度、组和功能等项。相应的位置可以输入工艺单中的相应内容。

　　序号就是各功能行的序号。在工具按钮中每点击一次添加行按钮，就自动增加一行，添加一个序号。第一行是基础行，在该行中自动显示衣片的起始针数，起始针数在宽度线圈列中显示。

　　高度和宽度列是我们要输入的主要内容，有三种输入方式，即毫米、线圈和幅度。如果在输入格式中选择长度，则对应的高度和宽度将在毫米栏中输入，其他栏不可输入，其他两项也是如此。如果选择以毫米的形式输入，则输入的就是衣片各部分的尺寸，如下摆尺寸、胸围尺寸、肩阔尺寸等，根据前面所输入的密度，程序将自动将其换算成相应的针数和行数。如果选择以线圈数来输入，则要输入各部分线圈的横列数和纵行数。在这两种方式中，在高度和宽度栏中所输入的数值都是在原基础上增加或减少的数值。在宽度方向上，向左为正值，向右为负值；在高度方向上，向上为正值，向下为负值。收放针的方式将根据前后两行数值的差值，按照行编辑器所选择的收放针方式自动生成。

　　以幅度方式分别在高度幅度、宽度幅度和次数三栏中输入数据。如果工艺是每 4 行收 2 针收 3 次的对称方式，如果你选择以"左行"输入，则应在高度幅度中输入 4，在宽度幅度中输入 2，在次数中输入 3；如果是放 1 针，则应该在宽度幅度栏中输入 -1。

　　剩余高度和剩余宽度只是在宽度和高度不匹配时有数值，需要进行修正。

　　行编辑栏是一种收放针方式的编辑器，点击后，会出现一个相应的窗口，可以从中选择所希望的某一收放针段的收放针方式，如直线型、J 型或 S 型等，从而形成所希望得到的曲线形态。当选择了用幅度来进行输入时，其意义就不大了。

　　在功能列中将显示各行的工艺方式，如收针、放针或拷针等。当点击时，将会显示一个功能窗口，显示出相应的操作方式，如边缘线圈、收针方式等，可以对其进行修改。

第二节　Logica 花型设计系统

一、Logica 花型设计系统的主要功能
（一）Logica 花型设计系统简介

　　Logica 花型设计系统是在 Windows 操作系统下运行，它是一种图形式或称色码式程序设计系统，即其所有的编织方式或控制代码均由色码绘出，不同的色号就代表了不同的编织方式或不同的控制方式。Logica 花型设计系统除具有花型和程序的输入、输出及编辑等基本功能之

外,主要还有:绘图功能,即通过绘图方式绘制花型图,形成所需要的织物结构;模块处理功能,可以通过标准模块或创建自己的模块方便地进行花型绘制;模型处理功能,通过成形模块生成成形衣片;命令行设置功能:通过命令行和相应的对话框输入、修改和选择工艺参数,如密度、牵拉、速度等,以及使用命令行辅助生成提花组织;花型处理及检验:处理花型生成编织检验图和织物模拟图,在此二图中可以检验所绘制花型的编织工艺是否正确等。Logica 花型设计系统的图形界面如图 2 - 3 - 9 所示。

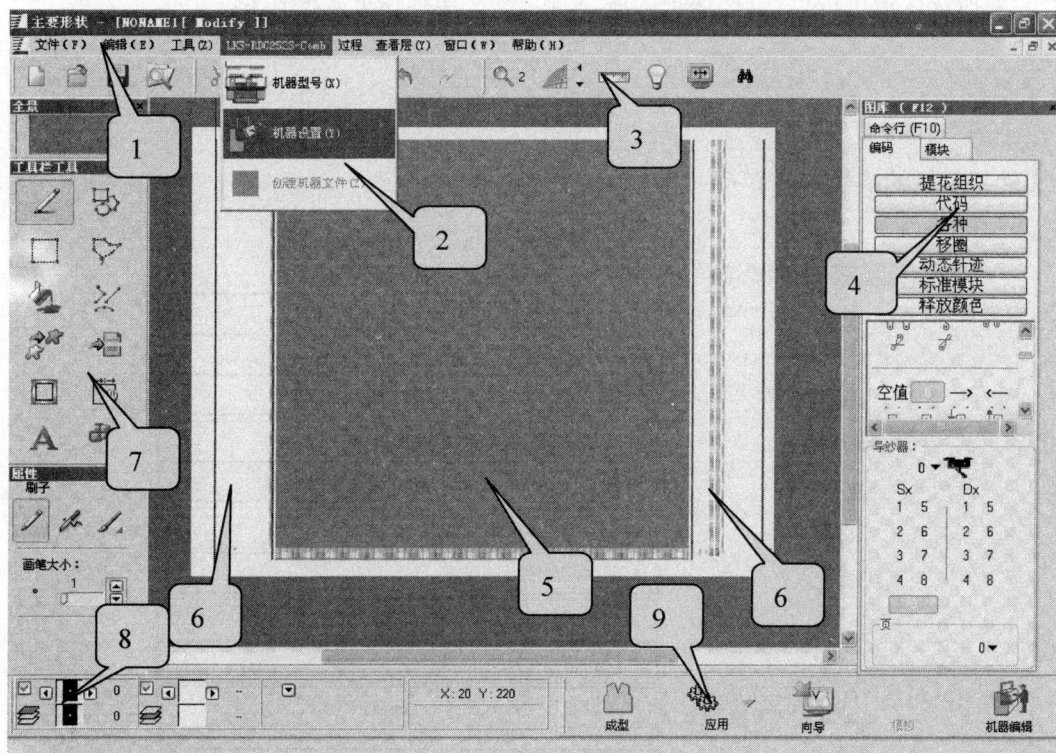

图 2 - 3 - 9　Logica 花型设计系统主窗口

图 2 - 3 - 9 中各部分的主要功能如下:

1—菜单栏:命令列表,如同很多通用的程序系统一样,它包含了文件、编辑等常用的命令菜单,但其中有些内容也具有该系统自己的特点。此外,它还有一些专用的菜单项,如 LXC - 252SC、过程等。

2—级联菜单:当用右键点击菜单栏中某一项时,显示的下一级菜单。

3—工具栏按钮:用于点击一些常用命令的按钮。

4—图库:用于选择绘图时所用的组织结构、导纱器、模块、命令行代码。

5—花型区:此区域用于绘制花型。

6—控制列:显示命令行代码,设置编织工艺参数。

7—绘图工具:画图时所用的画图工具。

8—状态区:显示当前所用的组织结构和导纱器的颜色,也可以重新设置。

9—工具列应用程序:用于对花型、成形等编织工艺进行处理,查看模拟视图。

(二)绘图工具

使用绘图工具,既可以用光标直接画图,又可以在花型中选择区域,进行区域操作,还可以对花型区域进行编辑。与各种绘图软件一样,该系统也有一些实用的绘图工具,这些工具可以通过直接点击相应的按钮来激活,包括画笔、画线、画空心或实心矩形、画空心或实心圆形、画空心或实心多边形等图标。为了方便操作,也可以通过选择图形中的一个部分或全部图形进行区域操作,对所选区域可进行拷贝、保护区域、翻转拷贝、连续拷贝等操作。

(三)菜单栏

1. 文件

文件菜单栏的结构如图2-3-10所示。

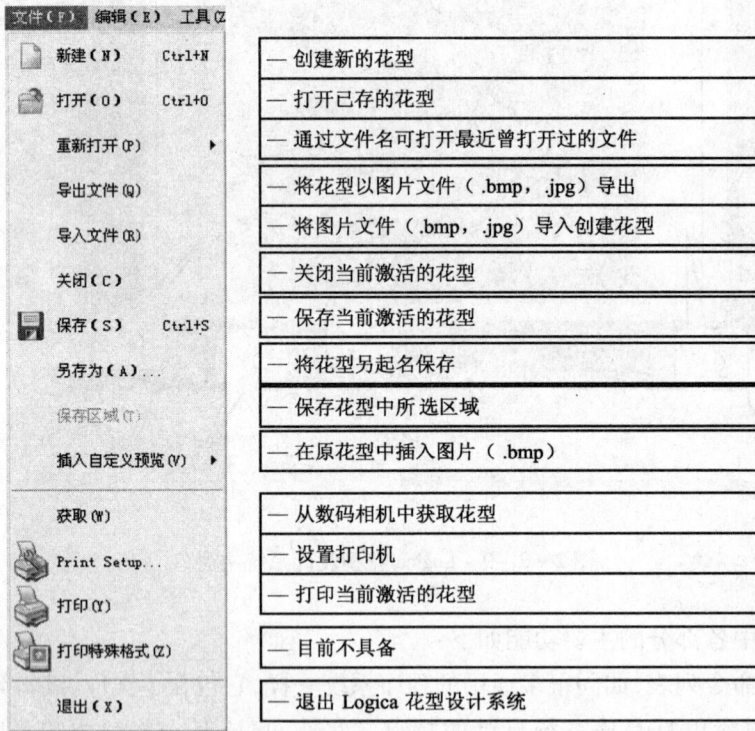

文件(F) 编辑(E) 工具(Z)	
新建(N)　Ctrl+N	— 创建新的花型
打开(O)　Ctrl+O	— 打开已存的花型
重新打开(P)　▶	— 通过文件名可打开最近曾打开过的文件
导出文件(Q)	— 将花型以图片文件(.bmp,.jpg)导出
导入文件(R)	— 将图片文件(.bmp,.jpg)导入创建花型
关闭(C)	— 关闭当前激活的花型
保存(S)　Ctrl+S	— 保存当前激活的花型
另存为(A)…	— 将花型另起名保存
保存区域(T)	— 保存花型中所选区域
插入自定义预览(V)　▶	— 在原花型中插入图片(.bmp)
获取(W)	— 从数码相机中获取花型
Print Setup…	— 设置打印机
打印(Y)	— 打印当前激活的花型
打印特殊格式(Z)	— 目前不具备
退出(X)	— 退出 Logica 花型设计系统

图2-3-10　文件菜单

2. 新建

点击"文件"中"新建",出现"新建文档"窗口,如图2-3-11所示。

(1)机器型号:点击图2-3-11中"型号"空白处,出现如图2-3-12所示窗口,在该窗口中主要包括以下内容。

型号:选择机器型号。

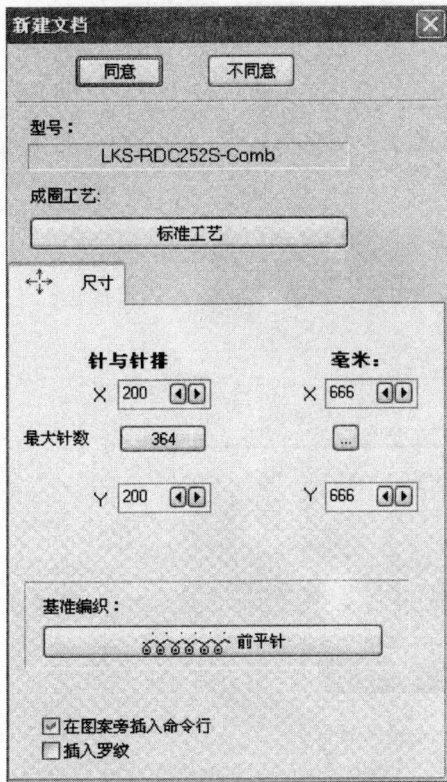

图 2-3-11 新建文档窗口

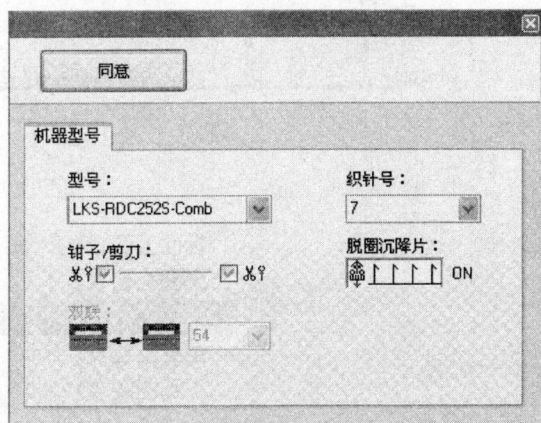

图 2-3-12 机器型号

织针号:选择机器织针型号。

钳子/剪刀:显示左右剪刀工作状态。

脱圈沉降片:显示这一机型有没有起底板。

双联:显示双机头(合机头、分机头)。

(2)在图案旁插入命令行:在花样旁插入标准功能线。

(3)插入罗纹:在花样下插入自动罗纹结构,如选择插入罗纹,选择"同意"后会出现如图 2-3-13所示窗口,在该窗口下选择所需罗纹组织(如1+1罗纹、2+2罗纹等),如不选择插入罗纹,可在设计完花样图后,点击"过程"菜单下的"插入罗纹"来选择起头的组织结构,也可以手绘;同时选择是否选用起底板的功能,目前大部分机器都配有起底板。

(4)成圈工艺:选择编织技术,如图 2-3-14 所示。

标准工艺:普通横机排针、编织方式,如前针床编织(带翻针)为 163 色。

脱圈工艺:两个针床都编织,一个针床脱圈,如前/后针床编织(后针床带翻针)为 220 色,表示第一行满针编织(带纱嘴),第二行后针床起针(不带纱嘴)。

1×1工艺:变针距 1×1(163 色/82 色),技巧 1×1(163 色/182 色)。

全身工艺:后针床编织(带翻针)/前针床编织(带翻针)为 164 色/163 色,用于做"织可穿"。

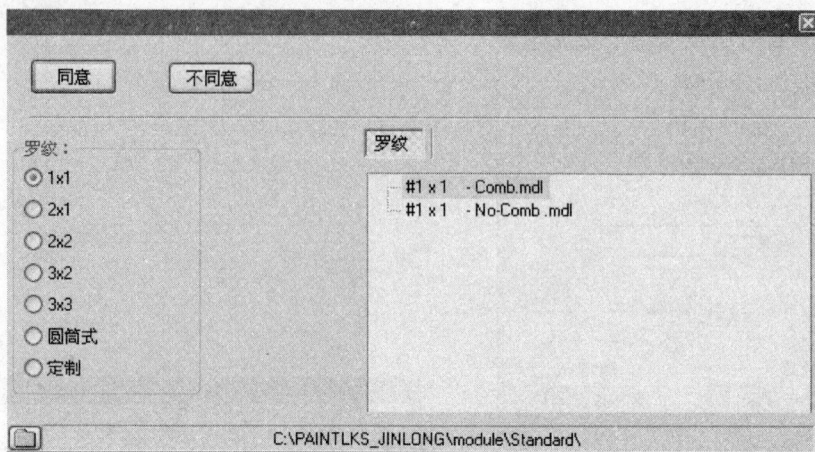

图 2 - 3 - 13　罗纹组织

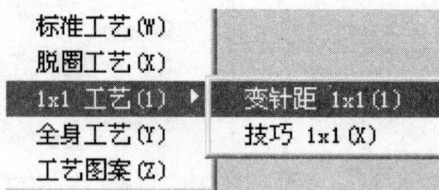

图 2 - 3 - 14　成圈工艺

工艺图案:空白图。

(5)尺寸:花型尺寸,设置花型的大小。

(6)基准编织:基本组织,如图 2 - 3 - 15 所示。

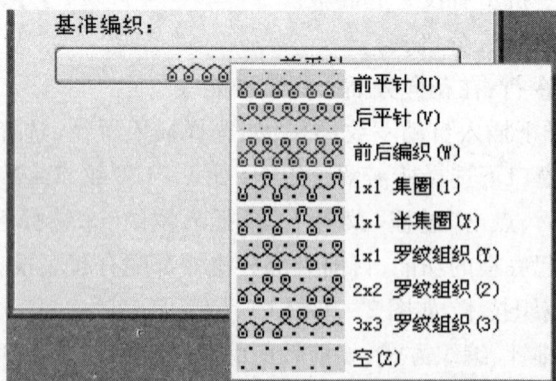

图 2 - 3 - 15　基准编织

前平针:前针床编织(带翻针)为 163 色。

后平针:后针床编织(带翻针)为 164 色。

前后编织:满针编织(四平)为 161 色。

1×1 集圈(畦编):第一行 前针床编织(带翻针)163 色/后针床集圈(带翻针)223 色;第二行 前针床集圈(带翻针)222 色/后针床编织(带翻针)164 色。

1×1 半集圈(半畦编):第一行 前针床编织(带翻针)163 色/后针床编织(带翻针)164 色;第二行 前针床编织(带翻针)163 色/后针床集圈(带翻针)223 色。

1×1 罗纹组织:1 隔 1 选针,前针床编织(带翻针)/后针床编织(带翻针) 163 色/164 色。

2×2 罗纹组织:2 隔 2 选针,前针床编织(带翻针)/后针床编织(带翻针) 163 色/164 色。

3×3 罗纹组织:3 隔 3 选针,前针床编织(带翻针)/后针床编织(带翻针) 163 色/164 色。

空:无编织符号,0 色。

3. 导入文件

选择"导入文件"后,出现一对话框(图 2－3－16),根据路径选择需要导入的图片。

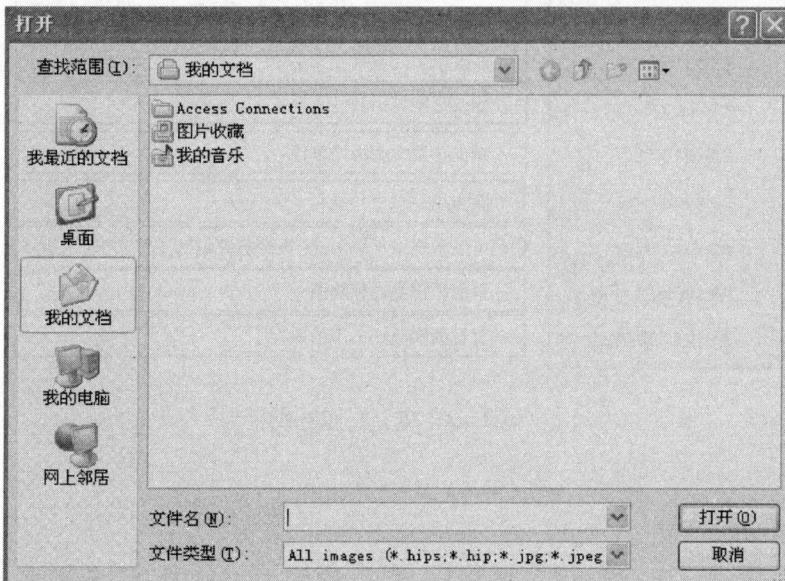

图 2－3－16 导入文件对话框

4. 编辑

编辑菜单与通用的工具软件类似,用于花型的剪切、复制和粘贴等操作,如图 2－3－17 所示。

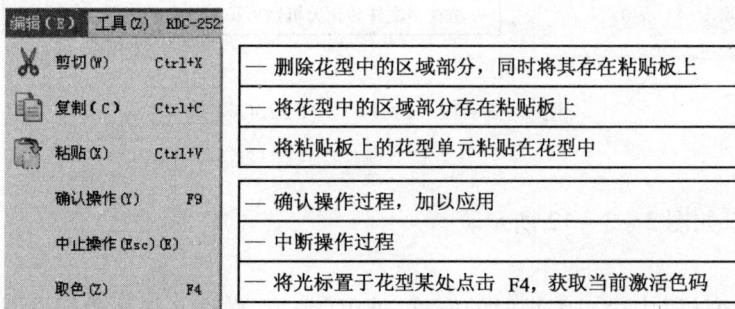

图 2－3－17 编辑菜单

5. 工具

如图 2 - 3 - 18 所示,工具菜单可显示 Logica 图形界面中各功能按钮或窗口。主窗口中一个图标代表一种功能,可以用它快速运行这种功能。这些图标可以用鼠标移动并安排在工具栏上任何空白处。

点击"工具/工具栏"出现一个级联菜单,根据选项显示或隐藏图形界面上的工具按钮或窗口。

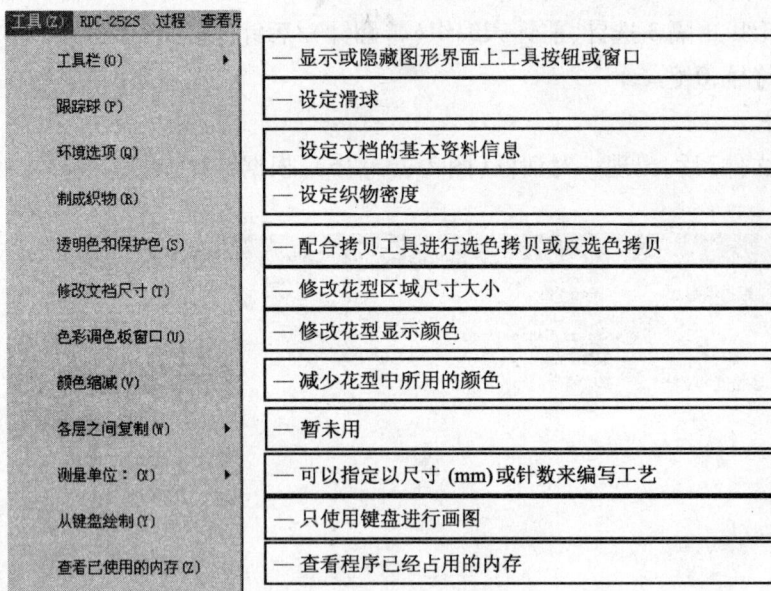

图 2 - 3 - 18　工具菜单

(四)机型与上机参数设置

当在"文件/新建"中选择机器型号后,会出现机器型号菜单,本例中使用的机型为 RDC252SC,如图 2 - 3 - 19 所示。

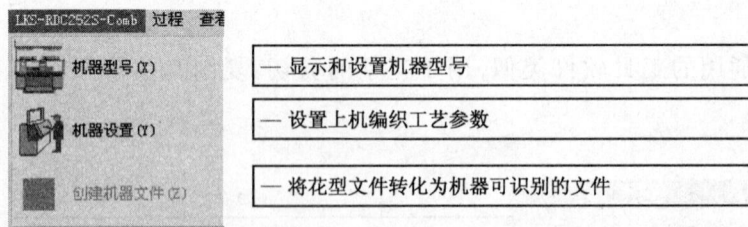

图 2 - 3 - 19　LKS - RDC252SC 菜单

1. 机器型号

机器型号窗口如图 2 - 3 - 12 所示。

2. 机器设置

在"机器设置窗口"中可对编织时的密度、速度、牵拉、横移和循环进行设置。

(1)文件(图 2 - 3 - 20):在"文件"处打开需要设置的程序文件,保存参数修改后的文件,即将相应的参数设置为默认值。

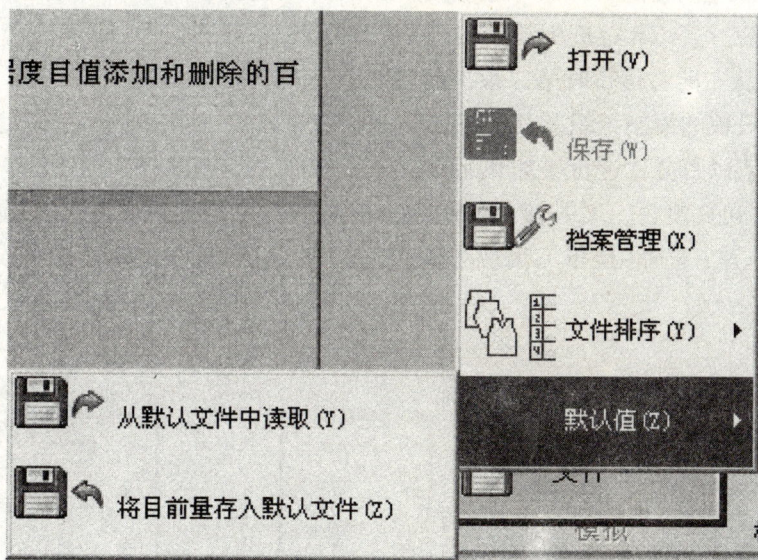

图2-3-20 机器设置(文件)

(2)度目(密度)(图2-3-21):选择"度目",出现图2-3-21所示窗口,在此窗口中可设置编织时的密度。

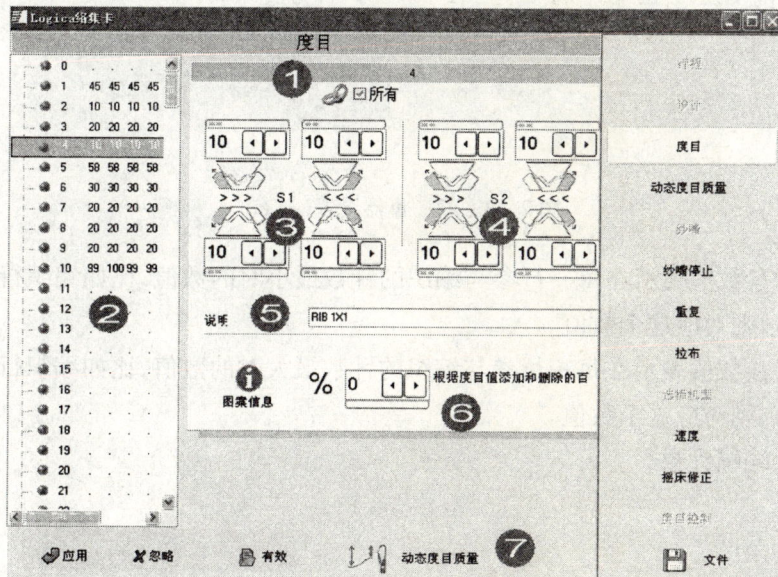

图2-3-21 机器设置(度目)

❶所有:所有成圈系统的密度值。设定密度时,如每一段中各成圈系统的密度都一致,则可在此输入密度值;如各成圈系统密度不同,则不选择此项,在各系统前、后针床分别输入密度值。
备注:两个编织系统(S1和S2)、前后针床(F和R)、不同编织方向(<<< 和 >>>)。
❷对不同段数进行设置。

❸S1 <<<1F(<<<1R):机头从右向左运行时第一系统前(后)针床的密度;S1 >>>1F
(>>>1R):机头从左向右运行时第一系统前(后)针床的密度。

❹S2 <<<2F(<<<2R):机头从右向左运行时第二系统前(后)针床的密度;S2 >>>2F
(>>>2R):机头从左向右运行时第二系统前(后)针床的密度。

❺描述修改段数的编制组织及其他特征。

❻根据度目值以百分比进行增加和删除。

❼对于使用"可变度目"(二段度目)功能的花型进行"动态度目质量"的设置。

(3)牵拉和机速:选择"拉布",出现图2-3-22所示窗口,在此窗口中可设置编织时的牵
拉值。

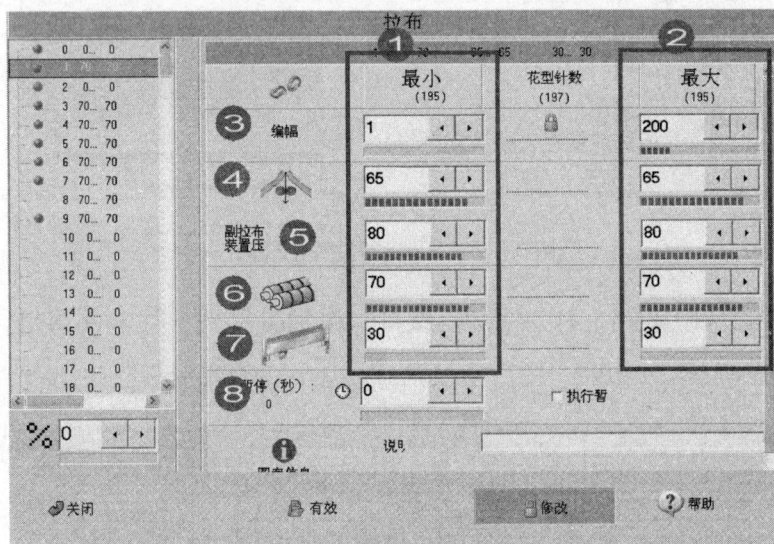

图2-3-22　机器设置(拉布)

❶这一栏的参数值表示在每一行参与编织的针数最小时的数值,比如编织行的针数小于或
者等于最小数值,则对应这个数值。

❷这一栏的参数值表示在每一行参与编织的针数最大时的数值,比如编织行的针数大于或
者等于最小数值,则对应这个数值。

❸最小和大编幅针数。

❹副拉布。

❺副拉布的角度。

❻主罗拉。

❼起底板的拉力。

❽拉布装置的暂停时间。

(4)摇床修正:选择"摇床修正",出现如图2-3-23所示窗口,在此窗口中可对编织时的
针床横移进行设置。

(5)重复:选择"重复",出现图2-3-24所示窗口,在此窗口中可设置循环。

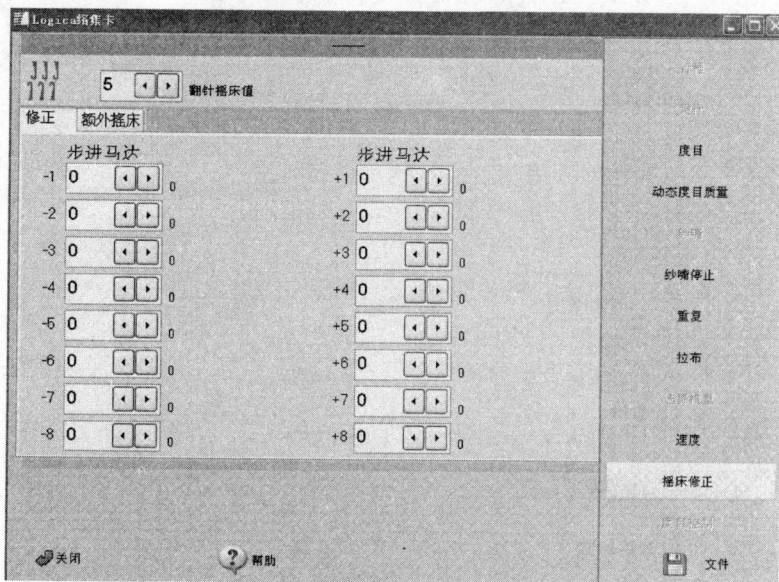

图 2 - 3 - 23　机器设置(摇床修正)

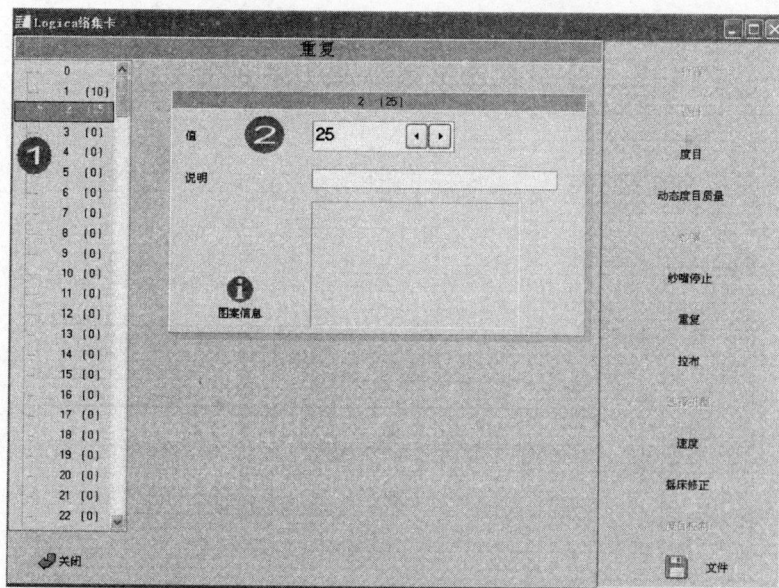

图 2 - 3 - 24　机器设置(重复)

❶选择重复循环编织的段数。

❷循环重复编织的次数。

3. 创建机器文件

如图 2 - 3 - 25 所示,针域中的四个表指在"机器设置"的参数值是否选用,开机针数是指设置花型在针床上的起始针位置,点击"确认"后出现保存列表窗口。点击"同意"后,生成文件后缀分别为 CNT、. PAT、. PRM、. SET/或 LGM 的文件。

图 2 - 3 - 25　设置针区

(五)过程

图 2 - 3 - 26 所示为过程菜单。

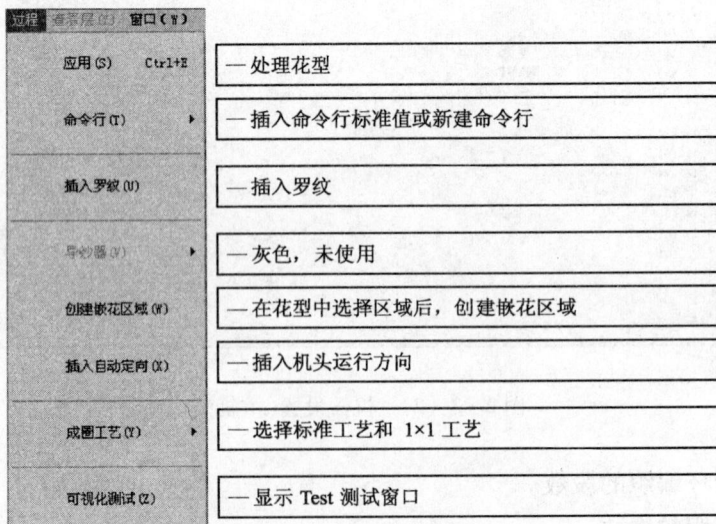

图 2 - 3 - 26　过程菜单

1. 应用

点击"应用",可对花型进行处理,出现图 2 - 3 - 27 所示窗口,它主要包括：

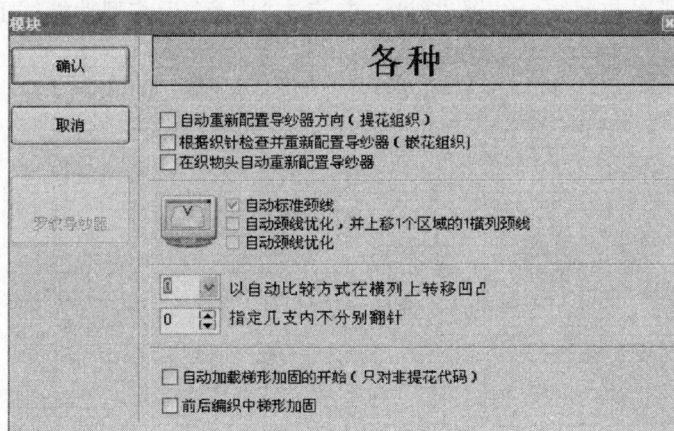

图 2-3-27 应用模块窗口

（1）自动重新配置导纱器方向（提花组织）：织物组织为提花组织或结构组织时，自动调整纱嘴方向；与功能线 R7-1 相同；前面打勾表示选中此功能，不打勾表示不选中此功能。

（2）根据织针检查并重新配置导纱器（嵌花组织）：织物组织为嵌花组织时，自动调整纱嘴方向；当做 V 领收针时，纱嘴在收针处时会自动踢纱嘴；与功能线 R7-1 相同；前面打勾表示选中此功能，不打勾表示不选中此功能。

（3）在织物头自动重新配置导纱器：在织物结束时编织废纱封口叫做织物头，打勾表示在此部位自动调整纱嘴方向，不打勾表示不选中此功能；与功能线 R7-1 相同。

（4）V 领功能（图 2-3-28）：V 领功能与功能线 R2 作用相同。

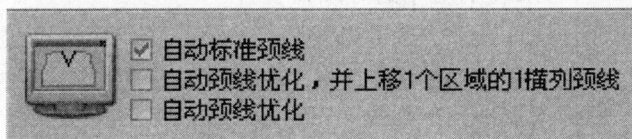

图 2-3-28 V 领功能

①自动标准颈线：同 R2-251 色。

②自动颈线优化，并上移 1 个区域的 1 横列颈线：同 R2-252 色。

③自动颈线优化：同 R2-253 色。

（5）以自动比较方式在横列上转移凹凸：设置分别翻针，前面选项中内容如下：

101 1×1 翻针（遇翻针时 1 隔 1 翻针，奇数针先翻）

111 1×1 翻针（遇翻针时 1 隔 1 翻针，偶数针先翻）

102 1×2 翻针（遇翻针时 1 隔 2 翻针，先翻单针）

112 1×2 翻针（遇翻针时 2 隔 1 翻针，先翻双针）

（6）指定几支内不分别翻针：设定翻针在几针之内不执行"分别翻针"方式。

2. 创建嵌花区域

在花型中选择需要创建的嵌花区域，点击"过程/创建嵌花区域"出现图 2-

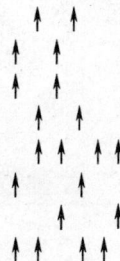

3－29 所示窗口,选择嵌花区域导纱器进纱方向;点击"同意"后花型功能线 R23 显示嵌花区。

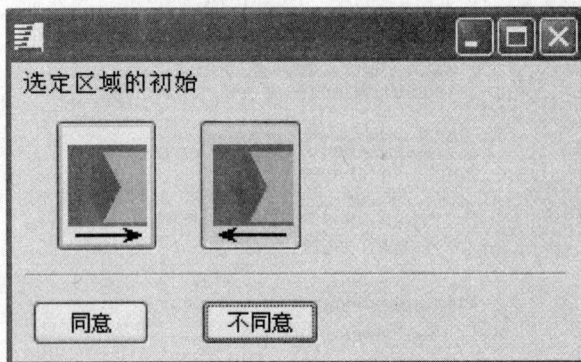

图 2－3－29　创建嵌花区域

3. 插入自动定向

在花型中选中区域,选择"过程/插入自动定向",功能线 R4 中自动填入机头运行方向。

二、编码和导纱器

在"图库(F12)"栏中选择"编码",将出现编织工具栏和导纱器栏,如图 2－3－30 所示。它们是画花型时所要用到的重要工具。编织工具栏中包含有各种基本组织符号和标准模块符号,在画花型时可选择这些符号表示织物的组织结构;导纱器一栏中各把导纱器用不同的颜色代码表示,画花型时可选用相应的色码来表示所用的导纱器。

图 2－3－30"编码"中各工具图标分类放置,如点击"提花组织",下面一栏会出现提花组织对应的编织符号。

(一)提花组织

提花组织　提花

图 2－3－30 中对应提花组织的编织符号如下。

107 色:此提花颜色后床不织、只前床织;其他提花颜色前后床都不织,但带纱嘴,如图 2－3－31 所示。

108 色:此提花颜色前床不织、只后床织;其他提花颜色前后床都不织,但带纱嘴,如图 2－3－32 所示。

104 色:前床织(不翻针),圆筒使用。

105 色:后床织(不翻针),圆筒使用。

233 色:前床织(不翻针),提花和圆筒使用。

235 色:后床织(不翻针),提花和圆筒使用。

99 色:此提花颜色前床不织,只后床织,其他提花颜色都织后床,如图 2－3－33 所示。

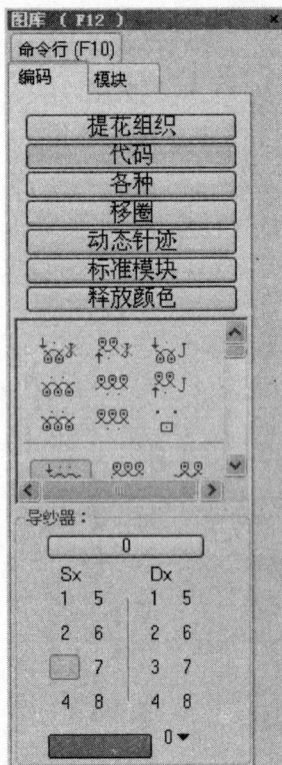

图 2－3－30　图库/编

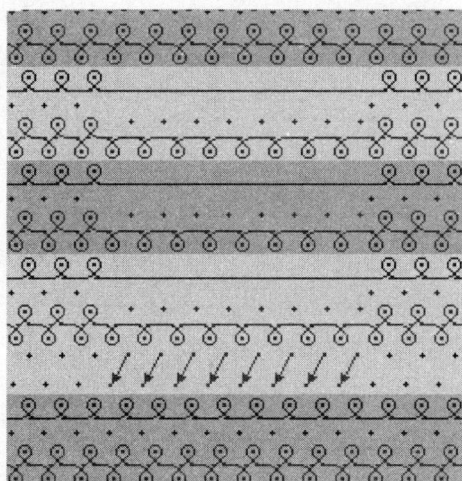

图 2 - 3 - 31　提花组织 107

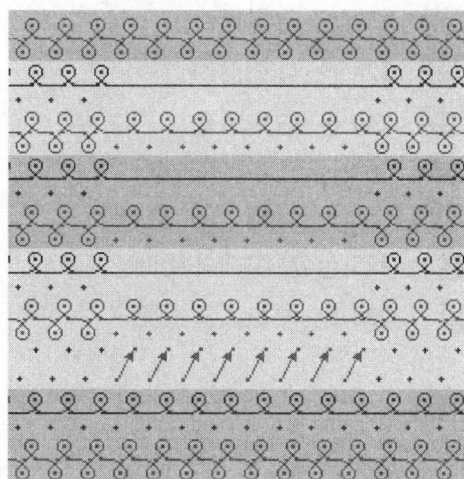

图 2 - 3 - 32　提花组织 108

🔲 J 100 色：此提花颜色先翻后，只后床织，前床不织，其他提花颜色都后床织，如图 2 - 3 - 34 所示。

图 2 - 3 - 33　提花组织 99

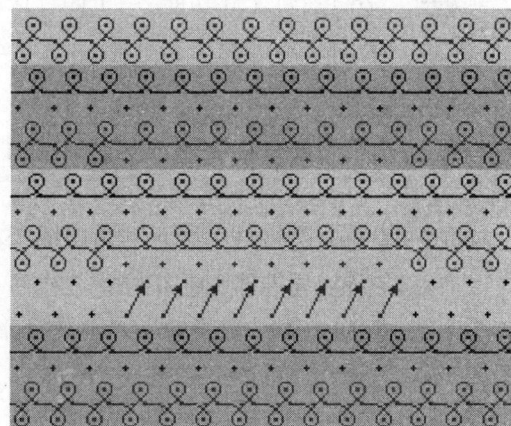

图 2 - 3 - 34　提花组织 100

（二）代码

　　代码　　　组织（Intarsia 嵌花）

🔲 163 色：前床织（自动翻针）。

🔲 164 色：后床织（自动翻针）。

🔲 161 色：前后编织。

🔲 73 色：前床织（不带翻针）。

🔲 74 色：后床织（不带翻针）。

🔲 222 色：前床集圈（自动翻针）。

🔲 223 色：后床集圈（自动翻针）。

127 色:前集后织。

128 色:后集前织。

249 色:前集后集。

167 色:前集(不带翻针)。

168 色:后集(不带翻针)。

225 色:后织前补线圈。

224 色:前织后补线圈。

(三)各种

| 各种 |　特别组织

空值　182 色:不编织(提花也可用)。

0　0 色:不编织(一般用于模组,颜色同组织符号)(提花也可用)。

→　227 色:暂无此功能,用于四针床机器。

←　226 色:暂无此功能,用于四针床机器。

166 色:导纱器停止工作,不织 ——(空车带纱嘴)

⊤纱嘴到此停止

例:不织符号无带纱嘴颜色时不带纱嘴 ⊙⊙⊙⊙

⊤纱嘴到此停止

例:不织符号有带纱嘴颜色时带纱嘴 ⊙⊙⊙⊙ ——

251 色:导纱器和前织停止工作

例:不带纱嘴颜色 = 后翻前不织,⊤纱嘴到此停止

第二行	前织	⊙⊙⊙⊙⊙	前不织
第一行		↓ ↓ ↓ ↓ ↓ ↓	后翻前

例:有带纱嘴颜色 = 后翻前不织,⊤纱嘴到此停止

第二行	前织	⊙⊙⊙⊙⊙ ——	前不织
第一行		↓ ↓ ↓ ↓ ↓ ↓	后翻前

252 色:导纱器和前织停止工作

例:不带纱嘴颜色 = 前翻后不织,⊤纱嘴到此停止

第二行	后织	⊙⊙⊙⊙⊙	后不织
第一行		↑ ↑ ↑ ↑ ↑ ↑	前翻后

例:有带纱嘴颜色 = 前翻后不织 ⊤纱嘴到此停止

第二行	后织	⊙⊙⊙⊙⊙ ——	后不织
第一行		↑ ↑ ↑ ↑ ↑ ↑	前翻后

(四)移圈

| 移圈 |　翻针

125 色：后翻前（不带纱嘴）

　　　　　　　　不带纱嘴颜色 ＝　纱嘴到此停止

例：第二行　　　前织 ⊙⊙⊙⊙⊙

　第一行　　　　　　　　　　↓↓↓↓↓　强制翻针

126 色：前翻后（不带纱嘴）

　　　　　　　　不带纱嘴颜色 ＝　纱嘴到此停止

例：第二行　　　后织 ⊙⊙⊙⊙⊙

　第一行　　　　　　　　　　↑↑↑↑↑　强制翻针

231 色：后翻前（不带纱嘴）

　　　　　　　　不带纱嘴颜色 ＝　纱嘴到此停止

例：第二行　　　前织 ⊙⊙⊙⊙⊙

　第一行　　　　　　　　　　↓↓↓↓↓　自动翻针

232 色：前翻后（不带纱嘴）

　　　　　　　　不带纱嘴颜色 ＝　纱嘴到此停止

例：第二行　　　后织 ⊙⊙⊙⊙⊙

　第一行　　　　　　　　　　↑↑↑↑↑　自动翻针

111 色：前翻后　后不接针（机器暂无此功能）。

112 色：后翻前　前不接针（机器暂无此功能）。

26 色：四针床移针（机器暂无有此功能）。

27 色：四针床移针（机器暂无此功能）。

（五）动态针迹（两段度目）

　动态针迹　　二段度目

169 色：前床编织/细密度（自动翻针）。

170 色：后床编织/细密度（自动翻针）。

234 色：前、后针床编织/细密度（不带翻针）。

171 色：前床集圈/细密度（自动翻针）。

172 色：后床集圈/细密度（自动翻针）。

14 色：前床集圈/细密度（不带翻针）。

15 色：后床集圈/细密度（不带翻针）。

106 色：前床编织/细密度（不带翻针）。

162 色：后床编织/细密度（不带翻针）。

》》　创建针迹密度级别（Z）

　　删除密度级别（X）：删除在花型上显示的粗密度/细密度颜色。

　　选择密度色彩（Y）：调出设定粗密度/细密度表格。

　　查看针迹密度级别（Z）：可查看花型上设定的粗密度/细密度颜色。

（六）标准模块

标准模块 特殊组织

218 色：前织/后织/再翻前（强制动作）。

219 色：前织/后织/再翻后（强制动作）。

215 色：后织/再翻前（强制动作）。

214 色：前织/再翻后（强制动作）。

217 色：后织/再翻后（强制动作）。

216 色：前织/再翻前（强制动作）。

221 色：翻后/前、后织/再脱前（自动动作）。

220 色：翻前/前、后织/再脱后（自动动作）。

109 色：翻后/前织/再脱前（自动动作）。

110 色：翻前，后织，再脱后（自动动作）。

174 色：拷针（平收）向左收。

173 色：拷针（平收）向右收。

（七）复捻线

复捻线 特殊组织（绞花、阿兰花、拷针、收针等）（图 2 - 3 - 35）。

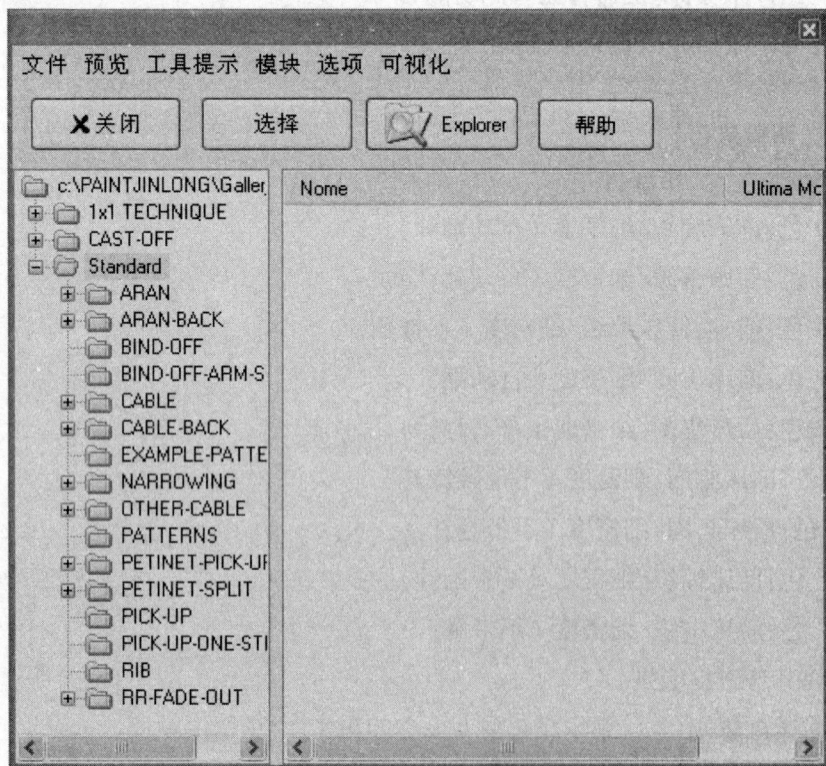

图 2 - 3 - 35　复捻线窗口

(八) 导纱器(纱嘴)

导纱器色码如图2-3-36所示。

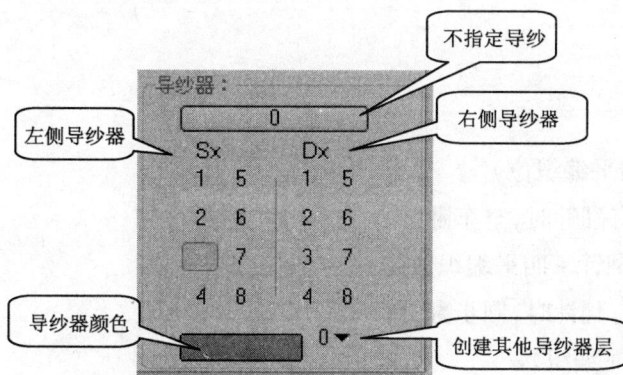

图2-3-36　导纱器

三、命令行

命令行(F10)对应控制列(也叫功能线)的各项功能,分上、下、左、右四组功能线。上、下功能线主要在制作模块时使用,这两组功能线在模块的设计一节中再做详细介绍。这里主要介绍左、右两组功能线的使用。图库中选择"命令行(F10)",出现如图2-3-37所示的窗口。

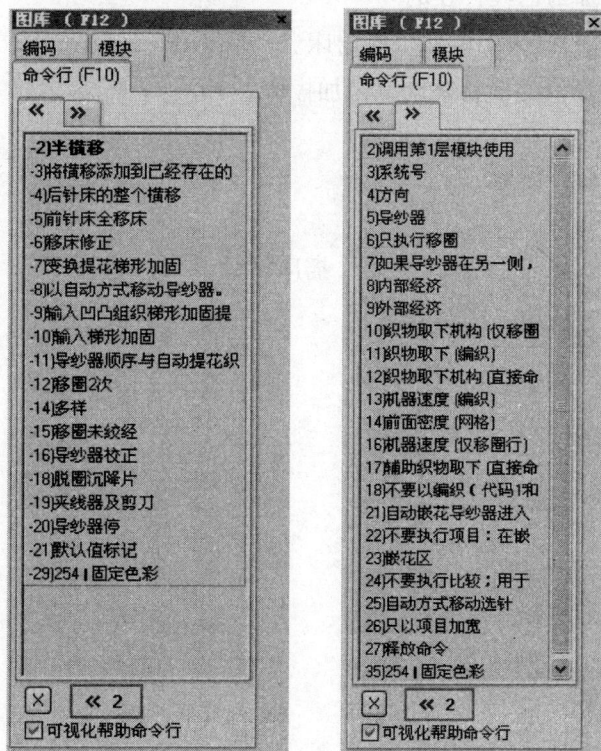

(a) 左侧功能线组　　　(b) 右侧功能线组

图2-3-37　左、右两侧功能线

（一）左侧功能线组

L – 01　254 固定色彩

花型功能线固定色码。

L – 02　半横移

摇床

`0` 针床相错（四平编织位）

※：针床相错，如有翻针时，空车翻针。

`3` 针床相错（翻针＋四平编织位）

※：针床相错，如有翻针时，同步翻针。

`4` U 位（翻针＋编织）

※：翻针位编织，如有翻针时，同步翻针。

`5` K 位（自动）

※：系统根据编织方式自动安排针床的位置。

`6` U 位（翻针和编织时摇床固定在 U 位编织）

※：翻针位编织，如有翻针时，空车翻针。

※：一般情况下，使用 L – 02 – 5，由系统自动安排针床位置。

L – 03　将横移添加到已经存在的

`1..20` ※：在已有的摇床上再加一次摇床。

※：仅在 L4 中给予数值的横移基础上再加摇床。

L – 04　后针床的整个横移

摇床针数（强制）

色码	摇床针数		色码	摇床针数	
-1	101	L1	+1	1	R1
-2	102	L2	+2	2	R2
-3	103	L3	+3	3	R3
-4	104	L4	+4	4	R4
-5	105	L5	+5	5	R5
-6	106	L6	+6	6	R6
-7	107	L7	+7	7	R7
-8	108	L8	+8	8	R8
-9	109	L9	+9	9	R9
-10	110	L10	+10	10	R10
-11	111	L11	+11	11	R11

| -12 | 112 | L12 | +12 | 12 | R12 |

| 0 | 自动 |

※:正数(＋)后针床从左向右摇床→R1　R2　R3 等

负数(－)后针床从右向左摇床←L101　L102　L103 等

L－06　移床修正

摇床(反振)

| 0 | 正常 | 1 | 反振0.5 | 2 | 反振1 | 3 | 反振1.5 |

L－07　变换提花梯形加固

提花背面1×1组织纵列移动

※:向左移动←　　　　向右移动→

1 = 向左移1针　　　　11 = 向右移1针

2 = 向左移2针　　　　12 = 向右移2针

3 = 向左移3针　　　　13 = 向右移3针

↓　　　　　　　　　　↓

等　　　　　　　　　　等

※:通常用于罗纹与提花组织交接处,提花组织背面直条与罗纹组织对齐。

L－08　以自动方式移动导纱器

其应用如图2－3－27所示。

L－09　　11　凹凸组织梯形加固提花（可和L10共同使用）

提花背面(横条反面、芝麻点反面)作法

| 0 | 自动。

| 1 | 背面全部,横条反面。

| 2 | 背面1×1,芝麻点反面。

| 3 | 背面1×2,芝麻点反面。

| 4 | 背面1×3,芝麻点反面。

| 5 | 背面1×4,芝麻点反面。

| 6 | 背面1×5,芝麻点反面。

| 7 | 背面1×6,芝麻点反面。

| 8 | 背面1×7,芝麻点反面。

| 9 | 背面1×8,芝麻点反面。

| 10 | 背面1×9,芝麻点反面。

※:同功能线L10共同使用,在L10排针的基础上再抽针。

L－10　输入梯形加固

提花背面排针

|11| 单面浮线提花。

※:若背面浮线过长,可在提花组织－最大浮线针内设置隔几针集圈。

※:提花组织窗口(图2－3－38):在"向导"中打开。

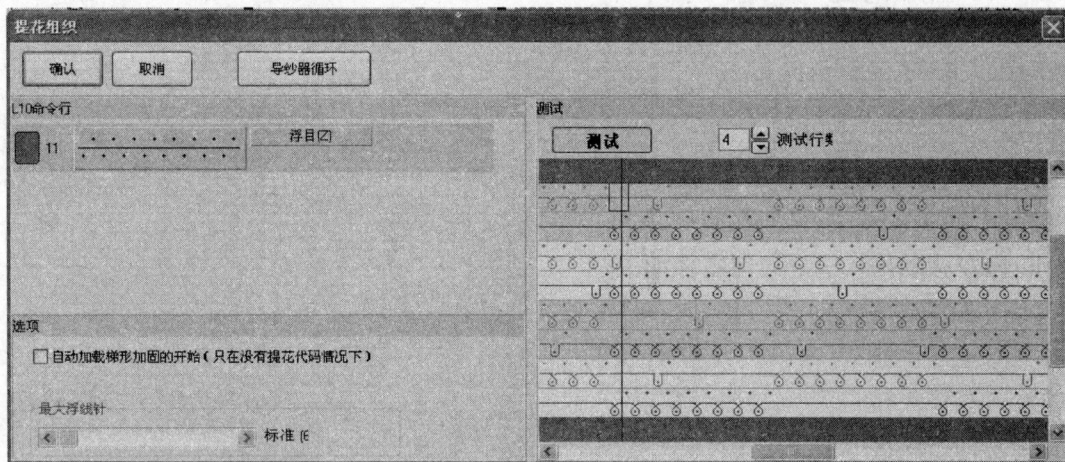

图2－3－38　提花组织窗口

※:浮线提花功能线不需与 L9 共同使用。

背面空气层提花组织

|1| 背面全部　　　　0000000000

|2| 背面 1×1　　　　0X0

|3| 背面 1×2　　　　0XX0

|4| 背面 1×3　　　　0XXX0

|5| 背面 1×4　　　　0XXXX0

|6| 背面 1×5　　　　0XXXXX0

|7| 背面 1×6　　　　0XXXXXX0

|8| 背面 1×7　　　　0XXXXXXX0

背面满针提花组织

|101| 背面全部

|102| 背面 1×1

|103| 背面 1×2　　　　背面同上

|104| 背面 1×3

|105| 背面 1×4

|106| 背面 1×5

|107| 背面 1×6

`108` 背面 1×7

※:同功能线 L9 共同使用。

L - 11　导纱器顺序与自动提花织物色彩

※:改变花型中表示不同导纱器的颜色区域可设置不同的密度。

※:三色提花纱嘴 3 把可改为 6 把。

※:重新安排纱嘴(左、右)。

`1..100` 段数号码

1. 导纱器顺序 (提花)(图 2 - 3 - 39)

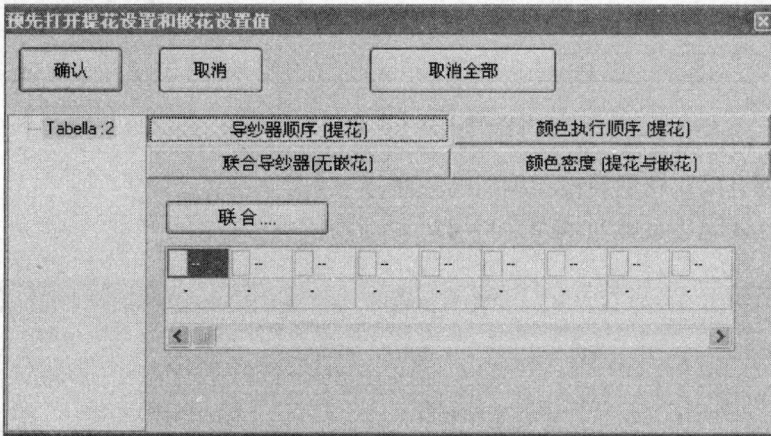

图 2 - 3 - 39　导纱器顺序

`联合...` 自动安排最佳纱嘴数(3 色用 6 把织,5 色用 8 把织)。

指定使用几把纱嘴。

指定纱嘴在起始时的左右位置。

2. 联合导纱器(无嵌花)(图 2 - 3 - 40)

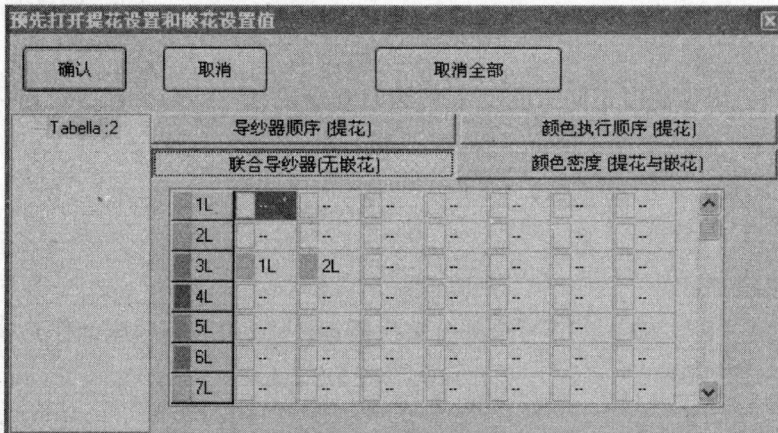

图 2 - 3 - 40　联合导纱器

3.颜色执行顺序(图2-3-41)

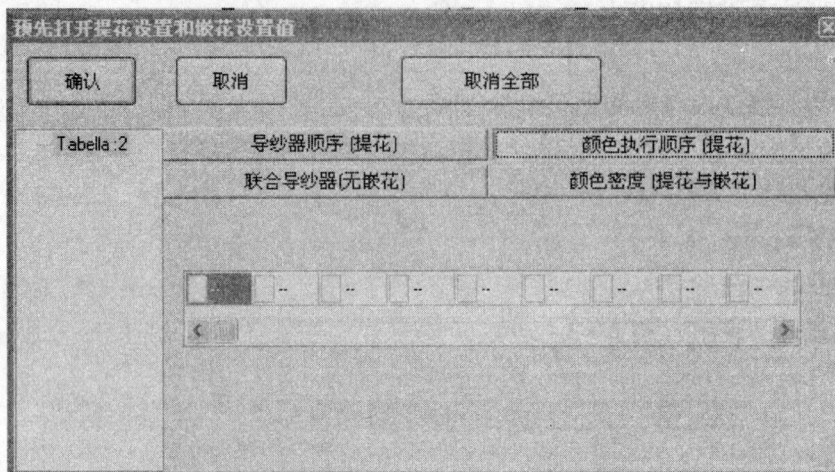

图2-3-41　颜色执行顺序

※:可更改现有提花花型导纱器编织的顺序。

4.颜色密度(提花与嵌花)(图2-3-42)

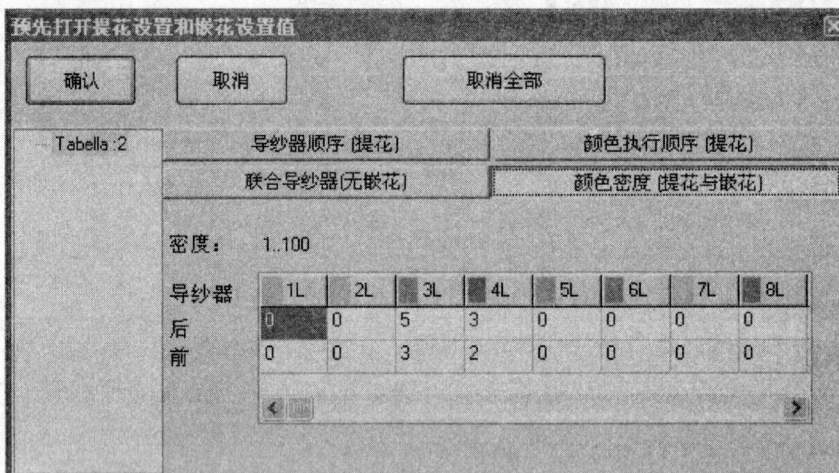

图2-3-42　颜色密度(提花与嵌花)

※:提花组织色码可使用不同密度（组解会自动分段）。

1..100 密度　　　　< 1 导纱器

0 前（密度）　　　　0 后（密度）

L-12　2系统翻针

※:色码01号、11号、02号、12号全部分2次翻针(不管是否有摇床动作)。

$$01 = 1 \times 1 \qquad 1 + 0$$

$$11 = 1 \times 1 \qquad 0 + 1$$

$$02 = 2 \times 1 \qquad 1 + 00$$

$12 = 1 \times 2 \qquad 0 + 11$

$10 = 1 \times 1 \qquad$ 编织再 1×1 翻针

※:例

$1 = \quad \triangle \quad \triangle \quad \triangle \quad$ 第二次 $\qquad 2 = \quad \triangle\triangle \quad \triangle\triangle \quad$ 第二次

$\qquad \triangle \quad \triangle \quad \triangle \quad$ 第一次 $\qquad \qquad \triangle \quad \triangle \quad$ 第一次

$11 = \triangle \quad \triangle \quad \triangle \quad$ 第二次 $\qquad 12 = \triangle \quad \triangle \quad$ 第二次

$\qquad \triangle \quad \triangle \quad \triangle \quad$ 第一次 $\qquad \qquad \triangle\triangle \quad \triangle\triangle \quad$ 第一次

※:10:如编织 1×1,翻针 1×1 分2次翻。

$\qquad \uparrow \qquad \uparrow$

$\uparrow \qquad \uparrow \qquad \uparrow$

$0 \times 0 \times 0 \times 0 \times 0$

L－14　多样
用于压脚,$1 =$ 编织,$2 =$ 翻针,$3 =$ 编织 + 翻针,$0 = 5 =$ OFF。

L－15　移圈未绞经
翻针前后顺序

1 花型同一行中,先向前翻↓再向后翻↑。

2 花型同一行中,先向后翻↓再向前翻 ↓。

0 花型同一行中,如有前、后翻时,组解后会自动处理成对翻。

L－16　导纱器校正
导纱器离布边的位置,1 - 段 ~ 7 - 段。

L－18　脱圈沉降片
用于有起底板的机器。

L－19　夹纱器和剪刀
用于有起底板的机器。

L－20　导纱器停
将纱嘴带出/带入。

1 纱嘴带入 ←－－－－－－

2 纱嘴带出 －－－－－－→

L－21　默认值标记
用来定义花型中特殊区域的功能。同时也用来写编辑特殊信息的机器数据。

`250` 把所有使用的纱嘴全部带入到布边。

L－29　254 固定色彩

图样功能线固定色码。

(二)右侧功能线组

R－01　254 固定色彩

图样功能线固定色码。

R－02　调用第一层模组使用

提花、嵌花模组段数(自制提花、嵌花)

`1..100` 一般常用的(提花或嵌花)段数编号。

`235` 235 色通常用在嵌花花型(但纱嘴未使用嵌花纱嘴)的模组。

如 250 色使用提花 V 领色码。

如 251 色使用 V 领色码。

如 252 色使用 V 领色码。

如 253 色使用 V 领色码(图 2 -3 -43)。

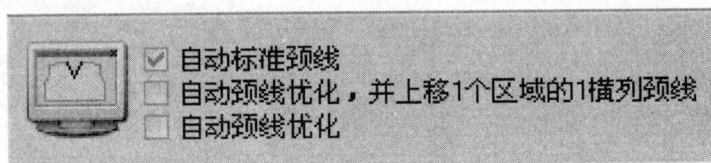

☑ 自动标准颈线
☐ 自动颈线优化，并上移1个区域的1横列颈线
☐ 自动颈线优化

图 2 -3 -43　使用 V 领色码

☑自动标准颈线:使用时功能线 R2 自动变为 251 号色。

☑自动颈线优化,并上移一个区域的 1 横列颈线:使用时功能线 R2 自动变为 252 号色。

☑自动颈线最佳化:使用时功能线 R2 自动变为 253 号色。

※:提花 V 领时,使用时功能线 R2 为 250 号色。

功能线 R2 使用 251 号色时

☑自动标准颈线。(使用时自动变 251 号色)

☐自动颈线优化,并上移一个区域的 1 横列颈线。(使用时自动变 252 号色)

☐自动颈线最佳化。(使用时自动变 253 号色)(图 2 -3 -44)

R－03 系统号

强制编织和翻针动作在哪个三角系统进行。

编织系统:

`System 1` 第一系统编织,以此类推。

图 2 – 3 – 44　自动颈线最佳化

翻针系统：

| System 1 | 第一系统翻针，以此类推。

| 0 | 自动设定用某个系统编织和翻针。

R – 04　方向

强制指定机头运行方向。

| 0) 单系统自动改变方向 | 自动

| 2) << | 1) >> | 强制编织方向 |

| 12) << | 11) >> | 强制翻针方向 |

R－05　导纱器

强制使用纱嘴（同花型中所用的导纱器不同）

1L	1 号色　<1		1R	9 号色　>1
2L	2 号色　<2		2R	10 号色　>2
3L	3 号色　<3		3R	11 号色　>3
4L	4 号色　<4		4R	12 号色　>4
5L	5 号色　<5		5R	13 号色　>5
6L	6 号色　<6		6R	14 号色　>6
7L	7 号色　<7		7R	15 号色　>7
8L	8 号色　<8		8R	16 号色　>8

| 255 Cast-Off | 没有纱嘴（边缘收针空置位和收 V 领空置位的特别色码）

| 0 | 自动

R－06　只执行移圈

仅用于翻针,此代码当使用者使用特殊编织代码混合翻针时使用。1 和 11 相同。

R－07　若导纱器在另一侧,清空线圈横列,脱圈移位内存溢出。

| 1 | 空车（如纱嘴停在不正确的位置会自动空车带纱嘴）。

| 2 | 如做翻针时,翻针做到布片外,布片边的针会自动翻针而不接针。

R－08　内部经济

小循环。| 1..64 | 循环（节约）段数

R－09　外部经济

大循环。| 1..64 | 循环（节约）段数

R－10　织物取下机构（仅移圈行）

主罗拉（只用于翻针）1~32 段。

R－11　织物取下机构（编织）

主罗拉（只用于编织）1~32 段。

R－12　织物取下机构（直接命令）（新版本已取消）

R – 13　机器速度(编织)

机器速度　　1 ~ 32 段

※:编织 + 翻针以编织为主。

　　单一翻针以翻针为主。

　　如有挑孔时(自动动作)速度进入 1 号段数。

R – 14　前面密度

前床密度。1 ~ 64 段。

R – 16　机器速度(仅移圈行)

翻针时的速度。1 ~ 32 段。

※:编织 + 翻针以编织为主。

　　单一翻针以翻针为主。

　　如有挑孔时(自动动作)速度进入模组内段数。

R – 17　辅助织物取下(直接命令)

辅助罗拉开、合(翻针)。1 ~ 32 段。

R – 18　不要以编织(代码 1 和 2)最优化移圈

编织与翻针分别动作。

　1　第一系统编织,第二系统翻针 ← – O – – ｜ – – ↑ – –

※:0 和 1 功能相同。

　2　第一行编织、第二行翻针 ← – O – – ｜ – – – – – – – – – ｜ – – ↑ – →

※:分开动作时,要与摇床功能线 L2 共同使用。

R – 21　自动嵌花导纱器进入/退出类型

编织嵌花组织时,纱嘴进入/带出方式(0、1、2 号色)。其功能同"向导/嵌花",如图 2 – 3 – 45 所示。

　0　自动进入/带出方式　0 号色。

※:同☑项目类型:自动编织出导纱器。

　　☑以自动类型 1 输入或退出(只带集圈纱)。

第一行 ⊕――U――U――U――U – 纱嘴带入(前集)。

　1　自动进入/带出方式　1 号色。

※:同☑项目类型:自动编织出导纱器。

　　☑以自动类型 2 输入或退出(移圈纱)。

　1 ⬍　如果前或后编织(1、2)时的连接代码

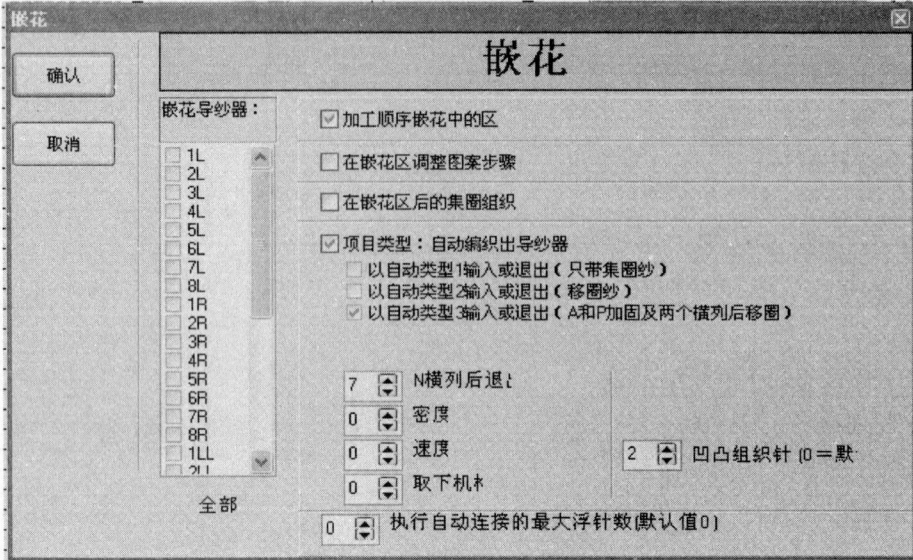

图 2 - 3 - 45　嵌花窗口(导纱器进入/退出)

第4行	⊙	⊙	⊙	⊙	⊙	不带纱嘴(后脱圈)。
第3行	↓	↓	↓	↓	↓	后翻前。
第2行	⊕	⊙	⊙	⊙	⊙	纱嘴带入(后织)。
第1行	↑	↑	↑	↑	↑	前翻后。

`2` 自动进入/带出方式　1号色。

※:同☑项目类型:自动编织出导纱器。

　　☑以自动类型3输入或退出（A和P加固及两个横列后移圈）。

第2行　　　⊙　　　⊙　　　⊙　　　⊙　　　⊙　　　不带纱嘴(后脱圈)。

第1行　⊕　⊙　U　⊙　U　⊙　U　⊙　U　⊙　　纱嘴进入(前集后织)。

`2 ⬍` 凹凸组织针 (0＝默

※:可设定纱嘴进入/退出时空几枚针。

`7 ⬍` N横列后退t

※:如做嵌花时,纱嘴织完一行后可停留在编织区内,但会踢纱嘴,将纱嘴放于安全位置。

`10` 嵌花纱嘴(可设定在嵌花区内)

※:可使用嵌花纱嘴。

`10` 正常纱嘴(可设定在嵌花区内)

※:可使用普通纱嘴(☑加工顺序嵌花中的区）。

R - 22　不要执行项目,在嵌花区编织出

设定嵌花组织纱嘴自动（自制）进入/退出方法。

`1` 嵌花区域不执行任何自动进入。

`2` 嵌花区域不执行任何自动退出。

3　嵌花区域不执行任何自动进或出。

※：带出如用自制绘图方式，功能线 R22 的 1 号、2 号、3 号色无效。

※：带出如使用 1 号、2 号、3 号色时，嵌花区域行数一定要为单数。

12　执行在此行工作纱嘴的自动退出。

※：这用于一行中所用的纱嘴超过一把时，需要纱嘴按照一定顺序工作。

※：当使用此代码时不执行自动退出。

R－23　嵌花区

嵌花区域边缘是否有连接，参考图 2－3－46。

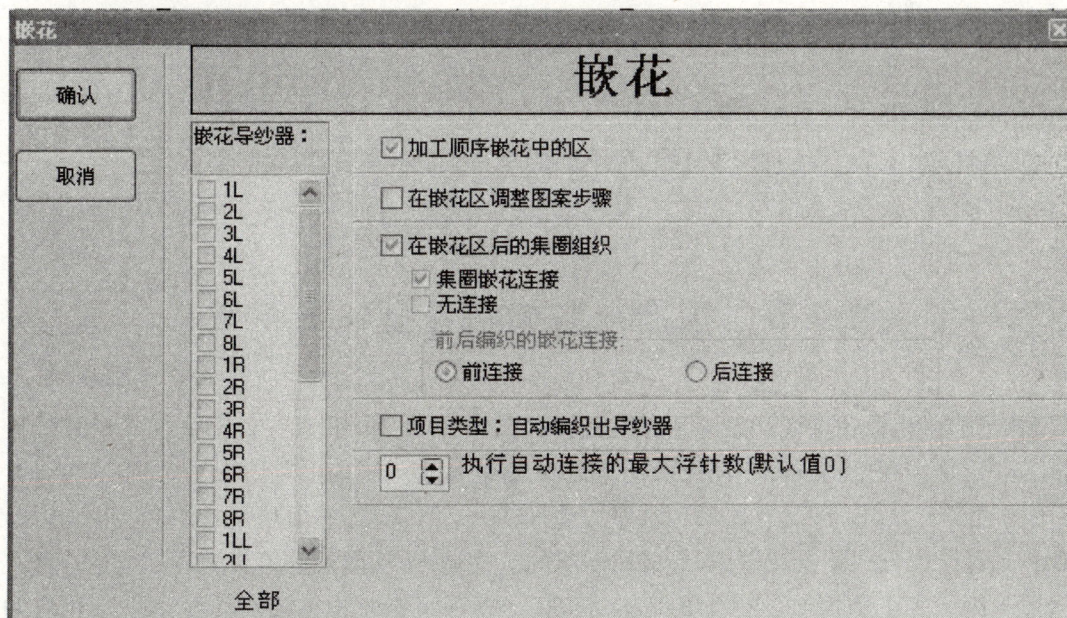

图 2－3－46　嵌花窗口（嵌花区）

1　嵌花区域之间自动采用集圈连接。
　　☑在嵌花区后的集圈组织。
　　☑集圈嵌花连接。
5　嵌花区域之间不连接（无集圈）
　　☑在嵌花区后的集圈组织。
　　☑无连接。

R－24　不要执行比较，用于自动比较的行

※：色码 1、11 用于自动特殊编织而取消链接比较的模块中。

※：用色码 2 可建立减针模块、空行等。

※：色码 200 所示功能，机器暂不具备。

R-25　自动方式移动选针

※:机器暂不具备此功能。

R-26　只以项目加宽

1 加针时行数不准时可自动调整加针行数。

R-27　释放命令

此功能准备删除。

R-35　254 固定色彩

花型功能线固定色码。

R-36　临时增加（自制组织）

自制提花、自制组织时,如要使用几种不同的模块,需分为几段,同时需设定模组在原主花样中使用的行数。

第三节　国产电脑横机花型设计系统

国产电脑横机的花型设计系统生产厂家较多,但大体结构相似,它们都是在 Windows 操作系统下运行,是一种色码式程序设计系统,即其所有的编织方式均由色码绘出,不同的色号就代表了不同的编织方式。除具有花型和程序的输入、输出及编辑等基本功能之外,主要还有:绘图功能,即通过绘图方式绘制花型图,形成所需要的织物结构;功能条设置功能,可以设置密度、牵拉、速度等编织工艺参数,此外,编织提花、嵌花、开领等组织时也需要在功能条进行相应的设置;花型处理及检验功能,解译图形并将其转换成上机文件,检查花型程序是否有误,等等。下面以恒强花型设计系统为例加以介绍。

一、花型设计系统的绘图界面

花型设计系统的绘图界面如图 2-3-47 所示。

绘图界面中各部位的主要功能如下:

1. 菜单栏

菜单栏主要包含文件、编辑、视图、高级、窗口、帮助、横机菜单,每一个菜单都有各自的级联菜单。这些菜单中有些内容的功能和通用的程序系统一样,有些菜单是恒强花型设计系统所特有的,如横机菜单。

2. 工具栏

用于点击一些常用命令的按钮。

3. 绘图工具栏

使用绘图工具,既可以选择相应工具直接画图,又可以在花型中选择区域,进行区域操作,

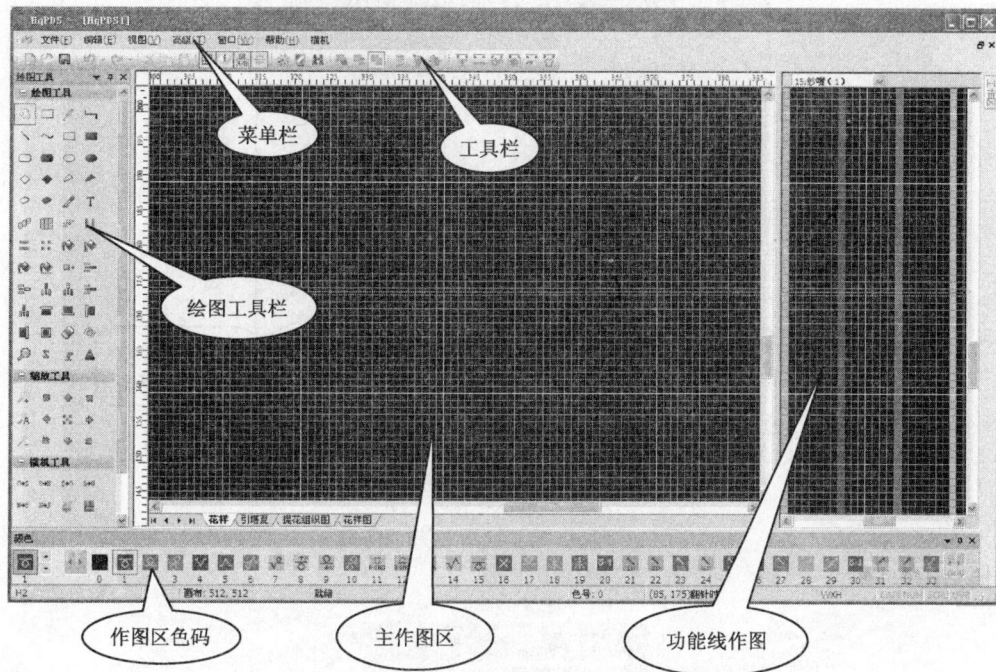

图 2 - 3 - 47 花型设计系统主界面

如复制、拷贝花型区域。

4. 作图区色码

不同的色码代表不同的编织动作,通过不同编织动作的配合可以形成不同的花型组织。

5. 主作图区

选择色码绘制所编织的花型图案。

6. 功能线作图区

设置编织工艺参数,如密度、牵拉、速度等,编织提花、嵌花、开领等组织时也需要在功能条进行相应的设置。

二、系统的基本功能与操作

(一) 新建花型

点击菜单栏中"文件"—>"新建",出现"选择机型"窗口。选择所要编织的机型,点"确定",出现如图 2 - 3 - 48 所示"设置画布大小"窗口。在此窗口中可以进行的操作包括:设置主作图区画布的大小;选择下摆罗纹,软件已将一些常用的下摆罗纹做成模块,选择后花型将自动生成下摆罗纹。

(二) 绘图工具栏

绘图工具栏(图 2 - 3 - 49)由三个工具栏组成,分别是绘图工具、缩放工具、横机工具。表 2 - 3 - 4 ~ 表 2 - 3 - 6 分别对应各工具栏中图标的功能。

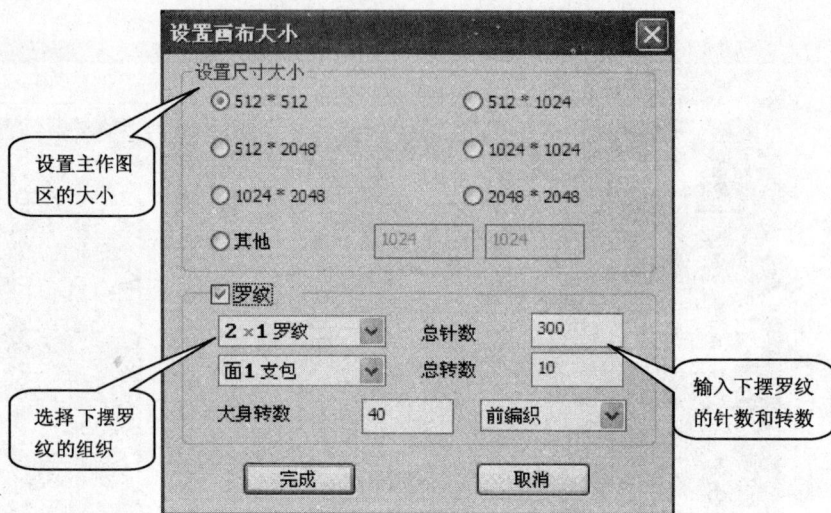

设置主作图区的大小

选择下摆罗纹的组织

输入下摆罗纹的针数和转数

图 2 - 3 - 48 设置画布大小窗口

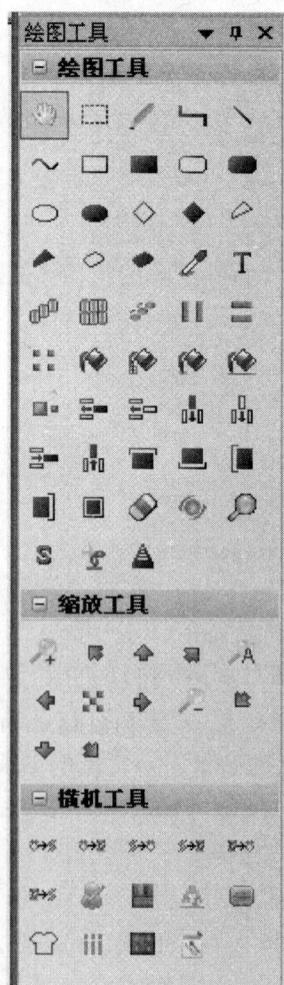

图 2 - 3 - 49 绘图工具栏

表 2 – 3 – 4　绘图工具中图标的功能

序号	图　标	功　　能
1		对作图区进行拖曳、移动
2		在图形中选择一块区域,可对其进行复制等操作
3		随意画点或曲线,如同拿着笔画一样
4		画折线
5		画直线
6		画曲线
7		画空心矩形,同时按住 shift 键可画空心正方形
8		画实心矩形,同时按住 shift 键可画实心正方形
9		画空心椭圆,同时按住 shift 键可画圆
10		画实心圆,同时按住 shift 键可画实心圆
11		画空心菱形
12		画实心菱形
13		画空心多边形
14		画实心多边形
15		画空心封闭曲线
16		画实心封闭曲线
17		取色,即区鼠标点所在颜色为当前选定色码
18		进行文本输入
19		线性复制
20		阵列复制
21		多重复制
22		水平镜像
23		垂直镜像
24		镜像复制
25		填充颜色,即指定色块后,对圈选区或封闭的色块区域进行填充
26		填充复制区
27		换色
28		填充行
29		调整当前画板大小
30		插入行

续表

序号	图　标	功　　能
31		插入空行
32		插入列
33		插入空列
34		删除行
35		删除列
36		上边框,即在需要的色块上方加边框
37		下边框
38		左边框
39		右边框
40		边框
41		删除,删除页面内全部图形或圈选区
42		旋转
43		拉伸
44		阴影,对圈选区进行阴影处理
45		清除由 0 号色包围的色块
46		收针分离,即设置分别翻针

表 2 - 3 - 5　缩放工具中图标的功能

序号	图　标	功　　能
1		图形放大
2		一次性缩放到最大或最小倍数
3		图形缩小
4		将作图区向左上角移动
5		将作图区向上移动
6		将作图区向右上角移动
7		将作图区向左移动
8		将作图区起始点回到原点位置
9		将作图区向右移动
10		将作图区向下移动
11		将作图区向右下角移动

表 2 - 3 - 6　横机工具中图标的功能

序号	图　标	功　　　能
1		将作图区中花样页的图案信息复制到引塔夏(无虚线提花)页中
2		将作图区中花样页的图案信息复制到提花组织页中
3		将作图区中引塔夏页的图案信息复制到花样页中
4		将作图区中引塔夏页的图案信息复制到提花组织页中
5		将作图区中提花组织页的图案信息复制到花样页中
6		将作图区中提花组织页的图案信息复制到引塔夏页中

(三)色码

在软件系统中色码一共有 256 个(0 ~ 255),色码在软件的不同区域(主作图区、功能线区、引塔夏区,等)起的作用不同。这里主要介绍色码在主作图区中的作用。

色码在主作图区主要代表编织的动作,256 个色码可分为三类:0 ~ 119 号色码,有的还有191 ~ 198 号色码为设计色码;120 ~ 183 号色码为使用者巨集和小图模块色码;199 ~ 255 号色码为未使用色码。以下按编织动作归类,介绍各设计色码所代表的动作信息。

(1)不编织。

■ — 0 号色,空针,表示不编织,即没有任何编织动作。

⊠ — 16 号色,无选针,只带纱嘴不编织。

⊠ — 15 号色,前落布。前床出针,不带纱嘴。

⊠ — 17 号色,后落布。后床出针,不带纱嘴。

(2)成圈编织。

⊠ — 1 号色,带自动翻针功能的前编织,即在前针床编织后,如果下一行后针床编织,则前针床的线圈先自动翻到后针床,然后执行编织,如图 2 - 3 - 50 所示。

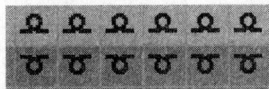
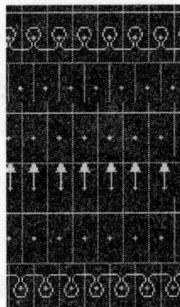

(a) 色码图　　　　　　　　(b) 编织图

图 2 - 3 - 50　1 号色用法

⊠ — 2 号色,带自动翻针功能的后编织,即在后针床编织后,如果下一行前针床编织,则后针床的线圈先自动翻到前针床,然后执行编织。用法参照 1 号色。

 —3 号色，前后编织（四平），带自动翻针功能的前后针床编织，用法参照 1 号色。

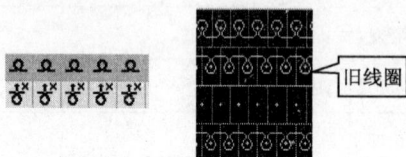

 —8 号色，不带自动翻针功能的前编织，即在前针床编织后，不管下一行后针床是否编织，前针床的线圈都不会转移到后针床，如图 2 - 3 - 51 所示。

图 2 - 3 - 51　8 号色用法

 —9 号色，不带自动翻针功能的后编织，用法同 8 号色。

 —10 号色，不带自动翻针功能的前后床编织，用法同 8 号色。

 —20 号色，前床编织，然后翻针到后床。

 —30 号色，前床编织，然后翻针到前床。

 —40 号色，后床编织，然后翻针到前床。

 —50 号色，后床编织，然后翻针到后床。

 —60 号色，前床编织，然后翻针到后床，再翻针到前床。

 —80 号色，后床编织，然后翻针到前床，再翻针到后床。

 —70 号色，先翻针到前床，然后在前床编织。

 —90 号色，先翻针到后床，然后在后床编织。

（3）集圈编织。

 —4 号色，前床集圈。

 —5 号色，后床集圈。

 —6 号色，前床编织后床集圈，前后针床对位为四平板。

 —7 号色，前床集圈后床编织，前后针床对位为四平板。

 —14 号色，前床集圈后床集圈，前后针床对位为四平板。

（4）移圈挑孔编织。

软件系统中根据移圈挑孔编织动作的不同色码可分为两组。

第一组： 21 ～ 27 号色，表示前床编织，左移 1 ～ 7 针； 31 ～37 号色，表示前床编织，右移 1 ～ 7 针； 41 ～47 号色，表示后床编织，左移 1 ～7 针； 51 ～57 号色，表示后床编织，右移 1 ～ 7 针。另外， 88 号色、 89 号色、 98 号色、 99 号色、101 ～109 号色、 113 ～115 号色也属于第一组。这一组的特点是先摇床后翻针，以 21 号色为例，编织图如图 2 - 3 - 52 所示。

第二组： 61 ～ 67 号色，表示前床编织，左移 1 ～ 7 针；71 ～77 号色，表示前床编织，右移 1 ～7 针；81 ～87 号色，表示后床编织，左移 1 ～7 针； 91 ～97 号色，表示后床编织，右移 1 ～7 针。这一组的特点是先翻针后摇床，以 61 号色为例，编织图见图 2 - 3 - 53。

（4）移圈交叉编织（索股）。移圈交叉编织主要用于绞花和阿兰花两种花型。系统中移圈交

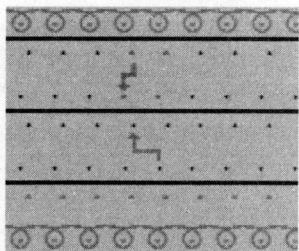
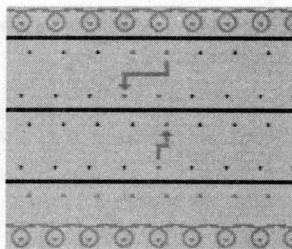

图2-3-52 21号色的编织图   图2-3-53 61号色的编织图

叉编织的色码也分为两组,绞花和阿兰花一般都是采用几个色码形成,因此色码搭配时只能使用同组的色码。

第一组:18号色(下索骨1,无编织),28号色(前编织,下索骨1),29号色(前编织,上索骨1),38号色(后编织,下索骨1),39号色(上索骨1,无编织)。

第二组:19号色(下索骨2,无编织),48号色(前编织,下索骨2),49号色(前编织,上索骨2),58号色(后编织,下索骨2),59号色(上索骨2,无编织)。

注意:使用时同组色码配合使用,不同组色码不能混用;绞花常采用18号色与29号色配合,19号色与49号色配合;18号色与39号色,19号色与59号色码为偷吃色码,不能在一起使用。

⑥其他色码。

▨ ▨ 68号(/69号)色码:前、后床编织,再翻针到后(/前)床。

▨ ▨ 78号(/79号)色码:先翻针到后(前)床,然后前、后床编织。

▮ ▮ 100号(/110号)色码:线圈从前床(后床)翻到后床(/前床)。

▨ ▨ 111号(/112号)色码:前(后)床编织挑半目。

▨ ▨ 116号(/117号)色码:前床编织挑半目,左(右)移1针。

▨ ▨ 118号(/119号)色码:后床编织挑半目,左(右)移1针。

在作图时,每种组织使用的色码并不唯一,可以有多种搭配方式,一般我们常用的只是其中的部分色码。

(四)功能线

功能线作图区如图2-3-54所示。

功能线作图区是描述主作图区的辅助信息的,如花型编织时的工艺参数(密度、机速、牵拉等),做提花花型程序时织物反面组织的设置,还有嵌花、成形衣片开领处使用纱嘴的设置等。功能区与主作图区在行上是一一对应的,即每一编织行都要有相应的功能线指令。功能线作图区有23项内容,对应有23条功能线,分别定义为L201~L223。做花型程序时,并不是每一项功能线都需要填。下面介绍一些常用功能线的用法。

L201 节约:即循环,表示主作图区的当前行至某一行循环执行。节约开始行必须是奇数行,结束行必须是偶数行。

L202 使用者巨集:自定义前后针床的出针方式。

图 2 – 3 – 54　功能线作图区

L203 取消编织:表示在当前行不管作图区有无编织色码,只执行翻针动作,不执行编织动作(图 2 – 3 – 55)。

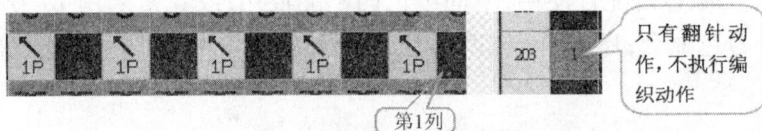

图 2 – 3 – 55　L203 取消编织功能线

L204 禁止连结:指上下行间,取消自动产生的翻针动作,如图 2 – 3 – 56 所示。当前行是后床编织,下一行是前床编织,一般需要自动插入后翻前的动作,在 L204 列选择"1"表示设定禁止连结,则取消当前行的自动翻针功能。

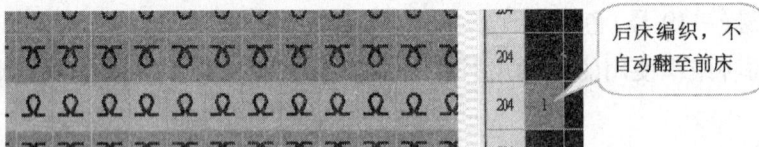

图 2 – 3 – 56　L204 禁止连结功能线

L205 空行:在当前行后设置是否插入一个空白动作。

L207 度目:即密度。花型从下到上不同部段的密度可以用不同的色码进行分组,然后根据不同的段数在上机时设置其实际大小。度目可分为编织度目(度目 1)和翻针度目(度目 2),如图 2 – 3 – 57 所示。

L208 摇床:定义当前行的摇床信息,包括摇床方向、摇床针数、摇床对位、摇床速度等。

L209 速度:当前行机头运行速度,速度可分别设置为编织时速度和翻针时速度。用法参照 L207 度目。

L210 卷布:当前行主牵拉拉力的大小,卷布可分别设置为编织时卷布和翻针时卷布。用法

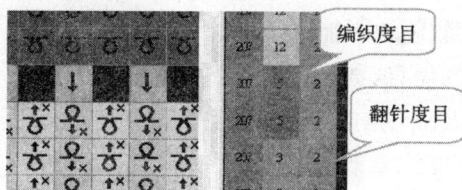

图2-3-57　L207度目功能线

参照 L207 度目。

L211 副卷布:当前行辅助牵拉拉力的大小,副卷布可分别设置为编织时副卷布和翻针时副卷布。用法参照 L207 度目。

L213 回转距:当前行机头回转时,纱嘴与编织区之间的距离。

L214 编织形式:在做提花、嵌花花型、V 领成形程序时使用。

L215 纱嘴 1:当作图区中的色码只表示基本花型组织时,需要在此定义当前行编织时使用的纱嘴号。

L216 纱嘴 2:当机头的一个系统需要带双纱嘴编织时,需要在此定义另一个纱嘴号。

L217 夹线放线:当使用起底板功能时,需要在此定义剪刀夹子的功能。

L219 纱嘴停放点:可以校准纱嘴停放点的合适位置。

L220 结束:设定工艺结束点,在编织结束行设"1",表示工艺结束。

L222 分别翻针:表示同一行有翻针动作时,分两次翻完(图2-3-58)。

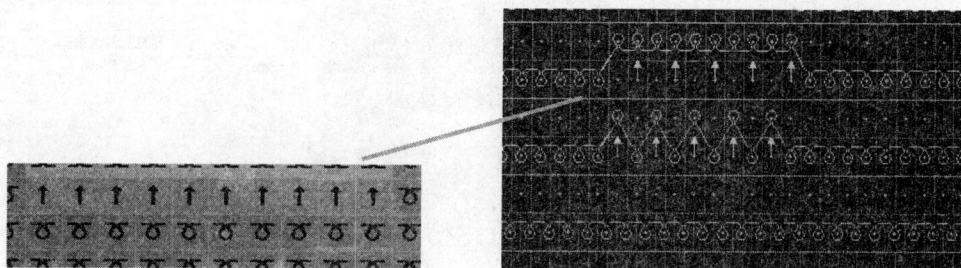

图2-3-58　L222分别翻针功能线

L223 提花吊目:此功能只适用于多色提花,在此行编织后,插入 1 隔 1 的吊目(集圈)。采用这种编织方式,编织集圈的纱嘴需要在纱嘴组中定义。

(五)编译及检验

花型画好之后,点击工具栏中按钮 ,这个过程称作"编译"或"自动生成动作文件",即将所画花型转换成机器可以识别的文件,以便上机编织。

1. 文件类型

每一个花样都能生成一系列不同类型的文件,这些文件代表花样的不同属性。

BMP:记录编织信息,包括前编织、后编织等,本系统支持 256 色位图。

PDS:此文件为恒强制版花型文件,保存后自动生成,下次打开花样时可以直接双击打开。

INA:提花颜色信息文件,颜色块不能大于16。

OPT:记录功能线作图区的信息,如密度、速度、摇床等。

YSY:记录纱嘴的停放以及颜色与纱嘴的对应关系的信息。

UWD:记录的是使用者巨集的要素信息。

1×1:记录的是自定义背面提花的要素信息。

JQD:记录提花组织图信息。

PAT:经过编译后可被程序调用的花样拆分图(花样文件),上机时需导入。

CNT:经过编译后花样的动作文件,横机将根据CNT文件完成编织等动作,上机时需导入。

YXT:作图时用到引塔夏时,编译后会出现此文件类型,上机时需导入。

SET:花样展开文件。

PRM:花样循环信息(即节约设置),上机时需导入。

2. CNT 图与 PAT 图

将光标移至作图区右侧的"工作区"按钮上停留两秒,或是点击菜单栏上的"视图"—>"工具栏"—>"工作区",打开 CNT 窗口;花型编译成功后,打开主作图区的花样图页面即为 PAT 图,如图 2 - 3 - 59 所示,其中 CNT 行与 PAT 行的信息是一一对应的。此时,可以检查生成的动作文件是否完整,如画板行号、纱嘴号、动作、剪刀等,也可以在此做适当的修改。

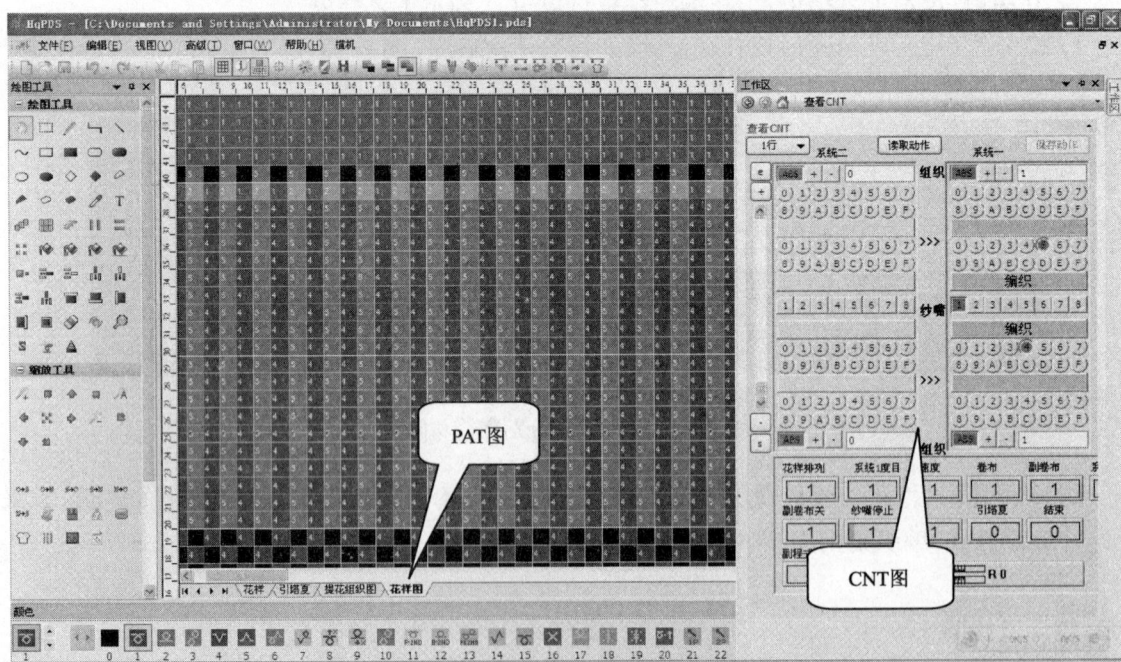

图 2 - 3 - 59　CNT 图和 PAT 图

3. 模拟编织

在 CNT 窗口中功能行处选择"模拟",出现花型的模拟编织图(图 2 - 3 - 60)。

模拟编织图(图 2 - 3 - 61)显示花型的编织动作,在此图中可以检查花型的编织动作是否正确。

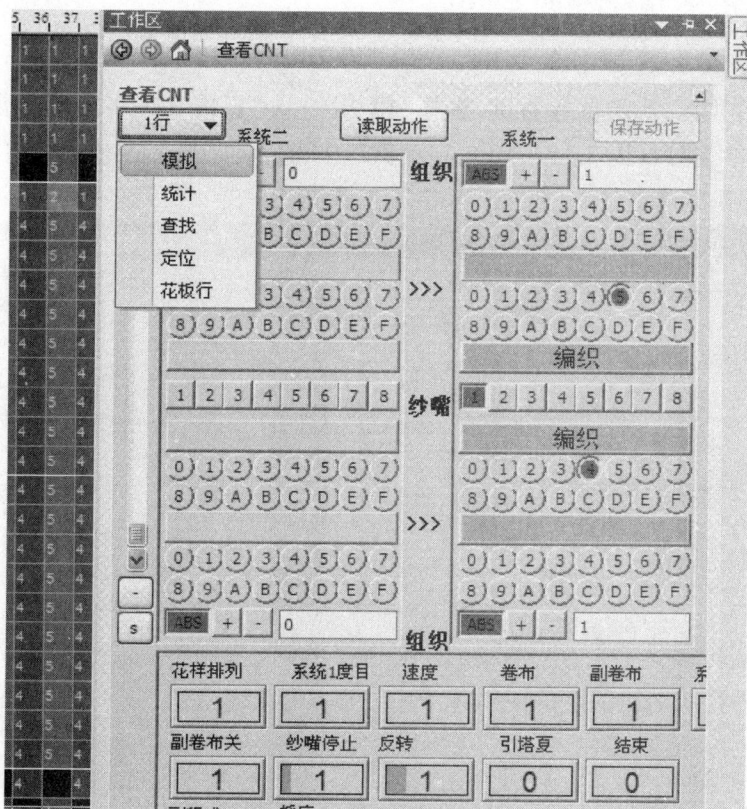

图 2 - 3 - 60　CNT 图选择"模拟"

图 2 - 3 - 61　模拟编织图

三、成形程序

1. 工艺单输入界面

将光标放在作图区,点击鼠标右键,选择"模板"—>"标准";或者直接点击工具栏快捷按钮，打开"工艺单"窗口(图2-3-62),在此窗口中可以输入成形工艺单的内容。

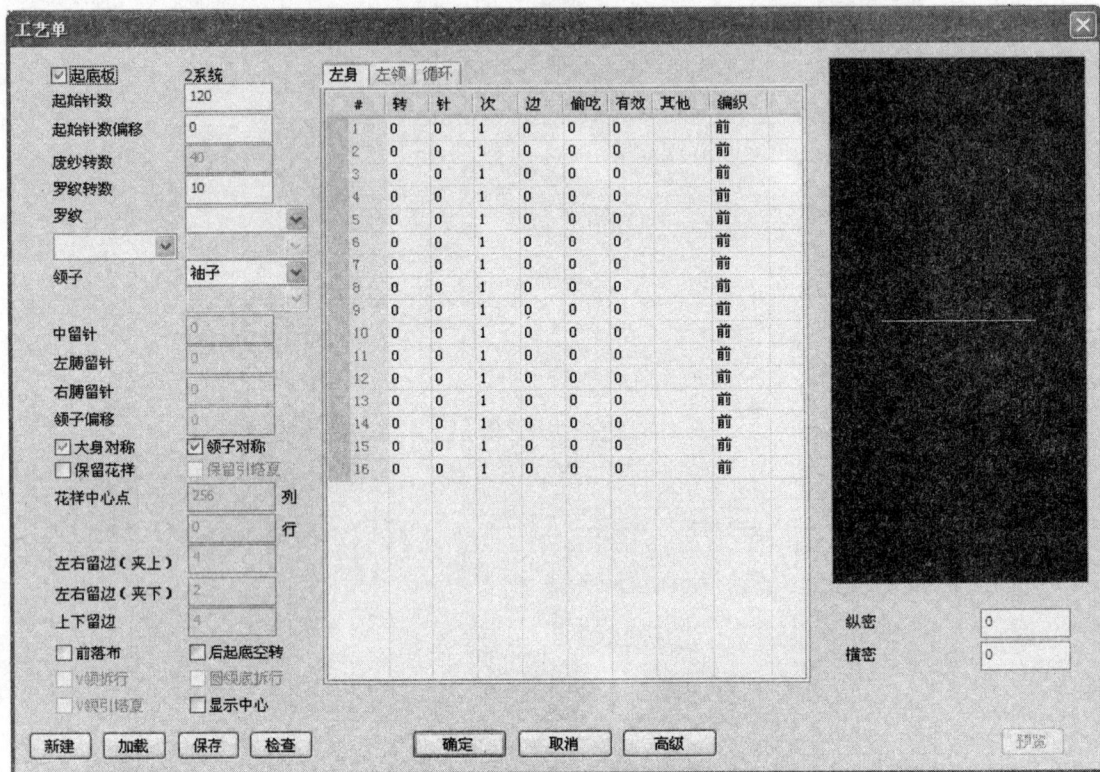

图2-3-62　工艺单输入窗口

2. 工艺单输入窗口的功能

(1)机器类型:如图2-3-63所示,选择是否使用起底板,单击"2系统"处出现"机器类型设置"窗口,在此窗口中选择机型。

(2)起始针数:输入衣片的起始针数。

(3)起始针数偏移:成形衣片起始针偏移针数,一般用在衣片左右两边收针工艺不同时,中心线位于衣片花型外侧,因此需要设置该偏移量将中心线移到花型内容。

(4)废纱转数:衣片编织完后封口废纱的转数,系统默认为40。

(5)罗纹转数:衣片的罗纹转数,不包括起底空转。

(6)罗纹:选择下摆罗纹的组织结构,罗纹过渡到大身的过渡方式。

(7)领子:主要是用来选择V领、圆领的领子编织的形式。

(8)中留针:用在有开领的衣片,指衣片中间开领需留的针数。

(9)左(/右)膊(肩)留针:工艺单上开领收针后左(/右)肩所剩的针数。

(10)领子偏移:领子默认为居中,如果领子不对称,可以在此输入偏移量。向右偏移为正,向左偏移为负。

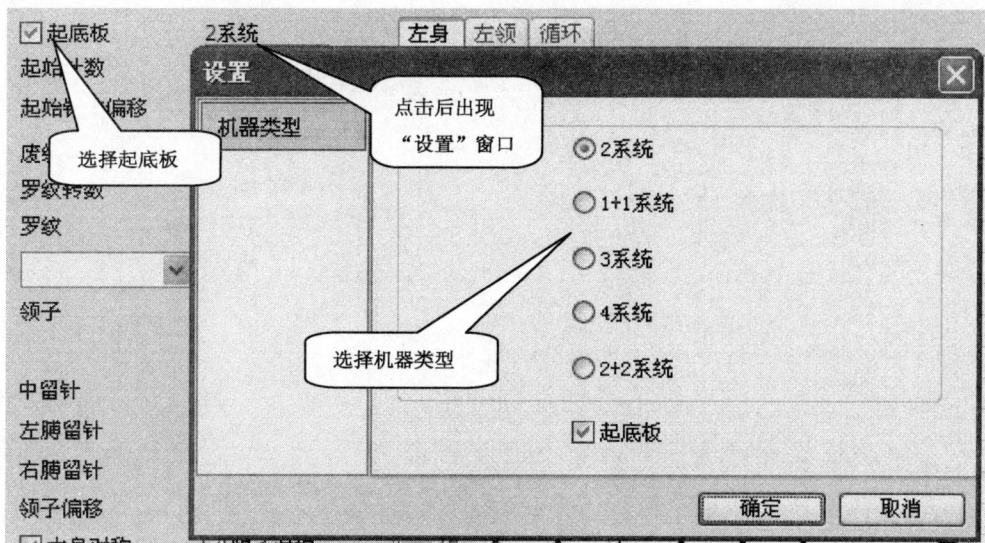

图 2 - 3 - 63 机器类型设置窗口

（11）大身对称、领子对称：对于衣片和 V 领左右收放针相同的模型，可选择"对称"，则在输入工艺时只需输入"左身"或"左 V 领"的工艺即可；如果左右收放针不相同，选择"不对称"，则需要分别输入左身和右身、左 V 领和右 V 领的工艺。

（12）保留花样：勾选"保留花样"后，可以先在作图区做花型，然后将输入好的工艺单成形模板套在花型上，生成成形花型。选择此项后，还需要在"花样中心点"处输入花型中心点的坐标；在"左右留边（夹上）"、"左右留边（夹下）"、"上下留边"设置边缘组织的针数。

（13）前落布、后起底空转：根据工艺需要可以选择封口废纱的落布方式以及起底空转方式。默认为后落布、前起底控制。

（14）V 领拆行、V 领引塔夏：编织开 V 领衣片时，可以选择 V 领自动拆行或者引塔夏编织方式，默认为 V 领不拆行编织方式。

（15）圆领底拆行：当中留针大于三针时，对于圆领底部的处理。

（16）显示中心：显示成形花型的中心点。

（17）输入工艺单表格：在输入工艺单表格中输入工艺单的内容，如图 2 - 3 - 64 所示。

在表格上方选择"左身"，表示下面的表格中输入的内容是大身左侧的工艺；选择"左领"，表示下面的表格中输入的内容是开领左侧的工艺。表格中的内容依次为以下几项。

#：输入部段的顺序号。

转：表示该段工艺的转数。

针：加针、收针的针数。输入大身工艺时，负数表示收针，正数表示加针；输入领子工艺时，正数表示收针，负数表示加针。

次：表示该段工艺的循环执行次数。

边：收针时边缘所留的针数。

偷吃：收针留边后的偷吃针数。

图2-3-64 输入工艺单表格

四、小图制作

花型设计系统中,一般情况下设置有常用的模块。对于软件中没有设置的花型,如果是经常使用的,为了做程序时方便,用户可以自己将花型制作成模块,然后在画图时调用。这一过程称作小图制作。

1. 小图模块的组成

小图模块可以在作图区花样层中(可以是当前花型的结束行上方)任选一行开始,一个小图模块至少要包含开始行、编织动作、模块色数、模块标识四项内容。小图模块的组成如图2-3-65所示。

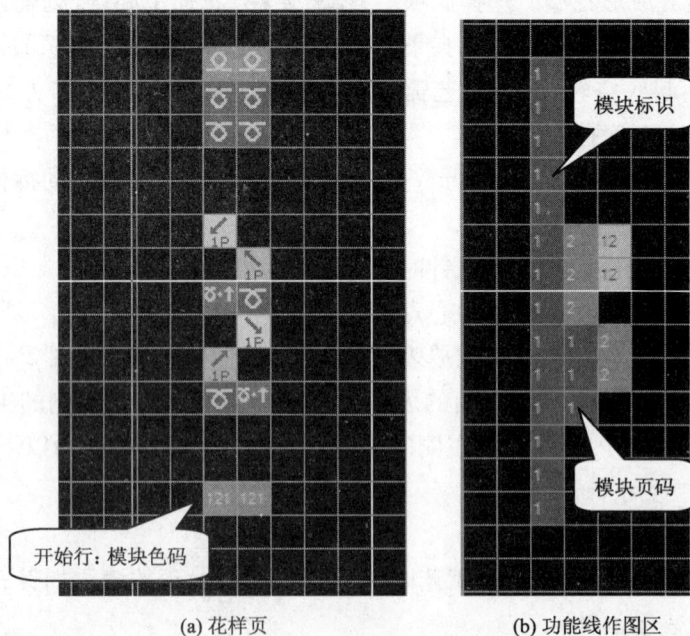

(a) 花样页　　　　　(b) 功能线作图区

图2-3-65 小图模块的组成

(1)在图2-3-65(a)中,花样页中小图模块的组成从下到上依次为以下几个内容。

① 开始行填上需要被定义的模块色码,色码必须在120~183之间。

② 向上空两行,从第三行起开始定义具体的编织动作信息,动作信息使用设计色码。

③ 编织动作定义完成后,向上空两行填写自定义的颜色数目,表示模块色数。

④ 再向上一行填写循环标记,色号为1,如不需要循环则可以不填。

⑤ 再向上一行填写纵向平移数目,用颜色号码来表示,如不需要纵向平移则可以不填。

(2)图2-3-65中(b)是在功能区中根据编织动作可以设置的功能线指令,主要是在L201处设置,主要包括以下几点内容。

① 模块标识范围:选择"1"表示花样行必须用到小图的所有色码;选择"2"表示花样行可以用到小图的部分色码。

② 模块页码:花样码必须设置相应的页码,用于区分不同的编织动作。

③ 左右平移针数:设置左右平移的针数,如不需要可以不填。

2. 小图模块的保存

(1)小图模块的保存。圈选小图区域,在主作图区单击右键选择"模板"— >"保存"可以保存小图,保存时要勾选"是否包含功能线"。为了避免系统升级后小图被覆盖,还需通过"模板— >自定义— >其他— >导出"的功能将自定义的模块保存在硬盘上。

(2)小图的应用。在作图区中直接画出模块色码,在对应的功能线处标出模块标识和模块页码,框选模块色码区域,打开"横机— >模板— >展开花样",模块色码将被具体的编织动作取代。

第三篇

袜品及袜机

第一章　袜子产品与工艺

袜品是比较特殊的衣着服饰,可以通过纬编、经编、缝制、注塑等手段制成。但常见的还是以纬编法为主。

纬编中的袜子,具有某些特性:筒状、成形、计件、特别的花型要求、几种组织复合、正反编织方向并存、编织宽度可渐变、织物厚薄要求差异大等。

袜子质量还必须符合有关的国家标准要求。

第一节　袜子的产品

一、袜子的种类

袜子的种类很多,可以根据使用原料、组织结构、款式造型、袜筒长短、袜口结构以及袜子的穿着用途来分类。袜子的种类见表 3 - 1 - 1。

表 3 - 1 - 1　袜子分类

分类依据	袜 子 分 类		
原料类别	棉纱线袜、羊毛袜、真丝袜、锦纶丝袜、弹性锦纶丝袜、棉/弹性锦纶丝交织袜、棉/氨纶丝交织袜、高弹锦纶丝袜、氨纶包芯丝袜、高弹锦纶丝/氨纶包芯丝交织袜等		
织物组织	素袜	单针筒素袜	单色平针组织
		双针筒素袜	单色罗纹组织
	花袜	单针筒花袜	提花袜、绣花袜、网孔添纱袜、横条袜、毛圈袜和两种组织复合袜等
		双针筒花袜	罗纹组织上的提花袜、绣花袜、凹凸袜和两种组织复合袜(如提花凹凸袜、绣花凹凸袜等)
款式造型	根据袜跟分为有跟袜和无跟袜,根据袜头分为圆头袜和五趾袜		
袜筒长短	短筒袜、中筒袜、长筒袜、连裤袜和船袜		
袜口形式	罗纹袜口(单层罗口、双层罗口)、衬纬罗纹袜口、衬纬半畦编袜口、衬垫变化平针袜口、衬垫单面集圈袜口、双层平针袜口和花色罗纹袜口等		
穿着用途	常用袜(男袜、女袜、少年袜、童袜和宝宝袜)、运动袜、劳动保护袜(包括水田袜)、医疗用袜和舞袜等		

二、袜子的成形过程

袜子是成形产品,一只袜子的成形过程有以下三种方式。

(一)三步成形

袜口是在罗纹机上完成的,可以衬入氨纶丝形成氨纶罗纹袜口;然后将袜口经套刺盘转移到袜机针筒上,再编织袜筒、高跟、袜跟、袜脚、袜头、握持横列等部位而形成一只袜坯。袜坯下机后需要经缝头机缝合,才能形成一只完整的袜子;也可在五趾袜(手套)机上形成具有五只趾头的袜头,然后将五趾袜头套到单针筒圆袜机的针筒针上,再编织袜脚、袜跟、袜筒、袜口而形成五趾袜坯;下机后再在拷口机上对袜口拷口。织成一只袜子需要三种机器才能完成。

(二)二步成形

在折口袜机上编织双层平口袜,可自动起口和折口,形成平针双层袜口;以后顺序编织袜坯各部位。也有在单针筒袜机上编织平针衬垫氨纶丝假罗口,织完袜口后再编织其他各部段。这几种袜子下机后都要经过缝头机缝合后成为袜子,织成一只袜子需要两种机器就可完成。

双针筒袜机可在袜机上编织罗纹袜口及袜坯各部段,但下机后仍要进行缝头,也属于二步成形。

在全自动电脑五趾袜机上可自动编织袜子五趾、袜脚、袜跟、袜筒、袜口等部位,形成一只五趾袜坯;再在专用拷口机上拷口,即成二步成形的五趾袜子。

(三)一步成形

套口和缝头这两个过程劳动强度大,生产效率低,消耗原料较多,使用具有独特风格的"单程式全自动袜机",可使织口、织袜、缝头三个工序在一台袜机上连续形成。

意大利 MATEC 公司还推出了从袜头开始编织,并能形成袋状的封闭袜头、袜脚、袜跟,最后编织袜筒、袜口的 Mono4 型一步成形袜机。

三、袜子生产工艺流程

从原料进厂到袜子成品出厂需经多道工序。袜厂生产工艺必须根据原料种类、袜子款式、成品要求、所用设备等条件制订。合理的工艺能使生产周期缩短,达到优质、高产、低成本的目的。

产品投产前,必须经过试样、复样、审定、试产几个步骤,即根据客户的要求,设计袜子花型、确定机型、选择原料、搭配颜色,进行小样试制,然后做中试生产,对产品进行物理性能试验,制订完整的上机工艺及技术条件。目前袜子生产的工艺流程,可以分为先织后染和先染后织两大类。一般素色袜采用先织后染;花色袜采用先染后织。

(一)先织后染类

棉线素袜、锦纶丝袜等通常是先织后染,其工艺流程如下。

1. 棉线素袜

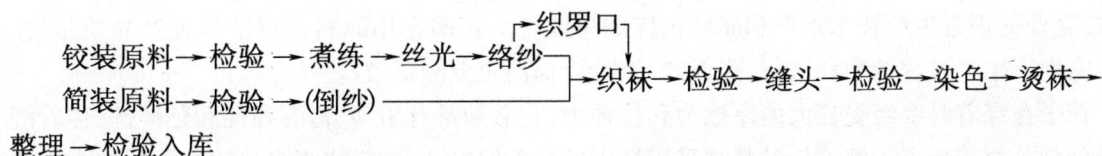

铰装原料→检验→煮练→丝光→络纱┐ ┌→织罗口┐
简装原料→检验→(倒纱)┘ └→织袜→检验→缝头→检验→染色→烫袜→
整理→检验入库

2. 锦纶丝袜

筒装原料 → 检验 ┌→ 织罗口 → 定形 → 检验 ─┐
　　　　　　　　　　　　　　　　　　　　　　→ 织袜 → 检验 → 缝头 → 检验 → 浸湿 → 初定形 →
绞装弹力锦纶丝(或低弹涤纶丝) → 染色 → 卷纡 ┘
染色 → 复定形 → 整理 → 检验入库。

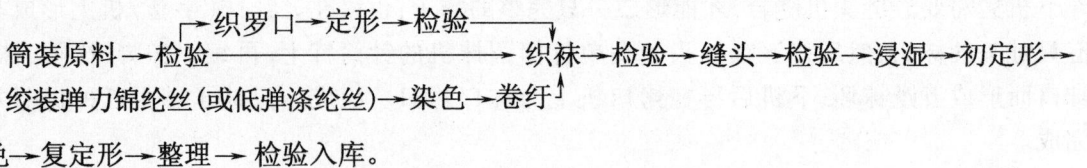

3. 高弹长筒袜和连裤袜

筒装原料 → 检验 → 织袜 → 缝头(连裤袜缝头拼裆) → 检验 → 染色 → 定形 → 检验入库。

(二)先染后织类

棉线花袜、各种混纺纱五趾袜、弹力锦纶丝花袜等采用先染后织生产工艺。

1. 棉线花袜

绞装原料 → 检验 → 煮练 → 丝光 → 染色 → 络纱 ┌→ 织罗口 ─┐→ 织袜 → 检验 → 缝头 → 检验 ─┌→ 洗涤 ─┐
　　　　　　　　　　　　　　　　　　　　　└→ 卷纡 ──┘　　　　　　　　　　　　　　　　　└→ 浸湿 ┘
烫袜 → 整理 → 检验入库。

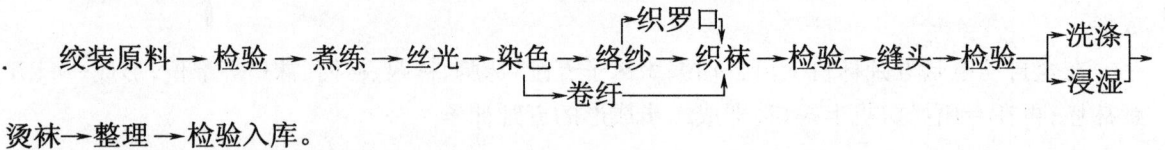

2. 棉线/弹性锦纶丝电脑绣花运动袜

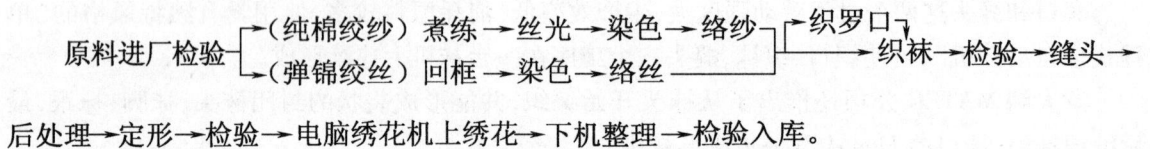

原料进厂检验 ┌→ (纯棉绞纱) 煮练 → 丝光 → 染色 → 络纱 ┐ ┌→ 织罗口 ─┐
　　　　　　　└→ (弹锦绞丝) 回框 → 染色 → 络丝 ──┘ └→ 织袜 → 检验 → 缝头 →
后处理 → 定形 → 检验 → 电脑绣花机上绣花 → 下机整理 → 检验入库。

3. 各种混纺纱五趾袜

(1)采用电脑五趾袜(手套)机编织:色纱原料 → 检验 → 络纱 → 织袜 → 检验 → 拷口 → 检验 → 洗涤 → 烫袜 → 配袜 → 整理 → 检验入库。

(2)采用五趾袜(手套)机与圆袜机联合编织:色纱原料 → 检验 → 络纱 → 五趾袜(手套)机编织五趾袜头 → 检验 → 圆袜机编织袜坯 → 检验 → 拷口 → 检验 → 洗涤 → 烫袜 → 配袜 → 整理 → 检验入库。

第二节　袜子工艺设计与计算

一、袜子常用原料及组织

(一)袜子原料的选择

袜子原料的选择包括原料种类、规格及其品等选择。原料选择的依据是:袜子的穿着服用要求,企业的现有生产技术条件和原料供应的可能性。正确选用原料不仅能保证产品质量,而且还有助于生产过程的顺利进行,降低产品成本,提高企业经济效益。

袜子在穿着时要经受较大的摩擦力和拉伸力,它必须具有耐磨、富有弹性和延伸性、穿着舒适及外观美丽等特点。锦纶长丝是被采用最多的袜类原料,它的规格很多。锦纶单丝的常用线密度为 2~3.3tex(300~500 公支),用于编织女式长筒袜、中筒袜和短袜,产品特点是透明度高、轻薄滑爽、舒适透气、有较好弹性,缺点是易抽丝、勾丝。锦纶复丝是由 16~24 根单丝捻合而成的,线密度为 6.7~15.6tex(64~150 公支),用于编织男、女、少年、儿童短袜等,产品特点是质地细密、耐磨性好、手感滑爽挺括,牢度比单丝袜高。锦纶少孔丝是由 4~9 根单丝组成的,线密度为 5~10tex,用来生产女式长筒袜、中筒袜和短袜,产品具有透明度高、轻薄光洁、抱合力好、不易起毛起球等特点,其牢度和耐磨性低于复丝产品,但优于单丝产品。如果将两根 8tex 的锦纶复丝分别反向加捻至 800 捻/m,然后再将两根并合加捻至 1200 捻/m,即得锦纶紧捻丝,由它编织的男式短袜具有紧密滑爽、有真丝光泽、不易抽丝、抱合力好和不易下垂的优点,但耐磨性低于长丝产品。锦纶异形丝在袜类中也有应用,如用 3.3tex(300 公支)三角形异形丝生产的袜品具有闪光的外观效应,用 7.8tex×2 的双十形异形丝生产的袜品具有抗起毛起球的性能。

锦纶弹性丝的常用线密度有 7.8tex×2~11tex×2(70 旦/2~100 旦/2)和 2.2tex×2~4.4tex×2(20 旦/2~40 旦/2),7.8tex×2~11tex×2 的锦纶弹性丝用于生产各种提花短袜,或与其他原料相交织,产品具有延伸性和弹性好、抱合力强、手感厚实等特点;2.2tex×2~4.4tex×2 的锦纶弹性丝用于编织薄型高弹袜等。

氨纶丝在袜品中应用很多,它是高弹性纤维,回弹率高,延伸度大,比橡筋丝具有更多优点,如密度小、纤维细、耐老化等,其耐热性、耐磨性等都比橡筋丝好。氨纶丝在织袜中使用有长丝和包芯丝两种。

保暖袜宜采用羊毛纱和混纺纱编织。羊毛纱的常用线密度为 12.5tex、14tex、16tex 等;混纺纱种类很多,如用棉/锦(70/30)、腈/锦/粘(50/30/20)作混纺纱等,线密度常选用 21tex。

运动袜常用棉纱线编织,因为要求袜品具有柔软、吸汗、透气等优点,常用棉纱线的线密度为 18tex×2、36tex×2 等。

绢丝是袜品中的中、高档原料,产品具有柔软、滑爽、糯柔和透气等优点。还有采用苎麻纱与其他原料相交织等,如用 28tex 苎麻纱与 12tex 锦纶丝交织的袜品,不仅保持了麻纤维的挺括、滑爽、吸湿性强等特点,还增加了柔软性和耐磨性。

(二)袜子各部位常用的组织和原料

袜子各部位常用的组织和原料可参见表 3-1-2。

表 3-1-2　袜子各部位常用的组织和原料

部位名称	常 用 组 织	常 用 原 料
袜口	纬平针组织、罗纹组织、衬垫平针组织、衬纬罗纹组织	棉纱线、羊毛纱、各种混纺纱、锦纶丝、锦纶弹性丝、橡筋线、氨纶丝、腈纶纱等
袜筒	纬平针组织、罗纹组织、提花组织、绣花添纱组织、架空添纱组织、毛圈平针组织、正反面凹凸组织、集圈组织、各种复合组织	棉纱线、羊毛纱、各种混纺纱、锦纶丝、锦纶弹性丝、氨纶丝、腈纶纱等

部位名称	常 用 组 织	常 用 原 料
高跟	纬平针组织、纵条纹提花组织、平添纱组织,有时与袜筒所用组织相同	一般与袜筒相同,通常比袜筒增加一根加固纱,棉纱线等袜用锦纶丝加固
袜跟	纬平针组织、平添纱组织	一般与袜筒相同,通常比袜筒增加一根加固纱,棉纱线等袜用锦纶丝加固
袜面	一般与袜筒所用组织相同	一般和袜筒相同
袜底	纬平针组织、纵条纹提花组织、平添纱组织、1+1罗纹组织	一般与高跟相同
加固圈、袜头	纬平针组织、平添纱组织	一般与袜跟相同
握持横列	纬平针组织	一般用质量较差的棉纱线

注 1．加固纱不应比袜筒纱粗。

2．绣花添纱组织和架空添纱组织用的添纱一般不比袜筒纱细。

3．各部位用纱的总线密度不应高于袜机所能加工纱线最粗上限的70%。

二、袜子各部位的基本规格

(一)常规袜子

常规袜子如图3-1-1~图3-1-3所示。

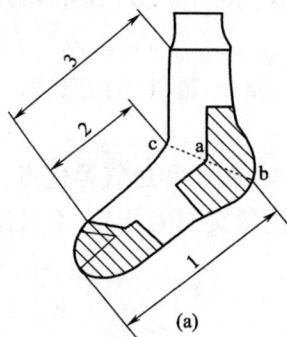

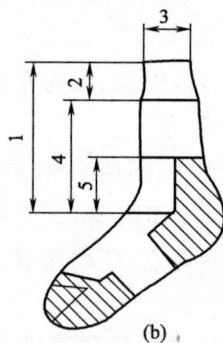

1—袜底　2—脚面　3—袜面　a—提针起点
b—跟点(袜跟圆弧对折线与圆弧的交点)
c—提针延长线与袜面的交点

1—总长　2—口长　3—口宽
4—筒长　5—跟高

图3-1-1　有跟袜(图中剖面线为着力点部位)

(二)袜子规格及横向延伸值

袜子各部位的规格尺寸是产品设计的主要依据之一,它将决定编织程序中各部位的横列数、控制链节的排列及袜机针筒直径等。为了便于品种的发展,袜品国家标准中一般只规定了袜底长度,部分品种还规定了袜口宽度。袜子总长、袜筒长、袜口长等其他规格尺寸可由地方或企业自定。袜子横向延伸值俗称"横拉",它是袜子内在质量考核的主要指标之一。袜子横拉

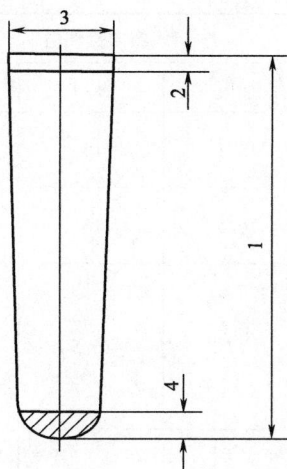

图 3 - 1 - 2 中、长筒袜

1—袜总长 2—袜口长 3—袜口宽 4—袜尖

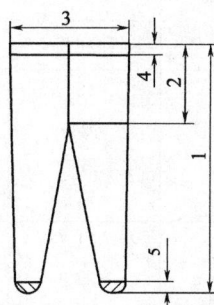

注:定跟袜的总长为袜跟圆弧对折线的中点
至腰边的长度与该点至袜尖的长度之和。

图 3 - 1 - 3 连裤袜

1—总长 2—直档 3—腰宽 4—腰高 5—袜尖

除受原料和组织结构影响之外,还要受线圈长度的影响,而线圈长度除了在编织中受张力机构、成圈机构及稀密机构等调节的影响外,还要受袜机机号的影响。横向延伸值应在标准温湿度下在电动横拉仪或多功能拉伸仪上测定。用扩展标准拉力测试棉纱线袜、含棉50%及以上混纺、交织袜;用标准拉力测试化纤袜及其他混纺、交织袜。标准拉力为(25±0.5)N,扩展标准拉力为(33±0.65)N,移动杠杆行进速度为(40±2)mm/s。

连裤袜还应测试直向、横向延伸值。

根据原料性能与穿着的合理性,弹力锦纶丝袜的规格,根据袜底长以2cm为档差分档组成系列,其他袜子则以1cm为档差。袜子规格尺寸常以商标的形式出现。

规格标注规定:有跟袜以厘米为单位,标明袜号;无跟袜(短筒、中筒、长筒)以厘米为单位,标明人体身高范围或袜号;连裤袜以厘米为单位,标明适穿的身高和臀围范围。

各类袜子和连裤袜的规格尺寸、公差及横向延伸值、直向延伸值(连裤袜)列于表3 - 1 - 3 ~ 表3 - 1 - 9 中。

表3 - 1 - 3　棉纱线罗口短筒袜规格及横向延伸值　　　　　单位:cm

类别	袜号	规格尺寸		横向延伸值		
		袜底长	公差	袜筒	袜口	公差
童袜	10	10	袜底长公差: +0.5 袜底长公差: -0.8 总长公差: -1 袜口长公差: -0.6(童袜) 袜口长公差: -0.7(少年袜)	13.5	12.5	+1 -1.5
	11	11				
	12	12		14	13	
	13	13				
	14	14		14.5	13.5	
	15	15				
	16	16		15	14.5	
	17	17				

续表

类别	袜号	规格尺寸		横向延伸值		
		袜底长	公差	袜筒	袜口	公差
少年袜	18	18		15.5	15	+1
	19	19				−1.5
	20	20		16.5	16	
	21	21				
女袜	21	21		17	16.5	
	22	22				
	23	23				
	24	24	袜底长公差：+0.5 袜底长公差：−0.8 总长公差：−1.5 袜口长公差：−0.8			+2
男袜	24	24		18	17.5	−1.5
	25	25				
	26	26				
	27	27		19	18.5	
	28	28				
	29	29				

表 3-1-4　锦纶丝罗口、宽紧口短筒袜规格尺寸及横向延伸值　　　单位：cm

类别	袜号	袜底长规格		罗口袜		宽紧口袜		口宽公差	横向延伸值		罗口袜筒公差	宽紧口横向延伸值
		袜底长	公差	总长公差	口长公差	总长公差	口长公差		罗口	袜筒		
童袜	14	14	+0.8 −0.3 （跟尖采用弹性锦纶±1）	−1	−0.6	−1.5	−0.5	±0.5	13	13.5	+1.5 −1	—
	15	15										
	16	16							14	14.5		
	17	17										
少年袜	18	18			−0.7				15	15.5		≥17
	19	19										
	20	20							16	16.5		
	21	21										
女袜	21	21		−1.5	−0.8	−2		±0.8	17	17.5	±2	≥18
	22	22										
	23	23										
	24	24										
男袜	24	24							18	18.5		
	25	25										
	26	26										
	27	27							18.5	19.5		
	28	28										
	29	29										
	30	30										

注　1. 根据地区气候不同，横向延伸值可以相差±1cm。

　　2. 20～33dtex（300～500 公支）锦纶丝短筒袜横向延伸值可增加2cm，少孔丝短筒袜横向延伸值可增加1cm。

表 3 – 1 – 5 弹性锦纶丝罗口、宽紧口短筒袜规格尺寸及横向延伸值

单位：cm

类别	袜号	规格尺寸 袜底长	规格尺寸 公差	罗口袜 总长公差	罗口袜 口长公差	宽紧口袜 总长公差	宽紧口袜 口长公差	袜口宽公差	横向延伸值 罗口、袜筒	横向延伸值 公差	横向延伸值 宽紧口
童袜	12~14	11	±1.2	-1	-0.5	-1.5	-0.5	±0.5	15	±2	≥15
	14~16	13							16		≥16
	16~18	15							17		
少年袜	18~20	17	±1.5						18		≥17
	20~22	19							19		
女袜	22~24	21						±0.8	19		
	24~26	23							20		
男袜	24~26	23	±1.5	-1.5	-0.8	-2			20	+3 -2	18
	26~28	25							21		
	28~30	27							22		

表 3 – 1 – 6 棉／弹性锦纶丝交织袜规格尺寸及横向延伸值

单位：cm

类别	袜号	袜底长	袜底长公差	总长公差	口长公差	宽紧口公差	袜口、袜筒横向延伸值
童袜	15~16	15	±1.2	-1.5		±0.5	≥16
	17~18	17					
少年袜	19~20	19			-0.5		≥17
	21~22	21					
男女袜	21~22	21	±1.5	-2		±0.8	
	23~24	23					≥18
	25~26	25					
	27~28	27					

注 如用标准拉力测试时，横向延伸值可减少 1cm。

表 3 – 1 – 7 高弹锦纶丝无跟袜规格尺寸及横向延伸值

单位：cm

类别	规格尺寸与公差 总长	规格尺寸与公差 口长	规格尺寸与公差 口宽	规格尺寸与公差 口宽公差	横向延伸值 袜口	横向延伸值 上袜筒	横向延伸值 下袜筒
短袜筒	≥20	≥1.5	8	±1	≥18	—	≥20
中袜筒	≥40		8.5	+2 -1	≥25	≥25	≥20
长袜筒	≥60		11		≥28	≥28	≥20

表 3 -1 -8　棉/氨纶交织袜规格尺寸及横向延伸值　　　　　　　　　单位:cm

类　别	袜　号	袜底长	袜底长公差	总长公差	口长公差	口宽公差	袜口、袜筒横向延伸值
童袜	12 ~ 14	10	±1.2	-1.5		±0.5	≥16
	14 ~ 16	12					
	16 ~ 18	14					
少年袜	18 ~ 20	15		0.5			≥17
	20 ~ 22	17					
男女袜	22 ~ 24	19	±1.5	-2		±0.8	≥18
	24 ~ 26	21					
	26 ~ 28	22					≥19
	28 ~ 30	24					

　　注　用标准拉力时,横向延伸值可减少1cm。

表 3 -1 -9　高弹连裤袜规格尺寸及直向、横向延伸值　　　　　　　　单位:cm

类　别	腰高≥	腰宽	腰宽公差	直档	直档公差	横向延伸值					直向延伸值			
						腰口	上袜筒	下袜筒	臀宽	公差	直档	公差	腿长	公差
高弹锦纶丝袜	2	20	-2	22	-2	48	35	26	65	-5	46	-5	180	-10
高弹锦纶丝/氨纶包芯纱交织袜						45	39	22	50		40		190	
全氨纶包芯丝袜						50	40	30	68		50		210	
(30 ~ 70 旦)氨纶包芯丝袜						48	34	25	60		42		170	
(70 旦)以上氨纶包芯丝袜						45	32	22	55		32		130	

三、织袜工艺参数的确定与计算

(一)圆袜机机号、筒径和针数的关系

　　袜机针筒圆周上每25.4mm(1 英寸)内的针数称为机号,又称为级数。机号 E 可用以下公式计算:

$$E = \frac{25.4N}{\pi D}$$

式中:N——袜机针筒上的总针数;

　　　D——袜机针筒的公称直径,mm。

　　常用袜机的机号与针数对照见表 3 -1 -10,袜子规格和袜机针筒直径的配用见表 3 -1 -11。

表 3－1－10　针筒公称直径、机号和总针数

针筒公称直径 ［mm（英寸）］	57 （2 1/4）	64 （2 1/2）	70 （2 3/4）	76 （3）	83 （3 1/4）	89 （3 1/2）	95 （3 3/4）	102 （4）	参考用针	适用袜品
针数	机号 E（针/25.4mm）									
52	7.4	6.6		5.5	5.1	4.75	4.5			
54	7.6	6.9		5.7	5.3	4.9	4.58			
56	7.9	7.1	6.5	5.9	5.5	5.1	4.75	4.5		
60	8.5	7.6	7.0	6.4	5.9	5.5	5.1	4.75		
64	9.1	8.1	7.4	6.8	6.3	5.8	5.4	5.0		
68	9.6	8.7	7.9	7.2	6.7	6.2	5.8	5.5		
72	10.2	9.2	8.3	7.6	7.1	6.5	6.1	5.7		
76	10.8	9.7	8.8	8.1	7.4	6.9	6.5	6.0		
80	11.3	10.2	9.2	8.5	7.8	7.3	6.8	6.4		
84	11.9	10.7	9.7	8.9	8.2	7.6	7.1	6.7		
88	12.4	11.2	10.2	9.3	8.6	8.0	7.5	7.0		
92	13.0	11.7	10.6	9.8	9.0	8.4	7.8	7.5		
96	13.6	12.2	11.1	10.2	9.4	8.7	8.2	7.8		
100	14.1	12.7	11.6	10.6	9.8	9.1	8.5	8.0	DQ85679Y（大96）	
104	14.7	13.2	12.0	11.0	10.2	9.5	8.8	8.3	DQ85680Y（9A3）	
108	15.3	13.8	12.5	11.4	10.6	9.9	9.1	8.7	DQ58679U（9 粗头）	
112	15.8	14.3	13.0	11.9	11.0	10.2	9.5	9.0		
116	16.4	14.8	13.4	12.3	11.4	10.5	9.8	9.2		
120	17.0	15.3	13.9	12.7	11.8	10.9	10.2	9.6	DZ74684Y（120B）	
124	17.5	15.8	14.4	13.2	12.1	11.2	10.5	9.9	DZ74684Y（120K）	
128	18.1	16.3	14.8	13.4	12.5	11.6	10.9	10.2	DZ74679Y（104B）	
132	18.7	16.8	15.3	14.0	12.9	12.0	11.2	10.6		
136	19.2	17.3	15.7	14.4	13.3	12.4	11.5	10.8		
140	19.8	17.8	16.2	14.9	13.7	12.7	11.9	11.1	DQ64682Y2（140K）	
144	20.4	18.3	16.7	15.1	14.1	13.1	12.2	11.5	DQ64682Y（160K）	
148	20.9	18.8	17.1	15.6	14.5	13.5	12.6	11.8	DQ64682Y（15A1）	
152	21.5	19.4	17.6	16.1	14.9	13.8	12.9	12.2	DH64683P（15C1）	
156	22.1	19.9	18.1	16.5	15.3	14.2	13.2	12.5		
160	22.6	20.4	18.5	17.0	15.7	14.5	13.6	12.7		

续表

针筒公称直径 [mm(英寸)]	57 (2 1/4)	64 (2 1/2)	70 (2 3/4)	76 (3)	83 (3 1/4)	89 (3 1/2)	95 (3 3/4)	102 (4)	参考用针	适用袜品
针数	机号 E(针/25.4mm)									
164	23.2	20.9	19.0	17.4	16.1	14.9	14.0	13.1		绣
168	23.8	21.4	19.4	17.8	16.4	15.2	14.3	13.4		花
172	24.3	21.9	19.9	18.2	16.9	15.6	14.6	13.7		袜
176	24.9	22.4	20.4	18.7	17.2	16.0	15.0	14.0	DQ58682P2(17A5)	提
180	25.5	22.9	20.8	19.1	17.6	16.4	15.3	14.3	DQ58682P(71K)	花
188	26.6	23.9	21.8	19.9	18.4	17.1	16.0	15.0	DQ58682t(86 中头)	袜
192	27.2	24.4	22.2	20.3	18.8	17.4	16.3	15.4	DQ58682T(86 大头)	
200	28.3	25.4	23.1	21.2	19.6	18.2	17.0	15.9	DH58682P(581C)	
212	30.0	27.0	24.5	22.5	20.7	19.3	18.0	17.0		
216	30.6	27.5	25.0	23.0	21.2	19.6	18.4	17.3		
220	31.1	28.0	25.4	23.3	21.5	20.0	18.7	17.5		
228	32.3	29.0	26.4	24.2	22.3	20.7	19.3	18.2		
236	33.4	30.0	27.3	25.0	23.1	21.5	20.1	18.9		
240	34.0	30.5	27.7	25.5	23.5	21.8	20.4	19.1		
260		33.1	30.1	27.6	25.5	23.6	22.1	20.7	DQ40681Y(90 圆头)	
280		35.6	32.4	29.7	27.4	25.5	23.7	22.3	DQ40681P(90 扑头)	
300		38.2	34.7	31.8	29.4	27.3	25.4	23.9		
320		40.7	37.0	33.9	31.3	29.1	27.1	25.5		
340			39.3	36.0	33.3	30.9	28.8	27.0	DQ40680Y(98 圆头)	
360				38.2	35.2	32.7	30.5	28.6	DQ40680P(98 扑头)	
380				40.3	37.2	34.5	32.2	30.2		
400					39.1	36.3	33.9	21.8		
401					39.3	36.5	34.0	31.9	舞袜机用针	舞袜
402					39.4	36.6	34.1	32.0		
420						38.2	35.6	33.4		

表 3 - 1 - 11　袜子规格尺寸与袜机筒径的配用

袜号		袜机公称直径(mm)	袜号		袜机公称直径(mm)
弹性锦纶丝袜	其他袜		弹性锦纶丝袜	其他袜	
12~14	10 及其以下	57	20~22	20,21	83
	11,12,13	64	22~24,24~26	22,23,24,25,26	89
14~16	14,15,16	70	26~28	27,28	95
16~18 18~20	17,18,19	76	28~30	29 及其以上	102

(二)圆袜机机号与加工纱线线密度的关系

一定机号的袜机上可以加工纱线的线密度有一定范围。其上限根据织针在袜机上脱圈时与沉降片间的容纱间隙决定,其下限应保证袜子品质。在容纱间隙给定的条件下,可以加工纱线的最大线密度显然还与原料类型、纱线的压缩性等有关。袜机机号与加工原料线密度关系可以参考表 3 - 1 - 12。

表 3 - 1 - 12　袜机机号与加工原料线密度的关系

机号 E (针/25.4mm)	棉纱线袜		弹性锦纶丝袜		锦纶丝袜	
	主纱(tex)	加固丝(dtex)	主丝(dtex)	加固丝(dtex)	主丝(dtex)	加固丝(dtex)
8.7	4×36tex 5×28tex 6×28tex 2×28tex×2	2×130dtex ~ 2×100dtex	—	—	—	—
10.9	2×28tex×2 4×28tex 3×18tex×2		—	—	—	—
14.5	2×14tex×2	130~110	110dtex×2 75dtex×2	75dtex×2	—	—
16	18tex×2				—	—
17.1	18tex×2 14tex×2		75dtex×2		—	—
18.2	14tex×2	110~75	—	—	—	—
21.8	9.5tex×2	75~65	—	—	130 2×75dtex 2×65dtex 3×50dtex	50 65 75
23.6	—	—	—	—	2×65dtex 130 150	65 75 50
25.5	—	—	—	—	3×50dtex 2×35dtex 3×20dtex	100 35 20

(三)袜子各部位的线圈长度、密度和链节数

袜子成品各部位的线圈长度和密度的确定可以通过实测现有袜品的宽度、针数、纱线线密度等技术参数,并且参考有关经验数据,通过计算来获得线圈长度和密度;并以此作为工艺设计的依据,计算各部位的线圈横列数和编织该部位所需要的控制链节数。

1. 线圈长度 L(mm)的计算

$$L = \frac{2W}{N} + 0.032K\sqrt{\text{Tt}}$$

式中:W——成品袜子某部位的横向延伸值,mm;

N——袜机的针数;

Tt——纱线的线密度;

K——系数。

K 由原料、组织种类和密度决定,一般通过实验确定,K 的经验值可参考 3－1－13。

表 3－1－13　决定线圈长度的经验系数 K 值

原料种类	织物组织	系数 K
棉纱	平针	10.5
	罗纹(1＋1)	10.8
锦纶单丝	平针	14.9
锦纶复丝	平针	12.0

2. 密度 P_A、P_B 的计算

(1)横向密度 P_A:横向密度即 50mm 内的线圈纵行数,单位为纵行/50mm。

$$P_A = \frac{50}{A}$$

$$A = \frac{2W_0}{N}$$

式中:W_0——成品袜子某部位的宽度,mm;

A——袜子某部位的圈距,mm;

N——袜机针筒针数。

(2)纵向密度 P_B:纵向密度即 50mm 内的线圈横列数,单位为横列/50mm。

$$P_B = \frac{50}{B}$$

圈高 B 的经验公式如下:

$$B = K_1 L - K_2 A - \frac{K_3}{\sqrt{\frac{1000}{\text{Tt}}}}$$

式中:B——圈高,mm;

L——袜子成品某部位的线圈长度,mm;

K_1、K_2、K_3——系数。

K_1、K_2、K_3 取决于原料和织物组织的种类,需要通过试验确定,某些原料和织物组织的系数可参考表 3 – 1 – 14。

表 3 – 1 – 14　决定圈高的经验系数

原料种类	织物组织	K_1	K_2	K_3
棉纱	平针	0.35	0.25	2.5
	罗纹(1 + 1)	0.4	0.3	3.2
锦纶丝	平针	0.46	0.57	1.5
锦纶弹性丝	平针	0.08	0.1	2.0

3. 袜子各部位链节数的计算

综上所述,已知成品袜子各部位的纵向密度(或者规格长度)和圈高后,可按下式求得各部位横列数和编织该部位所需要的控制链节数:

$$M_i = \frac{H_i}{B}$$

$$Z_i = \frac{M_i}{C_i}$$

式中:M_i——袜子第 i 部位的横列数;

　　H_i——袜子第 i 部位的成品规格长度,mm;

　　B——圈高,mm;

　　Z_i——编织第 i 部位所需要的控制链节数;

　　C_i——编织第 i 部位时每链节所控制编织的横列数。

普通圆袜机上,单向编织时 $C = 12$ 横列,往复编织时 $C = 6$ 横列,即往 3 横列、复 3 横列;普通袜头、袜跟的横列数取决于收放针数,因为在一般袜机上每编织一个横列各收一针或放一针。

应该指出,以上计算均是对成品袜子而言。由于锦纶丝等原料在染整过程中会有较大收缩,因此,袜子各部位的上机线圈长度应比上述计算增加 5% ~ 10%;橡筋口部位的上机线圈长度应增加 10% ~ 20%。

(四)袜子各部位的重量

袜子各部位的重量可按下式计算:

$$G_i = 10^{-6} L_i R_i \mathrm{Tt}_i$$

式中:G_i——袜子第 i 部位的重量,g;

　　L_i——第 i 部位的线圈长度,mm;

　　R_i——第 i 部位的线圈数;

　　Tt_i——第 i 部位的纱线线密度,tex。

袜筒、加固圈、袜面、袜脚及高后跟等处的线圈数 R_i 的计算式为:

$$R_i = N'_i \times M_i$$

式中:N_i'——编织第 i 部位时参加工作的针数;

　　M_i——第 i 部位的横列数。

袜筒和加固圈处 N_i' 显然等于袜机总针数 N;袜脚部段 N_i' 一般等于 $\frac{1}{2}N$ 加上两边袜面大袜跟的提针数;高跟部段 N_i' 一般和袜脚的相同;袜面部段 N_i' 显然为总针数与袜脚 N_i' 之差。

袜头、袜跟收针或放针部位中的线圈数可按所展开的两个等腰梯形来计算。一般,梯形下底边横列中线圈数等于 $\frac{1}{2}N$(对于大多数品种的袜跟,该线圈数还需加上两边袜面上编织大袜跟的针数);梯形的高即梯形所拥有的线圈横列数应等于两边收针或放针的总数;梯形的上底边应等于下底和高的差。如果考虑形成头跟缝时的双线圈,每横列还应增加一个线圈数。

袜头收针或放针处线圈数 R:

$$R = \frac{1}{2}\Big[\frac{N}{2} + \Big(\frac{N}{2} - M\Big)\Big]M + M = \frac{M}{2}(N - M) + M$$

袜跟收针或放针处线圈数 R:

$$R = \frac{1}{2}\Big[\frac{N}{2} + 2T + \Big(\frac{N}{2} + 2T - M\Big)\Big]M + M = \frac{M}{2}(N + 4T - M) + M$$

式中:T——大袜跟一边的提针数;

　　N——袜机总针数;

　　M——袜头或袜跟部位横列数。

袜子各部位原料重量得知后即可知道整只袜子的重量。应该说,对于组织结构复杂的袜类,用理论计算来获得线圈长度、线圈高度和各部位的重重是困难的。袜子各部位重量也可以通过对实物拆散称重求得。

新版袜子国家标准删除了袜子干燥重量考核项目,因此控制袜子重量仅与袜子编织成本和成品价格有关。

第三节　织袜生产工艺

织袜生产工艺设计主要是指织造车间的生产工艺设计。有关染整工艺和其设备将在有关染整方面介绍。

一、络丝工艺

织袜生产中常需要将绞纱经络丝工序卷绕成织造生产所需要的筒子。一般络丝分两次进行,先将绞丝络成筒子,然后将络好的筒子再络一次,以保证卷装质量,消除绞纱从纱框上退绕时张力不均匀的影响。

络纱(丝)工艺参数包括络纱张力、络纱速度、清纱板隔距、结头形式及上油上蜡率等。这些内容在前面第一篇中已讨论过。对于弹性锦纶丝,络丝过程中需要上油,上油率不超过

1.5%;对于棉纱、毛纱、腈纶纱等短纤纱,络纱时要上蜡,上蜡率为0.8%左右。

二、袜口编织工艺

一只合格的袜口,它的上边缘既不能脱散又不能卷边。袜口穿着时应松紧舒适,具有足够的弹性和延伸性,同时袜口线圈应均匀,纵行纹路清晰,套口眼子大小均匀清楚。袜口种类很多,罗纹袜口、衬纬罗口和半畦编袜口一般在相应袜口罗纹机上编织。

袜口罗纹机的上机工艺参数包括罗纹针筒直径、针数、纱线线密度和色别、进线张力、链条节数及罗纹口的下机规格。

罗纹机总针数应与相应袜机的针数相同。编织2+2罗纹口时,罗纹针筒直径应比相应袜机的针筒直径大12.7mm(1/2英寸);编织1+1罗纹口时,罗纹机针筒直径应比相应袜机针筒直径大6.35mm(1/4英寸);如果袜机针筒直径在95mm($3\frac{3}{4}$英寸)以上时,罗纹机针筒直径可以和袜机相同。

袜口用料应根据袜身用料来选择。双层罗纹袜口纱线线密度不能低于袜身用料;单层罗纹袜口纱线线密度一般是袜身用料的两倍。为了减少色差,锦纶丝袜及弹性锦纶袜的袜口罗纹用料的批号应与袜身用料相同。橡筋线、氨纶丝筒子搬运时不可手捏,以免影响退绕张力。橡筋线严禁上油剂或乳化液以免老化。

进线张力要适中、均匀。同一品种在不同机台上编织时,张力应尽可能调节一致。在编织同品种同规格的罗纹口时,牵拉辊重锤重量必须一致。

三、织袜工艺

袜机的上机工艺参数包括进线张力、原料线密度、色别、袜子落机规格、链条规格等内容。为了保证产品质量,袜子在上机前应由技术部门根据袜子试样工艺,确定具体上机工艺参数并制订上机工艺卡。

进线张力的大小直接影响袜子成品规格。为了提高产品质量,要求进线张力大小适宜,张力波动尽量小,同台袜机各路进线张力要一致,同一品种不同机台的进线张力也尽可能一致,否则可能会造成线圈横列不均匀或成品规格不一致。

原料线密度与色别在上机前必须进行核对,以免出差错。为了减少色差,弹性锦纶丝及锦纶丝筒子必须按批号生产。

袜子落机规格将直接影响袜子成品规格。目前,工厂中控制的落机规格主要是落机密度、落机横拉和落机重量。落机规格一般是通过调节袜机弯纱深度、链条规格、牵拉重锤及进线张力等来加以控制的。

机械式袜机链条规格和排列决定了整只袜子的编织程序,链条由高节链和平节链组成。高节链的排列决定了编织一只袜子各部段工序变换动作,它取决于该台袜机推盘撑牙数。不同型号袜机的推盘撑牙数不同,因此,一但袜机型号选定,高节链的规格也就定了。即使根据袜子品种在有些部位袜机不需要变换动作(如无断夹底),也必须排上相应的高节链,让推盘空撑,否则会跑错链条,搞乱编织程序。平节链的节数取决于袜子各部段的横列数。工艺上的所谓调节链条,就是加减平节链数,使袜子各部段的长度符合要求。

四、缝头工艺

　　普通袜类尤其是中低机号袜机的产品都是用传统的缝头机缝合袜头的。缝头机的上机工艺参数有缝头机机号、用针规格、缝线规格、缝迹延伸度及每两只袜子间的空档距离。

　　根据经验缝头机机号可取相应袜机机号的 1.2 倍。用针规格根据缝头机机号选用。缝线规格一般与袜头纱线线密度相同。缝头线的色泽应和袜头线一致。用锦纶丝加固的线袜，缝头必须用锦纶丝和弹性锦纶丝，以免缝头部位先破损。缝迹延伸度必须等于或略大于袜头横拉。两只袜子间空档距离一般为 2cm，或按规定留一定针数，距离过短将导致缝迹两端辫子过短，在穿着时容易脱散；过长则浪费原料及影响产量。

第二章　织袜设备

第一节　单针筒机械式袜机

一、单针筒机械式袜机的技术特征

常用单针筒机械式袜机的技术特征列于表 3 – 2 – 1 中。

表 3 – 2 – 1　常用单针筒机械式袜机的技术特征

机器型号		Z506 型,51 型	Z503 型(三系统)	Z507 型,Z59 – 4 型	Z507A 型
袜品类型		编织单色绣花添纱横条网孔男女儿童长短花袜	编织双、三色橡口或罗口断夹底男女儿童提花袜	编织双色绣花添纱、网孔、横条断夹底、闪色夹底袜	编织双色绣花添纱、网孔、横条断夹底、闪色夹底袜
适用原料		棉纱、锦纶丝、锦纶弹性丝、羊毛及其他混纺纱等	2 × 75dtex ~ 2 × 50dtex(70 旦/2 ~ 100 旦/2)锦纶弹性丝等	棉线、锦纶丝、锦纶弹性丝、锦棉、羊毛等	棉线、锦纶丝、锦纶弹性丝、锦棉、羊毛等
针筒规格	口径[mm(英寸)]	64 ~ 89 $\left(2\frac{1}{2} ~ 3\frac{1}{2}\right)$	76 ~ 102 (3 ~ 4)	83 ~ 89 $\left(3\frac{1}{4} ~ 3\frac{1}{2}\right)$	64 ~ 89 $\left(2\frac{1}{2} ~ 3\frac{1}{2}\right)$
	针数	72 ~ 120 ~ 280	144 ~ 180	120 ~ 280	120 ~ 260
针筒转速(r/min)	袜筒	140	140 ~ 160	130	130 ~ 140
	头跟	140	96 ~ 110	95	96
	变换动作	—	70 ~ 80	65 ~ 130	70
成圈系统	主喂线系统	五只调线导纱器	五只导纱器	五只导纱器	五只导纱器
	副喂线系统		二只导纱器		
	三喂线系统		二只导纱器		
选针滚筒数		一套	三套	二套	一套
选针滚筒形式		插片式 96 选针片 × 25 档	插片式 96 选针片 × 26 档	纹钉式(Z59 – 4 型)48 列纹钉 × 20 档,插片式(Z507 型)96 选针片 × 26 档	插片式 96 选针片 × 26 档
任意花花型范围(高:横列 × 宽:纵行)		96 × 25	96 × 25	Z507 型 96 × 25、Z59 – 4 型 48 × 20	96 × 24
绣花添纱形式		圆盘式	—	梳盘式、盘槽48 条 18 只导纱器分长短两种	梳盘式盘槽48 条 18 只导纱器分长短两种

续表

机器型号	Z506 型,51 型	Z503 型(三系统)	Z507 型,Z59 - 4 型	Z507A 型
传动形式	集体	单机或集体	单机或集体	单机或集体
电动机功率(kW)	0.25	单机双速 0.4 集体 0.25	Z507 单机 0.4 Z59 - 4 型 0.37	Z507 单机 0.4 集体 0.25
外形尺寸 (长×宽×高)(mm)	692 ×845 ×1788	850 ×850 ×1800	800 ×850 ×2000	800 ×800 ×1800
机器重量(kg)	220	225	Z507 型 250 Z59 - 4 型 230	200

二、袜机的主要机构

(一)传动机构

1. Z503 型袜机传动系统

各种袜机传动机构大致相似,图 3 - 2 - 1 为 Z503 型提花袜机传动系统示意图。

2. 针筒转速

针筒转速与袜机产量直接有关。袜子在编织不同部段时,需要变换针筒转速。针筒设计速度与机器等级、传动方式、编织袜子部段等因素有关。

(1)针筒单向回转时转速(快速)。

传动路线:皮带盘 4 →齿轮 5 →齿轮 6 →齿轮 7 →齿轮 8 →离合器在右侧啮合(三叉架 27 向右)→主轴 Ⅱ →圆锥齿轮 11 →针筒圆锥齿轮 12。

$$\eta_0 = \eta \times \frac{Z_5}{Z_6} \times \frac{Z_7}{Z_8} \times \frac{Z_{11}}{Z_{12}}$$

式中:η_0——针筒转速;

$\quad$ η——皮带盘转速;

$\quad$ $Z_5 \sim Z_8$、Z_{11}、Z_{12}——齿轮 5 ~8、齿轮 11、齿轮 12 的齿数。

(2)针筒单向回转时转速(慢速)。

传动路线:皮带盘 3 →齿轮 8 →离合器右侧啮合(三叉架 27 向右)→主轴 Ⅱ →齿轮 11 →齿轮 12。

$$\eta_0 = \eta$$

(3)针筒快速往复回转时的转速。

传动路线:皮带盘 4 →齿轮 5 →齿轮 6 →齿轮 7 →挺梗(连杆)→扇形齿轮 9 →齿轮 10 →离合器左侧啮合→主轴 Ⅱ →圆锥齿轮 11 →针筒齿轮 12。

$$\eta_0 = \eta \times \frac{Z_5}{Z_6} \times \frac{Z_{11}}{Z_{12}} \times 2$$

(4)针筒慢速往复回转时的转速。

传动路线:皮带盘 3 →齿轮 8 →齿轮 7 →挺梗(连杆)→扇形齿轮 9 →齿轮 10 →离合器左

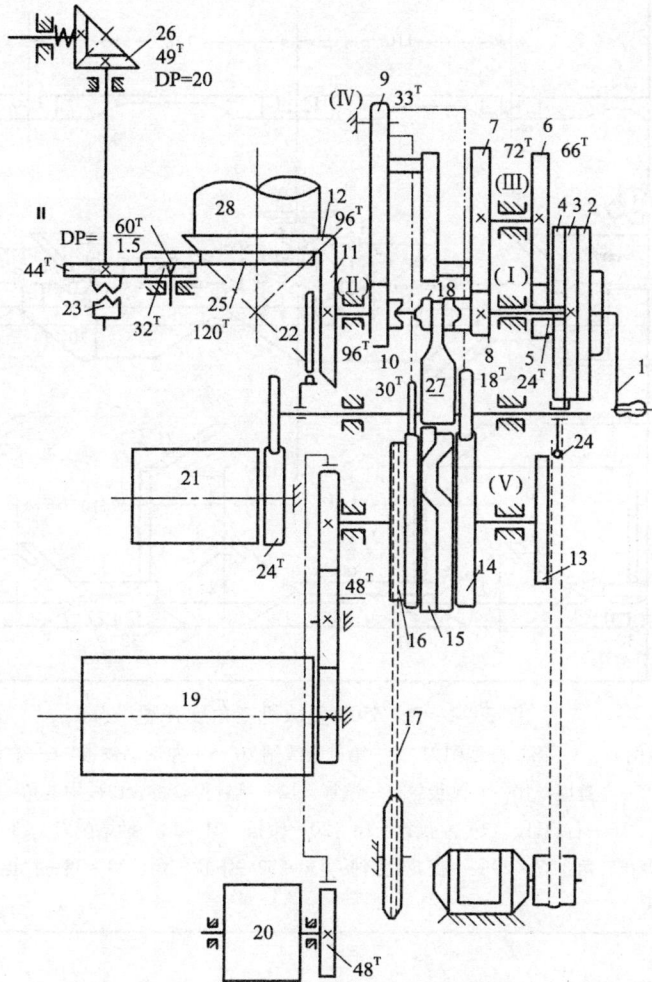

图 3 – 2 – 1　Z503 型袜机传动简图

1—摇手柄　2—皮带盘(空转)　3—慢速皮带盘　4—快速皮带盘　5～8、10、25—齿轮　9—扇形齿轮

11、12—圆锥齿轮　Ⅰ、Ⅱ—主轴　Ⅲ—变速轴　13—速度盘　14—推盘　15—花盘　16—链条盘

17—链条　Ⅳ、Ⅴ—轴　18、23—离合器　19—大滚筒　20—小滚筒　21—调线滚筒

22—凸轮　24—皮带叉　26—橡筋输送器　27—三叉架　28—针筒

侧啮合 → 主轴 Ⅱ → 齿轮 11 → 齿轮 12。

$$\eta_0 = \eta \times \frac{Z_8}{Z_7} \times \frac{Z_{11}}{Z_{12}} \times 2$$

(二) 成圈机构

1. Z503 型袜机三角展开图

2. Z507 型袜机三角展开图

3. Z507A 型袜机三角展开图

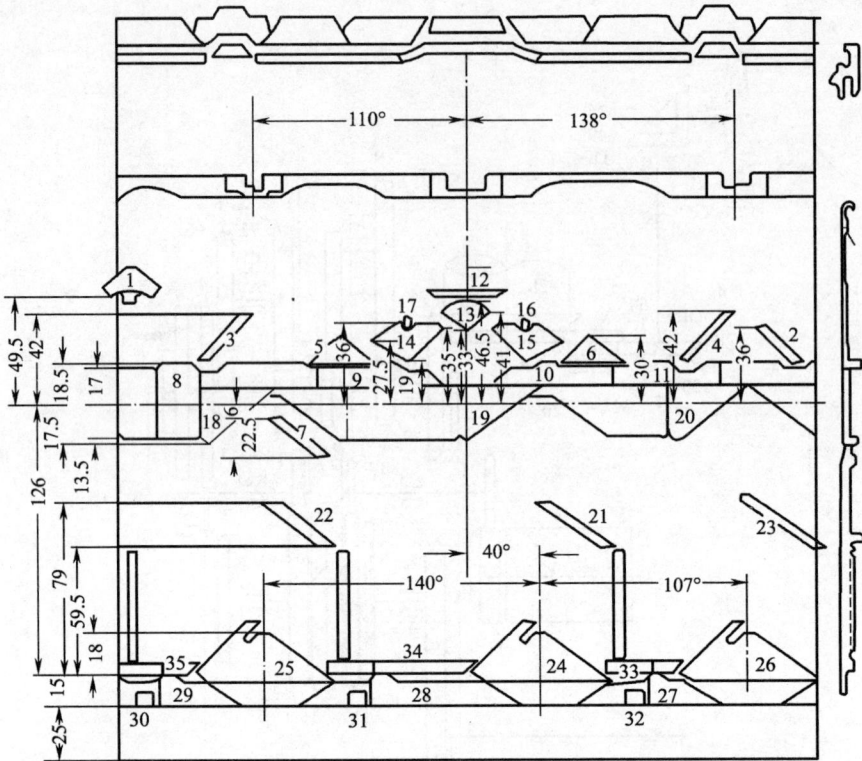

图 3-2-2 Z503 型袜机三角展开图

1—揿针头 2—二用退圈闸刀 3—第二喂线闸刀 4—第三喂线闸刀 5—左活动镶板 6—右活动镶板 7—橡筋超刀
8—门镶板 9—左镶板 10—右镶板 11—镶板 12—挑针保险板 13—中菱角 14—左菱角
15—右菱角 16—右挑针 17—左挑针 18~20—镶板 21~22—抽条闸刀 23—夹底闸刀
24~26—提花三角 27~29—平提花片钢板 30~32—下拉三角 33~35—拦提花片钢板

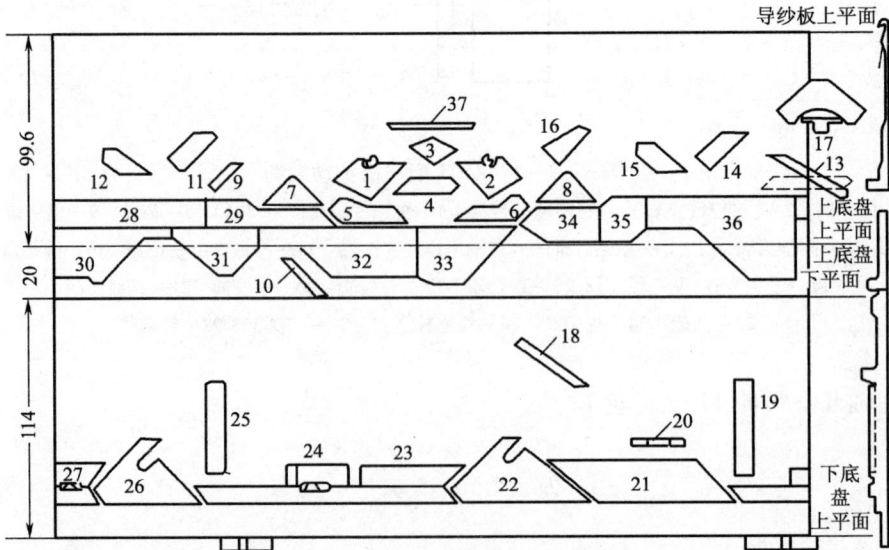

图 3-2-3 Z507 型袜机三角展开图

1—左菱角 2—右菱角 3—中菱角 4—平针菱角 5—左固定镶板 6—右固定镶板 7—左活动镶板 8—右活动镶板
9—橡筋压针刀 10—橡筋超刀 11、14、16—栏针闸刀 12、15—起针闸刀 13—退圈闸刀 17—揿针头
18—提花片抽条闸刀 19、25—提花片刀 20—拦提花片板 21—提花三角 22—网孔三角 23—拦花针三角
24—平提花片钢板 26—左提花片三角 27—平提花片钢板 28~36—镶板 37—挑针保险板

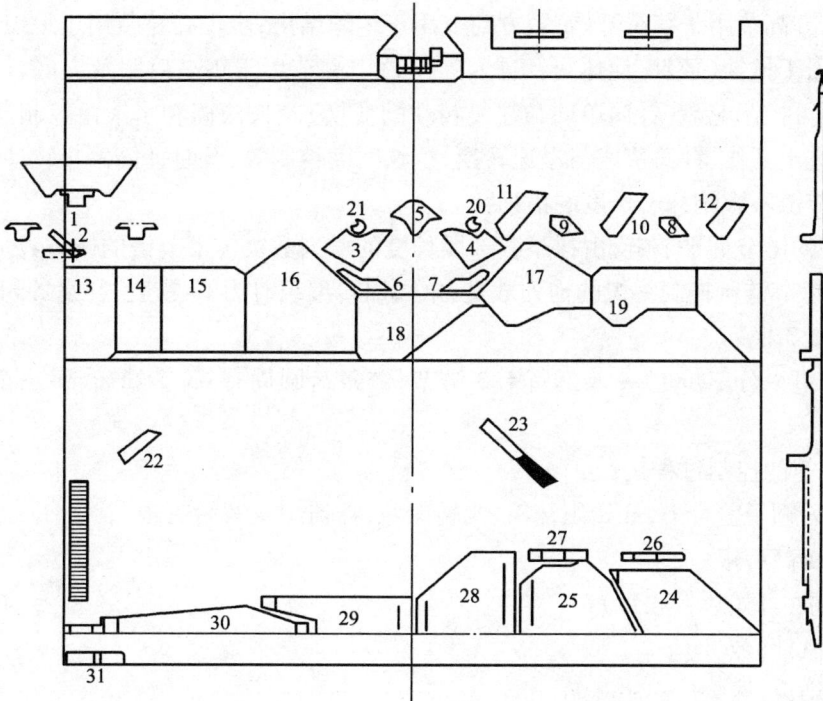

图3-2-4 Z507A型袜机三角展开

1—撇针头 2—退圈闸刀 3—左弯纱三角 4—右弯纱三角 5—上中三角 6、7—左、右托针镶板 8、9—起针闸刀

10—大袜跟压针闸刀 11—二区吊线压针闸刀 12—压针闸刀 13~15—镶板 16、17—左、右起针镶板

18—中镶板 19—镶板 20、21—左、右挑针头 22—提花压针闸刀 23—网孔闸刀 24—一区吊线三角

25—二区吊线三角 26、27—拦针板 28—挡板 29—挡板 30—平针三角 31—下拉三角

(三)控制机构

机械式袜机的控制机构包括大滚筒和小滚筒(图3-2-1)、推盘、花盘和链条等。链条由平节链与高节链串接而成一个封闭的环状,控制袜子各部段的长短和一只袜子的编织全过程。

1.链条排列

Z503型袜机编织套口袜子时的链条排列如图3-2-5所示。

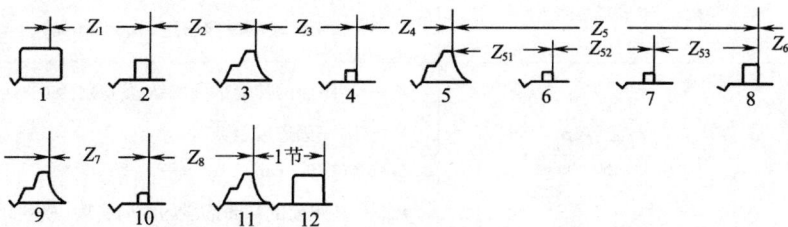

图3-2-5 Z503型袜子编织套口袜子时的链条排列

1—方高节 2、8—中高节 3、5、9、11—步步高 4、6、7、10—小高节 12—短方高节

有凸头的链节称高节链,用以控制推盘的撑动,即织袜动作变换的控制。高节链的形式很多,常见的有:方高节用于编织开始;短方高节用于编织结束;步步高链节用于编织袜子的跟部、袜头;小高节用于撇针(放针,使休止针进入工作);中高节用于织高后跟及夹底、加固圈等。高节链作用时还可控制花盘(针筒单向与往复转动的变换)及大滚筒和小滚筒控制的导纱器进出与变换、三角进出工作、针筒快速与慢速转换、织物密度控制等,此时针筒停止转动、不进行编织动作,因此高节链不影响袜子长度的横列数。

没有凸头的链节称平节链,由袜子各部段长度的横列数决定平节链的链节数。普通袜机上(如 Z503 型)每节链所控制编织的横列数是:单向回转编织时为 12 横列;往复编织时为 6 横列,即往 3 横列、复 3 横列。

每一节链可以分三步走,一步运行 1/3 链节,链条盘圆周有 63 个撑齿,每三个撑齿对应一节链节。

图 3 - 2 - 5 的控制过程是:

(1)套口后帽子盖合下,开始织袜筒、四转无花,袜筒织花开始三步。

(2)开始织高后跟。

(3)织袜跟(开始挑针收针)。

(4)袜跟撇针(放针)。

(5)袜跟结束,袜脚后夹底开始。

(6)袜脚断夹底。

(7)袜脚前夹底。

(8)加固圈。

(9)袜头(挑针收针)。

(10)袜头撇针(放针)。

(11)袜头结束。

(12)织握持横列,袜子落下,抬帽子盖、停车。

2. 各部段的平节链条节数计算(表 3 - 2 - 2)

表 3 - 2 - 2　各部段的平节链条节数计算

部段名称	链条节数计算公式	说　　明
高跟	$Z_2 = \dfrac{HP_{B2}}{60}$	Z_2—高跟部段的链条节数,如果计算结果不是整数,则一般进成整数 H—跟高(cm) P_{B2}—高跟部段的纵向密度(横列/5cm)
高跟前的袜筒	$Z_1 = \dfrac{(L_4 - H)P_{B1}}{60}$	Z_1—高跟前的袜筒部段的链条节数,如果计算结果不是整数,则一般进成整数 L_4—袜筒长(cm) P_{B1}—高跟前的袜筒部段的纵向密度(横列/5cm)
袜跟收针	$Z_3 = \dfrac{C_1}{3}$	Z_3—袜跟收针部段的链条节数 C_1—袜跟提针数,应该符合基本规定

部段名称	链条节数计算公式	说　　明
袜跟放针	$Z_4 = Z_3$	Z_4——袜跟放针部段的链条节数。编织提花袜时，为了减小袜跟三角眼，有时取 $Z_4 = Z_3 - \dfrac{2}{3}$，但 Z_3 和 Z_4 之和通常是整数
袜头收针	$Z_7 = \dfrac{C_2}{3}$	Z_7——袜头收针部段的链条节数 C_2——袜头提针数，一般是 3 的整数倍，并应该符合基本规定
袜头放针	$Z_8 = Z_7$	Z_8——袜头放针部段的链条节数
加固圈	$Z_6 = \dfrac{C_3}{12}$	Z_6——加固圈的链条节数 C_3——加固圈的横列数，应该符合基本规定
袜脚	$Z_5 = \dfrac{LP_{B3}}{60} - \dfrac{Z_4}{2} - \dfrac{Z_7}{2} - Z_6$	Z_5——袜脚部段的链条节数；如果计算结果不是整数，则一般进成整数 L——袜底长（cm） P_{B3}——袜底的平均纵向密度（横列/5cm）
袜跟夹底	$Z_{51} = (Z_5 + Z_6) \times 30\%$	Z_{51}——袜跟夹底部段的链条节数，如果计算结果不是整数，则一般进成整数
加固圈除外的袜头夹底	$Z_{53} = (Z_5 + Z_6) \times 40\% - Z_6$	Z_{53}——加固圈除外的袜头夹底部段的链条节数，如果计算结果不是整数，则一般进成整数
夹底中断	$Z_{52} = Z_5 - Z_{51} - Z_{53}$	Z_{52}——夹底中断部段的链条节数

三、袜子花型工艺设计

袜品设计包括袜品款式与花型两部分。款式设计是根据袜机型号的技术条件而进行的袜子各部段尺寸的设计。花型设计是在款式设计的基础上，制订出花型图案在袜子上的具体配置及其编织成形的方法。

(一)花型意匠图设计

花型意匠图的设计主要步骤如下。

1. 图案设计前的准备

根据不同地区的风俗习惯，不同对象的穿着和色泽的要求，进行图案的构思，在确定图案的主题后，可绘制意匠图草图。

2. 花型图案大小的确定

(1)花型完全组织宽度。

①提花组织花型完全组织宽度与提花片的齿数多少及其排列方式有关。设计花型时，可以在最大花宽范围内选择，但选择的花宽应等于针筒总针数的约数，如不为整数，可以设计一组不完全的花型，将这组特殊花型排在脚底中部的调刀位置。

②绣花组织的花型宽度，即绣花线圈纵行数与针筒上总针数有关。一般等于或小于针筒总

针数的 5%。

(2)花型完全组织高度。花型完全组织高度一定要等于选针滚筒上选针片(棘齿)数的约数。有花型缩小装置的袜机可不受此限制。

3.绘制花型上机图

(1)绘制意匠图总体图案。在绘制意匠总体图时,最少要绘制花型的一个完全组织的循环。为了显示完整花型大范围的效果,可在花型的横向和纵向多绘制几个完全组织图案。

首先根据花型图案的特点,设计单独花型或主花和宾花的配置,即花型在袜子上的配置,一般在袜子一侧,用总针数的一半来表达出袜子花型的完整效果和花型的起始位置等。然后根据袜机的成圈系统数进行颜色的选用。

(2)提花片排列。提花片排列是根据花型意匠图在袜子上的配置而进行的。提花片齿排列有几种基本形式。

①不对称花型的排列。编织不对称花型时,使用的提花刀数等于完全组织宽度的纵行数。提花片经钳齿后,片齿的排列呈"/"形或"\"形。

②对称花型的排列。编织对称花型时,提花片经钳齿后,片齿的排列呈"∨"形或"∧"形。

使用的提花刀数视花型纵行数而定。当花型的纵行数为奇数时,则提花刀数应为花型纵行数 +1 的一半;当花型的纵行数为偶数时,则提花刀数为花型纵行数的一半。因此对称花型比不对称花型省一半提花刀。

③复合排列法。复合排列法是对称和不对称花型的组合形式。根据花型中对称和不对称的部分,应把用刀数减到最少。将提花片齿排列成"/""\""∧"多种的复合排列形式。

④并齿的排列法。花型中相同纵行,可使用同一档齿提花片,采用并齿排列法可减少用刀量,可使花型的宽度加大。

(3)选针片的排列。选针滚筒上选针片的排法是根据花型位置(即编织的方向)、正花型还是倒置花型以及提花片齿排列的形式而定。

选针片排列时,需考虑以下两点。

①花型、提花片和选针片三部分的对称中心轴应符合投影关系,要使它们之间的对称中心始终是在一个投影直线上,否则所织出的花型就达不到原设计花型的要求。

②花型编织方向的起始点既是袜口向上时的正花型位置,也是袜口向下时的倒置花型位置,还要考虑选针滚筒的转动方向是顺时针还是逆时针,要保持对应的一致性。

如图 3 - 2 - 6(a)所示的对称花型是一把伞。(b)提花片齿的排列是采用"∧"形,花型的对称中心线交在"∧"形的顶点上,然后根据花型编织方向的起始横列和花滚筒的转向,确定花型的转向。图 3 - 2 - 6 的花型是袜口向上的正花型,编织方向是由上向下,(c)选针滚筒顺时针转,此时选针片的排列应为花型左半部逆时针转 90°。如选针滚筒逆时针转,此时选针片的排列应为花型右半部顺时针转 90°。

(4)当提花片齿的排列采用"∨"形时,则是按图中最下方的情况排列选针片齿。

图 3 - 2 - 7(a)所示的不对称花型是有把的伞。如(b)提花片齿选用"/"形排列,(d)选针滚筒为顺时针转动,选针片齿应排列为全花型向左转 90°如图 3 - 2 - 7(f),编织出来的花型与设计花型相同。如选针片齿排列为全花型向右转 90°,编织出来的花型为设计花型的反花型(即伞把朝右)。如(e)袜机的选针滚筒为逆时针转动,选针片齿排列应为全花型向右转 90°后,

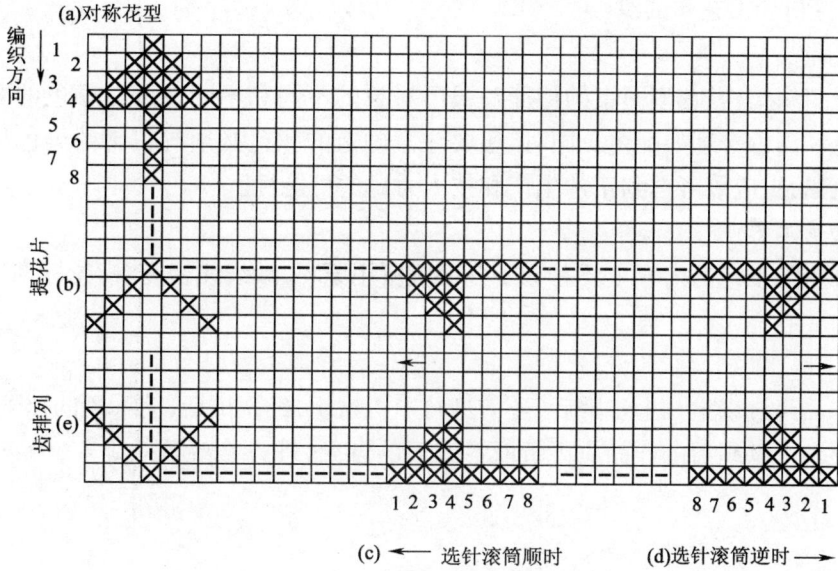

图3-2-6 对称花型

再翻180°如图3-2-7(h)中选针片齿排列,这是设计不对称花型的不同之处,因此在设计选针片齿排列时应注意这一特殊情况。如图(c)提花片齿选用"\"形排列时;(d)花滚为顺时转动,选针片齿排列应为全花型左转90°后,再翻180°[如图3-2-7(g)中选针片齿排列]。(e)当花滚为逆时转动,选针片齿应排列为全花型向右转90°如图3-2-7(i)。

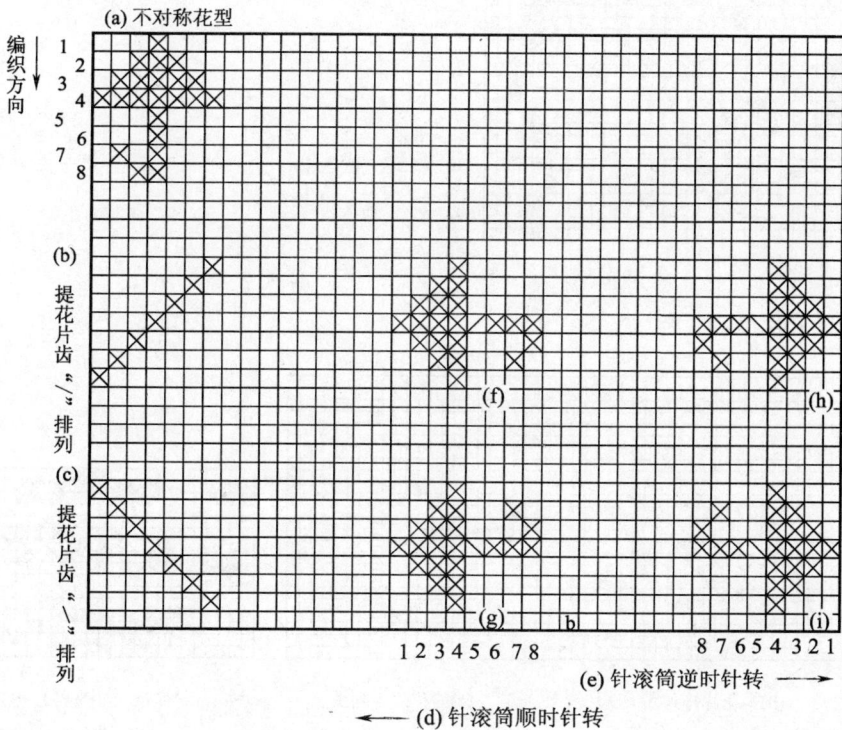

图3-2-7 不对称花型

（二）配色、制订初步工艺和试织

1. 配色

根据袜子组织结构、花型图案的特征及服用对象的不同和不同地区对颜色的要求,确定底色和花型主色和副色合理的配色。同时,还要注意确定的颜色必须与正常的染色工艺相适应,尤其是新的色谱,更应该考虑到正常生产和技术力量的可能性。

2. 制订初步工艺

制订初步生产工艺的内容主要有袜子各部段所用原料、纱线线密度、横拉标准、下机规格及链条排列等。

3. 试织

设计的袜品经过以上几个步骤后,还需进行上机试织,经调试后,使下机的袜子基本符合设计和工艺的要求。试织后的样品应再听取各方面的意见,进行修改最后确定,为正式投产进行准备。

（三）袜子花型工艺设计实例

1. Z507A 型袜机编织双色绣花袜的花型上机

Z507A 型袜机编织双色绣花袜的花型上机图如图 3 – 2 – 8 所示。

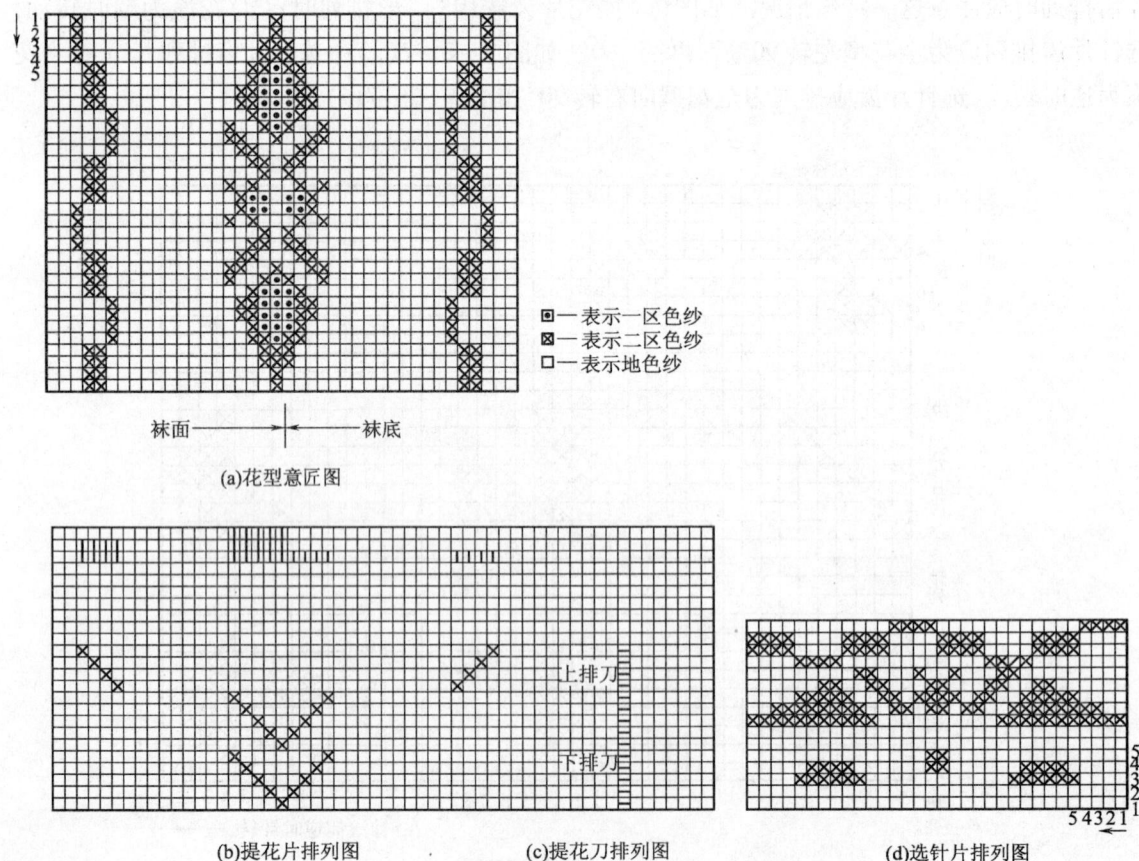

□一表示一区色纱
☒一表示二区色纱
□一表示地色纱

袜面 ←——→ 袜底

(a)花型意匠图

(b)提花片排列图　　　(c)提花刀排列图　　　(d)选针片排列图

图 3 – 2 – 8　花型上机图

2. Z507A 型袜机编织双色绣花袜的上机工艺设计要点

（1）花型意匠图。花型由主花和边条花组成。主花花高为32横列，花宽为9纵行，由两色组成。

因 Z507A 型袜机使用上排刀数等于下排刀数，一个双色绣花型的完全组织最多只能用11把刀，所以一般176针的针筒花宽不超过8~9针，240~260针的针筒花宽不超过11针，花型完全组织高度为96或96的约数。

在设计花型时，同一横列中同色绣花的中间空针数应不大于5针或连续5针以上的实心花纹；否则，反面虚线过长影响穿着，或因绣花线抽紧而产生露底现象。

（2）针筒提花片排列。主花型为对称花型，提花片齿应排列成"∨"形；又因该机使用上排刀和下排刀选针，故提花片齿需排双层。边花为不对称花型，两边所对应的提花片齿排列成"∖"与"∕"。

（3）提花刀排列。对花宽所对应的上排刀，在提花刀架上不需安装垫片，而下排刀在刀架上需安装垫片。

（4）选针滚筒为逆时针旋转，故选针片齿由右向左排列，选针片齿与提花刀对应也分为上排齿和下排齿。上排齿应排左半部顺时针转90°的花型。下排齿用相同方法只排一区⊙色纱花型齿。边花只需排与其相对应的上排刀花型齿。

第二节　单针筒电脑袜机

单针筒电脑袜机发展迅速，品牌、种类、规格日趋繁多。现以国产的 QJZ 系列单针筒电脑袜机和意大利马泰克(Matec)公司的 MONO4 型袜机为例，简介它们的特征和功能。

一、QJZ‒711 型提花袜机
（一）技术特征

QJZ‒711 型提花袜机的技术特征。

表3‒2‒3　QJZ‒711 型提花袜机的技术特征

机器型号		QJZ‒711 型(时尚花色袜)	QJZ‒711P 型(毛巾运动袜)
针筒直径[mm(英寸)]		$89\left(3\dfrac{1}{2}\right)$	$95\left(3\dfrac{3}{4}\right)$
主梭和提花梭(把)		18	18
选针器(个)		7	7
针数范围(枚)		84~220	84~168
编织速度	设计转速(r/min)	350~400	270~350
	经济转速(r/min)	300~350	250~280
功率(kW)	伺服电动机	1	1
	风机	0.75	0.75
	电脑控制系统	≤0.5	≤0.5

续表

机器型号	QJZ-711型(时尚花色袜)	QJZ-711P型(毛巾运动袜)
排机尺寸(长×宽×高)(mm)	1500×1300×2500	1500×1300×2500
净重量(kg)	400	400
毛重量(kg)	450	450
包装尺寸(长×宽×高)(mm)	1200×1000×1800	1200×1000×1800
花型设计系统	可在 Microsoft windows 95/98/2000/ME/XP 多种操作系统中使用	
主要技术特征	无滚筒式全电脑控制系统,由伺服电动机驱动针筒 通过电脑控制面板,可在设定速度范围内随意调整编织速度 多色设计,采用气动导纱;24 只色纱导纱器用于条纹、花型和橡筋纱的供给 采用高性能超刀式选针器 32M 内存,可储存大量花型 具有 UPS 断电保护功能,发生停电时,可维持断电前编织程序和动作,来电时继续完成编织;同时驱动装置的保险丝融合保护 PCB 系统,避免电压不稳而造成的损坏 故障自检显示功能,可显示 15 种故障信息 自动油位检测,自动润滑功能 电脑控制箱采用 USB 接口,方便使用 U 盘对资料进行读取 适用电脑花型设计系统	

(二)成圈三角系统

QJZ-711 型提花袜机的成圈三角展开图如图 3-2-9 所示。

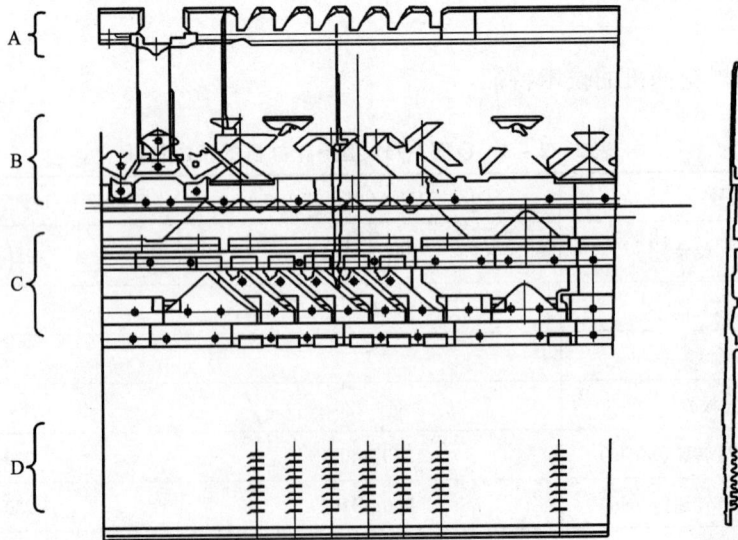

图 3-2-9 QJZ-711 型全电脑提花织袜机三角展开图

A—喂纱口及针舌控制板 B—基本编织三角组 C—辅助三角组 D—花型选针器

二、MONO4 型袜机

MONO4 型袜机采用全电子控制、4 路进线、单针筒,它用于生产传统的短袜和运动袜。

(一)MONO4 型袜机的技术特征(表 3 - 2 - 4)

表 3 - 2 - 4　MONO4 型袜机的技术特征

项　目		主要技术特征
袜品类型		编织平纹、1:1 和 3:1 假罗纹、3 色横条、单面提花和毛圈组织的传统运动短袜
针筒直径[mm(英寸)]		$102(4)$、$95\left(3\frac{3}{4}\right)$、$89\left(3\frac{1}{2}\right)$
针数范围(枚)		64 ~ 200
适用纱线线密度	腈纶纱[tex(公支)]	20 ~ 77(13 ~ 50)
	棉纱[tex(英支)]	19 ~ 97(6 ~ 30)
	锦纶[tex(旦)]	22 ~ 7.7(200 ~ 70)
导纱器和进线		电子气动控制的导纱器 24 个,每路 6 个底纱 4 路,弹性纱 2 路
选针装置		电子控制选针器 5 路,带有提花选针和固定选针的 4、6 或 8 档选针杆,用于袜跟、袜头成形具有逆向信号选针杆的选针器 1 路
针筒最高转述(r/min)	单纹和毛圈组织编织	320
	假罗纹、提花和转换部段	220
	袜跟、袜头往复运动	200
环境要求	温度(℃)	10 ~ 45
	相对湿度(%)	50 ~ 90
	海平面高度(m)	0 ~ 3000
所需电功率(380V/50Hz)	不带风扇电动机	最大功率 0.85kW
		最大表观功率 0.95kVA
	带风扇电动机	最大功率 1.75kW
		最大表观功率 2.15kVA
机器重量(kg)	净重	340
	毛重	430
机器最大外形尺寸(含落地纱架)(mm)	宽度	1290
	深度	2230(含备用筒子架)
	高度	2430

(二)成圈三角系统

MONO4 型袜机的成圈三角系统展开图如图 3 - 2 - 10 所示。

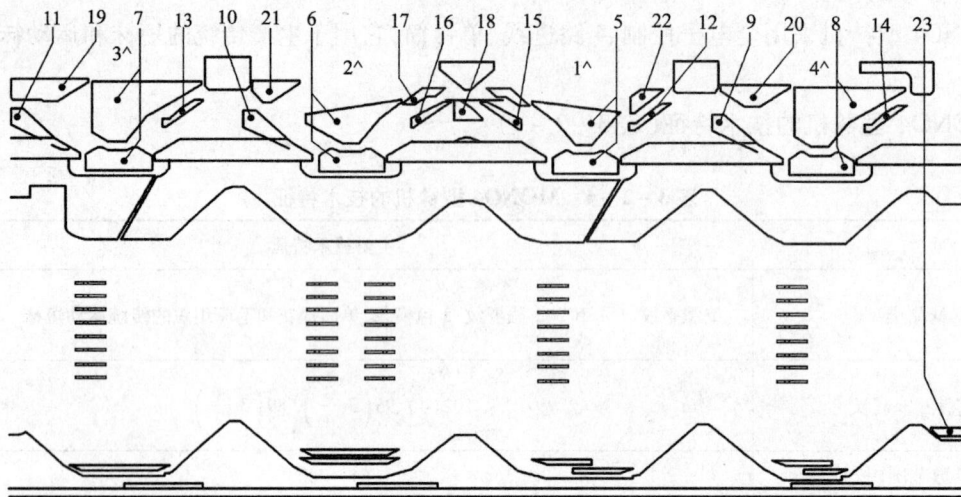

图 3 – 3 – 10　MONO4 型袜机三角系统展开图

1^~4^—三角系统编号　5~8—成圈组合三角　9~11—集圈三角

12~14—毛圈分道闸刀　15、16—毛圈针三角　17—毛圈闸刀　18—退圈三角

19~21—拦针三角　22—压针闸刀　23—集圈选针闸刀

第三节　新型单针筒织袜设备

目前,我国许多袜厂选用先进成熟的新型袜机,这些袜机的特点是:运转稳定、生产效率高、品种新颖、翻改方便、便于管理。

一、长筒袜机

高机号长筒袜机上装有扎口装置,用于生产各种薄型女袜和连裤袜等产品,一些常用的长筒袜机技术特征见表 3 – 2 – 5。

表 3 – 2 – 5　常用长筒袜机的技术特征

项　目		技　术　特　征				
制造厂	机　型	筒径 (mm)	总针数	进线 路数	机速(r/min)	机器特点及应用范围
意大利 罗纳地 (LONATI)	L301 型平纹高弹长筒袜机	102	402	4	900	全部电子程序控制
	L302 型平纹高弹长筒袜机	102	400	4	900	
	L309 型平纹高弹长筒袜机	102	402	4	1200	
	L310 型平纹高弹长筒袜机	102	400	4	1200	
	L314 型平纹高弹长筒袜机	102	400 402	4	1500	

项 目		技 术 特 征				
制造厂	机 型	筒径(mm)	总针数	进线路数	机速(r/min)	机器特点及应用范围
意大利罗纳地(LONATI)	L313 型提花高弹长筒袜机	102	402	4	1200/1100/900	提花滚筒设计全部电子程序控制
	L316 型提花高弹长筒袜机	102	402	4	1200/850	
	L303P 型提花高弹长筒袜机	102	400 402	4	750	
	L304 型电脑提花高弹长筒袜机	102	400	4	750	16 级电子选针器 4 个,全部电子程序控制
意大利胜歌(SANGIA－COMO	MACH·SIMPLE 型平纹高弹长筒袜机	102	342 382 402	4	900	—
	MACH3·COMPLETE 型提花高弹长筒袜机	102	342 382 402	4	900	18 级滚筒两个
日本永田(NAGATA－SEIKR)	KT－SVPER12H50 型提花高弹长筒袜机	102	380~400	4	1200/800	10 级电子选针器 4 个
	KT－SVPER·12G50 型提花高弹长筒袜机	102	380~400	4	1200/800	10 级电子选针器 2 个
	KT－SVPER12F50 型提花高弹长筒袜机	102	380~400	4	1200/800	4 级电子选针器 4 个
	KS－404 型平纹有跟高弹长筒袜机	95	360~428	4	500/333/166	—
	KS－424 型提花有跟高弹长筒袜机		360~428	4		
	KT－SUPER24 型网孔高弹长筒袜机	102	360~434	4	600/100/200	花滚筒 4 个
	T4－E 型电脑提花长筒袜机	102	240~384	4	200~220	—
意大利马泰克(MATEC)	MATECHSE 型平纹高弹长筒袜机	102	400(HSE/S 型) 402(HSE 型)	4	平纹 1500 网孔 1100	全电子程序控制,并可通过 AMP EX 电脑终端设计新款式,并通过电线直接输入袜机,1 台终端可供 60 台袜机使用
	MATEC,HSE,SimPLE 型平纹高弹长筒袜机	102	400/340	4	1500	
	POIS,DME 型提花高弹长筒袜机	102	400	4	1300/800	22 级花滚筒 4 个
	FANTASIADE 型电脑提花长筒袜机	102	400	4	800/380	电脑提花,大花型长筒袜和连裤袜

续表

项 目		技 术 特 征				
制造厂	机 型	筒径 (mm)	总针数	进线 路数	机速(r/min)	机器特点及应用范围
意大利 圣东尼 (SANTONI)	SNE－1 型平纹高弹长筒 袜机	114	360~400	8	800	全部电脑程序控制
	SHP 型平纹高弹长筒袜机	102	382~402	2	1500	全部电脑程序控制
	EJ－16 型提花有跟高弹长筒 袜机	95	335~415	2	500	电子选针提花,生产提花 有跟高弹长筒袜
韩国富胜 (BOOSEONG)	ZERO－4FE 型平纹高弹长 筒袜机	102	320~400	4	1200	生产高弹长筒女袜

二、普通单针筒袜机

常用单针筒袜机的技术特征见表3－2－6。

表3－2－6 常用单针筒袜机的技术特征

项 目		技 术 特 征				
制造厂	机 型	筒径 (mm)	总针数	进线 路数	机速(r/min)	机器特点及应用范围
意大利 罗纳地 (LONATI)	L317 型丝袜机	102	300,340,400	4	1800	平纹短丝袜,全部电子程 序控制
	L314E 型提花丝袜机	95	401	2	650	提花滚筒,小提花丝袜
	L342E 型丝袜机	102	401	2	750	平纹丝袜,全部电子程序 控制
	L344 型电脑提花丝袜机	95	400	2	650	大提花丝袜,全部电子程 序控制
	L361 型小提花运动袜机	82~95	72~399	2	400	小提花运动袜
	L362 型电脑提花运动袜机	82~95	72~399	2	350	电脑大提花运动袜,16级 电子选针器 4 个。全部电 子程序控制
	L364 型提花运动袜机	82~95	72~399	2	400	3 个提花滚筒
意大利 胜歌 (SANGIA－ COMO)	4CUSELITE2C 型提花袜机	82	60~240	2	240	4 色提花和 5 色间色,编 织男袜、童袜和毛圈运动袜
	TWORIBTORNADO 型罗纹 袜机	82~102	60~160	2	240	针筒和上针盘设计,编织 棉袜、毛袜等罗纹袜

项 目		技 术 特 征				
制造厂	机 型	筒径（mm）	总针数	进线路数	机速（r/min）	机器特点及应用范围
意大利胜歌（SANGIA－COMO）	MACHINE 型电脑提花袜机	102	84～120	4		8 个电子选针器,可编织大花型袜子,该机也可生产无虚线嵌花和各类立体特殊效果袜子
	CUS,RIB 型电脑提花袜机	82～95	72～216	2		针筒和上针盘设计,电脑提花,可生产提花罗纹毛圈组织的男袜、女袜和童袜
	6CUSF·E 型电脑提花袜机	82～89	72～240	2		针筒和上针盘设计有电视屏幕显示,全部电脑控制,生产罗纹组织各类袜子
	TWO RIBCOLOR 型提花袜机	89～102		2		花滚筒提花罗纹袜
	TWO RIBUNIVE－RSAL 型提花袜机	114	72～120	2		
日本永田（NAGATA－SEIKR）	KS－232 型提花袜机	82.89.95	96～360	2	220	2 个花滚筒,生产男女短袜
	KS－232B 型提花袜机	82.89.95	96～240	2	220	3 个花滚筒
	KSD－E 型电脑提花袜机	82.89.95	96～240	2	220～240	电脑提花男女袜
	KSC－E 型电脑提花袜机	82.89.95	96～240	2	220～240	电脑提花男女袜
	KSB－S 型电脑提花袜机	89.95	84～144	2	160	提花运动袜
意大利伊尔马克（IRMAC）	MBCS 型提花袜机	77～102	58～252	2	220	3 个花滚筒生产提花童袜、毛巾袜、锦丝袜
	MBCS/E 型电脑提花袜机	77～102	56～200	2	180～220	电脑提花童袜、毛圈袜、锦丝袜
	MTRD 型提花袜机	77～102	58～76	1	165	2 个花滚筒,生产提花男女短袜
	MZEJ 型提花袜机	102	96～108	2	200	2 个花滚筒,生产男女提花短袜、童袜
	M2CJ 型袜机	102	168		200	
	MCON 型袜机	114	72,84,96	1	200	生产男女毛圈短袜
意大利圣东尼（SANTONI）	EJ8 型提花袜机	95	94～280	2	400	制作男女提花短筒厚袜和提花厚连裤袜
	PENDOLINA 型提花袜机	95	301～421	2	500	27 级花滚筒 2 个,生产提花长短筒女丝袜

项　目		技　术　特　征				
制造厂	机　型	筒径（mm）	总针数	进线路数	机速（r/min）	机器特点及应用范围
意大利圣东尼（SANTONI）	PENDOLINA – V 型提花袜机	95	144～280	2	500	27 级花滚筒 2 个，生产男女提花长筒厚袜及厚连裤袜
	COLLEGE 型运动袜机	95	84～108	2	平纹 280 毛圈 260	生产罗纹毛圈运动袜
	沙克型罗纹袜机	95	72～96	3	400	针筒上针盘设计，生产各类罗纹袜，电子控制
中国台湾大康（DOKANG）	DK – B103 型提花袜机	89	70～180	2	180	25 级花滚筒 3 个，生产网孔、提花童袜
	DK – B103T 型毛圈运动袜	89	70～132	2	180	25 级花滚筒 3 个，生产毛圈提花运动袜
	DK – B203T 型毛圈运动袜	89	70～132	2	240	25 级花滚筒 3 个，生产毛圈提花运动袜
	DK – B303 型提花袜机	89	120～180	2	240	30 级花滚筒 3 个
	DK – C 型平纹袜机	89	70～180	2	180	生产素色男女袜
	DK – D 型毛圈袜机	89	70～132	2	180	生产男女毛圈袜
	DK – D101 型毛圈运动袜机	89	70～132	2	240	生产毛圈运动袜
意大利考罗士	STELLA 型电脑提花袜机	102～128	50～80	1	140/180	针筒和针盘设计，电脑提花，生产原型童长袜和女连裤袜
	MAGICA 型电脑提花袜机	102	84,96,120	4	200	生产男短袜，电脑绣花袜
	PERLA 型电脑绣花袜机	89	200	3	200	电脑提花，生产提花男女短袜，可织罗纹袜
	LSSIMA 型电脑提花袜机	89	200	4	200	电脑提花，可织罗纹袜和单色提花袜
	PEGINA 型电脑提花袜机	89	132～200	3	200/280	电脑提花和全部电脑控制，可采用终端机传送设计花型
意大利考尼梯	ELETTORONICA – P 型毛圈运动袜机	89,102	80～120	2	200	生产间色毛圈运动袜
	ELETTRONIC – F 型电脑提花运动袜机	89,102	80～120	4	200	生产提花运动袜
	INCREDIBLE 型电脑提花袜机	89	108～120	4	200	生产提花男短袜和运动袜

项　目		技　术　特　征				
制造厂	机　型	筒径（mm）	总针数	进线路数	机速（r/min）	机器特点及应用范围
意大利马泰克（MATEC）	SPORT 型假跟运动袜机	102	84～160	4	320	添纱组织运动袜
	MATEC1000 型多色提花袜机	89	168～216	2	220/110	针筒针盘设计，可做平纹、罗纹、网孔，11 色提花
意大利路米（RUMI）	ATHOH 型移圈袜机	82,89	54～84	2	180	生产移圈组织童短袜
	ATHOH TIGHTS 型移圈袜机	89	96～120	2	180	生产移圈组织短袜或厚连裤袜
	K.R.S－4RRICAMO 型毛圈运动袜机	82,89	24～54	2	200	生产毛圈运动袜
	ATHOHK6MIR 型移圈袜机	82,89	54～84	2	200	生产童袜或厚连裤袜
	ATHONELELTRONIC 型电脑提花袜机	82,89	54～84	2	180	电脑提花和程序控制生产童袜
韩国新韩（SHINHAN）	SH－25S 型,25D 型,36D 型提花袜机	82,89,95	64～220	2	200	生产提花男女袜
	SH－1KBK 型提花袜机	89,95	72～220	2	200	生产提花男女袜
韩国水山	KDW－3K 型提花袜机	89,95,102	84～240	—	200	生产男女袜及童袜

第四节　双针筒袜机

　　双针筒袜机结构复杂，它由上下两个针筒和上下两组编织系统组成，也有素袜机、绣花袜机和提花袜机之分，可以编织罗纹组织、素色凹凸组织、双色或三色提花组织、提花与凹凸复合组织、提花集圈与凹凸复合组织、绣花与凹凸复合组织等。

一、国产双针筒袜机

（一）技术特征

　　国产双针筒袜机机型较多，现将其中两种机型的技术特征列于表 3－2－7 中。

表 3－2－7　国产双针筒袜机技术特征

机器型号	Z651	Z76
袜品类型	具有 1＋1 单罗口、氨纶罗口,袜身可织三色提花和 1＋1 罗纹或平针袜底	具有 1＋1 单罗口或氨纶罗口,袜身可织绣花和凹凸及平针或 1＋1 罗纹袜底
适用原料	锦纶弹性丝、腈纶、羊毛和化纤混纺纱等	锦纶弹性丝、腈纶、羊毛和化纤混纺纱等

续表

机器型号		Z651	Z76
针筒	口径[mm(英寸)]	102(4)	102(4)
	针数(枚)	176	176
转速 (r/min)	袜筒	94	94
	袜头跟	94	94
	变换动作	51～94	51～94
成圈系统	主	五只一组导纱器	五只一组导纱器
	副	三只一组(可调色)	三只一组(可调色)
	第三	一只导纱器	一只导纱器
提花系统		1. 选针滚筒共三套 2. 滚筒形式:纹钉式48列纹钉×26档 3. 有提花连接装置,能扩大花型	1. 选针滚筒共三套,纹钉式:96列纹钉×14档两套※ 2. 凹凸滚筒一套,纹钉式:48列纹钉×13档※
落袜形式		连续卷取式	连续卷取式
电器自停		有断线、紧线、坏针、毛针等故障自停	有断线、紧线、坏针、毛针等故障自停
传动方式		单独传动	单独传动
电动机	功率(kW)	0.37	0.37
	转速(r/min)	1440	1440
外形尺寸(mm)		800×800×2400	800×800×2400
机器重量(kg)		420	400

注　1. 96列纹钉×14档中有1档为停滚筒用。

　　　2. 48列纹钉×13档中1档为停滚筒用。

(二)Z76 型双针筒袜机结构

1.传动机构

(1)传动机构如图3－2－11 所示。

(2)针筒传动路线。

①针筒快速单向回转:电动机→减速器→皮带轮 D_1 →快速皮带轮 D_2 → Z_1 (26^T) → Z_2 (44^T) → 35^T → 35^T →离合器→ 56^T → 56^T。

②针筒慢速单向回转:电动机→减速器→皮带轮 D_1 →慢速皮带轮 D_2 → Z_3 → Z_4 → 35^T → 35^T →离合器→ 56^T → 56^T。

③针筒往复回转:电动机→减速器→皮带轮 D_1 →慢速皮带轮 D_2 → Z_3 (21^T) → Z_4 (49^T) → Z_5 (47^T) → Z_6 (94^T) →扇形齿轮→ 30^T → 56^T → 56^T。

(3)传动比(表3－2－8)。

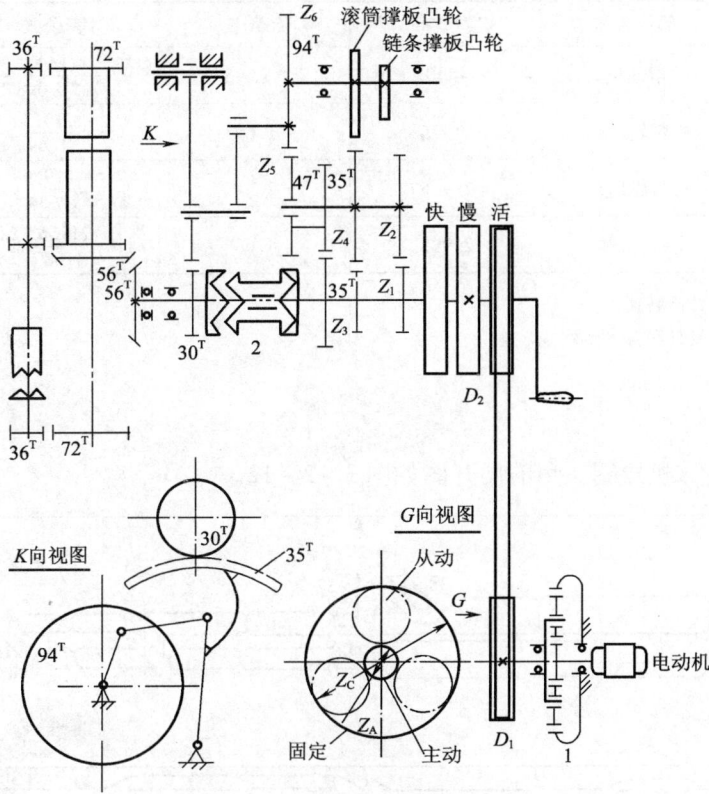

图 3 - 2 - 11　Z76 型袜机传动图

1—减速器　2—离合器　3—扇形齿轮　D_1—减速器皮带轮　D_2—袜机皮带轮

表 3 - 2 - 8　传动比

名　称	公　式	传动比 i
电动机—减速箱(周转轮系)出轴皮带轮 D_1 周转轮系齿数: $Z_A = 16^T$, $Z_C = 104^T$	$i_{\Delta H}^c = 1 + \dfrac{Z_C}{Z_A} = 1 + \dfrac{104^T}{16^T}$	7.5
(快速皮带轮—主轴)从动轮: $Z_2 = 44^T$ (快速皮带轮—主轴)主动轮: $Z_1 = 26^T$	$i_{1,2} = \dfrac{44^T \times 35^T}{26^T \times 35^T}$	1.69
(慢速皮带轮—主轴)从动轮: $Z_4 = 49^T$ (慢速皮带轮—主轴)主动轮: $Z_3 = 21^T$	$i_{3,4} = \dfrac{49^T \times 35^T}{21^T \times 35^T}$	2.34
(慢速皮带轮—扇形轮—主轴)从动轮: $Z_6 = 94^T$ (慢速皮带轮—扇形轮—主轴)主动轮: $Z_5 = 47^T$	$i_{5,6} = \dfrac{49^T \times 94^T}{21^T \times 47^T}$	4.68
袜机皮带轮 $D_2 = 175\text{mm}$, 减速箱出轴皮带轮 $D_1 = 200\text{mm}$	$i_{D_{1,2}} = \dfrac{175}{200}$	0.875

(4)各种主轴转速(表 3 - 2 - 9)。

表 3 - 2 - 9　各种主轴转速

项　目	部件名称	速度(r/min)	传动比 i	计算公式	转速(r/min)
袜机皮带轮	电动机	1440	7.5 × 0.875	$n = \dfrac{1440}{7.5 \times 0.875}$	219.5
主轴快速	皮带轮(快)	219.5	1.69	$n = \dfrac{219.5}{1.69}$	130
主轴慢速	皮带轮(慢)	219.5	2.34	$n = \dfrac{219.5}{2.34}$	94
主轴往复	皮带轮(慢)	219.5	4.68	$n = \dfrac{219.5}{4.68} \times 2$	94

注　1. 主轴转速 = 针筒转速。

　　2. 主轴一个往复针筒两个横列。

　　3. 滑移率不计。

2. 成圈机构

Z76 型双针筒袜机成圈三角的展开图如图 3 - 2 - 12。

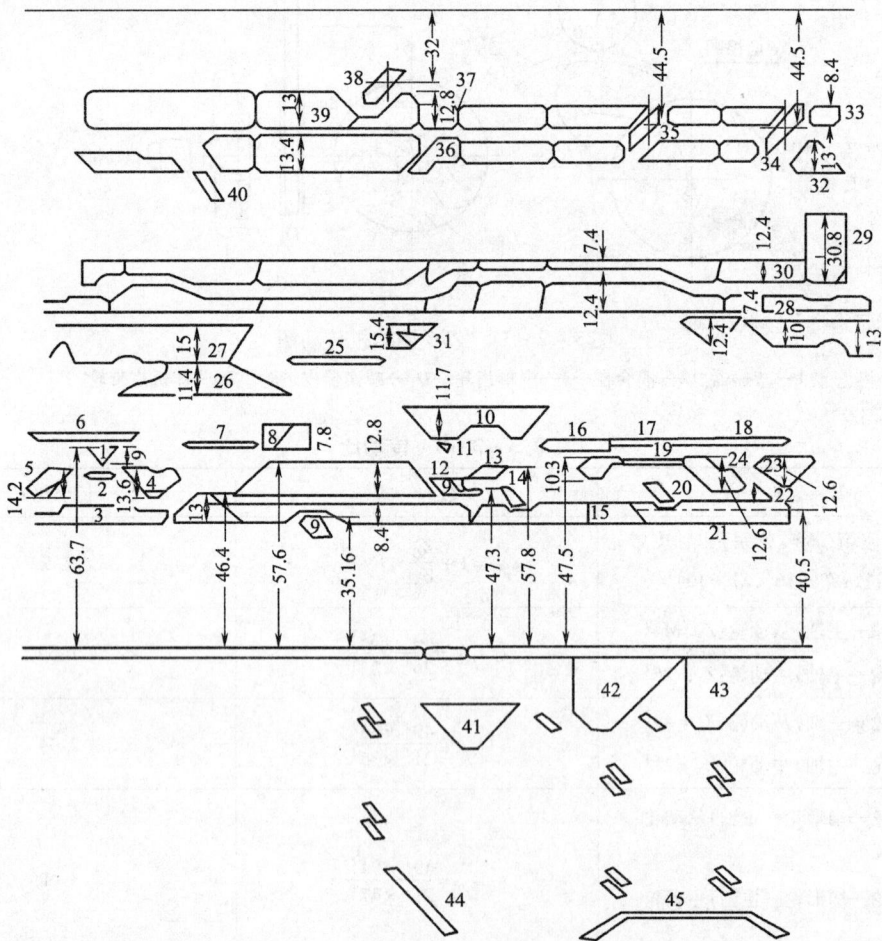

图 3 - 2 - 12　Z76 型双针筒袜机三角展开图

1—中菱角　2—平针三角　3—弯纱镶板　4—头跟倒车弯纱三角　5—弯纱三角　6~7、16~19—平针镶板
8—压针三角　9—转移三角　10—门护板　11—门护板小三角　12—起针镶板　13、15、21、23、24、28、30、31、39—镶板
14、22—起针闸刀　20—起针闸刀　25—转移板　26—下护针板　27—上护针板　29、37—门镶板(上)
32—上针弯纱三角　33—上针弯纱镶板　34—退圈闸刀　35、40—喂线闸刀　36—门镶板(下)
38—转移闸刀　41—提花三角　42、43—绣花添纱三角　44—提花平针闸刀　45—绣花添纱平针闸刀

二、进口双针筒袜机

我国现在拥有许多国外生产的新型双针筒袜机,这些袜机的特点是转速快、品种多,有机械式或带全电子程序控制的控制机构和选针机构。这类常见的双针筒袜机的技术特征列于表3 – 2 – 10 中。

表 3 – 2 – 10　进口双针筒袜机的技术特征

项　目		技　术　特　征				
制造厂	机　型	筒径（mm）	总针数	进线路数	机速（r/min）	机器特点及应用范围
意大利罗纳地（LONATI）	LR 型双针筒袜机	70 ~ 102	84 ~ 240	2	350	双反面罗纹袜
	EL 型高速双针筒袜机	70 ~ 102	84 ~ 240	2	380	罗纹及双反面组织袜
	JVNIOR2 型提花双针筒袜机	70 ~ 102	84 ~ 240	2	380	1 个电子选针器,两色提花袜
	LIJ3C 型提花双针筒袜机	70 ~ 102	84 ~ 240	2	220	提花滚筒,三色提花袜
	MASTERE 型提花双针筒袜机	70 ~ 102	84 ~ 240	2	220	2 个电子选针器,三色提花袜
	LR6 型双针筒袜机	114	84 ~ 112	2	300	罗纹袜
	L6 型提花双针筒袜机	114	84 ~ 112	2	300	1 个电子选针器,罗纹及双反面组织袜
	LLJ6 型提花双针筒袜机	89 ~ 114	68 ~ 112	2	200	2 个提花滚筒,三色提花袜
意大利马泰克（MATEC）	MATEC2000 型提花双针筒袜机	70 ~ 114	76 ~ 260	2	280/240	2 个提花滚筒,可以织平纹、提花罗纹短袜
	MATEC2002 型提花双针筒袜机	82 ~ 102	96 ~ 260	2	380/260	1 个花滚筒,可以机械和电子选针
	MATEC3000 型三色提花双针筒袜机	82 ~ 102	92 ~ 248	3	260 ~ 200	提花各款式短袜
	MATEC4002 型电脑提花双针筒袜机	82 ~ 102	84 ~ 224	2	400/260/210	全电子程序控制,利用终端机编排程序,编织男袜、童袜
意大利瓦诺	MORENI – 1C 型电脑提花双针筒袜机	140	40 ~ 64	1	75/150	电脑提花及程序控制生产男女厚型袜或女厚连裤袜
	MORENI – 2CV 型提花双针筒袜机	102	168 ~ 176	2	260	32 级花滚筒,生产男袜
	MORENI – 3C 型电脑提花双针筒袜机		108 ~ 180	2	300	电脑提花和控制纱线生产羊毛袜类

项　目		技　术　特　征				
制造厂	机　型	筒径（mm）	总针数	进线路数	机速（r/min）	机器特点及应用范围
韩国富胜	BS－2－TR 型毛圈运动袜机	102	108,120,132	2	150	生产罗纹运动袜
	BS－3－LK 型提花双针筒袜机	102	100～176	2	140～180	生产提花童袜
韩国兄弟（IL－SHIN）	BS－3－LK 型双针筒袜机	89,102,114	72～176	2	140～170	生产罗纹袜
	BS－4－AD 型双针筒袜机	89,102	108～176	2	220～250	生产罗纹运动袜
日本永田	EJL－S 型提花双针筒袜机	82～114	84～308	2	180～200	三色提花
	NJL－ES 型电脑提花双针筒袜机	89～102	110～240	2	180～200	大花型男女袜
	NJL 型提花双针筒袜机	102	120～240	2	160～180	3 套提花滚筒
	JL3 型提花双针筒袜机	76～114	72～220	2	150～160	男女提花短袜
中国台湾大康（DOKANG）	DK－A101 型罗纹双针筒袜机	102,114	72～176	2	220/110	—
	DK－A101S 型罗纹双针筒袜机	102,114	72～176	2	220/110	有吊线换色装置,可织水平色条纹
	DK－A101T 型毛圈运动袜机	114	72～120	2	230/110	生产罗纹毛圈运动袜

第五节　五趾袜机和缝头机

一、五趾袜机

五趾袜子分五趾无跟袜子和五趾有跟袜子两种。五趾无跟袜子是在五趾无跟袜机上编织成,以棉纱或各种混纺短纤纱为原料,选择国产全自动电脑五趾袜(手套)机,先自动编织各趾,再编织袜身,下面的袜坯经专门拷口后即成袜子。

生产五趾有跟袜子可选日本岛精（SHIMA SEIKI）公司的 SPF 型电脑袜机。由于五趾有跟袜子的结构,需要 SPF－L 型与 SPF－R 型左、右手两台机器配套才能编织左右配对成双并带袜跟的五趾袜。要生产质地轻薄的分趾袜,选用五趾袜机的机号必须在 $E10$ 以上。国产 KQGE2001 型全自动电脑五趾袜（手套）机的主要技术特征见表 3－2－11。日本岛精公司生产的 SPF 型全自动电脑五趾袜机的主要技术特征见表 3－2－12。

表 3-2-11　KQGE2001 型全自动电脑五趾袜(手套)机的主要技术特征

项　目	技术特征	项　目	技术特征
机号 E(针/25.4mm)	10,13	卷取装置	脱圈片摔落
有效机幅(mm)	140	日产量(双/日)	250~360
变速控制	变频无级调速	电动机功率(kW)	0.25
编织控制	电脑程序控制	外形尺寸(长×宽×高)(mm)	680×1230×1700

表 3-2-12　SPF 型全自动电脑五趾袜机的主要技术特征

项　目	技　术　特　征	
机号 E(针/25.4mm)	10	13
尺码(针床针数)	M:60	M:74
	L:65	L:78
转速(r/min)	脚趾:210,脚掌:110	
线圈密度	步进电动机(前后分段设定)90 段	
驱动方式	曲柄系统	
编织系统	沉降片编织系统	
加润滑油	全自动中央供油系统	
电动机	变频电动机,3 相交流电 200V、180W	
自动停机	断纱、超负荷、不能落下、橡筋纱断、方向错误、电池量过低、完成数量等	
控制方式	控制鼓及电子程序式	
操作界面	LCD 显示屏及键盘输入	
控制箱电源	3 相交流电 200V、450W	
安全护盖	防尘和减低噪声	
平均重量(kg)	270	
外形尺寸(长×宽×高)(mm)	880×1240×1700	

二、缝头机

　　普通的袜头都是在传统式缝头机上对行对眼缝合而成。高机号袜机产品的袜头一般是在单针或双针包缝机上缝合。使用普通包缝机缝合时,一台包缝机需配两至三名辅助工进行翻袜、捆扎,以协助包缝机挡车工操作。袜头的缝合质量及袜头弧形缝迹还取决于缝纫工操作的熟练程度,因此理想的设备是带有自动翻袜、定位及包缝缝合装置的自动袜头缝合机。高机号连裤袜的开档、缝合,可采用能自动开档、加档片、包缝缝档或自动开档后直接缝合的自动缝档机。

　　近年来,国内引进较多的袜子缝制设备。它们的技术特征参见表 3-2-13。

表 3 – 2 – 13　袜子缝制设备的技术特征

项 目		技 术 特 征			
制造厂	机型	产量 （打/h）	动力 （kW）	外形尺寸 （长×宽×高）（mm）	应用范围
日本高鸟 （TAKA – TORI）	TC – 720C 型自动缝头机	461 ~ 600	2.4	1900 × 1600 × 1850	用于高筒袜、连裤袜尖的缝合
	LC – 280 型自动缝裆机	350	2.7	2726 × 1610 × 1800	用于中号连裤袜缝裆,缝合有效长度 280mm
	LC – 320 型自动缝裆机	350	2.7	2900 × 1800 × 1800	用于大号连裤袜缝裆,缝合有效长度 320mm
	LC – 280PD 型自动缝裆机	960	2.9	2600 × 1750 × 2100	用于中号连裤袜缝裆,缝合有效长度 270mm
	TCR – 2 型自动缝制联合机	400	2.2	1830 × 1180 × 1950	用于连裤袜缝裆和袜头缝合,其中缝裆部分选用 LC – 280 型缝裆机
意大利 苏尼士 （COLIS）	SOLS – 25 型自动缝制联合机	350 ~ 400	—	3820 × 2750 （面积）	由 SOLIS – 20 型缝裆机和 SOLIS – 5CL 型袜尖缝合机连接在一起一体化使用,也可两机单独使用
英国迪 德索玛 （DETEXO – MAT）	DLG – 6000 型自动缝裆机	350	2.9	—	用于缝制连裤袜
	V – HSVITESSE 型自动袜尖缝合机	500 ~ 800	2.2	—	用于缝合连裤袜和短袜
	SPEEDOMATIC – HSR 型自动袜尖缝合机	400 ~ 500	2.1	1420 × 1040 × 1550	用于生产连裤袜、短袜和弹力袜
	AVTOGVSSET 型自动附加裆底缝合机	350 ~ 400	—	—	可缝制大、中、小三种尺寸椭圆形裆片,省料约 25%。该机可将 DLG – 6000 型缝裆机和 V – HS 型袜尖缝合机串联起来联合一体化使用
	INTERLINK 型内连接系统	—	—	—	将缝裆机和袜尖缝合机连接在一起使用,也可与 DLG – 6000 型、LC – 280/320/360 型联用

第三章 袜品质量、产量和消耗

第一节 袜品质量

袜子质量的要求分为外观质量和内在质量两个方面。外观质量包括规格尺寸及公差、表面疵点、缝制要求。内在质量包括直向、横向延伸及公差、纤维含量、甲醛含量、pH 值、染色牢度等五项指标。

袜子的质量定等以双为单位,分为一等品、合格品。袜子的质量分等,外观质量按双评等,内在质量按批评等,两者结合按最低品等定等。

一、外观质量要求和分等

1. 规格尺寸及公差

各类袜子规格尺寸及公差见表 3－1－3～表 3－1－9。规格尺寸分等规定见表 3－3－1。

表 3－3－1 规格尺寸分等规定　　　　　　　　　　单位:cm

项　　目			一等品	合格品
总长	袜号范围	10～18	符合标准及公差	－1.5
		18～22		－2.0
		22～30		－2.5
	高弹短筒袜			－2
	高弹中筒袜			－4
	高弹高筒袜			－6
口长、腰高	袜号范围	10～18	符合标准及公差	超出一等品标准公差－0.5
		18～22		
		22～30		
	高弹袜			
口宽	宽紧口袜		符合标准及公差	超出一等品标准公差－1
腰宽	连裤袜		符合标准及公差	超出一等品标准公差－1.5
直裆	连裤袜		符合标准及公差	超出一等品标准公差－1.5

2. 表面疵点及分等

袜子表面疵点的名称和分等规定见表 3－3－2。

表 3 - 3 - 2 表面疵点

袜号	序号	疵点名称	一等品	合格品
有跟短袜	1	粗丝(线)	轻微的:脚面部位限 1cm,其他部位累计限 0.5 转	明显的,脚面部位累计限 0.5 转,其他部位 0.5 转以内限 3 转
	2	细丝	袜口部位不限,着力点处不允许,其他部位限 0.5 转	轻微的:着力点处不允许,其他部位不限
	3	紧稀路针	轻微的:脚面部位限 3 条;明显的:袜口部位不允许	明显的:袜面部位限 3 条
	4	抽丝、松紧纹	轻微的抽丝脚面部位 1cm 1 处,其他部位 1.5cm2 处,轻微的抽紧和松紧纹,允许	轻微的抽丝 2.5cm2 处,明显的抽紧和松紧纹,允许
	5	花针	锦纶丝袜脚面部位不允许	允许
	6	花型变形	不影响美观者	稍影响美观者一双相似
	7	修痕、修疤	脚面部位不允许,轻微的修痕 0.5cm 1 处	修后允许
	8	缝头疵点	歪角:允许粗针 2 针,中针 3 针,细针 4 针。轻微松紧,允许	歪角:允许粗针 4 针,中针 5 针,细针 6 针。明显松紧,允许
	9	挂口疵点	罗口套歪不明显	罗口套歪较明显
	10	色花、油污、色渍、沾色	轻微的、不影响美观,允许	较明显,允许
	11	色差	同一双允许 4 级	同一双允许 3 - 4 级
	12	乱花纹	轻微,允许,脚面部位限 3 处	允许
	13	横道不齐	允许 0.5cm	允许 1cm
	14	宽紧口松紧	轻微的,允许	明显的,允许
	15	长短不一	限 0.5cm	限 1cm
高弹丝无跟袜、连裤袜	16	粗丝	腿部不允许	允许
	17	抽丝	分散状 0.5cm 3 处或 1cm 1 处	分散状 0.5cm 5 处或 1cm2 处允许
	18	花针	腿部不连续小花针限 5 个	允许
	19	缝裆高低头	橡筋缝合处上、下低高差异 0.5cm 及以内	橡筋缝合处上、下高低差异 0.7cm 及以内
	20	错裆	裆缝未缝住或缝出裤部网孔,不允许	
	21	色花、色差、油污、色渍、沾色	轻微的,允许	明显的(除脚面部位),允许
	22	长短不一	允许差 1.5cm	
	23	修痕	轻微的,允许	允许
	24	修疤	不允许	

注 1.测量外观疵点长度,以疵点最长长度(直径)计量。

2.条文未规定的外观疵点,供需双方参照相应疵点酌情处理。

3.色差按 GB250 标准评定。

4.疵点程度描述:轻微是指疵点在直观上不明显,通过仔细辨认才可看出。明显是指不影响整体效果,但能感觉到了疵点的存在;显著是疵点程度明显影响总体效果。

5.破坏性疵点不允许。

3. 缝制要求

连裤袜合裆用三线或四线包缝机缝制,缝边(刀门)宽度为 0.3cm~0.4cm,针迹密度三线包缝不低于 10 针/cm,四线包缝不低于 8 针/cm,缝迹直向拉伸不脱不散,合裆后两腿的防脱散横列上下差异不超过 1.5cm,防脱散缝合长度不低于 1.5cm。

高弹袜用弹力缝纫线缝制。

二、内在质量要求和分等

1. 直向、横向延伸值及公差

各类袜子横向延伸值及公差见表 3-1-3~表 3-1-8。高弹连裤袜的直向、横向延伸值及公差见表 3-1-9。

2. 染色牢度

袜子耐洗、耐汗渍、耐摩擦色牢度的要求见表 3-3-3。

表 3-3-3　染色牢度

单位:级

耐洗色牢度≥		耐汗渍色牢度≥		耐摩擦色牢度≥	
原样变色	白布沾色	原样变色	白布沾色	干摩	湿摩
3	3	3	3	3	3

3. 甲醛含量、pH 值、纤维含量要求

袜子的内在质量要求新标准增加了纤维含量检测项目及检测部位要求;删除了袜子干燥重量考核项目。

袜子纤维含量、甲醛含量、pH 值要求见表 3-3-4。

表 3-3-4　纤维含量、甲醛含量、pH 值

项　　目	一　等　品	合　格　品
纤维含量(净干含量)(%)	按 FZ/T 01053 执行	
甲醛含量(mg/kg)	婴幼儿≤20,成人≤75	
pH 值	4.0~7.5	

4. 内在质量分等

袜子内在质量分等规定见表 3-3-5。

表 3-3-5　袜子内在质量分等规定

项　　目		一　等　品	合　格　品
横向延伸值(cm)	袜口、袜筒、腰口、臀宽	符合标准及公差。两只差异棉纱线袜和锦纶丝袜 1.5cm 内允许;弹力袜 2cm 内允许;高弹丝袜 3cm 内允许	棉纱线袜、锦纶丝袜超出一等品标准公差±0.5cm 其他袜类超出一等品公差 1.0cm,两只差异超出一等品公差 1cm
	腰口、臀宽	符合标准	超出一等品公差-5cm

续表

项 目		一等品	合格品
直向延伸值(cm)	直档	符合标准规定	超出一等品 -4cm
	腿长		超出一等品 -8cm
染色牢度(级)		符合标准规定	
甲醛含量(mg/kg)		符合标准规定	
pH 值			
纤维含量(%)			

注 1. 某一纤维标注含量在 10% 及以下时,其含量不得少于本身含量的 70%。

2. 用多功能拉伸仪测试时,直向、横向延伸值可减少 1.5cm。

三、试验方法

(一)抽样数量

(1)外观质量(规格尺寸及公差、表面疵点、缝制要求)随机采样 2% ~3% ,但不少于 20 双。

(2)内在质量(直、横向延伸值、纤维含量、染色牢度、甲醛含量、pH 值)随机采样 10 双。

(二)外观质量检验条件

(1)一般采用灯光检验。用 40W 青光或白光日光灯一只,上面加灯罩,灯罩与检验台面中心垂直距离(50 ±5)cm。

(2)如采用室内自然光,必须光线适当,光线射入方向为北向左(或右)上角,不能使阳光直射产品。

(3)检验时产品平摊在检验台上,检验人员应正视产品表面,如遇可疑疵点涉及到内在质量时,可仔细检查或反面检查,但评等以平铺直视为准(丝袜检验时应带手套)。

(4)检验规格尺寸时,应在不受外界张力条件下测量。

(三)试验准备与试验条件

(1)内在质量试样不得有影响试验准确性的疵点。

(2)试验室温湿度要求:实验前,需在常温下展开平放 20h,然后在实验室温度为(20 ±2)℃,相对湿度为(65 ±3)% 的条件下放置 4h 后再进行试验。

(四)试验项目

1. 规格尺寸试验

(1)试验工具:量尺,其长度需大于试验长度,精确至 0.1cm。

(2)试验操作:测量袜底长时,将袜子平放在光滑平面上,以量尺对袜子踵点和袜尖的两端点进行测量。

2. 直向、横向延伸值试验

(1)试验仪器。

①电动横拉仪:标准拉力(25 ±0.5)N,扩展标准拉力为(33 ±0.65)N;移动杠杆行进速度

为(40±2)mm/s。

②多功能拉伸仪:拉力0.1N~100N范围内可调,长度测量范围(25~300)cm±1cm,移动杠杆进行速度(40±2)mm/s,标准拉力(25±0.5)N,扩展标准拉力(33±0.65)N。

(2)试验部位。

①短筒有跟袜试验部位。

a.袜口横向延伸部位:袜口中部。

b.袜筒横向延伸部位:加底袜在袜筒加根部位的跟高下1cm处测量。单底袜在筒长中间部位测量。

②无跟袜试验部位。

a.袜口横向延伸部位:袜口中部。

b.上袜筒横向延伸部位:中筒袜在袜口下5cm。长筒袜在袜口下10cm。

下袜筒横向延伸部位:距袜尖10cm。

③连裤袜试验部位。

a.腰口横向延伸部位:腰口中部。

b.臀宽横向延伸部位:腰口下10cm处。

c.上袜筒横向延伸部位:直裆下10cm处。

d.下袜筒横向延伸部位:无跟袜距袜尖10cm处。有跟袜距提针点上5cm处。定跟袜距袜跟圆弧对折线的中点上5cm处。

e.直裆直向延伸部位:腰口中部至裆底延长线处。

f.腿长直向延伸部位:由裆底延长线至距袜尖1.5cm处。

(3)试验操作。

①用扩展标准拉力测试棉纱线袜、含棉50%及以上混纺、交织袜。用标准拉力测试化纤袜及其他混纺、交织袜。标准拉力(25±0.5)N,扩展标准拉力(33±0.65)N。

②连裤袜拉伸试验:先做横向部位拉伸,停放30min后再做直向部位拉伸。

③连裤袜的两个腿长要分别进行测试。直裆拉伸试验将腰口至裆底左右相对折重合后再进行拉伸试验。

④实验时如遇试样在拉钩上滑脱情况,应换样重做试验。

⑤计算方法(结果保留整数):按下式计算合格率。

$$合格率 = \frac{测试合格总处数}{测试总处数} \times 100\%$$

3. 染色牢度试验

(1)耐洗色牢度试验方法按GB/T 3921.1标准规定。

(2)耐汗渍色牢度试验方法按GB/T 3922标准规定,剪取袜底部位。

(3)耐摩擦色牢度试验方法按GB/T 3920标准规定,剪取袜底部位,只做直向。

(4)色牢度评级按GB 250标准及GB 251标准评定。

4. 纤维含量试验

(1)试验部位:剪取袜面部位。

(2)试验方法按GB/T2910标准、GB/T 2911标准、FZ/T01057.1~01057.11、FZ/T01095标

准规定。

5. 甲醛含量试验

按 GB/T 2912.1 标准规定执行。

6. pH 值试验

按 GB/T7573 标准规定执行。

四、判定规则

(一)检验结果的处理方法

1. 外观质量

以双为单位,凡不符合品等率超过 5.0% 以上或破洞、漏针在 3.0% 以上者,判定为不合格。

2. 内在质量

(1)直向、横向延伸值以测试 10 双袜子的合格率达 80% 及以上为合格,在一般情况下可在常温下测试。如遇争议时,以恒温恒湿条件下测试数据为准。

(2)纤维含量、甲醛含量、pH 值、耐洗色牢度、耐汗渍色牢度、耐摩擦色牢度检验结果合格者,判定该产品合格,不合格者判定该产品不合格。

(二)复验

(1)检验时任何一方对检验的结果有异议,在规定期限内对有异议的项目可要求复验。

(2)复验数量为初验时数量。

(3)复验结果按(一)规定处理,以复验结果以准。

第二节 袜品产量

一、袜品总产量

袜子的产品总产量用成品入库量来表示。

(1)成品入库量是指报告期的产量,即指规定给算产量的开始至终止的一段时间的产量,应以截止到期末最后一班前的入库产量为准。

(2)记入入库量的产品,必须是完成本厂最后一道工序并经检验合格包装入库且办理入库手续的产品。

二、单位产量

单位产量是指单位时间内单位机台(锭)的产量,单位产量可区分为理论产量、计划产量和实际产量三种。

1. 理论产量

理论产量为机器连续运转,没有任何时间损失的生产数值。

织袜厂各工序的袜机和辅助机器的单产、线速度和理论台锭时产量的计算公式如表 3 - 3 - 6 所示。

表 3-3-6　单产、线速度和理论台、锭时产量的计算公式

机　种	项目　　线速度(m/min)／织袜时间(min/只)	棉纱线 [kg/(锭·h),双/(台·h)]	锦纶弹力丝 [kg/(锭·h),双/(台·h)]	锦纶丝 [kg/(锭·h),双/(台·h)]	符号说明
槽筒式络纱机	$V = \dfrac{n\sqrt{(\pi D\eta)^2 + s^2}}{1000}$	$P_1 = \dfrac{tv}{1.693N_e} \times 1000 = \dfrac{tv\mathrm{Tt}}{1000^2}$	—	—	v—线速度(m/min) n—锭子转速(r/min) D—槽筒直径(mm) t—时间(60min) P_1—理论锭时产量(kg) N_e—英制支数 Tt—棉纱线密试(tex) s—螺距(mm) η—滑移系数
波罗锭铬丝机	$v = \dfrac{n\sqrt{(xd)^2 + \left(\dfrac{s}{3.34}\right)^2}}{1000}$	—	$P_1 = \dfrac{vtD}{9000 \times 1000}$	$P_1 = \dfrac{vt}{N_m} \times 1000$	n—主轴转速(r/min) d—平均筒管直径(mm) N_m—公制支数 s—导距(mm) D—丝的目数(旦) 其余同上
袜口罗纹机	$t = \dfrac{N_1}{n_1} + \dfrac{N_2}{n_2}$	$P_1 = \dfrac{30}{\dfrac{N_1}{n_1} + \dfrac{N_2}{n_2}}$	$P_1 = \dfrac{30}{\dfrac{N_1}{n_1} + \dfrac{N_2}{n_2}}$	$P_1 = \dfrac{30}{\dfrac{N_1}{n_1} + \dfrac{N_2}{n_2}}$	t—时间(min/只) P_1—理论台时产量 n_1—快车速度(r/min) N_1—每只罗纹快车编织横列数 n_2—慢车速度(r/min) N_2—每只罗纹慢车编织横列数

续表

机种	项目				符号说明
	线速度(m/min)织袜时间(min/只)	棉纱线,双/(台·h) [kg/(锭·h),双/(台·h)]	锦纶弹性丝,双/(台·h) [kg/(锭·h),双/(台·h)]	锦纶丝,双/(台·h) [kg/(锭·h),双/(台·h)]	
橡筋罗纹机	$t = \dfrac{ZC}{n}$	—	$P_1 = \dfrac{30n}{ZC}$	—	n—转速(r/min) C—每节链条转数 Z—链条节数
织袜机	$t = \dfrac{C_1 Z_1}{n_1} + \dfrac{C_2 Z_2}{n_2}$	$P_1 = \dfrac{30}{\dfrac{C_1 Z_1}{n_1} + \dfrac{C_2 Z_2}{n_2}}$	$P_1 = \dfrac{30}{\dfrac{C_1 Z_1}{n_1} + \dfrac{C_2 N_2}{n_2} + \dfrac{C_3 Z_3}{n_3}}$	$P_1 = \dfrac{30}{\dfrac{C_1 Z_1}{n_1} + \dfrac{C_2 N_2}{n_2}}$	Z_1—快车链条转数 Z_2—慢车链条转数 Z_3—往复链条转数 N_2—往复速度(r/min) C_1—快车时每节链条转数 C_2—慢车时每节链条转数 C_3—往复时每节链条转数
缝头机	$t = \dfrac{\dfrac{N}{2} + S_n}{n}$	$P_1 = \dfrac{30n}{\dfrac{N}{2} + S_n}(S_n = 8)$	$P_1 = \dfrac{30n}{\dfrac{N}{2} + S_n}(S_n = 15)$	$P_1 = \dfrac{30n}{\dfrac{N}{2} + S_n}(S_n = 25)$	n—主轴转速(r/min) N—袜子总针数 S_n—两只袜子相邻空档针数值

2. 计划产量

　　各机的计划单位产量 = 各机的理论单位产量 × 各机的计划生产效率

3. 实际产量

$$各机实际单位产量 = \frac{各机实际生产量}{各机实际运转台时数}$$

三、生产效率

　　生产效率是指各机在规定工作时间内应达到的有效生产时间指标,除设备休止以外的一切停台损失,都是影响生产效率的因素,见下表 3 - 3 - 7。

表 3 - 3 - 7　影响生产效率的因素

项目 ＼ 工序	络纱	织袜口	织袜	缝头
换筒、络筒、上绞	√	√	√	√
接头、断头	√	√	√	√
空锭	√			
合口			√	
空车		√	√	√
坏车	√	√	√	√
加油	√	√	√	√
小修理或重点检修	√	√	√	√

　　注　√表示有该项。

　　生产效率的计算公式:

$$生产效率 = \frac{实际单位产量}{理论单位产量} \times 100\%$$

　　织袜厂各机的生产效率见表 3 - 3 - 8。

表 3 - 3 - 8　生产效率(%)

品种 ＼ 工序	第一次络纱	第二次络纱	织口	橡口	织袜	缝头
绵纶弹力袜	80~90	90~95	88~94	80~85	80~85	双根 82~88 单根 75~80
锦纶丝袜	—	—	85~90	80~85	80~85	75~80
线袜	75~85	85~95	85~90	80~85	80~85	87~93

四、设备利用率

　　设备利用率是综合反映已安装设备是否充分利用的指标。

$$设备利用率 = \frac{利用设备总台时数}{安装设备总台时数} \times 100\%$$

利用设备数是指实际使用的设备数,包括实际运转的设备、保全保养休止(停台)的设备、由于管理上的原因而休止的设备。

五、设备运转率

设备运转率是指全部利用设备在既定条件下,在时间上的运用情况,即实际运转总台时数和利用总台时数之比。

$$设备运转率 = \frac{运转设备总台时数}{利用设备总台时数} \times 100\%$$

或

$$设备运转率 = \frac{利用总台时数 - 休止总台时数}{利用总台时数} \times 100\%$$

休止总台时数,包括在实际运转中由于保全保养、技术改造、生产组织管理及其他事故而造成设备的各种休止时间,但受厂外停电影响而引起的休止时间不包括在内。休止总台时数所包括的具体内容见表3-3-9。

表3-3-9　休止总台时数所包括的具体内容

休止原因	具体内容
保全保养休止	包括大小平车、重点检修和部分保全保养的维修的休止
修换电气设备	包括厂内各种线路故障或电气损坏修理的休止
供应不平衡	包括供应不足或供应过剩而引起的休止
劳动力不足	包括出勤率低、劳动力不足而引起的休止
技术组织措施	包括各种有计划进行的技术措施
改车及试验	包括各种翻改品种货号和专题试验的休止
计划停车	有计划的设备休止
设备重大损坏	包括必须由保全工进行调换配件或修理的休止

第三节　织袜消耗

一、原料消耗

在袜品生产成本中,原料占有重要比例。原料消耗定额直接反映企业生产技术管理水平。原料的消耗通常用制成率和单耗来表示。

(一)制成率

制成率表征原料的利用率。各类袜子的制成率计算公式如下:

棉纱线袜制成率 = [1 - 煮练丝光损耗率][1 - 络纱损耗率][1 - 织口损耗率] ×

[1 - 织袜损耗率][1 - 缝头损耗率][1 - 漂染损耗率]

$$锦纶弹性丝袜制成率 = [1-漂染损耗率][1-络丝损耗率][1-织口损耗率] \times$$
$$[1-织袜损耗率][1-缝头损耗率]$$

$$锦纶丝袜制成率 = [1-织口损耗率][1-织袜损耗率][1-缝头损耗率] \times$$
$$[1-漂染损耗率]$$

棉纱线袜、锦纶丝袜的制成率通常为90%,弹性锦纶丝袜的制成率通常为95%。

(二)单耗

单耗表示单位产品原料消耗量,生产中常以10双袜子为单位。单耗可根据各类袜品成品重量和各加工工序中的原料损耗量来算得。计算方法如下:

$$棉纱线袜单耗(g/10双) = (袜子交货净重-非用纱重量)+丝光损耗+回潮率差耗+$$
$$络纱损耗+并花线损耗+罗纹损耗+织袜损耗+$$
$$缝袜头损耗+漂染损耗+拉毛损耗(起绒产品)$$

$$弹性锦纶丝袜单耗(g/10双) = (袜子交货净重-非弹力锦纶丝用料量)+络丝损耗+$$
$$(回框损耗)+并花线损耗+罗纹损耗+织袜损耗+$$
$$缝袜头损耗+漂染损耗$$

$$锦纶丝袜单耗(g/10双) = (袜子交货净重-非锦纶丝用料量)+织罗纹损耗+织袜损耗+$$
$$缝袜头损耗+漂染损耗$$

各工序原料损耗计算的地区标准如下:

1. 煮练丝光损耗

棉纱线:14tex×2以上,损耗率4.7%;11.5tex以下,损耗率6.9%。

$$煮练丝光损耗(g/10双) = (交货净重+回潮率差耗+络纱损耗+并花线损耗+$$
$$罗纹损耗+织造损耗+漂染损耗) \times 丝光损耗率$$

2. 络纱损耗

各种原料络纱损耗率见表3-3-10。

表3-3-10 络纱损耗率(%)

工序	色别	棉 纱 线 (tex)						弹性锦纶丝(tex)
		95~28	14~18	12以下	28×2以上	18×2 14×2	12×2以下	(5.5~11)×2
络纱 (摇倒)	本色	0.4	0.8	1.2	0.2	0.4	0.6	0.5
	色线	0.6	1.2	1.8	0.3	0.6	0.9	0.8
并花线	色线	1.2	2.4	3.6	0.6	1.2	1.8	1.6
回框	本色							0.5

$$棉纱络纱损耗(g/10双) = (交货净重-非用纱重量) \times 络纱损耗率$$
$$弹性锦纶丝络丝损耗(g/10双) = (交货净重-非弹性锦纶丝用料重量) \times 络丝损耗率$$

3. 织罗纹损耗

棉纱线袜、弹性锦纶丝袜和锦纶丝袜编织各种罗纹口的损耗见表3-3-11和表3-

3 - 12。

表3 - 3 - 11　棉纱线袜织罗纹损耗　　　　　　单位:g/10 双

袜口类型	原料规格		机头损耗	拆罗纹损耗
	tex	英支		
单套口	6 × 28	21 × 6	20.8	2.6
单套口	18 × 2 ~ 14 × 2	32/2 ~ 42/2	5.2	0.8
单套口	12 × 2 以下	50/2 以上	4.4	0.8
双套口	18 × 2 ~ 14 × 2	32/2 ~ 42/2	6.8	0.8
双套口	12 × 2 ~ 9.5 × 2	50/2 ~ 60/2	6.3	0.8
双套口	2 × (14 × 2);14 × 2 + 18 × 2	42/2 × 2;42/2 + 32/2	12.5	1.0
双套口	2 × (12 × 2) 以下	50/2 × 2 以上	8.3	0.8

表3 - 3 - 12　弹性锦纶丝袜和锦纶丝袜织罗口损耗　　　　　　单位:g/双

袜　类	袜口类型	原料规格(dtex)	机头损耗	折罗纹损耗
弹性锦纶丝袜	单口,280 针	33 × 2	0.2	2.0
	单口,双口,160 ~ 176 针	77 × 2	0.2	
	氨纶口,160 ~ 170 针	77 × 2	0.5	
	氨纶口,240 针	110 × 2	0.6	
	双口,氨纶口,76 ~ 88 针	4 × (110 × 2)	0.8	
	双口童袜	55 × 2	0.2	
	双口,单口童袜	77 × 2	0.2	
	氨纶口童袜	2 × (77 × 2)	0.2	
锦纶丝袜	单口	156;132	0.7	2.0
	双口	2 × 77	0.7	
	双口	2 × 156;2 × 132	1.4	
	双口	3 × 66;3 × 50;4 × 50	0.8	
	双口	4 × 33;5 × 22	1.0	1.0
	氨纶口	156;132;2 × 77	0.7	4.0
	氨纶口	2 × 166;2 × 132	1.4	4.0
	氨纶口	3 × 66;3 × 50;4 × 50	0.8	4.0
	氨纶口	4 × 33;5 × 22	1.0	2.0

4. 织造损耗

各类袜子的织造损耗率见表3 - 3 - 13,织造损耗的计算方法与络纱损耗计算方法相同。

表 3 – 3 – 13 织造损耗率(%)

棉纱线袜			锦纶丝袜			弹力锦纶丝袜		
袜子类别	原料规格 (tex)	损耗率	袜子类别	原料规格 (dtex)	损耗率	袜子类别	原料规格 (dtex)	损耗率
平口袜 套口袜	2×14×2 2×18×2	0.4	素套舞袜	156~132	0.5	单针筒套口袜, 直形花,双系统		1.6
平口袜 套口袜	14×2+14	0.5	素套舞袜	77,66,50	0.6	单针筒套口袜, 横条,三系统		2.0
平口袜 套口袜	10×2/10	0.7	素套舞袜	33~22	2.0	单针筒套口袜, 绣花添纱加横条		2.6
平口袜 套口袜	7×2/7	0.8	花套袜	156~132	0.7	单针筒橡口直 下素袜		1.8
双针筒素袜	28~36	1.2	花套袜	77	0.8	单针筒橡口直 下,直形花,双系统	(55~ 110)×2	2.8
双针筒抽 条提花袜	28~36	1.8				单针筒橡口直下, 横条,三系统		3.0
双针筒抽 条提花袜	2×28×2	2.7				单针筒橡口直 下,绣花加横条		2.9
高低绣花袜		1.9	花套袜	33~22	2.8	双针筒抽条, 提花		3.6
绣花童袜		3.0				双针筒双、三 系统		4.2
童袜		0.4				双针筒双、三系 统加横条		5.4

注 夹底加固袜按上述标准加 20% ~ 50%。

5. 缝头损耗

各类袜子缝头损耗见表 3 – 3 – 14。

表 3 - 3 - 14　缝头损耗

单位：g/10 双

棉纱线袜		锦纶丝袜			弹性锦纶丝袜		
原料规格（tex）	损耗重量	原料规格（dtex）	锦纶丝机头损耗	棉纱损耗	原料规格（dtex）	弹性锦纶丝机头损耗	棉纱损耗
18×2+14 14×2+14	5.7	156~132 77×2	1.2	(14×2tex)8 (10×2tex)6	75×2 2×75×2	0.2	10.5
10×2+10	4.7	77,66 50	1.0		3×75×2	0.2	12.0
2×28×2	14.1	3×33 4×22	2		4×75×2	0.2	15.0
2×18×2 3×14×2	10.9				110×2	0.2	8.0
2×14×2 28×2	9.9				2×77×2（童袜）	0.2	9.5
2×12×2 以下	6.8						
4×36	19.5						
5×28 3×(28×2)	20.8						

6. 漂染损耗

漂染损耗计算方法与络纱损耗的计算方法相同。在表 3 - 3 - 15 中列了各种原料袜子的漂染损耗率。

表 3 - 3 - 15　漂染损耗率（%）

棉纱线袜			锦纶丝袜	弹性锦纶袜
浅色	中色	平口	2.0	0.3
0.8	0.5	0.4		

7. 拉毛损耗

拉毛损耗以袜子交货净重的 0.5% 计算。

8. 回潮率差耗

棉纱线袜回潮率差耗，以 2% 计算。

二、织针消耗

用针消耗有两种计算方法：

1. 平均单耗

$$单耗（枚/10 双）= \frac{本期织针的总耗用量}{本期袜子的总产量} \times 10$$

现在国产机械式单针筒袜类、平均单耗为 0.3 枚/10 双,双针筒袜类为 1.4 枚/10 双。

2. 分品种单耗

$$分品种单耗(枚/10\ 双) = \frac{本期该品种的耗针量}{本期该品种的产量} \times 10$$

实际上织针消耗量将受织针种类和规格不同、袜机的种类和性能差异,以及原料和工艺条件不同的影响而有所不同。

三、用电消耗

用电消耗包括基本生产用电、辅助生产用电和空调用电等组成部分。袜子用电消耗通常用平均单耗(度/千双或度/10 双)表示

$$平均单耗(kWh/千双) =$$
$$\frac{基本生产用电(kWh) + 辅助生产用电(kWh) + 空调用电(kWh) \times 1000}{同期袜子总产量}$$

耗电量通常与生产中的各种因素和季节有关,因此,不同季节会有不同的用电平均单耗。

四、用煤消耗

用煤消耗包括基本生产用煤和辅助生产用煤两部份。基本生产用煤是指在袜子生产过程中所必须的加热蒸烫、烘干等所需要的用煤量。辅助生产用煤是指非袜子生产直接耗用,如空调、保全及生产厂房保暖等用煤。

用煤消耗通常有平均单耗(kg/千双或 kg/10 双)和分品种用煤单耗两种计算方法。

$$平均单耗(kg/千双) = \frac{基本生产用煤(kg) + 辅助生产用煤(kg)}{同期袜子总产量} \times 1000$$

分品种用煤单耗是根据各种袜品在加工中用汽量不同,制订一定的折合率,然后分别制订各种袜品的用煤单耗。

参考文献

[1]《针织工程手册》编委会.针织工程手册(纬编分册)[M].北京:中国纺织出版社,1996.

[2]《针织工程手册》编委会.针织工程手册(人造毛皮分册)[M].北京:中国纺织出版社,1995.

[3]上海市针织工业公司,天津市针织工业公司.针织手册[M].北京:纺织工业出版社,1983.

[4]龙海如.针织学[M].北京:中国纺织出版社,2008.

[5]宋广礼,蒋高明.针织物组织与产品设计[M].2版.北京:中国纺织出版社,2008.

[6]张佩华,沈为.针织产品设计[M].北京:中国纺织出版社,2008.

[7]杨尧栋,宋广礼.针织物组织与产品设计[M].北京:纺织工业出版社,1998.

[8]李志民,孙玉钗,程中浩.针织大圆机新产品开发[M].北京:中国纺织出版社,2006.

[9]陈国芬.针织产品与设计[M].上海:东华大学出版社,2005.

[10]李津.针织厂设计[M].2版.北京:中国纺织出版社,2007.

[11]杨尧栋.针织厂设计[M].北京:中国纺织出版社,2002.

[12]王爱凤.针织生产设计[M].北京:纺织工业出版社,1993.

[13]李世波,金惠琴.针织缝纫工艺[M].2版.北京:中国纺织出版社,1995.

[14]宋广礼.成形针织产品设计与生产[M].北京:中国纺织出版社,2006.

[15]孟家光.羊毛衫生产简明手册[M].北京:中国纺织出版社,2000.

[16]杨荣贤.横机羊毛衫生产工艺设计[M].2版.北京:中国纺织出版社,2008.

[17]针织圆机、横机、袜机制造厂的机器说明书.

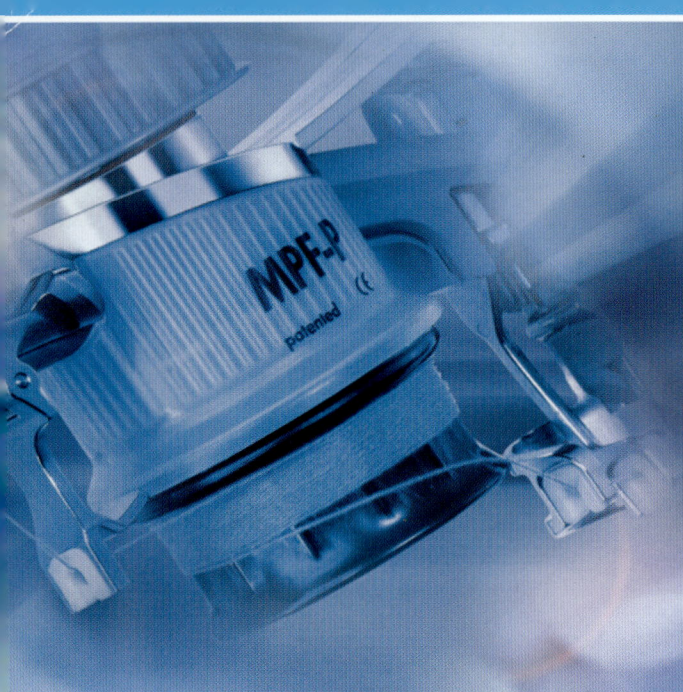

MPF P
完美适应高质量生产

浓缩以往成功经验和技术精髓于一身的新款MPF系列送纱器，其很多零件经全新设计，能确保针织机顺畅生产无疵织物。

优点：提高生产效率，稳定织物品质，穿纱方便省时，可更换的绕纱轮适合编织任何纱线。

详情请询MPF P积极式送纱器。

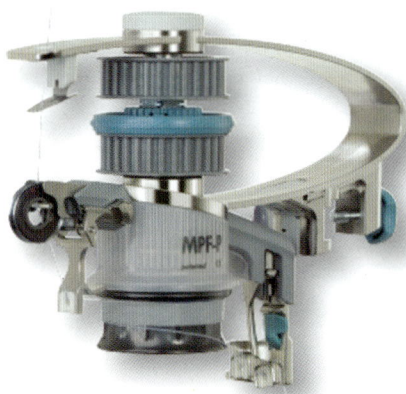

MER 3
确保极低张力下的可靠送纱

MER 3氨纶送纱器专为针织大圆机积极式输送氨纶裸丝而设计。这款送纱器的断纱自停系统采用全新设计，永保清洁，能确保在极低的张力下完美输送氨纶裸丝。

优点：大大提高产能，改善织物质量。选配超值的防尘罩可大大减少停机时间和织疵。

详情请询MER 3氨纶送纱器。

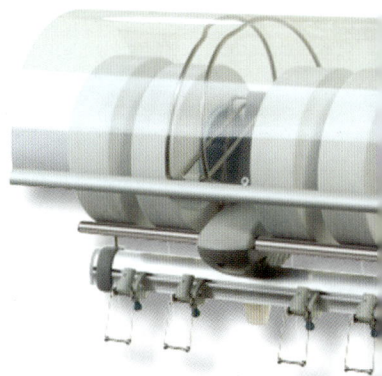

针织技术世界领先

MEMMINGER–IRO GMBH
Jakob–Mutz–StraBe 7 | D–72280 Domstetten
Tel.+49(0)74 43/281–0 | Fax.+49(0)74 43/281–101
info@memminger-ito.de | www.memminger-ito.de

美名格–艾罗（太仓）纺织机械有限公司|江苏省太仓市经济开发区宁波路32号
电话+86（0）512/88898800 |传真：+86（0）512/88898810
info@memminger-ito.com.cn | www.memminger-ito.com.cn

美名格股份有限公司|台湾省桃园县芦竹乡中兴一街61巷8号
电话+886（0）33239933 |传真+886（0）33138007
info@memminger-ito.com.tw | www.memminger-ito.com.tw

iro ®
MEMMINGER-IRO

美名格-艾罗 ®
MEMMINGER-IRO

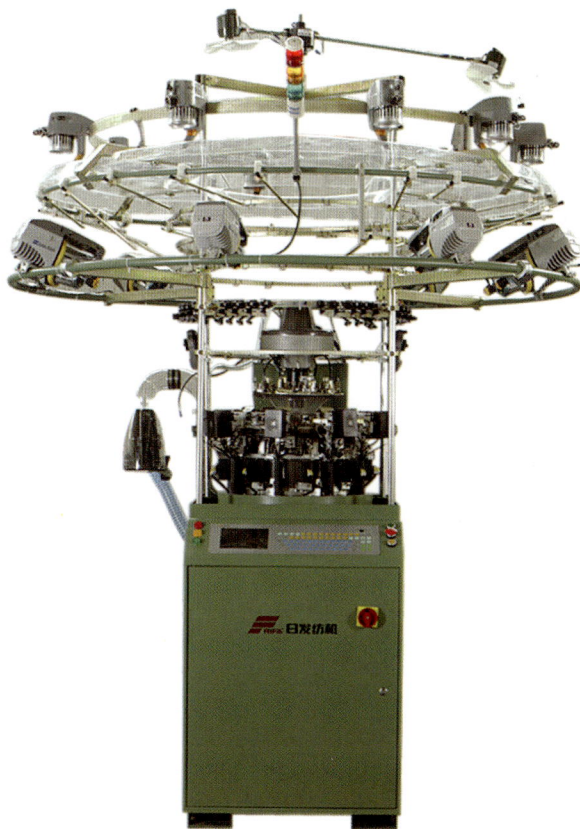